架空配电台区

典型设计

徐福聪　主编

中国电力出版社
CHINA ELECTRIC POWER PRESS

本书是对《国家电网公司配电网工程典型设计　10kV 配电变台分册（2016 年版）》《国家电网公司 380/220V 配电网工程典型设计（2018 年版）》等国家电网有限公司相关标准的贯彻执行，该设计不仅落实了国家电网有限公司配电网标准化建设的管理要求，并融合了国网福建省电力有限公司配电网工程配电台区标准化建设的丰富经验，针对福建省山海地域差异化台区设计进行了全面修订。本书的编制对强化配电网工程精细化管理水平、提高配电网工程质量、提高配电网供电可靠性，具有非常重要的意义。

本书共八篇，第一篇为总论，包括概述、典型设计工作过程、典型设计主要依据；第二篇为典型设计方案说明，包括典型设计总体说明、典型设计技术模块、典型设计应用场景；第三篇为柱上变压器台典型设计方案，包括内陆型与沿海型柱上变压器台典型设计、单杆小容量三相柱上变压器台典型设计、有源型柱上变压器台典型设计、智能型柱上变压器台典型设计；第四篇为低压线路典型设计方案，包括低压架空线路、低压电缆线路典型设计；第五篇为接户线典型设计方案，包括接户架空线路典型设计；第六篇为低压金具及绝缘子典型设计方案；第七篇为电压提升典型设计方案；第八篇为低压电能计量箱典型设计方案。

本书可供电力系统各设计单位，以及从事电力建设工程规划、管理、施工、安装、生产运行等专业人员使用，并可供大专院校有关专业的师生参考。

图书在版编目（CIP）数据

架空配电台区典型设计/徐福聪主编. —北京：中国电力出版社，2024.10

ISBN 978-7-5198-8926-5

Ⅰ.①架…　Ⅱ.①徐…　Ⅲ.①架空线路—配电线路　Ⅳ.①TM726.3

中国国家版本馆 CIP 数据核字（2024）第 103715 号

出版发行：中国电力出版社
地　　址：北京市东城区北京站西街 19 号（邮政编码：100005）
网　　址：http://www.cepp.sgcc.com.cn
责任编辑：赵　杨（010-63412287）
责任校对：黄　蓓　郝军燕　李　楠
装帧设计：张俊霞
责任印制：石　雷

印　　刷：三河市百盛印装有限公司
版　　次：2024 年 10 月第一版
印　　次：2024 年 10 月北京第一次印刷
开　　本：880 毫米×1230 毫米　横 16 开本
印　　张：23.25
字　　数：721 千字
定　　价：98.00 元

编　委　会

前 言

为践行国网福建省电力有限公司（简称国网福建电力）“2426”高质量发展思路（即以习近平新时代中国特色社会主义思想为指导，认真落实国家电网有限公司、福建省委省政府决策部署，紧扣“一体四翼”高质量发展，聚焦打造“两个典范”，始终坚持“四个注重”，突出抓好“两个提升”，持续攻坚“六个做强”，鼓足干劲争排头、力争上游当先锋，为加快建设具有中国特色国际领先的能源互联网企业，更好服务福建省全方位推进高质量发展作出新的更大贡献），技术支撑配电网提升三年行动计划，由国网福建电力设备部指导，福建省电力有限公司电力科学研究院（简称福建电科院）负责，在对九地市全面调研的基础上，编制完成《架空配电台区典型设计》。本典设共8篇17章，内容覆盖变台、低压线和接户线三大部分，涵盖低压台区一次和二次部分。

本典设依据《福建配电网规划设计技术导则》（闽电办〔2023〕48号）规定，贯彻“序列简化、一次到位”理念，对于台区导线和杆塔选型，按照配变终期容量一次选取；贯彻“山海差异”理念，对沿海配电台区进行定制化设计；贯彻“适应新能源、美丽乡村”理念，增补新能源低压接入、无拉线杆和应急快速复电接口、低电压治理和智能台区设计内容。

本典设在现有国网福建电力执行的常规变压器台典型设计方案的基础上，扩展了大容量配电变压器、沿海型变压器台、有源型变压器台、智能型变压器台、单杆三相变压器和台区电压提升等6个典型设计方案，最终形成8大典型设计方案，并对典型设计的适用条件、方案选用、组合方式做了说明，实现“套餐化选取、模块化调用”。本典设可作为供电企业工作人员的工具用书及设计部门的指导手册，为低压架空台区标准化设计提供技术支持。

目　录

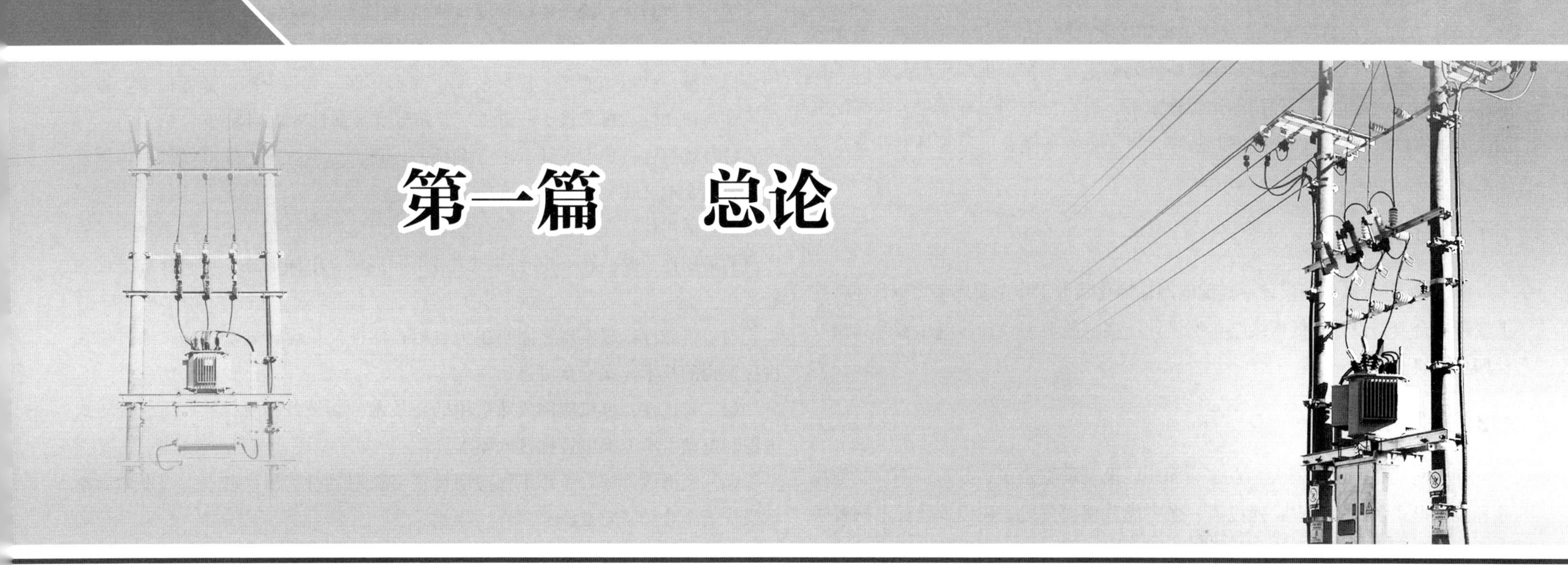

第一篇　总论

第1章 概　　述

推进配电网标准化建设是国家电网有限公司（简称国家电网公司）全面落实科学发展观，建设“资源节约型、环境友好型”社会，大力提高集成创新能力的重要体现；是国家电网公司实施集团化运作、集约化发展、精细化管理的重要手段；是全面建设安全可靠、坚固耐用、结构合理、技术先进、灵活可靠、经济高效现代配电网的重要举措。

《架空配电台区典型设计》是推进福建省配电网标准化建设最基础、最重要手段之一，是支撑配电网提升三年行动计划的重要举措。推广应用配电网工程典型设计对强化配电网工程精细化管理水平、提高配电网工程质量、提高配电网供电可靠性、宣传“国家电网”品牌、树立良好的企业形象等具有非常重要的意义。

1.1　主要内容

《架空配电台区典型设计》是配电网标准化建设工作主要成果之一，包括柱上变压器台典型设计、低压线路典型设计、接户线典型设计、电压提升典型设计四个模块。

1.2　编制目的

配电网具有建设规模大、点多、面广、设备种类繁多、分布范围广、地域差异大、形式多样等特点。建设“一强三优”现代公司，建设现代配电网要求实施集约化管理，发挥规模优势，提高资源利用率。编制配电网典型设计的目的：统一建设标准，统一设备规范；方便运行维护，方便设备招标；提高工作效率，降低建设和运行成本；发挥规模优势，提高整体效益。

编制《架空配电台区典型设计》，既是认真贯彻执行《国家电网公司配电网工程典型设计　10kV配电变台分册（2016年版）》《国家电网公司380/220V配电网工程典型设计（2018年版）》，也是对福建省山海地域差异化台区设计的一次全面修订，既认真贯彻落实了国家电网公司配电网标准化建设的管理要求，也认真总结了国网福建电力城农配电网工程配电台区标准化建设的经验。

1.3　编制原则

按照国家电网公司配电网标准化建设“六化”（技术标准体系化、设计方案模块化、设备选型规范化、施工工艺标准化、工程造价合理化、运维检修精益化）、“六统一”（统一技术标准、统一设计方案、统一设备选型、统一施工工艺、统一工程造价、统一运检管理）、顺应智能配电网建设和发展的要求，编制《架空配电台区典型设计》的原则：安全可靠、坚固耐用、自主创新、先进适用、标准统一、覆盖面广、提高效率、注重环保、节约资源、降低造价，做到统一性与适用性、可靠性、先进性、经济性和灵活性的协调统一。

（1）统一性：典型设计基本方案统一，建设标准统一，外部形象体现国家电网公司企业文化特征。

（2）适用性：典型设计要综合考虑不同地区实际情况，在公司系统中具有广泛的适用性，并能在一定时间内，对不同规模、不同形式、不同外部条件均能适用。

（3）可靠性：以实现坚固耐用为目标，保证模块设计安全可靠，通过模块拼接得到的技术方案安全可靠。

（4）先进性：推广应用成熟适用的新技术、新设备和新材料；适应分布式电源和电动汽车充换电设施接入要求。

（5）经济性：综合考虑工程初期投资与长期运行费用，追求工程寿命周期内最优的企业经济效益。

（6）灵活性：典型设计模块划分合理，接口灵活规范，组合方案多样，增减方便，便于调整概算，方便灵活应用。

1.4　组织形式

2022年11月，福建电科院组织相关单位，就如何贯彻执行《国家电网公司配电网工程典型设计　10kV配电变台分册（2016年版）》《国家电网公司

380/220V 配电网工程典型设计（2018 年版）》进行了深入研讨，会议提出应结合国网福建电力当前配电网工程建设和运行的实际情况，在严格执行《国家电网公司配电网工程典型设计　10kV 配电变台分册（2016 年版）》《国家电网公司 380/220V 配电网工程典型设计（2018 年版）》的基础上，编制《架空配电台区典型设计》的工作思路。

1.5　工作方式

《架空配电台区典型设计》的工作方式：统一组织、分工负责、充分调研、择优集成；加强协调、团结合作、控制进度、按期完成。《架空配电台区典型设计》以应用为重点，以工程设计为核心；采用模块化设计手段，推进标准化设计；建立滚动修订机制，不断更新、补充和完善典型设计。

1.5.1　统一组织、分工负责、充分调研、择优集成

（1）统一组织：由福建电科院统一组织编制典型设计，提出配电网工程典型设计指导性意见，统一协调进度安排，统一组织推广应用，统一组织滚动修订。

（2）分工负责：典型设计在国网福建电力设备部的领导下，开展充分调研，编制配电工程典型设计技术原则。技术原则包含典型设计对象、主要设计原则、设计对象的技术方案组合和主要技术指标。

（3）充分调研：工作组在起草典型设计技术原则时，结合福建省电网发展实际状况，采用实地考察、印发调研函、召开座谈会等方式，有效组织开展调研工作。各单位在编制典型设计技术原则时，充分调研本地区配电工程建设的实际需要。

（4）择优集成：根据各有关单位编制的技术原则，工作组对其进行审查，择优选择典型设计方案，择优选择设计单位。通过归并整理，集成为配电网工程典型设计技术原则和具体的典型设计方案，进而编制《架空配电台区典型设计》。

1.5.2　加强协调、团结合作、控制进度、按期完成

配电网工程典型设计工作涉及的部门较多，有关单位和部门加强协调、团结合作，发挥各自优势，按计划完成相应的阶段性成果，严格控制进度，按期完成典型设计编制工作，并确保最终成果在公司系统内的覆盖面和适应性。

1.5.3　以工程应用为重点、以工程设计为核心

配电网工程典型设计工作的重点是实现集约化、精细化管理，指导公司系统配电网工程的设计和建设。对于具体的典型设计方案，要能满足公司系统各地区工程应用的需要，并能方便使用。

配电网工程典型设计工作的核心是规范、统一配电网工程的设计，形成推广应用新技术、新材料、新设备的平台，并引导今后配电网工程的建设发展方向。

1.5.4　编制的原则

编制《架空配电台区典型设计》的原则：在保证设备安全可靠、工程造价经济合理前提条件下，根据福建省配电网防灾差异化特点（Z1、Z2、Z3、Z4、Z5、Z6、Z7 灾害区），结合福建配电网建设的经验和习惯，兼顾城农网设计，兼顾施工和运维方便，筛选国家电网典型设计最优实施方案。并按照国家电网典型设计相关原则进一步深化应用，补充完善了组装图、加工图、设备材料清册等，达到施工图设计深度，便于设计、施工、监理等参建单位及物资供应单位直接进行选用。

第2章 典型设计工作过程

2022年11月，福建电科院组织相关单位，启动《架空配电台区典型设计》编制工作，提出“深化细化配电网典型设计方案”的工作要求：在《国家电网公司配电网工程典型设计 10kV配电变台分册（2016版）》基础上，深入调研，总结福建省配电网典型设计应用经验，保持技术原则的连续性，保留应用成熟的设计方案和技术条件，精简安全风险高、运维困难、可替代的设计方案，合并技术参数差别较小的方案，将部分应用率高、适用面广的方案纳入增补方案。

2.1 调研阶段

2022年11月，福建电科院面向福建省各地市公司开展配电网低压台区建设方面调研，根据调研的成果系统梳理《国家电网公司配电网工程典型设计 10kV配电变台分册（2016版）》应用情况及需求，提出典型设计修订意见。

2.2 技术原则编制阶段

2022年11月～2023年4月，福建电科院多次组织召开福建配电网标准化台区典型设计研讨会，制订福建配电网标准化台区典型设计深化完善方案。

2.3 典型设计成果编制阶段

2023年2月24日，福建电科院组织编制组在福州召开典型设计（初稿）审查会，形成评审意见。根据审查意见，编制组进一步修改完善初稿。

2023年3月13日，福建省电科院组织编制组在福州召开典型设计（初稿）审查会。根据审查意见，编制组进一步修改完善初稿，形成福建配电网标准化台区典型设计征求意见稿。

2023年3月29日，国网福建电力设备部面向9家地市公司，下发典型设计征求意见稿，9家地市公司根据征求意见稿梳理反馈意见，并于4月6日召开意见讨论会。

第3章　典型设计主要依据

3.1　依据性文件

《福建配电网规划设计技术导则》(闽电办〔2023〕48号)

《福建电网若干技术原则》(闽电办〔2023〕49号)

《国家电网公司配电网工程典型设计配电变台分册(2016年版)》

《关于印发〈国家电网公司十八项电网重大反事故措施〉(修订版)的通知》(国家电网生〔2012〕352号)

《国家电网公司业扩报装管理规则》〔国网(营销/3)377—2014〕

《国家电网公司业扩供电方案编制导则》(国家电网营销〔2012〕1247号)

《关于印发〈国家电网公司电力安全工作规程(配电部分)(试行)〉的通知》(国家电网安质〔2014〕265号)

《低压配电网剩余电流动作保护器选型配置原则》(闽电运检〔2018〕788号)

《国网福建省电力有限公司低压配电网接地型式选型技术规范(试行)》(闽电运检〔2018〕785号)

国网福建省电力有限公司设备部《关于印发〈10kV配电网差异化建设与改造指导手册〉的通知》(设备配电〔2021〕15号)

3.2　主要依据标准

GB 1094.13	电力变压器
GB 1984	高压交流断路器
GB/T 11032	交流无间隙金属氧化物避雷器
GB/T 12527	额定电压1kV及以下架空绝缘电缆
GB/T 14049	额定电压10kV、35kV架空绝缘电缆
GB 26860	电力安全工作规程　发电厂和变电站电气部分
GB 311.1	高压输变电设备的绝缘配合
GB 3096	声环境质量标准
GB/T 3804	3.6kV～40.5kV高压交流负荷开关
GB/T 4208	外壳防护等级(IP代码)
GB 50016	建筑设计防火规范
GB 50052	供配电系统设计规范
GB 50053	20kV及以下变电所设计规范
GB 50054	低压配电设计规范
GB 50060	3～110kV高压配电装置设计规范
GB 50061	66kV及以下架空电力线路设计规范
GB/T 50064	交流电气装置的过电压保护和绝缘配合设计规范
GB/T 50065	交流电气装置的接地设计规范
GB 50217	电力工程电缆设计标准
GB 4623	环形混凝土电杆
GB/T 22582	电力电容器低压功率因数补偿装置
GB/T 11022	高压开关设备和控制设备的技术要求
DL 5027	电力设备典型消防规范
DL/T 401	高压电缆选用导则
DL/T 448	电能计量装置技术管理规程
DL/T 5131	农村电网建设与改造技术导则
DL/T 5220	10kV及以下架空配电线路设计规范
DL/T 5221	城市电力电缆线路设计技术规定
DL/T 5222	导体和电器选择设计技术规定
DL/T 599	城市中低压配电网改造技术导则
GB 51302	架空绝缘配电线路设计标准
DL/T 620	交流电气装置的过电压保护和绝缘配合设计规范
DL/T 728	气体绝缘金属封闭开关设备选用原则
DL/T 825	电能计量装置安装接线规则
NB 35047	水电工程水木建筑物抗震设计规范

JB/T 10088	6kV～500kV 级电力变压器声级
DB35/ T1036	10kV 及以下电力用户业扩工程技术规范
Q/GDW 514	配电自动化终端/子站功能规范
Q/GDW 1738	国家电网公司配电网规划设计技术导则
Q/GDW 11184	配电自动化规划设计技术导则
Q/GDW 1799	国家电网公司电力安全工作规程
GB 20052	电力变压器能效限定值及能效等级

3.3 参考文献

《国家电网公司配电网工程典型设计配电变台分册（2016 年版）》

《国家电网有限公司 220/380V 配电网工程典型设计（2018 年版）》

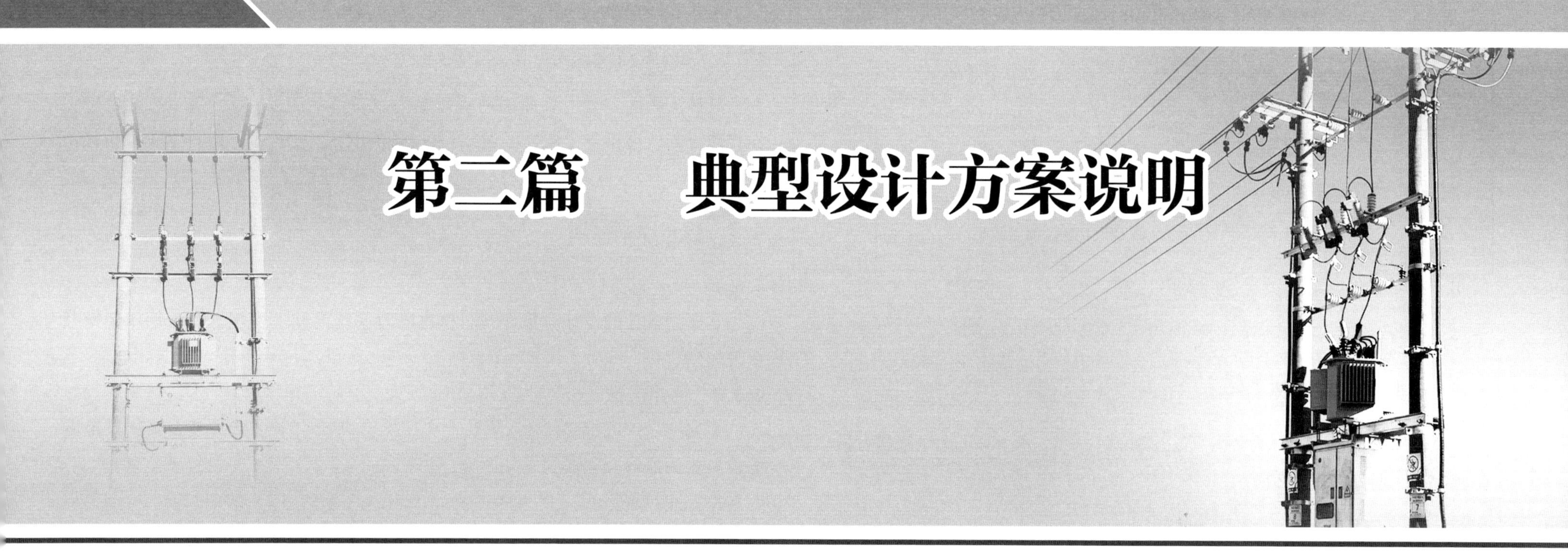

第二篇　典型设计方案说明

第4章　典型设计总体说明

4.1　供电区域划分原则

根据《福建配电网规划设计技术导则》(闽电办〔2023〕48号)，国网福建电力区域内供电区域按照负荷密度划分如表4-1所示。

表4-1　　国网福建电力区域内供电区域按照负荷密度划分

供电区域	A+	A	B	C	D
饱和负荷密度	$\sigma \geqslant 30$	$15 \leqslant \sigma < 30$	$6 \leqslant \sigma < 15$	$1 \leqslant \sigma < 6$	$\sigma < 1$
主要分布区域	福州、厦门核心区	福州、厦门(除A+区域)中心城区、泉州中心城区、国家级新区核心区	福州、厦门、泉州(除A+、A区域)城区，其他地市中心城区，发达县城中心区，撤县划区行政区的中心城区，省级工业园区	一般县的城区	农村区域

注　1. σ 为供电区域的负荷密度(MW/km²)。
2. 供电区域面积不宜小于5km²。
3. 计算负荷密度时，应扣除110kV及以上专线负荷，以及高山、戈壁、荒漠、水域、森林等无效供电面积。

4.2　典型灾害区选取

福建省的灾害区划分为Z1、Z2、Z3、Z4、Z5、Z6和Z7七个灾害分区。福建省灾害区划分如表4-2所示。

表4-2　　福建省灾害区划分

灾害分区	风速区 v (m/s)	污秽区	雷害区	覆冰区(mm)	洪涝区
Z1	$\leqslant 30$	中污区	强雷区	中冰区 E_1 $(10 < E_1 \leqslant 15)$、中冰区 E_2 $(15 < E_2 \leqslant 20)$、重冰区 E_3 $(20 < E_3 \leqslant 30)$	配电站房防洪涝、架空线路防地质灾害、架空线路防洪水冲刷
Z2	$\leqslant 30$	重污区	强雷区		
Z3	$30 < v \leqslant 35$	重污区	强雷区		
Z4	$30 < v \leqslant 35$	重污区	中雷区、多雷区		

续表

灾害分区	风速区 v (m/s)	污秽区	雷害区	覆冰区(mm)	洪涝区
Z5	$35 < v \leqslant 40$	严重污区	中雷区、多雷区	中冰区 E_1 $(10 < E_1 \leqslant 15)$、中冰区 E_2 $(15 < E_2 \leqslant 20)$、重冰区 E_3 $(20 < E_3 \leqslant 30)$	
Z6	$35 < v \leqslant 40$	严重污区	强雷区		
Z7	$40 < v \leqslant 45$	严重污区	中雷区、多雷区		

注　1. 覆冰区及洪涝区作为局部识别点，不参与灾害分区组合。
2. 中污区等值盐密为0.05～0.1mg/cm²、统一爬电比距(按系统最高相电压)≥4.5cm/kV；重污区等值盐密为0.1～0.25mg/cm²、统一爬电比距(按系统最高相电压)≥5.2cm/kV；严重污区等值盐密大于0.25mg/cm²、统一爬电比(按系统最高相电压)≥5.5cm/kV。
3. 中雷区年平均雷暴日为 $15\text{d} < T_d \leqslant 40\text{d}$、落雷密度为 $0.78 \leqslant N_g < 2.78$ [次/(km²·a)]；多雷区年平均雷暴日为 $40\text{d} < T_d \leqslant 90\text{d}$、落雷密度为 $2.78 \leqslant N_g < 7.98$ [次/(km²·a)]；强雷区年平均雷暴日为 $T_d > 90\text{d}$、落雷密度为 $N_g \geqslant 7.98$ [次/(km²·a)]。

具体灾害区划分可参照国网福建电力设备部《关于印发〈10kV配电网差异化建设与改造指导手册〉的通知》(设备配电〔2021〕15号)，本典型设计不再赘述。

4.3　技术原则概述

4.3.1　设计对象

本典型设计的设计对象为国网福建电力系统内柱上变压器台、低压架空及电缆线路、接户线。

4.3.2　设计范围

本典型设计范围是从10kV柱上变压器台高压引下线接头至表箱这段范围的柱上变压器台及相关的电气设施。

4.3.3　设计深度

本典型设计的电气一次设计达到专业施工图深度。

4.3.4　假定条件

海拔：不大于1000m；

环境温度：－10～＋40℃；

最热月平均最高温度：35℃；

污秽等级：中污区、重污区、严重污区；

日照强度（风速 0.5m/s）：0.1W/cm²；

地震烈度：按 7 度设计，地震加速度为 0.1g，地震特征周期为 0.35s；

洪涝水位：站址标高高于 50 年一遇洪水水位和历史最高内涝水位，不考虑防洪措施；

设计土壤电阻率：不大于 100Ωm；

相对湿度：在 25℃时，空气相对湿度不超过 95%，月平均不超过 90%；

地基：地基承载力特征值取 f_{ak}=150kPa，无地下水影响；

腐蚀：地基土及地下水对钢材、混凝土无腐蚀作用。

4.3.5 继电保护的配置原则

应按《继电保护和安全自动装置技术规程》的要求配置继电保护，配电变压器继电保护装置宜采用熔断器保护。

4.3.6 配电自动化配置原则

（1）配电自动化配置应遵循“标准化设计，差异化实施”原则。

（2）配电自动化配置应在一次网架设备的基础上，根据负荷水平和供电可靠性需求、地区需求合理配置集中、分布或就地式自动化终端，提高“四遥”（遥测、遥信、遥控、遥调）自动化终端应用比重，力求功能实用、技术先进、运行可靠。

（3）应充分利用现有设备资源，因地制宜做好通信配套建设，合理选择通信方式。配电自动化终端与主站通信方式可选用无线公网、光纤专网、电力载波等，具体通信建设设计方案应综合考虑施工难易、造价及运维成本等因素。

（4）柱上变压器台的低压综合配电箱中已预留配电自动化位置。

（5）按照国家电网公司关于中、低压配电网安全防护的相关规定，配电终端对于主站下发的遥控命令都应进行单向加密认证。

4.4 电气一次部分

4.4.1 电气主接线

柱上变压器台电气主接线采用单母线接线，100kVA 容量及以下变压器出线 1～2 回、200～400kVA 容量变压器出线 2 回，630kVA 容量变压器出线 3 回。进、出线开关选用断路器。

4.4.2 主要设备选择

变压器电气主接线应根据变压器供电负荷、供电性质、设备特点等条件确定，电气主接线应综合考虑供电可靠性、运行灵活性、操作检修方便、节省投资、便于过渡和扩建等要求。

（1）变压器选择。

1）柱上三相变压器台容量选择不超过 630kVA。应有合理级差，容量规格不宜太多。

2）选用二级能效及以上节能型变压器，宜采用油浸式、全密封、低损耗油浸式变压器。

3）三相变压器的变比采用 10±5（2×2.5）%/0.4kV；调容、调压变压器可参照柱上变压器台典型设计方案执行。

4）三相变压器接线组别 Dyn11。

5）容量在 630kVA 及以下的变压器，距离变压器台 0.3m 处测量的噪声（声功率级）：非晶合金油浸式变压器不大于 45dB，硅钢油浸式变压器不大于 42dB。

6）变压器应具备抗突发短路能力，能够通过突发短路试验。

（2）低压综合配电箱。

1）适用于 630kVA 容量变压器的配电箱：柜体尺寸（宽×深×高）选用 1700mm×700mm×1300mm，空间满足 630kVA 容量配电变压器的 1 回进线、3 回馈线、计量、无功补偿、配电智能融合终端、发电车应急电源接口等功能模块安装要求。箱体外壳优先选用不锈钢材料，也可选用纤维增强型不饱和聚酯树脂材料。

2）适用于 200～400kVA 容量变压器的配电箱：柜体尺寸（宽×深×高）选用 1350mm×700mm×1300mm，空间满足 200～400kVA 容量配变的 1 回进线、2 回馈线、计量、无功补偿、配电智能融合终端、发电车应急电源接口等功能模块安装要求。箱体外壳优先选用不锈钢材料，也可选用纤维增强型不饱和聚酯树脂材料。

3）适用于100kVA容量变压器的配电箱：柜体尺寸（宽×深×高）选用1200mm×600mm×1140mm，空间满足100kVA容量配变的1回进线、2回馈线、计量、无功补偿、配电智能融合终端、发电车应急电源接口等功能模块安装要求。箱体外壳优先选用不锈钢材料，也可选用纤维增强型不饱和聚酯树脂材料。

4）适用于100kVA及以下容量单杆三相柱上变压器台的配电箱：柜体尺寸（宽×深×高）选用700mm×300mm×1200mm，空间满足100kVA及以下容量配变1回进线、1回馈线、配电智能融合终端、发电车应急电源接口等功能模块安装要求。箱体外壳优先选用304不锈钢材料，也可选用纤维增强型不饱和聚酯树脂材料，外壳防护等级为IP44。

（3）10kV选用跌落式熔断器或封闭型熔断器。

（4）低压侧进线选用断路器，宜采用具备“四遥”功能且带有重合闸功能的。出线采用断路器，并按需配置带通信接口的配电智能融合终端和T1级电涌保护器的。

（5）熔断器短路电流水平按8/12.5kA考虑，其他10kV设备短路电流水平均按20kA考虑。

（6）分布式光伏并网JP柜。外形尺寸根据分布式光伏装机容量选用，满足光伏并网专用断路器、电能表等功能模块的安装要求。箱体外壳选用防腐蚀性材料，不锈钢或纤维增强型不饱和聚酯树脂材料。箱体用隔板分为上、下两部分，上面为计量室，下面为断路器室，计量室包含电能表；断路器室包含光伏并网专用断路器、TA及浪涌保护器。隔板预留穿线孔洞。分布式光伏并网JP柜安装于光伏侧光伏逆变器汇流点处，实际安装位置可根据现场条件进行调整。

（7）反孤岛装置。分布式光伏接入容量超过配变额定容量25%时，在配变低压出线开关处装设低压反孤岛装置，低压出线开关应与反孤岛装置间具备操作闭锁功能。反孤岛容量为100、200、400kW。根据实际情况选择相应容量反孤岛装置。

（8）光伏并网专用断路器。断路器可选用微型、塑壳式或万能断路器，根据短路电流水平选择设备开断能力，应具备电源端与负荷端反接能力，同时具备剩余电流保护、过电压和欠电压保护、检有压合闸、防孤岛保护、电能质量监测等功能，具备与台区智能融合终端或电量采集终端信息交互功能，可支持RS485、HPLC、4G/5G等多种通信方式，具备远程/就地控制功能。

4.5　电气二次部分

有源型柱上变压器台需具备电压保护、频率保护、逆功率保护、防孤岛保护、反孤岛保护、电流不平衡度保护等功能，光伏电源输出电能的电压偏差、电压波动和闪变、谐波、三相电压不平衡、间谐波等电能质量指标应满足电能质量国家标准的要求。当分布式光伏接入导致台区出现三相不平衡严重、谐波超标、电压越限等问题，应在台区侧安装静止无功发生器、低压换相开关等电能质量治理设备。

4.6　智能化部分

4.6.1　分类原则

智能化柱上变压器台综合考虑供电可靠性、信息采集、节省投资等要求，根据配置方案和通信要求的不同，划分为基本型和标准型。

基本型智能化柱上变压器台采用“集中器＋HPLC电能表”开展建设，可按需配置低压智能开关。

标准型智能化柱上变压器台采用“新型融合终端/高性能集中器＋智能开关＋HPLC电能表”开展建设。

4.6.2　应用功能及适用区域

基本型：主要实现配电变压器监测、用户电能表数据采集、台区可开放式容量分析、低压供电可靠性分析、故障精准研判等基本功能，适用于投资费用较少、供电可靠性较低的C类、D类地区。

标准型：主要在基本型的基础上增加了变压器、柜/箱体、进出线开关、低压无功补偿装置等主设备的运行状态监测，扩展了线损精益化管理、台区拓扑关系识别、分布式电源监测控制、电动汽车有序充电等高级数据分析应用类业务场景，适用于投资费用适中、供电可靠性中高要求的A+、A类或B类地区。

4.7 配电台区接地系统

4.7.1 符号定义

（1）第一个字母表示电力系统的对地关系：

T—直接接地；

I—所有带电部分与地绝缘，或一点经阻抗接地。

（2）第二个字母表示装置的外露可接近导体的对地关系：

T—外露可接近导体对地直接作电气连接，此接地点与电力系统的接地点无直接关联；

N—外露可接近导体通过保护线（PE线）与电力系统的接地点直接作电气连接。

（3）剩余字母表示中性线（N线）与保护线（PE线）的组合；

S—中性线和保护线是分开的；

C—中性线和保护线是合一的。

4.7.2 低压接地型式

低压配电网接地型式通常分为TT、TN及IT三种。IT系统应用于不间断供电的工业设备和供电可靠性要求高的医疗设备；TN系统根据中性线（N线）和保护线（PE线）的配置方式，可分为TN-C、TN-C-S及TN-S系统。低压配电接地系统一般采用TT、TN-C、TN-S及TN-C-S系统。

（1）TT系统：变压器台中性点直接接地，此后不设置重复接地，电气设备外露可导电部分应设置独立接地极接地。TT系统接线图如图4-1所示。

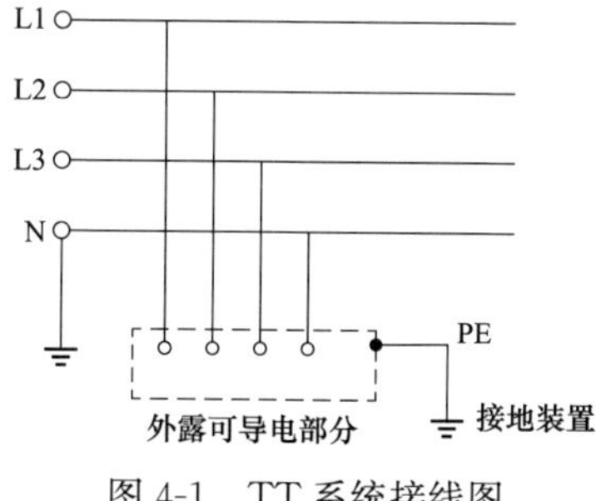

图4-1 TT系统接线图

（2）TN-C系统：系统N线和PE线合一（PEN线），变压器台中性点直接接地，其后设置多组重复接地，且设备外露可导电部分应接在PEN线上（保护接零）。TN-C系统接线图如图4-2所示。

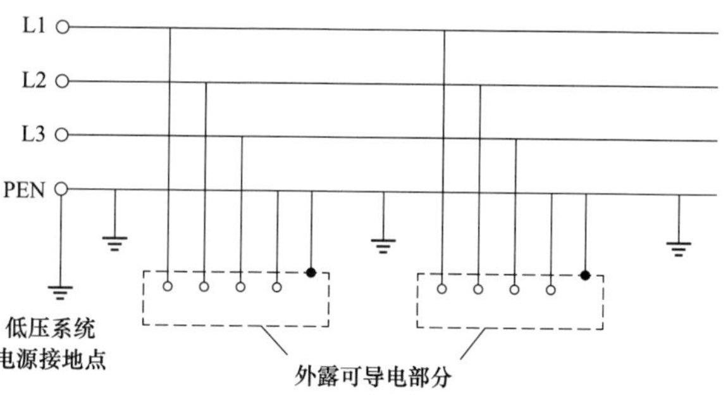

图4-2 TN-C系统接线图

（3）TN-C-S系统：变压器台出线同TN-C系统一致，在某处将PEN线分为PE线和N线后，二者不再有连接，PE线重复接地，N线不再接地。TN-C-S系统接线图如图4-3所示。

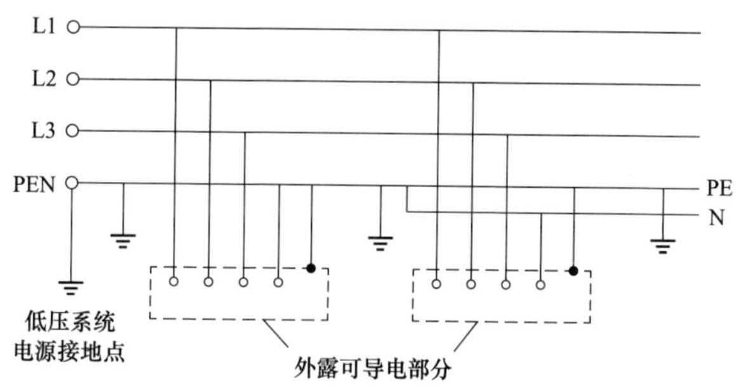

图4-3 TN-C-S系统接线图

（4）TN-S系统：变压器台中性点直接接地，PE线和N线完全分开，且PE线重复接地，N线不再接地。TN-S系统接线图如图4-4所示。

4.7.3 选型规范

（1）低压配电网接地型式应根据台区线路类型、运行环境和用户负荷性质等具体情况进行选择。

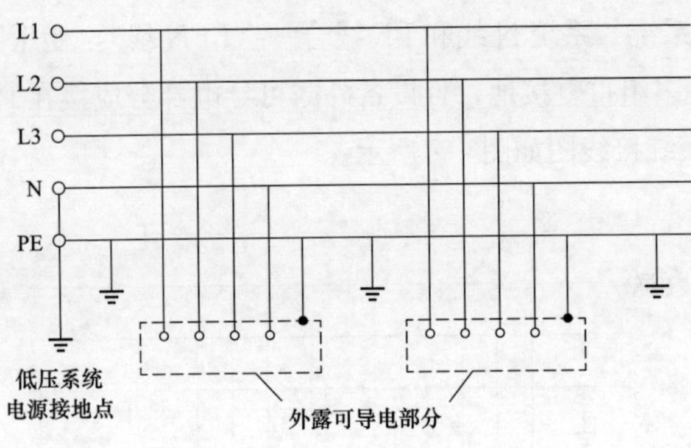

图 4-4　TN-S 系统接线图

（2）采用纯电缆线路供电的低压台区，应优先选用 TN-S 接地型式。

（3）采用架空导线或混缆线路供电的低压台区，应优先选用 TT 接地型式，当台区没有农业生产用电、走廊通道良好、线路全绝缘化且不存在破损的情况下，电网侧可选用 TN-C-S 接地型式。

（4）新建或改造低压配电网，接地型式选择和相应典型建设方案见表 4-3 和表 4-4。

表 4-3　　**接地型式选型表**

<table>
<tr><th>供电方式</th><th>接地型式</th><th>典型设计方案</th></tr>
<tr><td rowspan="2">纯电缆线路</td><td>TN-S（优选）</td><td>方案 1</td></tr>
<tr><td>TN-C-S</td><td>方案 2</td></tr>
<tr><td rowspan="2">架空或混缆</td><td>TT（优选）</td><td>方案 3</td></tr>
<tr><td>TN-C-S</td><td>方案 2</td></tr>
</table>

注　1. 针对架空或混缆的供电方式，当台区没有农业生产用电（一般指大棚种植、农田灌溉、温室养殖与育苗、水产品加工和抗旱排涝用电）、走廊通道良好（台区低压线路不存在与市政等其他线路和设施的搭挂，安全距离均满足要求，线路通道上发生外力破坏的可能性较小）、线路全绝缘化且未存在破损，发生单相接地故障或线路绝缘损坏风险较小的情况下，可选用 TN-C-S 接地型式。

2. 典型设计方案中的方案 1～方案 3 的具体内容见表 4-4。

表 4-4　　**不同接地型式的典型建设方案**

<table>
<tr><th>典型设计方案</th><th>方案 1</th><th>方案 2</th><th>方案 3</th></tr>
<tr><td rowspan="3">电源端（变台）</td><td>进线开关应配置接地故障保护功能</td><td>进线开关宜配置接地故障保护功能</td><td>—</td></tr>
<tr><td>出线开关可根据情况装设总保护</td><td>出线开关不应装设总保护</td><td>出线开关应装设总保护</td></tr>
<tr><td>N 线仅在电源端接地</td><td>N 线在电源端接地</td><td>N 线仅在电源端接地</td></tr>
<tr><td>干线</td><td rowspan="3">（1）电缆应包含 PE 线用的线芯。
（2）金属外壳的配电箱和电缆铠装层应接 PE 线。
（3）PE 线在有接地条件的地方应重复接地，一个台区的 PE 线接地不少于 3 处</td><td rowspan="3">（1）电源至建筑物外配电箱和表箱时，PE 和 N 线合一。
（2）电源至建筑物内总配电箱处，PE 线和 N 线合一，建筑物内总配电箱至分配电箱或表箱处 PE 线和 N 线分开。
（3）当金属外壳配电箱的进线 PE 线未分出时，其壳体和电缆铠装层，应接零并做保护接地，当进线 PE 线有分出时，其壳体和电缆铠装层应接 PE 线，仅在有接地条件的地方做重复接地。
（4）PEN 线在干支线和分支线终端处、电缆引下处及距接地点超过 50m 的建筑物引入处，设置重复接地，同一个台区 PEN 线重复接地不应少于 3 处</td><td rowspan="3">（1）N 线不能重复接地。
（2）金属外壳的配电箱应做保护接地</td></tr>
<tr><td>支线</td></tr>
<tr><td>接户线</td></tr>
</table>

续表

典型设计方案	方案 1	方案 2	方案 3
表箱	(1) 进表箱的 PE 线应连接至 PE 排。 (2) 表箱内的 PE 线不能与 N 线关联。 (3) 进户线应含有 PE 线。 (4) 表后宜配置中保（安装在总保和户保之间的低压干线或分支线的剩余电流动作保护器）。 (5) 金属表箱外壳应接 PE 端，仅在有接地条件的地方做重复接地	(1) 当表箱进线为 PEN 线（表箱在建筑物外），在户表前端，PEN 分开接到 PE 排和 N 排。 (2) 当表箱进线 PE 线和 N 线分开，在户表前端，PE 线接到 PE 排。 (3) 表箱内的 PE 线不能与 N 线关联。 (4) 当金属外壳表箱的进线 PE 线未分出时，其壳体和电缆铠装层，应接零并做保护接地，当进线 PE 线有分出时，其壳体和电缆铠装层应接 PE 线，仅在有接地条件的地方做重复接地。 (5) 户表后端 PE 线不能与 N 线关联。 (6) 表后宜配置中保 用户建筑物有做等电位联结时，进户线应馈出 PE 线，否则进户线不馈出 PE 线	(1) 表箱内的 PE 排空置，且不能与 N 线关联。 (2) 金属外壳的表箱应做保护接地。 (3) 表后应配置中保
进户线	(1) 宜选用铜芯护套线。 (2) 应与市政弱电线路分开进线。 (3) 应避开厨房排气扇、空调外机等有高温辐射或对绝缘层有腐蚀的位置		
用户配电箱	(1) 配电箱内的 PE 线不能与 N 线关联。 (2) 配电箱应配置户保（安装在用户进线外的剩余电流动作保护器）		

注 1. 有条件接地是指需要接地的设备处，其附近周围 20m 范围内地面未水泥硬化，或有建筑物和其他设备的接地体的情况。
2. 方案 1 电源端（变台）出线开关可根据情况装设总保（安装在配电台区低压侧第一级剩余电流动作保护器），是指在低压线路易发生漏电或防电气火灾有要求的情况下应装设总保，若停电较敏感，可设置为报警。
3. 10kV 侧接地系统采用小电阻接地时，电源端（变台）保护接地和工作接地应分开设置，当电源在建筑物内，且建筑物有做总等电位联结时，保护接地和工作接地可合一接地。

4.8 配电台区电压偏差及供电距离计算

4.8.1 电压偏差要求

福建电网的供电电压偏差应满足国家标准 GB/T 12325《电能质量 供电电压偏差》的规定，在规划建设中要保证网络中各节点满足电压损失及其分配要求，各类用户受电电压允许偏差限值规定如下：

(1) 10kV 及以下三相供电电压允许偏差为标称电压的±7%。

(2) 220V 单相供电电压允许偏差为标称电压的+7%与−10%。

(3) 对供电点短路容量较小、供电距离较长及对供电电压偏差有特殊要求的用户，由供、用电双方协议确定。

(4) 1500V 以下直流配电电压允许偏差值为−20%～10%。

4.8.2 低压线路供电距离计算

根据 DL/T 5220—2021《10kV 及以下架空配电线路设计规范》5.0.4 规定：3kV 以下架空配电线路，自配电变压器二次侧出口至线路末端（不包括接户线）的允许电压降为额定电压的 4%。配电线路需要进行电压损耗的校验，检验所选导线截面是否满足供电电压要求。

供电距离计算公式为

单相 $$L=\frac{4\%\times 220}{2I(r_0\cos\varphi+x_0\sin\varphi)}$$

三相 $$L=\frac{4\%\times 380}{\sqrt{3}I(r_0\cos\varphi+x_0\sin\varphi)}$$

式中 L——线路长度，km；

I——供电线路中通过的负荷电流，单相供电指相电流，三相供电则是线电流，A；

r_0——导线单位长度电阻，与导线的截面积和电阻率有关，Ω/km；

x_0——导线单位长度电抗，与导线直径和导线间的几何平均距离有关，Ω/km；

$\cos\varphi$——负荷功率因数。

（1）假设负荷位于最末端，如采用三相四线供电的方式，理论上的供电距离计算结果如表4-5所示。

表4-5　三相四线供电距离计算结果

序号	导线截面积（mm^2）	末端供电负荷（kVA）	功率因数	末端有功（kW）	额定电压（kV）	电压降	理论供电距离（m）
1	JKLYJ-1kV-70	10	0.9	9	0.38	4%	1063
2	JKLYJ-1kV-70	20	0.9	18	0.38	4%	531
3	JKLYJ-1kV-70	30	0.9	27	0.38	4%	354
4	JKLYJ-1kV-120	10	0.9	9	0.38	4%	1480
5	JKLYJ-1kV-120	20	0.9	18	0.38	4%	740
6	JKLYJ-1kV-120	30	0.9	27	0.38	4%	493
7	JKLYJ-1kV-185	10	0.9	9	0.38	4%	1785
8	JKLYJ-1kV-185	20	0.9	18	0.38	4%	892
9	JKLYJ-1kV-185	30	0.9	27	0.38	4%	595

注　计算进行了适当简化，未考虑配电网实际运行及网络结构等多种因素。

（2）假设负荷位于最末端，如采用单相供电的方式，理论上的供电距离计算结果如表4-6所示。

表4-6　单相供电距离计算结果

序号	导线截面积（mm^2）	末端供电负荷（kVA）	功率因数	末端有功（kW）	额定电压（kV）	电压降	理论供电距离（m）
1	JKLYJ-1kV-70	10	0.9	9	0.22	4%	356
2	JKLYJ-1kV-70	20	0.9	18	0.22	4%	178
3	JKLYJ-1kV-70	30	0.9	27	0.22	4%	119
4	JKLYJ-1kV-120	10	0.9	9	0.22	4%	496
5	JKLYJ-1kV-120	20	0.9	18	0.22	4%	248
6	JKLYJ-1kV-120	30	0.9	27	0.22	4%	165
7	JKLYJ-1kV-185	10	0.9	9	0.22	4%	598
8	JKLYJ-1kV-185	20	0.9	18	0.22	4%	299
9	JKLYJ-1kV-185	30	0.9	27	0.22	4%	199

注　计算进行了适当简化，未考虑配电网实际运行及网络结构等多种因素。

第5章　典型设计技术模块

5.1　方案（模块）编号原则

5.1.1　柱上变压器台典型设计方案编号原则

（1）双杆三相柱上变压器台方案编号原则。具体方案编号原则按照第一位代表类型，第二位代表户外，第三位代表方案编号，第四位代表变压器安装方式，第五位代表引线方式，第六位代表适用区域，第七位代表变压器容量类型，具体编号原则参照表5-1～表5-7。

表5-1　双杆三相柱上变压器台第一位编号

类型	第一位
柱上变压器台	Z

表5-2　双杆三相柱上变压器台第二位编号

类型	第二位
户外	A

表5-3　双杆三相柱上变压器台第三位编号

类型	第三位
方案编号	1

表5-4　双杆三相柱上变压器台第四位编号

类型	第四位
正装	Z

表5-5　双杆三相柱上变压器台第五位编号

类型	第五位
架空绝缘线	X

（2）单杆三相柱上变压器台方案编号原则。编号第一位代表电杆安装形式，第二位代表类型，第三位代表户外，第四位代表方案编号，具体编号原则参照表5-8～表5-11。

表5-6　双杆三相柱上变压器台第六位编号

类型	第六位
内陆型	N
沿海型	Y

表5-7　双杆三相柱上变压器台第七位编号

类型	第七位
常规型	C
大容量型	D

表5-8　单杆三相柱上变压器台第一位编号

电杆安装型式	第一位
单杆	D

表5-9　单杆三相柱上变压器台第二位编号

类型	第二位
柱上变压器台	Z

表5-10　单杆三相柱上变压器台第三位编号

类型	第三位
户外	A

表5-11　单杆三相柱上变压器台第四位编号

类型	第四位
方案编号	1

（3）有源台区典型设计方案编号原则。有源台区典型设计方案编号按照第一位代表光伏，第二位代表并网方式，第三位代表接入场景。具体编号原则参照表5-12和表5-13。

表 5-12　　有源台区第一位编号

类型	第一位
光伏	GF

表 5-13　　有源台区第二位编号

类型	第二位
自发自用	Z
全额上网	T

5.1.2 低压架空线路典型设计方案编号原则

低压架空线路典型设计方案编号第一位代表低压架空线路，第二位代表杆型，第三位代表杆长。具体编号原则参照表 5-14～表 5-16。

表 5-14　　低压架空线路第一位编号

类型	第一位
低压三相四线（380V）	D4

表 5-15　　低压架空线路第二位编号

杆型名称	直线杆	直线转角杆	45°转角杆	90°转角杆	T 接杆	终端杆	无拉线转角杆
杆型编号	Z	ZJ	NJ1	NJ2	T	D	J

表 5-16　　低压架空线路第三位编号

电杆长度	10m	12m	15m
杆长编号	10	12	15

5.1.3 低压电缆线路典型设计方案编号原则

低压电缆线路典型设计方案编号原则与《国家电网公司配电网工程典型设计 10kV 电缆分册（2016 年版）》相同。具体编号原则参照表 5-17。

表 5-17　　低压电缆线路典型设计模块编号原则

模块名称	排管	电缆沟	电缆井
模块编号	B	C	E

5.1.4 低压接户线典型设计方案编号原则

（1）低压接户线典型设计方案编号第一位代表接户线，第二位代表绝缘导线，第三位代表排列方式，第四位代表电压等级。具体编号原则参照表 5-18～表 5-21。

表 5-18　　低压接户线第一位编号原则

类型	第一位
接户线	J

表 5-19　　低压接户线第二位编号原则

类型	第二位
绝缘导线	X

表 5-20　　低压接户线第三位编号原则

类型	第三位
水平排列	S
垂直排列	C

表 5-21　　低压接户线第四位编号原则

类型	第四位
低压三相四线（380V）	4
低压单相二线（220V）	2

（2）低压接户电缆典型设计方案编号第一位代表接户线，第二位代表电缆，第三位代表敷设方式，第四位代表电压等级。具体编号原则参照表 5-22～表 5-25。

表 5-22　　低压接户电缆第一位编号原则

类型	第一位
接户线	J

表 5-23　　低压接户电缆第二位编号原则

类型	第二位
电缆	D

表 5-24　　低压接户电缆第三位编号原则

类型	第三位
直埋敷设	Z
架空敷设	X

表 5-25　　低压接户电缆第四位编号原则

类型	第四位
低压三相四线（380V）	4
低压单相二线（220V）	2

（3）低压接户电缆挂敷典型设计方案编号第一位代表单杆，第二位代表杆型，第三位代表电缆根数。具体编号原则参照表 5-26～表 5-28。

表 5-26　　低压接户电缆挂敷第一位编号原则

类型	第一位
单杆	D

表 5-27　　低压接户电缆挂敷第二位编号原则

杆型名称	直线杆	直线转角杆	45°转角杆	90°转角杆	终端杆
杆型编号	Z	ZJ	NJ1	NJ2	D

表 5-28　　低压接户电缆挂敷第三位编号原则

类型	第三位
单根电缆	L1
两根电缆	L2

5.2　柱上变压器台典型设计技术方案

柱上变压器台典型设计包括内陆常规型柱上变压器台、内陆大容量型柱上变压器台、沿海常规型柱上变压器台、沿海大容量型柱上变压器台、单杆小容量柱上变压器台、有源型柱上变压器台、智能型柱上变压器台 11 个方案，技术方案组合见表 5-29。

表 5-29　　柱上变压器台典型设计技术方案组合

序号	方案编号	方案名称	适用范围
1	ZA-1-ZXN-C	内陆常规型柱上变压器台	Z1、Z2 灾害区，变压器容量 400kVA 及以下柱上变压器台
2	ZA-1-ZXN-D	内陆大容量型柱上变压器台	Z1、Z2 灾害区，变压器容量 630kVA 柱上变压器台
3	ZA-1-ZXY-C	沿海常规型柱上变压器台	Z3 至 Z7 灾害区，变压器容量 400kVA 及以下柱上变压器台
4	ZA-1-ZXY-D	沿海大容量型柱上变压器台	Z3 至 Z7 灾害区，变压器容量 630kVA 柱上变压器台
5	DZA-1	单杆小容量三相柱上变压器台	Z1、Z2 灾害区，变压器容量 100kVA 及以下柱上变压器台
6	GF 380/220-Z-1	公共连接点电压 380V/220V，自发自用、余电上网模式	容量≤400kW（光伏总量不能超过配变容量 100%）
7	GF 380/220-T-1	接入容量小于 100kW，全额上网模式	容量≤100kW，其中单点容量 13kW 及以下可单相接入（台区光伏总量不能超过配电变压器容量 100%）
8	GF 380-T-2	接入容量 100～400kW，全额上网模式	容量 100～400kW
9	基本型	智能化柱上变压器台采用“集中器＋HPLC 电能表”	适用于 C 类及以下供电区域的新建台区、存量拟改造台区
10	标准型	智能化柱上变压器台采用“新型融合终端/高性能集中器＋智能开关＋HPLC 电能表”	适用于 B 类及以上供电区域的新建台区、存量拟改造台区，也可适用于高故障台区、具备低压分布式电源、充电桩接入台区及已建成中压标准自动化馈线所带台区

5.3　低压架空线路典型设计技术方案

低压架空线路典型设计包括三相四线（380V）架空配电线路 13 个方案，技术方案组合见表 5-30。

表 5-30　　低压架空线路水泥杆部分典型设计技术方案组合

序号	方案编号	方案名称	适用范围
1	D4Z-10	380V 10m 直线水泥杆	三相四线（380V）直线水泥杆
2	D4Z-12	380V 12m 直线水泥杆	
3	D4ZJ-10	380V 10m 直线转角水泥杆	三相四线（380V）0°～10°（12°、15°）带拉线直线转角水泥杆
4	D4ZJ-12	380V 12m 直线转角水泥杆	
5	D4NJ1-10	380V 10m 45°转角水泥杆	三相四线（380V）0°～45°带拉线耐张转角水泥杆
6	D4NJ1-12	380V 12m 45°转角水泥杆	
7	D4NJ2-10	380V 10m 90°转角水泥杆	三相四线（380V）45°～90°带拉线耐张转角水泥杆
8	D4NJ2-12	380V 12m 90°转角水泥杆	
9	D4ZT4-10	380V 10m 直线 T 接水泥杆	三相四线（380V）带拉线直线 T 接四线、T 接二线水泥杆
10	D4ZT4-12	380V 12m 直线 T 接水泥杆	
11	D4D-10	380V 10m 终端水泥杆	三相四线（380V）带拉线终端水泥杆
12	D4D-12	380V 12m 终端水泥杆	
13	D4J	380V 12m 无拉线耐张转角水泥杆	三相四线（380V）无拉线耐张转角水泥杆

5.4　低压电缆线路典型设计技术方案

低压电缆线路典型设计按敷设方式共分为 3 个方案。按照敷设规模、断面形式、外部荷载等不同因素又划分为若干个子方案。其中，土建工井、排管模块直接参照《国网福建电力 10kV 电缆管沟土建典型设计（2023 年版）》，本典型设计不再赘述。

5.5　电压提升典型设计技术方案

电压提升典型设计技术方案按照装置分类共分为 3 个方案。按照设备类型不同划分为 5 个子模块，技术方案组合见表 5-31。

表 5-31　　电压提升典型设计技术方案组合

序号	装置分类	设备类型	设备容量（kVA）	调压能力	适用范围
1	柔性直流综合调压装置	串联	30	−40%～+30%	（1）供电半径长引起的末端多点低电压。（2）具备季节性负荷特征引起的低电压
2			50		
3		并联	30	−40%～+30%	
4			50		
5	配电网电能质量综合治理装置	调压型	30	±30%	（1）分布式光伏渗透率较高的台区，电压波动越限。（2）农村及郊区季节性/间歇性负荷。（3）远端大负荷和供电线路长。（4）城市配电台区电动车充电桩负荷的接入。（5）存在高可靠性用电需求用户的台区
6			60		
7			100	±25%	
8			200		
9	供电质量优化器	单相	15	−40%～+30%	长线末端季节性负荷引起低电压场景
10			20		
11			25		
12		三相	30	−40%～+30%	
13			50		
14			75		

第 6 章　典型设计应用场景

6.1　应用场景说明

典型设计方案及应用场景说明见表 6-1。

表 6-1　　典型设计方案及应用场景说明

序号	方案	应用场景
1	内陆常规型柱上变压器台典型设计	(1) 变压器容量 400kVA 及以下台区。 (2) 适用于 Z1、Z2 灾害区
2	内陆大容量型柱上变压器台典型设计	(1) 城中村、城郊人员聚集地等高负荷密度等城市未建成区域，本身新增变台无法布点。 (2) 适用于 Z1、Z2 灾害区
3	沿海常规型柱上变压器台典型设计	(1) 变压器容量 400kVA 及以下台区。 (2) 适用于 Z3 至 Z7 灾害区
4	沿海大容量柱上变压器台典型设计	(1) 城中村、城郊人员聚集地等高负荷密度等城市未建成区域，本身新增变台无法布点。 (2) 适用于 Z3 至 Z7 灾害区
5	单杆小容量三相柱上变压器台典型设计	(1) 10kV 单杆小容量三相柱上变压器台适用于负荷密度较小的区域。 (2) 台区过重载且布点位置困难，安装位置不足。 (3) 存在低电压的自然村
6	有源型柱上变压器台典型设计	(1) 存在分布式电源的柱上变压器台，根据接入容量选择采用“自发自用，余电上网”及“全额上网”2 种方式接入。 (2)“自发自用，余电上网”模式下，装机总容量不大于 400kW 的可采用方案 GF 380/220-Z-1。 (3)“全额上网”模式下，容量不大于 100kW（其中单点容量 13kW 及以下可单相接入）的可采用方案 GF 380/220-T-1；容量在 100～400kW 的可采用方案 GF 380-T-2

续表

序号	方案	应用场景
7	智能型柱上变压器台典型设计	(1) 基本型智能化柱上变压器台适用于 C 类及以下供电区域的新建台区、存量拟改造台区。 (2) 标准型智能化柱上变压器台适用于 B 类及以上供电区域的新建台区、存量拟改造台区，也可适用于高故障台区、具备低压分布式电源、充电桩接入台区及已建成中压标准自动化馈线所带台区
8	低压架空线路典型设计技术方案（含接户线部分）	路径走廊空旷、安全距离满足规范要求的农村和城镇区域
9	低压电缆线路典型设计技术方案（含接户线部分）	(1) 负荷密度高、线路通道紧张的农村和城镇区域。 (2) 城中村、棚户区等城乡接合区域
10	变压器台电压提升典型设计	(1) 柔性直流综合调压装置。 1) 供电半径长引起的末端多点低电压场景。 2) 具备季节性负荷特征引起的低电压场景。 (2) 电能质量综合治理装置。 1) 分布式光伏渗透率较高的台区，电压波动越限。 2) 农村及郊区季节性/间歇性负荷。 3) 远端大负荷和供电线路长。 4) 城市配电台区电动车充电桩负荷的接入。 5) 存在高可靠性用电需求用户的台区。 (3) 供电质量优化器。治理长线末端季节性负荷引起低电压场景

6.2　应用场景案例说明

(1) 山区（城镇）地区场景案例说明（见图 6-1）。

(2) 山区（农村）地区场景案例说明（见图 6-2）。

(3) 沿海（城镇）地区场景案例说明（见图 6-3）。

(4) 沿海（农村）地区场景案例说明（见图 6-4）。

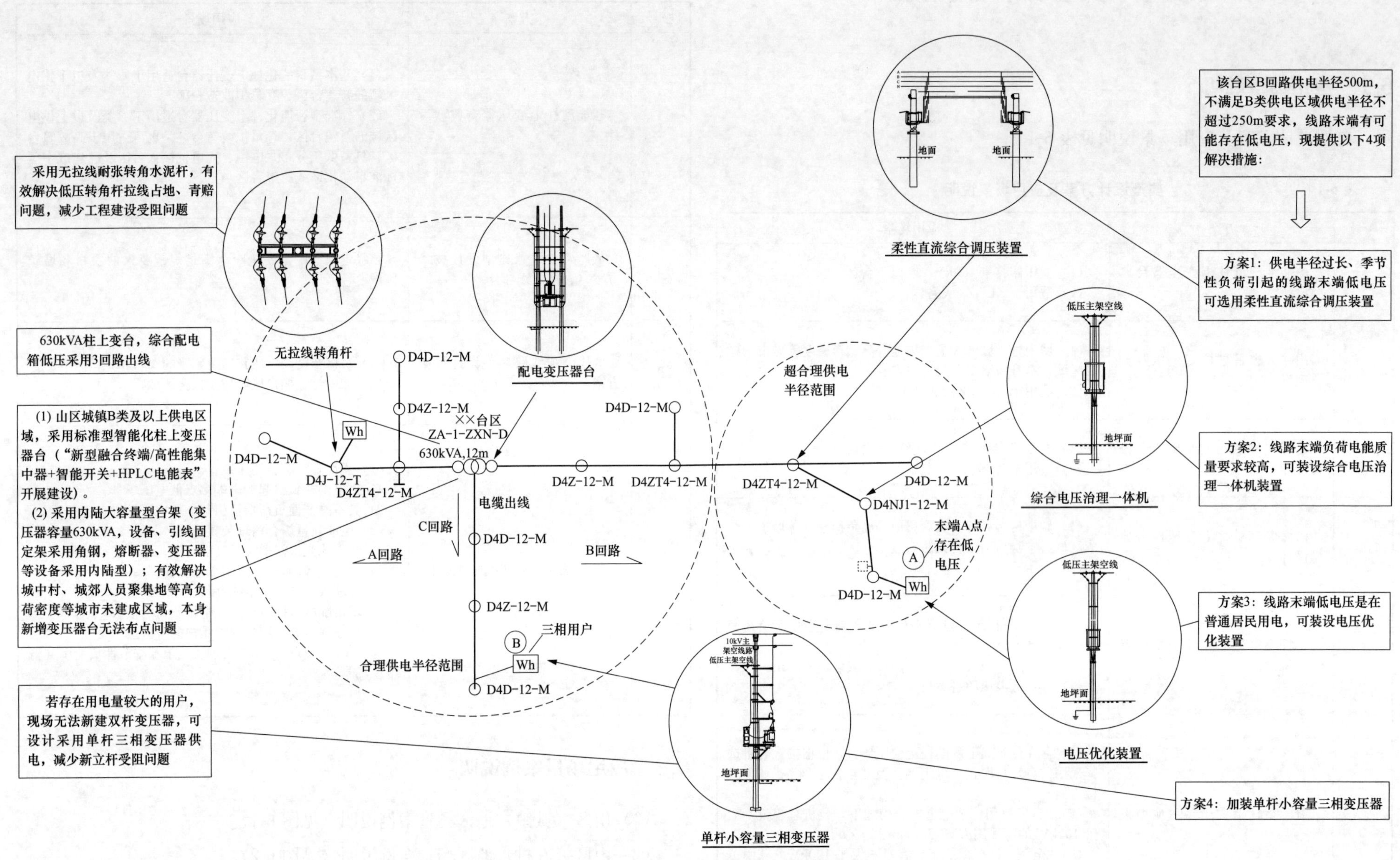

图 6-1　山区（城镇）地区场景案例说明

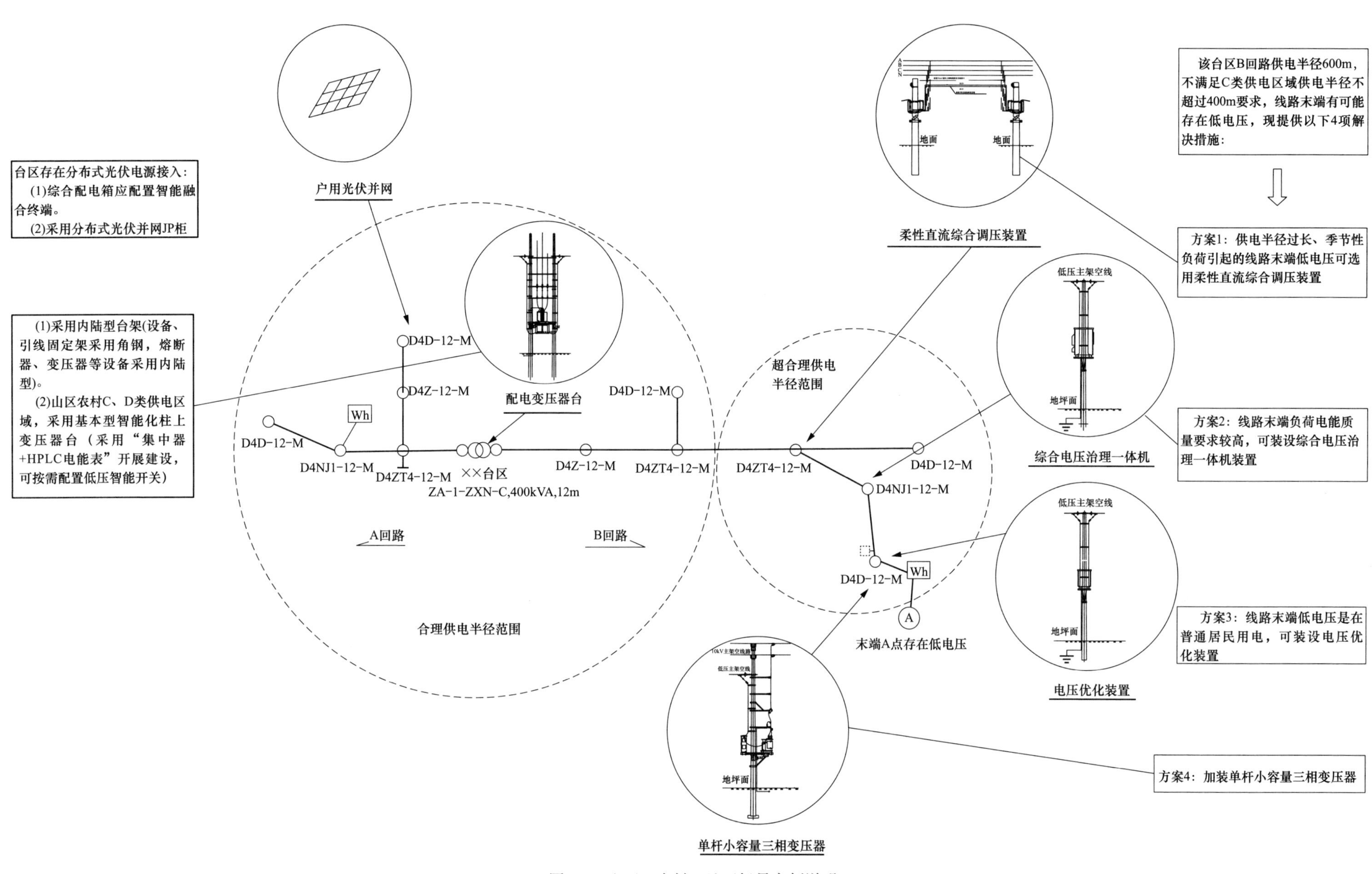

图 6-2 山区（农村）地区场景案例说明

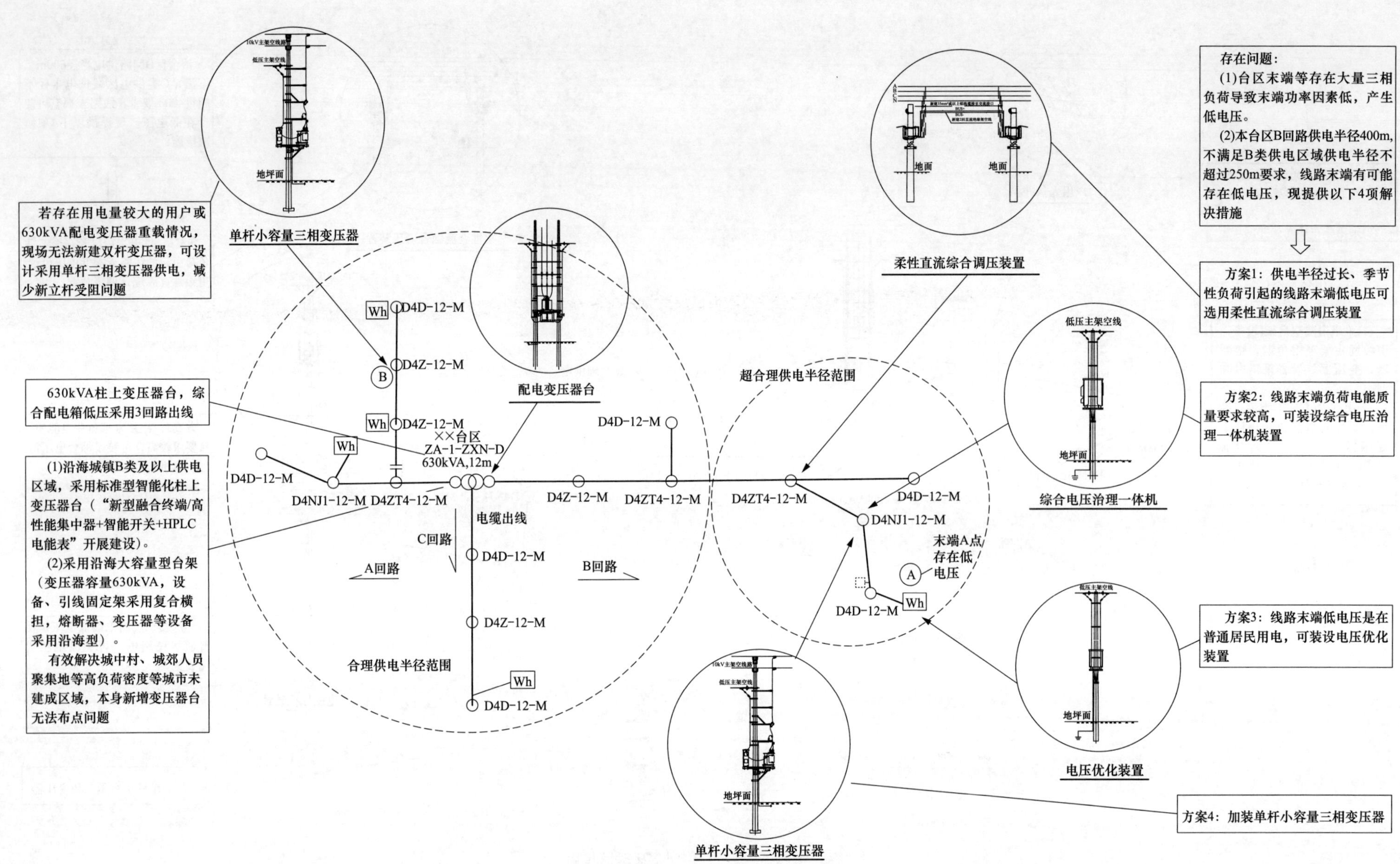

图 6-3　沿海（城镇）地区场景案例说明

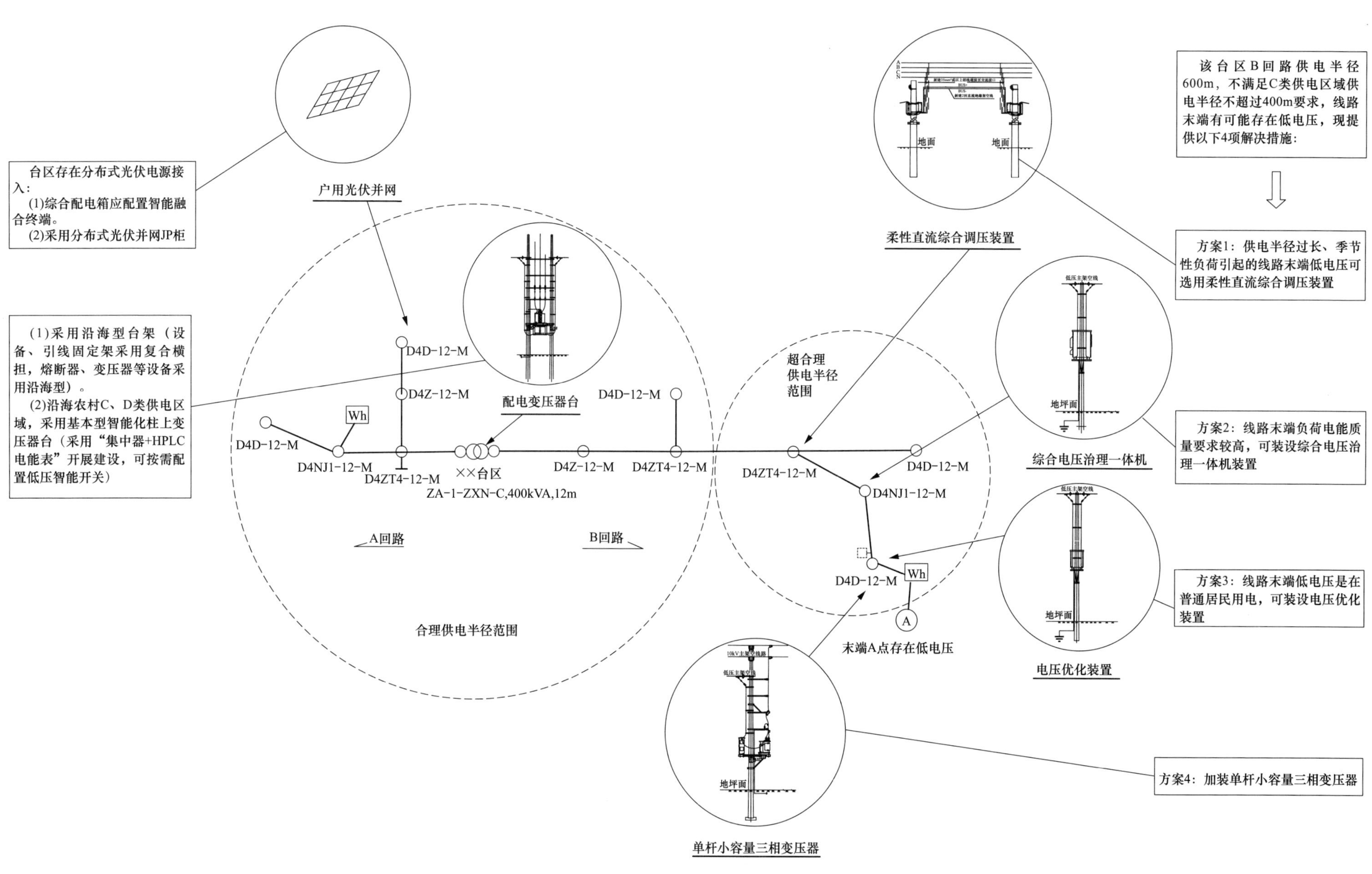

图 6-4　沿海（农村）地区场景案例说明

6.3 应用注意事项说明

（1）内陆常规型柱上变压器台典型设计（ZA-1-ZXN-C）。

1）适用于 Z1、Z2 灾害区。

2）变压器双杆支持架（14-3000）采用 Q355 材质，满足后期变压器增容至 630kVA 的承重要求。

（2）内陆大容量型柱上变压器台典型设计（ZA-1-ZXN-D）。

1）适用于 Z1、Z2 灾害区。

2）若变压器台增容改造至 630kVA 时，应将原 Q235 材质的变压器双杆支持架（14-3000）更换为 Q355 材质的变压器双杆支持架（14-3000），并按照典型设计变台组装图要求调整各引线架间层距。

3）综合配电箱低压应设计 3 回路出线。

（3）沿海常规型柱上变压器台典型设计（ZA-1-ZXY-C）。

1）适用于 Z3 至 Z7 灾害区。

2）变压器双杆支持架（14-3000）采用 Q355 材质，满足后期变压器增容至 630kVA 的承重要求。

（4）沿海大容量型柱上变压器台典型设计（ZA-1-ZXY-D）。

1）适用于 Z3 至 Z7 灾害区。

2）若变压器台增容改造至 630kVA 时，应将原 Q235 材质的变压器双杆支持架（14-3000）更换为 Q355 材质的变压器双杆支持架（14-3000），并按照典型设计变台组装图要求调整各引线架间层距。

3）综合配电箱低压应设计 3 回路出线。

（5）单杆小容量三相柱上变压器台（DZA-1）。

1）该方案在不同风速、地质、线径等情况下，对电杆强度及基础形式有特定要求，引用本典型设计时应予以特别注意。其中，内陆区域原则上适用于 20m/s 风速，可以采用直埋或加卡盘基础形式；沿海台风区域原则上适用于 30m/s 风速，可以采用直埋加卡盘或现浇基础形式；风速超过 30m/s 地区应校验杆身强度及基础型式。

2）老电杆利旧改造为本典设形式时，应确保电杆强度不低于 K 级且无损伤。

（6）有源型柱上变压器台典型设计。

1）分布式光伏接入现有公用柱上变压器台应结合现有台区实际负荷确定可接入容量，降低台区渗透率，超过界限需采取相应措施降低台区渗透率，如配置储能设备等。

2）分布式光伏接入现有公用柱上变压器台应避免全部从某一相接入，以免造成某一相电流增大，造成电量损耗及三相平衡等问题。

3）注意控制分布式光伏台区并网光伏逆变器出口输出过电压，减少电压越限问题。

4）有光伏接入的配电台区，不宜与其他台区建立低压联络，若需与其他台区联络，应在配变低压母线处装设反孤岛装置；低压总开关应与反孤岛装置间具备操作闭锁功能，联络开关也应与反孤岛装置间具备操作闭锁功能。

5）光伏并网接入箱宜结合现场情况布置。

（7）智能型柱上变压器台典型设计。典型设备接入智能融合终端应同步做好功能配置调试。

（8）变压器台电压提升典型设计。

1）电压提升设备容量不低于后级线路的总负荷量。

2）设备安装离地高度不低于 2.5m。

3）设备接地电阻不应大于 4Ω。

（9）除 D 类农村供电区域或者其他农村人口外流的供电区域外，200kVA 及以上容量台区低压主干导线选用 JKLYJ-1-185mm^2 导线或载流量相近的电缆，分支导线选用 JKLYJ-1-120mm^2 导线或载流量相近的电缆；双杆 100kVA 容量台区低压主干导线选用 JKLYJ-1-120mm^2 导线或载流量相近的电缆，分支导线选用 JKLYJ-1-70mm^2 导线或载流量相近的电缆；单杆小容量台区低压主干导线、分支导线选用 JKLYJ-1-70mm^2 导线或载流量相近的电缆。

第三篇　柱上变压器台典型设计方案

第 7 章　内陆型柱上变压器台典型设计（ZA-1-ZXN）

7.1　方案说明

7.1.1　总的部分

内陆型柱上变压器台典型设计方案编号为“ZA-1-ZXN”（即变压器正装、架空绝缘线正面引下、沿海型柱上变压器）。

内陆型柱上变压器台典型设计（ZA-1-ZXN）分为常规型（方案编号 ZA-1-ZXN-C，变压器容量 400kVA 及以下）与大容量型（方案编号 ZA-1-ZXN-D，变压器容量 630kVA）。

方案 ZA-1 主要技术原则：10kV 侧采用架空绝缘线引下，低压综合配电箱采用悬挂式安装，进、出线采用低压电缆。

7.1.2　适用范围

一般宜选用柱上变压器和低压综合配电箱方式，ZA-1-ZX 方案适用于 Z1、Z2 灾害区。

该设计方案为单回路线路，如果采用双回路，可根据实际情况作相应的调整。

7.1.3　方案技术条件

该方案根据“内陆型柱上变压器台典型设计总体说明”确定的预定条件开展设计，方案组合其典型方案技术条件见表 7-1。

表 7-1　　内陆型柱上变压器台 ZA-1-ZXN 典型设计方案技术条件

序号	项目名称	内容
1	10kV 变压器	选用二级能效及以上节能型变压器，宜采用油浸式、全密封、低损耗油浸式变压器，容量为 630kVA 及以下
2	低压综合配电箱	适用于 630kVA 容量变压器的配电箱：柜体尺寸（宽×深×高）选用 1700mm×700mm×1300mm，空间满足 630kVA 容量配电变压器的 1 回进线、3 回馈线、计量、无功补偿、配电智能融合终端、应急电源接口等功能模块安装要求。箱体外壳优先选用不锈钢材料，也可选用纤维增强型不饱和聚酯树脂材料。 适用于 200～400kVA 容量变压器的配电箱：柜体尺寸（宽×深×高）选用 1350mm×700mm×1300mm，空间满足 200～400kVA 容量配电变压器的 1 回进线、2 回馈线、计量、无功补偿、配电智能融合终端、发电车应急电源接口等功能模块安装要求。箱体外壳优先选用不锈钢材料，也可选用纤维增强型不饱和聚酯树脂材料（SMC）。 适用于 100kVA 容量变压器的配电箱：柜体尺寸（宽×深×高）选用 1200mm×600mm×1140mm，空间满足 100kVA 容量配电变压器的 1 回进线、2 回馈线、计量、无功补偿、配电智能融合终端、发电车应急电源接口等功能模块安装要求。箱体外壳优先选用不锈钢材料，也可选用纤维增强型不饱和聚酯树脂材料
3	主要设备型式	10kV 选用跌落式熔断器或封闭型熔断器。 10kV 避雷器选用可装卸式避雷器，带脱扣。 0.4kV 进线选用断路器（宜采用具备“四遥”功能且带有重合闸功能），出线采用可调的一体式剩余电流动作可重合闸断路器。 熔断器短路电流水平按 8/12.5kA 考虑，其他 10kV 设备短路电流水平均按 20kA 考虑
4	防雷接地	10kV 小电流接地系统接地电阻不大于 4Ω，当采用大电流接地系统时，保护接地和工作接地需分开设置，若保护接地与工作接地共用接地系统时，需结合工程实际情况，考虑土壤条件等因素进行校验。 变压器高压侧须安装避雷器，低压侧安装浪涌保护器，避雷器应尽量靠近被保护设备，且连接引线尽可能短而直；接地体一般采用镀锌钢，腐蚀性高的地区宜采用铜包钢或者石墨；接地电阻、跨步电压和接触电压应满足有关规程要求

7.2　电力系统部分

（1）本典设按照给定的变压器进行设计，在实际工程中，需要根据实地情况具体设计选择变压器容量。

（2）熔断器短路电流水平按 8kA/12.5kA 考虑，其他 10kV 设备短路电流水平均按 20kA 考虑。

（3）高压侧采用跌落式熔断器或封闭型熔断器，低压侧进、出线开关选用断路器。

7.3 电气一次部分

7.3.1 短路电流及主要电气设备、导体选择

（1）变压器。

型式：选用二级能效及以上节能型高效能变压器，宜采用油浸式、全密封、低损耗油浸式变压器；

容量：630kVA 及以下；

阻抗电压：U_k%=4；

额定电压：10±5（2×2.5）%/0.4kV；

接线组别：Dyn11；

冷却方式：自冷式。

（2）10kV 侧选用跌落式熔断器或封闭型熔断器，10kV 避雷器采用可装卸式金属氧化物避雷器。

（3）低压综合配电箱。

1）适用于 630kVA 容量变压器的配电箱：柜体尺寸（宽×深×高）选用 1700mm×700mm×1300mm，空间满足 630kVA 容量配电变压器的 1 回进线、3 回馈线、计量、无功补偿、配电智能融合终端、发电车应急电源接口等功能模块安装要求；适用于 200～400kVA 容量变压器的配电箱：柜体尺寸（宽×深×高）选用 1350mm×700mm×1300mm，空间满足 200～400kVA 容量配电变压器的 1 回进线、2 回馈线、计量、无功补偿、配电智能融合终端、发电车应急电源接口等功能模块安装要求；适用于 100kVA 容量变压器的配电箱：柜体尺寸（宽×深×高）选用 1200mm×600mm×1140mm，空间满足 100kVA 容量配电变压器的 1 回进线、2 回馈线、计量、无功补偿、配电智能融合终端、发电车应急电源接口等功能模块安装要求。箱体外壳优先选用不锈钢材料，也可选用纤维增强型不饱和聚酯树脂材料（SMC）。

2）低压综合配电箱采用适度以大代小原则配置，适用于 630kVA 容量变压器的综合配电箱采用“SVG+智能电容”配置的补偿方式，补偿容量按照不小于 180kvar 配置，SVG 补偿容量 60kvar，智能电容组采用分组、分相补偿，补偿容量不得少于 120kvar；适用于 200～400kVA 容量变压器的综合配电箱采用“SVG+智能电容”配置的补偿方式，补偿容量按照不小于 120kvar 配置，SVG 补偿容量 30kvar，智能电容组采用分组、分相补偿，补偿容量不得少于 90kvar；适用于 100kVA 容量变压器采用“智能电容”配置的补偿方式，补偿容量按照不小于 30kvar 配置，留有可扩展到 60kvar 的空间，采用分补和共补混合补偿方式，分补容量不得少于总容量的 30%。实现无功需量自动投切，按需配置配电智能融合终端。

3）电气主接线采用单母线接线，常规型（ZA-1-ZXN-C）100kVA 容量及以下变压器出线 1～2 回、200～400kVA 容量变压器出线 2 回，常规大容量型（ZA-1-ZXN-D）630kVA 容量变压器出线 3 回。进线选择具备“四遥”功能且带有重合闸功能断路器。出线开关选用断路器，并按需配置带通信接口的配电智能融合终端和 T1 级电涌保护器。适用于 200～630kVA 容量变压器的综合配电箱出线隔离开关选用额定电流为 600A 的接地隔离开关，适用于 100kVA 容量变压器的综合配电箱出线隔离开关选用额定电流为 400A 的接地隔离开关。TT 系统的剩余电流动作保护器应根据 GB/T 13955《剩余电流动作保护装置安装和运行》要求进行安装，不锈钢综合配电箱外壳单独与接地装置引上线连接接地。

4）低压综合配电箱采取悬挂式安装，下沿距离地面不低于 2.0m，有防汛需求可适当加高。在农村等 D 类供电区域，低压综合配电箱下沿离地高度可降低至 1.8m，变压器支架、避雷器、熔断器等安装高度应作同步调整，并宜在变压器台周围装设安全围栏。低压进线采用交联聚乙烯绝缘电力电缆，由配电箱侧面进线；低压出线可采用电缆（铜芯、铝芯或稀土高铁铝合金芯），由配电箱侧面出线，电杆外侧敷设，低压出线优先选择副杆，使用电缆卡抱固定；采用电缆入地敷设时，由配电箱底部出线。

（4）导体选择。变压器 10kV 引下线一般选择：主干线至跌落式熔断器上桩选用 JKLYJ-10-1×50mm^2 架空绝缘导线，跌落式熔断器下桩至变压器选用 JKTRYJ-10/35mm^2 导线；变压器至低压综合配电箱出线选择：适用于 630kVA 容量变压器的配电箱选用 ZC-YJY-0.6/1kV-1×300mm^2 单芯电缆双拼

供电，适用于 200～400kVA 容量变压器的配电箱选用 ZC-YJY-0.6/1kV-1×300mm^2 单芯电缆，适用于 100kVA 容量变压器的配电箱选用 ZC-YJY-0.6/1kV-1×150mm^2 单芯电缆，低压综合配电箱出线根据负荷情况设计选定。

（5）柱上变压器台架采用等高杆方式，电杆采用非预应力混凝土杆，杆高原则上为 12、15m 两种。

（6）线路金具按“节能型、绝缘型”原则选用。

（7）变压器台架承重力按照 630kVA 变压器及配套低压综合配电箱质量考虑设计。

7.3.2 基础

方案中所有混凝土杆的埋深及底盘的规格均按预定条件选定，若土质与设计条件差别较大可根据实际情况作适当调整。

7.3.3 防雷、接地及过电压保护

交流电气装置的接地应符合 GB/T 50065—2011《交流电气装置的接地设计规范》要求。电气装置过电压保护应满足 GB/T 50064—2014《交流电气装置的过电压保护和绝缘配合设计规范》要求。

（1）采用交流无间隙金属氧化物避雷器进行过电压保护，金属氧化物避雷器按 GB/T 11032—2020《交流无间隙金属氧化物避雷器》中的规定进行选择，设备绝缘水平按国标要求执行。

（2）配电变压器均装设避雷器，并应尽量靠近变压器，其接地引下线应与变压器二次侧中性点及变压器的金属外壳相连接。在多雷区宜在变压器二次侧装设避雷器，避雷器应尽量靠近被保护设备，连接引线尽可能短而直。柱上变压器台高压侧须安装金属氧化物避雷器，方案中采用可装卸式避雷器。

（3）中性点直接接地的低压配电线路，其保护中性线（PEN 线）应在电源点接地，TN-C 系统在干线和分支线的终端处，应将 PEN 线重复接地，且接地点不应少于三处；TT 系统除变压器低压侧中性点直接接地外，中性线不得再重复接地，不锈钢综合配电箱外壳单独与接地装置引上线连接接地，剩余电流动作保护器另应根据 GB/T 13955《剩余电流动作保护装置安装和运行》要求进行安装。接地体敷设成围绕变压器的闭合环形，设 2 根及以上垂直接地极，接地体的埋深不应小于 0.6m，且不应接近煤气管道及输水管道。接地线与杆上需接地的部件必须接触良好。

（4）低压综合配电箱防雷采用 T1 级浪涌保护器，壳体、浪涌保护器及避雷器应接地，接地引线与接地网可靠连接。

（5）设水平和垂直接地的复合接地网。接地体一般采用镀锌钢，腐蚀性高的地区宜采用铜包钢或者石墨。接地电阻、跨步电压和接触电压应满足有关规程要求。考虑防盗要求接地极汇合点设置在主杆 3.0m 处，分别与避雷器接地、变压器中性点接地、变压器外壳接地和不锈钢低压综合配电箱外壳进行有效连接。不锈钢综合配电箱外壳接地端口留在箱体上部。

7.4 其他

（1）标志标识。在台架两侧电杆上安装“禁止攀登，高压危险”警示牌，尺寸为 300mm×240mm，禁止标识牌长方形衬底色为白色，带斜杠的圆边框为红色，标识符号为黑色，辅助标识为红底白字、黑体字，字号根据标识牌尺寸、字数调整；在台架正面右侧的变压器托担上安装命名牌，命名牌尺寸为 300mm×240mm（不带框），白底红色黑体字，字号根据标识牌尺寸、字数调整；安装上沿与变压器托担上沿对齐，并用钢带固定在托担上。

（2）设备外观颜色。柱上变压器、SMC 材质低压综合配电箱外观颜色采用海灰 B05，不锈钢材质低压综合配电箱采用哑光处理，热镀锌支架不再喷涂颜色。

（3）电杆选用非预应力混凝土杆，应符合 GB 4623—2014《环形钢筋混凝土电杆》，电杆基础及埋深参考国家标准，具体使用必须根据实际的地质情况进行调整。

（4）铁附件选用原则。

1）物料库中应采用统一的名称、规格，禁止同物不同名。

2）设计选择时应写明详细的型号代码，确保唯一性。

（5）绝缘子金具串选用原则。综合考虑强度、耐冲击性、耐用性、紧密性和转动灵活性选择绝缘子金具串，具体要求如下：

1）线路运行时，不应损坏导线，并应能起到保护导线、地线的作用。

2）能承受安装、维修和运行时产生的各种机械载荷，并能经受设计工作电流（包括短路电流）、运行温度及周围环境条件等各种情况的考验。

3）装配式金具的各部件应能有效锁紧，在运行中不松脱。

4）带电检修时，应考虑检修的安全性和操作的方便性。

5）与导线和地线表面直接接触的压接金具，其压缩面在安装前应保护好，防止污染，采用合适的材料及制造工艺防止产品脆变。

6）金具选材时应考虑材料的机械强度、耐磨性和耐腐蚀性等。应选择满足设计要求、经济合理、性能优良、环保节能的常用材料；为了减少线路运行中产生的磁滞损耗和涡流损耗，与导线直接接触的金具部件应采用铝质或铝合金材料。

7）金具串连接部位应按面接触进行选择连接金具、在满足转动灵活条件下宜采用数量最少的方案。

8）绝缘子金具串上的螺栓、弹簧销等的穿向按 GB 50173—2014《电气装置安装工程 66kV 及以下架空线路施工及验收规范》要求安装。

9）架空绝缘线路带电裸露部位均应进行绝缘防水封护。

7.5 主要设备及材料清册

主要设备材料清册见表 7-2。

表 7-2　　主要设备材料清册

序号	名称	型号及规格	单位	数量	备注
1	油浸式配电变压器	630kVA 及以下；Dyn11；U_k%=4	台	1	—
2	混凝土杆	ϕ190mm×12m（非预应力杆） ϕ190mm×15m（非预应力杆）	根	2	双杆等高
3	熔断器	100A	只	3	高压熔丝按变压器容量选择
4	避雷器	HY10WS-17/45	只	3	可装卸式
5	低压综合配电箱	630kVA：1700mm×700mm×1300mm 200～400kVA：1350mm×700mm×1200mm 100kVA：1200mm×600mm×1140mm	台	1	预留应急电源接口
6	高压架空绝缘导线	JKLYJ-10-1×50mm^2	m	23	可按实际尺寸调整
7	高压架空绝缘导线	JKTRYJ-10-1×35mm^2	m	14	可按实际尺寸调整
8	综合箱进线	630kVA：ZC-YJY-0.6/1kV-1×300mm^2	m	39	采用双拼电缆供电
	综合箱进线	200～400kVA：ZC-YJY-0.6/1kV-1×300mm^2 100kVA：ZC-YJY—0.6/1kV-1×150mm^2	m	18	—
9	综合箱出线	630kVA：ZC-YJY-0.6/1kV-4×150mm^2 400kVA：ZC-YJY-0.6/1kV-4×150mm^2 100kVA：ZC-YJY-0.6/1kV-4×150mm^2	m		按实际出线长度及负荷情况选用（当低压采用 TN-S 系统时，应采用 5 芯电缆）

7.6 使用说明

7.6.1 方案简述

本方案主要对应内容：10kV 侧采用架空绝缘线引下，低压综合配电箱采用悬挂式安装。10kV 变压器为 1 台 100～630kVA 的组合方案。

本说明为“10kV 柱上三相变压器台典型设计：ZA-1-ZXN”的内容使用说明，即变压器采用正装、架空绝缘线正面引下。

7.6.2 基本方案说明

（1）柱上变压器台采用双杆等高布置方式。

（2）低压综合配电箱采用吊装方式，箱体外壳优先选用不锈钢材料，也可选用纤维增强型不饱和聚酯树脂材料（SMC）。适用于 630kVA 容量变压器的配电箱：柜体尺寸（宽×深×高）选用 1700mm×700mm×1300mm；适用于 200～400kVA 容量变压器的配电箱：柜体尺寸（宽×深×高）选用 1350mm×

700mm×1300mm，适用于100kVA容量变压器的配电箱：柜体尺寸（宽×深×高）选用1200mm×600mm×1140mm，其底部距地面不小于2.0m，变压器台架宜相应抬高。在农村等D类供电区域，低压综合配电箱下沿离地高度可降低至1.8m，变压器支架、避雷器、熔断器等安装高度应作同步调整，并宜在变压器台周围装设安全围栏。低压综合配电箱应配置带盖通用挂锁，有防止触电的警告标识并采取可靠的接地和防盗措施。

（3）低压综合配电箱电气主接线采用单母线接线，常规型（ZA-1-ZXN-C）出线1～2回、大容量型（ZA-1-ZXN-D）出线3回。进线选择断路器，宜采用具备“四遥”功能且带有重合闸功能，出线开关选择断路器（剩余电流保护器），配置相应的保护。城镇区域负荷密度较大，且仅供1回低压出线的情况下，可取消出线断路器。TT系统的剩余电流动作保护器应根据GB/T 13955《剩余电流动作保护装置安装和运行》要求进行安装，不锈钢综合配电箱外壳单独与接地装置引上线连接接地。并按需配置带通信接口的配电智能融合终端和T1级浪涌保护器。

（4）低压综合配电箱内采用母排，全绝缘包封，进出线额定电流及无功补偿根据配电箱容量和出线回路数配置。进线采用交联聚乙烯绝缘电力电缆，其中适用于630kVA容量变压器的配电箱选用ZC-YJY-0.6/1kV-1×300mm^{2}单芯电缆双拼供电，适用于200～400kVA容量变压器的配电箱选用ZC-YJY-0.6/1kV-1×300mm^{2}单芯电缆，适用于100kVA容量变压器的配电箱选用ZC-YJY-0.6/1kV-1×150mm^{2}单芯电缆，低压综合配电箱出线根据负荷情况设计选定。

7.6.3 其他

（1）本方案以海拔小于1000m，Z1、Z2灾害区设计。

（2）本方案以地基承载力特征值f_{ak}=150kPa，地下水无影响，非采暖区设计，当具体工程中实际情况有所变化时，应对有关项目作相应调整。

（3）当海拔超过1000m时，绝缘子参照线路相应海拔配置。柱上变压器台设备及空气间隙参照如下：海拔H不大于2500m时。采用高原型设备，但空气间隙及安装尺寸保持不变。

（4）该设计中低压出线方案考虑避免低压线路穿越高压线路问题，在低压线路设计中合理布置低压线路方向，不宜与高压线路同向，或采用电缆入地敷设至低压线路。配电变压器台架推荐出线方式见表7-3。

表7-3 配电变压器台架推荐出线方式

出线方式	图例	说明
典型出线方式1	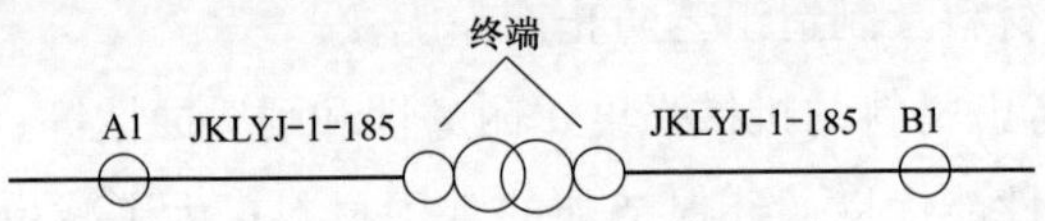 终端；A1 JKLYJ-1-185；JKLYJ-1-185 B1	低压线路从配电变压器台架两侧出线，不穿越变压器上方
典型出线方式2	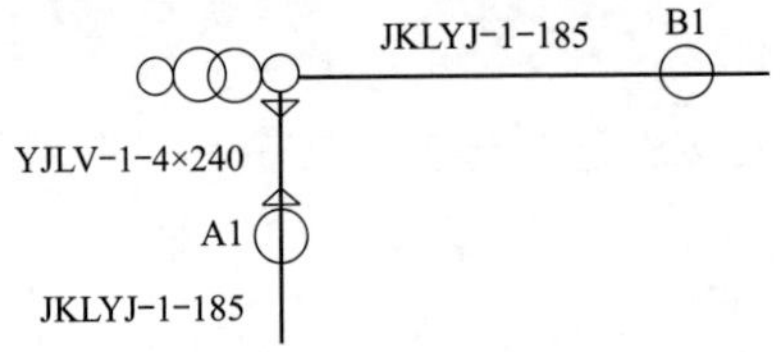 JKLYJ-1-185 B1；YJLV-1-4×240；A1；JKLYJ-1-185	低压线路从配电变压器台架一侧杆分两回路出线，不穿越变压器上方
典型出线方式3	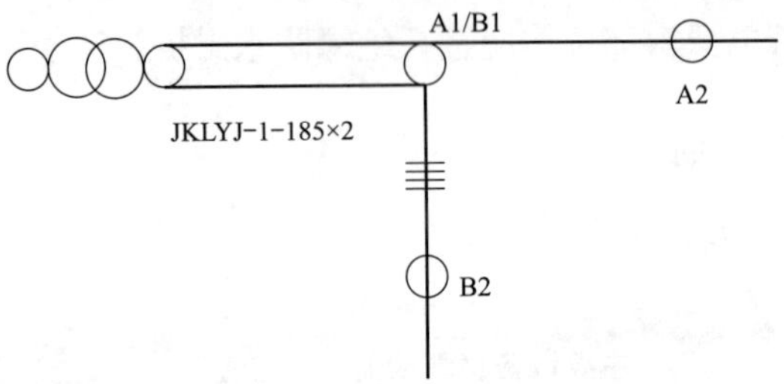 A1/B1；A2；JKLYJ-1-185×2；B2	低压线路从配电变压器台架一侧分两回路，同杆架设出线，不穿越变压器上方
典型出线方式4	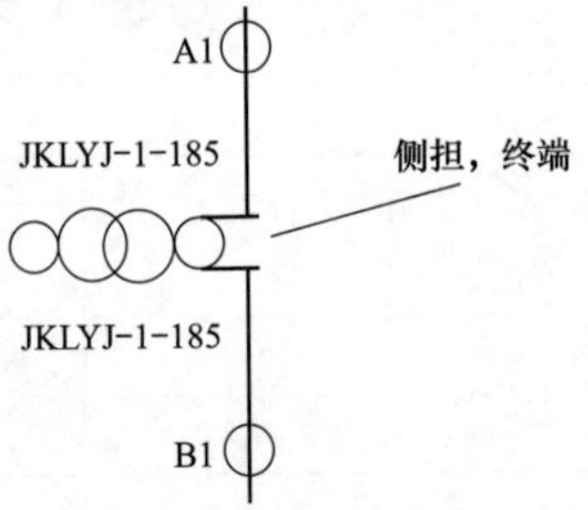 A1；JKLYJ-1-185；侧担，终端；JKLYJ-1-185；B1	低压线路从配电变压器台架一侧杆分两回路出线，不穿越变压器上方

续表

出线方式	图例	说明
典型出线方式 5（适用于大容量型）	JKLYJ-1-185 C1 YJLV-1-4×240 A1 JKLYJ-1-185 JKLYJ-1-185 B1 终端	两回低压线路从配电变压器台架两侧出线、一回从配电变压器台架一侧杆出线，不穿越变压器上方
典型出线方式 6（适用于大容量型）	C1 JKLYJ-1-185 A1/B1 A2 JKLYJ-1-185×2 方案2 B2	两回低压线路从配电变压器台架一侧分两回路，同杆架设出线，一回低压线路从配电变压器台架另一侧出线，不穿越变压器上方
典型出线方式 7（适用于大容量型）	A1 JKLYJ-1-185 侧担，终端 C1 JKLYJ-1-185 方案4 JKLYJ-1-185 B1	两回低压线路从配电变压器台架一侧杆出线，一回低压线路从配电变压器台架另一侧出线，不穿越变压器上方
禁止出线方式 1	A1 JKLYJ-1-185 JKLYJ-1-185 B1	低压线路垂直穿越配电变压器台架变压器上方

续表

出线方式	图例	说明
禁止出线方式 2	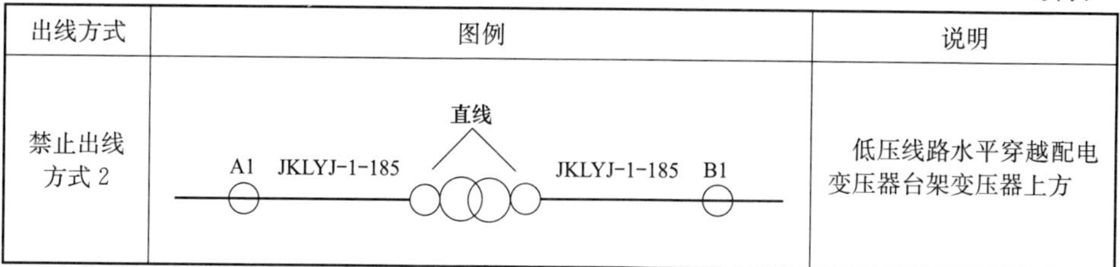	低压线路水平穿越配电变压器台架变压器上方

7.7 设计图

10kV 柱上三相变压器台电气主接线、杆型图及物料清单见表 7-4。

表 7-4　10kV 柱上三相变压器台电气主接线、杆型图及物料清单

图序	图名	图纸编号
1	电气主接线图（400kVA 及以下容量）（ZA-1-ZX-01-01）	图 7-1
2	电气主接线图（630kVA 容量）（ZA-1-ZX-01-02）	图 7-2
3	柱上变压器台杆型图（15m 双杆，内陆常规型）（ZA-1-ZXN-C-02-01）	图 7-3
4	物料清单（15m 双杆，内陆常规型）（ZA-1-ZXN-C-03-01）	图 7-4
5	柱上变压器台杆型图（12m 双杆，内陆常规型）（ZA-1-ZXN-C-02-02）	图 7-5
6	物料清单（12m 双杆，内陆常规型）（ZA-1-ZXN-C-03-02）	图 7-6
7	630kVA 柱上变压器台杆型图（15m 双杆，内陆大容量型）（ZA-1-ZXN-D-02-03）	图 7-7
8	630kVA 柱上变压器台物料清单（15m 双杆，内陆大容量型）（ZA-1-ZXN-D-03-03）	图 7-8
9	630kVA 柱上变压器台杆型图（12m 双杆，内陆大容量型）（ZA-1-ZXN-D-02-04）	图 7-9
10	630kVA 柱上变压器台物料清单（12m 双杆，内陆大容量型）（ZA-1-ZXN-D-03-04）	图 7-10
11	内陆型 10kV 柱上配电变压器台工厂化预制打包材料表	图 7-11
12	630kVA 低压综合配电箱电气图（ZA-1-ZX-04-01）	图 7-12
13	630kVA 变压器（带接地隔离开关）综合配电箱外观示意图（一）	图 7-13
14	630kVA 变压器（带接地隔离开关）综合配电箱外观示意图（二）	图 7-14
15	200～400kVA 低压综合配电箱电气图（ZA-1-ZX-05-01）	图 7-15
16	200-400kVA 综合配电箱（带接地隔离开关）外部结构示意图（一）	图 7-16
17	200-400kVA 综合配电箱（带接地隔离开关）外部结构示意图（二）	图 7-17
18	100kVA 低压综合配电箱电气图（ZA-1-ZX-06-01）	图 7-18
19	100kVA 变压器综合配电箱（带接地隔离开关）外部结构示意图	图 7-19
20	接地体加工图（ZA-1-ZX-07-01）	图 7-20
21	变压器台 JP 柜低压电缆保护管出线安装详图	图 7-21

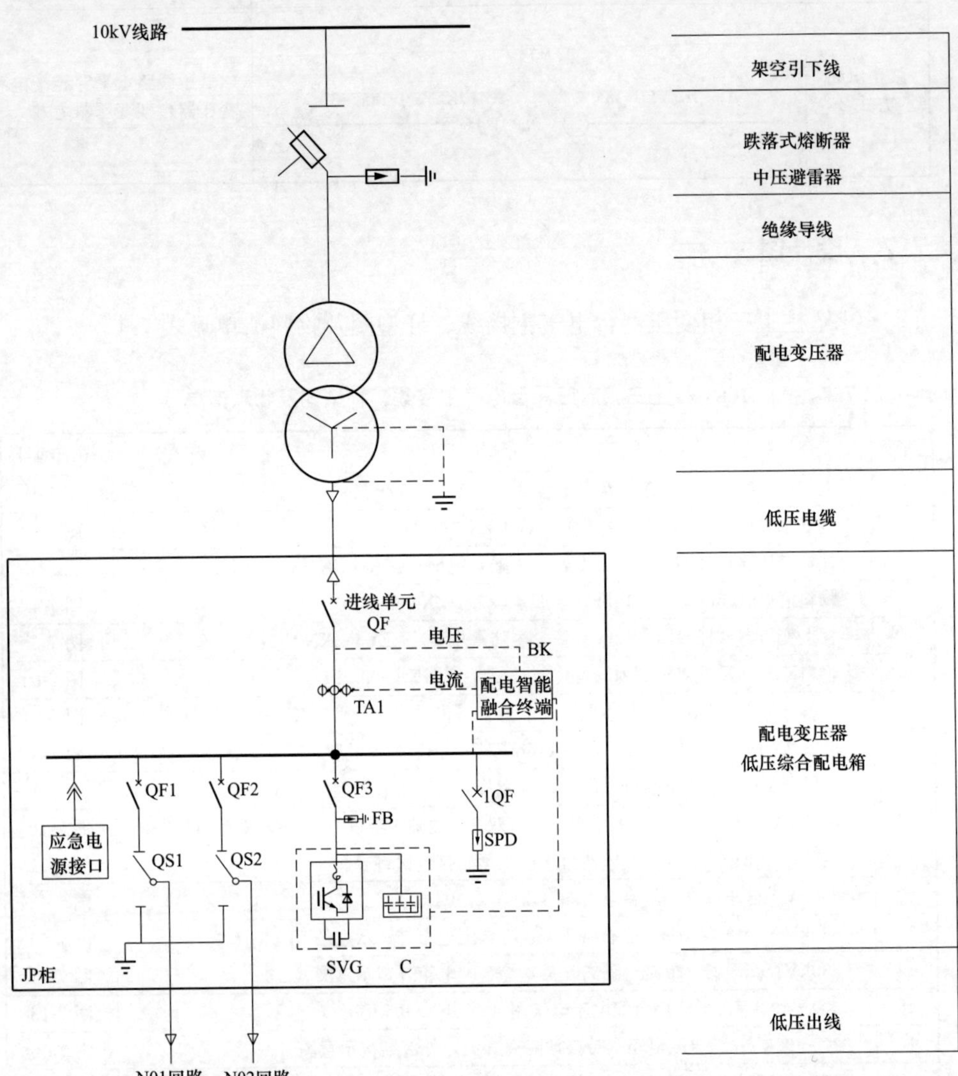

序号	名称	规格参数	单位	数量	备注
1	架空引下线		m		规格参数按对应子模块具体物料选择
2	跌落式熔断器	100A	只	3	
		熔丝	根	3	根据变压器容量选配
3	可卸装式避雷器	HY10WS-17/45	只	3	
4	配电变压器	二级能效及以上节能型变压器容量400kVA及以下	台	1	10±2×2.5%（5%）/0.4kV，Dyn11，U_k=4.0%
5	变压器低压侧出线		m		规格参数按对应子模块具体物料选择
6	低压综合配电箱	悬挂式双杆配电箱	台	1	根据变压器容量选配
7	配电箱（柜）出线		m		可按照实际需求选配

图 7-1　电气主接线图（400kVA 及以下容量）（ZA-1-ZX-01-01）

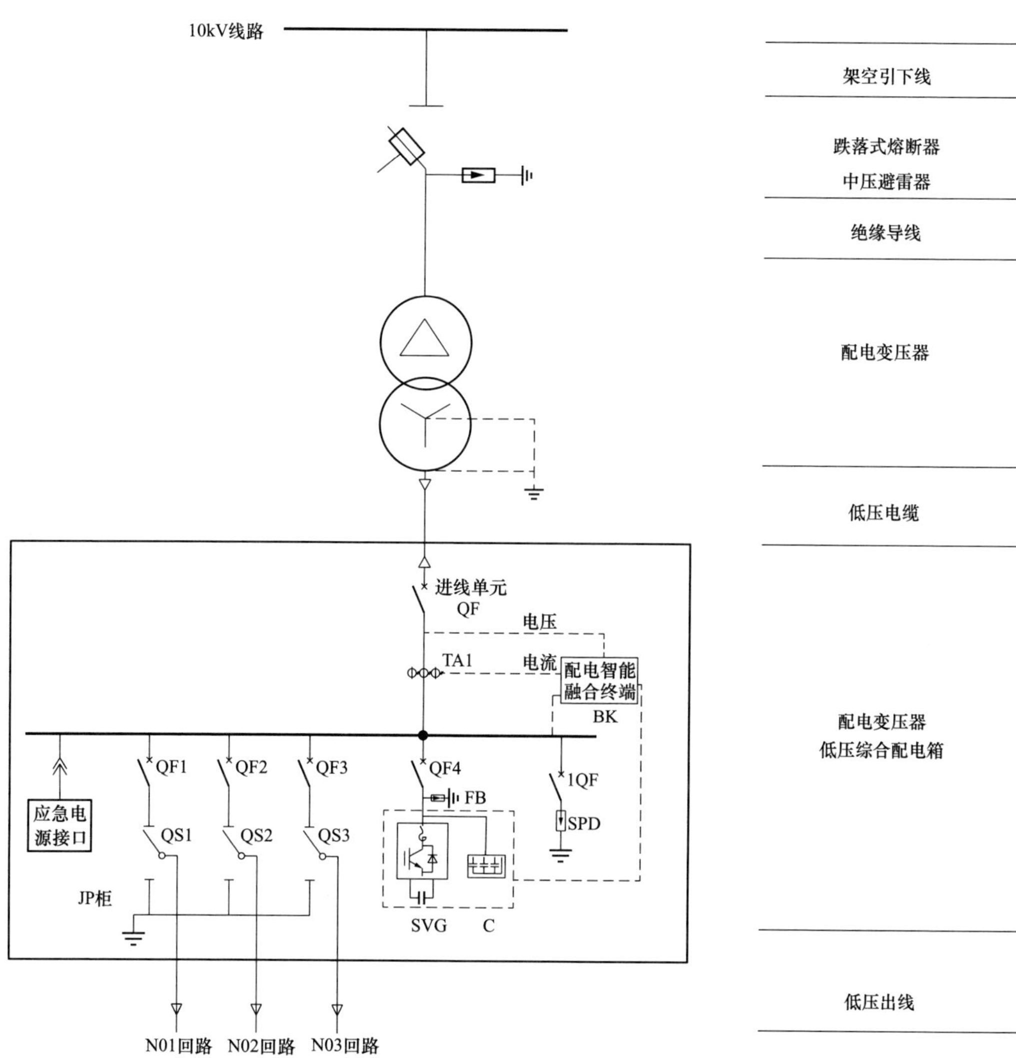

序号	名称	规格参数	单位	数量	备注
1	架空引下线		m		规格参数按对应子模块具体物料选择
2	跌落式熔断器	100A	只	3	
		熔丝	根	3	根据变压器容量选配
3	可卸装式避雷器	HY10WS-17/45	只	3	
4	配电变压器	二级能效及以上节能型变压器容量630kVA	台	1	10±2×2.5%（5%）/0.4kV, Dyn11, U_k=4.0%
5	变压器低压侧出线		m		规格参数按对应子模块具体物料选择
6	低压综合配电箱	悬挂式双杆配电箱	台	1	根据变压器容量选配
7	配电箱（柜）出线		m		可按照实际需求选配

图 7-2　电气主接线图（630kVA 容量）（ZA-1-ZX-01-02）

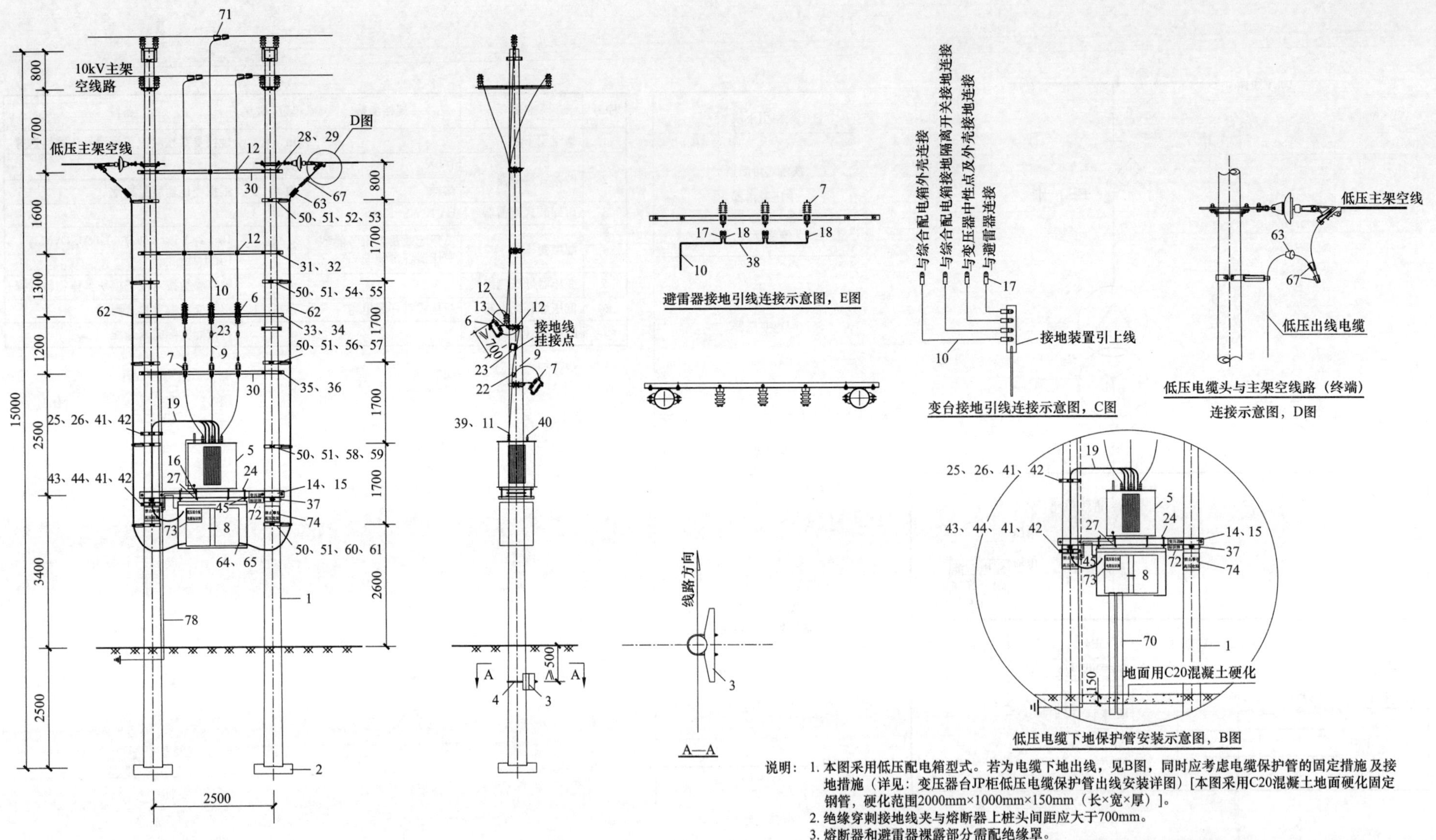

说明：1. 本图采用低压配电箱型式。若为电缆下地出线，见B图，同时应考虑电缆保护管的固定措施及接地措施（详见：变压器台JP柜低压电缆保护管出线安装详图）[本图采用C20混凝土地面硬化固定钢管，硬化范围2000mm×1000mm×150mm（长×宽×厚）]。

2. 绝缘穿刺接地线夹与熔断器上桩头间距应大于700mm。
3. 熔断器和避雷器裸露部分需配绝缘罩。
4. 若采用TT接地系统，低压综合配电箱外壳须单独与接地汇流排连接接地。
5. 10kV接地系统采用不接地、消弧线圈时，保护接地和工作接地按图所示汇集一点接地；采用小电阻接地时，保护接地和工作接地需分开设置。
6. 本图接地部分详见相应的“接地装置安装图”，具体选配需根据现场地形情况及土壤电阻率而定，其接地装置的接地电阻为：变压器容量在100kVA以下时，接地电阻不应大于10Ω；变压器容量在100kVA及以上时，接地电阻不应大于4Ω；同时需满足GB 50065—2011《交流电气装置的接地设计规范》中关于接触电压及跨步电压的要求。若实测电阻值不满足要求时，应扩大接地网或采取相应的降阻措施。另：主接地引下线每隔1.5~2m或接地引线转角处需采用不锈钢扎带进行固定。

图 7-3　柱上变压器台杆型图（15m 双杆，内陆常规型）（ZA-1-ZXN-C-02-01）

材料分类	编号	名称	型号	单位	数量	图号	备注
电杆类	1	电杆	ϕ190×15m×M	根	2		后续可选
	2	底盘	800×800×200	块	2		后续可选
	3	卡盘	1000×300×200	块	2		后续可选
	4	卡盘U形抱箍	U20-370	块	2		后续可选
10kV柱上变压器台成套设备		10kV柱上变压器台成套设备	ZA-1-ZX，非晶合金变压器正装，可装卸式避雷器，配电箱带漏电保护，有补偿，绝缘导线引线	套	1		不含内容：水泥杆及杆头材料；JP柜出线及配套铁附件材料
设备类	5	变压器	400kVA及以下容量	台	1		配带高、低压绝缘罩及高、低压接线桩头（根据变压器容量配置）
	6	跌落式熔断器	100A	只	3		配带绝缘罩；熔丝按变压器容量配置，可选封闭型
	7	可装卸式避雷器，带脱扣	HY10WS-17/45	台	3		配带绝缘罩
JP柜	8	低压综合配电箱	根据变压器容量选定；一进二出，有补偿，带漏电保护，带接地开关	台	1		按实际变压器容量选用
成套附件类(细项附件清单)	9	高压绝缘线	JKTRYJ-10/35	m	14		熔断器至变压器段引线用
	10	高压绝缘线	JKLYJ-10/50	m	23		主架空线至熔断器段引线用
	11	高压接线桩头	SBJ-1-M12	只	3		
	12	柱式绝缘子	R5ET105L	只	15		固定螺杆选用M20
	13	熔丝具安装架	RJ7-170	块	6	图7-31	熔断器与避雷器固定架
	14	变压器双杆支持架	[14-3000	副	1	图7-33	采用Q355材质
	15	双头螺杆	M20×400(配双螺母垫片)	根	4	图7-29	槽钢固定用
	16	双头螺杆	M16×200(配双螺母垫片)	根	4	图7-29	变压器固定用
	17	接线端子(铜镀锡)	铜，50mm²，单孔，ϕ12.5	个	3		跌落式熔断器上端3只
	18	接线端子(铜镀锡)	铜，35mm²，单孔，ϕ10.5	只	12		跌落式熔断器下端3只，避雷器上端3只 避雷器下5只，JP柜接地开关1只
			铜，35mm²，单孔，ϕ12.5	只	11		变压器高压侧3只 中性点1只，变压器外壳2只 JP柜外壳1只，接地端4只
	19	低压电缆（可选）	ZC-YJY-0.6/1kV-1×300	m	18		200~400kVA配电变压器使用
		低压电缆（可选）	ZC-YJY-0.6/1kV-1×150	m	18		200kVA以下配电变压器使用
	20	接线端子(铜镀锡)	铜，300mm²，双孔，ϕ12.5	个	8		200~400kVA配电变压器使用
		接线端子(铜镀锡)	铜，150mm²，双孔，ϕ12.5	个	8		200以下配电变压器使用
	21	低压电缆终端	1×300，户内终端，冷缩	个	8		JP柜进线电缆用，可选
		低压电缆终端	1×150，户内终端，冷缩	个	8		JP柜进线电缆用，可选
	22	绝缘压接线夹	JXD（C）-1	副	3		楔形线夹，可选
	23	绝缘穿刺接地线夹	35mm²铜绝缘线用	副	3		侧开口，黄、绿、红
	24	压板	YB6-740J	块	2	图7-27	JP柜吊装固定架，槽钢上方
	25	横担抱箍	HBG6-300	块	1	图7-26	JP柜进线固定用，第一层
	26	抱箍	BG6-300	块	1	图7-23	JP柜进线固定用，第一层
	27	压板	YB5-740J	块	2	图7-26	变压器固定架
	28	横担抱箍	HBG6-220	块	2	图7-25	引线架固定抱箍，第一层
	29	抱箍	BG6-220	块	2	图7-23	引线架固定抱箍，第一层
	30	双杆熔丝具架	SRJ6-3000	块	4	图7-34	设备、引线固定架
	31	横担抱箍	HBG6-260	块	2	图7-25	引线架固定抱箍，第二层
	32	抱箍	BG6-260	块	2	图7-23	引线架固定抱箍，第二层
	33	横担抱箍	HBG6-280	块	2	图7-25	引线架固定抱箍，第三层
	34	抱箍	BG6-280	块	2	图7-23	引线架固定抱箍，第三层
	35	横担抱箍	HBG6-300	块	2	图7-25	引线架固定抱箍，第四层
	36	抱箍	BG6-300	块	2	图7-23	引线架固定抱箍，第四层
	37	抱箍	BG8-320	块	4	图7-24	变台固定支撑抱箍
	38	布电线	BV-35，黑色	m	15		变台所有接地引下线用
	39	高压绝缘罩	10kV	只	3		变压器配带附件

材料分类	编号	名称	型号	单位	数量	图号	备注
成套附件类(细项附件清单)	40	低压绝缘罩	1kV	只	4		变压器配带附件
	41	杆上电缆固定架	DLJ5-165	块	2	图7-32	JP柜进线电缆固定架用
	42	电缆卡抱	KBG4-80	块	2	图7-22	JP柜进线电缆300mm²，可选
		电缆卡抱	KBG4-64	块	2	图7-22	JP柜进线电缆150mm²，可选
	43	横担抱箍	HBG6-320	块	1	图7-25	JP柜进线固定用，第二层
	44	抱箍	BG6-320	块	1	图7-23	JP柜进线固定用，第二层
	45	压板	YB7-740J	块	2	图7-28	JP柜吊装固定架，槽钢下方
	46	螺栓	M16×50(配一母双垫)	件	36	图7-30	JP柜进线固定架2×4+设备、引线固定架4×4+熔丝具安装架6×2
	47	螺栓	M16×80(配一母双垫)	件	20	图7-30	JP柜进线固定架2×2+设备、引线固定架4×4
	48	螺栓	M18×80(配一母双垫)	件	4	图7-30	变压器台固定支撑抱箍2×2
	49	螺栓	M12×40(配螺母)	件	9	图7-30	跌落式熔断器6件，可装卸式避雷器3件
其他类1(JP柜低压出线，两回电缆，上杆)	50	杆上电缆固定架	DLJ5-165	块	10	图7-32	JP柜出线电缆固定用
	51	电缆卡抱	KBG4-64	块	10	图7-22	JP柜出线电缆固定用，按截面选定
	52	横担抱箍	HBG6-320	块	2	图7-25	JP柜出线电缆固定用，第五层
	53	抱箍	BG6-320	块	2	图7-23	JP柜出线电缆固定用，第五层
	54	横担抱箍	HBG6-300	块	2	图7-22	JP柜出线电缆固定用，第四层
	55	抱箍	BG6-300	块	2	图7-23	JP柜出线电缆固定用，第四层
	56	横担抱箍	HBG6-280	块	2	图7-22	JP柜出线电缆固定用，第三层
	57	抱箍	BG6-280	块	2	图7-23	JP柜出线电缆固定用，第三层
	58	横担抱箍	HBG6-260	块	2	图7-25	JP柜出线电缆固定用，第二层
	59	抱箍	BG6-260	块	2	图7-23	JP柜出线电缆固定用，第二层
	60	横担抱箍	HBG6-240	块	2	图7-26	JP柜出线电缆固定用，第一层
	61	抱箍	BG6-240	块	2	图7-23	JP柜出线电缆固定用，第一层
	62	低压电缆	ZCYJY-1kV-4×150	m	20		两路单条电缆出线，10m/回
	63	低压电缆终端	4×150，户外终端，冷缩	套	2		与低压架空线连接处，1套/回
	64	低压电缆终端	4×150，户内终端，冷缩	套	2		与JP柜连接处用，1套/回
	65	接线端子(铜镀锡)	铜，150mm²，双孔，ϕ12.5	只	8		与JP柜连接处用2×4
	66	1kV冷缩延长管	150mm²	根	8		户外电缆头需配
	67	铜铝异形并沟线夹	JBTL-50-240	副	8		电缆与主架空线连接，线夹可选
	68	螺栓	M16×50(配一母双垫)	件	40	图7-30	JP柜出线电缆固定架4×10
	69	螺栓	M16×80(配一母双垫)	件	20	图7-30	JP柜出线电缆固定架2×10
其他类2	70	杆上电缆保护管	DLHG-114A	根	2	图7-38	低压电缆下地保护管，选用
其他类3	71	楔形线夹	JXD(C)-1	副	6		主架空线引下线夹，可选
	72	杆上变压器标识牌	320mm×260mm	块	1		悬挂，支架固定于槽钢
	73	低压综合配电箱标识牌	320mm×260mm	块	1		张贴
其他类4(成套附件)	74	禁止标识牌	300mm×240mm	块	2		不锈钢扎带上下固定于杆上
	75	防火堵料		kg	4		进、出线孔洞封堵
	76	变压器标识牌固定架	BPZJ4-400	块	1	图7-37	固定于变台槽钢内侧螺栓上
	77	螺栓	M12×40(配螺母)	件	2	图7-30	变压器标识牌2件
	78	接地装置		副	1		
		角钢	∠50mm×5mm×2500mm	根	8	图7-39	
		扁钢	-40mm×4mm	m	45	图7-39	
		接地圆钢	JDS-4000	根	1	图7-39	
		PVC管	PVC，ϕ25	m	3.5		接地圆钢保护管，不锈钢扎带固定于杆上
	79	相序牌A、B、C、N	230×200mm	套	2		铝合金材质挂接方式
	80	布电线	BV-4	m	36		绝缘子绑扎线
	81	螺栓	M16×40(配一母双垫)	件	8	图7-30	固定低压相序牌

注 1. JP柜出线至低压主架空导线连接的低压电缆选型原则上采用ZCYJY-1kV-4×150，如变压器台JP柜直接低压架空电缆出线的，可选用ZCYJLY-1kV-4×240。

2. 10kV柱上变压器台成套设备材料不包含电杆类、其他类1、其他类2、其他类3等相关材料。

图 7-4　物料清单（15m 双杆，内陆常规型）（ZA-1-ZXN-C-03-01）

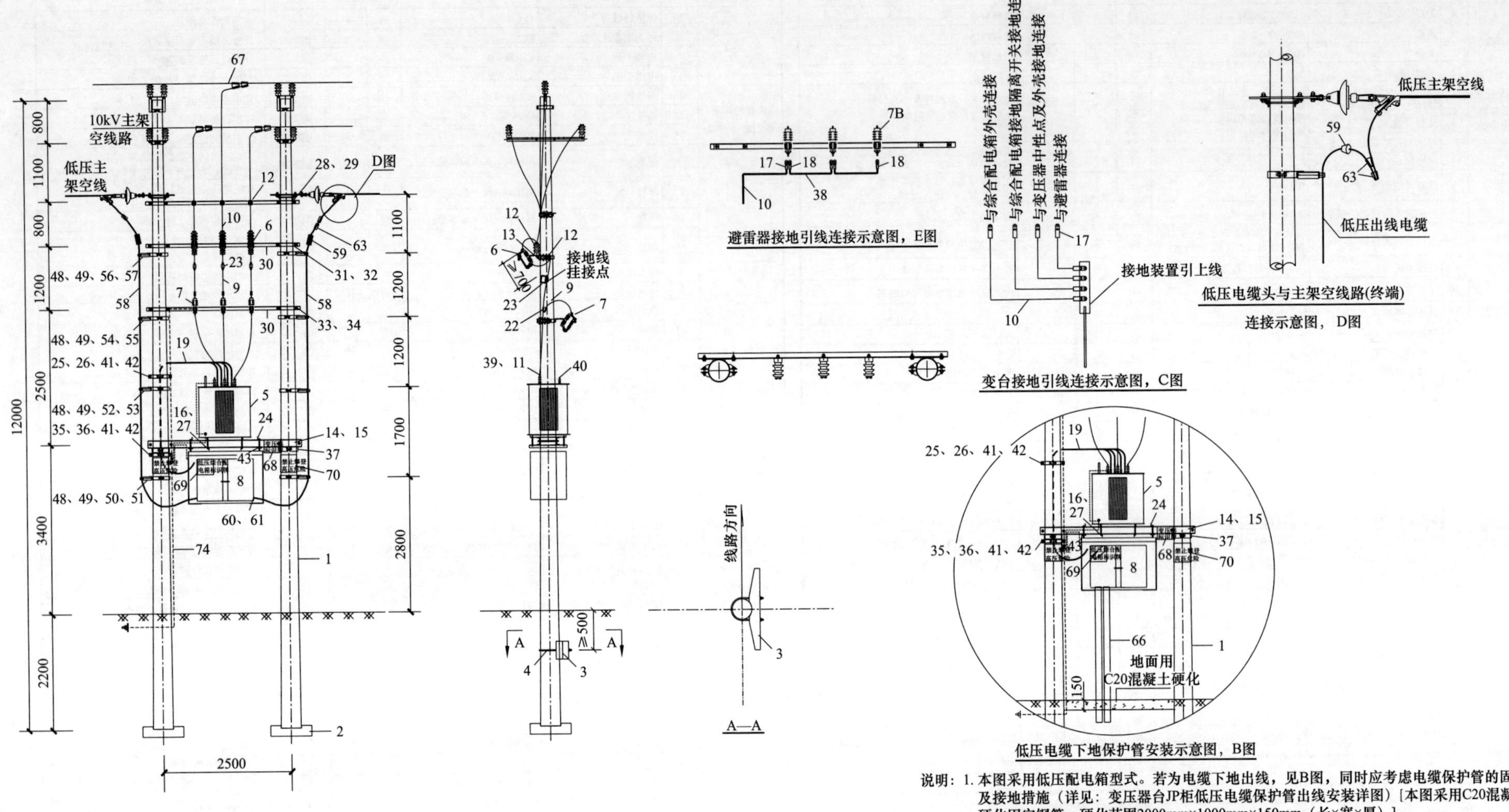

说明：1. 本图采用低压配电箱型式。若为电缆下地出线，见B图，同时应考虑电缆保护管的固定措施及接地措施（详见：变压器台JP柜低压电缆保护管出线安装详图）[本图采用C20混凝土地面硬化固定钢管，硬化范围2000mm×1000mm×150mm（长×宽×厚）]。

2. 绝缘穿刺接地线夹与熔断器上桩头间距应大于700mm。

3. 熔断器和避雷器裸露部分需配绝缘罩。

4. 若采用TT接地系统，低压综合配电箱外壳须单独与接地汇流排连接接地。

5. 10kV接地系统采用不接地、消弧线圈时，保护接地和工作接地按图所示汇集一点接地；采用小电阻接地时，保护接地和工作接地需分开设置。

6. 本图接地部分详见相应的“接地装置安装图”，具体选配需根据现场地形情况及土壤电阻率而定，其接地装置的接地电阻为：变压器容量在100kVA以下时，接地电阻不应大于10Ω；变压器容量在100kVA及以上时，接地电阻不应大于4Ω；同时需满足GB 50065—2011《交流电气装置的接地设计规范》中关于接触电压及跨步电压的要求。若实测电阻值不满足要求时，应扩大接地网或采取相应的降阻措施。另:主接地引下线每隔1.5~2m或接地引线转角处需采用不锈钢扎带进行固定。

图 7-5　柱上变压器台杆型图（12m 双杆，内陆常规型）（ZA-1-ZXN-C-02-02）

材料分类	编号	名称	型号	单位	数量	图号	备注
电杆类	1	电杆	ϕ190×12m×M	根	2		后续可选
	2	底盘	800×800×200	块	2		后续可选
	3	卡盘	1000×300×200	块	2		后续可选
	4	卡盘U形抱箍	U20-350	块	2		后续可选
10kV柱上变压器台成套设备		10kV柱上变压器台成套设备	ZA-1-ZX，非晶合金变压器正装，可装卸式避雷器，配电箱带漏电保护装置，有补偿，绝缘导线引线	套	1		不含内容：水泥杆及杆头材料；JP柜出线及配套铁附件材料
设备类	5	变压器	400kVA及以下容量	台	1		配带高、低压绝缘罩及低压接线桩头（根据变压器容量配置）
	6	跌落式熔断器	100A	只	3		配带绝缘罩；熔丝按变压器容量配置，可选封闭型
	7	可装卸式避雷器，带脱扣	HY10WS-17/45	台	3		配带绝缘罩
JP柜	8	低压综合配电箱	根据变压器容量选定；一进二出，有补偿，带漏电保护装置，接地开关	台	1		按实际变压器容量选用
成套附件类(细项附件清单)	9	高压绝缘线	JKTRYJ-10/35	m	14		熔断器至变压器段引线用
	10	高压绝缘线	JKLYJ-10/50	m	18		主架空线至熔断器段引线用
	11	高压接线桩头	SBJ-1-M12	只	3		
	12	柱式绝缘子	R5ET105L	只	12		固定螺杆选用M20
	13	熔丝具安装架	RJ7-170	块	6	图7-31	熔断器与避雷器固定架
	14	变压器双杆支持架	14-3000	副	1	图7-33	采用Q355材质
	15	双头螺杆	M20×400（配双螺母垫片）	根	4	图7-29	槽钢固定用
	16	双头螺杆	M16×200（配双螺母垫片）	根	4	图7-29	变压器固定用
	17	接线端子(铜镀锡)	铜，50mm^2，单孔，ϕ12.5	个	3		跌落式熔断器上端3只
	18	接线端子(铜镀锡)	铜，35mm^2，单孔，ϕ10.5	只	12		跌落式熔断器下端3只，避雷器上端3只避雷器下5只，JP柜接地开关1只
			铜，35mm^2，单孔，ϕ12.5	只	11		变压器高压侧3只中性点1只，变压器外壳2只JP柜外壳1只，接地端4只
	19	低压电缆（可选）	ZC-YJY-0.6/1kV-1×300	m	18		200~400kVA配电变压器使用
		低压电缆（可选）	ZC-YJY-0.6/1kV-1×150	m	18		200kVA以下配电变压器使用
	20	接线端子(铜镀锡)	铜，300mm^2，双孔，ϕ12.5	个	8		200~400kVA配电变压器使用
		接线端子(铜镀锡)	铜，150mm^2，双孔，ϕ12.5	个	8		200kVA以下配电变压器使用
	21	低压电缆终端	1×300，户内终端，冷缩	个	8		JP柜进线电缆用，可选
		低压电缆终端	1×150，户内终端，冷缩	个	8		JP柜进线电缆用，可选
	22	绝缘压接线夹	JXD（C）-1	副	3		楔型线夹，可选
	23	绝缘穿刺接地线夹	35mm^2 铜绝缘线用	副	3		侧开口，黄、绿、红
	24	压板	YB6-740J	块	2	图7-27	JP柜吊装固定架，槽钢上方
	25	横担抱箍	HBG6-280	块	1	图7-25	JP柜进线固定用，第一层
	26	抱箍	BG6-280	块	1	图7-23	JP柜进线固定用，第一层
	27	压板	YB5-740J	块	2	图7-26	变压器固定架
	28	横担抱箍	HBG6-220	块	2	图7-25	引线架固定抱箍，第一层
	29	抱箍	BG6-220	块	2	图7-23	引线架固定抱箍，第一层
	30	双杆熔丝具架	SRJ6-3000	块	3	图7-34	设备、引线固定架
	31	横担抱箍	HBG6-240	块	2	图7-25	引线架固定抱箍，第二层
	32	抱箍	BG6-240	块	2	图7-23	引线架固定抱箍，第二层
	33	横担抱箍	HBG6-260	块	2	图7-25	引线架固定抱箍，第三层
	34	抱箍	BG6-260	块	2	图7-23	引线架固定抱箍，第三层
	35	横担抱箍	HBG6-280	块	1	图7-22	JP柜进线固定用，第二层
	36	抱箍	BG6-280	块	1	图7-23	JP柜进线固定用，第二层
	37	抱箍	BG8-280	块	4	图7-24	变压器台固定支撑抱箍
	38	布电线	BV-35，黑色	m	15		变压器台所有接地引下线用

材料分类	编号	名称	型号	单位	数量	图号	备注
成套附件类(细项附件清单)	39	高压绝缘罩	10kV	只	3		变压器配带附件
	40	低压绝缘罩	1kV	只	4		变压器配带附件
	41	杆上电缆固定架	DLJ5-165	块	2	图7-32	JP柜进线电缆固定架用
	42	电缆卡抱	KBG4-80	块	2	图7-22	JP柜进线电缆300mm^2，可选
		电缆卡抱	KBG4-64	块	2	图7-22	JP柜进线电缆150mm^2，可选
	43	压板	YB7-740J	块	2	图7-28	JP柜吊装固定架，槽钢下方
	44	螺栓	M16×50（配一母双垫）	件	32	图7-30	JP柜进线固定架2×4+设备、引线固定架3×4+熔丝具安装架6×2
	45	螺栓	M16×80（配一母双垫）	件	16	图7-30	JP柜进线固定架2×2+设备、引线固定架3×4
	46	螺栓	M18×80（配一母双垫）	件	4	图7-30	变压器台固定支撑抱箍2×2
	47	螺栓	M12×40（配螺母）	件	9	图7-30	跌落式熔断器6件，可装卸式避雷器3件
其他类1(JP柜低压出线,两回电缆，上杆)	48	杆上电缆固定架	DLJ5-165	块	8	图7-32	JP柜出线电缆固定用
	49	电缆卡抱	KBG4-64	块	8	图7-22	JP柜出线电缆固定用，按截面选定
	50	横担抱箍	HBG6-300	块	2	图7-25	JP柜出线电缆固定用，第四层
	51	抱箍	BG6-300	块	2	图7-23	JP柜出线电缆固定用，第四层
	52	横担抱箍	HBG6-280	块	2	图7-25	JP柜出线电缆固定用，第三层
	53	抱箍	BG6-280	块	2	图7-23	JP柜出线电缆固定用，第三层
	54	横担抱箍	HBG6-260	块	2	图7-25	JP柜出线电缆固定用，第二层
	55	抱箍	BG6-260	块	2	图7-23	JP柜出线电缆固定用，第二层
	56	横担抱箍	HBG6-240	块	2	图7-25	JP柜出线电缆固定用，第一层
	57	抱箍	BG6-240	块	2	图7-23	JP柜出线电缆固定用，第一层
	58	低压电缆	ZCYJY-1kV-4×150	m	16		两路单条电缆出线，8m/回
	59	低压电缆终端	4×150，户外终端，冷缩	套	2		与低压架空线连接用，1套/回
	60	低压电缆终端	4×150，户内终端，冷缩	套	2		与JP柜连接处用，1套/回
	61	接线端子(铜镀锡)	铜，150mm^2，双孔，ϕ12.5	只	8		与JP柜连接处用2×4
	62	1kV冷缩延长管	150mm^2	根	8		户外电缆头需配
	63	铜铝异形并沟线夹	JBTL-50-240	副	8		电缆与主架空线连接，线夹可选
	64	螺栓	M16×50（配一母双垫）	件	40	图7-30	JP柜出线电缆固定架4×10
	65	螺栓	M16×80（配一母双垫）	件	20	图7-30	JP柜出线电缆固定架2×10
其他类2	66	杆上电缆保护管	DLHG-114A	根	2	图7-38	低压电缆下地保护管，选用
其他类3	67	楔型线夹	JXD（C）-1	副	6		主架空线引下线夹，可选
	68	杆上变压器标识牌	320mm×260mm	块	1		悬挂，支架固定于槽钢
	69	低压综合配电箱标识牌	320mm×260mm	块	1		张贴
其他类4(成套附件)	70	禁止标识牌	300mm×240mm	块	2		不锈钢扎带上下固定于杆上
	71	防火堵料		kg	4		进、出线孔洞封堵
	72	变压器标识牌固定架	BPZJ4-400	块	1	图7-37	固定于变压器台槽钢内侧螺栓上
	73	螺栓	M12×40（配螺母）	件	2	图7-30	变压器标识牌2件
	74	接地装置		副	1		
		角钢	∠50mm×5mm×2500mm	根	8	图7-39	
		扁钢	-40mm×4mm	m	45	图7-39	
		接地圆钢	JDS-4000	根	1	图7-39	
		PVC管	PVC，ϕ25	m	3.5		接地圆钢保护管，不锈钢扎带固定于杆上
	75	相序牌A、B、C、N	230×200mm	套	2		铝合金材质挂接方式
	76	布电线	BV-4	m	30		绝缘子绑扎线
	77	螺栓	M16×40（配螺母）	件	8	图7-30	固定低压相序牌

注 1. JP柜出线至低压主架空导线连接的低压电缆选型原则上采用ZCYJY-1kV-4×150，如变压器台JP柜直接低压架空电缆出线的，可选用ZCYJLY-1kV-4×240。
2. 10kV柱上变压器台成套设备材料不包含电杆类、其他类1、其他类2、其他类3等相关材料。

图 7-6　物料清单（12m 双杆，内陆常规型）（ZA-1-ZXN-C-03-02）

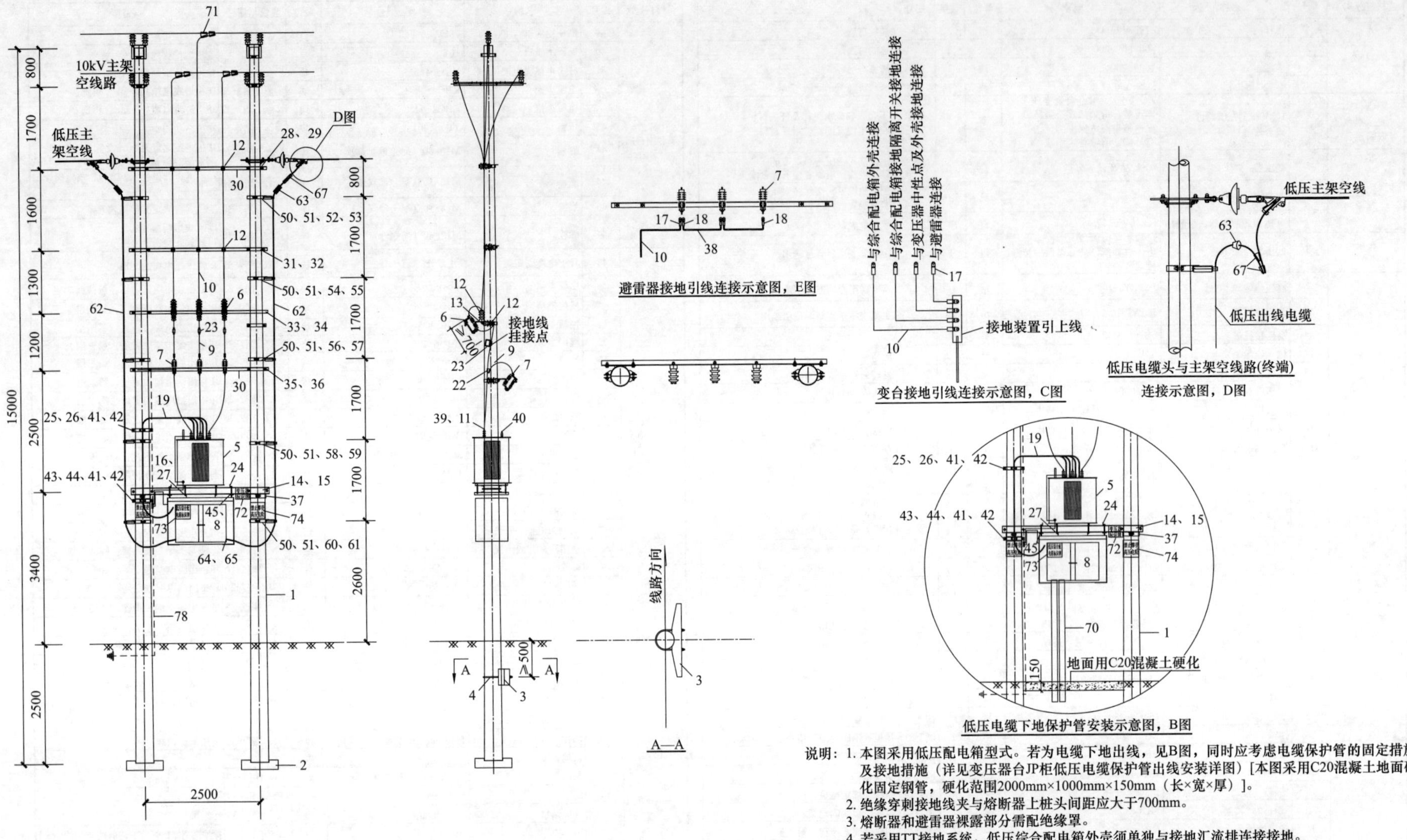

说明：1. 本图采用低压配电箱型式。若为电缆下地出线，见B图，同时应考虑电缆保护管的固定措施及接地措施（详见变压器台JP柜低压电缆保护管出线安装详图）[本图采用C20混凝土地面硬化固定钢管，硬化范围2000mm×1000mm×150mm（长×宽×厚）]。

2. 绝缘穿刺接地线夹与熔断器上桩头间距应大于700mm。
3. 熔断器和避雷器裸露部分需配绝缘罩。
4. 若采用TT接地系统，低压综合配电箱外壳须单独与接地汇流排连接接地。
5. 10kV接地系统采用不接地、消弧线圈时，保护接地和工作接地按图所示汇集一点接地；采用小电阻接地时，保护接地和工作接地需分开设置。
6. 本图接地部分详见相应的“接地装置安装图”，具体选配需根据现场地形情况及土壤电阻率而定,其接地装置的接地电阻为：变压器容量在100kVA以下时，接地电阻不应大于10Ω；变压器容量在100kVA及以上时，接地电阻不应大于4Ω；同时需满足GB 50065—2011《交流电气装置的接地设计规范》中关于接触电压及跨步电压的要求。若实测电阻值不满足要求时，应扩大接地网或采取相应的降阻措施。另:主接地引下线每隔1.5~2m或接地引线转角处需采用不锈钢扎带进行固定。
7. 630kVA柱上变压器台低压应采用3回路出线，具体出线方式根据现场实际情况设计。

图 7-7　630kVA 柱上变压器台杆型图（15m 双杆，内陆大容量型）（ZA-1-ZXN-D-02-03）

材料分类	编号	名称	型号	单位	数量	图号	备注
电杆类	1	电杆	ϕ190×15m×M	根	2		后续可选
	2	底盘	1000×1000×200	块	2		后续可选
	3	卡盘	1000×300×200	块	2		后续可选
	4	卡盘U形抱箍	U20-370	块	2		后续可选
10kV柱上变压器台成套设备		10kV柱上变压器台成套设备	ZA-1-ZX,非晶合金变压器正装,可装卸式避雷器,配电箱带漏电保护装置,有补偿，绝缘导线引线	套	1		不含内容：水泥杆及杆头材料；JP柜出线及配套铁附件材料
设备类	5	变压器	630kVA容量	台	1		配带高、低压绝缘罩及低压接线桩头
	6	跌落式熔断器	100A	只	3		配带绝缘罩；熔丝按变压器容量配置，含上下端冷缩套
	7	可装卸式避雷器，带脱扣	HY10WS-17/45	台	3		配带绝缘罩
JP柜	8	低压综合配电箱	630kVA；一进三出，有补偿，带漏电保护，带接地开关	台	1		
成套附件类(细项附件清单)	9	高压绝缘线	JKTRYJ-10/35	m	14		熔断器至变压器段引线用
	10	高压绝缘线	JKLYJ-10/50	m	23		主架空线至熔断器段引线用
	11	高压接线桩头	SBJ-1-M12	只	3		
	12	柱式绝缘子	R5ET105L	只	15		固定螺杆选用M20
	13	熔丝具安装架	RJ7-170	块	6	图7-31	熔断器与避雷器固定架
	14	变压器双杆支持架	[14-3000	副	1	图7-33	采用Q355材质
	15	双头螺杆	M20×400(配双螺母垫片)	根	4	图7-30	槽钢固定用
	16	双头螺杆	M16×200(配双螺母垫片)	根	4	图7-30	变压器固定用
	17	接线端子(铜镀锡)	铜,50mm^2，单孔，ϕ12.5	个	3		跌落式熔断器上端3只
	18	接线端子(铜镀锡)	铜,35mm^2，单孔，ϕ10.5	只	12		跌落式熔断器下端3只，避雷器上端3只避雷器下5只，JP柜接地开关1只
			铜,35mm^2，单孔，ϕ12.5	只	11		变压器高压侧3只，中性点1只，变压器外壳2只，JP柜外壳1只，接地端4只
	19	低压电缆（可选）	ZC-YJY-0.6/1kV-1×300	m	39		电缆双拼
	20	接线端子(铜镀锡)	铜,300mm^2，双孔，ϕ12.5	个	16		
	21	低压电缆终端	1×300，户内终端，冷缩	个	16		JP柜进线电缆用，可选
	22	绝缘压接线夹	JXD（C）-1	副	3		楔型线夹，可选
	23	绝缘穿刺接地线夹	35mm^2 铜绝缘线用	副	3		侧开口，黄、绿、红
	24	压板	YB6-740J	块	2	图7-27	JP柜吊装固定架，槽钢上方
	25	横担抱箍	HBG6-300	块	1	图7-25	JP柜进线固定用，第一层
	26	抱箍	BG6-300	块	1	图7-23	JP柜进线固定用，第一层
	27	压板	YB5-740J	块	2	图7-26	变压器固定架
	28	横担抱箍	HBG6-220	块	2	图7-25	引线架固定抱箍，第一层
	29	抱箍	BG6-220	块	2	图7-23	引线架固定抱箍，第一层
	30	双杆熔丝具架	SRJ6-3000	块	4	图7-34	设备、引线固定架
	31	横担抱箍	HBG6-260	块	2	图7-25	引线架固定抱箍，第二层
	32	抱箍	BG6-260	块	2	图7-23	引线架固定抱箍，第二层
	33	横担抱箍	HBG6-280	块	2	图7-25	引线架固定抱箍，第三层
	34	抱箍	BG6-280	块	2	图7-23	引线架固定抱箍，第三层
	35	横担抱箍	HBG6-300	块	2	图7-25	引线架固定抱箍，第四层
	36	抱箍	BG6-300	块	2	图7-23	引线架固定抱箍，第四层
	37	抱箍	BG8-320	块	4	图7-24	变压器台固定支撑抱箍
	38	布电线	BV-35，黑色	m	15		变压器台所有接地引下线用
	39	高压绝缘罩	10kV	只	3		变压器配带附件
	40	低压绝缘罩	1kV	只	4		变压器配带附件
	41	杆上电缆固定架	DLJ5-165G	块	2	图7-32	JP柜进线电缆固定架用
	42	电缆卡抱	KBG4-160	块	2	图7-22	JP柜进线电缆300mm^2，可选

材料分类	编号	名称	型号	单位	数量	图号	备注
成套附件类(细项附件清单)	43	横担抱箍	HBG6-320	块	1	图7-25	JP柜进线固定用，第二层
	44	抱箍	BG6-320	块	1	图7-23	JP柜进线固定用，第二层
	45	压板	YB7-740J	块	2	图7-28	JP柜吊装固定架，槽钢下方
	46	螺栓	M16×50(配一母双垫)	件	36	图7-30	JP柜进线固定架2×4+设备、引线固定架4×4+熔丝具安装架6×2
	47	螺栓	M16×80(配一母双垫)	件	20	图7-30	JP柜进线固定架2×2+设备、引线固定架4×4
	48	螺栓	M18×80(配一母双垫)	件	4	图7-30	变压器台固定支撑抱箍2×2
	49	螺栓	M12×40(配螺母)	件	9	图7-30	跌落式熔断器6件，可装卸式避雷器3件
其他类1(JP柜低压出线，两回电缆，上杆)	50	杆上电缆固定架	DLJ6-400	块	10	图7-35	JP柜出线电缆固定用
	51	电缆卡抱	KBG4-64	块	10	图7-22	JP柜出线电缆固定用，按截面选定
	52	横担抱箍	HBG6-320	块	2	图7-25	JP柜出线电缆固定用，第五层
	53	抱箍	BG6-320	块	2	图7-23	JP柜出线电缆固定用，第五层
	54	横担抱箍	HBG6-300	块	2	图7-25	JP柜出线电缆固定用，第四层
	55	抱箍	BG6-300	块	2	图7-23	JP柜出线电缆固定用，第四层
	56	横担抱箍	HBG6-280	块	2	图7-25	JP柜出线电缆固定用，第三层
	57	抱箍	BG6-280	块	2	图7-23	JP柜出线电缆固定用，第三层
	58	横担抱箍	HBG6-260	块	2	图7-25	JP柜出线电缆固定用，第二层
	59	抱箍	BG6-260	块	2	图7-23	JP柜出线电缆固定用，第二层
	60	横担抱箍	HBG6-240	块	2	图7-25	JP柜出线电缆固定用，第一层
	61	抱箍	BG6-240	块	2	图7-23	JP柜出线电缆固定用，第一层
	62	低压电缆	ZCYJY-1kV-4×150	m	20		两路单条电缆出线，10m/回
	63	低压电缆终端	4×150，户外终端，冷缩	套	2		与低压架空线连接处，1套/回
	64	低压电缆终端	4×150，户内终端，冷缩	套	2		与JP柜连接处用，1套/回
	65	接线端子(铜镀锡)	铜,150mm^2,双孔,ϕ12.5	只	8		与JP柜连接处用2×4
	66	1kV冷缩延长管	150mm^2	根	8		户外电缆头需配
	67	铜铝异形并沟线夹	JBTL-50-240	副	8		电缆与主架空线连接，线夹可选
	68	螺栓	M16×50(配一母双垫)	件	40	图7-30	JP柜出线电缆固定架4×10
	69	螺栓	M16×80(配一母双垫)	件	20	图7-30	JP柜出线电缆固定架2×10
其他类2	70	杆上电缆保护管	DLHG-114A	根	3	图7-38	低压电缆下地保护管，选用
其他类3	71	楔型线夹	JXD（C）-1	副	6		主架空线引下线夹，可选
	72	杆上变压器标识牌	320mm×260mm	块	1		悬挂，支架固定于槽钢
	73	低压综合配电箱标识牌	320mm×260mm	块	1		张贴
其他类4(成套附件)	74	禁止标识牌	300mm×240mm	块	2		不锈钢扎带上下固定于杆上
	75	防火堵料		kg	4		进、出线孔洞封堵
	76	变压器标识牌固定架	BPZJ4-400	块	1	图7-37	固定于变压器台槽钢内侧螺栓上
	77	螺栓	M12×40(配螺母)	件	2	图7-35	变压器标识牌2件
	78	接地装置		副	1		
		角钢	∠50mm×5mm×2500mm	根	8	图7-39	
		扁钢	-40mm×4mm	m	45	图7-39	
		接地圆钢	JDS-4000	根	1	图7-39	
		PVC管	PVC，ϕ25	m	3.5		接地圆钢保护管,不锈钢扎带固定于杆上
	79	相序牌A、B、C、N	230×200mm	套	2		铝合金材质挂接方式
	80	布电线	BV-4	m	36		绝缘子绑扎线
	81	螺栓	M16×40(配螺母)	件	8	图7-30	固定低压相序牌

注 1. JP柜出线至低压主架空导线连接的低压电缆选型原则上采用ZCYJY-1kV-4×150，如变压器台JP柜直接低压架空电缆出线的，可选用ZCYJLY-1kV-4×240。
2. 10kV柱上变压器台成套设备材料不包含电杆类、其他类1、其他类2、其他类3等相关材料。
3. 630kVA柱上变压器台低压应采用3回路出线，具体出线方式所需求的材料根据现场实际情况设计。

图 7-8　630kVA 柱上变压器台物料清单（15m 双杆，内陆大容量型）（ZA-1-ZXN-D-03-03）

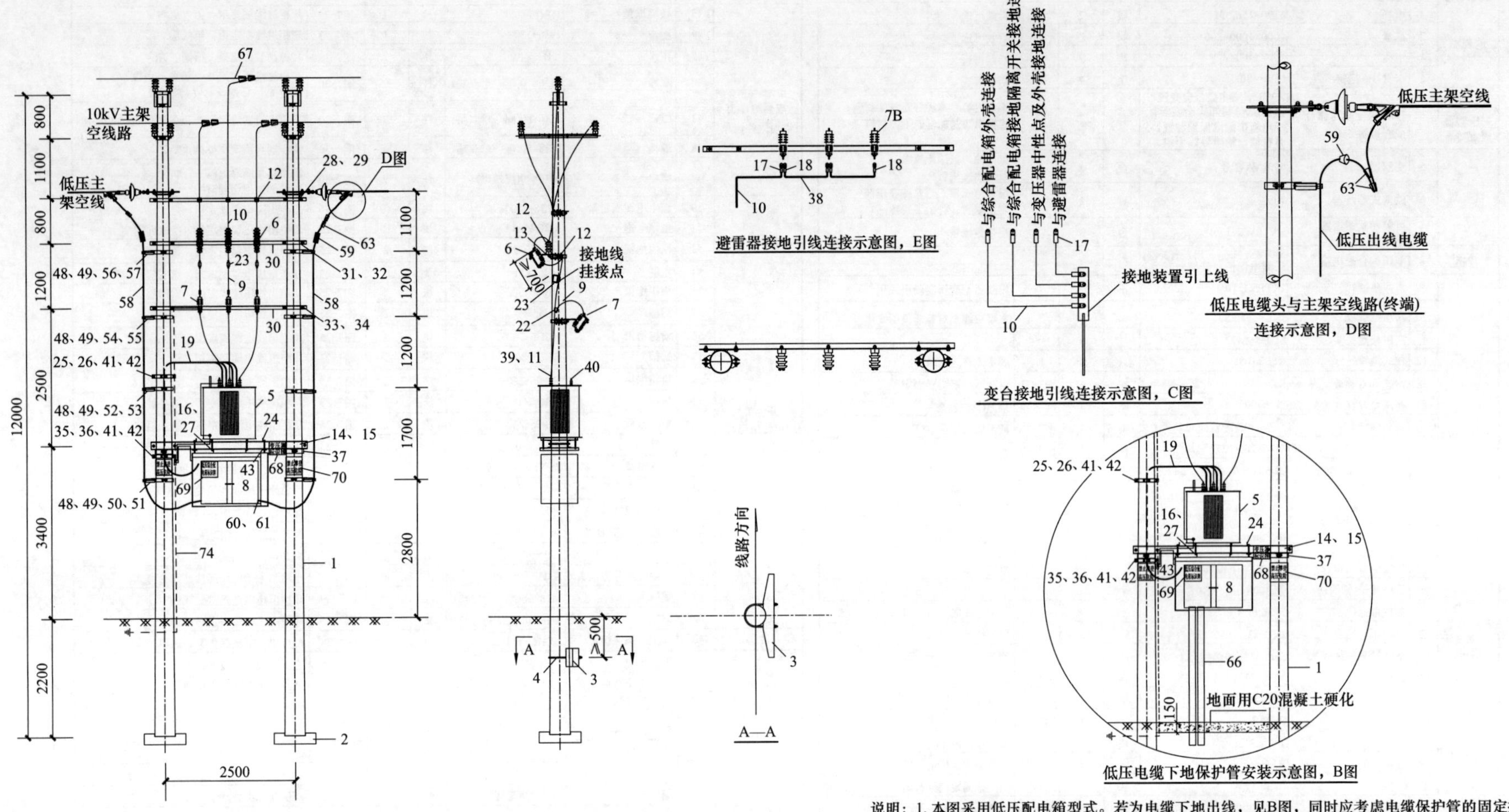

说明：1. 本图采用低压配电箱型式。若为电缆下地出线，见B图，同时应考虑电缆保护管的固定措施及接地措施（详见变压器台JP柜低压电缆保护管出线安装详图）[本图采用C20混凝土地面硬化固定钢管，硬化范围2000mm×1000mm×150mm（长×宽×厚）]。

2. 绝缘穿刺接地线夹与熔断器上桩头间距应大于700mm。
3. 熔断器和避雷器裸露部分需配绝缘罩。
4. 若采用TT接地系统，低压综合配电箱外壳须单独与接地汇流排连接接地。
5. 10kV接地系统采用不接地、消弧线圈时，保护接地和工作接地按图所示汇集一点接地；采用小电阻接地时，保护接地和工作接地需分开设置。
6. 本图接地部分详见相应的"接地装置安装图"，具体选配需根据现场地形情况及土壤电阻率而定，其接地装置的接地电阻为：变压器容量在100kVA以下时，接地电阻不应大于10Ω；变压器容量在100kVA及以上时，接地电阻不应大于4Ω；同时需满足GB 50065—2011《交流电气装置的接地设计规范》中关于接触电压及跨步电压的要求。若实测电阻值不满足要求时，应扩大接地网或采取相应的降阻措施。另：主接地引下线每隔1.5~2m或接地引线转角处需采用不锈钢扎带进行固定。
7. 630kVA柱上变压器台低压应采用3回路出线，具体出线方式根据现场实际情况设计。

图 7-9　630kVA 柱上变压器台杆型图（12m 双杆，内陆大容量型）（ZA-1-ZXN-D-02-04）

材料分类	编号	名称	型号	单位	数量	图号	备注
电杆类	1	电杆	ϕ190×12m×*M*	根	2		后续可选
	2	底盘	1000×1000×200	块	2		后续可选
	3	卡盘	1000×300×200	块	2		后续可选
	4	卡盘U形抱箍	U20-350	块	2		后续可选
10kV柱上变压器台成套设备		10kV柱上变压器台成套设备	ZA-1-ZX,非晶合金变压器正装，可装卸式避雷器，配电箱带漏电保护装置，有补偿，绝缘导线引线	套	1		不含内容：水泥杆及杆头材料；JP柜出线及配套铁附件材料
设备类	5	变压器	630kVA容量	台	1		配带高、低压绝缘罩及低压接线桩头
	6	跌落式熔断器	100A	只	3		配带绝缘罩；熔丝按变压器容量配置，含上下端冷缩套
	7	可装卸式避雷器，带脱扣	HY10WS-17/45	台	3		配带绝缘罩
JP柜	8	低压综合配电箱	630kVA；一进三出，有补偿，带漏电保护装置，带接地开关	台	1		按实际变压器容量选用
成套附件类(细项附件清单)	9	高压绝缘线	JKTRYJ-10/35	m	14		熔断器至变压器段引线用
	10	高压绝缘线	JKLYJ-10/50	m	18		主架空线至熔断器段引线用
	11	高压接线桩头	SBJ-1-M12	只	3		
	12	柱式绝缘子	R5ET105L	只	12		固定螺杆选用M20
	13	熔丝具安装架	RJ7-170	块	6	图7-31	熔断器与避雷器固定架
	14	变压器双杆支持架	[14-3000	副	1	图7-33	采用Q355材质
	15	双头螺杆	M20×400(配双螺母垫片)	根	4	图7-29	槽钢固定用
	16	双头螺杆	M16×200(配双螺母垫片)	根	4	图7-29	变压器固定用
	17	接线端子(铜镀锡)	铜，50mm²，单孔，ϕ12.5	个	3		跌落式熔断器上端3只
	18	接线端子(铜镀锡)	铜，35mm²，单孔，ϕ10.5	只	12		跌落式熔断器下端3只，避雷器上端3只 避雷器下5只，JP柜接地开关1只
			铜，35mm²，单孔，ϕ12.5	只	11		变压器高压侧3只 中性点1只，变压器外壳2只 JP柜外壳1只，接地端4只
	19	低压电缆（可选）	ZC-YJY-0.6/1kV-1×300	m	39		电缆双拼
	20	接线端子(铜镀锡)	铜,300mm²，双孔，ϕ12.5	个	16		630kVA配电变压器使用
	21	低压电缆终端	1×300，户内终端，冷缩	个	16		JP柜进线电缆用，可选
	22	绝缘压接线夹	JXD（C）-1	副	3		楔形线夹，可选
	23	绝缘穿刺接地线夹	35mm²铜绝缘线用	副	3		侧开口，黄、绿、红
	24	压板	YB6-740J	块	2	图7-27	JP柜吊装固定架，槽钢上方
	25	横担抱箍	HBG6-280	块	1	图7-25	JP柜进线固定用，第一层
	26	抱箍	BG6-280	块	1	图7-23	JP柜进线固定用，第一层
	27	压板	YB5-740J	块	2	图7-26	变压器固定架
	28	横担抱箍	HBG6-220	块	2	图7-25	引线架固定抱箍，第一层
	29	抱箍	BG6-220	块	2	图7-23	引线架固定抱箍，第一层
	30	双杆熔丝具架	SRJ6-3000	块	3	图7-34	设备、引线固定架
	31	横担抱箍	HBG6-240	块	2	图7-25	引线架固定抱箍，第二层
	32	抱箍	BG6-240	块	2	图7-23	引线架固定抱箍，第二层
	33	横担抱箍	HBG6-260	块	2	图7-25	引线架固定抱箍，第三层
	34	抱箍	BG6-260	块	2	图7-23	引线架固定抱箍，第三层
	35	横担抱箍	HBG6-280	块	1	图7-25	JP柜进线固定用，第二层
	36	抱箍	BG6-280	块	1	图7-23	JP柜进线固定用，第二层
	37	抱箍	BG8-280	块	4	图7-24	变压器台固定支撑抱箍
	38	布电线	BV-35，黑色	m	15		变压器台所有接地引下线用
	39	高压绝缘罩	10kV	只	3		变压器配带附件
	40	低压绝缘罩	1kV	只	4		变压器配带附件

材料分类	编号	名称	型号	单位	数量	图号	备注
成套附件类(细项附件清单)	41	杆上电缆固定架	DLJ5-165G	块	2	图7-32	JP柜进线电缆固定架用
	42	电缆卡抱	KBG4-160	块	2	图7-22	JP柜进线电缆300²，可选
	43	压板	YB7-740J	块	2	图7-28	JP柜吊装固定架，槽钢下方
	44	螺栓	M16×50(配一母双垫)	件	32	图7-30	JP柜进线固定架2×4+设备、引线固定架3×4+熔丝具安装架6×2
	45	螺栓	M16×80(配一母双垫)	件	16	图7-30	JP柜进线固定架2×2+设备、引线固定架3×4
	46	螺栓	M18×80(配一母双垫)	件	4	图7-30	变压器台固定支撑抱箍2×2
	47	螺栓	M12×40(配螺母)	件	9	图7-30	跌落式熔断器6件，可装卸式避雷器3件
其他类1(JP柜低压出线，两回电缆，上杆)	48	杆上电缆固定架	DLJ6-400	块	8	图7-35	JP柜出线电缆固定用
	49	电缆卡抱	KBG4-64	块	8	图7-22	JP柜出线电缆固定用，按截面选定
	50	横担抱箍	HBG6-300	块	2	图7-25	JP柜出线电缆固定用，第四层
	51	抱箍	BG6-300	块	2	图7-23	JP柜出线电缆固定用，第四层
	52	横担抱箍	HBG6-280	块	2	图7-25	JP柜出线电缆固定用，第三层
	53	抱箍	BG6-280	块	2	图7-23	JP柜出线电缆固定用，第三层
	54	横担抱箍	HBG6-260	块	2	图7-25	JP柜出线电缆固定用，第二层
	55	抱箍	BG6-260	块	2	图7-23	JP柜出线电缆固定用，第二层
	56	横担抱箍	HBG6-240	块	2	图7-25	JP柜出线电缆固定用，第一层
	57	抱箍	BG6-240	块	2	图7-23	JP柜出线电缆固定用，第一层
	58	低压电缆	ZCYJY-1kV-4×150	米	16		两路单条电缆出线，8m/回
	59	低压电缆终端	4×150，户外终端，冷缩	套	2		与低压架空线连接用，1套/回
	60	低压电缆终端	4×150，户内终端，冷缩	套	2		与JP柜连接用，1套/回
	61	接线端子(铜镀锡)	铜，150mm²，双孔，ϕ12.5	只	8		与JP柜连接处用2×4
	62	1kV冷缩延长管	150mm²	根	8		户外电缆头需配
	63	铜铝异形并沟线夹	JBTL-50-240	副	8		电缆与主架空线连接，线夹可选
	64	螺栓	M16×50(配一母双垫)	件	40	图7-30	JP柜出线电缆固定架4×10
	65	螺栓	M16×80(配一母双垫)	件	20	图7-30	JP柜出线电缆固定架2×10
其他类2	66	杆上电缆保护管	DLHG-114A	根	3	图7-38	低压电缆下地保护管，选用
其他类3	67	楔形线夹	JXD（C）-1	副	6		主架空线引下线夹，可选
	68	杆上变压器标识牌	320mm×260mm	块	1		悬挂，支架固定于槽钢
	69	低压综合配电箱标识牌	320mm×260mm	块	1		张贴
其他类4(成套附件)	70	禁止标识牌	300mm×240mm	块	2		不锈钢扎带上下固定于杆上
	71	防火堵料		kg	4		进、出线孔洞封堵
	72	变压器标识牌固定架	BPZJ4-400	块	1	图7-37	固定于变压器台槽钢内侧螺栓上
	73	螺栓	M12×40(配螺母)	件	2	图7-30	变压器标识牌2件
	74	接地装置		副	1		
		角钢	∠50mm×5mm×2500mm	根	8	图7-39	
		扁钢	-40mm×4mm	m	45	图7-39	
		接地圆钢	JDS-4000	根	1	图7-39	
		PVC管	PVC，ϕ25	m	3.5		接地圆钢保护管,不锈钢扎带固定于杆上
	75	相序牌A、B、C、N		套	2		铝合金材质挂接方式
	76	布电线	BV-4	m	30		绝缘子绑扎线
	77	螺栓	M16×40(配螺母)	件	8	图7-35	固定低压相序牌

注 1. JP柜出线至低压主架空导线连接的低压电缆选型原则上采用ZCYJY-1kV-4×150，如变压器台JP柜直接低压架空电缆出线的，可选用ZCYJLY-1kV-4×240。
2. 10kV柱上变压器台成套设备材料不包含电杆类、其他类1、其他类2、其他类3等相关材料。
3. 630kVA柱上变压器台低压应采用3回路出线，具体出线方式所需求的材料根据现场实际情况设计。

图 7-10　630kVA 柱上变压器台物料清单（12m 双杆，内陆大容量型）（ZA-1-ZXN-D-03-04）

内陆型10kV柱上配电变压器台工厂化预制打包材料表(15m杆)

材料分类	序号	名称	型号	单位	数量	备注
变压器台高压侧引下线工厂化预制材料表	1	架空绝缘导线	AC10kV，JKTRYJ，35	m	14	熔断器后使用
	2	架空绝缘导线	AC10kV，JKLYJ，50	m	23	熔断器前使用
	3	接线端子(镀锡铜鼻子)	DT-50-ϕ12.5	只	3	跌落式熔断器上端3只
	4	接线端子(镀锡铜鼻子)	DT-35-ϕ12.5	只	3	变压器高压侧3只
	5	接线端子(镀锡铜鼻子)	DT-35-ϕ10.5	只	6	跌落式熔断器下端3只，避雷器上端3只
	6	螺栓式C形线夹	35/35	只	3	避雷器引线用
	7	接地线夹	侧开口，黄、绿、红	只	3	熔断器前使用
	8	布电线	BV-4	m	36	跌落开关上下绝缘子扎线用
	9	柱式绝缘子	R5ET105L	只	6	固定螺杆应选用M20
接地引下线工厂化预制材料表	10	布电线	BV-35	m	15	接地引线用
	11	接线端子(镀锡铜鼻子)	DT-35-ϕ12.5	只	8	中性点1只、变压器外壳2只 JP柜外壳1只、接地端4只
	12	接线端子(镀锡铜鼻子)	DT-35-ϕ10.5	只	6	避雷器下5只，JP柜接地开关1只

内陆型10kV柱上配电变压器台工厂化预制打包材料表(12m杆)

材料分类	序号	名称	型号	单位	数量	备注
变压器台高压侧引下线工厂化预制材料表	1	架空绝缘导线	AC10kV，JKTRYJ，35	m	14	熔断器后使用
	2	架空绝缘导线	AC10kV，JKLYJ，50	m	18	熔断器前使用
	3	接线端子(镀锡铜鼻子)	DT-50-ϕ12.5	只	3	跌落式熔断器上端3只
	4	接线端子(镀锡铜鼻子)	DT-35-ϕ12.5	只	3	变压器高压侧3只
	5	接线端子(镀锡铜鼻子)	DT-35-ϕ10.5	只	6	跌落式熔断器下端3只、避雷器上端3只
	6	螺栓式C形线夹	35/35	只	3	避雷器引线用
	7	接地线夹	侧开口，黄、绿、红	只	3	熔断器前使用
	8	布电线	BV-4	m	30	跌落开关上、下绝缘子扎线用
	9	柱式绝缘子	R5ET105L	只	6	固定螺杆应选用M20
接地引下线工厂化预制材料表	10	布电线	BV-35	m	15	接地引线用
	11	接线端子(镀锡铜鼻子)	DT-35-ϕ12.5	只	8	中性点1只、变压器外壳2只 JP柜外壳1只、接地端4只
	12	接线端子(镀锡铜鼻子)	DT-35-ϕ10.5	只	6	避雷器下5只、JP柜接地开关1只

图 7-11　内陆型 10kV 柱上配电变压器台工厂化预制打包材料表

序号	物料编码	名称	物资描述
1		低压综合配电箱(JP柜)	630kVA，三回，有补偿，带漏电保护装置，带接地隔离开关

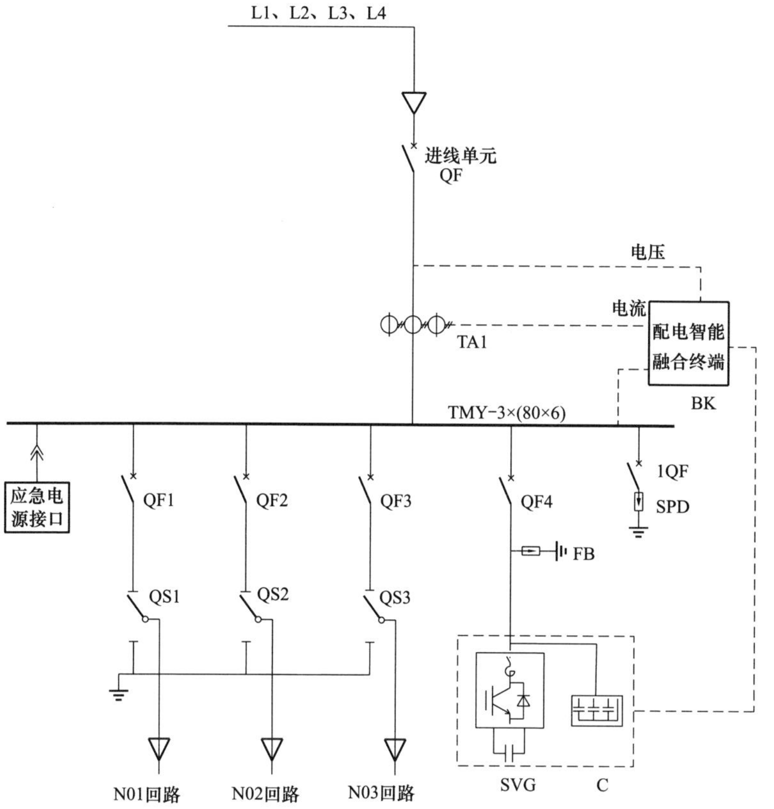

TMY-60×6 ------------------ N
TMY-50×5 ------------------ PE

序号	代号	名称	规格及型号	数量	单位	备注
1	QF	断路器	塑壳-1250A，I_n=1250A	1	个	电子可调式
2	TA1	电流互感器	计量用 1000/5 0.2S级	3	只	适用于变压器容量630kVA
3	FB	低压避雷器		3	只	
4	SPD	浪涌保护器	T1级	1	套	
5	SVG	静止无功发生器	60kvar	1	组	
6	C	智能电容器组	分补，分相120kvar	1	组	
7	BK	配电智能融合终端	通信、数据采集、“四遥”一体、融合配变终端、集中器功能	1	只	若只需无功补偿控制功能时，可替换为无功补偿控制器
8	QF1	断路器（带剩余电流动作保护）	500A/3P+N	1	个	一体式，可重合闸
9	QF2	断路器（带剩余电流动作保护）	500A/3P+N	1	个	一体式，可重合闸
10	QF3	断路器（带剩余电流动作保护）	400A/3P+N	1	个	一体式，可重合闸
11	QF4	断路器	315A	1	个	补偿回路开关
12	1QF	微型断路器	80A	1	个	
13	QS1	接地隔离开关	600A	1	个	
14	QS2	接地隔离开关	600A	1	个	
15	QS3	接地隔离开关	600A	1	个	
16	MP	主母排	TMY-3(80×6)	1	套	
17	MP	N排	TMY-1(60×6)	1	套	
18	MP	PE排	TMY-1(50×5)	1	套	

说明：1.本图适用于变压器容量为630kVA的JP柜（兼订货图）。

2.配电箱门应安装门禁开关（行程开关），可将门禁信号传入配电智能融合终端，箱内应设检修照明灯，门打开后，检修灯即亮，采用LED照明。门禁应引信号线到配电智能融合终端。

3.箱内进线开关进线端需预留足够空间便于安装进线电缆，进线端延伸铜排上电缆搭接孔的位置与箱体底部的距离不小于40cm，铜排间间距不小于30mm。

4.箱体侧面应有天线引出孔（应做标注说明），便于天线引出，并做好防水防护。箱体应有供吸盘天线吸附固定的防锈金属部位。

5.配电智能融合终端、配电室、无功补偿室等隔室之间必须有隔板分隔，隔室的隔板可以是金属板或绝缘板，各功能隔室中的隔板不应因短路分断时所产生的电弧或游离气体所产生的压力而造成损害或永久变形，各单元间的隔板上均应留有电缆走线孔洞。

6.出线开关后端配置隔离（接地）一体式开关，隔离开关与塑壳断路器必须实现可靠闭锁功能，防止误操作。接地开关处于接地状态时，出线开关无法合闸；只有接地开关处于工作状态时，出线开关才能合闸。

7.出线开关应采用一体式漏电开关。漏电保护开关应具备测量三相负载电流、电压、开关状态以及剩余电流功能；具有漏电保护、过载保护和自动重合闸功能；具有定时周期自检功能；漏电报警值可调；故障跳闸后可查询跳闸原因、漏电故障电流、故障相位、故障电流；具有识别正常漏电与故障漏电流报警功能；具备485通信接口，红外通信、兼容多种通信规约，具有漏电瞬态或突变识别技术；具有可单独投退剩余电流保护功能开关。剩余电流保护功能退出时，其他测量、保护功能应不受影响。所有监测信号要引接线到计量终端室端子排。

8.内各个设备应具有中文标识及操作说明，实现看板管理。

9.新技术要求的JP柜外观应有明显的标识，以便与旧型号直观区别。

10.本低压综合配电箱为集配电（计量）、无功补偿及综合监测于一体，安装于户外杆上，必须有可靠的防水、防潮、防尘、防人员触及、防小动物进入、抗腐蚀等措施。

11.本图适用于TT系统接地，如采用TN-C系统时，低压出线漏电保护功能不投运。

12.综合配电箱预留发电车应急电源接口，并做好防水防护。

图 7-12 630kVA 低压综合配电箱电气图（ZA-1-ZX-04-01）

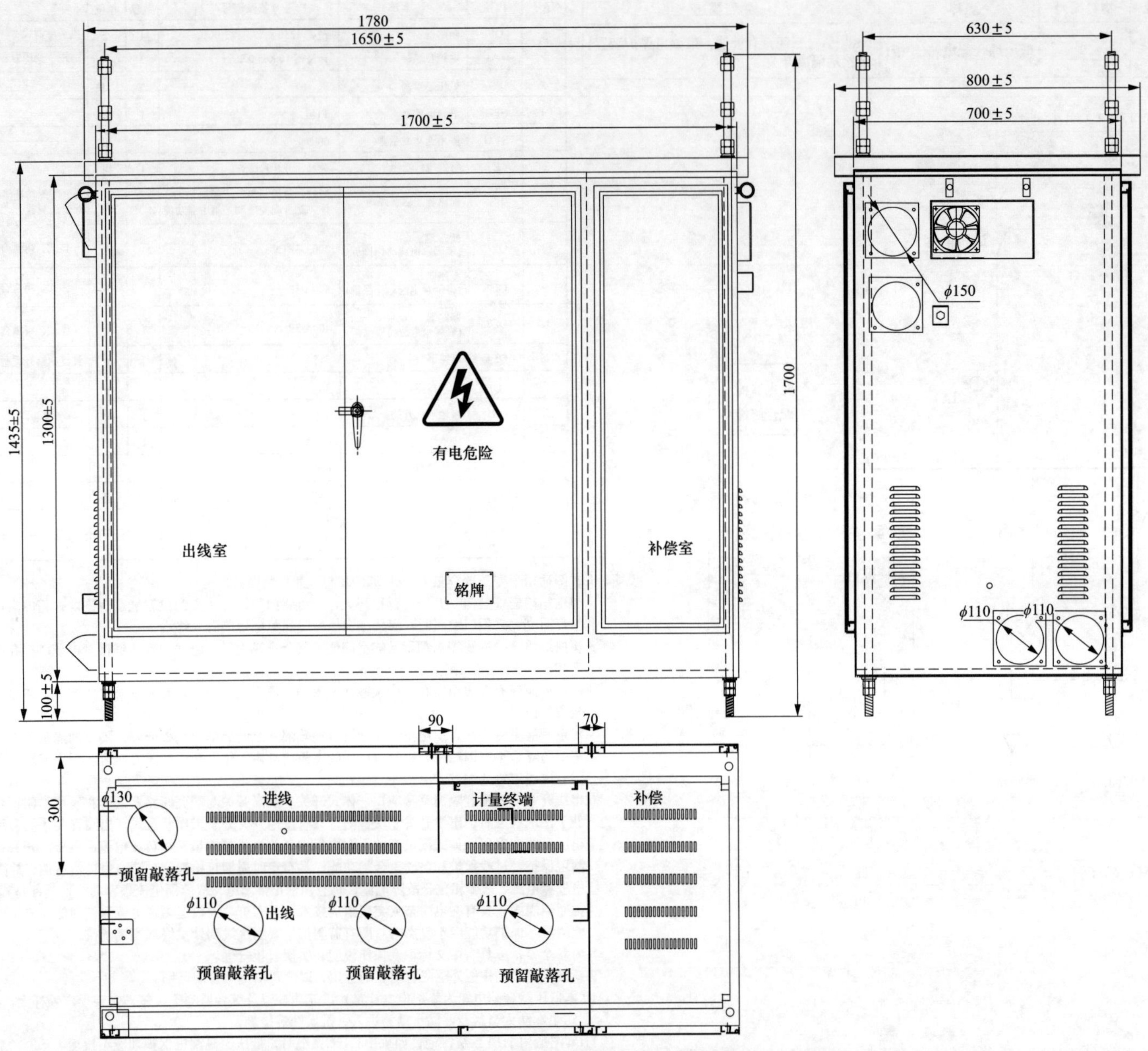

图 7-13　630kVA 变压器（带接地隔离开关）综合配电箱外观示意图（一）

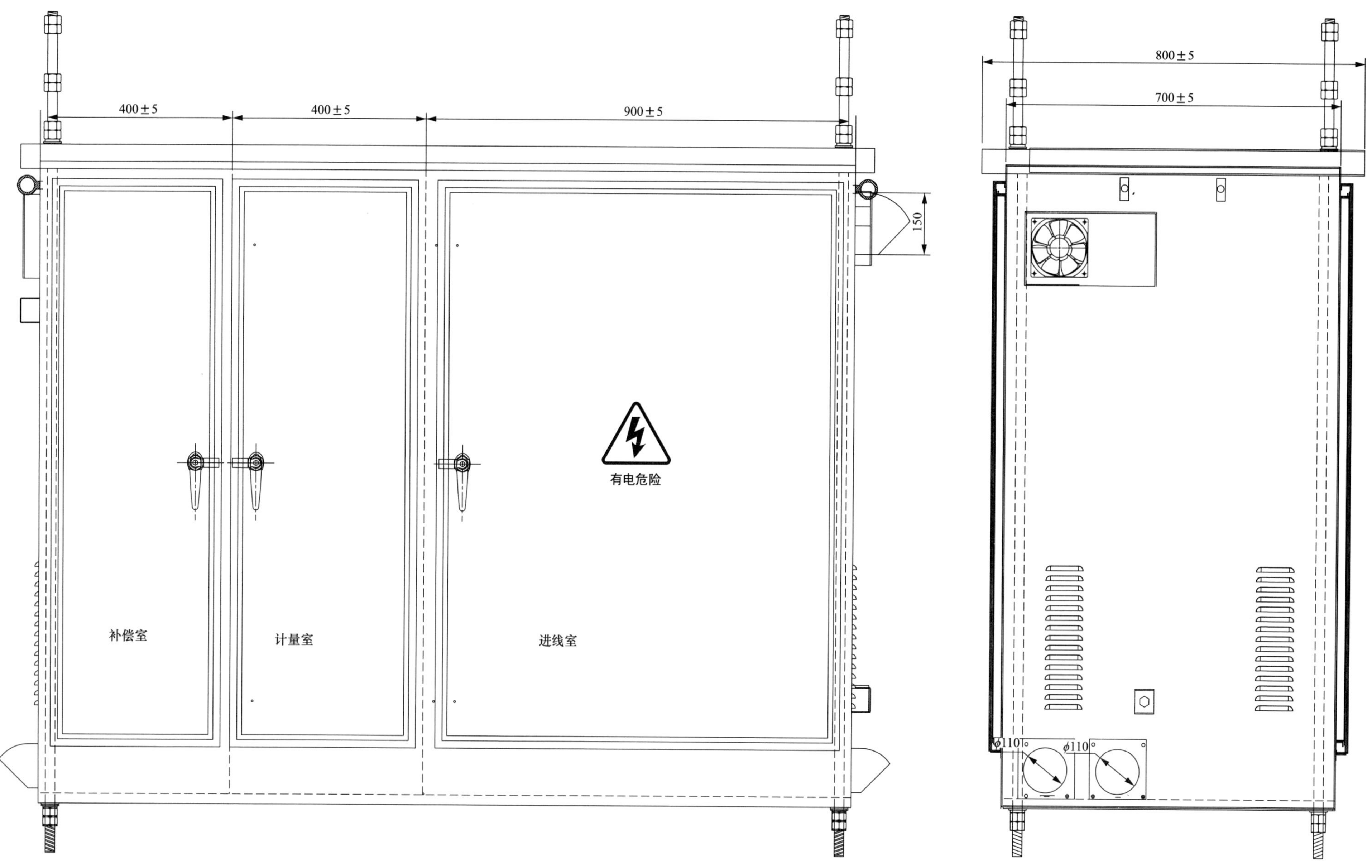

图 7-14　630kVA 变压器（带接地隔离开关）综合配电箱外观示意图（二）

序号	物料编码	名称	物资描述
1	500132919	低压综合配电箱(JP柜)	400kVA，二回，有补偿，带漏电保护，带接地隔离开关

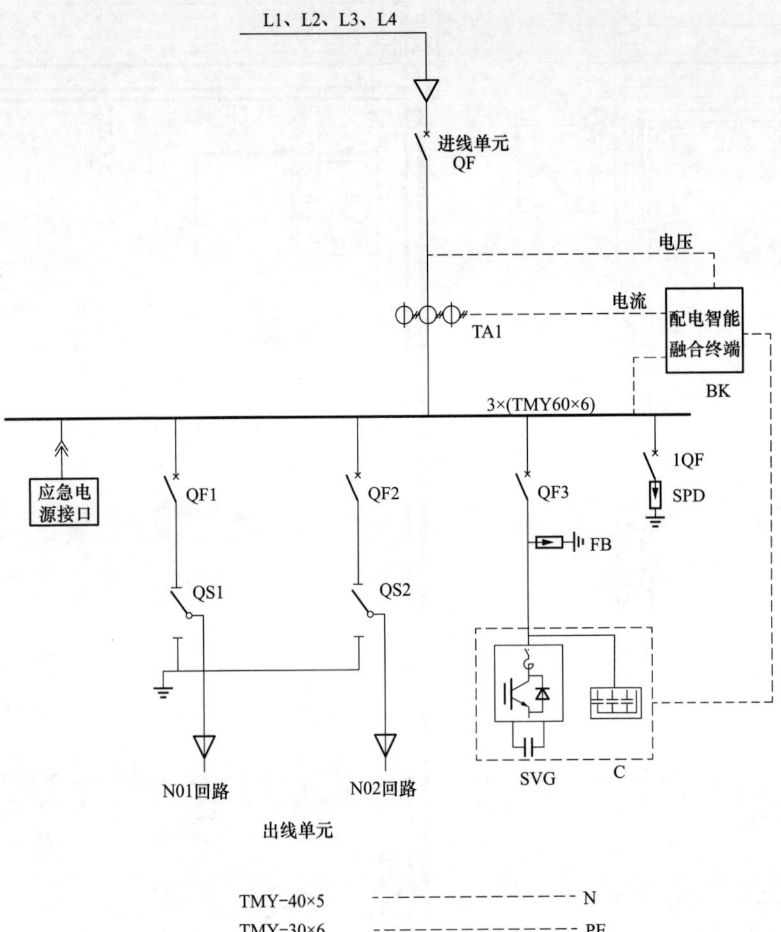

序号	代号	名称	规格及型号	数量	单位	备注
1	QF	断路器	塑壳-800A，I_n=800A	1	个	电子可调式
2	TA1	电流互感器	计量用 600/5 0.2S级	3	只	适用于变压器容量400kVA，可选
		电流互感器	计量用 300/5 0.2S级	3	只	适用于变压器容量200kVA，可选
3	FB	低压避雷器		3	只	
4	SPD	浪涌保护器	T1级	1	套	
5	SVG	静止无功发生器	30kvar	1	组	
6	C	智能电容器组	分补，分相90kvar	1	组	
7	BK	配电智能融合终端	通信、数据采集、"四遥"一体、融合配变终端、集中器功能	1	只	若只需无功补偿控制功能时，可替换为无功补偿控制器
8	QF1	断路器(带剩余电流动作保护)	500A/3P+N	1	个	一体式，可重合闸
9	QF2	断路器(带剩余电流动作保护)	400A/3P+N	1	个	一体式，可重合闸
10	QF3	断路器	250A/250A	1	个	补偿回路开关
11	1QF	微型断路器	80A	1	个	
12	QS1	接地隔离开关	600A	1	个	
13	QS2	接地隔离开关	600A	1	个	
14	MP	主母排	TMY-3(60×6)	1	套	
15	MP	N排	TMY-1(40×5)	1	套	
16	MP	PE排	TMY-1(30×6)	1	套	

说明：1. 本图适用于变压器容量为200～400kVA的JP柜（兼订货图）。

2. 配电箱门应安装门禁开关（行程开关），可将门禁信号传入配电智能融合终端，箱内应设检修照明灯，门打开后，检修灯即亮，采用LED照明。门禁应引信号线到配电智能融合终端。

3. 箱内进线开关进线端需预留足够空间便于安装进线电缆，进线端延伸铜排上电缆搭接孔的位置与箱体底部的距离不小于40cm，铜排间间距不小于30mm。

4. 箱体侧面应有天线引出孔（应做标注说明），便于天线引出，并做好防水防护。箱体应有供吸盘天线吸附固定的防锈金属部位。

5. 配电智能融合终端、配电室、无功补偿室等隔室之间必须有隔板分隔，隔室的隔板可以是金属板或绝缘板，各功能隔室中的隔板不应因短路分断时所产生的电弧或游离气体所产生的压力而造成损害或永久变形，各单元间的隔板上均应留有电缆走线孔洞。

6. 出线开关后端配置隔离（接地）一体式开关，隔离开关与塑壳断路器必须实现可靠闭锁功能，防止误操作。接地开关处于接地状态时，出线开关无法合闸；只有接地开关处于工作状态时，出线开关才能合闸。

7. 出线开关应采用一体式漏电开关。漏电保护开关应具备测量三相负载电流、电压、开关状态以及剩余电流功能；具有漏电保护、过载保护和自动重合闸功能；具有定时周期自检功能；漏电报警值可调；故障跳闸后可查询跳闸原因、漏电故障电流、故障相位、故障电流；具有识别正常漏电与故障漏电流报警功能；具备485通信接口，红外通信、兼容多种通信规约，具有漏电瞬态或突变识别技术；具有可单独投退剩余电流保护功能开关。剩余电流保护功能退出时，其他测量、保护功能应不受影响。所有监测信号要引接线到计量终端室端子排。

8. 内各个设备应具有中文标识及操作说明，实现看板管理。

9. 新技术要求的JP柜外观应有明显的标识，以便与旧型号直观区别。

10. 本低压综合配电箱为集配电（计量）、无功补偿及综合监测于一体，安装于户外杆上，必须有可靠的防水、防潮、防尘、防人员触及、防小动物进入、抗腐蚀等措施。

11. 本图适用于TT系统接地，如采用TN-C系统时，低压出线漏电保护功能不投运。

12. 综合配电箱预留发电车应急电源接口，并做好防水防护。

图 7-15　200～400kVA 低压综合配电箱电气图（ZA-1-ZX-05-01）

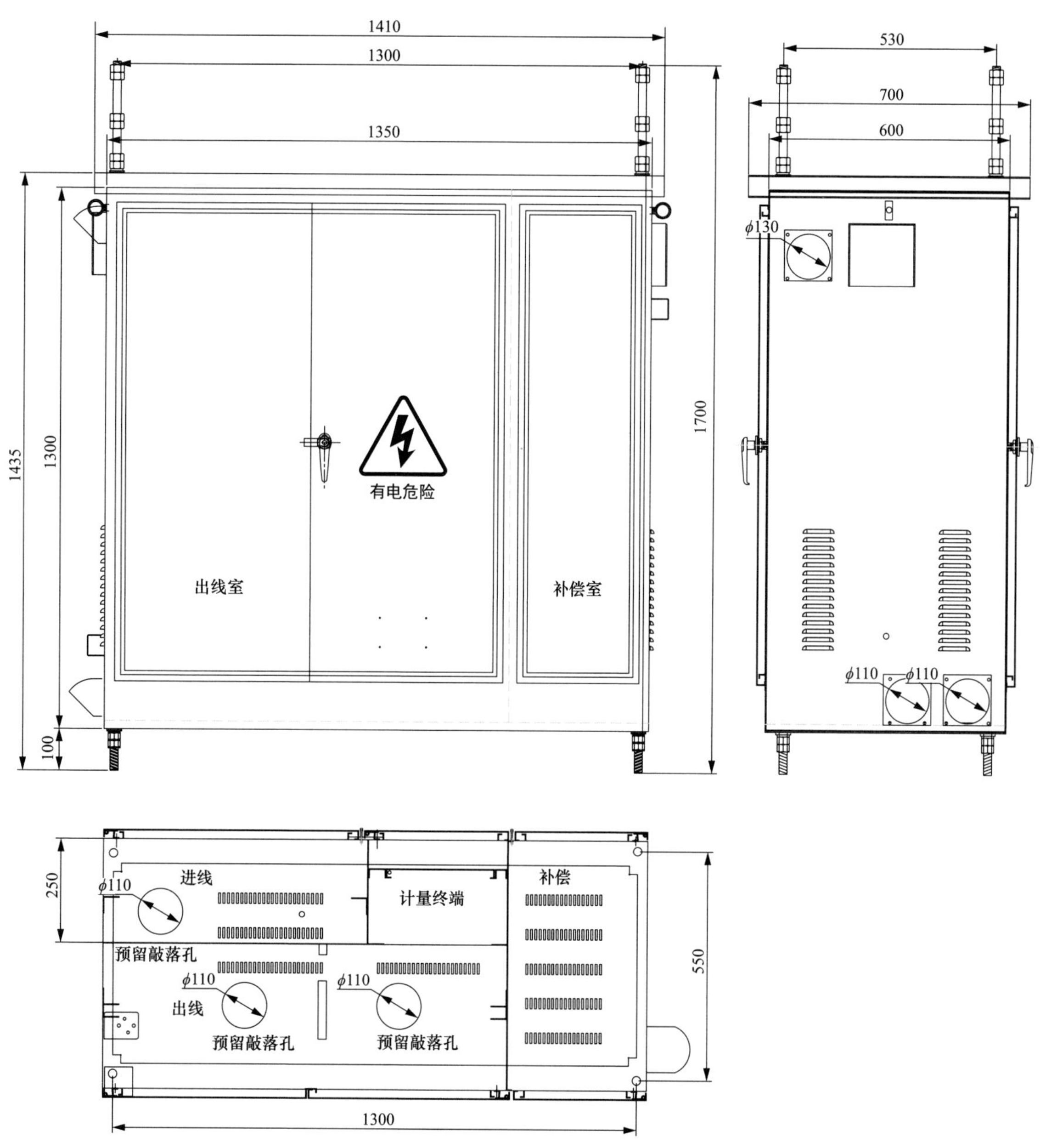

图 7-16　200～400kVA 综合配电箱（带接地隔离开关）外部结构示意图（一）

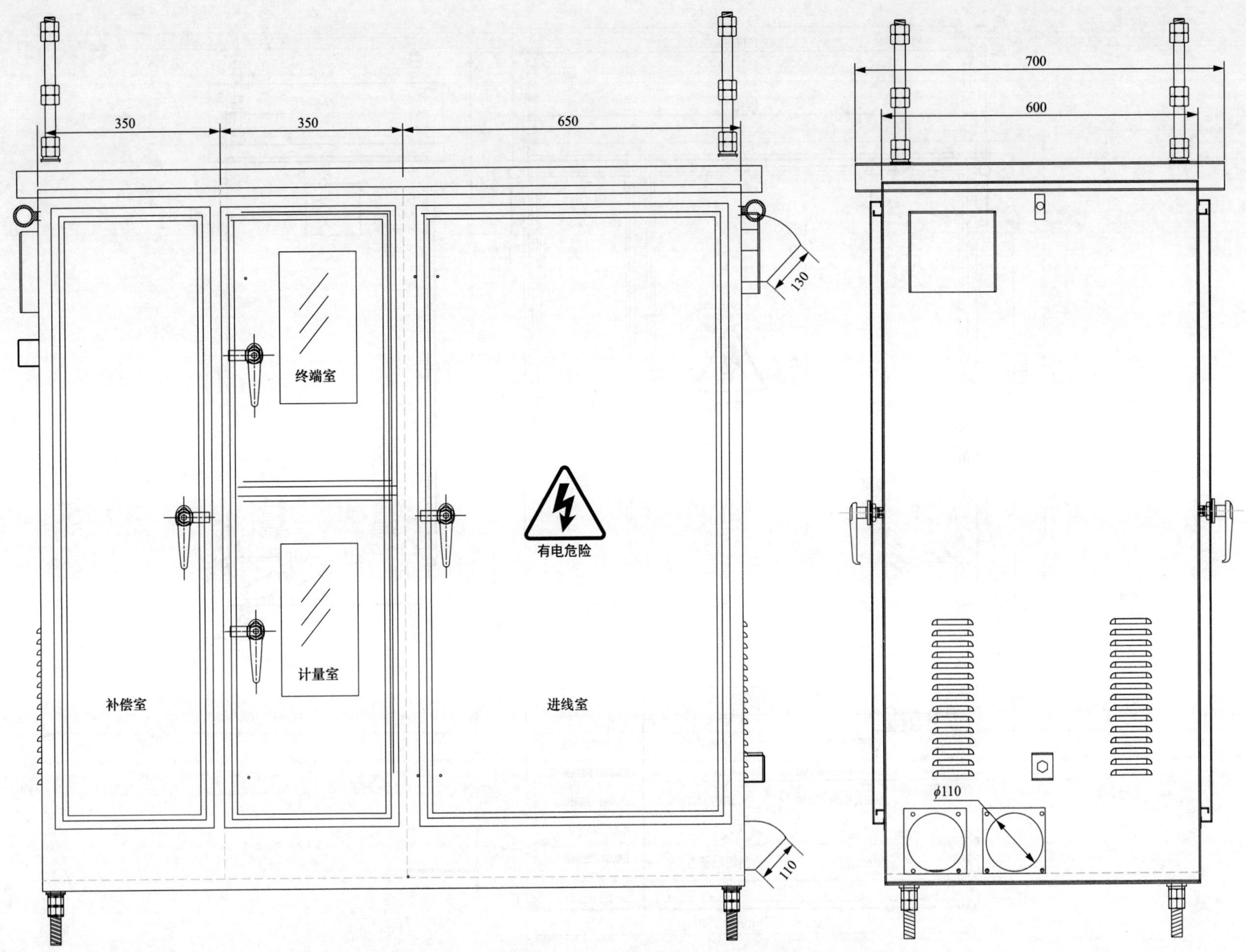

图 7-17　200～400kVA 综合配电箱（带接地隔离开关）外部结构示意图（二）

序号	物料编码	名称	物资描述
1	500114853	低压综合配电箱(JP柜)	100kVA，二回，有补偿，带漏电保护，带接地隔离开关

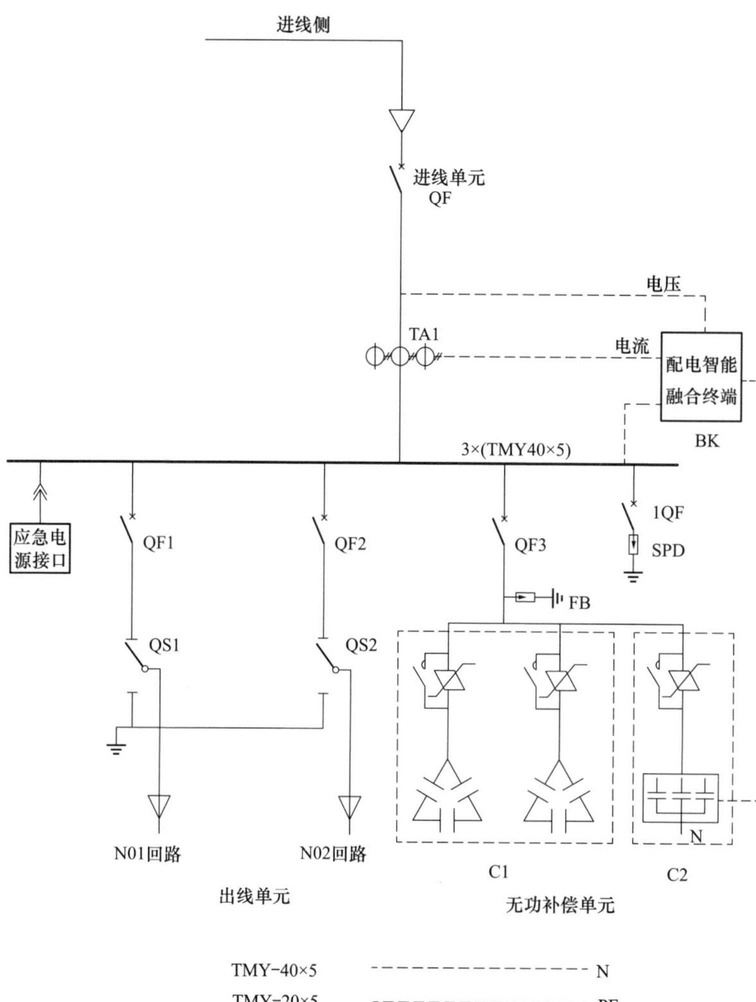

序号	代号	名称	规格及型号	数量	单位	备注
1	QF	断路器	塑壳-250A，I_n=250A	1	个	电子可调式
2	TA1	电流互感器	计量用 150/5 0.2S级	3	只	适用于变压器容量100kVA，可选
3	FB	低压避雷器		3	只	
4	SPD	浪涌保护器	T1级	1	套	
5	C1	智能电容器组	共补，3相，20kvar	2	组	可替换为复合开关，电容器方案(带RS485接口)
6	C2	智能电容器组	分补，分相，10kvar	1	组	
7	BK	配电智能融合终端	通信、数据采集、“四遥”一体、融合配变终端、集中器功能	1	只	若只需无功补偿控制功能时，可替换为无功补偿控制器
8	QF1	断路器（带剩余电流动作保护）	160A/3P+N	1	个	一体式，可重合闸
9	QF2	断路器（带剩余电流动作保护）	160A/3P+N	1	个	一体式，可重合闸
10	QF3	断路器	100A	1	个	补偿回路开关
11	1QF	微型断路器	80A	1	个	
12	QS1	接地隔离开关	400A	1	个	
13	QS2	接地隔离开关	400A	1	个	
14	MP	主母排	TMY-3(40×5)	1	套	
15	MP	N排	TMY-1(40×5)	1	套	
16	MP	PE排	TMY-1(20×5)	1	套	

说明：1. 本图适用于变压器容量为100kVA的JP柜（兼订货图）。

2. 配电箱门应安装门禁开关（行程开关），可将门禁信号传入配电智能融合终端，箱内应设检修照明灯，门打开后，检修灯即亮，采用LED照明。门禁应引信号线到配电智能融合终端。

3. 箱内进线开关进线端需预留足够空间便于安装进线电缆，进线端延伸铜排上电缆搭接孔的位置与箱体底部的距离不小于40cm，铜排间间距不小于30mm。

4. 箱体侧面应有天线引出孔（应做标注说明），便于天线引出，并做好防水防护。箱体应有供吸盘天线吸附固定的防锈金属部位。

5. 配电智能融合终端、配电室、无功补偿室等隔室之间必须有隔板分隔，隔室的隔板可以是金属板或绝缘板，各功能隔室中的隔板不应因短路分断时所产生的电弧或游离气体所产生的压力而造成损害或永久变形，各单元间的隔板上均应留有电缆走线孔洞。

6. 出线开关后端配置隔离（接地）一体式开关，隔离开关与塑壳断路器必须实现可靠闭锁功能，防止误操作。接地开关处于接地状态时，出线开关无法合闸；只有接地开关处于工作状态时，出线开关才能合闸。

7. 出线开关应采用一体式漏电开关。漏电保护开关应具备测量三相负载电流、电压、开关状态以及剩余电流功能；具有漏电保护、过载保护和自动重合闸功能；具有定时周期自检功能；漏电报警值可调；故障跳闸后可查询跳闸原因、漏电故障电流、故障相位、故障电流；具有识别正常漏电与故障漏电报警功能；具备485通信接口，红外通信、兼容多种通信规约，具有漏电瞬态或突变识别技术；具有可单独投退剩余电流保护功能开关。剩余电流保护功能退出时，其他测量、保护功能应不受影响。所有监测信号要引接线到计量终端室端子排。

8. 内各个设备应具有中文标识及操作说明，实现看板管理。

9. 新技术要求的JP柜外观应有明显的标识，以便与旧型号直观区别。

10. 本低压综合配电箱为集配电(计量)、无功补偿及综合监测于一体，安装于户外杆上，必须有可靠的防水、防潮、防尘、防人员触及、防小动物进入、抗腐蚀等措施。

11. 本图适用于TT系统接地，如采用TN-C系统时，低压出线漏电保护功能不投运。

12. 综合配电箱预留发电车应急电源接口，并做好防水防护。

图 7-18　100kVA 低压综合配电箱电气图（ZA-1-ZX-06-01）

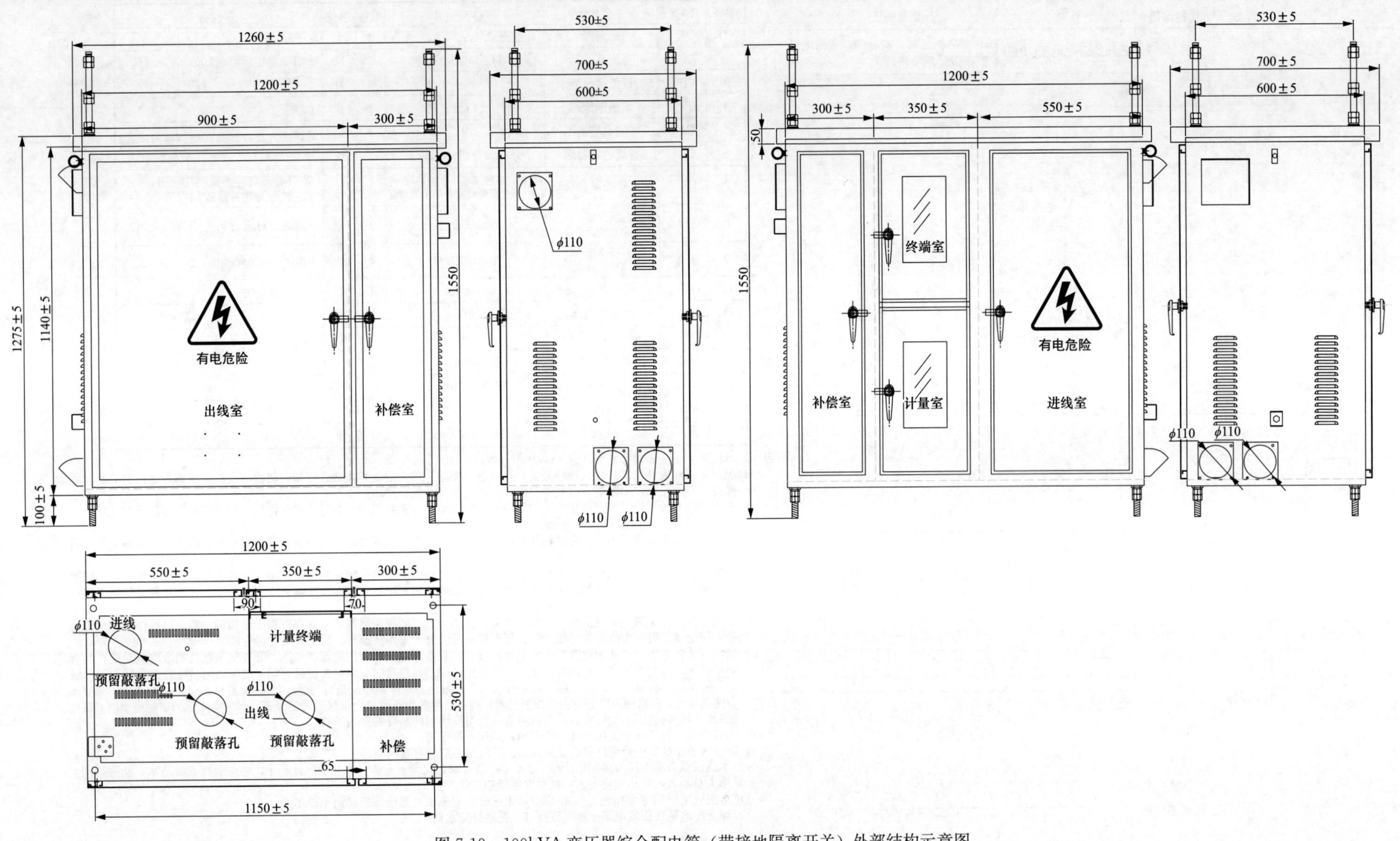

图 7-19　100kVA 变压器综合配电箱（带接地隔离开关）外部结构示意图

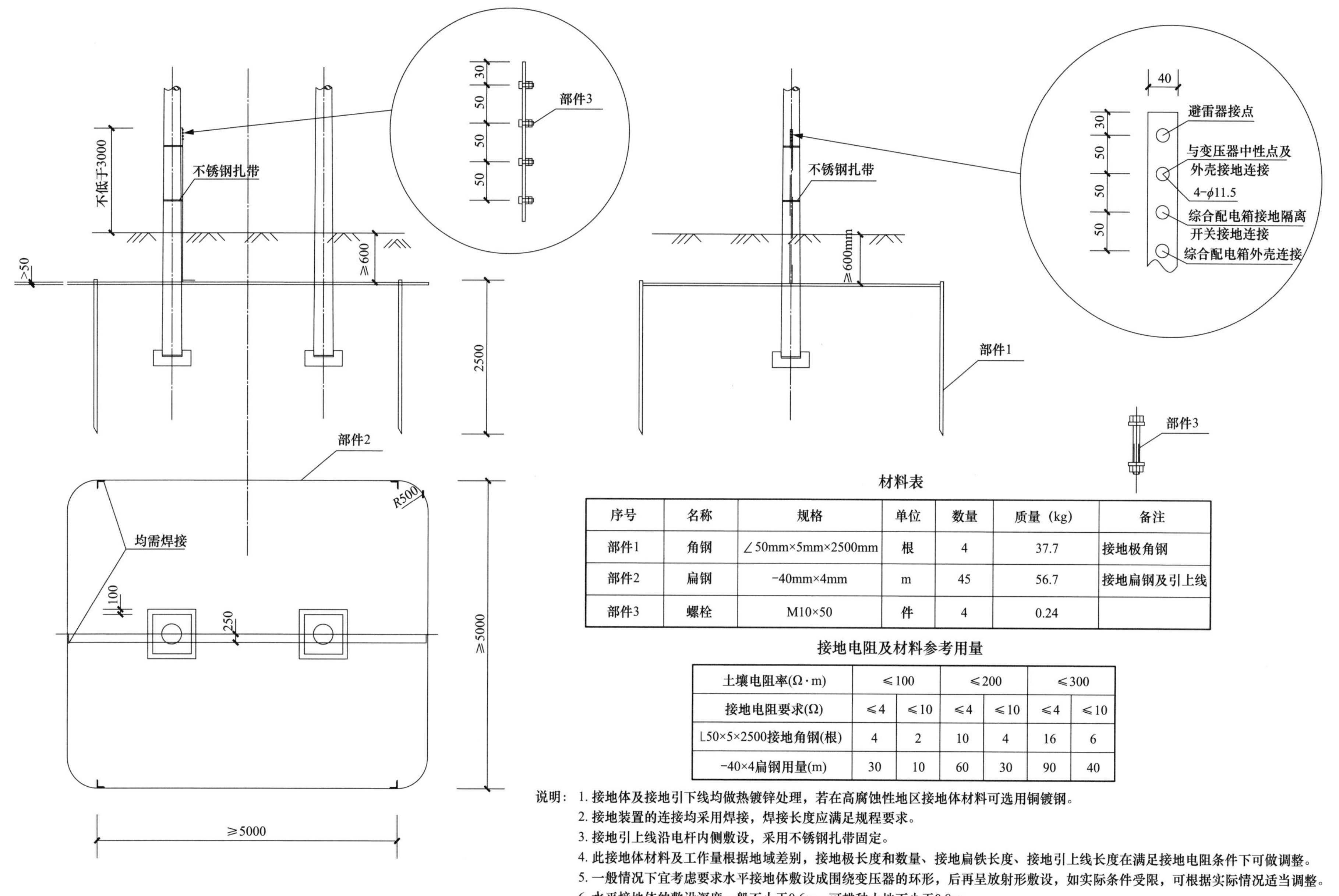

材料表

序号	名称	规格	单位	数量	质量（kg）	备注
部件1	角钢	∠50mm×5mm×2500mm	根	4	37.7	接地极角钢
部件2	扁钢	-40mm×4mm	m	45	56.7	接地扁钢及引上线
部件3	螺栓	M10×50	件	4	0.24	

接地电阻及材料参考用量

土壤电阻率(Ω·m)	≤100		≤200		≤300	
接地电阻要求(Ω)	≤4	≤10	≤4	≤10	≤4	≤10
L50×5×2500接地角钢(根)	4	2	10	4	16	6
-40×4扁钢用量(m)	30	10	60	30	90	40

说明：1. 接地体及接地引下线均做热镀锌处理，若在高腐蚀性地区接地体材料可选用铜镀钢。
2. 接地装置的连接均采用焊接，焊接长度应满足规程要求。
3. 接地引上线沿电杆内侧敷设，采用不锈钢扎带固定。
4. 此接地体材料及工作量根据地域差别，接地极长度和数量、接地扁铁长度、接地引上线长度在满足接地电阻条件下可做调整。
5. 一般情况下宜考虑要求水平接地体敷设成围绕变压器的环形，后再呈放射形敷设，如实际条件受限，可根据实际情况适当调整。
6. 水平接地体的敷设深度一般不小于0.6m，可耕种土地不少于0.8m。

图 7-20　接地体加工图（ZA-1-ZX-07-01）

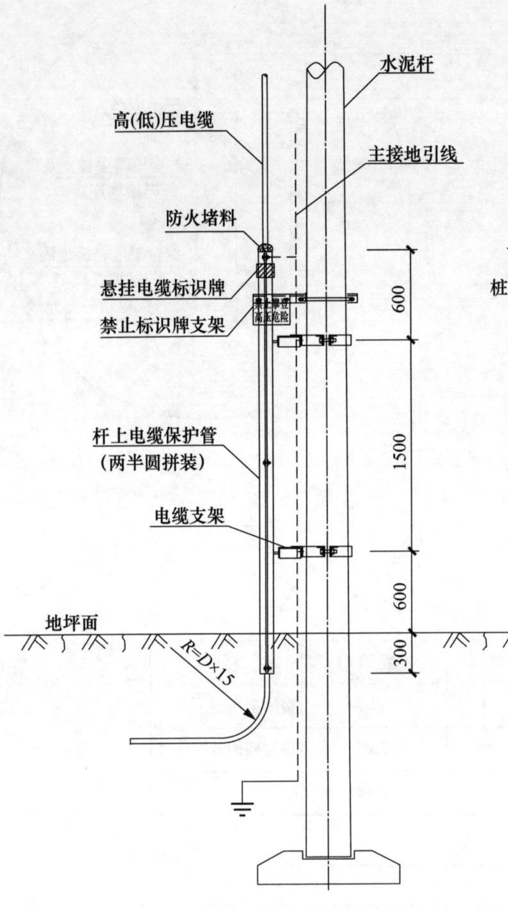

水泥杆
高(低)压电缆
主接地引线
防火堵料
悬挂电缆标识牌
禁止标识牌支架
禁止攀登
高压危险
杆上电缆保护管
(两半圆拼装)
电缆支架
地坪面
R=D×15
600
1500
600
300

高(低)压电缆杆上电缆保护管安装详图

主接地引线
变压器
标识牌
禁止攀登
高压危险
低压综合配电箱标识牌
低压综合配电箱(JP柜)
钢管接地引线单独
引至主接地圆钢接地
桩头处扁钢接地孔连接
防火
堵料
钢管端口
进入箱体内
悬挂电
缆标识牌
杆上电缆保护管
DLHG-114A
2500
3400
地面采用C20混凝土硬化
(恢复路面结构层)
150
地坪面
埋地电缆

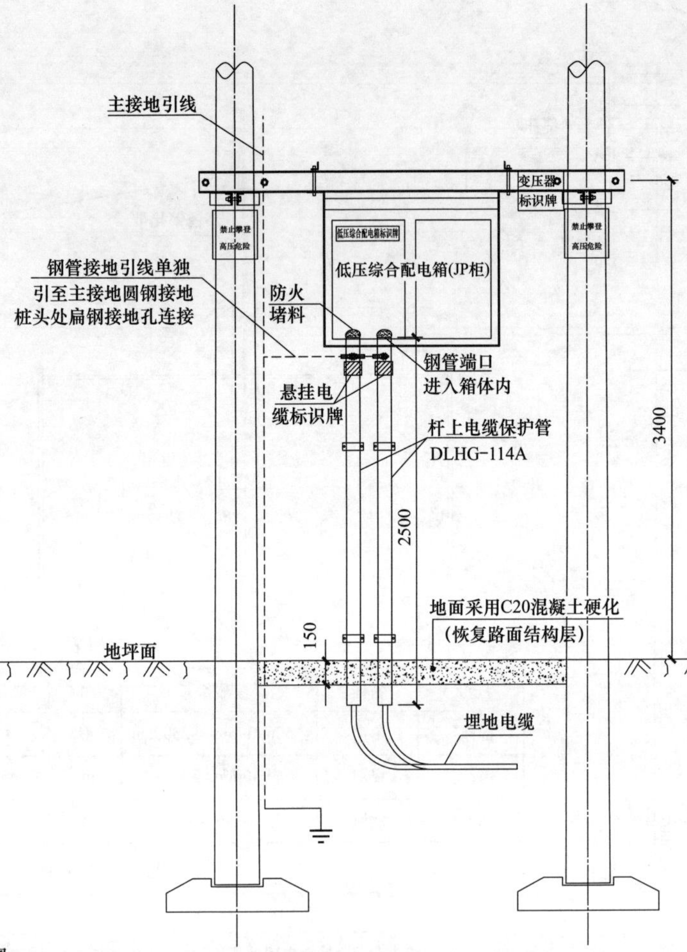

变台JP柜低压电缆保护管出线安装详图

高(低)压电缆
接地引线
JKLYJ-50
防火堵料
单独引至主接地圆钢
接地桩头处扁钢接地孔
接线端子
铜镀锡，50mm²，单孔
悬挂电缆标识牌
两半钢管采用
JKLYJ-50导线及端子固定连接
杆上电缆保护管
(两半圆拼装)

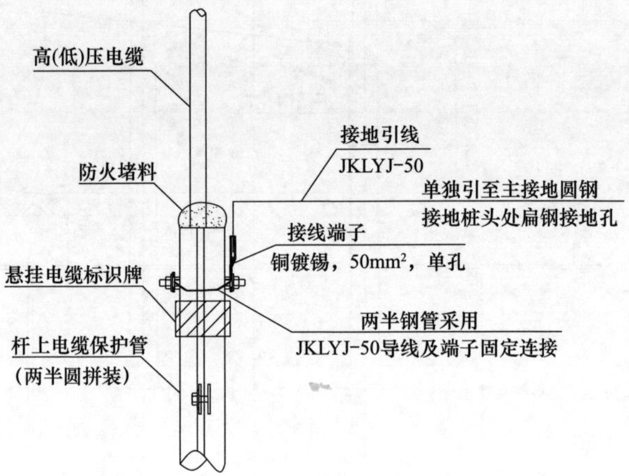

杆上电缆保护管接地引线安装详图

说明：1. 图为“杆上电缆保护管”安装详图。
2. 电缆需采用电缆保护管外套保护。
3. 保护管安装后，保护管上端管口需用防火封料封堵密实，且管口上端需悬挂电缆标识牌。
4. 保护管安装时，管身应与主接地引线可靠连接，具体做法：保护管接地采用绝缘导线JKLYJ-10kV-50与主接地引线形成可靠连接；如多根电缆保护管并列进、出线时，各保护管接地均采用绝缘导线。JKLYJ-10kV-50串联后，再统一由绝缘导线引接至主接地圆钢接地桩头处扁钢接地孔连接。
5. 所有接地引线均采用电缆接线端子铜镀锡，50mm²，单孔过渡连接。
6. 上墙段电缆保护管及接地安装方式参照变台JP柜做法。

半圆抱箍
BG6型
横担抱箍
HBG6型
杆上电缆固定架
DLJ5-165
杆上电缆保护管
DLHG型
电缆

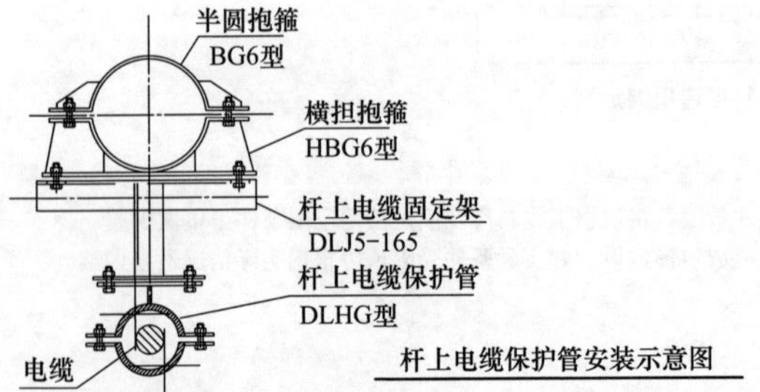

杆上电缆保护管安装示意图

图 7-21　变压器台 JP 柜低压电缆保护管出线安装详图

7.8　铁附件加工

7.8.1　铁附件选用一般要求

（1）铁附件加工的型钢质量及尺寸应符合 GB/T 706—2008《G 热轧型钢》中的要求。选用的钢材强度除图纸中标注外，一般选用 Q235。

（2）铁附件加工完成后都有应按照图纸型号打上标识，标识用钢字模压印，标识的钢印应排列整齐，字形不得有缺陷，钢印深度为 0.5～1.0mm。

（3）型钢下料长度允许偏差±1mm，切断处高于 0.3mm 毛刺应清除。角钢端部垂直度小于等于 3t/100，且不大于 3.0mm（t 为角钢厚度）。

（4）型钢加工准距要求偏差±1.0mm，排间距要求偏差±1.0mm，端距要求偏差±2.0mm。孔直径允许偏差＋1.0mm，孔锥度允许偏差＋0.5mm 或－0.2mm，垂直度允许偏差小于等于 0.03T 且小于等于 2.0mm（T 为钢材厚度）。同组内相邻两孔允许偏差±0.5mm，同组内不相邻两孔允许偏差±1.0mm；相邻两组孔距允许偏差±1mm，不相邻两组孔允许偏差±1.5mm。制孔表面不得有明显的凹陷，高于 0.5mm 的毛刺应清除。制孔错误修补后，零件的修补位置不得有裂纹、飞溅等缺陷。

（5）型钢制弯后，火曲线边缘的孔不得有变形，包铁和主材不能出现摆头、扭曲，曲线（点）位置不得有明显的凹面、折皱、划痕和损伤。制弯的角度允许偏差±0.5 度。制弯边缘应圆滑过渡，最薄处不得小于钢材厚度的 70%，需开口才能制弯的包铁（主材），须在开口处先坡口后再施焊，焊材选用相应于钢材材质的焊条（焊丝），并处理飞溅、电弧擦伤等表面缺陷，不保留焊接痕迹。

（6）型钢切角的尺寸允许偏差＋2mm，切断处大于 0.5mm 毛刺清除。切角边距：直径 ϕ17.5mm，边距不小于 23mm，直径 ϕ21.5mm 边距不小于 28mm，直径 ϕ25.5mm 边距不小于 33mm，切断处应圆滑过渡。不允许有多余的切角（例如：切错角后不修复，重新切角）。

（7）开合角：允许偏差为±1°，开合角后不准有弯曲、扭曲现象。打扁：打扁处的角钢背不得有裂纹、弯曲，通孔后毛刺应清除，通孔后的孔径应与打扁处孔径相清符。

7.8.2　铁附件图纸编号原则

1—TJ：铁附件加工模块；

2—HD：横担、BG：抱箍、LT：联铁、DDM：单杆顶帽、SDB：双杆顶抱箍、QT：双头螺杆、ZJ：支架、HG：护管、TA：撑铁；

3—01、02、03：该类图纸序号。

例如：TJ-BG-01

10kV 柱上三相变压器台铁件加工图清单见表 7-5。

表 7-5　　10kV 柱上三相变压器台铁件加工图清单

图序	图名	图纸编号
1	电缆卡抱加工图（KBG4）	图 7-22
2	半圆抱箍加工图（BG6）	图 7-23
3	半圆抱箍加工图（BG8）	图 7-24
4	半圆横担抱箍加工图（HBG6）	图 7-25
5	压板加工图（YB5-740J）	图 7-26
6	压板加工图（YB6-740J）	图 7-27
7	压板加工图（YB7-740J）	图 7-28
8	双头螺杆（对锚）加工图（DXLG）	图 7-29
9	单头螺栓加工图	图 7-30
10	熔丝具安装架加工图（RJ7-170）	图 7-31
11	杆上电缆固定架加工图（DLJ5-165）	图 7-32
12	变压器双杆支持架加工图（SPJ14-3000）	图 7-33
13	双杆熔丝具架加工图（SRJ6-3000）	图 7-34
14	杆上电缆固定架加工图（DLJ6-400）	图 7-35
15	卡盘抱箍加工图（U20）	图 7-36
16	变压器标识牌固定架加工图（BPZJ4-450）	图 7-37
17	杆上电缆保护管加工图（DLHG-A）	图 7-38
18	接地圆钢、垂直接地铁、水平接地铁加工示意图	图 7-39
19	1.2m 卡盘加工图（KP12）	图 7-40

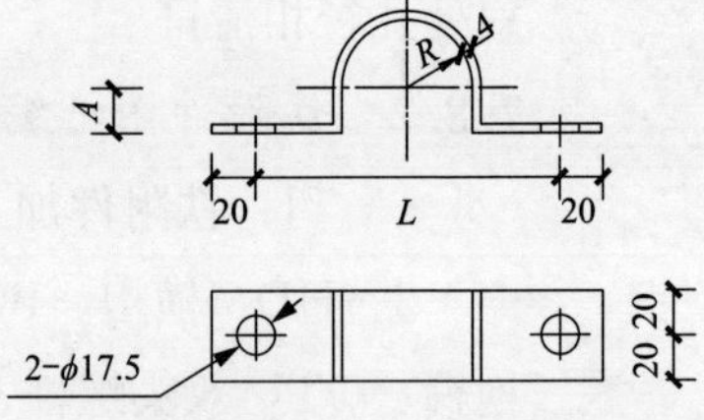

选用表

序号	型号	R(mm)	A	规格	长度(mm)	L	单位(块)	质量(kg)	YJY_{22} -0.6/1kV		YJY_{22} -8.7/10kV	钢管	适用范围
									四芯(mm²)	五芯(mm²)	三芯(mm²)		
1	KBG4-40	20	10	-40×4	223	140	1	0.28	25~50	25~50			上杆电缆用
2	KBG4-50	25	15	-40×4	239		1	0.31	70~120	70~95			
3	KBG4-64	32	22	-40×4	261		1	0.33	150~185	120~150			
4	KBG4-70	35	25	-40×4	270		1	0.34	240	185	70~120		
5	KBG4-80	40	30	-40×4	286		1	0.36		240	150~185		
6	KBG4-90	45	35	-40×4	302		1	0.38			240~300		
7	KBG4-110	55	45	-40×4	423	230	1	0.53			400	ϕ100	钢管卡抱上杆电缆保护管用
8	KBG4-160	80	70	-40×4	502		1	0.63				ϕ150	
9	KBG4-200	100	90	-40×4	565		1	0.71				ϕ200	

图 7-22　电缆卡抱加工图（KBG4）

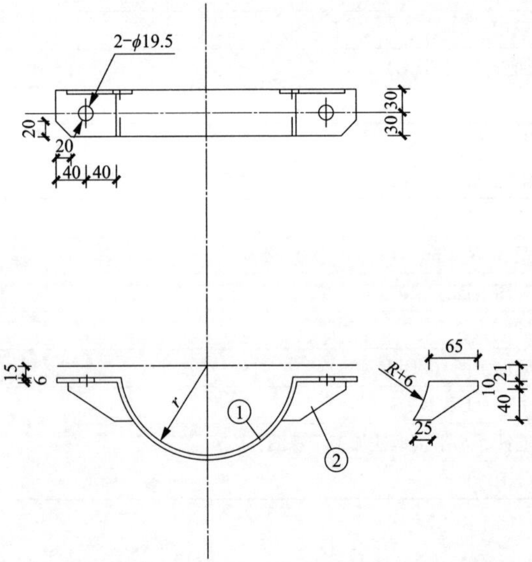

选用表

序号	型号	r (mm)	下料长度 (mm)	质量 (kg)	单位 (1917:块)	总重 (kg)
1	BG6-160	80	390	1.10	1	1.50
2	BG6-200	100	457	1.29	1	1.69
3	BG6-210	105	470	1.33	1	1.73
4	BG6-220	110	484	1.37	1	1.77
5	BG6-240	120	514	1.45	1	1.85
6	BG6-260	130	545	1.54	1	1.94
7	BG6-280	140	576	1.63	1	2.03
8	BG6-300	150	608	1.72	1	2.12
9	BG6-320	160	638	1.81	1	2.21
10	BG6-340	170	670	1.90	1	2.30
11	BG6-360	180	701	1.98	1	2.38
12	BG6-380	190	733	2.07	1	2.47
13	BG6-400	200	764	2.16	1	2.56
14	BG6-420	210	796	2.25	1	2.65
15	BG6-440	220	827	2.34	1	2.74
16	BG6-460	230	859	2.43	1	2.83
17	BG6-480	240	890	2.52	1	2.92
18	BG6-500	250	921	2.61	1	3.01

材料表

序号	名称	规格	单位	数量	质量（kg）
1	扁钢	-60×6×L	块	1	见上表
2	加劲板	-50×5×100	块	2	0.4

图 7-23　半圆抱箍加工图（BG6）

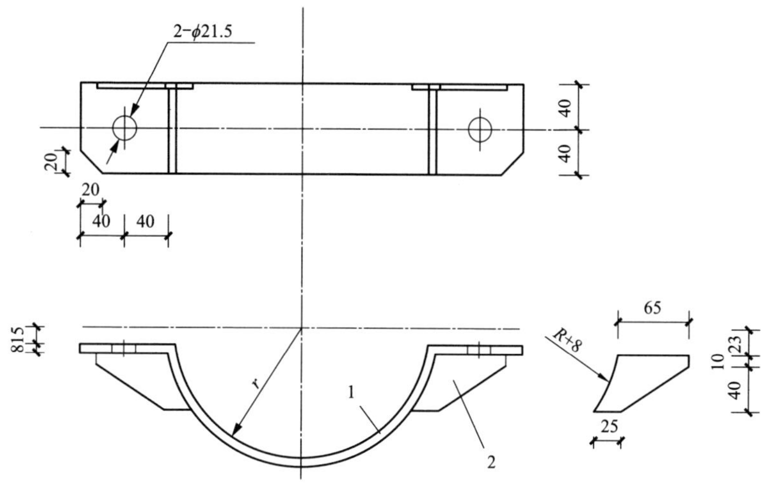

选用表

序号	型号	r (mm)	下料长度 (mm)	质量 (kg)	单位 (1917:块)	总重 (kg)
1	BG8-200	100	457	2.29	1	2.69
2	BG8-210	105	470	2.36	1	2.76
3	BG8-220	110	484	2.43	1	2.83
4	BG8-240	120	514	2.58	1	2.98
5	BG8-260	130	545	2.74	1	3.14
6	BG8-280	140	576	2.89	1	3.29
7	BG8-300	150	608	3.05	1	3.45
8	BG8-320	160	638	3.20	1	3.60
9	BG8-340	170	670	3.36	1	3.76
10	BG8-360	180	701	3.52	1	3.92
11	BG8-380	190	733	3.68	1	4.08
12	BG8-400	200	764	3.84	1	4.24
13	BG8-420	210	796	4.00	1	4.40
14	BG8-440	220	827	4.15	1	4.55
15	BG8-460	230	859	4.31	1	4.71
16	BG8-480	240	890	4.47	1	4.87

材料表

序号	名称	规格	单位	质量	质量(kg)
1	扁钢	−100×10×L	块	1	见上表
2	加劲板	−50×5×100	块	2	0.4

图 7-24　半圆抱箍加工图（BG8）

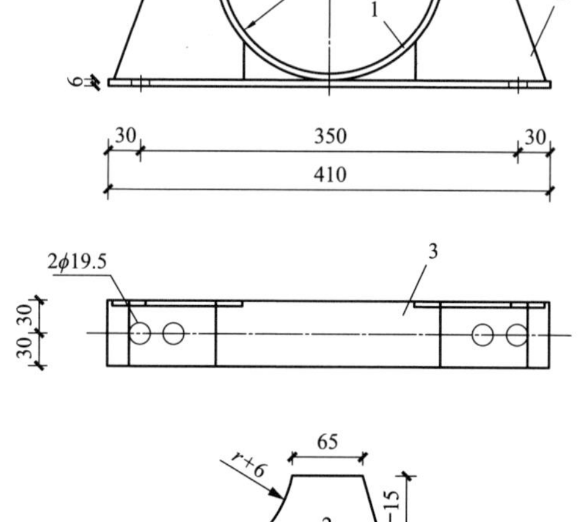

选用表

序号	型号	r (mm)	下料长度 (mm)	质量 (kg)	单位 (1917:块)	总重 (kg)
1	HBG6-160	80	390	1.10	1	3.06
2	HBG6-200	100	457	1.29	1	3.25
3	HBG6-210	105	470	1.33	1	3.34
4	HBG6-220	110	484	1.37	1	3.42
5	HBG6-240	120	514	1.45	1	3.60
6	HBG6-260	130	545	1.54	1	3.78
7	HBG6-280	140	576	1.63	1	3.97
8	HBG6-300	150	608	1.72	1	4.15
9	HBG6-320	160	638	1.81	1	4.34
10	HBG6-340	170	670	1.90	1	4.52
11	HBG6-360	180	701	1.98	1	4.69
12	HBG6-380	190	733	2.07	1	4.88
13	HBG6-400	200	764	2.16	1	5.06
14	HBG6-420	210	796	2.25	1	5.25

材料表

序号	名称	规格	单位	数量	质量（kg）
1	扁钢	−60×6×L	块	1	见上表
2	加劲板	−120×5×(r−15)	块	2	
3	扁钢	−60×6×410	块	1	1.16

图 7-25　半圆横担抱箍加工图（HBG6）

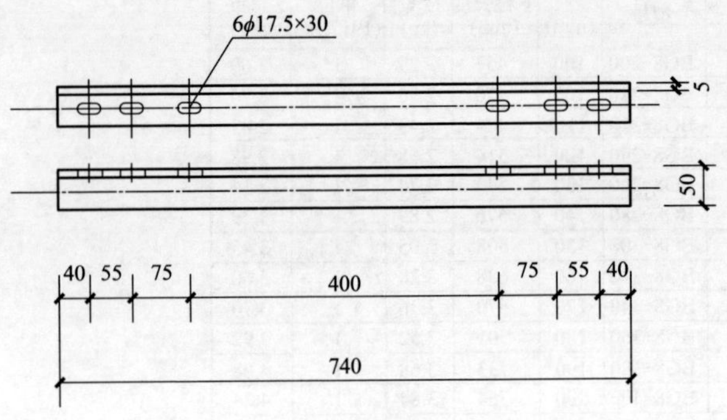

选用表

序号	型号	规格	L长度（mm）	单位（1917:块）	质量（kg）	备注
1	YB5-740J	L50×5	740	1	2.79	用于固定变压器

图 7-26　压板加工图（YB5-740J）

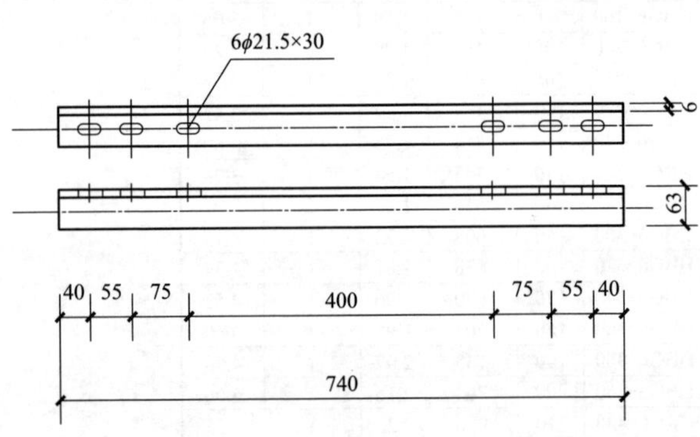

选用表

序号	型号	规格	L长度（mm）	单位（1917:块）	质量（kg）	备注
1	YB6-740J	L63×6	740	1	4.24	用于固定JP柜，吊装上端

图 7-27　压板加工图（YB6-740J）

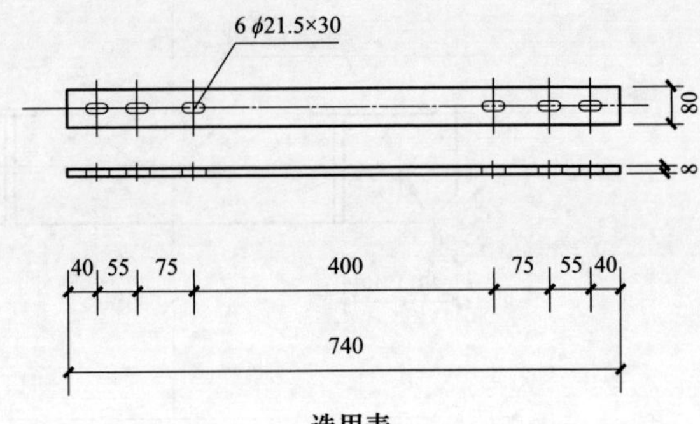

选用表

序号	型号	规格	L长度（mm）	单位（1917:块）	质量（kg）	备注
1	YB7-740J	-80×8	740	1	3.72	用于固定JP柜，下方夹铁

图 7-28　压板加工图（YB7-740J）

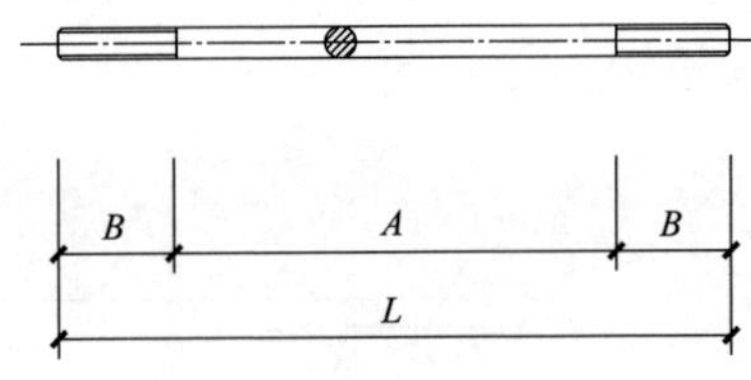

选用表

序号	型号	规格	A（mm）	B（mm）	L长度（mm）	单位（根）	质量（kg）
1	M16×85	ϕ16	25	30	85	1	0.14
2	M12×200	ϕ12	80	60	200	1	0.22
3	M18×90	ϕ18	30	30	90	1	0.18
4	M16×200	ϕ16	80	60	200	1	0.31
5	M16×300	ϕ16	180	60	300	1	0.47
6	M16×350	ϕ16	230	60	350	1	0.55
7	M16×400	ϕ16	280	60	400	1	0.64
8	M18×300	ϕ18	180	60	300	1	0.60
9	M18×350	ϕ18	230	60	350	1	0.70
10	M18×400	ϕ18	280	60	400	1	0.80
11	M20×350	ϕ20	230	60	350	1	0.87
12	M20×400	ϕ20	280	60	400	1	1.00

图 7-29　双头螺杆（对销）加工图（DXLG）

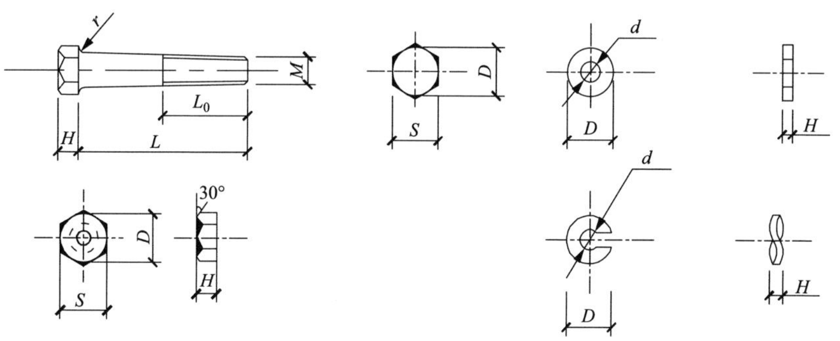

各部件尺寸及质量表

M (mm)	螺栓头(mm)				螺母				垫圈				弹簧片			
	S	D	H	r	S (mm)	D (mm)	H (mm)	质量 (kg)	D (mm)	d (mm)	H (mm)	质量 (kg)	D (mm)	d (mm)	H (mm)	质量 (kg)
12	19	21.9	8	0.8	19	21.9	10	0.017	25	12.5	2	0.006	19.5	12.5	3.5	0.005
16	24	27.7	10	1.0	24	27.7	13	0.03	32	16.5	3	0.013	25	17	4	0.008
18	27	31.2	12	1.0	27	31.2	14	0.05	36	19	3	0.017	28	19	4.5	0.012
20	30	34.6	13	1.0	30	34.6	16	0.07	38	21	4	0.024	31	21	5	0.016
22	32	36.9	14	1.0	32	36.9	18	0.08	42	23	4	0.03	33	23	5	0.017
24	36	41.6	15	1.5	36	41.6	19	0.11	45	25	4	0.034	37	25	6	0.027

螺栓规格及质量表

型号 (M×L, mm)	L_o (mm)	质量(kg)		型号 (M×L, mm)	L_o (mm)	质量(kg)	
		一母一垫	双母双垫			一母一垫	双母双垫
M12×40	30	0.074	0.097	M18×80	45	0.275	0.342
M12×60	40	0.091	0.114	M18×100	50	0.315	0.382
M12×120	50	0.143	0.166	M18×400	120	0.927	0.994
M16×50	40	0.154	0.197	M18×450	120	1.027	1.094
M16×80	45	0.201	0.244	M20×50	35	0.284	0.378
M16×100	50	0.233	0.276	M20×80	45	0.358	0.452
M16×120	50	0.264	0.339	M20×100	50	0.407	0.501
M16×150	80	0.33	0.37	M20×300	100	0.914	1.01
M16×240	100	0.47	0.56				
M16×260	100	0.484	0.512				
M16×280	100	0.515	0.56				
M16×300	100	0.557	0.6				
M16×320	100	0.579	0.56				
M16×350	120	0.65	0.69				
M16×400	120	0.729	0.769				
M18×50	35	0.215	0.282				

图 7-30　单头螺栓加工图

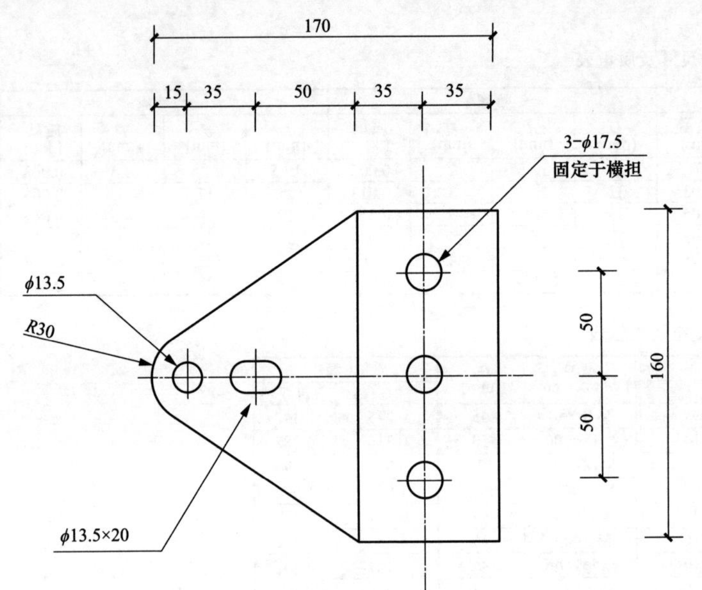

选用表

序号	型号	适用范围	单位 (1903:副)	质量 (kg)
1	RJ7-170	熔丝具安装架	1	1.5

材料表

序号	名称	规格	单位	数量	质量(kg)
1	扁钢	−160×7×170	块	1	1.5

图 7-31　熔丝具安装架加工图（RJ7-170）

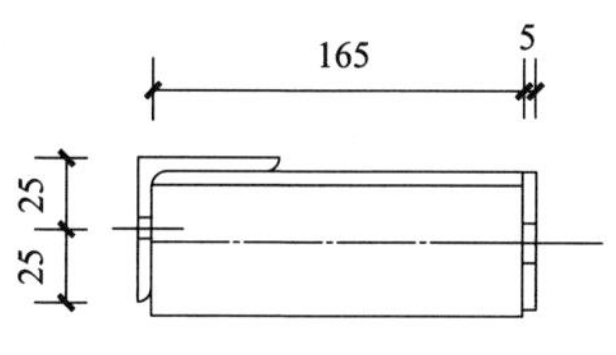

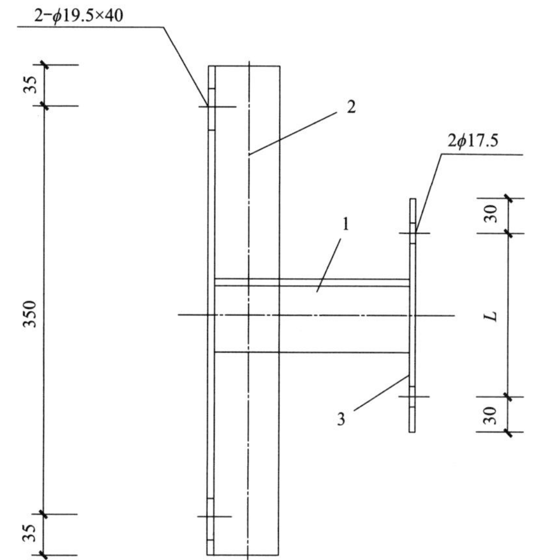

选用表

序号	型号	适用范围	单位（副）	质量（kg）
1	DLJ5-165	杆上电缆固定架	1	2.60
2	DLJ5-165G	杆上电缆保护管固定架	1	2.77

材料表

序号	名称	规格	L（mm）	单位	数量	质量（kg）	备注
1	角钢	∠50×5×165	165	块	1	0.62	
2	角钢	∠50×5×420	420	块	1	1.58	
3	扁钢	-50×5×200	140	块	1	0.40	用于固定电缆
	扁钢	-50×5×290	230	块	1	0.57	用于固定钢管

图 7-32　杆上电缆固定架加工图（DLJ5-165）

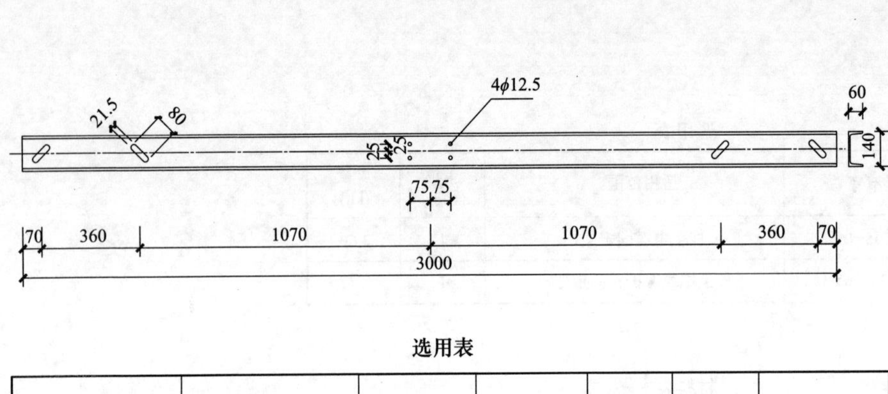

选用表

序号	型号	名称	单位	数量	质量（kg）	备注
1	[14-3000	变压器台架	1903:副	1	101.04	Q355材质

材料表

序号	名称	规格	单位	数量	质量（kg）	备注
1	槽钢	[14-3000	块	2	100.24	Q355材质
2	方垫片	-50×5×50	块	8	0.8	中心开孔ϕ21.5

图 7-33　变压器双杆支持架加工图（SPJ14-3000）

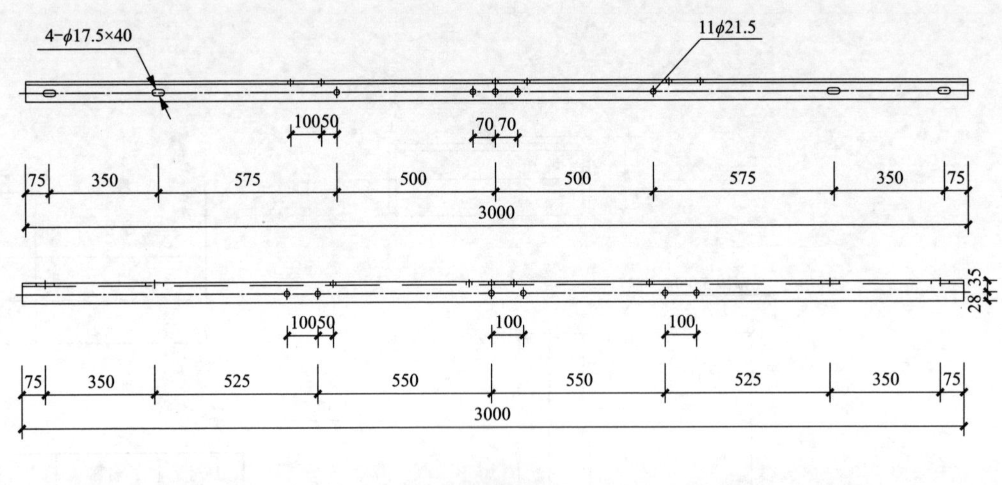

选用表

序号	型号	名称	单位	数量	质量（kg）	备注
1	SRJ6-3000	双杆熔丝具架	块	1	17.16	双杆避雷器、引线担

材料表

序号	名称	规格	单位	数量	质量（kg）	备注
1	角钢	∠63×6×3000	块	1	17.16	

图 7-34　双杆熔丝具架加工图（SRJ6-3000）

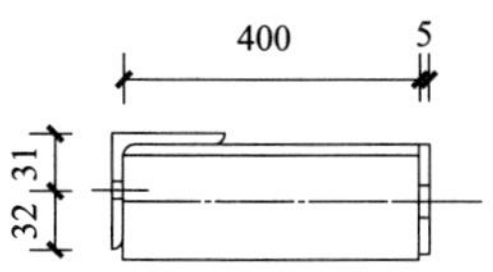

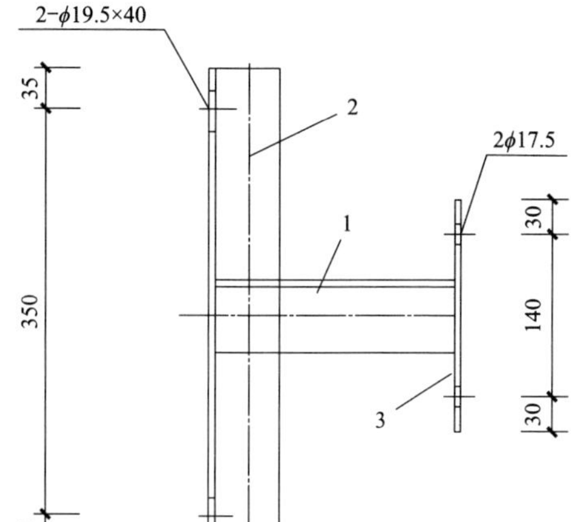

选用表

序号	型号	适用范围	单位（副）	质量（kg）
1	DLJ5-400A	杆上电缆定架	1	5.26

材料表

序号	名称	规格	单位	数量	质量(kg)	备注
1	角钢	∠63×6×400	块	1	2.29	
2	角钢	∠63×6×420	块	1	2.40	
3	扁钢	-60×6×200	块	1	0.57	

图 7-35　杆上电缆固定架制造图（DLJ6-400）

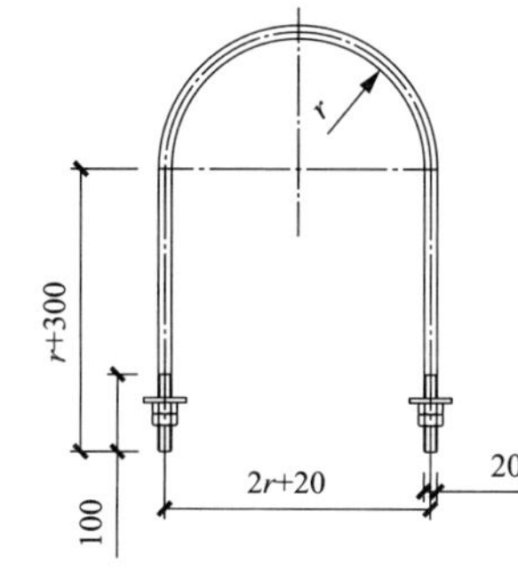

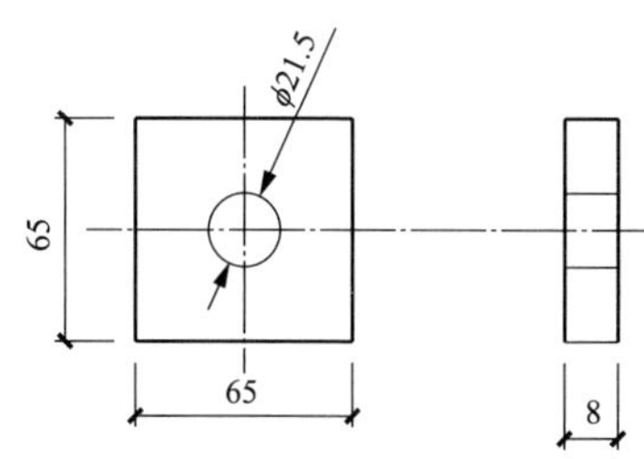

材料表

单位：mm　钢材：Q235　热镀锌										
型号	半径	圆钢		钢板			螺母			合计质量（kg）
	r	规格	质量（kg）	规格	数量	质量（kg）	规格	数量	质量（kg）	
U20-350	165	ϕ20×1450	2.2	-8×65×65	2	0.7	M20	4	0.3	3.2
U20-370	175	ϕ20×1505	2.3	-8×65×65	2	0.7	M20	4	0.3	3.3
U20-430	205	ϕ20×1660	2.6	-8×65×65	2	0.7	M20	4	0.3	3.6
U20-450	215	ϕ20×1710	2.7	-8×65×65	2	0.7	M20	4	0.3	3.7
U20-490	235	ϕ20×1810	2.9	-8×65×65	2	0.7	M20	4	0.3	3.9

图 7-36　卡盘抱箍加工图（U20）

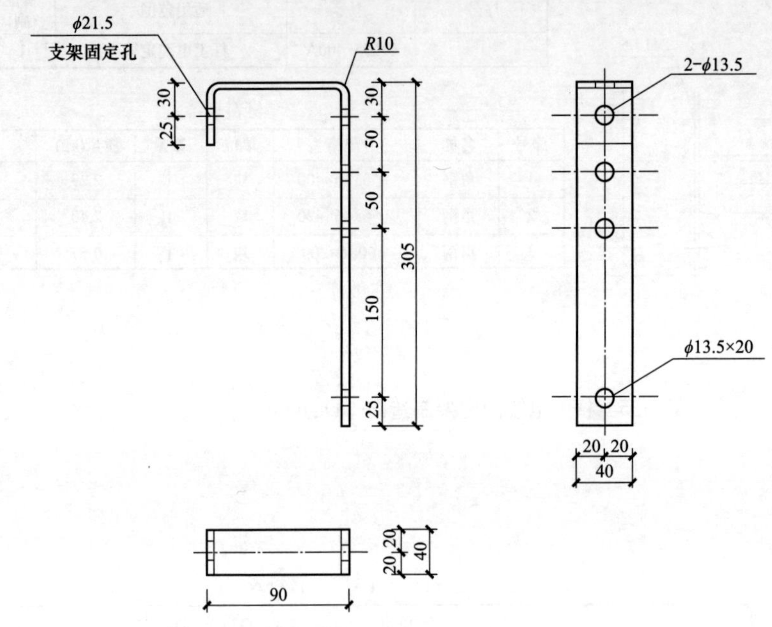

选用表

序号	型号	规格	长度（mm）	单位（块）	质量（kg）	备注
1	BPZJ4-450	-40×4	450	1	0.57	变压器标识牌固定架用

图 7-37　变压器标识牌固定架加工图（BPZJ4-450）

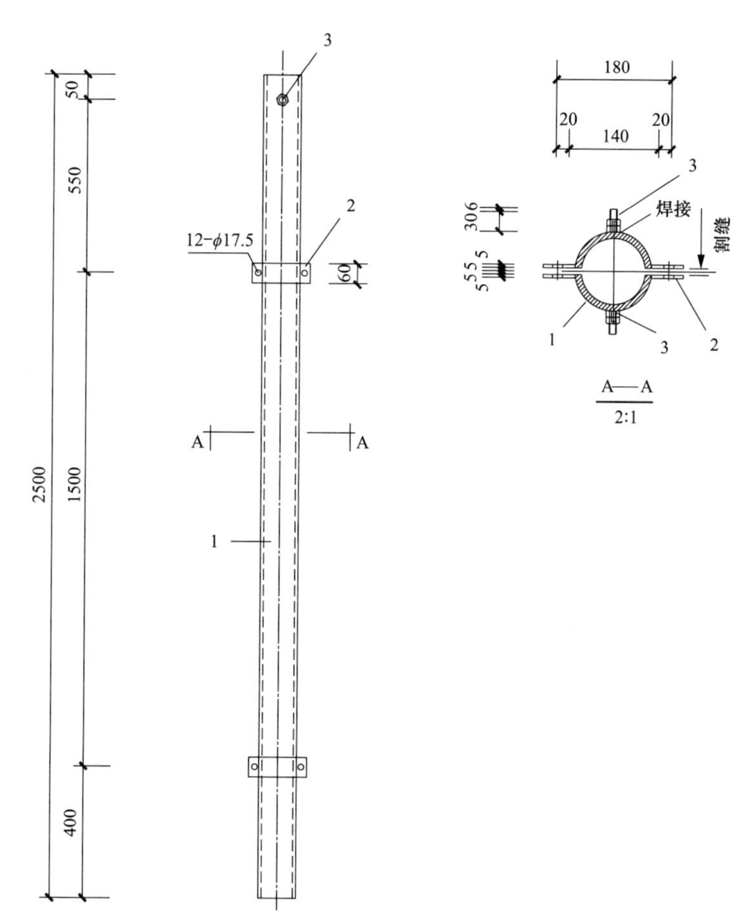

选用表

序号	型号	外径×壁厚×长度 (mm)	质量 (kg)	单位 (1903:副)	总重 (kg)
1	DLHG-114A	114×3.2×2500	21.85	1	23.63
2	DLHG-140A	140×3.5×2500	29.45	1	31.23
3	DLHG-168A	168×4.0×2500	39.75	1	41.53

材料表

序号	名称	规格	单位	数量	质量（kg）	备注
1	钢管	见上表	根	1	见上表	
2	扁钢	-5×50×50	块	12	1.18	
3	螺栓	M12×30	根	2	0.12	接地用

图 7-38　杆上电缆保护管加工图（DLHG-A）

接地圆钢、垂直接地铁、水平接地铁材料表

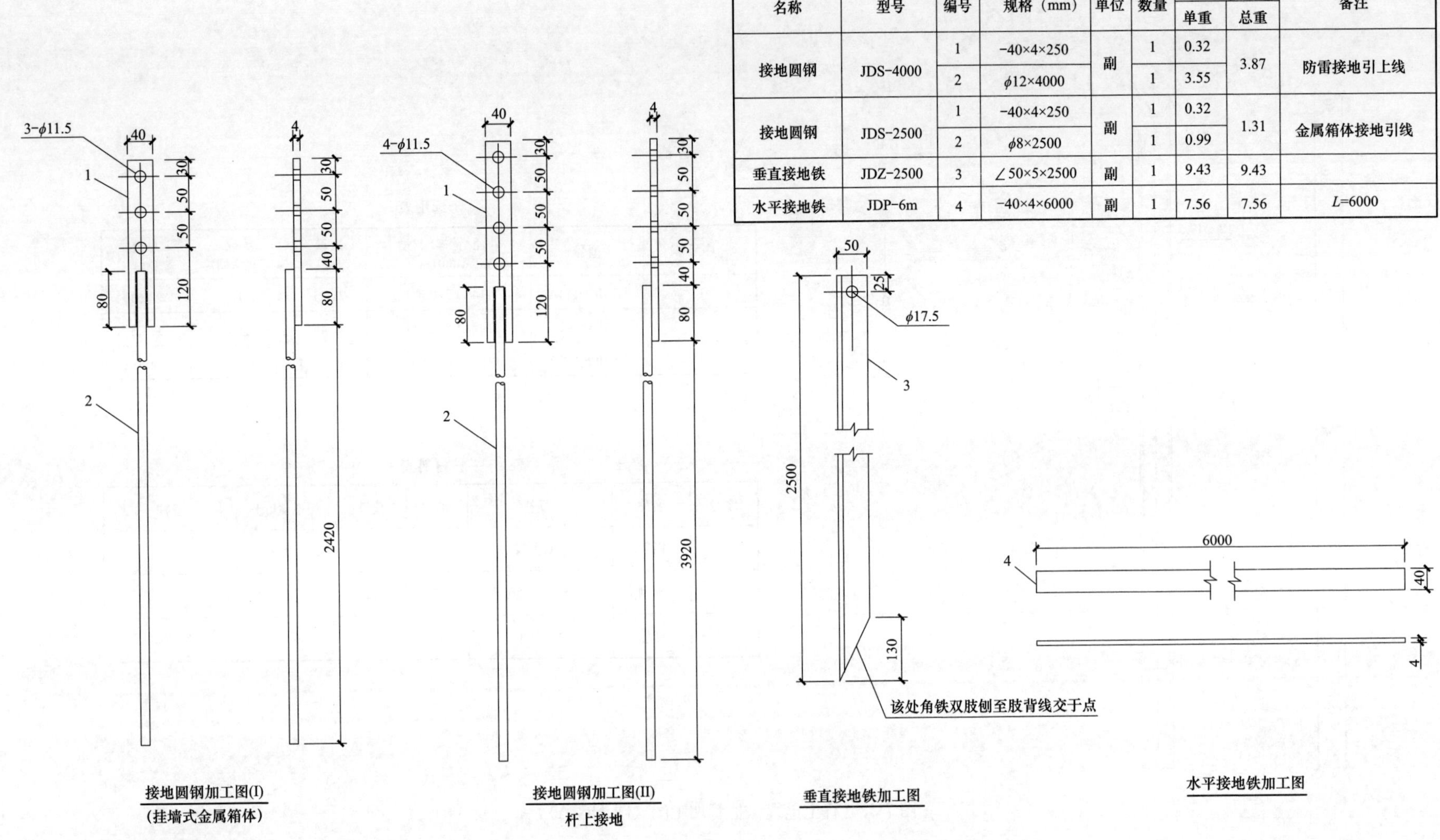

名称	型号	编号	规格（mm）	单位	数量	质量（kg）		备注
						单重	总重	
接地圆钢	JDS-4000	1	-40×4×250	副	1	0.32	3.87	防雷接地引上线
		2	ϕ12×4000		1	3.55		
接地圆钢	JDS-2500	1	-40×4×250	副	1	0.32	1.31	金属箱体接地引线
		2	ϕ8×2500		1	0.99		
垂直接地铁	JDZ-2500	3	∠50×5×2500	副	1	9.43	9.43	
水平接地铁	JDP-6m	4	-40×4×6000	副	1	7.56	7.56	L=6000

说明：1. 铁件均需热镀锌。

2. 材料表中材料为Q235。

图 7-39　接地圆钢、垂直接地铁、水平接地铁加工示意图

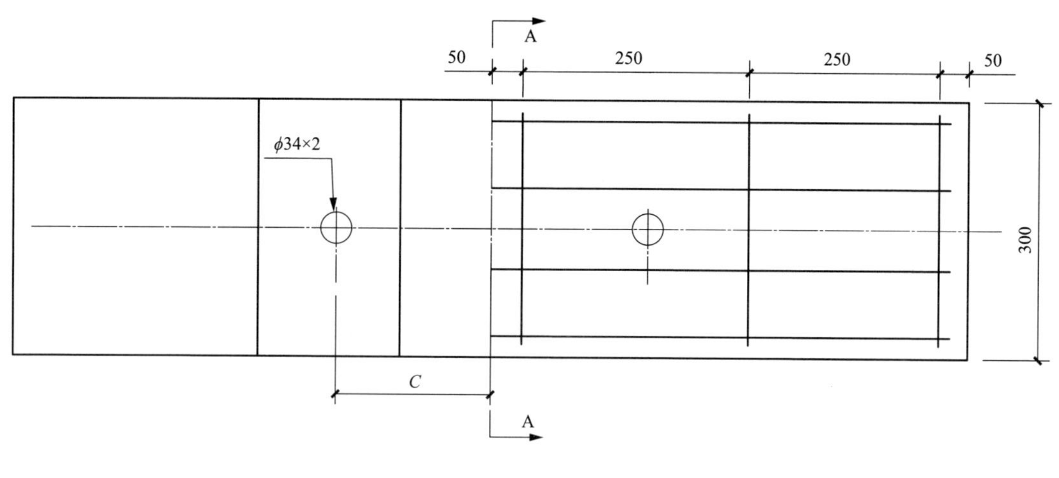

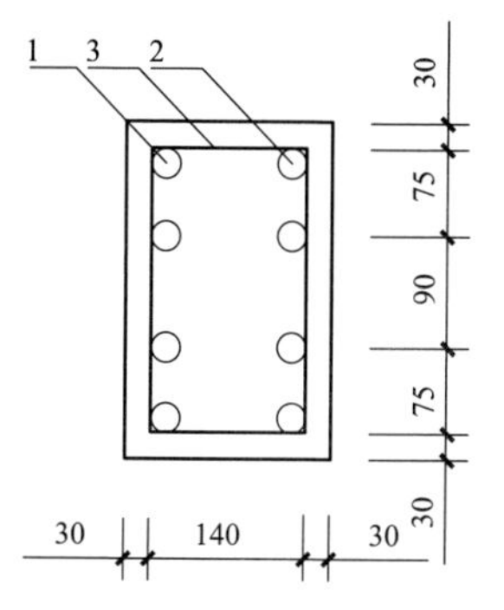

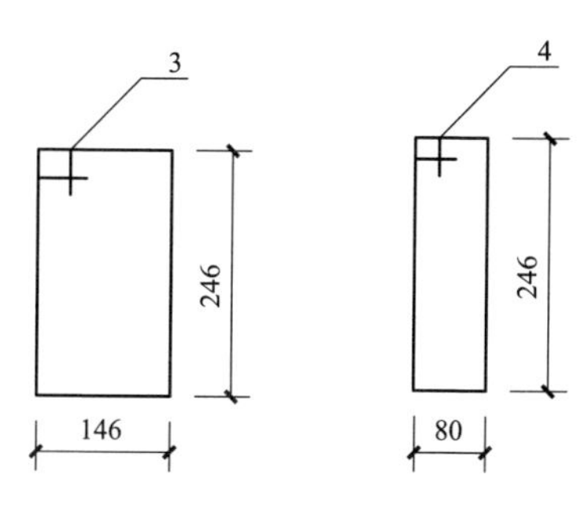

KP12型卡盘材料表

序号	名称	规格	长度(mm)	单位	数量	质量(kg)		
						单重	小计	合计
1	主钢筋	ϕ12	1290	根	4	1.15	4.6	10.3
2	主钢筋	ϕ12	1310	根	4	1.16	4.6	
3	箍筋	ϕ6	860	根	2	0.19	0.8	
4	箍筋	ϕ6	727	根	4	0.16	0.3	
5	混凝土	C25		(m^3)	0.07	部件总重		175

注 基础钢筋采用HPB300。

选用表

型号	r(mm)	b(mm)	C(mm)	适用主杆直径(mm)
KP12-0	165	208	175	300~320
KP12-1	175	205	185	330~350
KP12-2	195	200	215	370~390
KP12-3	215	195	225	400~430
KP12-4	235	190	245	460~470

图 7-40 1.2m 卡盘加工图（KP12）

第 8 章　沿海型柱上变压器台典型设计（ZA-1-ZXY）

8.1　方案说明

8.1.1　总的部分

沿海型柱上变压器台典型设计方案编号为“ZA-1-ZXY”（即变压器正装、架空绝缘线正面引下、沿海型柱上变压器台）。

沿海型柱上变压器台典型设计（ZA-1-ZXY）分为常规型（方案编号 ZA-1-ZXY-C，变压器容量 400kVA 及以下）与大容量型（方案编号 ZA-1-ZXY-D，变压器容量 630kVA）。

方案 ZA-1-ZXY 主要技术原则：10kV 侧采用架空绝缘线引下，低压综合配电箱采用悬挂式安装，进、出线采用低压电缆。

8.1.2　设计范围

一般宜选用柱上变压器和低压综合配电箱方式，ZA-1-ZXY 方案适用于 Z3、Z4、Z5、Z6、Z7 灾害区。

该设计方案为单回路线路，如果采用双回路，可根据实际情况做相应的调整。

8.1.3　方案技术条件

该方案根据“沿海型柱上变压器台典型设计总体说明”确定的预定条件开展设计，典型设计方案技术条件见表 8-1。

表 8-1　　沿海型柱上变压器台（ZA-1-ZXY）典型方案技术条件表

序号	项目名称	内容
1	10kV 变压器	选用二级能效及以上节能型高效能变压器，宜采用油浸式、全密封、低损耗油浸式变压器，容量为 400kVA 及以下
2	低压综合配电箱	适用于 630kVA 容量变压器的配电箱：柜体尺寸（宽×深×高）选用 1700mm×700mm×1300mm，空间满足 630kVA 容量配变的 1 回进线、3 回馈线、计量、无功补偿、配电智能融合终端、应急电源接口等功能模块安装要求。箱体外壳优先选用不锈钢材料，也可选用纤维增强型不饱和聚酯树脂材料（SMC）。 适用于 200～400kVA 容量变压器的配电箱：柜体尺寸（宽×深×高）选用 1350mm×700mm×1300mm，空间满足 200～400kVA 容量配变的 1 回进线、2 回馈线、计量、无功补偿、配电智能融合终端、发电车应急电源接口等功能模块安装要求。箱体外壳优先选用不锈钢材料，也可选用纤维增强型不饱和聚酯树脂材料（SMC）。 适用于 100kVA 容量变压器的配电箱：柜体尺寸（宽×深×高）选用 1200mm×600mm×1140mm，空间满足 100kVA 容量配电变压器的 1 回进线、2 回馈线、计量、无功补偿、配电智能融合终端、发电车应急电源接口等功能模块安装要求。箱体外壳优先选用不锈钢材料，也可选用纤维增强型不饱和聚酯树脂材料（SMC）
3	主要设备型式	10kV 选用负荷型封闭式喷射熔断器。 10kV 避雷器选用可装卸式避雷器，带脱扣。 0.4kV 进线选用断路器（宜采用具备“四遥”功能且带有重合闸功能），出线采用可调的一体式剩余电流动作可重合闸断路器。 熔断器短路电流水平按 8kA/12.5kA 考虑，其他 10kV 设备短路电流水平均按 20kA 考虑
4	防雷接地	10kV 小电流接地系统接地电阻不大于 4Ω，当采用大电流接地系统时，保护接地和工作接地需分开设置，若保护接地与工作接地共用接地系统时，需结合工程实际情况，考虑土壤条件等因素进行校验。 变压器高压侧须安装避雷器，低压侧安装浪涌保护器，避雷器应尽量靠近被保护设备，且连接引线尽可能短而直；接地体一般采用镀锌钢，腐蚀性高的地区宜采用铜包钢或者石墨；接地电阻、跨步电压和接触电压应满足有关规程要求

8.2　电力系统部分

（1）本典设按照给定的变压器进行设计，在实际工程中，需要根据实地情况具体设计选择变压器容量。

（2）熔断器短路电流水平按 8kA/12.5kA 考虑，其他 10kV 设备短路电流水平均按 20kA 考虑。

（3）高压侧采用负荷型封闭式喷射熔断器，低压侧进、出线开关选用断路器。

8.3 电气一次部分

8.3.1 短路电流及主要电气设备、导体选择

(1) 变压器。

型式：选用沿海型高效节能型变压器，宜采用油浸式、全密封、低损耗油浸式变压器；

容量：400kVA 及以下；

阻抗电压：$U_k\%=4$；

额定电压：10±5 (2×2.5)%/0.4kV；

接线组别：Dyn11；

冷却方式：自冷式。

变压器防腐性能技术要求：

1) 变压器箱体及散热片需进行脱脂、酸洗或磷化等防腐前特殊处理。

2) 箱体外壁采用防腐有机涂层，总干膜厚度不小于 240μm。

3) 散热片表面采用锌铝合金、铝锌合金或锌铝镁合金镀层后再增加防腐有机涂层，防腐有机涂层总干膜厚度不小于 100μm。

4) 防腐有机涂层需满足 C4 以上的防腐等级，喷涂干膜耐久性范围选用超长 VH (>25 年)，防腐涂层应该满足 ISO 12944—2018《色漆和清漆防护涂料体系对钢结构的防腐蚀保护》标准表 B.2 及表 C.4 规定，选用 C4.11 中的环氧富锌底漆 [EP, Zn (R)]、环氧云铁中间漆 (EP)、丙烯酸聚氨酯面漆 (AY, PUR) 多涂层结构作为重腐蚀环境变压器金属外表面涂装体系，并应保证设备能安全可靠地运行 30 年以上。沿海型变压器防腐要求须同时满足表 8-2 要求。

表 8-2　沿海型变压器防腐要求

序号	项目		单位	材质要求	涂层要求
1	箱体		—	碳钢（碳钢性能要求大于等于 Q235B）	4 道有机涂层，具体要求见表中第 4 点
2	散热片		—	碳钢（碳钢性能要求大于等于 Q235B）	采用锌铝合金、铝锌合金或锌铝镁合金镀层（采用 3 系、5 系、6 系铝合金），不应使用 2 系和 7 系铝合金，金属镀层厚度≥80μm，再喷涂防腐有机涂层，总干膜厚度≥100μm
3	紧固件用材料		μm	采用 8.8 级热镀锌螺栓，镀锌层厚度，≥50	
4	防腐有机涂层	附着力	MPa	≥5	
		总干膜厚度	μm	240	
		底涂层及厚度	μm	1～2 道，环氧富锌底漆，厚度≥80	锌含量≥80%
		中间涂层及厚度	μm	1 道，环氧云铁漆，厚度≥100	
		面涂层及厚度	μm	1 道，丙烯酸聚氨酯面漆，厚度≥60	

5) 根据防腐涂料性能需满足 HG/T 4770—2013《电力变压器用防腐涂料》标准要求，变压器外壁和散热器用底漆、中间漆、面漆需满足表 8-3、表 8-4 要求。

表 8-3　变压器外壁和散热器用底漆、中间漆的技术要求

项目	指标	
	底漆	中间漆
在容器中状态	搅拌后均匀无硬块	
涂膜外观	正常	
耐冲击性 (cm)	≥40	
弯曲试验 (mm)	2	
划格试验/级	≤1	
耐盐雾性	240h 划线处单向锈蚀不超过 2.0mm，未划线处不起泡、不生锈、不脱落	

(2) 熔断器及避雷线。10kV 侧选用负荷型封闭式喷射熔断器；10kV 避雷器采用可装卸式金属氧化物避雷器。

表 8-4　　　　电力变压器外壁和散热器用面漆的技术要求

—	项目	指标
在容器中状态		搅拌后均匀无硬块
不挥发物含量（%）(105℃+2℃/3h)		≥50
细度（μm）		≤30
漆膜外观		正常
光泽（60°）/（光泽单位）		满足要求
铅笔硬度（擦伤）		≥H
耐冲击性（cm）		50
弯曲试验（mm）		2
复合涂层	附着力（拉开法）/MPa	≥5
	耐水性	168h 无异常
	耐油性［10 号变压器油，(80±2)℃］	24h 无异常
	耐酸性（50g/LH_2SO_4）	≥168h 无异常
	耐盐雾性	1000h 划线处单向锈蚀不超过 2.0mm，未划线处不起泡、不生锈、不脱落
	耐人工气候老化性 a	1000h 不起泡、不生锈、不开裂、不脱落，变色≤2 级、失光≤2 级、粉化≤1 级

注　试板的原始光泽≤30 单位值时，不进行失光评定。

（3）低压综合配电箱。

1）适用于 630kVA 容量变压器的配电箱：柜体尺寸（宽×深×高）选用 1700mm×700mm×1300mm，空间满足 630kVA 容量配变的 1 回进线、3 回馈线、计量、无功补偿、配电智能融合终端、发电车应急电源接口等功能模块安装要求；适用于 200～400kVA 容量变压器的配电箱：柜体尺寸（宽×深×高）选用 1350mm×700mm×1300mm，空间满足 200～400kVA 容量配变的 1 回进线、2 回馈线、计量、无功补偿、配电智能融合终端、发电车应急电源接口等功能模块安装要求；适用于 100kVA 容量变压器的配电箱：柜体尺寸（宽×深×高）选用 1200mm×600mm×1140mm，空间满足 100kVA 容量配变的 1 回进线、2 回馈线、计量、无功补偿、配电智能融合终端、发电车应急电源接口等功能模块安装要求。箱体外壳优先选用不锈钢材料，也可选用纤维增强型不饱和聚酯树脂材料（SMC）。

2）低压综合配电箱采用适度以大代小原则配置，适用于 630kVA 容量变压器的综合配电箱采用“SVG+智能电容”配置的补偿方式，补偿容量按照不小于 180kvar 配置，SVG 补偿容量 60kvar，智能电容组采用分组、分相补偿，补偿容量不得少于 120kvar；适用于 200～400kVA 容量变压器的综合配电箱采用“SVG+智能电容”配置的补偿方式，补偿容量按照不小于 120kvar 配置，SVG 补偿容量 30kvar，智能电容组采用分组、分相补偿，补偿容量不得少于 90kvar；适用于 100kVA 容量变压器，补偿容量按照不小于 30kvar 配置，留有可扩展到 60kvar 的空间，采用分补和共补混合补偿方式，分补容量不得少于总容量的 30%。实现无功需量自动投切，按需配置配电智能融合终端。

3）电气主接线采用单母线接线，沿海型（ZA-1-ZXY-C）100kVA 及以下容量变压器出线 1～2 回、200～400kVA 容量变压器出线 2 回，沿海大容量型（ZA-1-ZXY-D）630kVA 容量变压器出线 3 回。进线选择具备“四遥”功能且带有重合闸功能断路器。出线开关选用断路器，并按需配置带通信接口的配电智能融合终端和 T1 级电涌保护器。适用于 200～630kVA 容量变压器的综合配电箱出线隔离开关选用额定电流为 600A 的接地隔离开关，适用于 100kVA 容量变压器的综合配电箱出线隔离开关选用额定电流为 400A 的接地隔离开关。TT 系统的剩余电流动作保护器应根据 GB/T 13955《剩余电流动作保护装置安装和运行》要求进行安装，不锈钢综合配电箱外壳单独与接地装置引上线连接接地。

4）电气主接线采用单母线接线，出线 1～2 回。进线选择具备“四遥”功能且带有重合闸功能的断路器。出线开关选用断路器，并按需配置带通信接口的配电智能融合终端和 T1 级电涌保护器。适用于 200～400kVA 容量变压器的综合配电箱出线隔离开关选用额定电流为 600A 的接地隔离开关，适用于 100kVA 容量变压器的综合配电箱出线隔离开关选用额定电流为 400A 的接地隔离开关。TT 系统的剩余电流动作保护器应根据《低压配电网剩余电流动作保护器选型配置原则》(闽电运检〔2018〕788 号）要求进行安装，不锈钢综合配电箱外壳单独与接地装置引上线连接接地。

5）低压综合配电箱采取悬挂式安装，下沿距离地面不低于 2.0m，有防汛需求可适当加高。在农村等D类供电区域，低压综合配电箱下沿离地高度可降低至1.8m，变压器支架、避雷器、熔断器等安装高度应作同步调整，并宜在变压器台周围装设安全围栏。低压进线采用交联聚乙烯绝缘电力电缆，由配电箱侧面进线；低压出线可采用电缆（铜芯、铝芯或稀土高铁铝合金芯），由配电箱侧面出线，电杆外侧敷设，低压出线优先选择副杆，使用电缆卡抱固定；采用电缆入地敷设时，由配电箱底部出线。

（4）导体选择。变压器10kV引下线一般选择：主干线至跌落式熔断器上桩选用JKLYJ-10-1×50mm² 架空绝缘导线，跌落式熔断器下桩至变压器选用JKTRYJ-10/35mm² 导线；变压器至低压综合配电箱出线选择：适用于630kVA容量变压器的配电箱选用ZC-YJY-0.6/1kV-1×300mm² 单芯电缆双拼供电，适用于200～400kVA容量变压器的配电箱选用ZC-YJY-0.6/1kV-1×300mm² 单芯电缆，适用于100kVA容量变压器的配电箱选用ZC-YJY-0.6/1kV-1×150mm² 单芯电缆，低压综合配电箱出线根据负荷情况设计选定。

（5）柱上变压器台架采用等高杆方式，电杆采用非预应力混凝土杆，杆高原则上为12、15m两种。

（6）线路金具按“节能型、绝缘型”原则选用。

（7）变台引线绝缘子选用FZS-10/5复合式绝缘子。

（8）设备、引线固定架选用绝缘横担。

（9）变压器台架承重力按照630kVA变压器及配套低压综合配电箱质量考虑设计。

8.3.2 基础

方案中所有混凝土杆的埋深及底盘的规格均按预定条件选定，若土质与设计条件差别较大可根据实际情况作适当调整。

8.3.3 防雷、接地及过电压保护

交流电气装置的接地应符合GB/T 50065—2011《交流电气装置的接地设计规范》要求。电气装置过电压保护应满足GB/T 50064—2014《交流电气装置的过电压保护和绝缘配合设计规范》要求。

（1）采用交流无间隙金属氧化物避雷器进行过电压保护，金属氧化物避雷器按GB/T 11032—2020《交流无间隙金属氧化物避雷器》中的规定进行选择，设备绝缘水平按国标要求执行。

（2）配电变压器均装设避雷器，并应尽量靠近变压器，其接地引下线应与变压器二次侧中性点及变压器的金属外壳相连接。在多雷区宜在变压器二次侧装设避雷器，避雷器应尽量靠近被保护设备，连接引线尽可能短而直。柱上变压器台高压侧须安装金属氧化物避雷器，方案中采用可装卸式避雷器。

（3）中性点直接接地的低压配电线路，其保护中性线（PEN线）应在电源点接地，TN-C系统在干线和分支线的终端处，应将PEN线重复接地，且接地点不应少于三处；TT系统除变压器低压侧中性点直接接地外，中性线不得再重复接地，不锈钢综合配电箱外壳单独与接地装置引上线连接接地，剩余电流动作保护器另应根据GB/T 13955《剩余电流动作保护装置安装和运行》要求进行安装。接地体敷设成围绕变压器的闭合环形，设2根及以上垂直接地极，接地体的埋深不应小于0.6m，且不应接近煤气管道及输水管道。接地线与杆上需接地的部件必须接触良好。

（4）低压综合配电箱防雷采用T1级浪涌保护器，壳体、浪涌保护器及避雷器应接地，接地引线与接地网可靠连接。

（5）设水平和垂直接地的复合接地网。接地体一般采用镀锌钢，腐蚀性高的地区宜采用铜包钢或者石墨。接地电阻、跨步电压和接触电压应满足有关规程要求。考虑防盗要求接地极汇合点设置在主杆3.0m处，分别与避雷器接地、变压器中性点接地、变压器外壳接地和不锈钢低压综合配电箱外壳进行有效连接。不锈钢综合配电箱外壳接地端口留在箱体上部。

8.4 其他

（1）标志标识。在台架两侧电杆上安装“禁止攀登，高压危险”警示牌，尺寸为300mm×240mm，禁止标识牌长方形衬底色为白色，带斜杠的圆边框为红色，标识符号为黑色，辅助标识为红底白字、黑体字，字号根据标识牌尺寸、字数调整；在台架正面右侧的变压器托担上安装命名牌，命名牌尺寸为300mm×240mm（不带框），白底红色黑体字，字号根据标识牌尺寸、字数调

整；安装上沿与变压器托担上沿对齐，并用钢带固定在托担上。

（2）设备外观颜色。柱上变压器台、SMC材质低压综合配电箱外观颜色采用海灰B05，不锈钢材质低压综合配电箱采用哑光处理，热镀锌支架不再喷涂颜色。

（3）电杆选用非预应力混凝土杆，应符合GB 4623—2014《环形钢筋混凝土电杆》，电杆基础及埋深是根据国家标准，仅为参考，具体使用必须根据实际的地质情况进行调整。

（4）铁附件选用原则。

1）物料库中应采用统一的名称、规格，禁止同物不同名。

2）设计选择时应写明详细的型号代码，确保唯一性。

（5）绝缘子金具串选用原则综合考虑强度、耐冲击性、耐用性、紧密性和转动灵活性选择绝缘子金具串，具体要求如下：

1）线路运行时，不应损坏导线，并应能起到保护导线、地线的作用。

2）能承受安装、维修和运行时产生的各种机械载荷，并能经受设计工作电流（包括短路电流）、运行温度及周围环境条件等各种情况的考验。

3）装配式金具的各部件应能有效锁紧，在运行中不松脱。

4）带电检修时，应考虑检修的安全性和操作的方便性。

5）与导线和地线表面直接接触的压接金具，其压缩面在安装前应保护好，防止污染，采用合适的材料及制造工艺防止产品脆变。

6）金具选材时应考虑材料的机械强度、耐磨性和耐腐蚀性等。应选择满足设计要求、经济合理、性能优良、环保节能的常用材料；为了减少线路运行中产生的磁滞损耗和涡流损耗，与导线直接接触的金具部件应采用铝质或铝合金材料。

7）金具串连接部位应按面接触进行选择连接金具、在满足转动灵活条件下宜采用数量最少的方案。

8）绝缘子金具串上的螺栓、弹簧销等的穿向按GB 50173—2014《电气装置安装工程66kV及以下架空线路施工及验收规范》要求安装。

9）架空绝缘线路带电裸露部位均应进行绝缘防水封护。

8.5 主要设备及材料清册

主要设备材料清册见表8-5。

表8-5　　主要设备材料清册

序号	名称	型号及规格	单位	数量	备注
1	油浸式配电变压器	630kVA及以下；Dyn11；$U_k\%=4$	台	1	沿海型
2	混凝土杆	ϕ190mm×12m（非预应力杆） ϕ190mm×15m（非预应力杆）	根	2	双杆等高
3	熔断器	100A	只	3	高压熔丝按变压器容量选择
4	避雷器	HY10WS-17/45	只	3	可装卸式
5	低压综合配电箱	630kVA：1700mm×700mm×1300mm 400kVA：1350mm×700mm×1200mm 100kVA：1200mm×600mm×1140mm	台	1	预留应急电源接口
6	高压架空绝缘导线	JKLYJ-10-1×50mm^2	m	23	可按实际尺寸调整
7	高压架空绝缘导线	JKTRYJ-10-1×35mm^2	m	14	可按实际尺寸调整
8	综合箱进线	630kVA：ZC-YJY-0.6/1kV-1×300mm^2	m	39	采用双拼电缆供电
	综合箱进线	200～400kVA：ZC-YJY-0.6/1kV-1×300mm^2 100kVA：ZC-YJY-0.6/1kV-1×150mm^2	m	18	
9	综合箱出线	630kVA：ZC-YJY-0.6/1kV-4×150mm^2 400kVA：ZC-YJY-0.6/1kV-4×150mm^2 100kVA：ZC-YJY-0.6/1kV-4×150mm^2	m		按实际出线长度及负荷情况选用（当低压采用TN-S系统时，应采用5芯电缆）
10	双杆熔丝具架	FJ-FHBT	副	4	根据实际情况调整
11	柱式复合绝缘子	FZS-10/5	只	15	根据实际情况调整

8.6 使用说明

8.6.1 方案简述

该方案主要对应内容为：10kV 侧采用架空绝缘线引下，低压综合配电箱采用悬挂式安装。10kV 变压器为 1 台 100～630kVA 的组合方案。

本说明为“10kV 柱上三相变压器台典型设计：ZA-1-ZXY”的内容使用说明，即变压器采用正装、架空绝缘线正面引下。

8.6.2 基本方案说明

（1）柱上变压器台采用双杆等高布置方式。

（2）低压综合配电箱采用吊装方式，箱体外壳优先选用不锈钢材料，也可选用纤维增强型不饱和聚酯树脂材料（SMC）。适用于 630kVA 容量变压器的配电箱：柜体尺寸（宽×深×高）选用 1700mm×700mm×1300mm；适用于 200～400kVA 容量变压器的配电箱：柜体尺寸（宽×深×高）选用 1350mm×700mm×1300mm，适用于 100kVA 容量变压器的配电箱：柜体尺寸（宽×深×高）选用 1200mm×600mm×1140mm，其底部距地面不小于 2.0m，变压器台架宜相应抬高。在农村等 D 类供电区域，低压综合配电箱下沿离地高度可降低至 1.8m，变压器支架、避雷器、熔断器等安装高度应做同步调整，并宜在变压器台周围装设安全围栏。低压综合配电箱应配置带盖通用挂锁，有防止触电的警告标示并采取可靠的接地和防盗措施。

（3）低压综合配电箱电气主接线采用单母线接线，常规型（ZA-1-ZXY-C）出线 1～2 回、大容量型（ZA-1-ZXY-D）出线 1～3 回。进线选择断路器，宜采用具备“四遥”功能且带有重合闸功能，出线开关选择断路器（剩余电流保护器），配置相应的保护。TT 系统的剩余电流动作保护器应根据 GB/T 13955《剩余电流动作保护装置安装和运行》要求进行安装，不锈钢综合配电箱外壳单独与接地装置引上线连接接地。并按需配置带通信接口的配电智能融合终端和 T1 级浪涌保护器。

（4）低压综合配电箱内采用母排，全绝缘包封，进出线额定电流及无功补偿根据配电箱容量和出线回路数配置。进线采用交联聚乙烯绝缘电力电缆，其中适用于 630kVA 容量变压器的配电箱选用 ZC-YJY-0.6/1kV-1×300mm^2 单芯电缆双拼供电，适用于 200～400kVA 容量变压器的配电箱选用 ZC-YJY-0.6/1kV-1×300mm^2 单芯电缆，适用于 100kVA 容量变压器的配电箱选用 ZC-YJY-0.6/1kV-1×150mm^2 单芯电缆，低压综合配电箱出线根据负荷情况设计选定。

8.6.3 其他

（1）该方案以海拔小于 1000m，Z3 至 Z7 灾害区设计。

（2）该方案以地基承载力特征值 f_{ak}＝150kPa，地下水无影响，非采暖区设计，当具体工程中实际情况有所变化时，应对有关项目做相应调整。

（3）当海拔超过 1000m 时，绝缘子参照线路相应海拔配置。柱上台变设备及空气间隙参照如下要求：海拔 H≤2500m 时，采用高原型设备，但空气间隙及安装尺寸保持不变。

（4）该次设计中低压出线方案考虑避免低压线路穿越高压线路问题，在低压线路设计中合理布置低压线路方向，不宜与高压线路同向，或采用电缆入地敷设至低压线路。配变台架推荐出线方式见表 8-6。

表 8-6　配变台架推荐出线方式

出线方式	图例	说明
典型出线方式 1	终端；A1 JKLYJ-1-185；JKLYJ-1-185 B1	低压线路从配电变压器台架两侧出线，不穿越变压器上方
典型出线方式 2	JKLYJ-1-185 B1；YJLV-1-4×240；A1；JKLYJ-1-185	低压线路从配电变压器台架一侧杆分两回路出线，不穿越变压器上方

续表

出线方式	图例	说明
典型出线方式 3	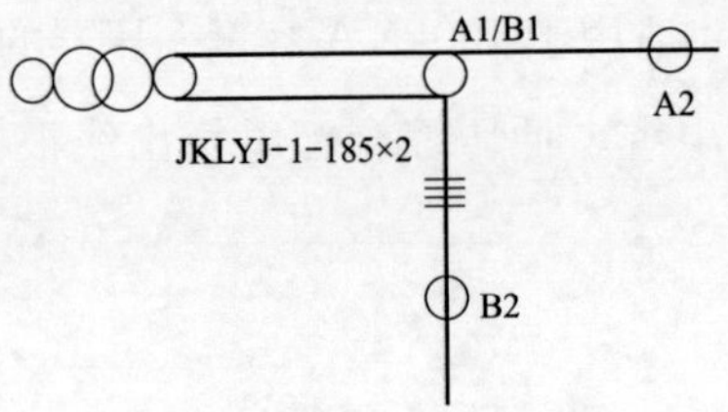 A1/B1 A2 JKLYJ-1-185×2 B2	低压线路从配电变压器台架一侧分两回路，同杆架设出线，不穿越变压器上方
典型出线方式 4	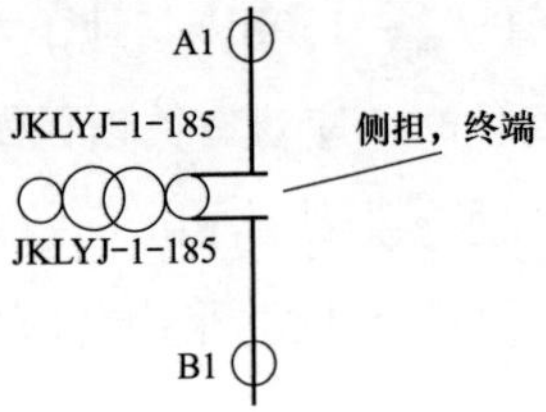 A1 JKLYJ-1-185 侧担，终端 JKLYJ-1-185 B1	低压线路从配电变压器台架一侧杆分两回路出线，不穿越变压器上方
典型出线方式 5（适用于大容量型）	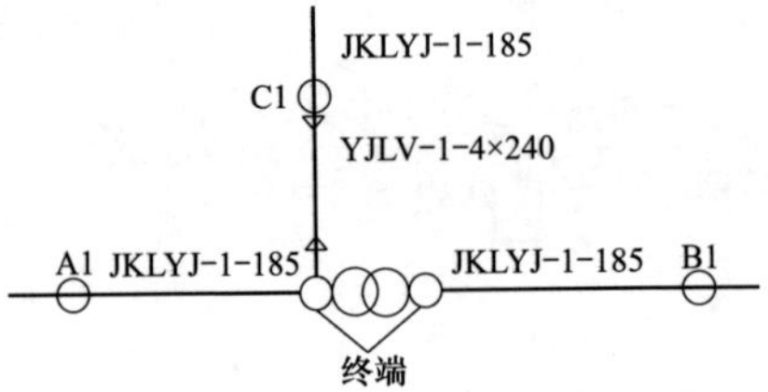 JKLYJ-1-185 C1 YJLV-1-4×240 A1 JKLYJ-1-185 JKLYJ-1-185 B1 终端	两回低压线路从配电变压器台架两侧出线、一回从配变台架一侧杆出线，不穿越变压器上方
典型出线方式 6（适用于大容量型）	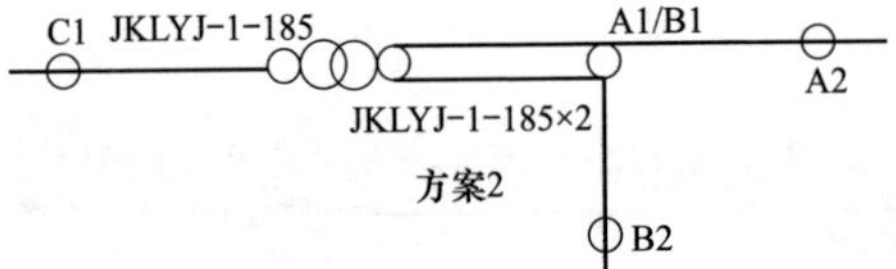 C1 JKLYJ-1-185 A1/B1 A2 JKLYJ-1-185×2 方案2 B2	两回低压线路从配电变压器台架一侧分两回路，同杆架设出线，一回低压线路从配电变压器台架另一侧出线，不穿越变压器上方
典型出线方式 7（适用于大容量型）	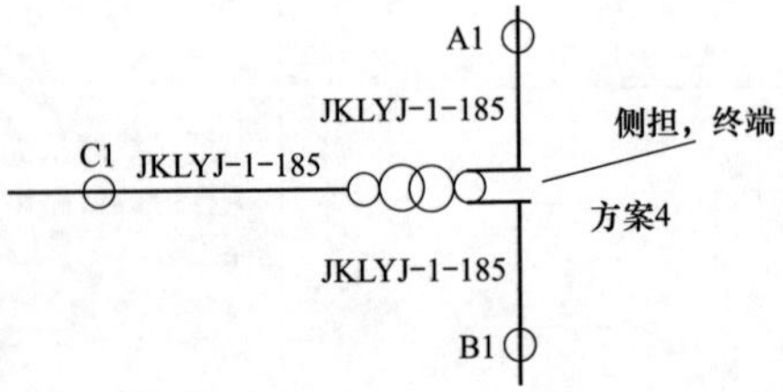 A1 JKLYJ-1-185 侧担，终端 C1 JKLYJ-1-185 方案4 JKLYJ-1-185 B1	两回低压线路从配电变压器台架一侧杆出线，一回低压线路从配变台架另一侧出线，不穿越变压器上方

续表

出线方式	图例	说明
禁止出线方式 1	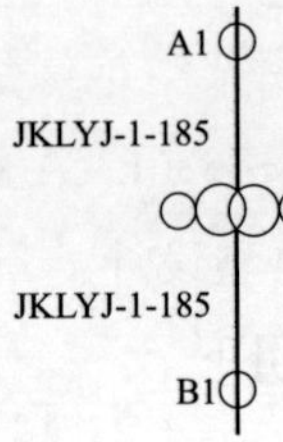 A1 JKLYJ-1-185 JKLYJ-1-185 B1	低压线路垂直穿越配电变压器台架变压器上方
禁止出线方式 2	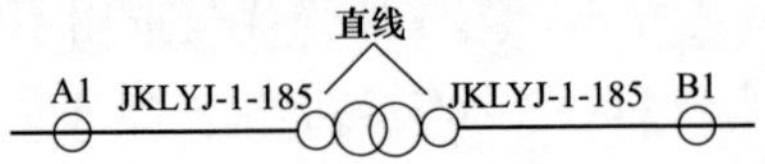 直线 A1 JKLYJ-1-185 JKLYJ-1-185 B1	低压线路水平穿越配电变压器台架变压器上方

8.7 设计图

低压沿海柱上三相变压器台杆型图及物料清单见表 8-7。

表 8-7　　低压沿海柱上三相变压器台杆型图及物料清单

图序	图名	图纸编号
1	柱上变压器台杆型图（15m 双杆，沿海常规型）（ZA-1-ZXY-C-02-01）	图 8-1
2	物料清单（15m 双杆，沿海常规型）（ZA-1-ZXY-C-03-01）	图 8-2
3	柱上变压器台杆型图（12m 双杆，沿海常规型）（ZA-1-ZXY-C-02-01）	图 8-3
4	物料清单（12m 双杆，沿海常规型）（ZA-1-ZXY-C-03-01）	图 8-4
5	630kVA 柱上变压器台杆型图（15m 双杆，沿海大容量型）（ZA-1-ZXY-D-02-03）	图 8-5
6	630kVA 柱上变压器台物料清单（15m 双杆，沿海大容量型）（ZA-1-ZXY-D-03-03）	图 8-6
7	630kVA 柱上变压器台杆型图（12m 双杆，沿海大容量型）（ZA-1-ZXY-D-02-04）	图 8-7
8	630kVA 柱上变压器台物料清单（12m 双杆，沿海大容量型）（ZA-1-ZXY-D-03-04）	图 8-8
9	沿海 10kV 柱上配电变台工厂化预制打包材料表	图 8-9
10	双杆熔丝具架总装示意图（FJ-FHBT）	图 8-10

注　电气主接线图、综合配电箱电气图、结构示意图参照本书 7.7 执行。

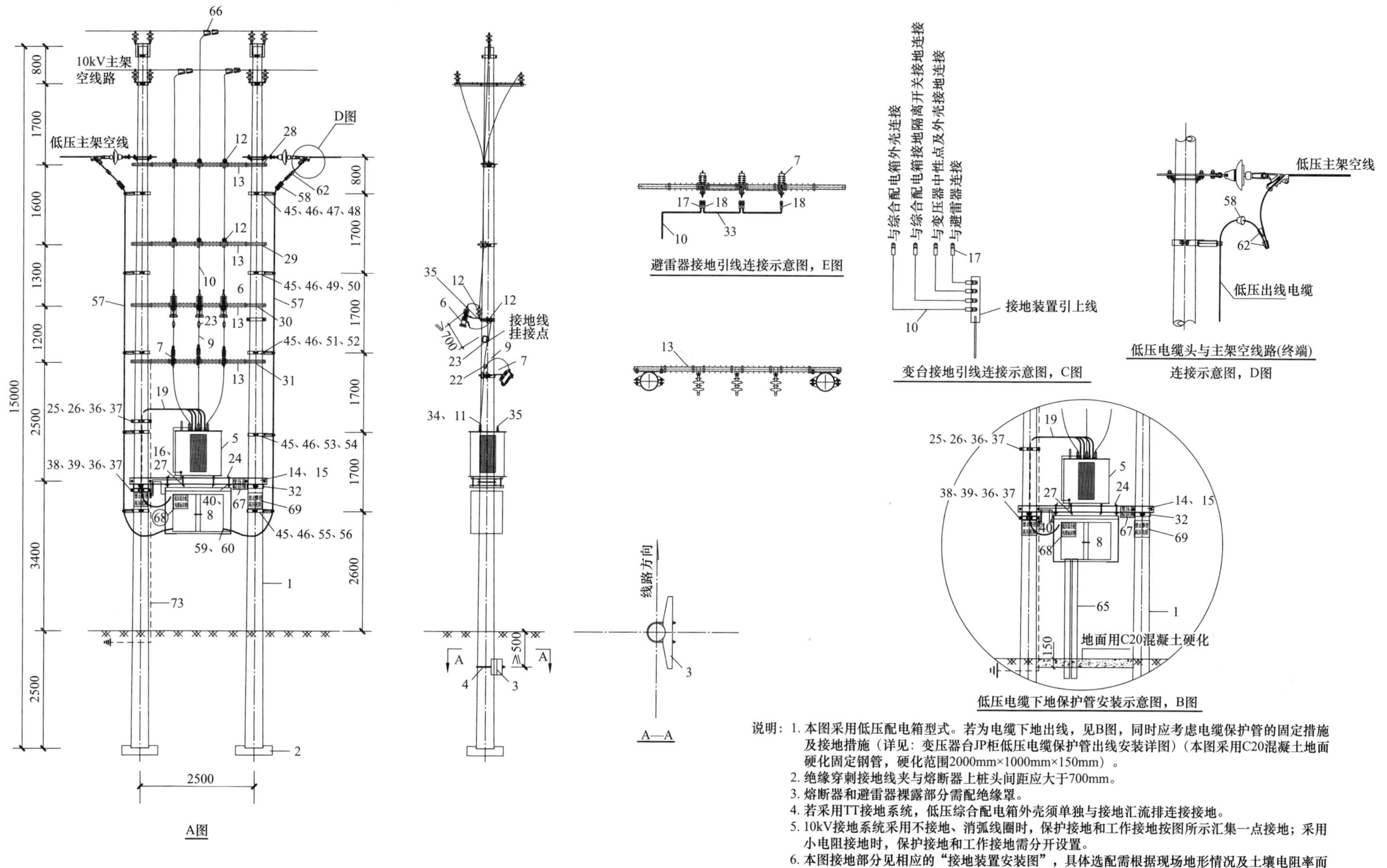

说明：1. 本图采用低压配电箱型式。若为电缆下地出线，见B图，同时应考虑电缆保护管的固定措施及接地措施（详见：变压器台JP柜低压电缆保护管出线安装详图）（本图采用C20混凝土地面硬化固定钢管，硬化范围2000mm×1000mm×150mm）。

2. 绝缘穿刺接地线夹与熔断器上桩头间距应大于700mm。

3. 熔断器和避雷器裸露部分需配绝缘罩。

4. 若采用TT接地系统，低压综合配电箱外壳须单独与接地汇流排连接接地。

5. 10kV接地系统采用不接地、消弧线圈时，保护接地和工作接地按图所示汇集一点接地；采用小电阻接地时，保护接地和工作接地需分开设置。

6. 本图接地部分见相应的“接地装置安装图”，具体选配需根据现场地形情况及土壤电阻率而定，其接地装置的接地电阻为：变压器容量在100kVA以下时，接地电阻不应大于10Ω；变压器容量在100kVA及以上时，接地电阻不应大于4Ω；同时需满足GB 50065—2011《交流电气装置的接地设计规范》中关于接触电压及跨步电压的要求。若实测电阻值不满足要求时，应扩大接地网或采取相应的降阻措施。另：主接地引下线每隔1.5~2m或接地引线转角处需采用不锈钢扎带进行固定。

图 8-1　柱上变压器台杆型图（15m 双杆，沿海常规型）（ZA-1-ZXY-C-02-01）

材料分类	编号	名称	型号	单位	数量	图号	备注
电杆类	1	电杆	ϕ190mm×15m×M	根	2		后续可选
	2	底盘	800mm×800mm×200mm	块	2		后续可选
	3	卡盘	1000mm×300mm×200mm	块	2		后续可选
	4	卡盘U形抱箍	U20-370	块	2		后续可选
10kV柱上变压器台成套设备		10kV柱上变压器台成套设备	ZA-1-ZX，非晶合金变压器正装，可装卸式避雷器，配电箱带漏电保护，有补偿，绝缘导线引线	套	1		不含内容：水泥杆及杆头材料；JP柜出线及配套铁附件材料
设备类	5	变压器	400kVA及以下容量	台	1		配带高、低压绝缘罩及低压接线桩头（根据变压器容量配置）
	6	封闭式喷射式熔断器	100A	只	3		每只配熔丝2根，熔丝按变压器；容量配置，含上下端冷缩套
	7	可装卸式避雷器，带脱扣	HY10WS-17/45	台	3		配带绝缘罩
JP柜	8	低压综合配电箱	根据变压器容量选定；一进二出，有补偿，带漏电保护，带接地开关	台	1		按实际变压器容量选用
成套附件类（细项附件清单）	9	高压绝缘线	JKTRYJ-10/35	m	14		熔断器至变压器段引线用
	10	高压绝缘线	JKLYJ-10/50	m	23		主架空线至熔断器段引线用
	11	高压接线桩头	SBJ-1-M12	只	3		
	12	柱式绝缘子	FZS-10/5	只	15		固定螺杆选用M20
	13	双杆熔丝具架	JZHD2-34×54×2870	块	4	图8-11	设备、引线固定架
	14	变压器双杆支持架	［14-3000	副	1	图7-33	采用Q355材质
	15	双头螺杆	M20×400（配双螺母垫片）	根	4	图7-29	槽钢固定用
	16	双头螺杆	M16×200（配双螺母垫片）	根	4	图7-29	变压器固定用
	17	接线端子（铜镀锡）	铜，50mm^2，单孔，ϕ12.5	个	3		跌落式熔断器上端3只
	18	接线端子（铜镀锡）	铜，35mm^2，单孔，ϕ10.5	只	12		跌落式熔断器下端3只、避雷器上端3只 避雷器下5只、JP柜接地开关1只
			铜，35mm^2，单孔，ϕ12.5	只	11		变压器高压侧3只 中性点1只、变压器外壳2只 JP柜外壳1只、接地端4只
	19	低压电缆（可选）	ZC-YJY-0.6/1kV-1×300	m	18		200~400kVA配电变压器使用
		低压电缆（可选）	ZC-YJY-0.6/1kV-1×150	m	18		200kVA以下配电变压器使用
	20	接线端子（铜镀锡）	铜，300mm^2，双孔，ϕ12.5	个	8		200~400kVA配电变压器使用
		接线端子（铜镀锡）	铜，150mm^2，双孔，ϕ12.5	个	8		200kVA以下配电变压器使用
	21	低压电缆终端	1×300，户内终端，冷缩	个	8		JP柜进线电缆用，可选
		低压电缆终端	1×150，户内终端，冷缩	个	8		JP柜进线电缆用，可选
	22	绝缘压接线夹	JXD（C）-1	副	3		楔型线夹，可选
	23	绝缘穿刺接地线夹	35mm^2 铜绝缘线用	副	3		侧开口，黄、绿、红
	24	压板	YB6-740J	块	2	图7-27	JP柜吊装固定架，槽钢上方
	25	横担抱箍	HBG6-300	块	1	图7-25	JP柜进线固定用，第一层
	26	抱箍	BG6-300	块	1	图7-23	JP柜进线固定用，第一层
	27	压板	YB5-740J	块	2	图7-26	变压器固定架
	28	双杆熔丝具架抱箍	JHBG-220	副	2	图8-12	引线架固定抱箍，第一层
	29	双杆熔丝具架抱箍	JHBG-240	副	2	图8-12	引线架固定抱箍，第二层
	30	双杆熔丝具架抱箍	JHBG-260	副	2	图8-12	引线架固定抱箍，第三层
	31	双杆熔丝具架抱箍	JHBG-280	副	2	图8-12	引线架固定抱箍，第四层
	32	抱箍	BG8-320	块	4	图8-12	变压器台固定支撑抱箍
	33	布电线	BV-35，黑色	m	15		变压器台所有接地引下线用
	34	高压绝缘罩	10kV	套	1		高压3只
	35	低压绝缘罩	1kV	套	1		低压4只
	36	杆上电缆固定架	DLJ5-165	块	2	图7-32	JP柜进线电缆固定架用
	37	电缆卡抱	KBG4-80	块	2	图7-22	JP柜进线电缆300mm^2，可选
		电缆卡抱	KBG4-64	块	2	图7-22	JP柜进线电缆150mm^2，可选
	38	横担抱箍	HBG6-320	块	1	图7-25	JP柜进线固定用，第二层
成套附件类（细项附件清单）	39	抱箍	BG6-320	块	1	图7-23	JP柜进线固定用，第二层
	40	压板	YB7-740J	块	2	图7-28	JP柜吊装固定架，槽钢下方
	41	螺栓	M16×50（配一母双垫）	件	36	图7-30	JP柜进线固定架2×4+设备、引线固定架4×4+熔丝具安装架6×2
	42	螺栓	M16×80（配一母双垫）	件	20	图7-30	JP柜进线固定架2×2+设备、引线固定架4×4
	43	螺栓	M18×80（配一母双垫）	件	4	图7-30	变压器台固定支撑抱箍2×2
	44	螺栓	M12×40（配螺母）	件	9	图7-30	跌落式熔断器6件，可装卸式避雷器3件
其他类1（JP柜低压出线，两回电缆，上杆）	45	杆上电缆固定架	DLJ5-165	块	10	图7-32	JP柜出线电缆固定用
	46	电缆卡抱	KBG4-64	块	10	图7-22	JP柜出线电缆固定用，按截面选定
	47	横担抱箍	HBG6-320	块	2	图7-25	JP柜出线电缆固定用，第五层
	48	抱箍	BG6-320	块	2	图7-23	JP柜出线电缆固定用，第五层
	49	横担抱箍	HBG6-300	块	2	图7-25	JP柜出线电缆固定用，第四层
	50	抱箍	BG6-300	块	2	图7-23	JP柜出线电缆固定用，第四层
	51	横担抱箍	HBG6-280	块	2	图7-25	JP柜出线电缆固定用，第三层
	52	抱箍	BG6-280	块	2	图7-23	JP柜出线电缆固定用，第三层
	53	横担抱箍	HBG6-260	块	2	图7-25	JP柜出线电缆固定用，第二层
	54	抱箍	BG6-260	块	2	图7-23	JP柜出线电缆固定用，第二层
	55	横担抱箍	HBG6-240	块	2	图7-23	JP柜出线电缆固定用，第一层
	56	抱箍	BG6--240	块	2	图7-23	JP柜出线电缆固定用，第一层
	57	低压电缆	ZCYJY-1kV-4×150	m	20		两路单条电缆出线，10m/回
	58	低压电缆终端	4×150，户外终端，冷缩	套	2		与低压架空线连接处，1套/回
	59	低压电缆终端	4×150，户内终端，冷缩	套	2		与JP柜连接处用，1套/回
	60	接线端子（铜镀锡）	铜，150mm^2，双孔，ϕ12.5	只	8		与JP柜连接处用2×4
	61	1kV冷缩延长管	150mm^2	根	8		户外电缆头需配
	62	铜铝异形并沟线夹	JBTL-50-240	副	8		电缆与主架空线连接，线夹可选
	63	螺栓	M16×50（配一母双垫）	件	40		JP柜出线电缆固定架4×10
	64	螺栓	M16×80（配一母双垫）	件	20		JP柜出线电缆固定架2×10
其他类2	65	杆上电缆保护管	DLHG-114A	根	2	图7-38	低压电缆下地保护管，选用
其他类3	66	楔型线夹	JXD（C）-1	副	6		主架空线引下线夹，可选
	67	杆上变压器标识牌	320mm×260mm	块	1		悬挂，支架固定于槽钢
	68	低压综合配电箱标识牌	320mm×260mm	块	1		张贴
其他类4（成套附件）	69	禁止标识牌	300mm×240mm	块	2		不锈钢扎带上下固定于杆上
	70	防火堵料		kg	4		进、出线孔洞封堵
	71	变压器标识牌固定架	BPZJ4-400	块	1	图7-37	固定于变压器台槽钢内侧螺栓上
	72	螺栓	M12×40（配螺母）	件	2	图7-35	变压器标识牌2件
	73	接地装置		副	1		
		角钢	∠50mm×5mm×2500mm	根	8	图7-29	
		扁钢	-40mm×4mm	m	45	图7-29	
		接地圆钢	JDS-4000	根	1	图7-29	
		PVC管	PVC，ϕ25	m	3.5		接地圆钢保护管，不锈钢扎带固定于杆上
	74	相序牌A、B、C、N		套	2		铝合金材质挂接方式
	75	布电线	BV-4	m	36		绝缘子绑扎线
	76	螺栓	M16×40（配螺母）	件	8	图7-30	固定低压相序牌

注 1. JP柜出线至低压主架空导线连接的低压电缆选型原则上采用ZCYJY-1kV-4×150，如变压器台JP柜直接低压架空电缆出线的，可选用ZCYJLY-1kV-4×240。

2. 10kV柱上变压器台成套设备材料不包含电杆类、其他类1、其他类2、其他类3等相关材料。

图 8-2 物料清单（15m双杆，沿海常规型）（ZA-1-ZXY-C-03-01）

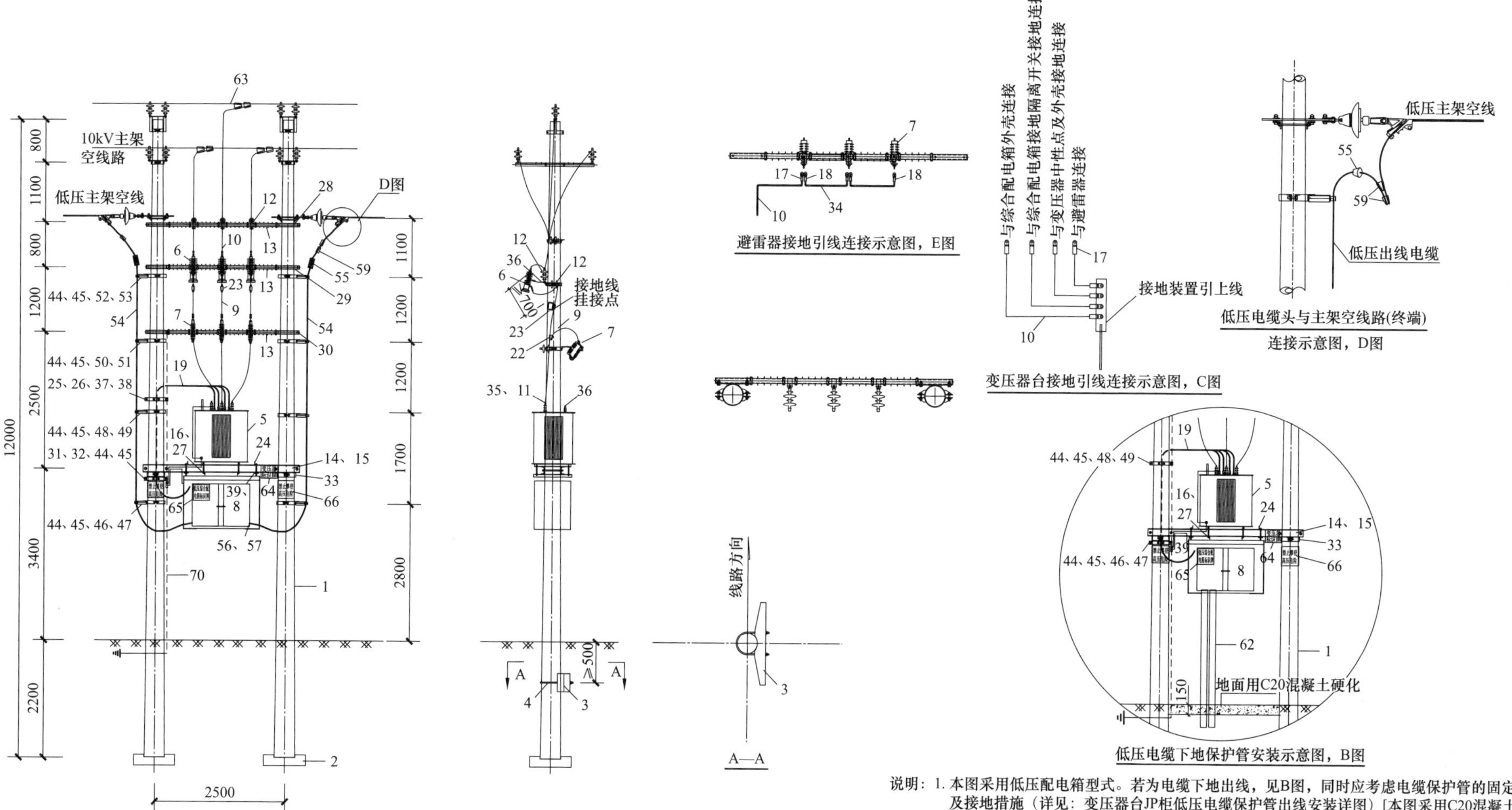

说明：1. 本图采用低压配电箱型式。若为电缆下地出线，见B图，同时应考虑电缆保护管的固定措施及接地措施（详见：变压器台JP柜低压电缆保护管出线安装详图）[本图采用C20混凝土地面硬化固定钢管，硬化范围2000mm×1000mm×150mm（长×宽×厚）]。

2. 绝缘穿刺接地线夹与熔断器上桩头间距应大于700mm。
3. 熔断器和避雷器裸露部分需配绝缘罩。
4. 若采用TT接地系统，低压综合配电箱外壳须单独与接地汇流排连接接地。
5. 10kV接地系统采用不接地、消弧线圈时，保护接地和工作接地按图所示汇集一点接地；采用小电阻接地时，保护接地和工作接地需分开设置。
6. 本图接地部分详见相应的“接地装置安装图”，具体选配需根据现场地形情况及土壤电阻率而定，其接地装置的接地电阻为：变压器容量在100kVA以下时，接地电阻不应大于10Ω；变压器容量在100kVA及以上时，接地电阻不应大于4Ω；同时需满足GB 50065—2011《交流电气装置的接地设计规范》中关于接触电压及跨步电压的要求。若实测电阻值不满足要求时，应扩大接地网或采取相应的降阻措施。另：主接地引下线每隔1.5~2m或接地引线转角处需采用不锈钢扎带进行固定。

图 8-3　柱上变压器台杆型图（12m 双杆，沿海常规型）（ZA-1-ZXY-C-02-01）

材料分类	编号	名称	型号	单位	数量	图号	备注
电杆类	1	电杆	ϕ190mm×12m×*M*	根	2		后续可选
	2	底盘	800mm×800mm×200mm	块	2		后续可选
	3	卡盘	1000mm×300mm×200mm	块	2		后续可选
	4	卡盘U形抱箍	U20-350	块	2		后续可选
10kV柱上变压器台成套设备		10kV柱上变压器台成套设备	ZA-1-ZX，非晶合金变压器正装，可装卸式避雷器，配电箱带漏电保护，有补偿，绝缘导线引线	套	1		不含内容：水泥杆及杆头材料；JP柜出线及配套铁附件材料
设备类	5	变压器	按实际设计选用	台	1		配带高、低压绝缘罩及低压接线桩头（根据变压器容量配置）
	6	封闭式喷射式熔断器	100A	只	3		每只配熔丝2根，熔丝按变压器；容量配置，含上、下端冷缩套
	7	可装卸式避雷器，带脱扣	HY10WS-17/45	台	3		配带绝缘罩
JP柜	8	低压综合配电箱	根据变压器容量选定；一进二出，有补偿，带漏电保护，带接地开关	台	1		按实际变压器容量选用
成套附件类（细项附件清单）	9	高压绝缘线	JKTRYJ-10/35	m	14		熔断器至变压器段引线用
	10	高压绝缘线	JKLYJ-10/50	m	18		主架空线至熔断器段引线用
	11	高压接线桩头	SBJ-1-M12	只	3		
	12	柱式绝缘子	FZS-10/5	只	12		固定螺杆选用M20
	13	双杆熔丝具架	JZHD2-34×54×2870	块	3	图8-11	设备、引线固定架
	14	变压器双杆支持架	[14-3000	副	1	图7-33	采用Q355材质
	15	双头螺杆	M20×400（配双螺母垫片）	根	4	图7-29	槽钢固定用
	16	双头螺杆	M16×200（配双螺母垫片）	根	4	图7-29	变压器固定用
	17	接线端子（铜镀锡）	铜，50mm²，单孔，ϕ12.5	个	3		跌落式熔断器上端3只
	18	接线端子（铜镀锡）	铜，35mm²，单孔，ϕ10.5	只	12		跌落式熔断器下端3只、避雷器上端3只避雷器下5只、JP柜接地开关1只
			铜，35mm²，单孔，ϕ12.5	只	11		变压器高压侧3只中性点1只、变压器外壳2只JP柜外壳1只、接地端4只
	19	低压电缆（可选）	ZC-YJY-0.6/1kV-1×300	m	18		200~400kVA配电变压器使用
		低压电缆（可选）	ZC-YJY-0.6/1kV-1×150	m	18		200kVA以下配电变压器使用
	20	接线端子（铜镀锡）	铜，300mm²，双孔，ϕ12.5	个	8		200~400kVA配电变压器使用
		接线端子（铜镀锡）	铜，150mm²，双孔，ϕ12.5	个	8		200kVA以下配电变压器使用
	21	低压电缆终端	1×300，户内终端，冷缩	个	8		JP柜进线电缆用，可选
		低压电缆终端	1×150，户内终端，冷缩	个	8		JP柜进线电缆用，可选
	22	绝缘压接线夹	JXD（C）-1	副	3		楔型线夹，可选
	23	绝缘穿刺接地线夹	35mm²铜绝缘线用	副	3		侧开口，黄、绿、红
	24	压板	YB6-740J	块	2	图7-27	JP柜吊装固定架，槽钢上方
	25	横担抱箍	HBG6-280	块	1	图7-25	JP柜进线固定用，第一层
	26	抱箍	BG6-280	块	1	图7-23	JP柜进线固定用，第一层
	27	压板	YB5-740J	块	2	图7-26	变压器固定架
	28	双杆熔丝具架抱箍	JHBG-220	副	2	图8-12	引线架固定抱箍，第一层
	29	双杆熔丝具架抱箍	JHBG-240	副	2	图8-12	引线架固定抱箍，第二层
	30	双杆熔丝具架抱箍	JHBG-260	副	2	图8-12	引线架固定抱箍，第三层
	31	横担抱箍	HBG6-280	块	1	图7-25	JP柜进线固定用，第二层
	32	抱箍	BG6-280	块	1	图7-23	JP柜进线固定用，第二层
	33	抱箍	BG8-280	块	4	图7-24	变压器台固定支撑抱箍
	34	布电线	BV-35，黑色	m	15		变压器台所有接地引下线用
	35	高压绝缘罩	10kV	套	1		高压3只
	36	低压绝缘罩	1kV	套	1		低压4只
成套附件类（细项附件清单）	37	杆上电缆固定架	DLJ5-165	块	2	图7-32	JP柜进线电缆固定架用
	38	电缆卡抱	KBG4-80	块	2	图7-22	JP柜进线电缆300mm²，可选
		电缆卡抱	KBG4-64	块	2	图7-22	JP柜进线电缆150mm²，可选
	39	压板	YB7-740J	块	2	图7-28	JP柜吊装固定架，槽钢下方
	40	螺栓	M16×50（配一母双垫）	件	32	图7-30	JP柜进线固定架2×4+设备、引线固定架3×4+熔丝具安装架6×2
	41	螺栓	M16×80（配一母双垫）	件	16	图7-30	JP柜进线固定架2×2+设备、引线固定架3×4
	42	螺栓	M18×80（配一母双垫）	件	4	图7-30	变压器台固定支撑抱箍2×2
	43	螺栓	M12×40（配螺母）	件	9	图7-30	跌落式熔断器6件，可装卸式避雷器3件
其他类1（JP柜低压出线，两回电缆，上杆）	44	杆上电缆固定架	DLJ5-165	块	8	图7-32	JP柜出线电缆固定用
	45	电缆卡抱	KBG4-64	块	8	图7-22	JP柜出线电缆固定用，按截面选定
	46	横担抱箍	HBG6-300	块	2	图7-26	JP柜出线电缆固定用，第四层
	47	抱箍	BG6-300	块	2	图7-23	JP柜出线电缆固定用，第四层
	48	横担抱箍	HBG6-280	块	2	图7-25	JP柜出线电缆固定用，第三层
	49	抱箍	BG6-280	块	2	图7-23	JP柜出线电缆固定用，第三层
	50	横担抱箍	HBG6-260	块	2	图7-25	JP柜出线电缆固定用，第二层
	51	抱箍	BG6-260	块	2	图7-23	JP柜出线电缆固定用，第二层
	52	横担抱箍	HBG6-240	块	2	图7-25	JP柜出线电缆固定用，第一层
	53	抱箍	BG6-240	块	2	图7-23	JP柜出线电缆固定用，第一层
	54	低压电缆	ZCYJY-1kV-4×150	m	16		两路单条电缆出线，8m/回
	55	低压电缆终端	4×150，户外终端，冷缩	套	2		与低压架空线连接用，1套/回
	56	低压电缆终端	4×150，户内终端，冷缩	套	2		与JP柜连接处用，1套/回
	57	接线端子（铜镀锡）	铜，150mm²，双孔，ϕ12.5	只	8		与JP柜连接处用2×4
	58	1kV冷缩延长管	150mm²	根	8		户外电缆头需配
	59	铜铝异形并沟线夹	JBTL-50-240	副	8		电缆与主架空线连接，线夹可选
	60	螺栓	M16×50（配一母双垫）	件	40	图7-30	JP柜出线电缆固定架4×10
	61	螺栓	M16×80（配一母双垫）	件	20	图7-30	JP柜出线电缆固定架2×10
其他类2	62	杆上电缆保护管	DLHG-114A	根	2	图7-38	低压电缆下地保护管，选用
其他类3	63	楔型线夹	JXD（C）-1	副	6		主架空线引下线夹，可选
	64	杆上变压器标识牌	320mm×260mm	块	1		悬挂，支架固定于槽钢
	65	低压综合配电箱标识牌	320mm×260mm	块	1		张贴
其他类4（成套附件）	66	禁止标识牌	300mm×240mm	块	2		不锈钢扎带上下固定于杆上
	67	防火堵料		kg	4		进、出线孔洞封堵
	68	变压器标识牌固定架	BPZJ4-400	块	1	图7-37	固定于变压器台槽钢内侧螺栓上
	69	螺栓	M12×40（配螺母）	件	2	图7-30	变压器标识牌2件
	70	接地装置		副	1		
		角钢	∠50mm×5mm×2500mm	根	8	图7-39	
		扁钢	-40mm×4mm	m	45	图7-39	
		接地圆钢	JDS-4000	根	1	图7-39	
		PVC管	PVC，ϕ25	m	3.5		接地圆钢保护管，不锈钢扎带固定于杆上
	75	相序牌A、B、C、N		套	2		铝合金材质挂接方式
	76	布电线	BV-4	m	30		绝缘子绑扎线
	77	螺栓	M16×40（配螺母）	件	8	图7-30	固定低压相序牌

注 1. JP柜出线至低压主架空导线连接的低压电缆选型原则上采用ZCYJY-1kV-4×150，如变压器台JP柜直接低压架空电缆出线的，可选用ZCYJLY-1kV-4×240。
2. 10kV柱上变压器台成套设备材料不包含电杆类、其他类1、其他类2、其他类3等相关材料。

图 8-4　物料清单（12m 双杆，沿海常规型）（ZA-1-ZXY-C-03-01）

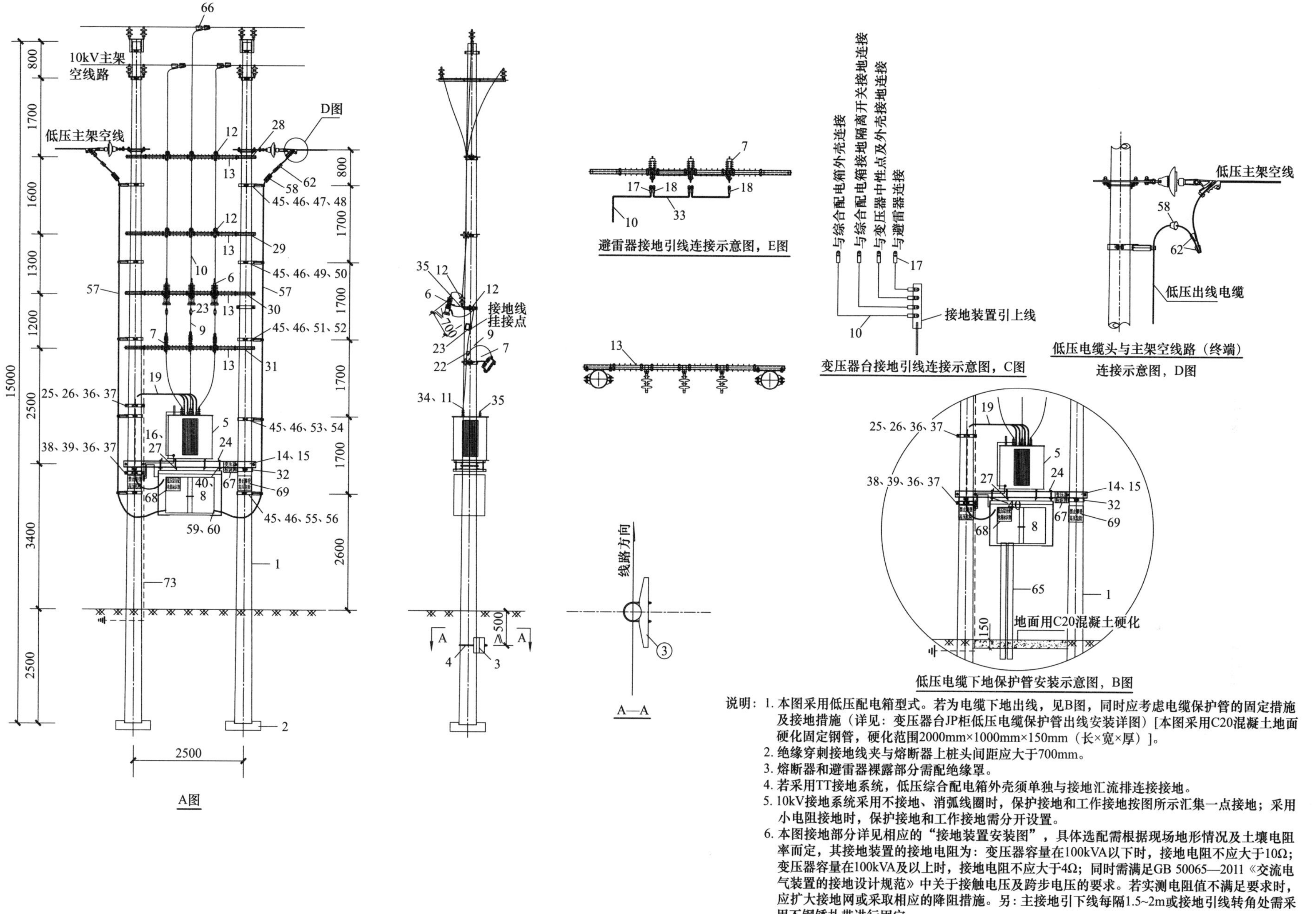

说明：1. 本图采用低压配电箱型式。若为电缆下地出线，见B图，同时应考虑电缆保护管的固定措施及接地措施（详见：变压器台JP柜低压电缆保护管出线安装详图）[本图采用C20混凝土地面硬化固定钢管，硬化范围2000mm×1000mm×150mm（长×宽×厚）]。

2. 绝缘穿刺接地线夹与熔断器上桩头间距应大于700mm。

3. 熔断器和避雷器裸露部分需配绝缘罩。

4. 若采用TT接地系统，低压综合配电箱外壳须单独与接地汇流排连接接地。

5. 10kV接地系统采用不接地、消弧线圈时，保护接地和工作接地按图所示汇集一点接地；采用小电阻接地时，保护接地和工作接地需分开设置。

6. 本图接地部分详见相应的“接地装置安装图”，具体选配需根据现场地形情况及土壤电阻率而定，其接地装置的接地电阻为：变压器容量在100kVA以下时，接地电阻不应大于10Ω；变压器容量在100kVA及以上时，接地电阻不应大于4Ω；同时需满足GB 50065—2011《交流电气装置的接地设计规范》中关于接触电压及跨步电压的要求。若实测电阻值不满足要求时，应扩大接地网或采取相应的降阻措施。另：主接地引下线每隔1.5~2m或接地引线转角处需采用不锈钢扎带进行固定。

7. 630kVA柱上变压器低压应采用3回路出线，具体出线方式根据现场实际情况设计。

图 8-5　630kVA 柱上变压器台杆型图（15m 双杆，沿海大容量型）（ZA-1-ZXY-D-02-03）

材料分类	编号	名称	型号	单位	数量	图号	备注
电杆类	1	电杆	ϕ190mm×15m×M	根	2		后续可选
	2	底盘	1000mm×1000mm×200mm	块	2		后续可选
	3	卡盘	1000mm×300mm×200mm	块	2		后续可选
	4	卡盘U形抱箍	U20-370	块	2		后续可选
10kV柱上变压器台成套设备		10kV柱上变压器台成套设备	ZA-1-ZX，非晶合金变压器正装,可装卸式避雷器，配电箱带漏电保护，有补偿，绝缘导线引线	套	1		不含内容：水泥杆及杆头材料；JP柜出线及配套铁附件材料
设备类	5	变压器	630kVA容量	台	1		配带高、低压绝缘罩及低压接线桩头(根据变压器容量配置)
	6	封闭式喷射式熔断器	100A	只	3		每只配熔丝2根，熔丝按变压器容量配置，含上下端冷缩套
	7	可装卸式避雷器，带脱扣	HY10WS-17/45	台	3		配带绝缘罩
JP柜	8	低压综合配电箱	630kVA；一进三出，有补偿，带漏电保护,带接地开关	台	1		按实际变压器容量选用
成套附件类(细项附件清单)	9	高压绝缘线	JKTRYJ-10/35	m	14		熔断器至变压器段引线用
	10	高压绝缘线	JKLYJ-10/50	m	23		主架空线至熔断器段引线用
	11	高压接线桩头	SBJ-1-M12	只	3		
	12	柱式绝缘子	FZS-10/5	只	15		固定螺杆选用M20
	13	双杆熔丝具架	JZHD2-34×54×2870	块	4	图8-11	设备、引线固定架
	14	变压器双杆支持架	[14-3000	副	1	图7-33	采用Q355材质
	15	双头螺杆	M20×400（配双螺母垫片）	根	4	图7-29	槽钢固定用
	16	双头螺杆	M16×200（配双螺母垫片）	根	4	图7-29	变压器固定用
	17	接线端子(铜镀锡)	铜，50mm^2，单孔，ϕ12.5	个	3		跌落式熔断器上端3只
	18	接线端子(铜镀锡)	铜，35mm^2，单孔，ϕ10.5	只	12		跌落式熔断器下端3只、避雷器上端3只避雷器下5只、JP柜接地开关1只
			铜，35mm^2，单孔，ϕ12.5	只	11		变压器高压侧3只 中性点1只、变压器外壳2只 JP柜外壳1只、接地端4只
	19	低压电缆（可选）	ZC-YJY-0.6/1kV-1×300	m	39		电缆双拼
	20	接线端子（铜镀锡）	铜，300mm^2，双孔，ϕ12.5	个	16		
	21	低压电缆终端	1×300，户内终端，冷缩	个	16		JP柜进线电缆用，可选
	22	绝缘压接线夹	JXD（C）-1	副	3		楔型线夹，可选
	23	绝缘穿刺接地线夹	35mm^{2}铜绝缘线用	副	3		侧开口，黄、绿、红
	24	压板	YB6-740J	块	2	图7-27	JP柜吊装固定架，槽钢上方
	25	横担抱箍	HBG6-300	块	1	图7-25	JP柜进线固定用，第一层
	26	抱箍	BG6-300	块	1	图7-23	JP柜进线固定用，第一层
	27	压板	YB5-740J	块	2	图7-26	变压器固定架
	28	双杆熔丝具架抱箍	JHBG-220	副	2	图8-12	引线架固定抱箍，第一层
	29	双杆熔丝具架抱箍	JHBG-240	副	2	图8-12	引线架固定抱箍，第二层
	30	双杆熔丝具架抱箍	JHBG-260	副	2	图8-12	引线架固定抱箍，第三层
	31	双杆熔丝具架抱箍	JHBG-280	副	2	图8-12	引线架固定抱箍，第四层
	32	抱箍	BG8-320	块	4	图7-24	变压器台固定支撑抱箍
	33	布电线	BV-35，黑色	m	15		变压器台所有接地引下线用
	34	高压绝缘罩	10kV	套	1		高压3只
	35	低压绝缘罩	1kV	套	1		低压4只
	36	杆上电缆固定架	DLJ5-165G	块	2	图7-32	JP柜进线电缆固定架用
	37	电缆卡抱	KBG4-160	块	2	图7-22	JP柜进线电缆300mm^2，可选
	38	横担抱箍	HBG6-320	块	1	图7-25	JP柜进线固定用，第二层
	39	抱箍	BG6-320	块	1	图7-23	JP柜进线固定用，第二层
成套附件类(细项附件清单)	40	压板	YB7-740J	块	2	图7-28	JP柜吊装固定架，槽钢下方
	41	螺栓	M16×50（配一母双垫）	件	36	图7-30	JP柜进线固定架2×4+设备、引线固定架4×4+熔丝具安装架6×2
	42	螺栓	M16×80（配一母双垫）	件	20	图7-30	JP柜进线固定架2×2+设备、引线固定架4×4
	43	螺栓	M18×80（配一母双垫）	件	4	图7-30	变压器台固定支撑抱箍2×2
	44	螺栓	M12×40（配螺母）	件	9	图7-30	跌落式熔断器6件、可装卸式避雷器3件
其他类1(JP柜低压出线,两回电缆,上杆)	45	杆上电缆固定架	DLJ6-400	块	10	图7-35	JP柜出线电缆固定用
	46	电缆卡抱	KBG4-64	块	10	图7-22	JP柜出线电缆固定用，按截面选定
	47	横担抱箍	HBG6-320	块	2	图7-26	JP柜出线电缆固定用，第五层
	48	抱箍	BG6-320	块	2	图7-23	JP柜出线电缆固定用，第五层
	49	横担抱箍	HBG6-300	块	2	图7-25	JP柜出线电缆固定用，第四层
	50	抱箍	BG6-300	块	2	图7-23	JP柜出线电缆固定用，第四层
	51	横担抱箍	HBG6-280	块	2	图7-25	JP柜出线电缆固定用，第三层
	52	抱箍	BG6-280	块	2	图7-23	JP柜出线电缆固定用，第三层
	53	横担抱箍	HBG6-260	块	2	图7-25	JP柜出线电缆固定用，第二层
	54	抱箍	BG6-260	块	2	图7-23	JP柜出线电缆固定用，第二层
	55	横担抱箍	HBG6-240	块	2	图7-25	JP柜出线电缆固定用，第一层
	56	抱箍	BG6-240	块	2	图7-23	JP柜出线电缆固定用，第一层
	57	低压电缆	ZCYJY-1kV-4×150	m	20		两路单条电缆出线，10m/回
	58	低压电缆终端	4×150，户外终端，冷缩	套	2		与低压架空线连接处，1套/回
	59	低压电缆终端	4×150，户内终端，冷缩	套	2		与JP柜连接处用，1套/回
	60	接线端子（铜镀锡）	铜，150mm^2，双孔，ϕ12.5	只	8		与JP柜连接处用2×4
	61	1kV冷缩延长管	150mm^2	根	8		户外电缆头需配
	62	铜铝异形并沟线夹	JBTL-50-240	副	8		电缆与主架空线连接，线夹可选
	63	螺栓	M16×50（配一母双垫）	件	40		JP柜出线电缆固定架4×10
	64	螺栓	M16×80（配一母双垫）	件	20		JP柜出线电缆固定架2×10
其他类2	65	杆上电缆保护管	DLHG-114A	根	3	图7-38	低压电缆下地保护管，选用
其他类3	66	楔型线夹	JXD（C）-1	副	6		主架空线引下线夹，可选
	67	杆上变压器标识牌	320mm×260mm	块	1		悬挂，支架固定于槽钢
	68	低压综合配电箱标识牌	320mm×260mm	块	1		张贴
其他类4(成套附件)	69	禁止标识牌	300mm×240mm	块	2		不锈钢扎带上下固定于杆上
	70	防火堵料		kg	4		进、出线孔洞封堵
	71	变压器标识牌固定架	BPZJ4-400	块	1	图7-37	固定于变压器台槽钢内侧螺栓上
	72	螺栓	M12×40（配螺母）	件	2	图7-30	变压器标识牌2件
	73	接地装置		副	1		
		角钢	∠50mm×5mm×2500mm	根	8	图7-39	
		扁钢	-40mm×4mm	m	45	图7-39	
		接地圆钢	JDS-4000	根	1	图7-39	
		PVC管	PVC，ϕ25	m	3.5		接地圆钢保护管，不锈钢扎带固定于杆上
	74	相序牌A、B、C、N		套	2		铝合金材质挂接方式
	75	布电线	BV-4	m	36		绝缘子绑扎线
	76	螺栓	M16×40（配螺母）	件	8	图7-30	固定低压相序牌

注 1. JP柜出线至低压主架空导线连接的低压电缆选型原则上采用ZCYJY-1kV-4×150，如变压器台JP柜直接低压架空电缆出线的，可选用ZCYJLY-1kV-4×240。
2. 10kV柱上变压器台成套设备材料不包含电杆类、其他类1、其他类2、其他类3等相关材料。
3. 630kVA柱上变压器低压应采用3回路出线，具体出线方式所需求的材料根据现场实际情况设计。

图 8-6　630kVA 柱上变压器台物料清单（15m 双杆，沿海大容量型）（ZA-1-ZXY-D-03-03）

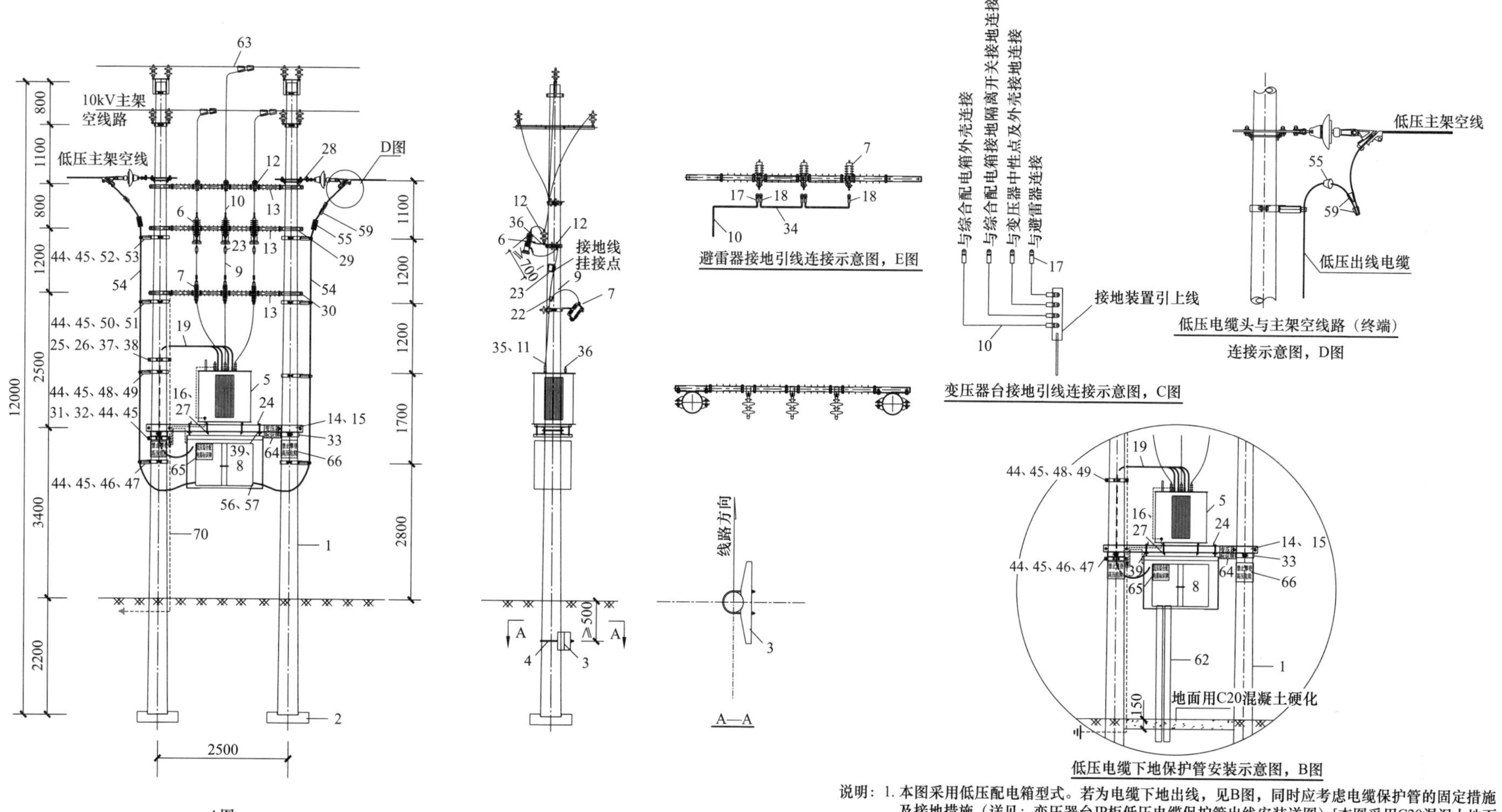

说明：1. 本图采用低压配电箱型式。若为电缆下地出线，见B图，同时应考虑电缆保护管的固定措施及接地措施（详见：变压器台JP柜低压电缆保护管出线安装详图）[本图采用C20混泥土地面硬化固定钢管，硬化范围2000mm×1000mm×150mm（长×宽×厚）]。
2. 绝缘穿刺接地线夹与熔断器上桩头间距应大于700mm。
3. 熔断器和避雷器裸露部分需配绝缘罩。
4. 若采用TT接地系统，低压综合配电箱外壳须单独与接地汇流排连接接地。
5. 10kV接地系统采用不接地、消弧线圈时，保护接地和工作接地按图所示汇集一点接地；采用小电阻接地时，保护接地和工作接地需分开设置。
6. 本图接地部分详见相应的“接地装置安装图”，具体选配需根据现场地形情况及土壤电阻率而定，其接地装置的接地电阻为：变压器容量在100kVA以下时，接地电阻不应大于10Ω；变压器容量在100kVA及以上时，接地电阻不应大于4Ω；同时需满足GB 50065—2011《交流电气装置的接地设计规范》中关于接触电压及跨步电压的要求。若实测电阻值不满足要求时，应扩大接地网或采取相应的降阻措施。另：主接地引下线每隔1.5~2m或接地引线转角处需采用不锈钢扎带进行固定。
7. 630kVA柱上变压器低压应采用3回路出线，具体出线方式根据现场实际情况设计。

图 8-7　630kVA 柱上变压器台杆型图（12m 双杆，沿海大容量型）（ZA-1-ZXY-D-02-04）

材料分类	编号	名称	型号	单位	数量	图号	备注
电杆类	1	电杆	ϕ190mm×12mm×M	根	2		后续可选
	2	底盘	1000mm×1000mm×200mm	块	2		后续可选
	3	卡盘	1000mm×300mm×200mm	块	2		后续可选
	4	卡盘U形抱箍	U20-350	块	2		后续可选
10kV柱上变压器台成套设备		10kV柱上变压器台成套设备	ZA-1-ZX,非晶合金变压器正装，可装卸式避雷器，配电箱带漏电保护，有补偿，绝缘导线引线	套	1		不含内容：水泥杆及杆头材料；JP柜出线及配套铁附件材料
设备类	5	变压器	630kVA容量	台	1		配带高、低压绝缘罩及低压接线桩头(根据变压器容量配置)
	6	封闭式喷射式熔断器	100A	只	3		每只配熔丝2根，熔丝按变压器容量配置，含上、下端冷缩套
	7	可装卸式避雷器，带脱扣	HY10WS-17/45	台	3		配带绝缘罩
JP柜	8	低压综合配电箱	630kVA；一进三出，有补偿，带漏电保护，带接地开关	台	1		按实际变压器容量选用
成套附件类(细项附件清单)	9	高压绝缘线	JKTRYJ-10/35	m	14		熔断器至变压器段引线用
	10	高压绝缘线	JKLYJ-10/50	m	18		主架空线至熔断器段引线用
	11	高压接线桩头	SBJ-1-M12	只	3		
	12	柱式绝缘子	FZS-10/5	只	12		固定螺杆选用M20
	13	双杆熔丝具架	JZHD2-34×54×2870	块	3	图8-11	设备、引线固定架
	14	变压器双杆支持架	[14-3000	副	1	图7-33	采用Q355材质
	15	双头螺杆	M20×400（配双螺母垫片）	根	4	图7-29	槽钢固定用
	16	双头螺杆	M16×200（配双螺母垫片）	根	4	图7-29	变压器固定用
	17	接线端子(铜镀锡)	铜，50mm²，单孔，ϕ12.5	个	3		跌落式熔断器上端3只
	18	接线端子(铜镀锡)	铜，35mm²，单孔，ϕ10.5	只	12		跌落式熔断器下端3只、避雷器上端3只 避雷器下5只、JP柜接地开关1只
			铜，35mm²，单孔，ϕ12.5	只	11		变压器高压侧3只 中性点1只、变压器外壳2只 JP柜外壳1只、接地端4只
	19	低压电缆（可选）	ZC-YJY-0.6/1kV-1×300	m	39		电缆双拼
	20	接线端子(铜镀锡)	铜，300mm²，双孔，ϕ12.5	个	16		200~400kVA配电变压器使用
	21	低压电缆终端	1×300，户内终端，冷缩	个	16		JP柜进线电缆用，可选
	22	绝缘压接线夹	JXD（C）-1	副	3		楔型线夹，可选
	23	绝缘穿刺接地线夹	35mm² 铜绝缘线用	副	3		侧开口，黄、绿、红
	24	压板	YB6-740J	块	2	图7-27	JP柜吊装固定架，槽钢上方
	25	横担抱箍	HBG6-280	块	1	图7-26	JP柜进线固定用，第一层
	26	抱箍	BG6-280	块	1	图7-23	JP柜进线固定用，第一层
	27	压板	YB5-740J	块	2	图7-28	变压器固定架
	28	双杆熔丝具架抱箍	JHBG-220	副	2	图8-12	引线架固定抱箍，第一层
	29	双杆熔丝具架抱箍	JHBG-240	副	2	图8-12	引线架固定抱箍，第二层
	30	双杆熔丝具架抱箍	JHBG-260	副	2	图8-12	引线架固定抱箍，第三层
	31	横担抱箍	HBG6-280	块	1	图7-25	JP柜进线固定用，第二层
	32	抱箍	BG6-280	块	1	图7-23	JP柜进线固定用，第二层
	33	抱箍	BG8-280	块	4	图7-24	变压器台固定支撑抱箍
	34	布电线	BV-35，黑色	m	15		变压器台所有接地引下线用
	35	高压绝缘罩	10kV	套	1		高压3只
	36	低压绝缘罩	1kV	套	1		低压4只
成套附件类(细项附件清单)	37	杆上电缆固定架	DLJ5-165G	块	2	图7-32	JP柜进线电缆固定架用
	38	电缆卡抱	KBG4-160	块	2	图7-22	JP柜进线电缆300mm²，可选
	39	压板	YB7-740J	块	2	图7-28	JP柜吊装固定架，槽钢下方
	40	螺栓	M16×50（配一母双垫）	件	32	图7-30	JP柜进线固定架2×4+设备、引线固定架3×4+熔丝具安装架6×2
	41	螺栓	M16×80（配一母双垫）	件	16	图7-30	JP柜进线固定架2×2+设备、引线固定架3×4
	42	螺栓	M18×80（配一母双垫）	件	4	图7-30	变压器台固定支撑抱箍2×2
	43	螺栓	M12×40（配螺母）	件	9	图7-30	跌落式熔断器6件、可装卸式避雷器3件
其他类1(JP柜低压出线，两回电缆，上杆)	44	杆上电缆固定架	DLJ6-400	块	8	图7-35	JP柜出线电缆固定用
	45	电缆卡抱	KBG4-64	块	8	图7-22	JP柜出线电缆固定用，按截面选定
	46	横担抱箍	HBG6-300	块	2	图7-25	JP柜出线电缆固定用，第四层
	47	抱箍	BG6-300	块	2	图7-23	JP柜出线电缆固定用，第四层
	48	横担抱箍	HBG6-280	块	2	图7-25	JP柜出线电缆固定用，第三层
	49	抱箍	BG6-280	块	2	图7-23	JP柜出线电缆固定用，第三层
	50	横担抱箍	HBG6-260	块	2	图7-25	JP柜出线电缆固定用，第二层
	51	抱箍	BG6-260	块	2	图7-23	JP柜出线电缆固定用，第二层
	52	横担抱箍	HBG6-240	块	2	图7-25	JP柜出线电缆固定用，第一层
	53	抱箍	BG6-240	块	2	图7-23	JP柜出线电缆固定用，第一层
	54	低压电缆	ZCYJY-1kV-4×150	m	16		两路单条电缆出线，8m/回
	55	低压电缆终端	4 ×150，户外终端，冷缩	套	2		与低压架空线连接用，1套/回
	56	低压电缆终端	4×150，户内终端，冷缩	套	2		与JP柜连接处用，1套/回
	57	接线端子（铜镀锡）	铜，150mm²，双孔，ϕ12.5	只	8		与JP柜连接处用2×4
	58	1kV冷缩延长管	150mm²	根	8		户外电缆头需配
	59	铜铝异形并沟线夹	JBTL-50-240	副	8		电缆与主架空线连接，线夹可选
	60	螺栓	M16×50（配一母双垫）	件	40	图7-30	JP柜出线电缆固定架4×10
	61	螺栓	M16×80（配一母双垫）	件	20	图7-30	JP柜出线电缆固定架2×10
其他类2	62	杆上电缆保护管	DLHG-114A	根	3	图7-38	低压电缆下地保护管，选用
其他类3	63	楔型线夹	JXD（C）-1	副	6		主架空线引下线夹，可选
	64	杆上变压器标识牌	320mm×260mm	块	1		悬挂，支架固定于槽钢
	65	低压综合配电箱标识牌	320mm×260mm	块	1		张贴
其他类4(成套附件)	66	禁止标识牌	300mm×240mm	块	2		不锈钢扎带上下固定于杆上
	67	防火堵料		kg	4		进、出线孔洞封堵
	68	变压器标识牌固定架	BPZJ4-400	块	1	图7-37	固定于变压器台槽钢内侧螺栓上
	69	螺栓	M12×40（配螺母）	件	2	图7-35	变压器标识牌2件
	70	接地装置		副	1		
		角钢	∠50mm×5mm×2500mm	根	8	图7-39	
		扁钢	-40mm×4mm	m	45	图7-39	
		接地圆钢	JDS-4000	根	1	图7-39	
		PVC管	PVC,ϕ25	m	3.5		接地圆钢保护管，不锈钢扎带固定于杆上
	75	相序牌A、B、C、N		套	2		铝合金材质挂接方式
	76	布电线	BV×4	m	30		绝缘子绑扎线
	77	螺栓	M16×40（配螺母）	件	8	图7-30	固定低压相序牌

注 1. JP柜出线至低压主架空导线连接的低压电缆选型原则上采用ZCYJY-1kV-4×150，如变压器台JP柜直接低压架空电缆出线的，可选用ZCYJLY-1kV-4×240。
2. 10kV柱上变压器台成套设备材料不包含电杆类、其他类1、其他类2、其他类3等相关材料。
3. 630kVA柱上变压器低压应采用3回路出线，具体出线方式所需求的材料根据现场实际情况设计。

图 8-8　630kVA 柱上变压器台物料清单（12m 双杆，沿海大容量型）（ZA-1-ZXY-D-03-04）

10kV柱上配电变压器台（沿海型）工厂化预制打包材料表(15m杆)

材料分类	序号	典设图编号	名称	型号	单位	数量	备注
变压器台高压侧引下线工厂化预制材料表	1	9	架空绝缘导线	AC10kV,JKTRYJ,35	m	14	熔断器后使用
	2	10	架空绝缘导线	AC10kV,JKLYJ,50	m	23	熔断器前使用
	3	17	接线端子(镀锡铜鼻子)	DT-50-ϕ12.5	只	3	跌落式熔断器上端3只
	4	18	接线端子(镀锡铜鼻子)	DT-35-ϕ12.5	只	3	变压器高压侧3只
	5	18	接线端子(镀锡铜鼻子)	DT-35-ϕ12.5	只	6	跌落式熔断器下端3只，避雷器上端3只
	6	22	螺栓式C形线夹	35/35	只	3	避雷器引线用
	7	23	接地线夹	侧开口，黄、绿、红	只	3	熔断器前使用
	8	73	布电线	BV-4	m	36	跌落开关上下绝缘子扎线用
	9	12	柱式复合绝缘子	FZS-10/5	只	6	固定螺杆应选用M20
接地引下线工厂化预制材料表	10	38	布电线	BV-35	m	15	接地引线用
	11	18	接线端子(镀锡铜鼻子)	DT-35-ϕ12.5	只	8	中性点1只、变压器外壳2只 JP柜外壳1只、接地端4只
	12	18	接线端子(镀锡铜鼻子)	DT-35-ϕ10.5	只	6	避雷器下5只、JP柜接地开关1只

10kV柱上配电变压器台（沿海型）工厂化预制打包材料表(12m杆)

材料分类	序号	典设图编号	名称	型号	单位	数量	备注
变压器台高压侧引下线工厂化预制材料表	1	9	架空绝缘导线	AC10kV,JKTRYJ,35	m	14	熔断器后使用
	2	10	架空绝缘导线	AC10kV,JKLYJ,50	m	18	熔断器前使用
	3	17	接线端子(镀锡铜鼻子)	DT-50-ϕ12.5	只	3	跌落式熔断器上端3只
	4	18	接线端子(镀锡铜鼻子)	DT-35-ϕ12.5	只	3	变压器高压侧3只
	5	18	接线端子(镀锡铜鼻子)	DT-35-ϕ12.5	只	6	跌落式熔断器下端3只、避雷器上端3只
	6	22	螺栓式C形线夹	35/35	只	3	避雷器引线用
	7	23	接地线夹	侧开口，黄、绿、红	只	3	熔断器前使用
	8	70	布电线	BV-4	m	30	跌落开关上、下绝缘子扎线用
	9	12	柱式复合绝缘子	FZS-10/5	只	6	固定螺杆应选用M20
接地引下线工厂化预制材料表	10	36	布电线	BV-35	m	15	接地引线用
	11	18	接线端子(镀锡铜鼻子)	DT-35-ϕ12.5	只	8	中性点1只、变压器外壳2只 JP柜外壳1只、接地端4只
	12	18	接线端子(镀锡铜鼻子)	DT-35-ϕ10.5	只	6	避雷器下5只、JP柜接地开关1只

图 8-9　沿海 10kV 柱上配电变压器台工厂化预制打包材料表

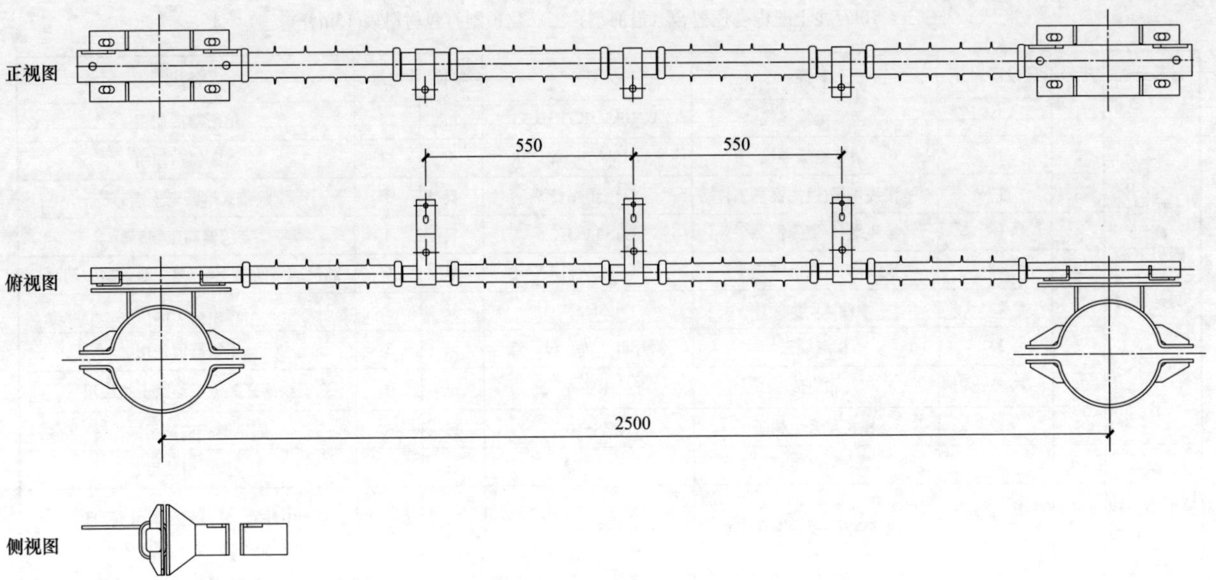

图 8-10　双杆熔丝具架总装示意图（FJ-FHBT）

8.8　铁附件加工

低压沿海柱上三相变压器台铁附件加工典型设计方案的设计图清单见表 8-8。

表 8-8　　　　　沿海柱上三相变压器台铁附件加工

图序	图名	图纸编号
1	双杆熔丝具架加工图（JZHD2-34×54×2870）	图 8-11
2	双杆熔丝具架抱箍加工图（JYHDBG-01）	图 8-12

注　其余柱上变压器台铁附件加工图参照本书 7.8 执行。

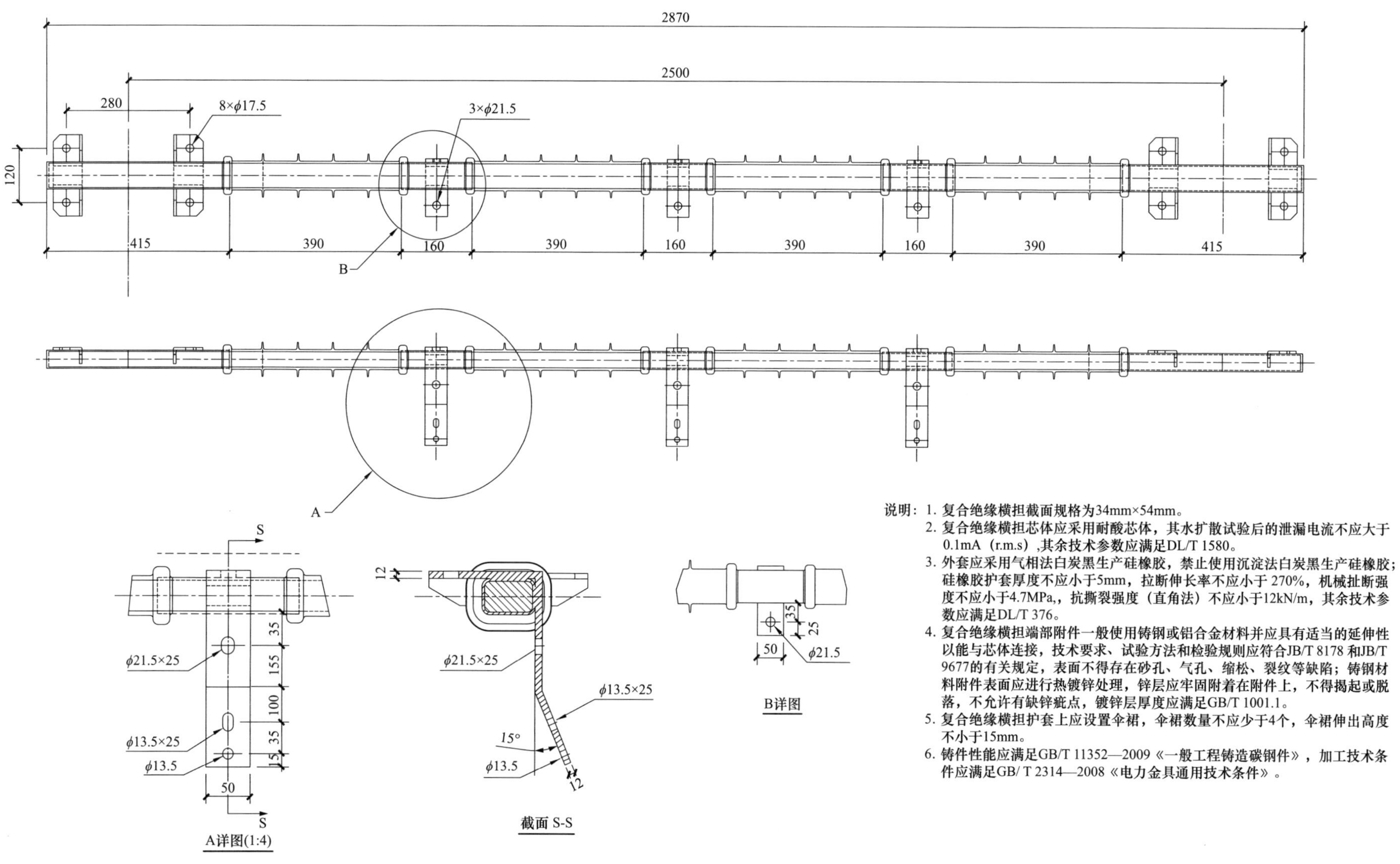

说明：1. 复合绝缘横担截面规格为34mm×54mm。
2. 复合绝缘横担芯体应采用耐酸芯体，其水扩散试验后的泄漏电流不应大于0.1mA（r.m.s），其余技术参数应满足DL/T 1580。
3. 外套应采用气相法白炭黑生产硅橡胶，禁止使用沉淀法白炭黑生产硅橡胶；硅橡胶护套厚度不应小于5mm，拉断伸长率不应小于270%，机械扯断强度不应小于4.7MPa，，抗撕裂强度（直角法）不应小于12kN/m，其余技术参数应满足DL/T 376。
4. 复合绝缘横担端部附件一般使用铸钢或铝合金材料并应具有适当的延伸性以能与芯体连接，技术要求、试验方法和检验规则应符合JB/T 8178和JB/T 9677的有关规定，表面不得存在砂孔、气孔、缩松、裂纹等缺陷；铸钢材料附件表面应进行热镀锌处理，锌层应牢固附着在附件上，不得揭起或脱落，不允许有缺锌疵点，镀锌层厚度应满足GB/T 1001.1。
5. 复合绝缘横担护套上应设置伞裙，伞裙数量不应少于4个，伞裙伸出高度不小于15mm。
6. 铸件性能应满足GB/T 11352—2009《一般工程铸造碳钢件》，加工技术条件应满足GB/ T 2314—2008《电力金具通用技术条件》。

图 8-11　双杆熔丝具架加工图（JZHD2-34×54×2870）

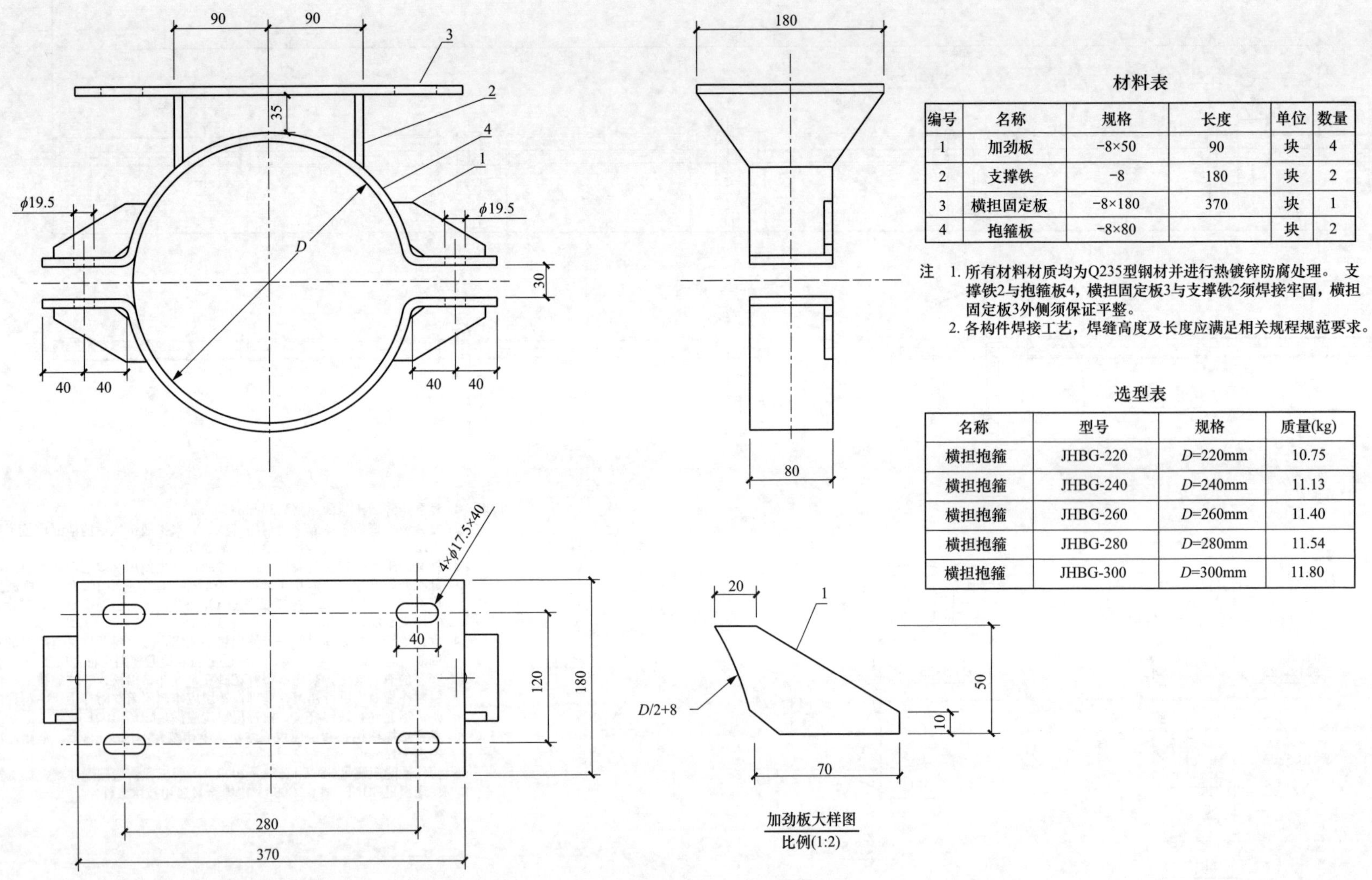

材料表

编号	名称	规格	长度	单位	数量
1	加劲板	−8×50	90	块	4
2	支撑铁	−8	180	块	2
3	横担固定板	−8×180	370	块	1
4	抱箍板	−8×80		块	2

注 1. 所有材料材质均为Q235型钢材并进行热镀锌防腐处理。支撑铁2与抱箍板4，横担固定板3与支撑铁2须焊接牢固，横担固定板3外侧须保证平整。

2. 各构件焊接工艺，焊缝高度及长度应满足相关规程规范要求。

选型表

名称	型号	规格	质量(kg)
横担抱箍	JHBG-220	D=220mm	10.75
横担抱箍	JHBG-240	D=240mm	11.13
横担抱箍	JHBG-260	D=260mm	11.40
横担抱箍	JHBG-280	D=280mm	11.54
横担抱箍	JHBG-300	D=300mm	11.80

图 8-12　双杆熔丝具架抱箍加工图（JYHDBG-01）

第 9 章　单杆小容量三相柱上变压器台典型设计（DZA-1）

9.1　方案说明

9.1.1　总的部分

单杆小容量三相柱上变压器台典型设计方案编号为"DZA-1"[即熔断器低装，变压器（普通或立体卷铁芯）和低压综合配电箱水平对侧座装]。

方案 DZA-1 主要技术原则：10kV 侧采用架空绝缘线引下，低压综合配电箱采用座装，进、出线采用低压电缆，出线回路数 1 回。

9.1.2　适用范围

一般宜选用柱上式变压器和低压综合配电箱方式，DZA-1 方案适用于 Z1、Z2 灾害区。

10kV 单杆小容量三相柱上变压器台适用于布点困难、安装位置不足或负荷密度较小的区域。该设计方案仅适用于低压出线为单回路线路形式。

该方案在不同风速、地质、线径等情况下，对电杆强度及基础形式有特定要求，引用本典设时应予以特别注意。其中，内陆区域原则上适用于 20m/s 风速，可以采用直埋或加卡盘基础形式；沿海台风区域原则上适用于 30m/s 风速，可以采用直埋加卡盘或现浇基础形式；老电杆利旧改造为本典设形式时，应确保电杆强度不低于 K 级且无损伤。具体要求详见 10.2 基础部分内容。

9.1.3　方案技术条件

该方案根据"10kV 柱上变压器台典型设计总体说明"确定的预定条件开展设计，方案技术条件见表 9-1。

表 9-1　　10kV 柱上变压器台 ZA-1 典型方案技术条件

序号	项目名称	内容
1	10kV 变压器	选用二级能效及以上节能型高效能变压器，宜采用油浸式、全密封、低损耗油浸式变压器，容量为 100kVA 及以下
2	低压综合配电箱	柜体尺寸（宽×深×高）选用 700mm×300mm×1200mm，空间满足 100kVA 及以下容量配电变压器 1 回馈线、配电智能融合终端等功能模块安装要求。箱体外壳优先选用 304 不锈钢材料，也可选用纤维增强型不饱和聚酯树脂材料（SMC），外壳防护等级为 IP44
3	主要设备型式	10kV 选用跌落式熔断器或封闭型熔断器。 10kV 避雷器选用可装卸式避雷器，带脱扣。 低压侧进线不带开关，出线开关视系统接地方式选用熔断器式隔离开关或熔断器式隔离开关加剩余电流动作保护器。 熔断器短路电流水平按 8kA/12.5kA 考虑，其他 10kV 设备短路电流水平均按 20kA 考虑
4	防雷接地	10kV 小电流接地系统接地电阻不大于 4Ω，当采用大电流接地系统时，保护接地和工作接地需分开设置，若保护接地与工作接地共用接地系统时，需结合工程实际情况，考虑土壤条件等因素进行校验。 变压器高压侧须安装避雷器，多雷区低压侧宜安装避雷器，避雷器应尽量靠近被保护设备，且连接引线尽可能短而直；接地体一般采用镀锌钢，腐蚀性高的地区宜采用铜包钢或者石墨；接地电阻、跨步电压和接触电压应满足有关规程要求

9.2　电力系统部分

（1）本典设按照给定的 100kVA 变压器进行设计，在实际工程中，需要根据实地情况具体设计选择变压器容量。

（2）熔断器短路电流水平按 8kA/12.5kA 考虑，其他 10kV 设备短路电流水平均按 20kA 考虑。

（3）高压侧采用跌落式熔断器或封闭型熔断器，低压侧进线不带开关，出线开关视系统接地方式选用熔断器式隔离开关或熔断器式隔离开关加剩余电流动作保护器。

9.3　电气一次部分

9.3.1　短路电流及主要电气设备、导体选择

（1）变压器。

型式：选用二级能效及以上节能型高效能变压器，宜采用油浸式、全密封、低损耗油浸式变压器；

容量：100kVA 及以下；

阻抗电压：$U_k\%=4$；

额定电压：10±5（2×2.5）%/0.4kV；

接线组别：Dyn11；

冷却方式：自冷式。

（2）10kV 侧采用跌落式熔断器或封闭型熔断器，10kV 避雷器采用可装卸式金属氧化物避雷器。

（3）低压综合配电箱。

1）综合配电箱柜体尺寸（宽×深×高）选用 700mm×300mm×1200mm，空间满足 100kVA 及以下容量配电变压器 1 回馈线、配电智能融合终端等功能模块安装要求。箱体外壳优先选用 304 不锈钢材料，也可选用纤维增强型不饱和聚酯树脂材料（SMC），外壳防护等级为 IP44。

2）电气主接线采用 1 回出线。高压侧采用跌落式熔断器或封闭型熔断器。低压侧进线选择具备四遥功能且带有重合闸功能断路器，出线开关选用断路器，并按需配置带通信接口的配电智能融合终端和 T1 级电涌保护器，出线隔离开关选用额定电流为 400A 的接地隔离开关。TT 系统的剩余电流动作保护器应根据 GB/T 13955《剩余电流动作保护装置安装和运行》要求进行安装，不锈钢综合配电箱外壳单独与接地装置引上线连接接地。

3）低压综合配电箱下沿距离地面不低于 2.0m（详见具体方案），有防汛需求可适当加高。在农村等 D 类供电区域，低压综合配电箱下沿离地高度可降低至 1.8m，变压器支架、避雷器、熔断器等安装高度应做同步调整。低压进线由配电箱侧面进线，低压出线由配电箱侧面出线，出线沿电杆外侧敷设，使用电缆卡抱固定；采用电缆入地敷设时，由配电箱底部出线。变压器台周围宜装设安全围栏。

（4）导体选择。变压器 10kV 引下线一般选择：主干线至跌落式熔断器上桩选用 JKLYJ-10-1×50mm² 架空绝缘导线，跌落式熔断器下桩至变压器选用 JKTRYJ-10/35mm² 导线；100kVA 容量变压器至低压综合配电箱出线选择：ZC-YJY-0.6/1kV-4×95mm²，50kVA 容量变压器至低压综合配电箱出线选择：ZC-YJY-0.6/1kV-4×95mm²，低压综合配电箱出线采用根据负荷情况设计选定。

（5）柱上变压器台架采用单杆方式，电杆采用非预应力混凝土杆，杆高原则上为 12、15m 两种。

（6）线路金具按“节能型、绝缘型”原则选用。

（7）变压器台架承重力按照 100kVA 变压器及配套低压综合配电箱质量考虑设计。

9.3.2 基础

基础型式参照表 9-2。现场实际情况与表 9-2 中的假定计算条件不符时，应自行计算校验基础型式。若采用原有电杆安装变压器台时，应自行核实原电杆强度，超出表 9-2 设计值范围，需校验基础，自行设计。

表 9-2　　10kV 单杆小容量柱上变压器台基础表

设计条件 \ 变压器安装型式				12m 电杆		15m 电杆	
				立体卷变压器		立体卷变压器	
				低装方式		低装方式	
	风速	10kV 架空线	0.4kV 架空线	100kVA	50kVA	100kVA	50kVA
基础要求	30m/s 风速	高压导线截面根据《配电网技术导则》选取	电缆出线	D	C	B	B
			KLYJ-1/70	D	C	C	C
			电缆出线	D	D	C	C
			KLYJ-1/70	D	D	C	C
	20m/s 风速		电缆出线	A	A	A	A
			JKLYJ-1/70	A	A	A	A
			电缆出线	B	A	A	A
			JKLYJ-1/70	B	B	A	A

注　1. 10kV 架空线路导线截面选择按 Q/GDW 103701—2016《配电网技术导则》选取；0.4kV 架空线路按本典设最大 100kVA 配电变压器容量一次选定。

2. 计算采用线路为单回路直线杆，水泥杆为 12mϕ190K 级普通锥形水泥杆，基础埋深 2.0m；15mϕ190K 级普通锥形水泥杆，基础埋深 2.3m。

3. 计算采用最大风速分别为 20m/s 和 30m/s。

4. 基础计算最低地质要求：可塑土，地基承载力 150kPa，上拔角 20°，等代内摩阻角 30°，重度 16kN。

5. 基础分为四种，具体如下：A 表示水泥杆直埋；B 表示装置 1 个卡盘；C 表示装置 2 个卡盘；D 表示现浇基础。非现浇基础一律使用杆盘（DP-10）。卡盘型号为（KP-12）。

6. 现场实际情况与上述假定计算条件不符时，应自行计算校验基础型式。

9.3.3 防雷、接地及过电压保护

交流电气装置的接地应符合 GB/T 50065—2011《交流电气装置的接地设计规范》要求。电气装置过电压保护应满足 GB/T 50064—2014《交流电气装置的过电压保护和绝缘配合设计规范》要求。

（1）采用交流无间隙金属氧化物避雷器进行过电压保护，金属氧化物避雷器按 GB/T 11032—2020《交流无间隙金属氧化物避雷器》中的规定进行选择，设备绝缘水平按国标要求执行。

（2）配电变压器均装设避雷器，并应尽量靠近变压器，其接地引下线应与变压器二次侧中性点及变压器的金属外壳相连接。在多雷区宜在变压器二次侧装设避雷器，避雷器应尽量靠近被保护设备，连接引线尽可能短而直。柱上变压器台高压侧须安装金属氧化物避雷器，方案中采用可装卸式避雷器。

（3）中性点直接接地的低压配电线路，其保护中性线（PEN 线）应在电源点接地，TN-C 系统在干线和分支线的终端处，应将 PEN 线重复接地，且接地点不应少于三处；TT 系统除变压器低压侧中性点直接接地外，中性线不得再重复接地，不锈钢综合配电箱外壳单独与接地装置引上线连接接地，剩余电流动作保护器另应根据 GB/T 13955《剩余电流动作保护装置安装和运行》要求进行安装。接地体敷设成围绕变压器的闭合环形，设 2 根及以上垂直接地极，接地体的埋深不应小于 0.6m，且不应接近煤气管道及输水管道。接地线与杆上需接地的部件必须接触良好。

（4）低压综合配电箱防雷采用 T1 级浪涌保护器，壳体、浪涌保护器及避雷器应接地，接地引线与接地网可靠连接。

（5）设水平和垂直接地的复合接地网。接地体一般采用镀锌钢，腐蚀性高的地区宜采用铜包钢或者石墨。接地电阻、跨步电压和接触电压应满足有关规程要求。接地极汇合点设置在电杆距地面不低于 2.3m 处，分别与避雷器接地、变压器中性点接地、变压器外壳接地和不锈钢低压综合配电箱外壳进行有效连接。不锈钢综合配电箱外壳接地端口在箱体上下部各留一处。

9.4 其他

（1）标志标识。在台架两侧电杆上安装“禁止攀登，高压危险”警示牌，尺寸为 300mm×240mm，禁止标识牌长方形衬底色为白色，带斜杠的圆边框为红色，标识符号为黑色，辅助标识为红底白字、黑体字，字号根据标识牌尺寸、字数调整；在台架正面右侧的变压器托担上安装命名牌，命名牌尺寸为 300mm×240mm（不带框），白底红色黑体字，字号根据标识牌尺寸、字数调整；安装上沿与变压器托担上沿对齐，并用钢带固定在托担上。

（2）设备外观颜色。柱上变压器台、SMC 材质低压综合配电箱外观颜色采用海灰 B05，不锈钢材质低压综合配电箱采用哑光处理，热镀锌支架不再喷涂颜色。

（3）电杆选用非预应力混凝土杆，应符合 GB 4623《环形钢筋混凝土电杆》，电杆基础及埋深是根据国家标准，仅为参考，具体使用必须根据实际的地质情况进行调整。

（4）铁附件选用原则。

1）物料库中应采用统一的名称、规格，禁止同物不同名。

2）设计选择时应写明详细的型号代码，确保唯一性。

（5）绝缘子金具串选用原则。综合考虑强度、耐冲击性、耐用性、紧密性和转动灵活性选择绝缘子金具串，具体要求如下：

1）线路运行时，不应损坏导线，并应能起到保护导、地线的作用。

2）能承受安装、维修和运行时产生的各种机械载荷，并能经受设计工作电流（包括短路电流）、运行温度以及周围环境条件等各种情况的考验。

3）装配式金具的各部件应能有效锁紧，在运行中不松脱。

4）带电检修时，应考虑检修的安全性和操作的方便性。

5）与导线和地线表面直接接触的压接金具，其压缩面在安装前应保护好，防止污染，采用合适的材料及制造工艺防止产品脆变。

6）金具选材时应考虑材料的机械强度、耐磨性和耐腐蚀性等。应选择满足设计要求、经济合理、性能优良、环保节能的常用材料；为了减少线路运行中

产生的磁滞损耗和涡流损耗，与导线直接接触的金具部件应采用铝质或铝合金材料。

7）金具串连接部位应按面接触进行选择连接金具，在满足转动灵活条件下宜采用数量最少的方案。

8）绝缘子金具串上的螺栓、弹簧销等的穿向按 GB 50173—2014《电气装置安装工程 66kV 及以下架空线路施工及验收规范》要求安装。

9）架空绝缘线路带电裸露部位均应进行绝缘防水封护。

9.5 主要设备及材料清册

主要设备材料清册见表 9-3。

表 9-3　主要设备材料清册

序号	名称	型号及规格	单位	数量	备注
1	油浸式配电变压器	100kVA 及以下；Dyn11；$U_k\%=4$	台	1	
2	混凝土杆	ϕ190×12m（非预应力杆） ϕ190×15m（非预应力杆）	根	1	单杆
3	熔断器	100A	只	3	高压熔丝按变压器容量选择
4	避雷器	HY10WS-17/45	只	3	可装卸式
5	低压综合配电箱	100kVA，柜体尺寸（宽×深×高）：700mm×300mm×1200mm	台	1	预留应急电源接口
6	高压架空绝缘导线	JKLYJ-10-1×50mm^2	m	25	可按实际尺寸调整
7	高压架空绝缘导线	JKTRYJ-10-1×35mm^2	m	11	可按实际尺寸调整
8	综合箱进线	100kVA：ZC-YJY-0.6/1kV-4×95mm^2 50kVA：ZC-YJY-0.6/1kV-4×50mm^2	m	3	可按实际尺寸调整
9	综合箱出线	ZC-YJY-0.6/1kV-4×95mm^2	m	10	按实际出线长度及负荷情况选用（当低压采用 TN-S 系统时，应采用 5 芯电缆）

9.6 使用说明

9.6.1 方案简述

该方案主要对应内容：10kV 侧采用架空绝缘线引下，低压综合配电箱采用座装，进、出线采用低压电缆，出线回路数 1 回。10kV 变压器为 1 台 100kVA 及以下容量的组合方案。

该说明书为单杆小容量三相柱上变压器台典型设计："DZA-1"［即熔断器低装，变压器（普通或立体卷铁芯）和低压综合配电箱水平对侧座装］。

9.6.2 基本方案说明

（1）柱上变压器台采用单杆安装。

（2）低压综合配电箱采用座装方式，综合配电箱柜体尺寸（宽×深×高）选用 700mm×300mm×1200mm，空间满足 100kVA 及以下容量配电变压器 1 回馈线、配电智能融合终端等功能模块安装要求。箱体外壳优先选用 304 不锈钢材料，也可选用纤维增强型不饱和聚酯树脂材料（SMC），外壳防护等级为 IP44。

（3）电气主接线采用 1 回出线。高压侧采用跌落式熔断器或封闭型熔断器。低压侧进线选择具备"四遥"功能且带有重合闸功能断路器，出线开关选用断路器，并按需配置带通信接口的配电智能融合终端和 T1 级电涌保护器，出线隔离开关选用额定电流为 400A 的接地隔离开关。TT 系统的剩余电流动作保护器应根据 GB/T 13955《剩余电流动作保护装置安装和运行》要求进行安装，不锈钢综合配电箱外壳单独与接地装置引上线连接接地。

（4）低压综合配电箱内采用母排，全绝缘包封，进出线额定电流及无功补偿根据配电箱容量和出线回路数配置。

9.7 设计图

低压 10kV 柱上三相变压器台杆型图及物料清单典型设计方案的设计图清单见表 9-4。

表 9-4　　　　　　10kV 柱上三相变压器台杆型图及物料清单

图序	图名	图纸编号
1	电气主接线图（100kVA 及以下容量）（DZA-D1-01-02）	图 9-1
2	柱上变压器台杆型图（15m 单杆）（DZA-1-ZX-D1-01）	图 9-2
3	物料清单［15m 单杆（DZA-1-ZX-D1-02）］	图 9-3
4	柱上变压器台杆型图（12m 单杆）（DZA-1-ZX-D1-03）	图 9-4
5	物料清单（12m 单杆）（DZA-1-ZX-D1-04）	图 9-5
6	低压综合配电箱布置加工图（DZA-D1-03-02）	图 9-6

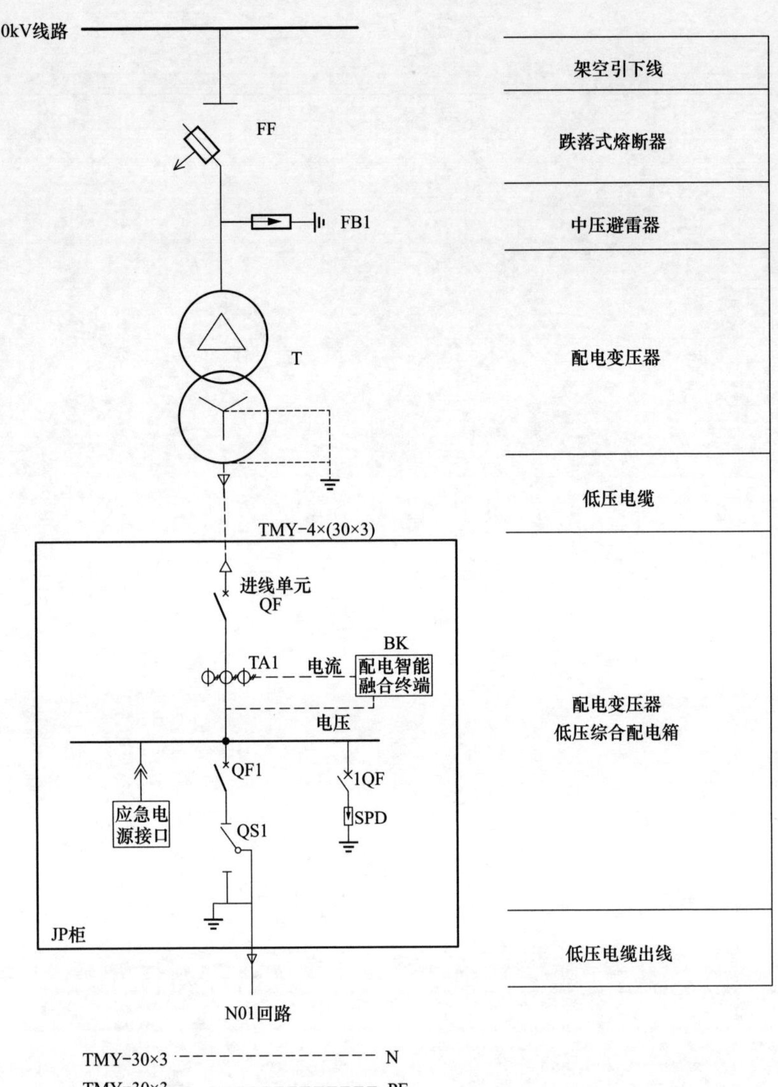

序号	名称		代号	规格及型号	数量	单位	备注
1	架空引下线		QF			m	规格参数按具体物料选择
2	跌落式熔断器		FF	100A，熔丝按变压器容量配置	3	只	
3	避雷器		FB1	HY10WS-17/45	3	只	
4	配电变压器		T	容量50、100kVA	1	台	
5	电流互感器	低压综合配电箱	TA1	计量用 75/5 0.2S级	3	只	适用于变压器容量50kVA，可选
				计量用 150/5 0.2S级	3	只	适用于变压器容量100kVA，可选
	微型断路器		1QF	选用63A	1	个	按实际需求调整
	浪涌保护器		SPD	T1级	1	套	
	断路器		QF	塑壳-250A，I_n=250A	1	组	电子可调式
	断路器（带剩余电流动作保护）		QF1	100A/3P+N $I_{cu}\geqslant$10kA	1	只	适用于变压器容量50kVA，可选
				250A/3P+N $I_{cu}\geqslant$10kA	1	只	适用于变压器容量100kVA，可选
			QS1	接地隔离开关400A	1	个	
	配电智能融合终端		BK	通信、数据采集、“四遥”一体、融合配变终端、集中器功能	1	组	按需配置
	母排		MP	主母排，TMY-3(30×3)	1	套	
			MP	PE排，TMY-1(30×3)	1	套	
			MP	N排，TMY-1(30×3)	1	套	

说明：1. 本图适用于单杆三相小容量变压器（容量为100kVA及以下）的JP柜（兼订货图）。
2. 配电箱门应安装门禁开关（行程开关），可将门禁信号传入配电智能融合终端，箱内应设检修照明灯，门打开后，检修灯即亮，采用LED照明。门禁应引信号线到配电智能融合终端。
3. 箱内进线开关进线端需预留足够空间便于安装进线电缆，进线端延伸铜排上电缆搭接孔的位置与箱体底部的距离不小于40cm，铜排间间距不小于30mm。
4. 箱体侧面应有天线引出孔（应做标注说明），便于天线引出，并做好防水防护。箱体应有供吸盘天线吸附固定的防锈金属部位。
5. 配电智能融合终端、配电室、无功补偿室等隔室之间必须有隔板分隔，隔室的隔板可以是金属板或绝缘板，各功能隔室中的隔板不应因短路分断时所产生的电弧或游离气体所产生的压力而造成损害或永久变形，各单元间的隔板上均应留有电缆走线孔洞。
6. 出线开关后端配置隔离（接地）一体式开关，隔离开关与塑壳断路器必须实现可靠闭锁功能，防止误操作。接地开关处于接地状态时，出线开关无法合闸；只有接地开关处于工作状态时，出线开关才能合闸。
7. 出线开关应采用一体式漏电保护开关。漏电保护开关应具备测量三相负载电流、电压、开关状态及剩余电流功能；具有漏电保护、过载保护和自动重合闸功能；具有定时周期自检功能；漏电报警值可调；故障跳闸后可查询跳闸原因、漏电故障电流、故障相位、故障电流；具有识别正常漏电与故障漏电流报警功能；具备RS-485通信接口，红外通信、兼容多种通信规约，具有漏电瞬态或突变识别技术；具有可单独投退剩余电流保护功能开关。剩余电流保护功能退出时，其他测量、保护功能应不受影响。所有监测信号要引接线到计量终端室端子排。
8. 各个设备应具有中文标识及操作说明，实现看板管理。
9. 新技术要求的JP柜外观应有明显的标识，以便与旧型号直观区别。
10. 本低压综合配电箱为集配电(计量)、无功补偿及综合监测于一体，安装于户外杆上，必须有可靠的防水、防潮、防尘、防人员触及、防小动物进入、抗腐蚀等措施。
11. 本图适用于TT系统接地，如采用TN-C系统时，低压出线漏电保护功能不投运。
12. 综合配电箱预留发电车应急电源接口，并做好防水防护。

图 9-1　电气主接线图（100kVA 及以下容量）（DZA-D1-01-02）

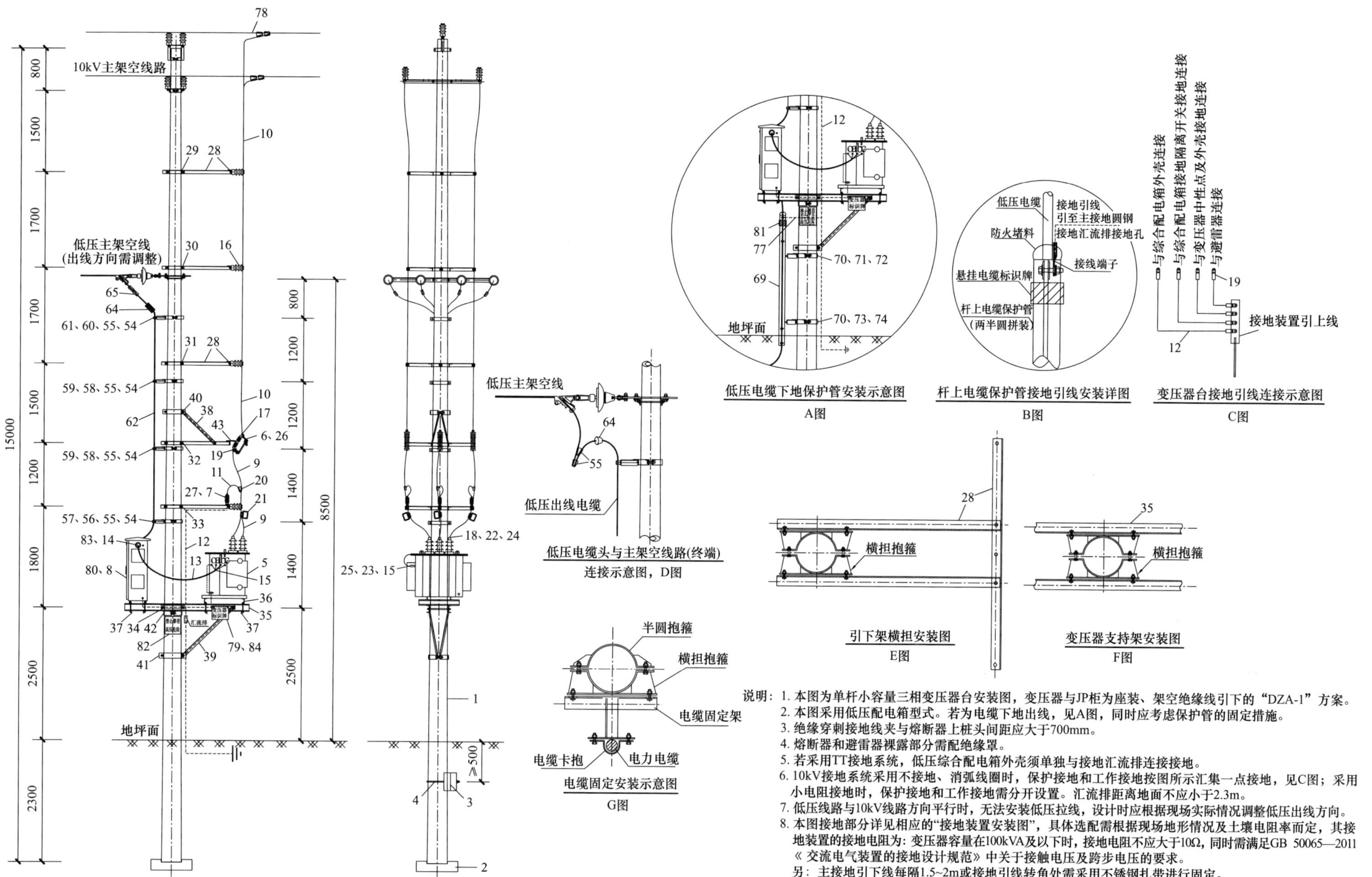

说明：1. 本图为单杆小容量三相变压器台安装图，变压器与JP柜为座装、架空绝缘线引下的“DZA-1”方案。
2. 本图采用低压配电箱型式。若为电缆下地出线，见A图，同时应考虑保护管的固定措施。
3. 绝缘穿刺接地线夹与熔断器上桩头间距应大于700mm。
4. 熔断器和避雷器裸露部分需配绝缘罩。
5. 若采用TT接地系统，低压综合配电箱外壳须单独与接地汇流排连接接地。
6. 10kV接地系统采用不接地、消弧线圈时，保护接地和工作接地按图所示汇集一点接地，见C图；采用小电阻接地时，保护接地和工作接地需分开设置。汇流排距离地面不应小于2.3m。
7. 低压线路与10kV线路方向平行时，无法安装低压拉线，设计时应根据现场实际情况调整低压出线方向。
8. 本图接地部分详见相应的“接地装置安装图”，具体选配需根据现场地形情况及土壤电阻率而定，其接地装置的接地电阻为：变压器容量在100kVA及以下时，接地电阻不应大于10Ω，同时需满足GB 50065—2011《交流电气装置的接地设计规范》中关于接触电压及跨步电压的要求。
另：主接地引下线每隔1.5~2m或接地引线转角处需采用不锈钢扎带进行固定。

图 9-2　柱上变压器台杆型图（15m单杆）（DZA-1-ZX-D1-01）

材料分类	编号	名称	型号	单位	数量	图号	备注
电杆类	1	电杆	ϕ190mm×15m×M	根	1		后续可选
	2	底盘	DP-10	块	1		后续可选
	3	卡盘	KP-10	块	1		后续可选
	4	卡盘U形抱箍	U20-370	块	1	图7-40	后续可选
设备类	5	变压器	100kVA及以下	台	1		
	6	跌落式熔断器	100A	只	3		熔丝按变压器容量配置，可选封闭型
	7	可装卸式避雷器,带脱扣	HY10WS-17/45	台	3		配带绝缘罩
	8	低压综合配电箱（JP柜）	一进一出，进出线带开关，带漏电保护，带接地开关	台	1		按实际变压器容量选用
线缆类	9	高压绝缘线	JKTRYJ-10/35	m	8		熔断器至变压器段引线用
	10	高压绝缘线	JKLYJ-10/50	m	25		主架空线至熔断器段引线用
	11	高压绝缘线	JKTRYJ-10/35	m	3		避雷器上端引线用
	12	布电线	BV-35，黑色	m	15		变压器台所有接地引下线用
	13	低压电缆（可选）	ZC-YJY$_{22}$-1kV-4×50	m	3		50kVA变压器低压出线用
		低压电缆（可选）	ZC-YJY$_{22}$ -1kV-4×95	m	3		100kVA变压器低压出线用
	14	1kV电缆终端（可选）	4×50，户内终端，冷缩	套	1		JP柜进线电缆用，50kVA
		1kV电缆终端（可选）	4×95，户内终端，冷缩	套	1		JP柜进线电缆用，100kVA
	15	1kV电缆终端（可选）	4×50，户外终端，冷缩	套	1		JP柜进线电缆用，50kVA
		1kV电缆终端（可选）	4×95，户外终端，冷缩	套	1		JP柜进线电缆用，100kVA
绝缘子、金具及绝缘护罩类	16	柱式绝缘子	R5ET105L	只	12		
	17	接线端子（铜镀锡）	铜，50mm²，单孔，ϕ12.5	个	3		跌落式熔断器上端3只
	18	接线端子（铜镀锡）	铜，35mm²，单孔，ϕ10.5	只	7		变压器高压侧3只、中性点连接1只、变压器外壳接地2只、JP柜外壳1只
	19	接线端子（铜镀锡）	铜，35mm²，单孔，ϕ12.5	只	15		跌落式熔断器下端3只、避雷器上端3只、避雷器下端连接5只、接地汇集排4只
	20	绝缘压接线夹	JXD（C）-1	副	3		楔型线夹，可选，带绝缘罩
	21	绝缘穿刺接地线夹	35mm²铜绝缘线用	副	3		侧开口，黄、绿、红
	22	高压接线桩头	SBJ-1-M12	只	3		变压器10kV侧接线柱用
	23	低压接线桩头	SBJ-1-M20	只	4		变压器0.4kV侧接线柱用
	24	变压器高压侧绝缘罩	10kV（3只/组）	组	1		黄、绿、红相标各1只
	25	变压器低压侧绝缘罩	1kV（4只/组）	组	1		黄、绿、红、黑相标各1只
	26	跌落式熔断器绝缘罩	10kV（3只/组）	组	1		黄、绿、红相标各1只
	27	避雷器熔断器绝缘罩	10kV（3只/组）	组	1		黄、绿、红相标各1只
变台铁附件类	28	引下架横担	HD6-1200	块	15	图7-38	根据加工图制造
	29	横担抱箍	HBG6-220	块	2	图7-25	引线架固定抱箍，第一层
	30	横担抱箍	HBG6-240	块	2	图7-25	引线架固定抱箍，第二层
	31	横担抱箍	HBG6-260	块	2	图7-25	引线架固定抱箍，第三层
	32	横担抱箍	HBG6-280	块	2	图7-25	引线架固定抱箍，第四层
	33	横担抱箍	HBG6-300	块	2	图7-25	引线架固定抱箍，第五层
	34	横担抱箍	HBG6-320	块	2	图7-25	引线架固定抱箍，变压器台层
	35	变压器单杆支持架	DPJ10-2000	块	2	图9-10	根据加工图制造
	36	变压器单杆底座架	DPJ10-690	块	2	图7-34	根据加工图制造
	37	压板	YB5-740J	块	4	图7-26	变压器与JP柜夹铁
	38	斜撑	ZX-850	块	2	图9-8	熔断器架用
	39	斜撑	ZX-1100	块	2	图9-8	变压器支撑用
	40	斜撑抱箍	ZB-280	块	2	图9-10	熔断器架用
	41	斜撑抱箍	ZB-340	块	2	图9-11	变压器支撑用

材料分类	编号	名称	型号	单位	数量	图号	备注
变压器台铁附件类	42	抱箍	BG6-320	块	2	图7-23	变压器台固定抱箍
	43	熔丝具安装架	RJ7-170	块	3	图7-31	
	44	螺栓	M12×40（配一母双垫）	件	6	图7-30	跌落式熔断器架固定
	45	螺栓	M16×50（配一母双垫）	件	46	图7-30	引线架等固定
	46	螺栓	M16×80（配一母双垫）	件	16	图7-30	抱箍固定
	47	螺栓	M18×80（配一母双垫）	件	2	图7-30	变压器台防滑固定抱箍用
	48	双头螺杆	M16×200，两平两弹两帽	根	8	图7-36	变压器与JP柜槽钢固定
	49	双头螺杆	M18×360，两平两弹四帽	根	1	图7-36	引线架第一层
	50	双头螺杆	M18×380，两平两弹四帽	根	1	图7-36	引线架第二层
	51	双头螺杆	M18×400，两平两弹四帽	根	1	图7-36	引线架第三层
	52	双头螺杆	M18×420，两平两弹四帽	根	2	图7-36	引线架第四、五层
	53	双头螺杆	M18×450，两平两弹四帽	根	1	图7-36	变压器台层
JP柜低压出线，单回电缆（上杆）	54	杆上电缆固定架	DLJ5-165	块	4	图7-32	JP柜出线电缆固定用
	55	电缆卡抱	KBG4-50	块	4	图7-22	JP柜出线电缆固定用，按截面选定
	56	横担抱箍	HBG6-300	块	1	图7-25	JP柜出线电缆固定用，第四层
	57	抱箍	BG6-300	块	1	图7-23	JP柜出线电缆固定用，第四层
	58	横担抱箍	HBG6-280	块	2	图7-25	JP柜出线电缆固定用，第三层
	59	抱箍	BG6-280	块	2	图7-23	JP柜出线电缆固定用，第三层
	60	横担抱箍	HBG6-260	块	1	图7-25	JP柜出线电缆固定用，第二层
	61	抱箍	BG6-260	块	1	图7-23	JP柜出线电缆固定用，第二层
	62	低压电缆	设计选定	m	9		应与变压器及主架空线匹配
	63	1kV电缆终端	设计选定，户内终端，冷缩	套	1		应与电缆截面匹配
	64	1kV电缆终端	设计选定，户外终端，冷缩	套	1		应与电缆截面匹配
	65	铜铝异形并沟线夹	JBTL-50-240	付	8		低压电缆与主架空线连接
	66	螺栓	M12×40（配一母双垫）	件	4	图7-30	低压电缆与主架空线连接
	67	螺栓	M16×50（配一母双垫）	件	16	图7-30	横担抱箍固定
	68	螺栓	M16×80（配一母双垫）	件	8	图7-30	抱箍固定
JP柜低压出线，单回电缆（下杆）	69	杆上电缆保护管	DLHG-114A	根	1	图7-38	低压电缆下地保护管，选用
	70	杆上电缆固定架	DLJ5-165	块	2	图7-32	低压电缆保护管固定用
	71	横担抱箍	HBG6-340	块	1	图7-25	
	72	抱箍	BG6-340	块	1	图7-23	
	73	横担抱箍	HBG6-360	块	1	图7-25	
	74	抱箍	BG6-360	块	1	图7-23	
	75	螺栓	M16×50（配一母双垫）	件	18	图7-30	横担抱箍、保护管固定
	76	螺栓	M16×80（配一母双垫）	件	4	图7-30	抱箍固定
	77	高压绝缘线	JKLYJ-10/50	m	1		电缆保护管接地引线用
其他类1	78	楔型线夹	JXD（C）-1	副	6		10kV主架空线引下线夹，可选
	79	杆上变压器标识牌	320mm×260mm	块	1		悬挂，支架固定于槽钢
	80	低压综合配电箱标识牌	320mm×260mm	块	1		张贴
	81	电缆标识牌	85mm×55mm	块	1		悬挂于电缆保护管上部
	82	禁止标识牌	300mm×240mm	块	1		不锈钢扎带上下固定于杆上
其他类2	83	防火堵料		kg	4		进、出线孔洞封堵
	84	变压器标识牌固定架	BPZJ4-400	块	1	图7-37	固定于变压器台槽钢内侧螺栓上
	85	螺栓	M12×40（配螺母）	件	2	图7-30	变压器标识牌2件
	86	相序牌A、B、C、N		套	1		铝合金材质挂接方式
	87	螺栓	M16×40（配螺母）	件	4	图7-30	固定低压相序牌

注 1. 考虑到变压器台的安装方式及低压出线后拉线的安装等情况，建议单相变压器台的低压出线第一档采用埋地电缆或架空电缆出线，如现场确实需采用架空导线的，应考虑架空导线的拉线安装方向，拉线不应与高压引下线同一侧。
2. 上表中的设备绝缘罩均为设备自带配件。
3. 10kV单杆柱上变压器台成套设备材料不包含电杆类、JP柜低压出线、其他类1等相关材料。

图 9-3 物料清单［15m 单杆（DZA-1-ZX-D1-02）］

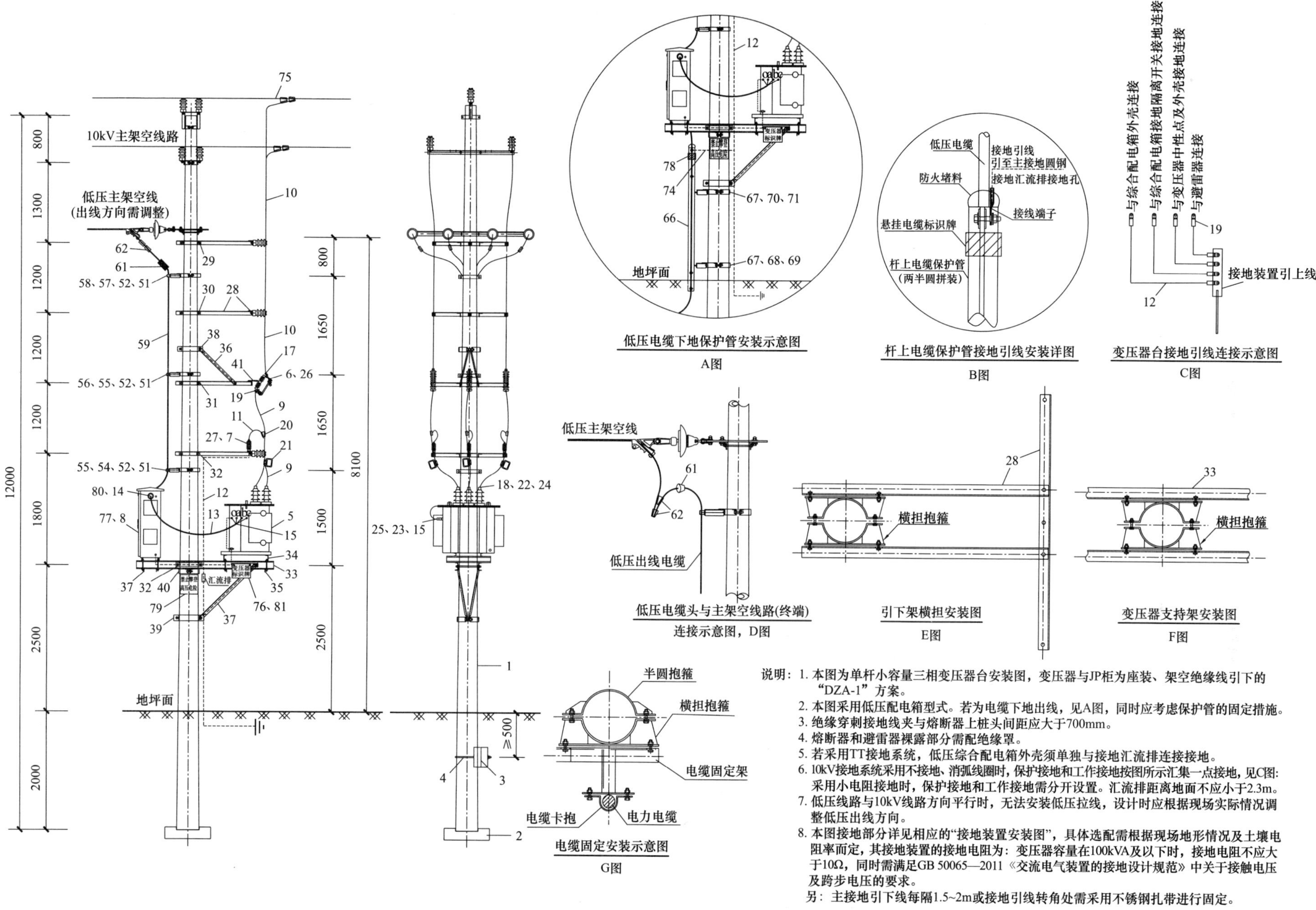

说明：1. 本图为单杆小容量三相变压器台安装图，变压器与JP柜为座装、架空绝缘线引下的“DZA-1”方案。
2. 本图采用低压配电箱型式。若为电缆下地出线，见A图，同时应考虑保护管的固定措施。
3. 绝缘穿刺接地线夹与熔断器上桩头间距应大于700mm。
4. 熔断器和避雷器裸露部分需配绝缘罩。
5. 若采用TT接地系统，低压综合配电箱外壳须单独与接地汇流排连接接地。
6. 10kV接地系统采用不接地、消弧线圈时，保护接地和工作接地按图所示汇集一点接地，见C图；采用小电阻接地时，保护接地和工作接地需分开设置。汇流排距离地面不应小于2.3m。
7. 低压线路与10kV线路方向平行时，无法安装低压拉线，设计时应根据现场实际情况调整低压出线方向。
8. 本图接地部分详见相应的“接地装置安装图”，具体选配需根据现场地形情况及土壤电阻率而定，其接地装置的接地电阻为：变压器容量在100kVA及以下时，接地电阻不应大于10Ω，同时需满足GB 50065—2011《交流电气装置的接地设计规范》中关于接触电压及跨步电压的要求。
另：主接地引下线每隔1.5~2m或接地引线转角处需采用不锈钢扎带进行固定。

图 9-4 柱上变压器台杆型图（12m 单杆）（DZA-1-ZX-D1-03）

材料分类	编号	名称	型号	单位	数量	图号	备注
电杆类	1	电杆	ϕ190mm×12m×M	根	1		后续可选
	2	底盘	DP-10	块	1		后续可选
	3	卡盘	KP-10	块	1		后续可选
	4	卡盘U形抱箍	U20-370	块	1	图7-40	后续可选
设备类	5	变压器	100kVA及以下	台	1		
	6	跌落式熔断器	100A	只	3		熔丝按变压器容量配置，可选封闭型
	7	不带脱离器避雷器	HY5WS5-17/45	台	3		配带绝缘罩
	8	低压综合配电箱（JP柜）	一进一出，进出线带开关，带漏电保护，带接地开关	台	1		按实际变压器容量选用
线缆类	9	高压绝缘线	JKTRYJ-10/35	m	8		熔断器至变压器段引线用
	10	高压绝缘线	JKLYJ-10/50	m	20		主架空线至熔断器段引线用
	11	高压绝缘线	JKTRYJ-10/35	m	3		避雷器上端引线用
	12	布电线	BV-35，黑色	m	15		变压器台所有接地引下线用
	13	低压电缆（可选）	ZC-YJY_{22}-1kV-4×50	m	3		50kVA变压器低压出线用
		低压电缆（可选）	ZC-YJY_{22}-1kV-4×95	m	3		100kVA变压器低压出线用
	14	1kV电缆终端（可选）	4×50，户内终端，冷缩	套	1		JP柜进线电缆用，50kVA
		1kV电缆终端（可选）	4×95，户内终端，冷缩	套	1		JP柜进线电缆用，100kVA
	15	1kV电缆终端（可选）	4×50，户外终端，冷缩	套	1		JP柜进线电缆用，50kVA
		1kV电缆终端（可选）	4×95，户外终端，冷缩	套	1		JP柜进线电缆用，100kVA
绝缘子、金具及绝缘护罩类	16	柱式绝缘子	R5ET105L	只	9		
	17	接线端子（铜镀锡）	铜，50mm²，单孔，ϕ12.5	个	3		跌落式熔断器上端3只
	18	接线端子（铜镀锡）	铜，35mm²，单孔，ϕ10.5	只	7		变压器高压侧3只、中性点连接1只、变压器外壳接地2只、JP柜外壳1只
	19	接线端子（铜镀锡）	铜，35mm²，单孔，ϕ12.5	只	15		跌落式熔断器下端3只、避雷器上端3只、避雷器下端连接5只、接地汇集排4只
	20	绝缘压接线夹	JXD（C）-1	副	3		楔型线夹，可选，带绝缘罩
	21	绝缘穿刺接地线夹	35mm²铜绝缘线用	副	3		侧开口，黄、绿、红
	22	高压接线桩头	SBJ-1-M12	只	3		变压器10kV侧接线柱用
	23	低压接线桩头	SBJ-1-M20	只	4		变压器0.4kV侧接线柱用
	24	变压器高压侧绝缘罩	10kV(3只/组)	组	1		黄、绿、红相标各1只
	25	变压器低压侧绝缘罩	1kV(4只/组)	组	1		黄、绿、红、黑相标各1只
	26	跌落式熔断器绝缘罩	10kV(3只/组)	组	1		黄、绿、红相标各1只
	27	避雷器熔断器绝缘罩	10kV(3只/组)	组	1		黄、绿、红相标各1只
变台铁附件类	28	引下架横担	HD6-1200	块	12	图7-38	根据加工图制造
	29	横担抱箍	HBG6-220	块	2	图7-25	引线架固定抱箍，第一层
	30	横担抱箍	HBG6-240	块	2	图7-25	引线架固定抱箍，第二层
	31	横担抱箍	HBG6-260	块	4	图7-25	引线架固定抱箍，第三/四层
	32	横担抱箍	HBG6-300	块	2	图7-25	引线架固定抱箍，变台层
	33	变压器单杆支持架	DPJ10-2000	块	2	图9-10	根据加工图制造
	34	变压器单杆底座架	DPJ10-690	块	2	图7-34	根据加工图制造
	35	压板	YB5-740J	块	4	图7-26	变压器与JP柜夹铁
	36	斜撑	ZX-850	块	2	图9-8	熔断器架用
	37	斜撑	ZX-1100	块	2	图9-8	变压器台支撑用
	38	斜撑抱箍	ZB-240	块	2	图9-10	熔断器架用
	39	斜撑抱箍	ZB-300	块	2	图9-10	变压器台支撑用
	40	抱箍	BG6-300	块	2	图7-23	变压器台固定抱箍
	41	熔丝具安装架	RJ7-170	块	3	图7-31	
变压器台铁附件类	42	螺栓	M12×40（配一母双垫）	件	6	图7-30	跌落式熔断器架固定
	43	螺栓	M16×50（配一母双垫）	件	40	图7-30	引线架等固定
	44	螺栓	M16×80（配一母双垫）	件	12	图7-30	抱箍固定
	45	螺栓	M18×80（配一母双垫）	件	2	图7-30	变压器台防滑固定抱箍用
	46	双头螺杆	M16×200，两平两弹两帽	根	8	图7-36	变压器与JP柜槽钢固定
	47	双头螺杆	M18×360，两平两弹四帽	根	2	图7-36	引线架第一层
	48	双头螺杆	M18×380，两平两弹四帽	根	1	图7-36	引线架第二层
	49	双头螺杆	M18×400，两平两弹四帽	根	1	图7-36	引线架第三层
	50	双头螺杆	M18×420，两平两弹四帽	根	1	图7-36	变压器台层
JP柜低压出线，单回电缆（上杆）	51	杆上电缆固定架	DLJ5-165	块	3	图7-32	JP柜出线电缆固定用
	52	电缆卡抱	KBG4-50	块	3	图7-22	JP柜出线电缆固定用，按截面选定
	53	横担抱箍	HBG6-280	块	1	图7-25	JP柜出线电缆固定用，第三层
	54	抱箍	BG6-280	块	1	图7-23	JP柜出线电缆固定用，第三层
	55	横担抱箍	HBG6-260	块	1	图7-25	JP柜出线电缆固定用，第二层
	56	抱箍	BG6-260	块	1	图7-23	JP柜出线电缆固定用，第二层
	57	横担抱箍	HBG6-220	块	1	图7-25	JP柜出线电缆固定用，第一层
	58	抱箍	BG6-220	块	1	图7-23	JP柜出线电缆固定用，第一层
	59	低压电缆	设计选定	m	8		应与变压器及主架空线匹配
	60	1kV电缆终端	设计选定，户内终端，冷缩	套	1		应与电缆截面匹配
	61	1kV电缆终端	设计选定，户外终端，冷缩	套	1		应与电缆截面匹配
	62	铜铝异形并沟线夹	JBTL-50-240	副	8		低压电缆与主架空线连接
	63	螺栓	M12×40（配一母双垫）	件	4	图7-30	低压电缆与主架空线连接
	64	螺栓	M16×50（配一母双垫）	件	12	图7-30	横担抱箍固定
	65	螺栓	M16×80（配一母双垫）	件	6	图7-30	抱箍固定
JP柜低压出线，单回电缆（下杆）	66	杆上电缆保护管	DLHG-114A	根	1	图7-38	低压电缆下地保护管，选用
	67	杆上电缆固定架	DLJ5-165	块	2	图7-32	低压电缆保护管固定用
	68	横担抱箍	HBG6-320	块	1	图7-25	
	69	抱箍	BG6-320	块	1	图7-23	
	70	横担抱箍	HBG6-300	块	1	图7-25	
	71	抱箍	BG6-300	块	1	图7-23	
	72	螺栓	M16×50（配一母双垫）	件	18	图7-30	横担抱箍、保护管固定
	73	螺栓	M16×80（配一母双垫）	件	4	图7-30	抱箍固定
	74	高压绝缘线	JKLYJ-10/50	m	1		电缆保护管接地引线用
其他类1	75	楔型线夹	JXD（C）-1	副	6		10kV主架空线引下线夹,可选
	76	杆上变压器标识牌	320mm×260mm	块	1		悬挂，支架固定于槽钢
	77	低压综合配电箱标识牌	320mm×260mm	块	1		张贴
	78	电缆标识牌	85mm×55mm	块	1		悬挂于电缆保护管上部
其他类2	79	禁止标识牌	300mm×240mm	块	1		不锈钢扎带上下固定于杆上
	80	防火堵料		kg	4		进、出线孔洞封堵
	81	变压器标识牌固定架	BPZJ4-400	块	1	图7-37	固定于变压器台槽钢内侧螺栓上
	82	螺栓	M12×40（配螺母）	件	2	图7-30	变压器标识牌2件
	83	相序牌A、B、C、N		套	1		铝合金材质挂接方式
	84	螺栓	M16×40（配螺母）	件	4	图7-30	固定低压相序牌

注 1. 考虑到变压器台的安装方式及低压出线后拉线的安装等情况，建议单相变压器台的低压出线第一档采用埋地电缆或架空电缆出线，如现场确实需采用架空导线的，应考虑架空导线的拉线安装方向，拉线不应与高压引下线同一侧。

2.上表中的设备绝缘罩均为设备自带配件。

3.10kV单杆柱上变压器台成套设备材料不包含电杆类、JP柜低压出线、其他类1等相关材料。

图 9-5　物料清单（12m 单杆）（DZA-1-ZX-D1-04）

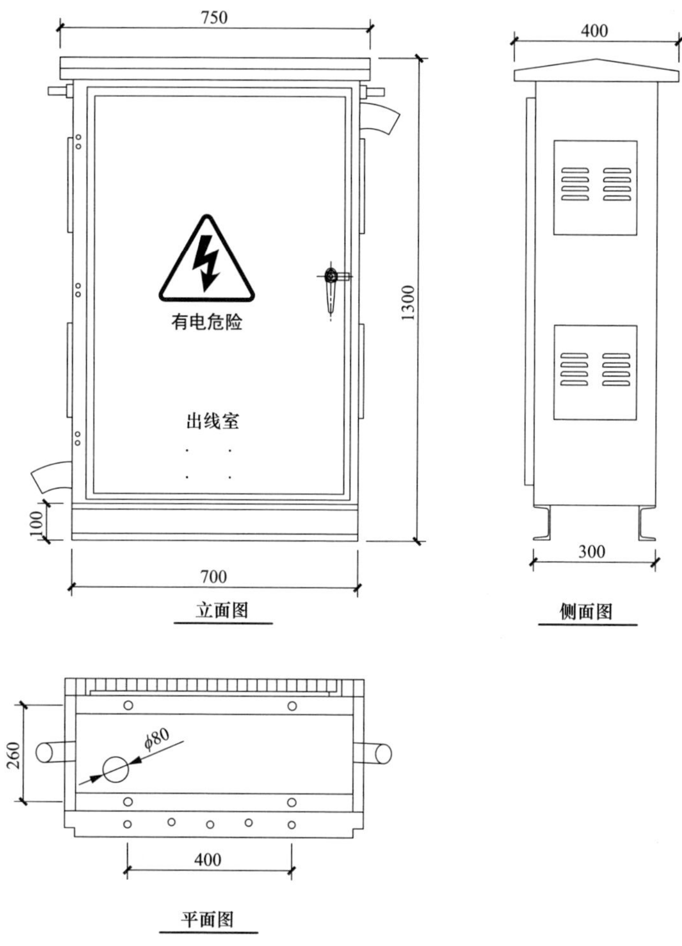

图 9-6　低压综合配电箱布置加工图（DZA-D1-03-02）

9.8　铁附件加工

低压 10kV 柱上三相变压器台铁附件加工典型设计方案的设计图清单见表 9-5。

表 9-5　低压 10kV 柱上三相变压器台铁附件加工典型设计方案的设计图清单

图序	图名	图纸编号
1	设备引线架横担加工图（HD6-1200）	图 9-7

续表

图序	图名	图纸编号
2	直线横担斜撑加工图	图 9-8
3	变压器单杆支持架加工图（DPJ10-690）	图 9-9
4	变压器单杆支持架加工图（DPJ10-2000）	图 9-10
5	直线横担斜撑抱箍加工图	图 9-11

注　其余柱上变压器台铁附件加工图参照 7.8“10kV 柱上三相变压器台铁附件加工”执行。

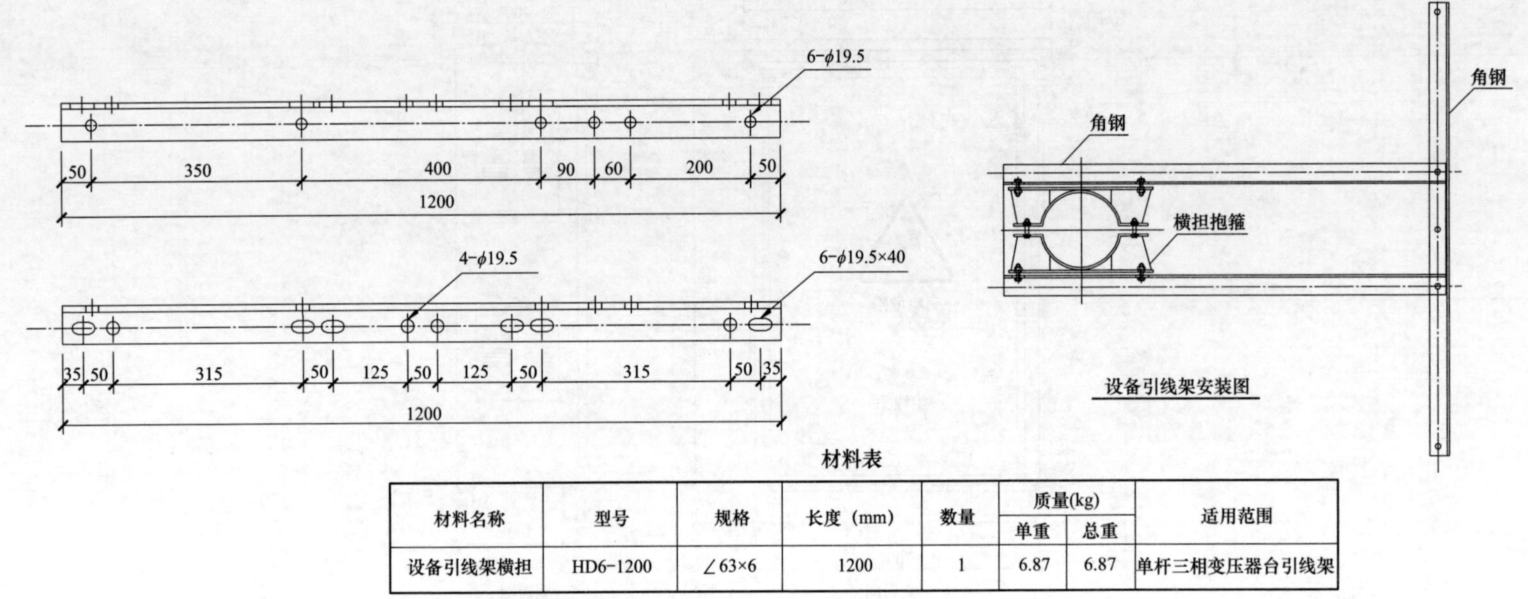

材料表

材料名称	型号	规格	长度（mm）	数量	质量(kg)		适用范围
					单重	总重	
设备引线架横担	HD6-1200	∠63×6	1200	1	6.87	6.87	单杆三相变压器台引线架

说明：1. 所有材料均须热镀锌防腐。
2. 所有材料材质均为Q235。
3. 根据选取的绝缘子固定螺栓的规格，确定安装孔径d（M18 螺栓取19.5）。

图 9-7　设备引线架横担加工图（HD6-1200）

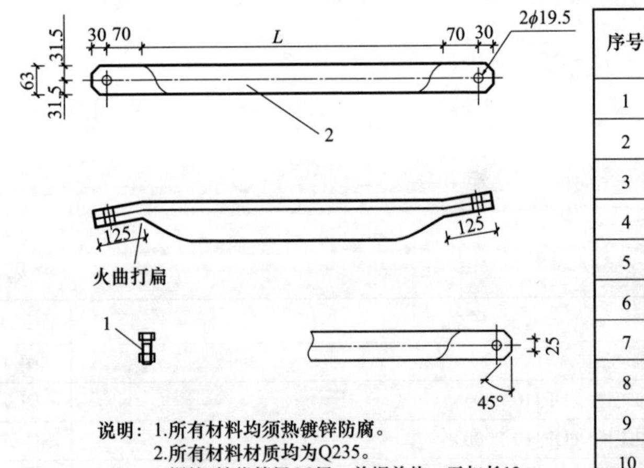

说明：1.所有材料均须热镀锌防腐。
2.所有材料材质均为Q235。
3.螺栓1性能等级6.8级，单帽单垫，无扣长12mm。

序号	编号	名称	型号	规格	长度(mm)	L (mm)	单位	数量	质量（kg）		合计总重(kg)
									一件	小计	
1	1	螺栓		M18×60	60	60	个	1	0.27	0.3	
2	2	角钢	ZX-850	∠63×6	850	650	根	1	4.87	4.87	5.17
3	2	角钢	ZX-1000	∠63×6	1000	800	根	1	5.73	5.73	6.03
4	2	角钢	ZX-1100	∠63×6	1100	900	根	1	6.3	6.3	6.8
5	2	角钢	ZX-1200	∠63×6	1200	1000	根	1	6.87	6.87	7.17
6	2	角钢	ZX-1250	∠63×6	1250	1050	根	1	7.16	7.16	7.46
7	2	角钢	ZX-1300	∠63×6	1300	1100	根	1	7.44	7.44	7.74
8	2	角钢	ZX-1400	∠63×6	1400	1200	根	1	8.01	8.01	8.31
9	2	角钢	ZX-1500	∠63×6	1500	1300	根	1	8.59	8.59	8.89
10	2	角钢	ZX-1600	∠63×6	1600	1400	根	1	9.16	9.16	9.46

图 9-8　直线横担斜撑加工图

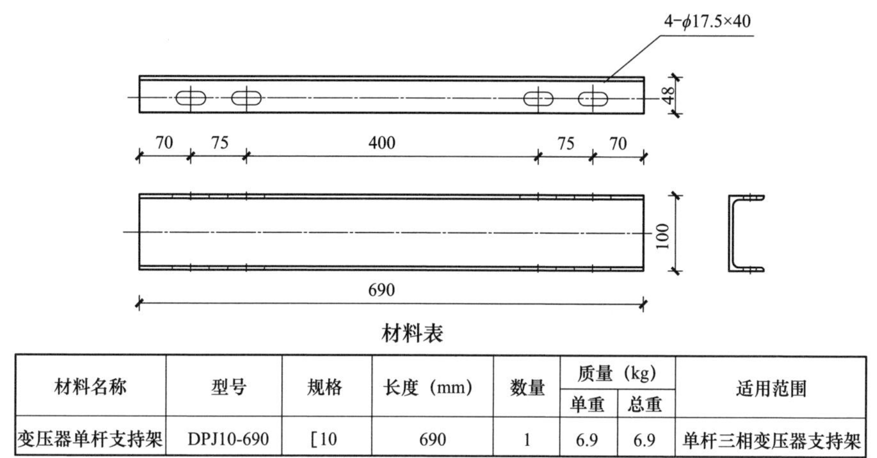

材料表

材料名称	型号	规格	长度（mm）	数量	质量（kg）		适用范围
					单重	总重	
变压器单杆支持架	DPJ10-690	[10	690	1	6.9	6.9	单杆三相变压器支持架

说明：1.所有材料均须热镀锌防腐。
2.所有材料材质均为Q235。

图 9-9　变压器单杆支持架加工图（DPJ10-690）

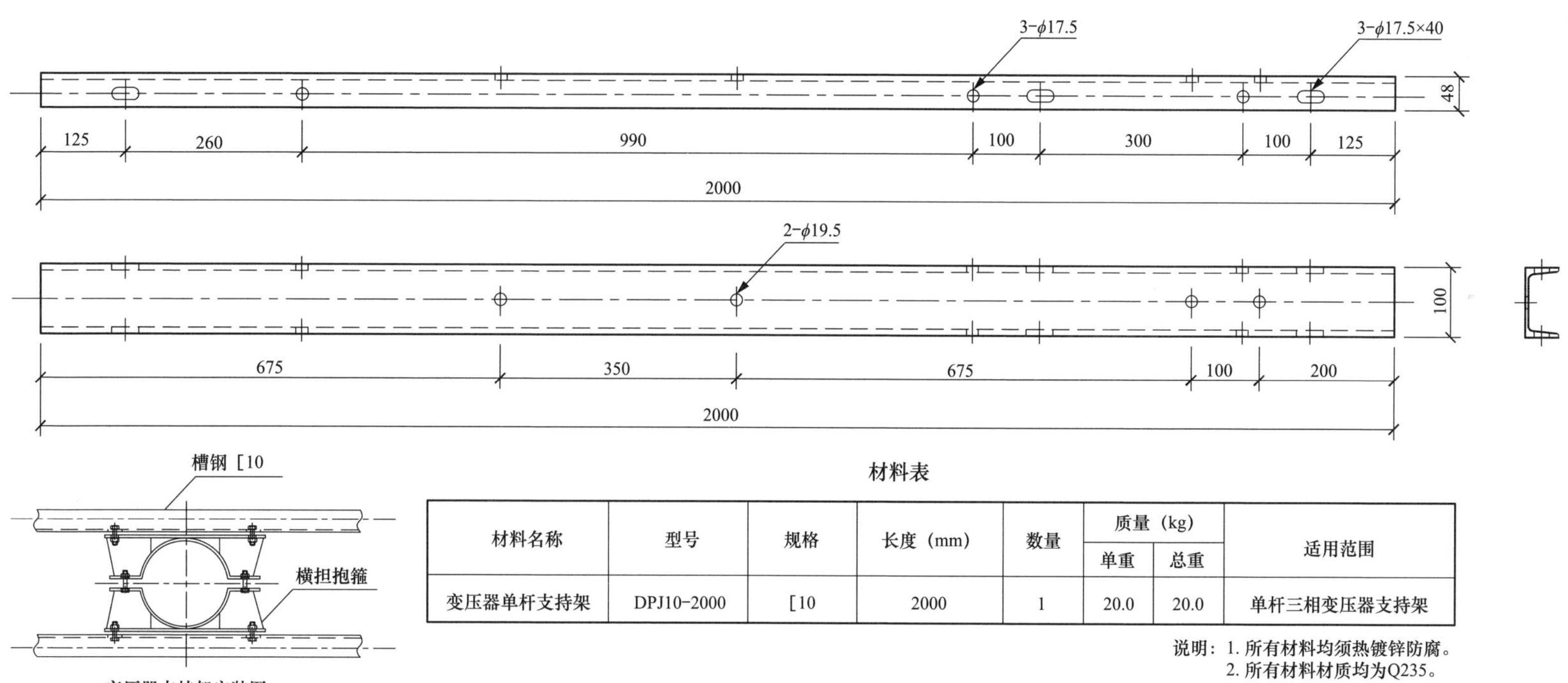

材料表

材料名称	型号	规格	长度（mm）	数量	质量（kg）		适用范围
					单重	总重	
变压器单杆支持架	DPJ10-2000	[10	2000	1	20.0	20.0	单杆三相变压器支持架

说明：1. 所有材料均须热镀锌防腐。
2. 所有材料材质均为Q235。

图 9-10　变压器单杆支持架加工图（DPJ10-2000）

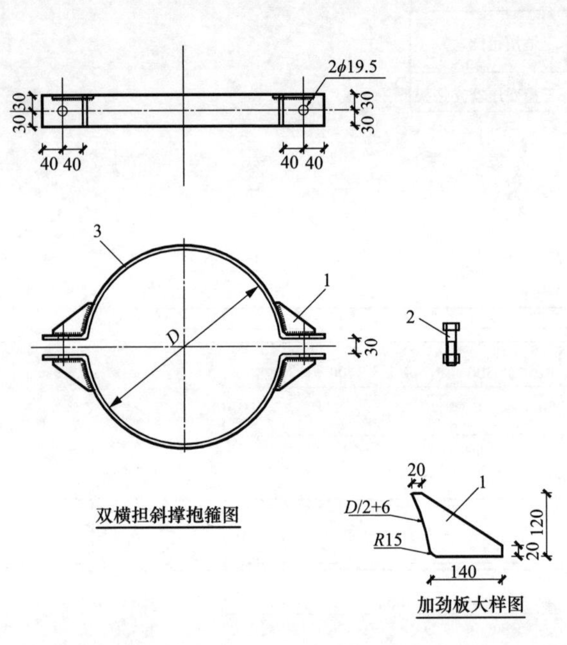

序号	编号	名称	型号	D(mm)	规格	长度(mm)	单位	数量	质量（kg）		合计总重(kg) 1+2+3	备注
									一件	小计		
1	1	加劲板			−6×60	80	块	4	0.23	0.9		
2	2	螺栓			M18×80	80	个	2	0.34	0.7		单帽单垫，无扣长42mm
3	3	斜撑抱箍	ZB-200	200	−6×60	457	块	2	1.29	2.6	4.2	
4	3	斜撑抱箍	ZB-210	210	−6×60	472	块	2	1.34	2.7	4.3	
5	3	斜撑抱箍	ZB-220	220	−6×60	489	块	2	1.38	2.8	4.4	
6	3	斜撑抱箍	ZB-230	230	−6×60	504	块	2	1.43	2.9	4.5	
7	3	斜撑抱箍	ZB-240	240	−6×60	520	块	2	1.47	3.0	4.6	
8	3	斜撑抱箍	ZB-250	250	−6×60	536	块	2	1.52	3.0	4.6	
9	3	斜撑抱箍	ZB-260	260	−6×60	552	块	2	1.56	3.1	4.7	
10	3	斜撑抱箍	ZB-280	280	−6×60	583	块	2	1.65	3.3	4.9	
11	3	斜撑抱箍	ZB-300	300	−6×60	614	块	2	1.74	3.5	5.1	
12	3	斜撑抱箍	ZB-320	320	−6×60	646	块	2	1.83	3.7	5.3	
13	3	斜撑抱箍	ZB-340	340	−6×60	677	块	2	1.92	3.9	5.5	
14	3	斜撑抱箍	ZB-350	350	−6×60	693	块	2	1.96	3.9	5.5	
15	3	斜撑抱箍	ZB-360	360	−6×60	708	块	2	2.00	4.0	5.6	
16	3	斜撑抱箍	ZB-380	380	−6×60	740	块	2	2.09	4.2	5.8	
17	3	斜撑抱箍	ZB-400	400	−6×60	771	块	2	2.18	4.4	6.0	

说明：1.所有材料材质均为Q235型钢材并进行热镀锌防腐处理。
2.螺栓的性能等级为6.8级。
3.各构件焊接工艺、焊缝高度及长度应满足相关规程、规范要求。

图 9-11　直线横担斜撑抱箍加工图

第10章　有源型柱上变压器台典型设计

10.1　设计范围

本典型设计针对0.4kV电压等级接入电网的分布式光伏发电接入系统设计，包含自发自用余电上网和全额上网性质光伏项目的设计。

分布式光伏交流接入配电系统典型设计方案以分布式光伏并网设计方案为核心，涵盖并网工程系统、一次、二次、通信、计量等专业及相关设施设计图册，形成可参考的完整技术方案。

10.2　设计依据

10.2.1　设计依据性文件

《国家能源局关于开展分布式光伏发电应用示范区建设的通知》（国能新能〔2013〕296号）

《国家能源局关于印发大力发展分布式发电若干意见的通知》（国能新能〔2013〕366号）

《国家能源局关于印发分布式光伏发电项目管理暂行办法的通知》（国能新能〔2013〕433号）

《国务院关于促进光伏产业健康发展的若干意见》（国发〔2013〕24号）

《国家发展改革委关于印发分布式发电管理暂行办法的通知》（发改能源〔2013〕1381号）

《国家能源局关于进一步落实分布式光伏发电有关政策的通知》（国能新能〔2014〕406号）

《关于印发电力监控系统安全防护总体方案等安全防护方案和评估规范的通知》（国能安全〔2015〕36号文）

《国家发展改革委　国家能源局关于积极推进风电、光伏发电无补贴平价上网有关工作的通知》（发改能源〔2019〕19号）

《财政部　国家发展改革委　国家能源局关于印发〈可再生能源电价附加资金管理办法〉的通知》（财建〔2020〕5号）

中华人民共和国住房和城乡建设部、科技部、工业和信息化部、生态环境部、乡村振兴局等15部门《关于加强县城绿色低碳建设的意见》（建村〔2021〕45号）

《国家能源局关于2021年风电、光伏发电开发建设有关事项的通知》（国能发新能〔2021〕25号）

《国家发展改革委办公厅 国家能源局综合司关于做好新能源配套送出工程投资建设有关事项的通知》（发改办运行〔2021〕445号）

《国网营销部关于印发低压分布式光伏计量采集典型设计方案的通知》（营销计量（2021）38号）

10.2.2　主要设计标准、规程规范

下列文件对于本规范的应用是必不可少的。凡是注日期的引用文件，仅所注日期的版本适用于本规范。凡是不注日期的引用文件，其最新版本（包括所有的修改单）适用于本规范。

GB/T 33342　户用分布式光伏发电并网接口技术规范
GB/T 33593　分布式电源并网技术要求
GB/T 19964　光伏发电站接入电力系统技术规定
GB 50797　光伏发电站设计规范
GB 50794　光伏发电站施工规范
GB/T 50796　光伏发电工程验收规范
GB/T 50865　光伏发电接入配电网设计规范
JGJ 203　民用建筑太阳能光伏系统应用技术规范
GB/T 33982　分布式电源并网继电保护技术规范
GB 50217　电力工程电缆设计标准
GB 1094　电力变压器
GB 2894　安全标志及其使用导则
GB 3096　声环境质量标准

GB 5006　66kV 及以下架空电力线路设计规范
NB/T 32015　分布式电源接入配电网技术规定
DL/T 5130　架空送电线路钢管杆设计技术规定
DL/T 5130　架空送电线路基础设计技术规定
GB 4208　外壳防护等级（IP 代码）
DT/T 5220　10kV 及以下架空配电线路设计规程
GB/T 6451　油浸式电力变压器技术参数和要求
GB 11032　交流无间隙金属氧化物避雷器
GB/T 12325　电能质量供电电压偏差
GB/T 12326　电能质量电压波动和闪变
GB/T 12527　额定电压 1kV 及以下架空绝缘电缆
GB 13955　剩余电流动作保护装置安装和运行
GB/T 14285　继电保护和安全自动装置技术规程
GB/T 14549　电能质量公用电网谐波
GB/T 15543　电能质量三相电压不平衡
GB/T 17468　电力变压器选用导则
GB/T 19862　电能质量监测设备通用要求
GB/T 19939　光伏系统并网技术要求
GB/T 20046　光伏（PV）系统电网接口特性
GB/T 24337　电能质量公用电网间谐波
GB/T 29319　光伏发电系统接入配电网技术规定
GB/T 29321　光伏发电站无功补偿技术规范
GB/T 37408　光伏发电并网逆变器技术要求
GB 50011　建筑抗震设计规范
GB 50052　供配电系统设计规范
GB 50053　20kV 及以下变电所设计规范
GB 50054　低压配电设计规范
GB 50057　建筑物防雷设计规范
GB 50060　3～110kV 高压配电装置设计规范
GB 50064　交流电气装置的过电压保护和绝缘配合设计规范
GB 50065　交流电气装置的接地设计规范
GB 50108　地下工程防水技术规范
GB 50169　电气装置安装工程接地装置施工及验收规范
GB 50613　城市配电网规划设计规范
DL/T 448　电能计量装置技术管理规程
DL/T 516　电力调度自动化系统运行管理规程
DL/T 544　电力通信运行管理规程
DL/T 599　城市中低压配电网改造技术导则
DL/T 620　交流电气装置的过电压保护和绝缘配合
DL/T 621　交流电气装置的接地
DL/T 634.5101　远动设备及系统　第 5-101 部分：传输规约　基本远动任务配套标准
DL/T 634.5104　远动设备及系统　第 5-104 部分：传输规约　采用标准传输协议集的 IEC 60870-5-101 网络访问
DL 645　多功能电能表通信协议
DL/T 825　电能计量装置安装接线规则
DL/T 5202　电能量计量系统设计技术规程
Q/GDW 380.2　电力用户信息采集系统管理规范　第二部分：通信道建设管理规范
Q/GDW 1382　配电自动化技术导则
Q/GDW 1480　分布式发电并网电网技术规定
Q/GDW 1564　储能系统并网配电网技术规定
Q/GDW 11345.5　电力通信网信息安全　第 5 部分：终端通信接入网
Q/GDW 11358　电力通信网规划设计技术导则
Q/GDW 11664　电力无线专网规划设计技术导则
Q/GDW 11665　电力无线专网可行性研内容深度规定

Q/GDW 1807	终端通信接入网工程典型设计规范
Q/GDW 11271	分布式光伏调度运行管理规范公司管理制度
NB/T 32004	光伏发电并网逆变器技术规范
NB/T 32012	光伏发电站太阳能资源实时监测技术规范
Q/GDW 480	分布式电源接入电网技术规定
Q/GDW 11147	分布式电源接入配电网设计规范
Q/GDW 11148	分布式电源接入系统设计内容深度规定
Q/GDW 11198	分布式电源涉网保护技术规范
Q/GDW 11200	接入分布式电源的配电网继电保护和安全自动装置技术规范
Q/GDW 11199	分布式电源继电保护和安全自动装置通用技术条件
Q/GDW 1974	分布式光伏专用低压反孤岛装置技术规范
Q/GDW 1972	分布式光伏并网专用低压断路器技术规范
Q/GDW 347	电能计量装置通用设计
GB/T 37407—2019	应用指南系统可信性工程指标

10.2.3 术语及定义

下列术语和定义适用于本文件。

（1）中低压分布式光伏发电系统。接入 10kV 及以下电压等级、位于用户附近、所发电能就地消纳为主的、利用光伏电池的光生伏特效应将太阳能转换为电能的发电系统。

（2）逆变器。将直流电变换成交流电的设备。

（3）公共连接点。用户系统（发电或用电）接入公用电网的连接处。

（4）并网点。对于有升压站的分布式光伏系统，指升压站高压侧母线或节点。对于无升压站的分布式光伏系统，指光伏系统的输出汇总点。

分布式电源的并网点，包括分布式电源与公用电网的连接点和分布式电源与用户电网的连接点，连接方式见图 10-1。图中的用户电网通过公共连接点 B 与 10kV 公用电网相连，在用户电网内部，有两个分布式电源，分别通过点 C 和点 D 与 0.4kV 用户电网相连，点 C 和点 D 均为并网点，但不是公共连接点。图中的用户电网通过公共连接点 F 与 0.4kV 公用电网相连，在用户电网内部通过点 B 与 0.4kV 用户电网相连，点 B 为并网点，但不是公共连接点。图中点 E 和点 G，有分布式电源直接与公共电网相连，点 E 和点 G 是并网点，也是公共连接点。

（5）产权分界点。用户资产与电网资产的分界点。公共连接点为 220V/380V 的，产权分界点为分布式光伏并网柜。

（6）孤岛。包含负荷和电源的部分电网，从主网脱离后继续孤立运行的状态。孤岛可分为非计划性孤岛和计划性孤岛。

（7）非计划性孤岛。非计划、不受控地发生孤岛。

（8）计划性孤岛。按预先配置的控制策略，有计划地发生孤岛。

（9）防孤岛。防止非计划性孤岛现象的发生。

（10）反孤岛。通过改变电压或注入频率扰动信号等措施，破坏分布式电源孤岛运行的专用安全保护设备。

10.3 接入设计方案

分布式光伏可接入公共电网或用户电网，接入场景应根据消纳能力及周边电网情况进行灵活选择。

10.3.1 220V/380V 接入场景

（1）接入公共电网低压电缆分支箱/架空线路。

（2）接入公共电网柱上变压器台低压母线。

（3）接入用户低压母线。

10.3.2 设计方案

综合考虑分布式光伏用户性质、公共连接点电压等级、单个并网点装机容量、接入场景等因素，将分布式光伏交流方式接入配电系统典型设计方案分为两大类、2 个电压等级、4 个方案，方案概述见表 10-1。

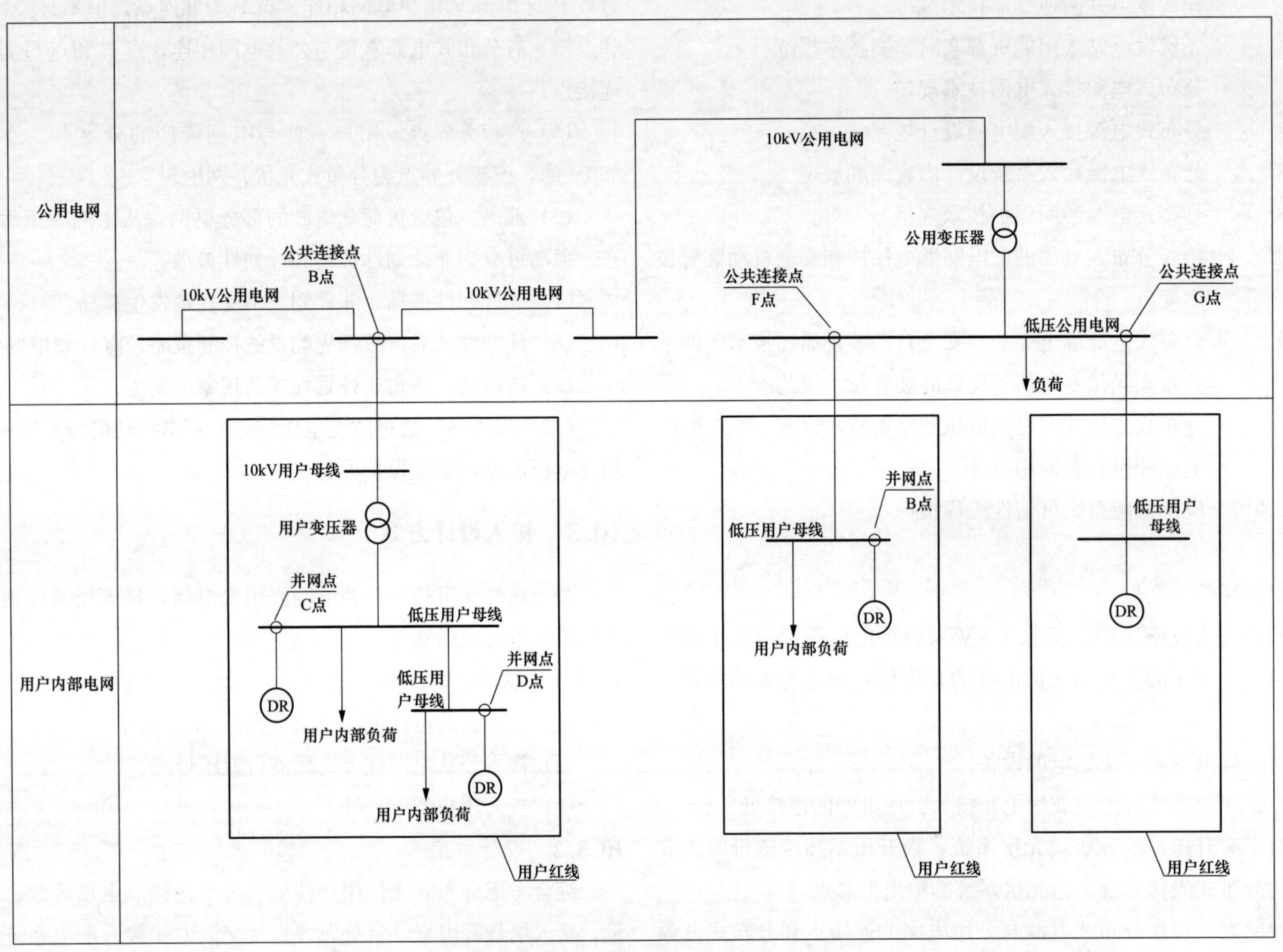

图 10-1　分布式电源并网点和公共连接点示意图

表 10-1　　　　分布式光伏交流方式接入配电系统典型设计方案

类别	方案编号	公共连接点电压	单个并网点总装机容量	接入场景	方案系统示意图
自发自用	GF380/220-Z-1	220V/380V	容量≤400kW，（光伏总量不能超过配电变压器容量 100%）	接入用户 0.4kV 母线	图 10-2
全额上网	GF380/220-T-1	220V/380V	容量≤100kW，其中单点容量 13kW 及以下可单相接入（台区光伏总量不能超过配电变压器容量 100%）	低压线路分散接入	图 10-10
	GF380-T-2		容量 100～400kW	公用变压器集中接入	图 10-12

10.4　主要电气设备

10.4.1　开断设备

设备开断能力应根据安装点短路电流水平选择，并需留有一定裕度。新建光伏接入工程开断设备应配置断路器，用户仍需配置专用的断路器；对于存量光伏，公共连接点为负荷开关的，应改造为断路器并满足相应要求。

分布式光伏 380V/220V 交流接入时，分布式光伏并网 JP 柜内应安装易操作、具有明显开断指示、具备开断故障电流能力、失压跳闸、过电压跳闸及检有压合闸功能的光伏并网专用断路器。光伏并网专用断路器可选用微型、塑壳式或万能断路器，根据短路电流水平选择设备开断能力，应具备电源端与负荷端反接能力，同时具备剩余电流保护、过电压和欠电压保护、检有压合闸、防孤岛保护、电能质量监测等功能，具备与台区智能融合终端或电量采集终端信息交互功能，可支持 RS-485、HPLC、4G/5G 等多种通信方式，具备远程/就地控制功能，具备物联功能，即能通过 RS-485 等通信接口采集所接设备运行数据，连同本体运行数据远传，转发远控命令至所接设备。

10.4.2　光伏并网逆变器

光伏并网逆变器应支持最大功率点跟踪（maximum power point tracking，MPPT）功能，光伏并网逆变器（DC/AC）应支持有功功率和无功功率调节。光伏并网逆变器（DC/AC）应严格执行 GB/T 37407—2019 相关要求。

光伏并网逆变器应具备快速检测孤岛且检测到孤岛后立即断开与电网连接的能力，其防孤岛方案应与继电保护配置、频率电压异常紧急控制装置配置和低电压穿越等相配合，时限上互相匹配。

光伏逆变器应支持至少 2 路的 RS-485 接口，一路用于用户监控需要，另一路连至光伏并网专用断路器，由光伏并网专用断路器将逆变器数据上送融合终端或电量采集终端。

10.4.3　无功补偿装置

通过交流 380V/220V 电压等级并网的分布式光伏应保证发电系统功率因数在 0.98 以上，功率因数应实现 0.98（超前）～0.98（滞后）范围内平滑可调。

10.4.4　反孤岛装置

低压公共电网分户接入方式的光伏项目，当分布式光伏系统总输出功率超过公共配电变压器额定容量的 25%时，在配电变压器低压出线开关处加装一套反孤岛装置。

反孤岛装置箱体外形尺寸采用 600mm×320mm×900mm，容量 100kW 或 200kW。若单回线路接入的光伏装机容量超过 200kW，根据实际情况选择相应容量反孤岛装置。

反孤岛装置与低压进线开关之间应具备电气闭锁功能。若与其他台区联络时，需同时与联络开关闭锁。

10.4.5　防雷接地装置

在分布式光伏接入系统设计中应充分考虑雷击及内部过电压的危害，按照 GB/T 50064《交流电气装置的过电压保护和绝缘配合设计规范》、GB/T 50065《交流电气装置的接地设计规范》和 GB 50057《建筑物防雷设计规范》的要求，装设避雷器和接地装置。

（1）交流系统：380V/220V 各回出线和中性线可采用低压阀型避雷器，进线或母线处配置的浪涌保护器应根据设备位置确定耐冲击电压额定值。

（2）二次系统：应防止雷击感应影响二次设备安全及可靠性，全部金属物包括设备、机架、金属管道、电缆的金属外皮等均应单独与接地干网可靠连接。

（3）设水平和垂直接地的复合接地网。接地体一般采用镀锌钢，腐蚀性高的地区宜采用铜包钢或者石墨。接地电阻、跨步电压和接触电压应满足规程要求。

（4）架空线混凝土杆塔接地网设计应满足有关规范接地电阻值要求，在不满足时应设置专用接地装置。

10.4.6 台区智能融合终端

当台区接入分布式光伏时，配电台区应配置智能融合终端，具备以下功能：

（1）台区智能融合终端应具备交流采样、状态量采集、事件上报等功能，实现台区运行数据全方位监测，能够对光伏并网专用断路器、逆变器进行监测和管控，将监测能力延伸至低压用户。支持与物联管理平台、配电自动化主站、用电信息采集系统交互；应支持主站定时召测终端采集和存储的信息。

（2）台区智能融合终端支持的通信协议应包括远程通信协议、本地通信协议两类，具体要求如下：远程通信协议应支持 DL/T 634.5 101、DL/T 634.5 104、DL/T 698.45、Q/GDW 1376.1、MQTT、HTTPS 等；本地通信协议应支持 DL/T 698.44、Q/GDW 1376.2、Modbus、Coap 协议，与电能表的数据通信协议至少应支持 DL/T 645—2007 及 DL/T 698.45，支持终端连接的已运行低压设备采用的规约。

（3）台区智能融合终端安全防护应采用国家密码管理局审批的密码算法；应采用安全芯片，实现终端数据安全交互和终端安全接入所用密钥的生成、存储和使用；接入主站应基于数字证书实现终端接入网关时的双向身份认证，并建立终端与安全网关加密隧道；应采用设备唯一标识和数字证书相结合的方式，实现终端接入主站时的双向身份认证。

10.5 保护要求

（1）电压保护。光伏并网专用低压断路器应具备电压保护功能。欠电压保护值整定为 $U<50\%U_N$ 时，最大分闸时间不超过 0.2s；$50\%U_N \leqslant U<85\%U_N$ 时，最大分闸时间不超过 2s。过电压保护定值整定为 $110\%U_N \leqslant U<135\%U_N$ 时，最大分闸时间不超过 2.0s，$135\%U_N \leqslant U$ 时，最大分闸时间不超过 0.2s。

（2）频率保护。光伏并网专用低压断路器应配置频率保护。通过 380V 电压等级并网的分布式光伏，频率应符合表 10-2 的规定。

表 10-2　光伏电源的频率响应时间要求

频率范围	要求
$f<48$Hz	按光伏逆变器允许运行的最低频率要求选择继续或停止向电网送电
48Hz$\leqslant f<$49.5Hz	至少能运行 10min
49.5Hz$\leqslant f<$50.2Hz	连续运行
50.2Hz$\leqslant f<$50.5Hz	至少能运行 2min
$f>$50.5Hz	按光伏逆变器允许运行的最高频率要求选择继续或停止向电网送电，且不允许处于停运状态的分布式光伏并网

（3）逆功率保护。分布式光伏设计为不可逆并网方式时，并网点应配置逆功率保护功能，当检测到向电网的逆向总有功功率超过光伏系统额定输出的 5%时，断路器应在 2s 内完成动作，将光伏系统与电网断开或向光伏逆变器下发降低出力信号的保护动作方式为脱扣或通过通信接口向逆变器下发降低分布式光伏出力信号。

（4）防孤岛保护。低压并网专用断路器应具备检测孤岛与防孤岛保护的能力，防孤岛保护动作时间不大于 2s，并与电网侧备自投、重合闸时间配合。光伏逆变器应配置具备防孤岛能力。

（5）反孤岛保护。配电变压器低压侧加装一套反孤岛装置，在反孤岛装置内部实现其与低压综合配电箱各低压进线的选择切换，由低压进线开关提供辅助接点实现反孤岛装置与低压进线开关的电气闭锁功能。若与其他台区联络时，需同时与联络开关闭锁。

（6）电流不平衡度保护。三相并网时电流三相不平衡允许值为 2%，短时不得超过 4%。对于具备剩余电流保护功能的柱上变压器台高压侧采用熔断器保护，低压侧总开关采用断路器。

10.6 通信及自动化

10.6.1 通信方式

分布式光伏接入系统应因地制宜选择有线、无线通信方式，传输遥测、遥信、遥控、遥调信息以及其他安全自动装置的信息，方式应满足信息采集与控制需求。

低压并网的分布式光伏远动信息与台区智能融合终端或电量采集终端之间为本地通信，宜采用 HPLC、HPLC＋HRF（双模）通信方式，也可采用 RS-485、微功率无线等方式。

光伏逆变器应支持至少 2 路的 RS-485 接口，一路用于用户监控需要，另一路连至光伏并网专用断路器，由光伏并网专用断路器将逆变器数据上送融合终端或电量采集终端。

10.6.2 控制要求

分布式光伏电站应根据接入电压等级和容量参与电网调节，电网对分布式光伏电站的控制包括以下内容：

（1）当对分布式光伏电站有控制要求时，应明确参与控制的上、下行信息及控制方案。

（2）以交流 380V/220V 接入的分布式光伏电站应具备接受控制的功能，宜通过光伏并网专用断路器执行台区智能融合终端或者电量采集终端下达的控制指令。

10.6.3 安全防护

分布式光伏与主站系统的信息传输应符合电力监控系统安全防护相关规定，电量采集终端和台区智能融合终端应采取硬加密。

10.7 计量

10.7.1 计量点设置

分布式光伏接入电网计量应采用智能电能表（简称电能表）。关口计量点一般情况下设置在产权分界点（最终按用户与业主计量协议为准），用于用户与电网间的上、下网电量分别计量；并网计量电能表装于分布式光伏并网点，用于发电量统计，为电价补偿提供数据。用户自用电线路处安装电能表，用于计量用户用电量。

全额接入公共配电系统的分布式光伏，并网电能表和关口计量电能表可合一设置，关口计量电能表同时也可用作并网电能表。

10.7.2 交流计量配置

交流电能计量装置的配置和技术要求应符合 DL/T 448、DL/T 5202 等标准、规程的要求。电能表技术性能符合 DL/T 1485、DL/T1486、DL/T 1487 的要求。具有正、反向送电的计量点应配置计量正向和反向有功电量及四象限无功电量的电能表。电能表应具备事件记录、电流、电压、电量等信息采集和三相电流不平衡监测功能，配有标准通信接口，具备本地通信和远程通信的功能，电能表通信协议符合 DL/T 645 或 DL/T698.45。电能计量装置应配置专用电流互感器，其二次回路不应接入与电能计量无关的设备。

（1）380V/220V 电压等级接入的低压分布式光伏发电系统电能表单套配置。

（2）计量准确度要求。380V/220V：电能表、互感器的准确度等级不应低于表 10-3 的规定。

表 10-3　　电能表、互感器的准确度等级

供电电压（V）	电能表		电流互感器
	有功	无功	
380	B（1.0）	A（2.0）	0.2S
220	A（2.0）	—	0.2S

（3）其他要求。电能表应具备电能计量、电压监测等功能，应配置规约转换模组，具备下行通信能力。电能表接入方向应以实际用电性质为准，用电（用网）为正，发电（上网）为负。

10.7.3 电能量采集终端技术要求

（1）380V/220V 电压等级接入时，可采用无线集采方式。

（2）同一用户多点、多电压等级接入时，各表计计量信息应统一采集后，传输至相关主管部门。

10.8 380V/220V自发自用余电上网用户分布式光伏典型设计方案

10.8.1 总的部分

分布式光伏逆变后汇集，经1回线路接入用户低压侧母线，单回低压线路接入的分布式光伏容量一般不超过400kW（其中单点容量13kW及以下可单相接入），接入的光伏总量不能超过配变容量100%。

（1）适用范围。本方案主要适用于380V/220V电压等级接入的分布式光伏项目，接入380V/220V用户低压母线，单点并网点容量不大于400kW。

（2）方案技术条件。本方案根据技术原则确定的预定条件开展设计，方案技术条件见表10-4。

表10-4　　GF220/380-Z方案技术条件表

序号	项目名称	内容
1	分布式光伏并网JP柜	满足光伏并网专用断路器、电能表等功能模块安装要求。箱体外壳选用防腐蚀性材料、不锈钢或纤维增强型不饱和聚酯树脂材料（SMC）。应符合GB 7251.3《低压成套开关设备和控制设备　第3部分：对非专业人员可进入场地的低压成套开关设备和控制设备——配电板的特殊要求》的规定
2	开断设备	应安装易操作、具有明显开断指示、具备开断故障电流能力的光伏并网专用断路器。可选用微型、塑壳式或万能断路器，根据短路电流水平选择设备开断能力，应具备电源端与负荷端反接能力，同时具备剩余电流保护、过电压和欠电压保护、检有压合闸、防孤岛保护、电能质量监测等功能，具备与台区智能融合终端或电量采集终端信息交互功能，可支持RS-485、HPLC、4G/5G等多种通信方式，具备远程/就地控制功能
3	电能表	380V/220V并网的电能表准确度等级应不低于DL/T 448《电能计量装置技术管理规程》的规定，选用单相（三相）智能表，应具备电流、电压、电量等信息采集功能。应配有标准通信接口，具备本地通信和通过用电信息采集终端远程通信的功能
4	无功配置	通过380V/220V电压等级并网的分布式光伏应保证发电系统功率因数在0.98以上，功率因数应实现0.98（超前）～0.98（滞后）范围内平滑可调
5	并网逆变器	分布式光伏并网逆变器应严格执行现行国家、行业标准中规定的包括元件容量、电能质量和低压、过压、低频、高频、接地等涉网保护及有功、无功控制方面规定。逆变器应能提供交流电压、交流电流、有功功率、无功功率、功率因数等运行数据并上传至配电自动化主站；逆变器应具备本地和远程对有功功率、无功功率控制、功率因数等参数的控制功能
6	反孤岛装置	反孤岛容量100、200、400kW。根据实际情况选择相应容量反孤岛装置。相关参数要求应满足Q/GDW 1974相关要求
7	台区智能融合终端	采用交流三相四线供电，电源出现断相故障，即断一相或两相电压的条件下，交流电源能维持终端正常工作。与主站通信方式应支持DL/T 634.5 101、DL/T 634.5 104、DL/T 698.45、MQTT协议；本地通信应支持DL/T 698.44、DL/T 698.45、DL/T 645、Q/GDW 1376.2、Modbus协议。电压、电流采集误差不高于±0.5%，有功功率、无功功率、功率因数采集误差不高于±1%，频率测量误差不高于0.01Hz。应支持4个及以上容器数量，单个容器应支持部署多个应用软件；应具备配电、营销双安全认证与数据加解密机制
8	防雷接地	380V/220V各回出线和中性线可采用低压阀型避雷器，进线或母线处配置的浪涌保护器应根据设备位置确定耐冲击电压额定值。全部金属物包括设备、机架、金属管道、电缆的金属外皮等均应单独与接地干网可靠连接。防雷和接地符合GB 50065《交流电气装置的接地设计规范》、GB 50064《交流电气装置的过电压保护和绝缘配合设计规范》要求
9	安全防护标识	通过380V/220V电压等级并网的分布式光伏并网JP柜应有醒目标识。标识应标明“警告”“双电源”等提示性文字和符号。标识的形状、颜色、尺寸和高度应按照GB 2894《安全标志及其使用导则》的规定执行

10.8.2 电力系统部分

（1）该方案采用1回线路将分布式光伏电源接入用户0.4kV母线。

（2）接入系统方案需结合电网规划、分布式光伏规划，按照就近分散接入、就地平衡消纳的原则进行设计。

10.8.3 电气一次部分

10.8.3.1 电气主接线

采用单元或单母线接线，电气主接线见图10-3和图10-5。

10.8.3.2 主要电气设备、导体选择

（1）低压综合配电箱或低压配电柜。低压综合配电箱或低压配电柜应预留分布式光伏电源接入位置。

（2）分布式光伏并网JP柜。外形尺寸根据分布式光伏装机容量选用，满足

光伏并网专用断路器、电能表等功能模块的安装要求。箱体外壳选用防腐蚀性材料，不锈钢或纤维增强型不饱和聚酯树脂材料（SMC）。箱体用隔板分为上、下两部分，上面为计量室，下面为断路器室，计量室包含电能表；断路器室包含光伏并网专用断路器、TA及浪涌保护器。隔板预留穿线孔洞。分布式光伏并网JP柜安装于光伏侧光伏逆变器汇流点处，实际安装位置可根据现场条件进行调整。

（3）反孤岛装置。分布式光伏接入容量超过配电变压器额定容量25%时，在配电变压器低压出线开关处装设低压反孤岛装置，低压出线开关应与反孤岛装置间具备操作闭锁功能。反孤岛容量100、200、400kW。根据实际情况选择相应容量反孤岛装置。

（4）光伏并网专用断路器。断路器可选用微型、塑壳式或万能断路器，根据短路电流水平选择设备开断能力，应具备电源端与负荷端反接能力，同时具备剩余电流保护、过电压和欠电压保护、检有压合闸、防孤岛保护、电能质量监测等功能，具备与台区智能融合终端或电量采集终端信息交互功能，可支持RS-485、HPLC、4G/5G等多种通信方式，具备远程/就地控制功能。

（5）导体选择。送出导线载流量应根据光伏发电容量进行选择。单相光伏接入系统的进线选用不低于16mm^{2}铜芯电缆，三相光伏接入系统的进线选用不低于16mm^{2}架空绝缘导线、铜芯电缆和不低于95mm^{2}铝合金电缆。

10.8.3.3 电能质量监测

光伏并网专用断路器应具备电能质量在线监测功能，具备三相不平衡监测、谐波监测、闪变监测功能。

10.8.3.4 无功配置

通过380V/220V电压等级并网的分布式光伏应保证发电系统功率因数在0.98以上，功率因数应实现0.98（超前）～0.98（滞后）范围内平滑可调。

10.8.3.5 并网逆变器

分布式光伏并网逆变器应严格执行现行国家、行业标准中规定的包括元件容量、电能质量和低压、过电压、低频、高频、接地等涉网保护及有功、无功控制方面规定。

逆变器应能提供交流电压、交流电流、有功功率、无功功率、功率因数等运行数据并上传至配电自动化主站；逆变器应具备本地和远程对有功功率、无功功率控制、功率因数等参数的控制功能。

10.8.3.6 防雷、接地及过电压保护

在分布式光伏接入系统设计中应充分考虑雷击及内部过电压的危害，按照相关技术规范的要求，装设避雷器和接地装置。

（1）分布式光伏的防雷与接地应符合GB/T 50065《交流电气装置的接地设计规范》要求。分布式光伏与电网连接设备设施的过电压保护应符合GB/T 50064《交流电气装置的过电压保护和绝缘配合设计规范》要求。

（2）柱上变压器台须安装金属氧化物避雷器，设计中考虑采用应用较多的普通避雷器和可装卸式避雷器两种型式。金属氧化物避雷器按GB 11032—2010《交流无间隙金属氧化物避雷器》中的规定进行选择，设备绝缘水平按GB/T 50064《交流电气装置的过电压保护和绝缘配合设计规范》要求执行。

（3）设水平和垂直接地的复合接地网。接地体一般采用镀锌钢，腐蚀性高的地区宜采用铜包钢或者石墨。接地电阻、跨步电压和接触电压应满足有关规程要求。

（4）分布式光伏接地方式应与其所接入电网的接地方式相适应。

10.8.3.7 台区智能融合终端

（1）采用交流三相四线供电，电源出现断相故障，即断一相或两相电压的条件下，交流电源能维持终端正常工作。

（2）与主站通信方式应支持DL/T 634.5 101、DL/T 634.5 104、DL/T 698.45、MQTT协议；本地通信应支持DL/T 698.44、DL/T 698.45、DL/T 645、Q/GDW 1376.2、Modbus协议。

（3）电压、电流采集误差不高于±0.5%，有功功率、无功功率、功率因数采集误差不高于±1%，频率测量误差不高于0.01Hz。

（4）应支持4个及以上容器数量，单个容器应支持部署多个应用软件；应具备配电、营销双安全认证与数据加解密机制。

10.8.3.8　安全防护标识

通过380V/220V电压等级并网的分布式光伏，连接电源和电网的专用低压柜应有醒目标识。标识应标明“警告”“双电源”等提示性文字和符号。标识的形状、颜色、尺寸和高度应按照GB 2894《安全标志及其使用导则》的规定执行。

10.8.4　电气二次部分

10.8.4.1　系统继电保护及安全自动装置

（1）线路保护。光伏并网专用断路器应具备剩余电流保护、过电压和欠电压保护、检有压合闸、防孤岛保护、电能质量监测等功能，应配置具备反映故障及运行状态辅助接点，按实际需求配置失压跳闸及低压闭锁合闸功能。

（2）母线保护。该方案380V/220V母线不配置母线保护。

（3）防孤岛检测及安全自动装置。分布式光伏逆变器应具备快速检测孤岛且检测到孤岛后立即断开与电网连接的能力，其防孤岛方案应与继电保护配置、频率电压异常紧急控制装置配置相配合，时限上互相匹配，符合技术标准要求。

该方案不独立配置安全自动装置。

10.8.4.2　信息采集及控制

（1）信息采集。以380V/220V电压等级接入公网变压器的分布式光伏，应由台区智能融合终端实时采集光伏并网开关和电能表信息，并能自动汇集后上传，主要包括开关量信息、电流、电压和发电量等信息。

以380V/220V电压等级接入用户专用变压器的分布式光伏，应由采用电量采集终端实时采集光伏并网开关和电能表信息，并能自动汇集后上传，主要包括开关量信息、电流、电压和发电量等信息。

（2）控制要求。以380V/220V电压等级接入的分布式光伏应具备接受控制的功能，应通过光伏并网专用断路器完成台区智能融合终端或电量采集终端下达的控制指令。

（3）配置方案。以380V/220V电压等级接入的分布式光伏，分布式光伏并网JP柜/低压配电柜应配置关口计量电能表及光伏并网专用断路器，不配置独立的远动系统；台区智能融合终端或电量采集终端采集光伏并网专用断路器相关信息及远传，并实现对光伏并网专用断路器的控制功能。

（4）信息传输方式。光伏并网专用断路器将开关量信息，逆变器将电压、电流、功率、功率因数等信息上传至台区智能融合终端或电量采集终端，最后上送至配电自动化主站。

电能表计将电压、电流、电能量等信息采集并上传至台区智能融合终端或电量采集终端，并由台区智能融合终端或电量采集终端上送至用电信息采集系统。

分布式光伏远动信息与台区智能融合终端或电量采集终端宜采用电力载波通信方式，也可采用RS-485、微功率无线等方式；智能融合终端或电量采集终端至配电自动化主站和用电信息采集系统可采用无线通信方式（公网/专网），同时应符合安全防护规定要求。

10.8.4.3　二次设备的接地、防雷、抗干扰

为了防止雷击感应影响二次设备安全及可靠性，全部金属物包括设备、机架、金属管道、电缆的金属外皮等均应单独与接地干网可靠连接。

10.8.4.4　系统通信

（1）基本原则。分布式光伏接入系统通信配置应适应电网调度运行管理规程的要求。

（2）通信通道要求。分布式光伏项目通信可采用无线公网通信方式（公网/专网），当无线公网承载控制类业务时，宜采用5G硬切片通信方式。

分布式光伏应至少配置一路公网电信运营商联系电话。

无线网络的通信方式应满足Q/GDW 625《配电自动化建设与改造标准化设计技术规定》、Q/GDW 380.2《电力用户用电信息采集系统管理规范　第二部分：通信信道建设管理规范》和Q/GDW 11345.5《电力通信网信息安全　第5部分：终端通信接入网》等相关规定，采取可靠的安全隔离和认证措施，支持用户优先级管理。

10.8.4.5　电能量计量

（1）安装位置。电能量关口计量点设在分布式光伏并网JP柜/低压配电柜上层计量室内（最终按用户与业主计量协议为准），其安全性、封闭性应满足安

全、运维、防窃电、日常巡视的需要。

（2）技术要求。电能表、互感器的准确度等级不应低于表 10-5 的规定。

表 10-5　电能表、互感器的准确度等级

供电电压（V）	电能表		电流互感器
	有功	无功	
380	B（1.0）	A（2.0）	0.2S
220	A（2.0）	—	0.2S

具有正、反向送电的计量点应配置计量正向和反向有功电量以及四象限无功电量的电能表。电能表应具备事件记录、电流、电压、电量等信息采集和三相电流不平衡监测功能，配有标准通信接口，具备本地通信和远程通信的功能，电能表通信协议符合 DL/T 645 或 DL/T 698.45。电能计量装置应配置专用电流互感器，其二次回路不应接入与电能计量无关的设备。电能表采集信息应接入电网管理部门电力用户用电信息采集系统，作为电能量计量和电价补贴依据。

10.8.5　其他

（1）分布式光伏并网 JP 柜/低压配电柜应能满足各种电源进线方式。采用电缆进线时，应在柜内计量室可靠固定电缆及电缆接头。采用导线进线时，应采用穿管敷设，穿线管深入柜内计量室的长度不小于 2cm 并能可靠固定。

（2）分布式光伏并网 JP 柜/低压配电柜应具有警示标记和提示用语，同一地区范围内应做到内容、图案、颜色及字体等统一。

（3）同一地区范围内选择统一的防盗锁具和铅封。

（4）出线应考虑避免 380V 线路穿越 10kV 线路问题，在线路设计中合理布置 380V 线路方向，不宜与 10kV 线路同向；或采用电缆入地敷设至 380V 线路。

10.8.6　主要设备及材料清册

（1）低压公共电网分布式接入方案（GF380/220-Z-1）主要设备材料清册见表 10-6。

（2）低压公共电网分布式接入方案（GF380/220-Z-2）主要设备材料清册见表 10-7。

表 10-6　低压公共电网分布式接入方案（GF380/220-Z-1）主要设备材料清册

序号	名称	型号及规格	单位	数量	备注
1	分布式光伏并网 JP 柜/低压配电柜	详见设备选型章节	台	1	—
2	导线/电缆	详见设备选型章节	m	—	可按实际选配
3	台区智能融合终端/电量采集终端	详见设备选型章节	套	1	可按实际选配
4	关口计量电能表	详见设备选型章节	只	2	—
5	光伏并网专用断路器	—	只	1	—

表 10-7　低压公共电网分布式接入方案（GF380/220-Z-2）主要设备材料清册

序号	名称	型号及规格	单位	数量	备注
1	分布式光伏并网 JP 柜/低压配电柜	详见设备选型章节	台	2	—
2	导线/电缆	详见设备选型章节	m	—	可按实际选配
3	电量采集终端	详见设备选型章节	套	2	可按实际选配
4	关口计量电能表	详见设备选型章节	只	2	—
5	光伏并网专用断路器		只	1	—

10.8.7　附件

设计图清单见表 10-8。

表 10-8　GF380/220-Z 方案设计图清单

图序	图名	图纸编号
1	GF380/220-Z-1 方案系统示意图	图 10-2
2	电气主接线图（公共连接点电压 380V/220V，自发自用、余电上网模式）	图 10-3
3	分户光伏并网接入箱电气图及布置加工图	图 10-4
4	反孤岛装置电气接线图	图 10-5
5	反孤岛装置内部示意图	图 10-6
6	反孤岛装置安装示意图	图 10-7
7	物料清单	图 10-8
8	0.4kV 并网方案二次自动化配置图（余电上网）	图 10-9

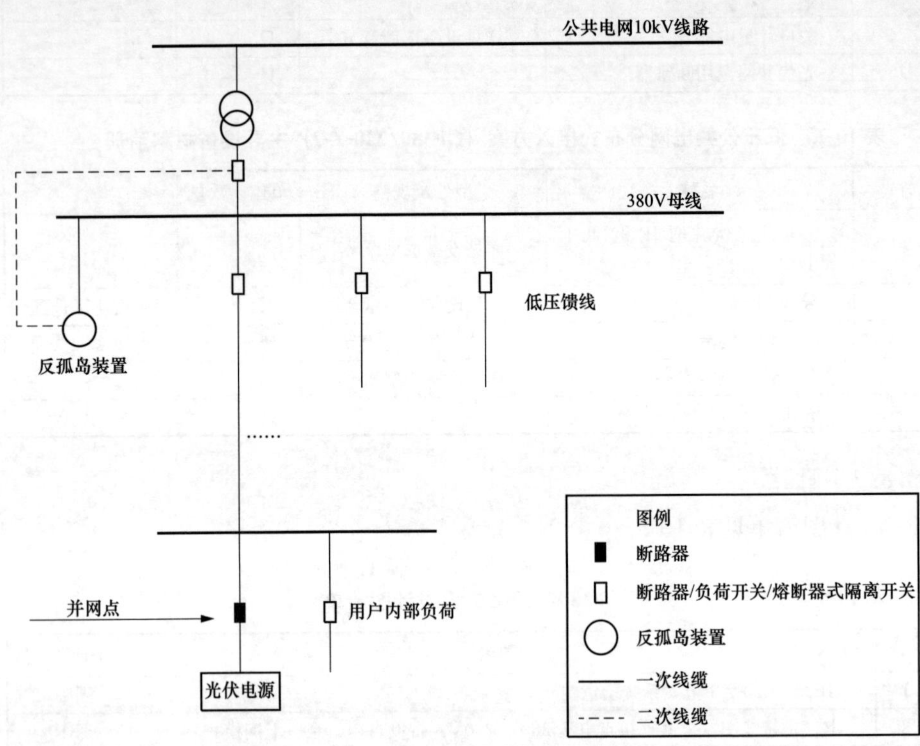

图 10-2　GF380/220-Z-1 方案系统示意图

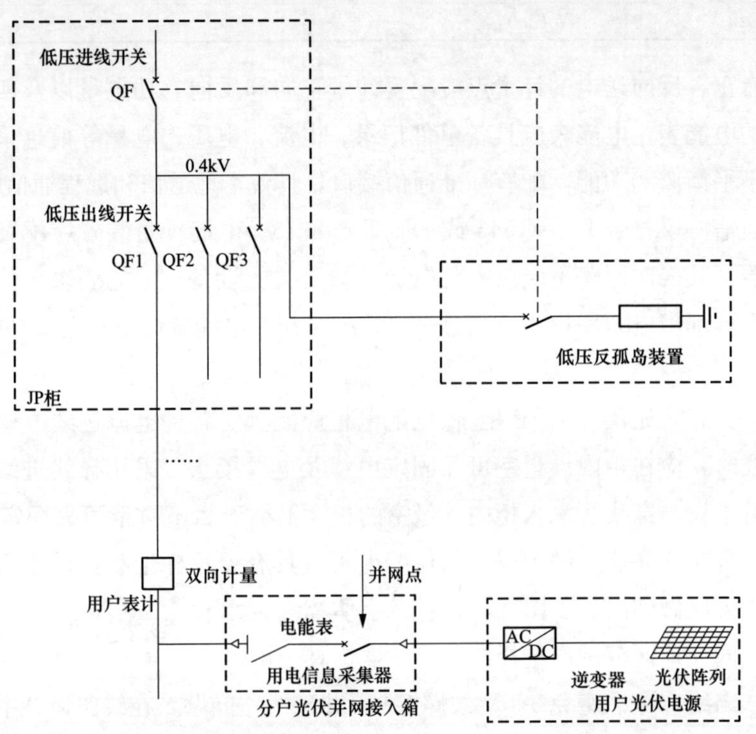

图 10-3　电气主接线图（公共连接点电压 380V/220V，自发自用、余电上网模式）

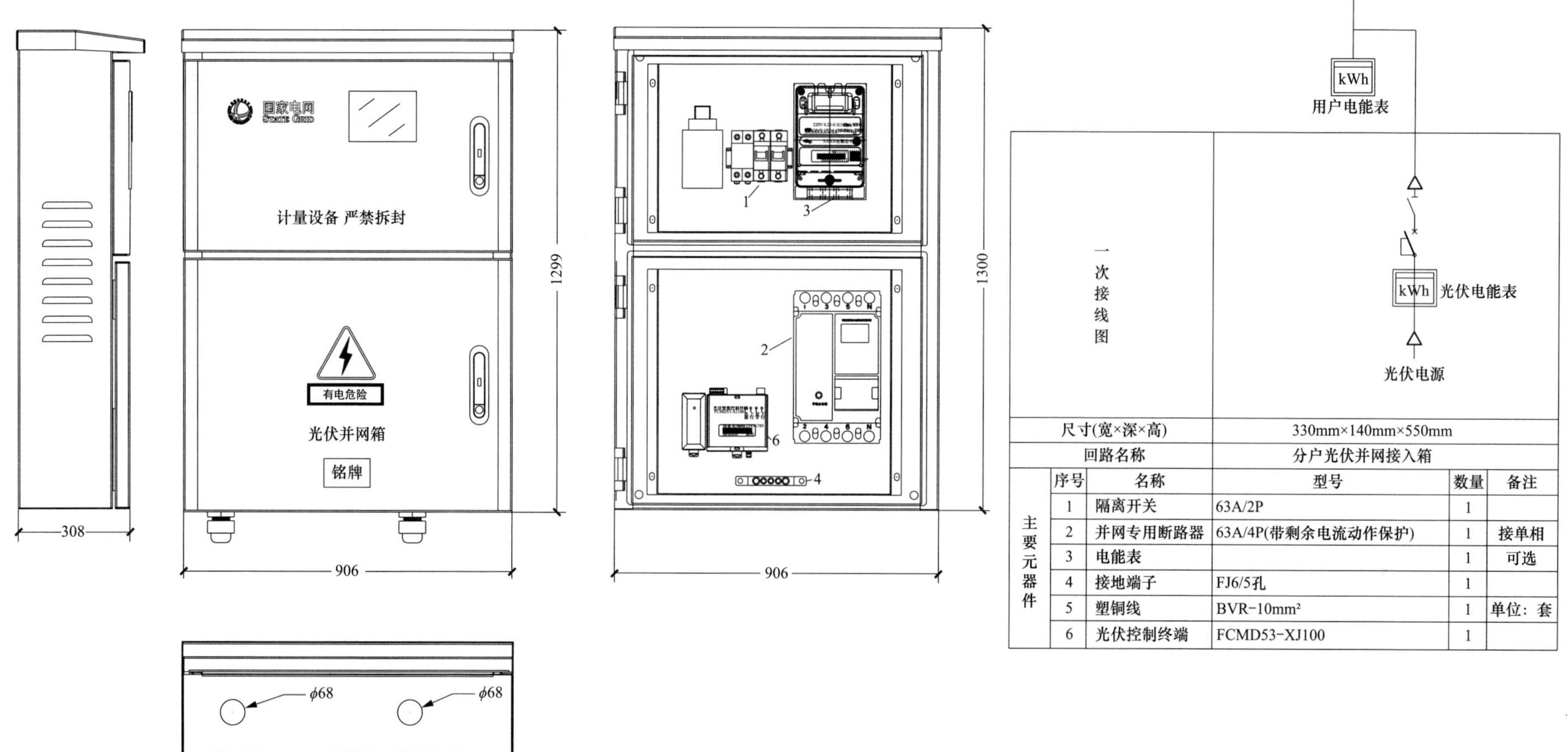

尺寸(宽×深×高)		330mm×140mm×550mm		
回路名称		分户光伏并网接入箱		

主要元器件	序号	名称	型号	数量	备注
	1	隔离开关	63A/2P	1	
	2	并网专用断路器	63A/4P(带剩余电流动作保护)	1	接单相
	3	电能表		1	可选
	4	接地端子	FJ6/5孔	1	
	5	塑铜线	BVR-10mm²	1	单位：套
	6	光伏控制终端	FCMD53-XJ100	1	

图 10-4　分户光伏并网接入箱电气图及布置加工图

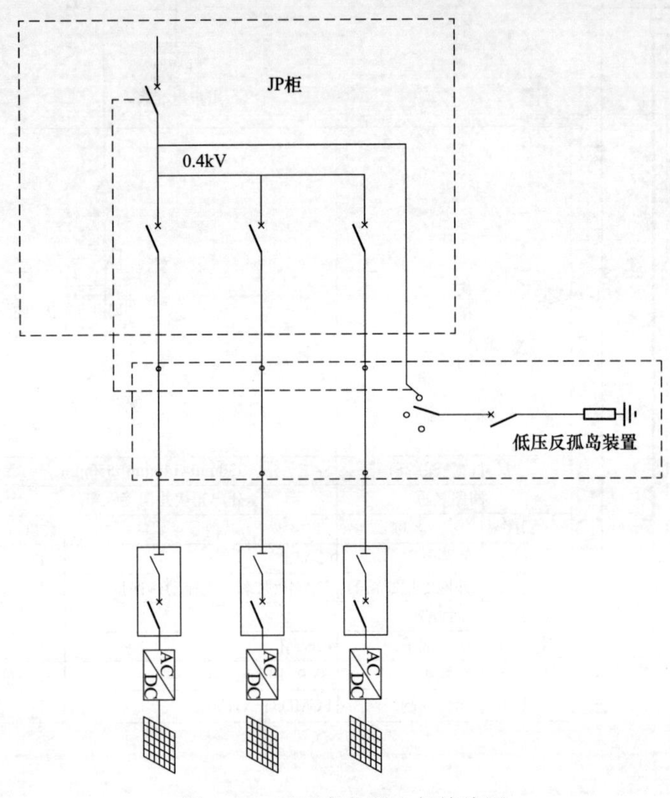

图 10-5　反孤岛装置电气接线图

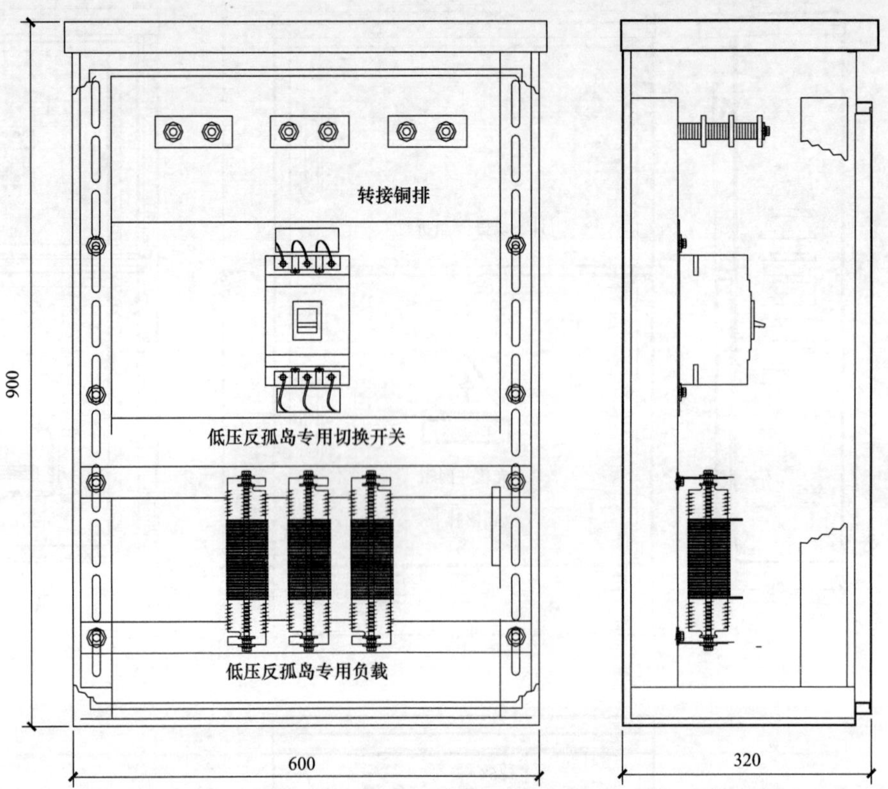

图 10-6　反孤岛装置内部示意图

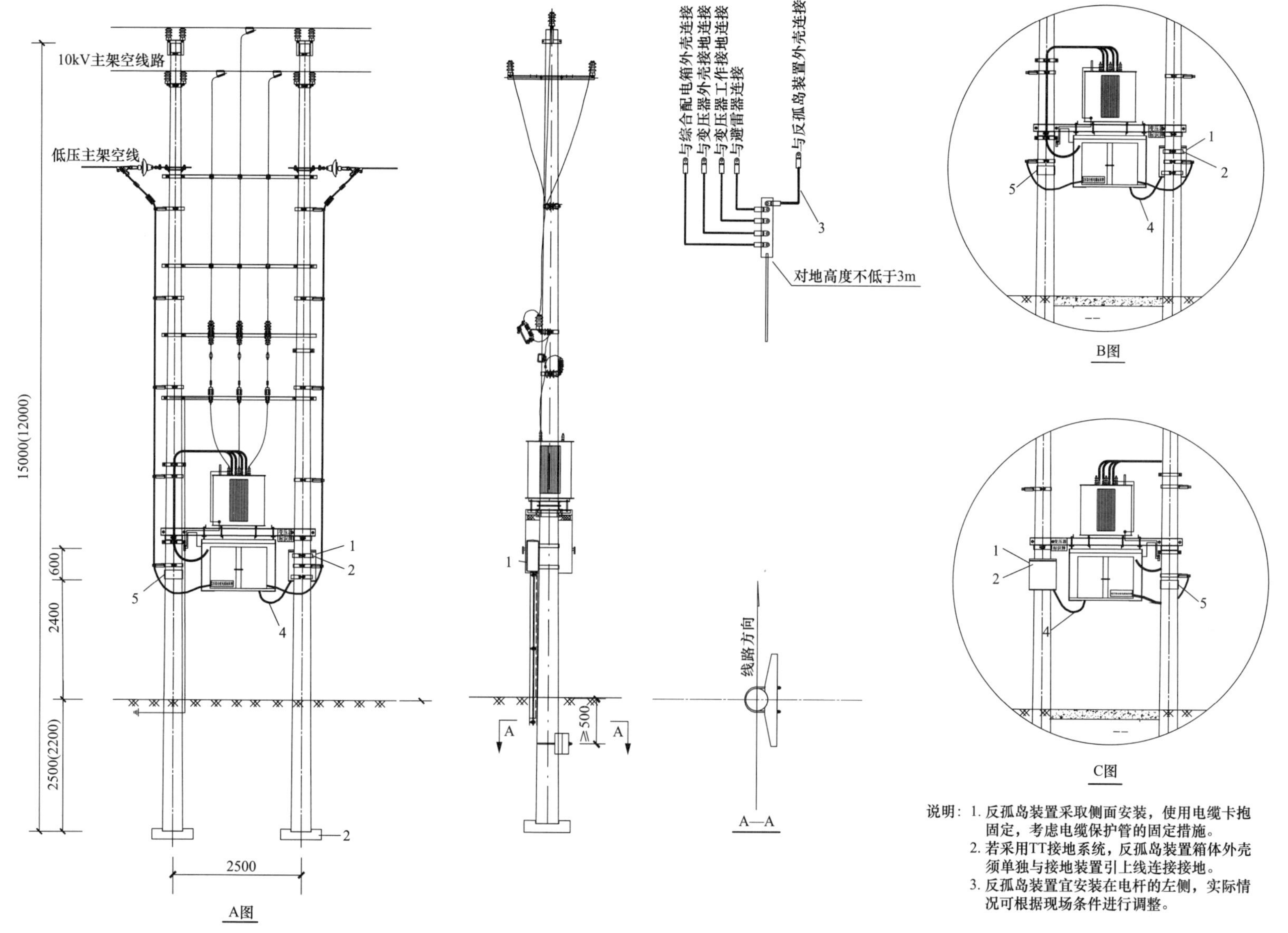

说明：1. 反孤岛装置采取侧面安装，使用电缆卡抱固定，考虑电缆保护管的固定措施。
2. 若采用TT接地系统，反孤岛装置箱体外壳须单独与接地装置引上线连接接地。
3. 反孤岛装置宜安装在电杆的左侧，实际情况可根据现场条件进行调整。

图 10-7　反孤岛装置安装示意图

材料类别	编号	名称	型号	单位	数量	备注
设备类	1	反孤岛装置	600mm×320mm×900mm	台	1	—
成套附件类	2A	抱箍	BG6-320	块	2	可根据实际安装位置选配
	2B	托架		副	1	如不使用抱箍，可根据实际选配
	3	布电线	BV-35	m	5	—
	4	铜芯橡皮绝缘线	BX-500-4×10	m	10	—
	5	标识牌	300mm×240mm	块	1	此台区接有光伏电源
	6	螺栓	M12×45	件	7	—
	7	螺栓	M16×45	件	4	—

图 10-8　物料清单

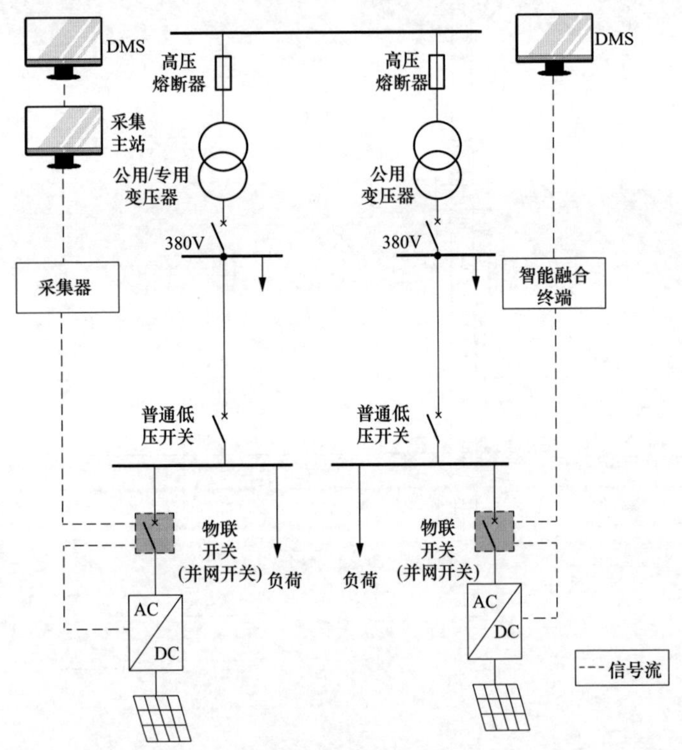

图 10-9　0.4kV 并网方案二次自动化配置图（余电上网）

10.9 380V/220V全额上网用户分布式光伏典型设计方案

10.9.1 总的部分

分布式光伏逆变后汇集，经1回线路分散接入低压线路，单回低压线路接入的分布式光伏容量一般不超过100kW（其中单点容量13kW及以下可单相接入，台区光伏总量不能超过配电变压器容量100%）。

分布式光伏逆变后汇集，经1回线路接入公用电网380V配电室、箱式变压器或柱上变压器台低压母线，单回低压线路接入的分布式光伏容量在100～400kW之间（台区光伏总量不能超过配电变压器容量100%）。

（1）适用范围。该方案主要适用于380V/220V电压等级接入的分布式光伏项目，接入380V/220V公网线路，单点并网点容量不大于400kW（台区光伏总量不能超过配电变压器容量100%）。

（2）方案技术条件。该方案根据技术原则确定的预定条件开展设计，方案技术条件见表10-9。

表10-9　　GF220/380-T方案技术条件表

序号	项目名称	内容
1	分布式光伏并网JP柜	满足光伏并网专用断路器、电能表等功能模块安装要求。箱体外壳选用防腐蚀性材料，不锈钢或纤维增强型不饱和聚酯树脂材料（SMC）。应符合GB 7251.3《低压成套开关设备和控制设备　第3部分：对非专业人员可进入场地的低压成套开关设备和控制设备——配电板的特殊要求》的规定
2	开断设备	应安装易操作、具有明显开断指示、具备开断故障电流能力的光伏并网专用断路器。可选用微型、塑壳式或万能断路器，根据短路电流水平选择设备开断能力，应具备电源端与负荷端反接能力，同时具备剩余电流保护、过电压和欠电压保护、检有压合闸、防孤岛保护、电能质量监测等功能，具备与台区智能融合终端或电量采集终端信息交互功能，可支持RS-485、HPLC、4G/5G等多种通信方式，具备远程/就地控制功能
3	电能表	380V/220V并网的电能表准确度等级应不低于表10-10的规定，选用单相（三相）智能表，应具备电流、电压、电量等信息采集功能。应配有标准通信接口，具备本地通信和通过用电信息采集终端远程通信的功能
4	无功配置	通过380V/220V电压等级并网的分布式光伏应保证发电系统功率因数在0.98以上，功率因数应实现0.98（超前）～0.98（滞后）范围内平滑可调
5	逆变器	分布式光伏并网逆变器应严格执行现行国家、行业标准中规定的包括元件容量、电能质量和低压、过压、低频、高频、接地等涉网保护及有功、无功控制方面规定。 逆变器应能提供交流电压、交流电流、有功功率、无功功率、功率因数等运行数据并上传至配电自动化主站。 逆变器应具备本地和远程对有功功率、无功功率控制、功率因数等参数的控制功能
6	反孤岛装置	反孤岛容量100、200、400kW。根据实际情况选择相应容量反孤岛装置。相关参数要求应满足Q/GDW 1974相关要求
7	台区智能融合终端	采用交流三相四线供电，电源出现断相故障，即断一相或两相电压的条件下，交流电源能维持终端正常工作。与主站通信方式应支持DL/T 634.5 101、DL/T 634.5 104、DL/T 698.45、MQTT协议；本地通信应支持DL/T 698.44、DL/T 698.45、DL/T 645、Q/GDW 1376.2、Modbus协议。电压、电流采集误差不高于±0.5%，有功功率、无功功率、功率因数采集误差不高于±1%，频率测量误差不高于0.01Hz。应支持4个及以上容器数量，单个容器应支持部署多个应用软件；应具备配电、营销双安全认证与数据加解密机制
8	防雷接地	380V/220V各回出线和中性线可采用低压阀型避雷器，进线或母线处配置的浪涌保护器应根据设备位置确定耐冲击电压额定值。全部金属物包括设备、机架、金属管道、电缆的金属外皮等均应单独与接地干网可靠连接。防雷和接地符合GB 50065《交流电气装置的接地设计规范》、GB 50064《交流电气装置的过电压保护和绝缘配合设计规范》要求
9	安全防护标识	通过380V/220V电压等级并网的分布式光伏并网JP柜应有醒目标识。标识应标明“警告”“双电源”等提示性文字和符号。标识的形状、颜色、尺寸和高度应按照GB 2894《安全标志及其使用导则》的规定执行

10.9.2 电力系统部分

（1）该方案采用1回线路将分布式光伏电源接入公网0.4kV母线。

（2）接入系统方案需结合电网规划、分布式光伏规划，按照就近分散接入、就地平衡消纳的原则进行设计。

10.9.3 电气一次部分

10.9.3.1 电气主接线

采用单元或单母线接线。

10.9.3.2 主要电气设备、导体选择

（1）低压综合配电箱或低压配电柜。低压综合配电箱或低压配电柜应预留

分布式光伏电源接入位置。

（2）分布式光伏并网JP柜。外形尺寸根据分布式光伏装机容量选用，满足光伏并网专用断路器、电能表等功能模块的安装要求。箱体外壳选用防腐蚀性材料，不锈钢或纤维增强型不饱和聚酯树脂材料（SMC）。箱体用隔板分为上、下两部分，上面为计量室，下面为断路器室，计量室包含电能表；断路器室包含光伏并网专用断路器、浪涌保护器及TA。隔板预留穿线孔洞。分布式光伏并网JP柜安装于光伏侧光伏逆变器汇流点处，实际安装位置可根据现场条件进行调整。

（3）反孤岛装置。分布式光伏接入容量超过配电变压器额定容量25%时，在配电变压器低压出线开关处装设低压反孤岛装置，低压出线开关应与反孤岛装置间具备操作闭锁功能。反孤岛容量100、200、400kW。根据实际情况选择相应容量反孤岛装置。

（4）光伏并网专用断路器。断路器可选用微型、塑壳式或万能断路器，根据短路电流水平选择设备开断能力，应具备电源端与负荷端反接能力，同时具备剩余电流保护、过电压和欠电压保护、检有压合闸、防孤岛保护、电能质量监测等功能，具备与台区智能融合终端或电量采集终端信息交互功能，可支持RS-485、HPLC、4G/5G等多种通信方式，具备远程/就地控制功能。

（5）导体选择。送出导线载流量应根据光伏发电容量进行选择。单相光伏接入系统的进线选用不低于16mm^{2}铜芯电缆，三相光伏接入系统的进线选用不低于16mm^{2}架空绝缘导线、铜芯电缆和不低于95mm^{2}铝合金电缆。

10.9.3.3 电能质量监测

光伏并网专用断路器应具备电能质量在线监测功能，具备三相不平衡监测、谐波监测、闪变监测功能。

10.9.3.4 无功配置

通过380V/220V电压等级并网的分布式光伏应保证发电系统功率因数在0.98以上，功率因数应实现0.98（超前）~0.98（滞后）范围内平滑可调。

10.9.3.5 逆变器

分布式光伏并网逆变器应严格执行现行国家、行业标准中规定的包括元件容量、电能质量和低压、过压、低频、高频、接地等涉网保护及有功、无功控制方面规定。

逆变器应能提供交流电压、交流电流、有功功率、无功功率、功率因数等运行数据并上传至配电自动化主站；逆变器应具备本地和远程对有功功率、无功功率控制、功率因数等参数的控制功能。

10.9.3.6 防雷、接地及过电压保护

在分布式光伏接入系统设计中应充分考虑雷击及内部过电压的危害，按照相关技术规范的要求，装设避雷器和接地装置。

（1）分布式光伏的防雷与接地应符合GB/T 50065《交流电气装置的接地设计规范》要求。分布式光伏与电网连接设备设施的过电压保护应符合GB/T 50064《交流电气装置的过电压保护和绝缘配合设计规范》要求。

（2）柱上变压器台须安装金属氧化物避雷器，设计中考虑采用应用较多的普通避雷器和可装卸式避雷器两种型式。金属氧化物避雷器按GB 11032—2010《交流无间隙金属氧化物避雷器》中的规定进行选择，设备绝缘水平按GB/T 50064《交流电气装置的过电压保护和绝缘配合设计规范》要求执行。

（3）设水平和垂直接地的复合接地网。接地体一般采用镀锌钢，腐蚀性高的地区宜采用铜包钢或者石墨。接地电阻、跨步电压和接触电压应满足有关规程要求。

（4）分布式光伏接地方式应与其所接入电网的接地方式相适应。

10.9.3.7 台区智能融合终端

（1）采用交流三相四线供电，电源出现断相故障，即断一相或两相电压的条件下，交流电源能维持终端正常工作。

（2）与主站通信方式应支持DL/T 634.5 101、DL/T 634.5 104、DL/T 698.45、MQTT协议；本地通信应支持DL/T 698.44、DL/T 698.45、DL/T 645、Q/GDW 1376.2、Modbus协议。

（3）电压、电流采集误差不高于±0.5%，有功功率、无功功率、功率因数采集误差不高于±1%，频率测量误差不高于0.01Hz。

（4）应支持4个及以上容器数量，单个容器应支持部署多个应用软件；应

具备配电、营销双安全认证与数据加解密机制。

10.9.3.8 安全防护标识

通过380V/220V电压等级并网的分布式光伏，连接电源和电网的专用低压柜应有醒目标识。标识应标明“警告”“双电源”等提示性文字和符号。标识的形状、颜色、尺寸和高度应按照GB 2894《安全标志及其使用导则》的规定执行。

10.9.4 电气二次部分

10.9.4.1 系统继电保护及安全自动装置

（1）线路保护。光伏并网专用断路器应具备剩余电流保护、过电压和欠电压保护、检有压合闸、防孤岛保护、电能质量监测等功能，应配置具备反映故障及运行状态的辅助触点，按实际需求配置失压跳闸及低压闭锁合闸功能。

（2）母线保护。该方案380V/220V母线不配置母线保护。

（3）防孤岛检测及安全自动装置。分布式光伏逆变器应具备快速检测孤岛且检测到孤岛后立即断开与电网连接的能力，其防孤岛方案应与继电保护配置、频率电压异常紧急控制装置配置相配合，时限上互相匹配，符合技术标准要求。

该方案不独立配置安全自动装置。

10.9.4.2 信息采集及控制

（1）信息采集。以380V/220V电压等级接入公网变压器的分布式光伏，应由台区智能融合终端实时采集光伏并网开关和电能表信息，并能自动汇集后上传，主要包括开关量信息、电流、电压和发电量等信息。

（2）控制要求。以380V/220V电压等级接入的分布式光伏应具备接受控制的功能，应通过光伏并网专用断路器完成台区智能融合终端下达的控制指令。

（3）配置方案。以380V/220V电压等级接入的分布式光伏，分布式光伏并网JP柜/低压配电柜应配置关口计量电能表及光伏并网专用断路器，不配置独立的远动系统；台区智能融合终端采集光伏并网专用断路器相关信息及远传，并实现对光伏并网专用断路器的控制功能。

（4）信息传输方式。光伏并网专用断路器将开关量信息，逆变器将电压、电流、功率、功率因数等信息上传至台区智能融合终端或电量采集终端，最后上送至配电自动化主站。

电能表计将电压、电流、电能量等信息采集并上传至台区智能融合终端，并由台区智能融合终端转发至用电信息采集系统。

分布式光伏远动信息至台区智能融合终端宜采用电力载波通信方式，也可采用RS-485、微功率无线等方式；智能融合终端至配电自动化主站和用电信息采集系统可采用无线公网通信方式（公网/专网），同时应符合安全防护规定要求。

10.9.4.3 安全防护

分布式光伏接入时，应满足“安全分区、网络专用、横向隔离、纵向认证”的二次安全防护总体原则，需在接入终端（如光伏并网专用断路器、专用并网终端等）配置相应的安全防护设备。

10.9.4.4 二次设备的接地、防雷、抗干扰

为了防止雷击感应影响二次设备安全及可靠性，全部金属物包括设备、机架、金属管道、电缆的金属外皮等均应单独与接地干网可靠连接。

10.9.4.5 系统通信

（1）基本原则。分布式光伏接入系统通信配置应适应电网调度运行管理规程的要求。

（2）通信通道要求。分布式光伏项目通信宜可采用无线公网通信方式（公网/专网），当无线公网承载控制类业务时，宜采用5G硬切片通信方式。

分布式光伏应至少配置一路公网电信运营商联系电话。

无线网络的通信方式应满足Q/GDW 625《配电自动化建设与改造标准化设计技术规定》、Q/GDW 380.2《电力用户用电信息采集系统管理规范　第二部分：通信信道建设管理规范》和Q/GDW 11345.5《电力通信网信息安全　第5部分：终端通信接入网》等相关规定，采取可靠的安全隔离和认证措施，支持用户优先级管理。

10.9.4.6 电能量计量

（1）安装位置。电能量关口计量点设在分布式光伏并网JP柜/低压配电柜上层计量室内（最终按用户与业主计量协议为准），其安全性、封闭性应满足安

全、运维、防窃电、日常巡视的需要。

（2）技术要求。电能表、互感器的准确度等级不应低于表10-10的规定。

表10-10　电能表、互感器的准确度等级

供电电压（V）	电能表		电流互感器
	有功	无功	
380	B（1.0）	A（2.0）	0.2S
220	A（2.0）	—	0.2S

具有正、反向送电的计量点应配置计量正向和反向有功电量以及四象限无功电量的电能表。电能表应具备事件记录、电流、电压、电量等信息采集和三相电流不平衡监测功能，配有标准通信接口，具备本地通信和远程通信的功能，电能表通信协议符合DL/T 645或DL/T 698.45。电能计量装置应配置专用电流互感器，其二次回路不应接入与电能计量无关的设备。电能表采集信息应接入电网管理部门电力用户用电信息采集系统，作为电能量计量和电价补贴依据。

10.9.5　其他

（1）分布式光伏并网JP柜/低压配电柜应能满足各种电源进线方式。采用电缆进线时，应在柜内计量室可靠固定电缆及电缆接头。采用导线进线时，应采用穿管敷设，穿线管深入柜内计量室的长度不小于2cm并能可靠固定。

（2）分布式光伏并网JP柜/低压配电柜应具有警示标记和提示用语，同一地区范围内应做到内容、图案、颜色及字体等统一。

（3）同一地区范围内选择统一的防盗锁具和铅封。

（4）出线应考虑避免380V线路穿越10kV线路问题，在线路设计中合理布置380V线路方向，不宜与10kV线路同向；或采用电缆入地敷设至380V线路。

10.9.6　主要设备及材料清册

该方案（GF380/220-T）主要设备材料清册见表10-11。

10.9.7　附件

设计图清单见表10-12。

表10-11　低压公共电网分布式接入方案（GF380/220-T）主要设备材料清册

序号	名称	型号及规格	单位	数量	备注
1	分布式光伏并网JP柜/低压配电柜	详见设备选型章节	台	1	—
2	导线/电缆	详见设备选型章节	m	—	可按实际选配
3	台区智能融合终端/用电信息采集终端	详见设备选型章节	套	1	可按实际选配
4	关口计量电能表	详见设备选型章节	只	1	—
5	光伏并网专用断路器	—	只	1	—

表10-12　GF380/220-T方案设计图清单

图序	图名	图纸编号
1	GF380/220-T-1方案系统示意图	图10-10
2	电气主接线图（接入容量小于100kW，全额上网模式）	图10-11
3	GF380-T-2方案系统示意图	图10-12
4	电气主接线图（接入容量100～400kW，全额上网模式）	图10-13
5	专线光伏并网接入箱电气图	图10-14
6	专线光伏并网接入箱布置加工示意图	图10-15
7	反孤岛装置电气接线图	图10-16
8	反孤岛装置内部示意图	图10-17
9	方案GF380-T-2安装图	图10-18
10	物料清单	图10-19
11	0.4kV并网方案二次自动化配置图（全额上网）	图10-20

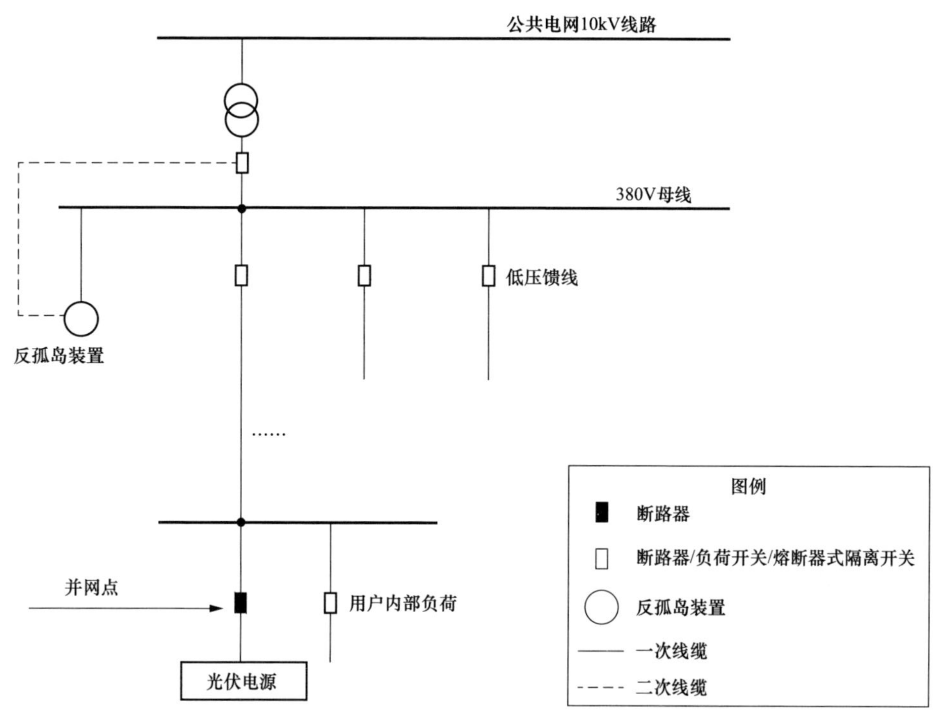

图 10-10　GF380/220-T-1 方案系统示意图

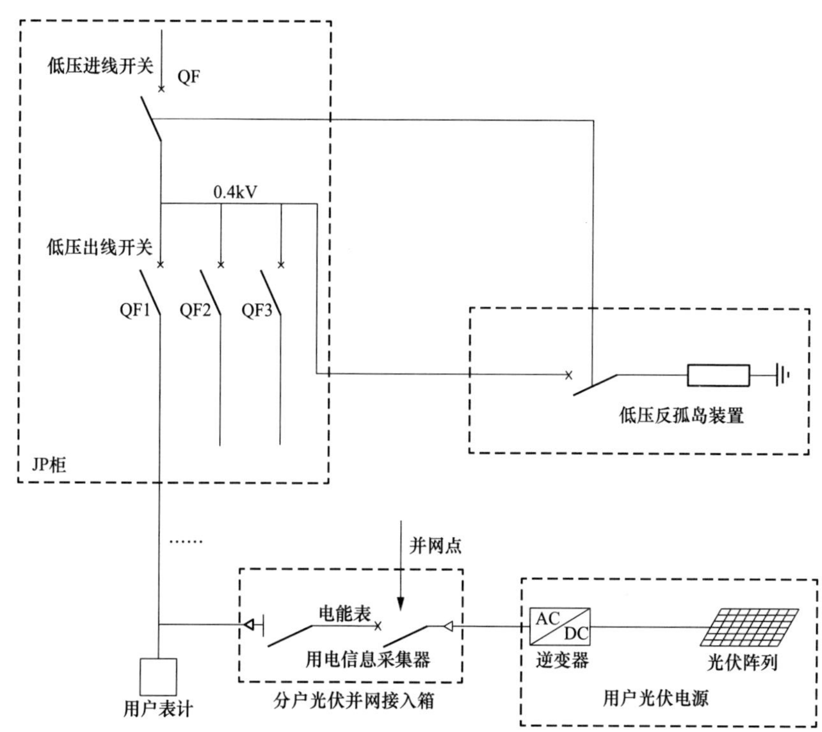

图 10-11　电气主接线图（接入容量小于 100kW，全额上网模式）

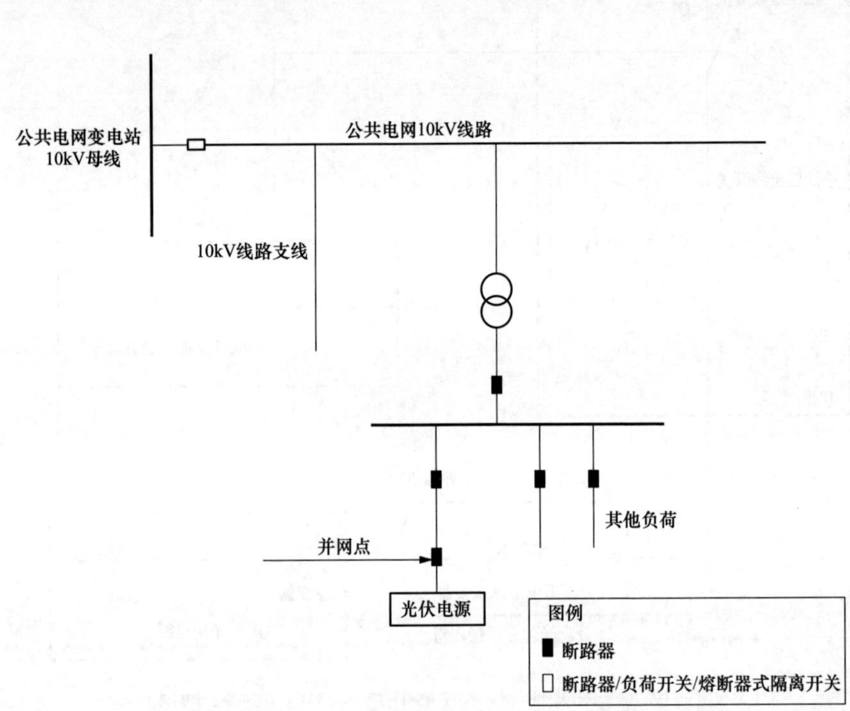

图 10-12　GF380-T-2 方案系统示意图

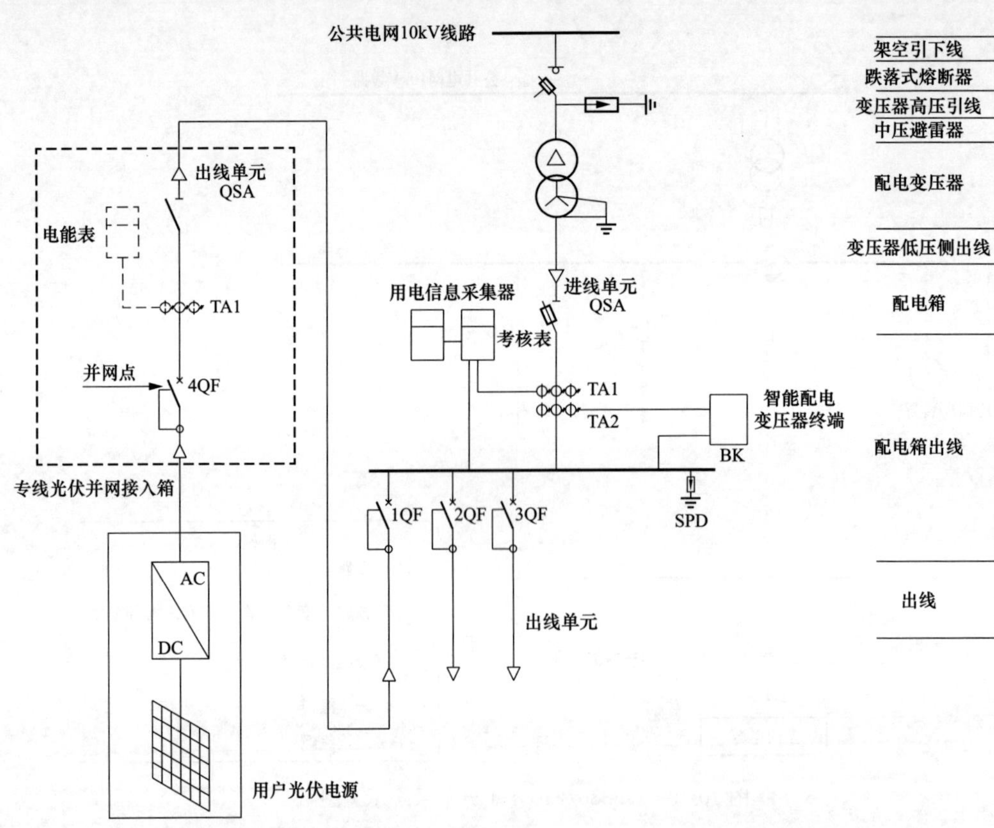

图 10-13　电气主接线图（接入容量 100～400kW，全额上网模式）

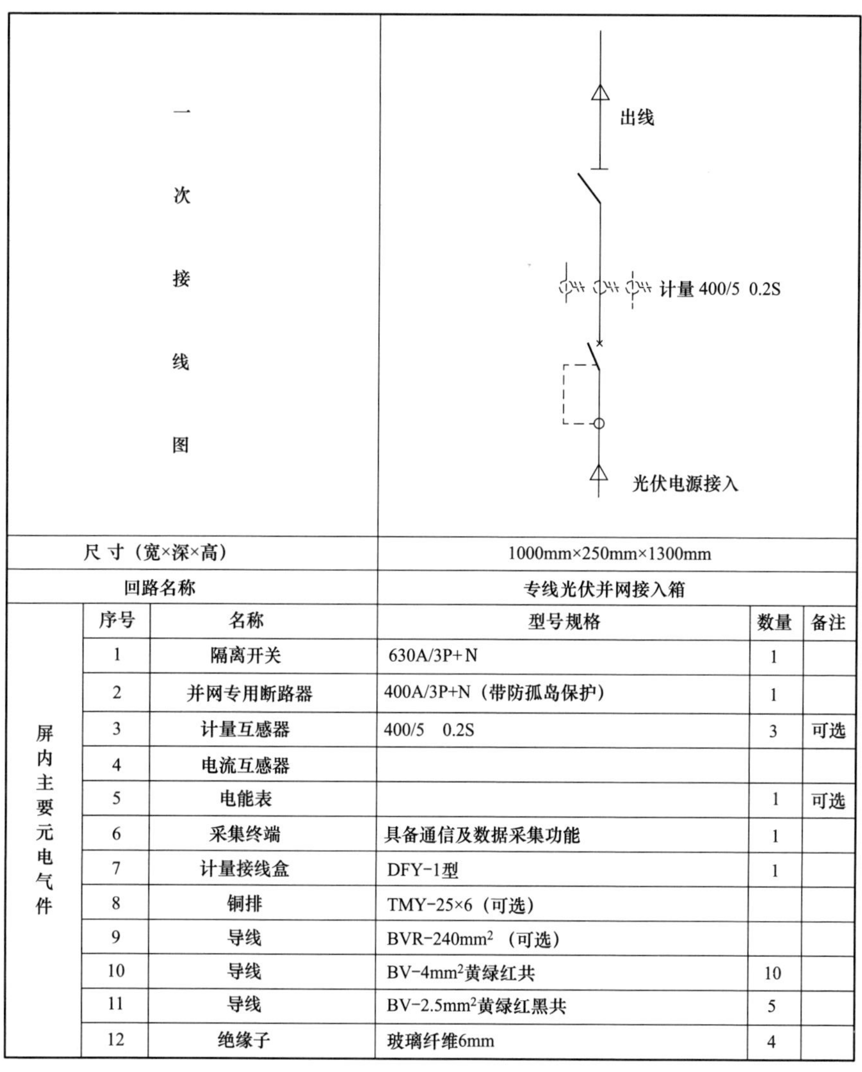

尺寸（宽×深×高）			1000mm×250mm×1300mm		
回路名称			专线光伏并网接入箱		
屏内主要元电气件	序号	名称	型号规格	数量	备注
	1	隔离开关	630A/3P+N	1	
	2	并网专用断路器	400A/3P+N（带防孤岛保护）	1	
	3	计量互感器	400/5　0.2S	3	可选
	4	电流互感器			
	5	电能表		1	可选
	6	采集终端	具备通信及数据采集功能	1	
	7	计量接线盒	DFY-1型	1	
	8	铜排	TMY-25×6（可选）		
	9	导线	BVR-240mm^2（可选）		
	10	导线	BV-4mm^{2}黄绿红共	10	
	11	导线	BV-2.5mm^{2}黄绿红黑共	5	
	12	绝缘子	玻璃纤维6mm	4	

图 10-14　专线光伏并网接入箱电气图

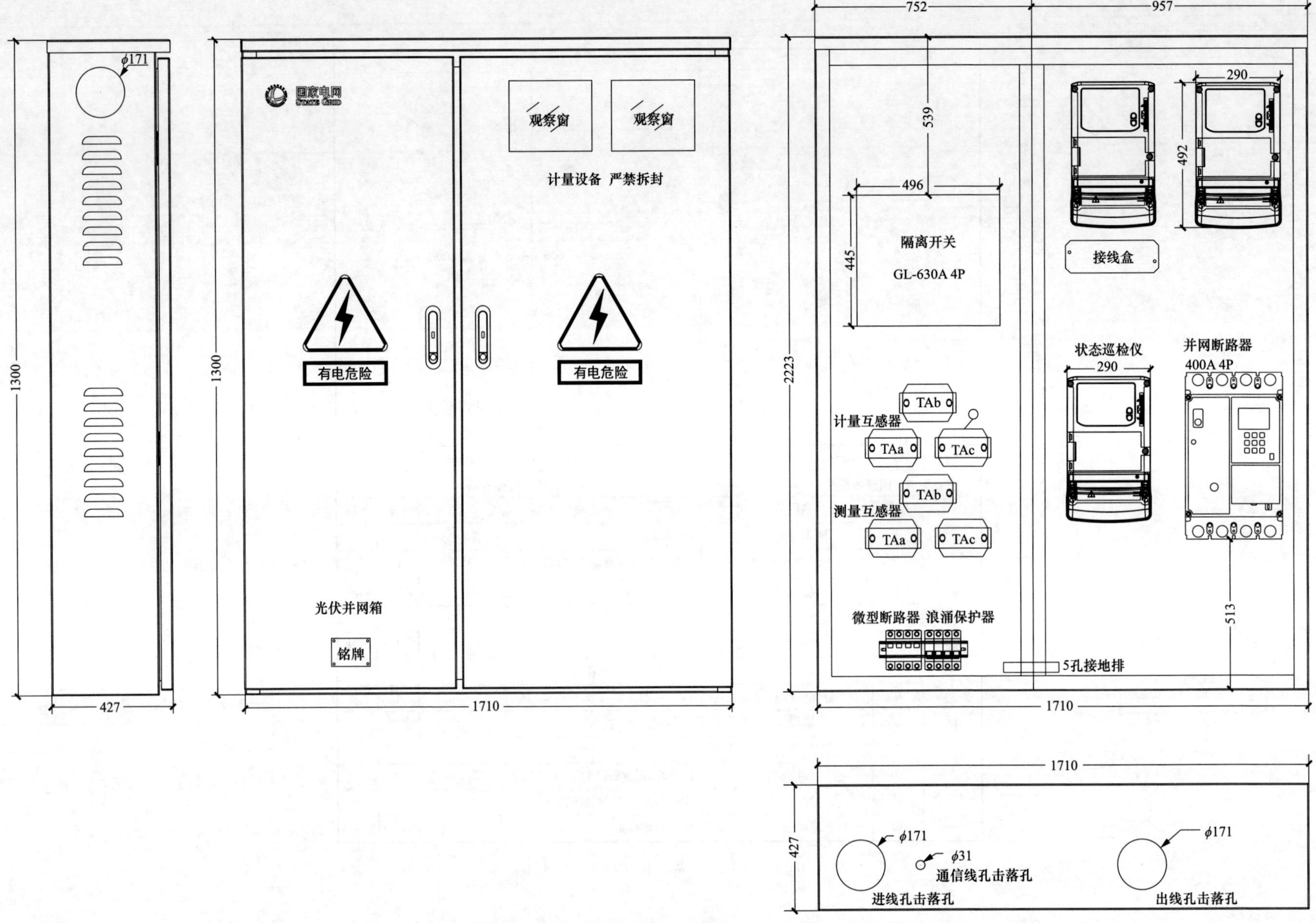

图 10-15 专线光伏并网接入箱布置加工示意图

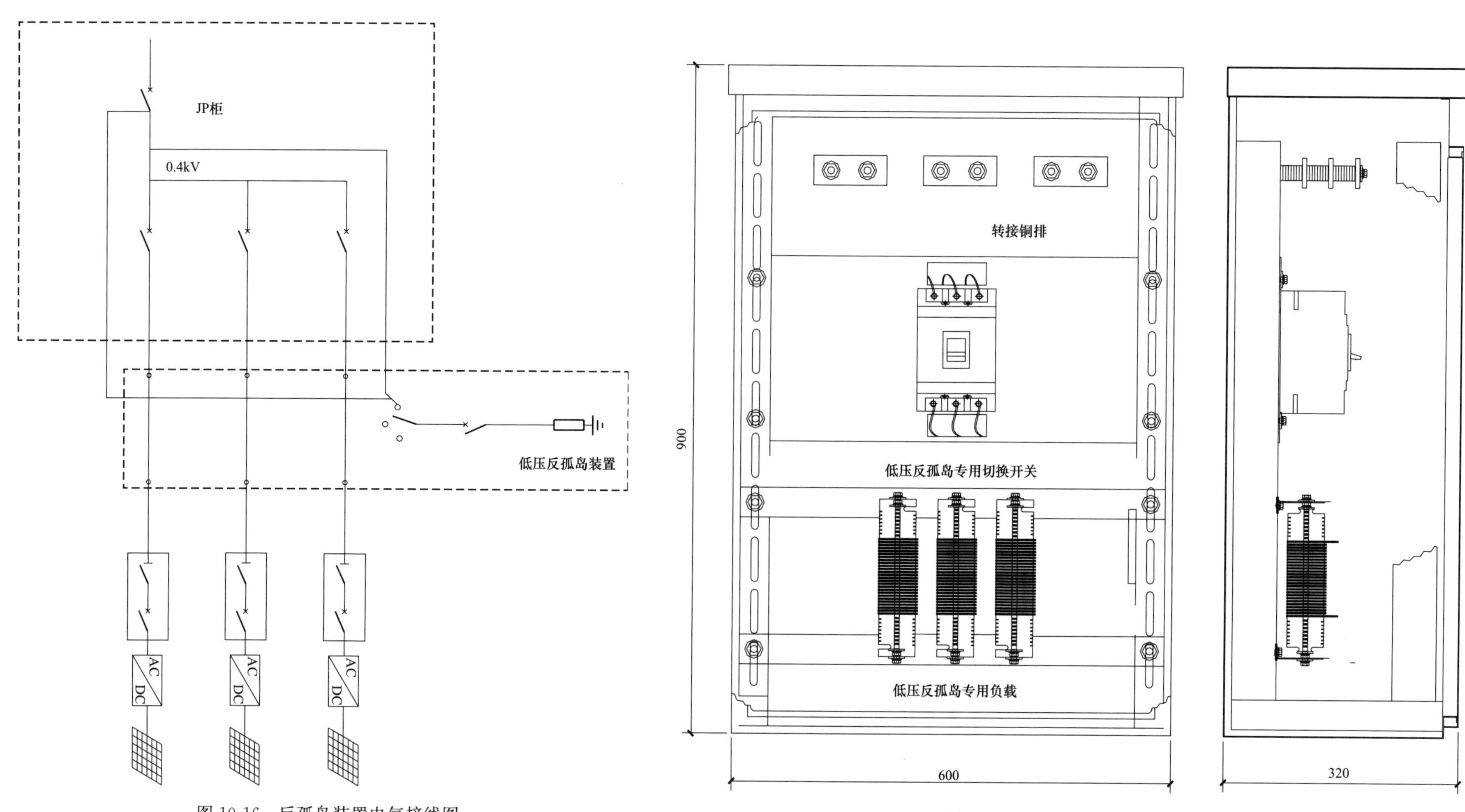

图 10-16　反孤岛装置电气接线图

图 10-17　反孤岛装置内部示意图

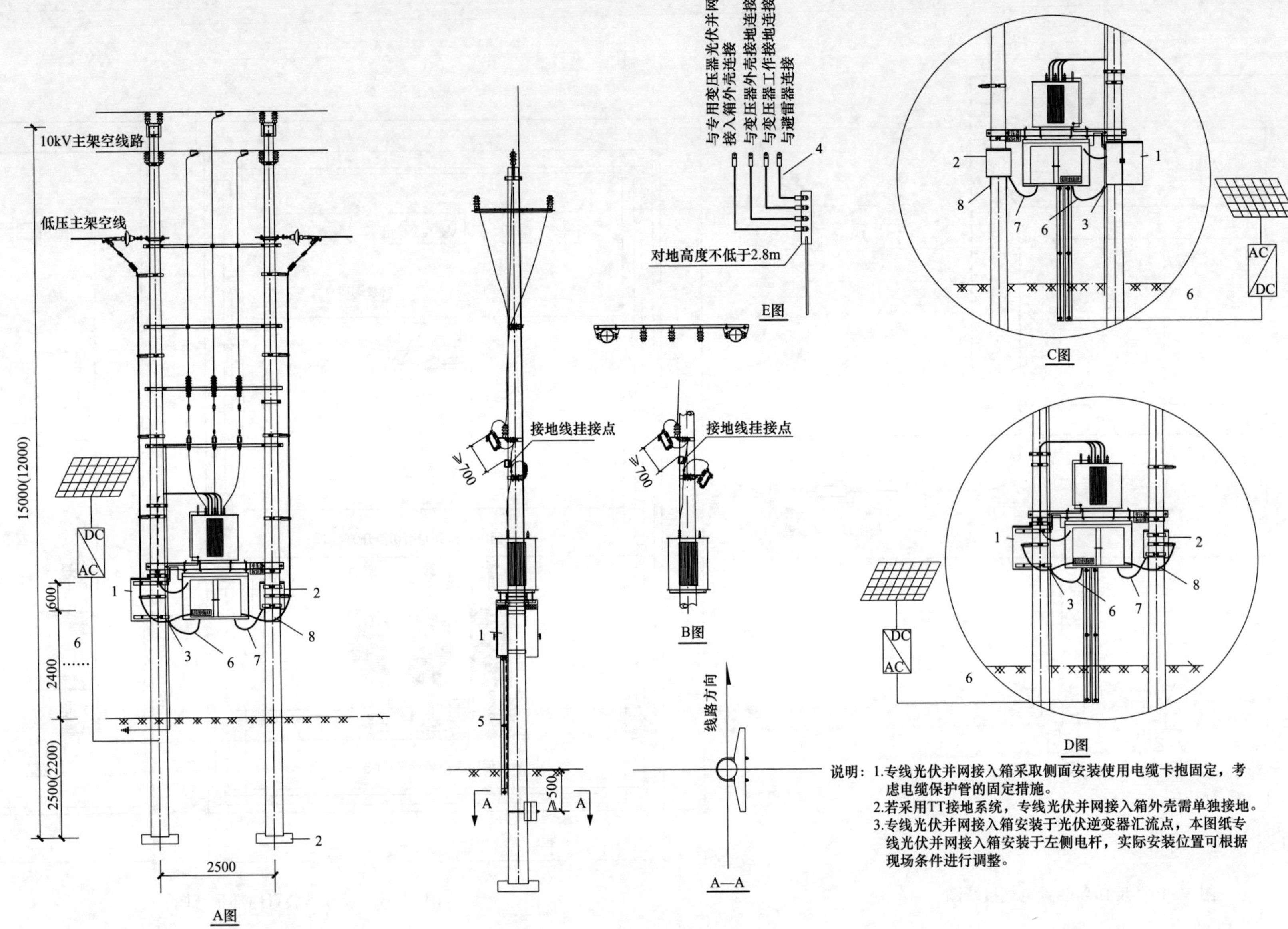

说明：1.专线光伏并网接入箱采取侧面安装使用电缆卡抱固定，考虑电缆保护管的固定措施。
2.若采用TT接地系统，专线光伏并网接入箱外壳需单独接地。
3.专线光伏并网接入箱安装于光伏逆变器汇流点，本图纸专线光伏并网接入箱安装于左侧电杆，实际安装位置可根据现场条件进行调整。

图 10-18　方案 GF380-T-2 安装图

材料类别	编号	名称	型号	单位	数量	图号	备注
设备类	1	专线光伏并网接入箱	700mm×250mm×1000mm	台	1		
	2	反孤岛装置	600mm×320mm×900mm	台	1		
成套附件类	3A	抱箍	BG6-320	块	2		可根据实际安装位置选配
	3B	托架		副	2		如不使用抱箍，可根据实际选配
	4	布电线	BV-35	m	5		
	5	杆上电缆护管	DLHG-114A	副	1	TJ-HG-01	
	6A	低压绝缘线（可选）	JKTRYJ/150	m	10		
	6B	低压电缆（可选）	ZC-YJV-0.6/1kV-1×150	m	10		
	7	铜芯橡皮绝缘线	BX-500-4×10	m	10		
	8	标识牌	300mm×240mm	块	1		此台区接有光伏电源
	9	螺栓	M12×45	件	7		
	10	螺栓	M16×45	件	4		

图 10-19　物料清单

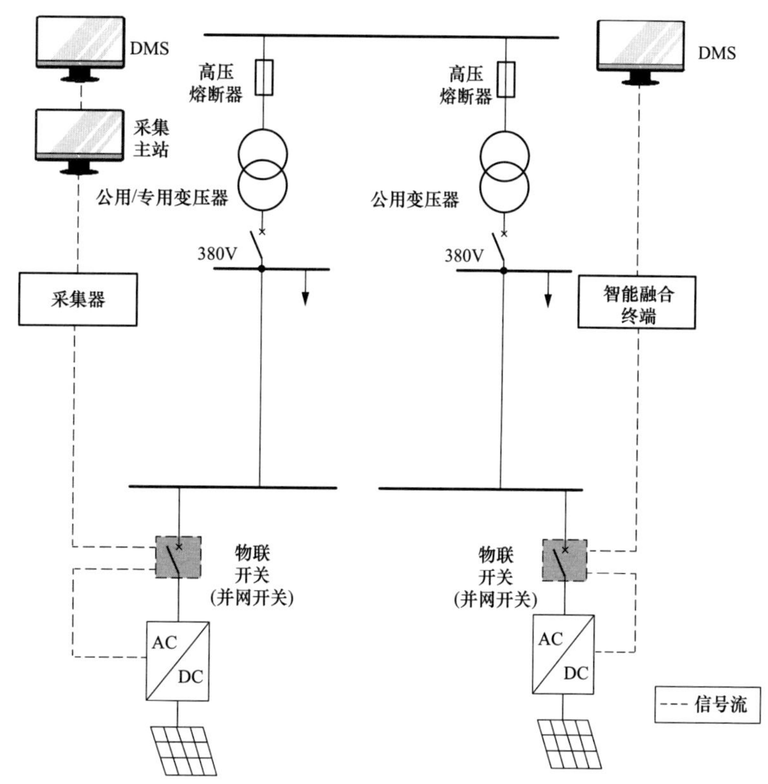

图 10-20　0.4kV 并网方案二次自动化配置图（全额上网）

第 11 章　智能型柱上变压器台典型设计

11.1　方案说明

11.1.1　总的部分

智能化柱上变压器台综合考虑供电可靠性、信息采集、节省投资等要求，根据配置方案和通信要求的不同划分为“基本型”和“标准型”。

“基本型”智能化柱上变压器台采用“集中器＋HPLC 电能表”开展建设，可按需配置低压智能开关。

“标准型”智能化柱上变压器台采用“新型融合终端/高性能集中器＋智能开关＋HPLC 电能表”开展建设。

11.1.2　设计对象

设计对象为国网福建电力系统内新建或改造的 10kV 智能化三相柱上变压器台。

11.1.3　设计范围

智能化柱上变压器台设计范围是从配电变压器低压侧 0.4kV 进线开关至用户侧表箱之间的所有智能化电气设备与通信网络。

11.1.4　设计深度

按初步设计内容深度要求开展工作。

11.1.5　假定条件

海拔：≤1000m。

环境温度：(－10～＋40)℃。

最热月平均最高温度：35℃。

污秽等级：中污区、重污区、严重污区。

日照强度：0.1W/cm^2。

最大风速：45m/s。

地震烈度：按 7 度设计，地震加速度为 0.1g。

11.1.6　应用场景

“基本型”智能化柱上变压器台适用于 C 类及以下供电区域的新建台区、存量拟改造台区。

“标准型”智能化柱上变压器台适用于 B 类及以上供电区域的新建台区、存量拟改造台区，也可适用于高故障台区、具备低压分布式电源、充电桩接入台区及已建成中压标准自动化馈线所带台区。

11.2　智能化部分

11.2.1　典型设备配置原则

根据低压配电台区所属区域、属性、用电的差异化需求，“基本型”和“标准型”应用功能及适用区域如下。

(1) 基本型：主要实现配电变压器监测、用户电能表数据采集、台区可开放式容量分析、低压供电可靠性分析、故障精准研判等基本功能，适用于投资费用较少，供电可靠性较低的 C 类、D 类地区。

(2) 标准型：主要在基本型的基础上增加了变压器、柜/箱体、进出线开关、低压无功补偿装置等主设备的运行状态监测，扩展了线损精益化管理、台区拓扑关系识别、分布式电源监测控制、电动汽车有序充电等高级数据分析应用类业务场景，适用于投资费用适中，供电可靠性中高要求的 A＋、A 类或 B 类地区。

遵循“一台区一终端”建设原则开展智能化柱上变压器台设计，柱上变压器台智能化典型方案设备配置见表 11-1。

表 11-1　　柱上变压器台智能化典型方案设备配置表

序号	采集终端	感知内容	所属区域	通信方式	基本型	标准型
1	变压器传感器	油温、油位、内部压力、档头温度等	配电变压器侧	2.4G 无线/RS-485/PT100	×	○
2	JP 柜传感器	柜内温度、烟雾、门磁等	低压侧	2.4G 无线/RS-485/PT100	×	○
3	集中器	电压、电流、表码、告警事件等	低压侧	RS-485/HPLC	√	×

续表

序号	采集终端	感知内容	所属区域	通信方式	基本型	标准型
4	智能融合终端	电压、电流、告警事件、停电事件等	低压侧	RS-485/HPLC	○	×
5	新型融合终端/高性能集中器	电压、电流、告警事件、停电事件等	低压侧	RS-485/HPLC	×	√
6	低压智能开关（智能塑壳断路器）	开/合、电压、电流等	低压侧（JP柜进线）	RS-485、HPLC/HPLC+微功率无线	√	√
7	低压智能开关（剩余电流保护断路器）	开/合、电压、电流等	低压侧（JP柜出线）	RS-485、HPLC/HPLC+微功率无线	√	√
8	低压智能开关（剩余电流保护断路器）	开/合、电压、电流等	线路侧（分支箱）、用户侧（表箱）	RS-485、HPLC/HPLC+微功率无线	×	√
9	低压智能开关（具备物联功能断路器）	开/合、电压、电流等	用户侧（分布式光伏、充电桩等）	RS-485、HPLC/HPLC+微功率无线	√	√
10	低压无功补偿装置（智能电容器）	母线电压、补偿电流、投切状态、有功无功功率等	低压侧	RS-485	√	√
11	低压无功补偿装置（SVG）	母线电压、补偿电流、投切状态、有功无功功率等	低压侧	RS-485	×	○
12	HPLC电能表	电压、电流、表码、告警事件等	用户侧	HPLC/HPLC+微功率无线	√	√
13	载波中继模块	宽带载波通信中继信号	用户侧	HPLC	○	○

注 ○：可选；√：必选；×：不具备。

11.2.2 典型设备配置要求

11.2.2.1 配变智能终端

（1）智能化柱上变压器台的配变智能终端应具备数据采集、设备运行状态监测、电能计量等功能并具备扩展性，支撑营销、配电，符合新兴业务发展需求。

1）外形尺寸：290mm×180mm×95mm（适用集中器、新型融合终端或高性能集中器）。

2）通信接口：具备RJ-45接口、RS-485接口、遥信接口、电能量有功、无功脉冲输出接口。

3）加密芯片：应配置安全加密芯片，接入配电自动化主站的配变智能终端还应配置配电业务加密功能的安全芯片。

4）操作系统：嵌入式操作系统，支持容器化应用部署。

（2）“基本型”智能化柱上变压器台的配变智能终端应选用集中器，可按需增配台区智能融合终端。

（3）“标准型”智能化柱上变压器台的配变智能终端应选用新型融合终端或高性能集中器。

11.2.2.2 低压智能开关

（1）低压智能开关应具备通信、计量、测量、远程分闸、显示、对时、拓扑识别、告警等功能，可根据实际需求和用电性质配置远程合闸、自动重合闸等功能。

1）保护：低压智能开关应具备短路保护、过负荷保护、过电压和欠电压保护功能；低压出线开关应具备剩余电流保护功能。

2）通信：低压智能开关应支持《福建省智能台区（智能剩余电流保护器）通信规约》以及DL/T 698.45扩展协议的要求。低压智能开关应支持HPLC或HPLC+微功率无线及RS-485通信方式，HPLC或HPLC+微功率无线通信单元宜选用模块化设计，支持热拔插、互通互换。

3）控制：光伏、电池储能、充电桩等台区分布式资源并网点的智能断路器应具备物联功能，即能通过断路器本体RS-485通信接口采集所接设备运行数据，并转发远控命令至所接设备。

（2）“基本型”智能化柱上变压器台按以下原则配置：综合配电箱内总开、分路开关配置低压智能开关；若台区有分布式光伏、充电桩、储能装置等智能化设备，宜配置物联相关功能的低压智能开关。

（3）“标准型”智能化柱上变压器台的低压智能开关按照以下原则配置：综合配电箱内总开、分路开关、分支箱、表箱内等关键点配置具备拓扑识别功能的低压智能开关；在分布式光伏、充电桩的就近接入点处配置具备物联相关功能的低压智能开关；供电可靠性要求高或电能质量需求高的台区，可全量配置低压智能开关。

11.2.2.3 低压无功补偿装置

（1）低压无功补偿装置应满足 GB/T 15576 的规定，无功补偿单元应具备 RS-485 通信接口，具备与台区智能融合终端通信功能。

1）选型：低压无功补偿装置按照不超过变压器容量 30%的比例进行配置。电容器的投切元件应采用复合开关或半导体电子开关，应具备电压过零时投入，电流过零时切除功能。

2）保护：低压无功补偿装置应具备过电流及速断的基本保护功能；可采用断路器或熔断器保护，其额定电流宜按电容器额定电流的 1.5 倍选取，动作整定值按实际使用需求通过计算确定。低压无功补偿单元应配置避雷器，防止雷电过电压、操作浪涌过电压和其他瞬态过电压对交流电源系统和用电设备造成的损坏。动态补偿方式的电压保护符合下列规定：保护动作电压至少在 1.1～1.2 倍无功补偿装置额定电压间可调，当无功补偿装置的过电压达到设定值时电容应在 1min 内全部切除并拒绝投入。

（2）“基本型”智能化柱上变压器台应选用智能电容器组，实现精细补偿，防止过补偿。

1）智能电容器宜选用模组化结构，每只模组化电容器可单独插拔。补偿方式可选多组电容器编码投切补偿方案或循环投切精细补偿方案。

2）智能电容器应具有进行远程投切、补偿参数设置、补偿记录查询、分区段功率因数统计的功能。应能通过电容电流与实际投切电容量的对比，实现电容器的在线状态检测。

（3）“标准型”智能化柱上变压器台应选用智能电容器组，对于存在三相不平衡问题的台区，宜优先采用 SVG 与智能电容（分补）单元组合方式。

1）当无功补偿采用 SVG+智能电容方式时，SVG 具有控制智能电容器功能以及 SVG 与智能融合终端进行通信。

2）当负载无功变化时，SVG 先补偿，同时发出指令控制智能电容投入，智能电容投入后，SVG 再退出智能电容补偿的容量，SVG 智能补偿智能电容欠补的无功值，实现精细化无功补偿。

11.2.2.4 HPLC 电能表

应选用具备计量、测量及 HPLC 通信功能的智能电能表。电能表由测量单元和数据处理单元等组成，除计量有功/无功电能量外，还具有分时、测量需量等两种以上功能，并能显示、存储和输出数据的电能表。

（1）计量：电能表准确度等级不应低于有功 C（0.5S）级，无功 A（2.0）级单相（三相）智能表，同时应具备电流、电压、电量等信息采集和三相电流不平衡监测功能。

（2）通信：电能表应配有标准通信接口，具备本地通信和通过配电智能融合终端远程通信的功能。通信协议符合 DL/T 645 或 DL/T 698.45，电能表采集信息应接入电网管理部门电力用户用电信息采集系统。

11.3 通信部分

11.3.1 远程通信网

（1）远程通信网为配变智能终端与业务主站之间的通信网，为配变智能终端与主站的信息交互提供数据传输、应急保障通信信道，以及时间同步与位置获取信道。

1）远程通信方式：包括光纤（EPON 技术、工业以太网）、电力无线专网、无线公网（4G/5G）、卫星等通信方式。

2）通信安全：营销业务数据需满足营销专业加密认证安全防护要求，配电业务数据需满足配电专业加密认证安装防护要求。

（2）“基本型”智能化柱上变压器台的集中器远程通信网优先采用无线公网通信方式与用电信息采集系统连接。在无线信号覆盖较弱区域，可采用光纤通信。增配的台区智能融合终端，应采用无线公网 4G 通信方式。

（3）“标准型”智能化柱上变压器台的新型融合终端/高性能集中器优先采用无线公网4G通信方式，经物联安全接入网关统一接入物联管理平台，并通过物联管理平台或企业级实时量测中心分发业务数据至各业务主站。若传输时延要求不满足或有明确需要的，可采用无线公网5G通信方式。

11.3.2 本地通信网

（1）本地通信网为配变智能终端与末端智能设备之间的通信网，应结合配电网络的特性和低压台区业务管理特点，以台区为单位进行构建。

（2）本地通信网通信方式包括RS-485通信、高速电力载波（HPLC）通信、微功率无线通信等。

1）RS-485通信速率优先选用9600bit/s。

2）HPLC通信采用0.7～3MHz频段。

3）微功率无线采用470～510MHz频段。

4）HPLC+微功率无线的双模通信应能实现载波与无线通信方式之间自动、多次桥接，具备自动组网和路由自动建立功能，无须人工干预，双模头端通信单元与尾端通信单元之间应该能够自动建立数据传输的路由关系；当路由中的任一中继节点拆除或故障后，尾端通信单元能够自动找到一条新路由。载波工作频率支持自动侦测和冲突避让功能，组网时，具备侦听台区现有载波网络工作频段的能力，并可以频分方式与现有载波网络的并存。

5）当低压台区线路环境复杂，电力线载波通信或者无线通信末端与头端之间无法建立正常通信连接时，需要在末端与头端之间配置通信信号中继节点。一般情况下，作为中继节点的设备应安装在分接箱内或者架空线路的中间位置。

（3）“基本型”智能化柱上变压器台的本地通信网优先考虑以HPLC通信为主干。

1）集中器与HPLC电能表优先采用HPLC通信，若HPLC通信信号弱，可采用微功率无线通信或“HPLC+微功率无线通信”双模通信。

2）若集中器无低压无功补偿装置采集或控制需求，低压无功补偿装置采用自主投切控制，集中器仅对台区功率因数采集、监测。

3）集中器与表前开关优先采用HPLC通信，若HPLC通信信号弱，可采用微功率无线通信或“HPLC+微功率无线通信”双模通信。

（4）“标准型”智能化柱上变压器台的本地通信网优先考虑以HPLC/HPLC+微功率无线通信为主干，微功率无线和RS-485通信作为智能设备接口的方式来构建。

1）新型融合终端/高性能集中器与综合配电箱的进线总开、出线开关及分支箱、表箱内的低压智能开关优先采用HPLC通信。

2）分布在新型融合终端/高性能集中器旁的台区近端智能设备，例如低压无功补偿装置、集中器、传感器类，通过RS-485或微功率无线方式与新型融合终端/高性能集中器直接建立通信。

3）分布在分支箱侧和用户表箱侧的台区远端设备，例如分布式光伏、充电桩、储能、换相开关、传感器类，优先通过RS-485作为通信接口，接入就近低压智能开关，基于低压智能开关的HPLC/HPLC+微功率无线通信实现与新型融合终端/高性能集中器的本地通信。

11.4 其他

（1）配变智能终端应支持容器化应用功能部署，基于交采、开关开展的App应配尽配。

（2）可根据台区设备资源，在“基本型”基础上增量配置适配设备的高级应用功能。

（3）营配交互实现方式如下：

1）“基本型”智能化柱上变压器台的若需实现营配本地交互，可在集中器旁，按需配置台区智能融合终端，配置营配本地交互App，通过RS-485方式实现交互。

2）“标准型”智能化柱上变压器台的新型融合终端/高性能集中器应部署配电业务App与营销业务App，营配业务数据通过新型台区智能融合终端的数据中心共享，实现营配交互功能。

融合终端功能配置差异化要求见表11-2。

表 11-2　　　　　　融合终端功能配置差异化要求

序号	应用功能	基本型	标准型	备注
1	营配本地交互	√	√	
2	低压智能开关监测控制	○	√	带低压智能开关的“基本型”台区部署该功能
3	可开放式容量分析	√	√	
4	低压可靠性和停电作业分析	√	√	
5	配电站房 AI 监测	×	○	带 AI 站房监测装置的“标准型”台区部署该功能
6	机器人监测	×	○	带巡检机器人的“标准型”台区部署该功能
7	台区供电能力及电能质量治理	×	√	
8	低压台区自动互联互备	×	○	带互联条件的“标准型”台区部署该功能
9	台区线损精益管理及反窃电精准定位	×	√	
10	分时分路停送电验证拓扑	×	√	
11	低压拓扑文件自动生成及校验应用	×	√	
12	故障精准研判与主动抢修	√	√	
13	分布式电源灵活消纳及智能运行控制	○	√	带物联（光伏）相关功能的开关，台区应部署该功能
14	电动汽车有序充电与 V2G 控制	○	√	带物联（充电桩）相关功能的开关，台区应部署该功能
15	柔性直流互联装置控制	×	○	带柔性直流互联装置的“标准型”台区应部署该功能

注　○：可选；√：必选；×：不具备。

11.5　主要设备材料清册

智能化部分主要设备材料清册见表 11-3。

表 11-3　　　　　　智能化部分主要设备材料清册

类型	序号	名称	型号及规格	单位	数量	备注
基本型	1	集中器	尺寸：290mm×180mm×95mm，RS-485 接口	台	1	
	2	智能融合终端	尺寸：260mm×231.5mm×94mm，RS-485 接口	台		按需配置
	3	低压智能开关	智能塑壳断路器、具备载波与微功率无线通信，拓扑识别模块，采集精度 0.5S 级	只		按需配置
	4	低压智能开关	智能光伏并网保护断路器、具备物联相关功能、具备载波与微功率无线通信，拓扑识别模块，采集精度 0.5S 级，具备防孤岛保护功能	只		按需配置
	5	低压智能开关	剩余电流保护断路器、具备物联相关功能、具备载波微功率无线通信，拓扑识别模块，采集精度 0.5S 级	只		按需配置
	6	低压无功补偿装置	智能电容器、远程投切，精细补偿	组	1	
	7	HPLC 电能表	智能电能表、具备计量、测量及 HPLC 通信功能，采集精度 0.5S 级	只		按需配置
	8	屏蔽双绞线	RS-485 线	m		按需配置
标准型	1	新型融合终端/高性能集中器	尺寸：290mm×180mm×95mm，RS-485 接口	台	1	
	2	传感器、汇聚单元	变压器油温、油位状态监测、2.4G/RS-485	套		按需配置
	3	柜内温湿度传感器、烟雾传感器、门磁传感器	综合配电箱内环境监测、2.4G/多模单网通信	套		按需配置
	4	低压智能开关	智能塑壳断路器、具备载波与微功率无线通信，拓扑识别模块，采集精度 0.5S 级	只		按需配置
	5	低压智能开关	智能光伏并网保护断路器、具备物联相关功能、具备载波与微功率无线通信，拓扑识别模块，采集精度 0.5S 级，具备防孤岛保护功能	只		按需配置
	6	低压智能开关	剩余电流保护断路器、具备物联相关功能、具备载波微功率无线通信，拓扑识别模块，采集精度 0.5S 级	只		按需配置
	7	低压无功补偿装置	智能电容器、远程投切，精细补偿	组	1	

续表

类型	序号	名称	型号及规格	单位	数量	备注
标准型	8	低压无功补偿装置	SVG、具备接入融合终端功能	套		按需配置
	9	HPLC 电能表	智能电能表、具备计量、测量及 HPLC 通信功能，有功计量精度 C（0.5S）级	只		按需配置
	10	屏蔽双绞线	RS-485 线	m		按需配置

11.6 设计图

设计图清单见表 11-4。

表 11-4　　柱上变压器台智能化典型方案设计图清单

图序	图名	图纸编号
1	“基本型”智能化柱上变压器台配置方案	图 11-1
2	“标准型”智能化柱上变压器台配置方案	图 11-2
3	“基本型”营配本地交互的设备连接方案	图 11-3

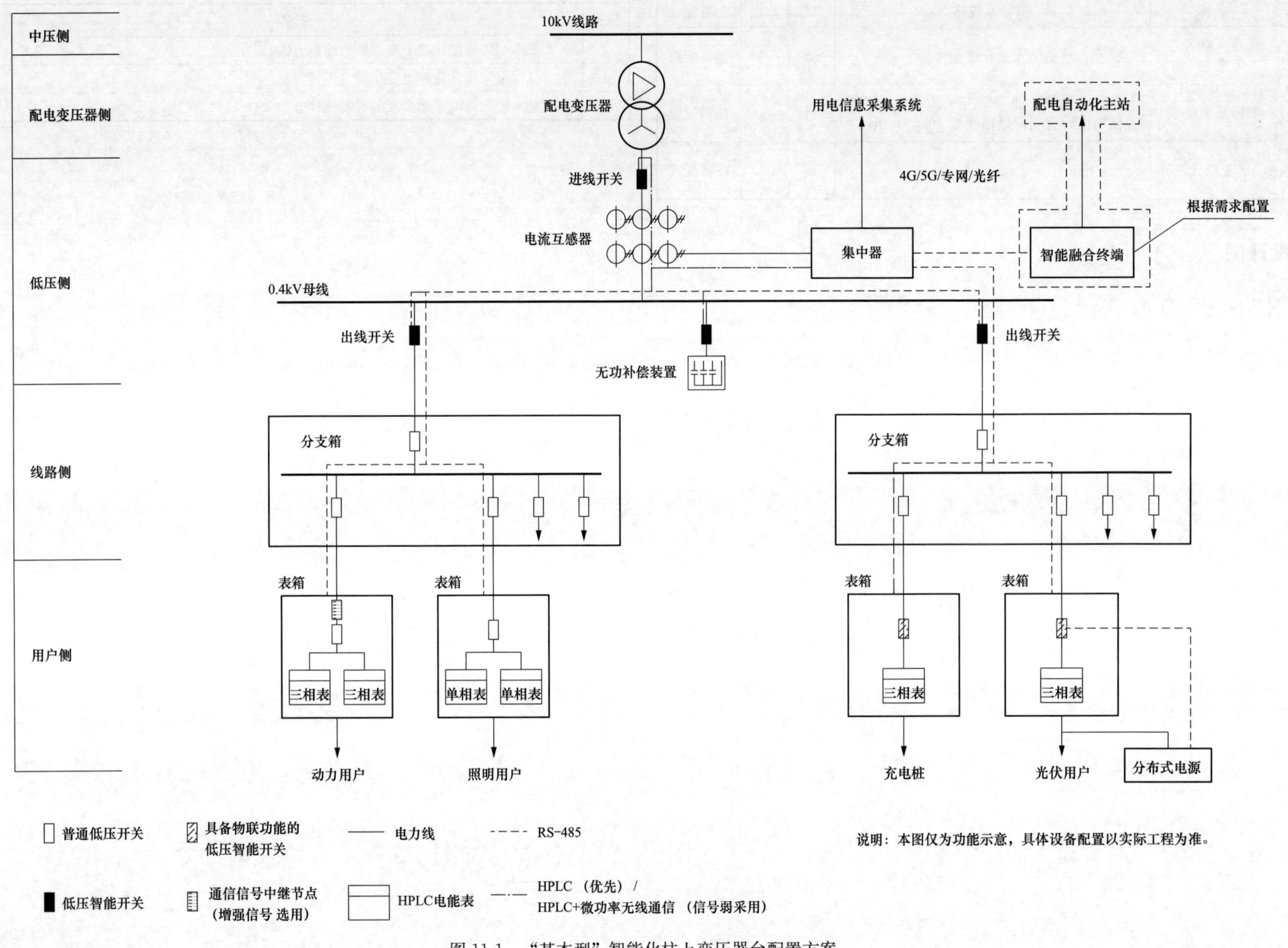

图 11-1 “基本型”智能化柱上变压器台配置方案

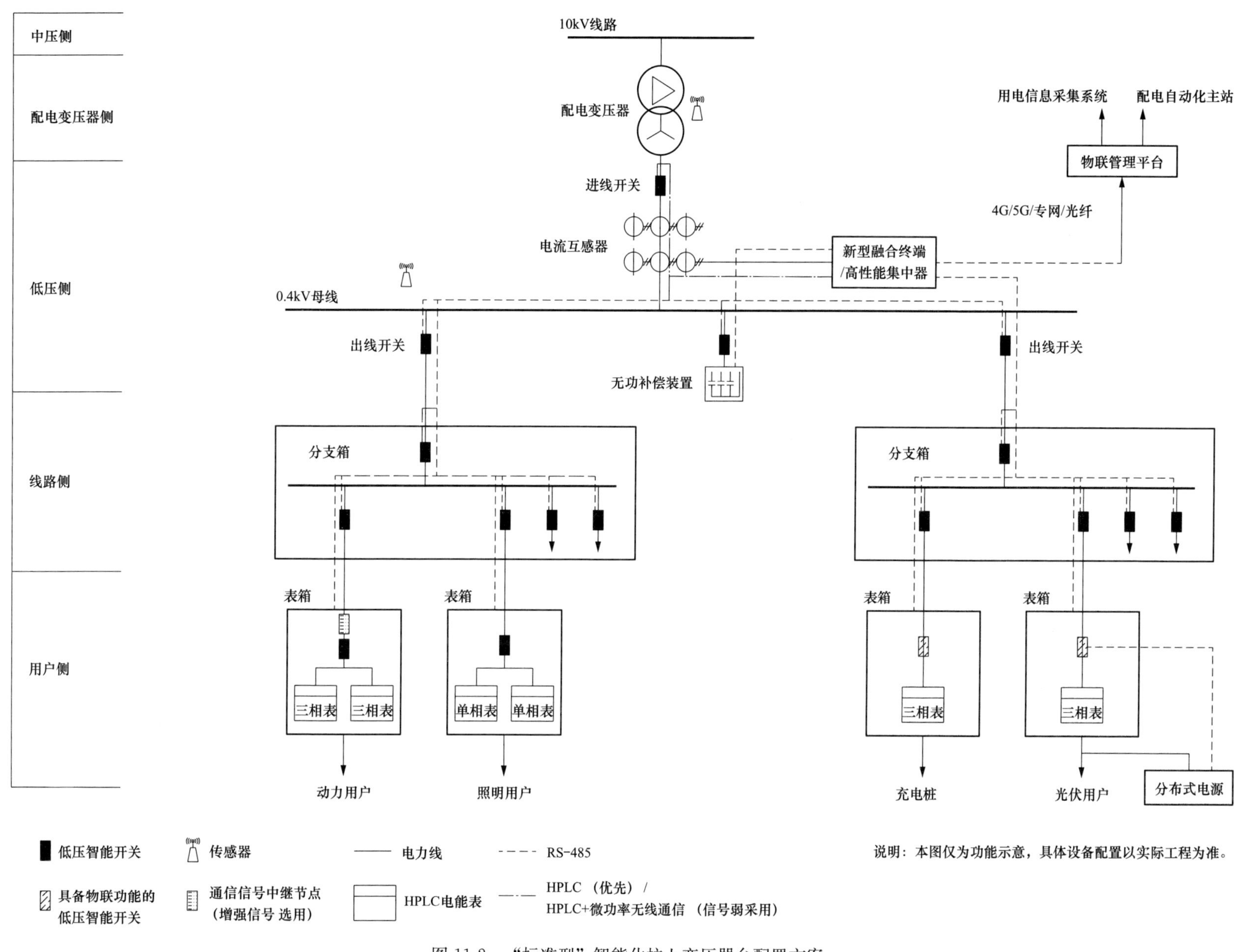

图 11-2 “标准型”智能化柱上变压器台配置方案

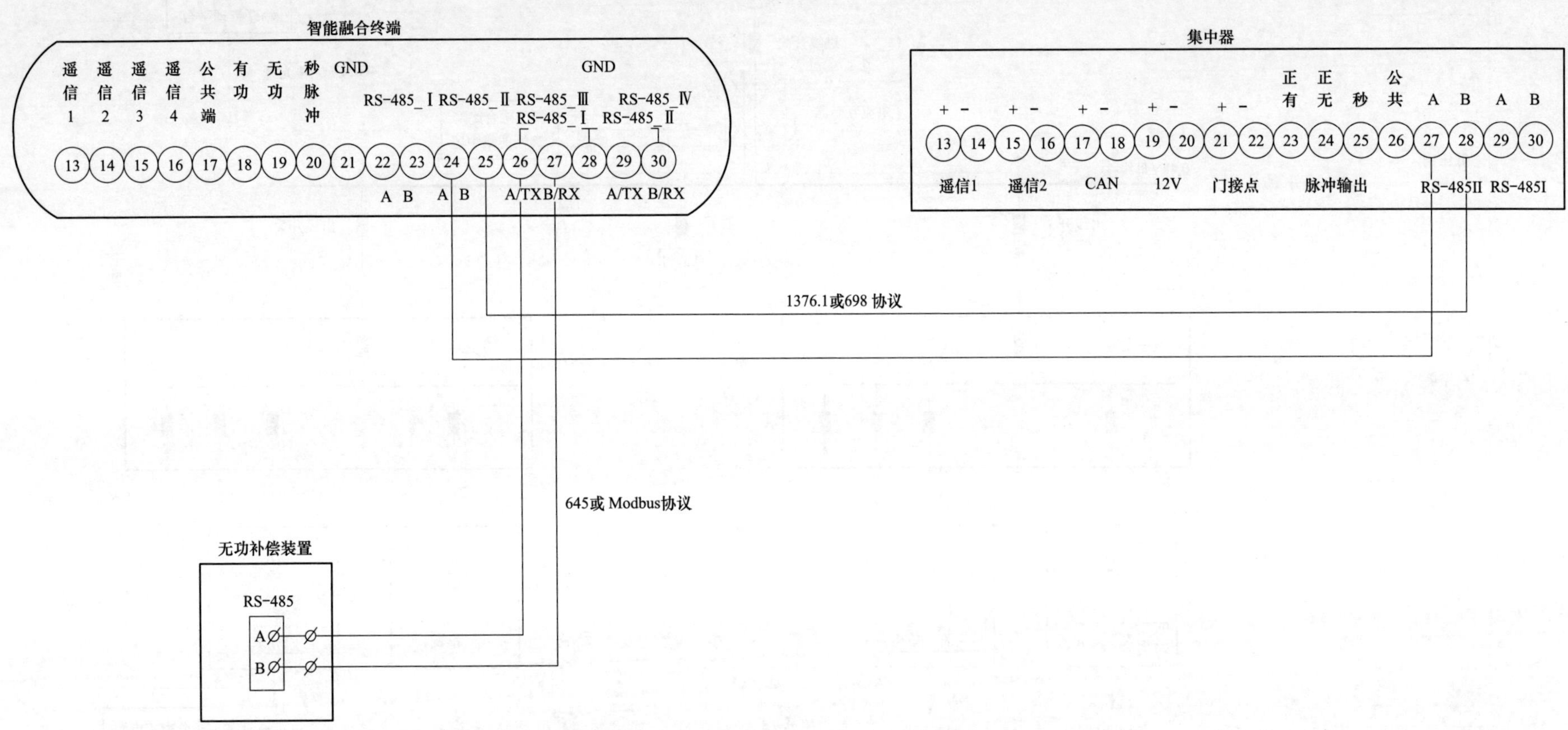

图 11-3 “基本型”营配本地交互的设备连接方案

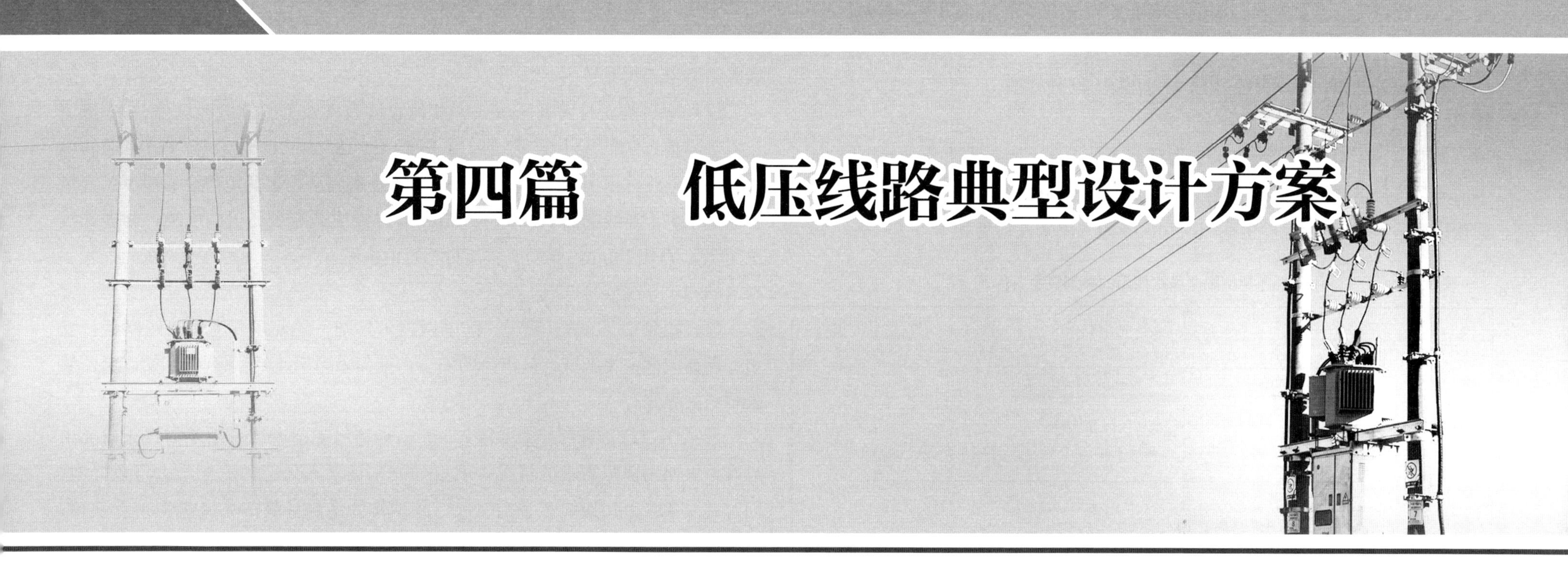

第四篇　低压线路典型设计方案

第12章　低压架空线路典型设计

12.1　设计技术原则

12.1.1　概述

380V低压架空线路（简称低压架空线路）典型设计包括低压架空配电线路的气象条件、导线的选取和导线张力弧垂数据表、低压架空线路杆型、绝缘配合、拉线选配、基础选择、接户线、金具和绝缘子选用、防雷及接地、标识及警示装置等。

典型设计共给出低压架空线路13个模块26种杆型。

12.1.2　气象条件

遵照《国家电网公司配电网工程典型设计10kV架空线路分册（2016版）》中的典型气象区（对于超出表12-1限定范围的使用情况，按运行经验及相关规程选用校验），低压架空配电线路使用的典型气象条件详见表12-1。

表12-1　低压架空配电线路使用的典型气象条件

气象区		A	B	C	D1	D2
大气温度（℃）	最高	40				
	最低	−10	−20	−40	−5	−5
	覆冰	−5				
	最大风	10	−5	−5	10	10
	安装	−5	−10	−15	0	0
	外过电压	15				
	内过电压年平均气温	20	10	−5	20	20
风速（m/s）	最大风	35	25	30	40	45
	覆冰	10				
	安装	10				
	外过电压	15	10	10	15	15
	内过电压	17.5	15	15	20	23
覆冰厚度（mm）		5	10	10	0	0
冰的密度（kg/m^3）		0.9×10^3				

12.1.3　导线选取和使用

12.1.3.1　导线截面选取

（1）低压架空配电线路根据不同负荷需求可以采用16、35、70、120、185mm^2等多种截面的导线。

（2）主干线截面应按远期规划一次选定。导线截面选择应系列化，同时各地在使用时应根据各自的需要选择2～3种常用截面的导线，可使杆型选择、施工备料、运行维护得以简化。

（3）主干线推荐选用120～185mm^2，分支线推荐选用70～120mm^2，接户线推荐选用70mm^2及以下截面积的导线，并进行热稳定校验。中性线宜与相线等截面积、同型号。

（4）除D类农村供电区域或者其他农村人口外流的供电区域外，200kVA及以上容量台区低压主干导线选用JKLYJ-1-185mm^2导线或载流量相近的电缆，分支导线选用JKLYJ-1-120mm^2导线或载流量相近的电缆；100kVA容量台区低压主干导线选用JKLYJ-1-120mm^2导线或载流量相近的电缆，分支导线选用JKLYJ-1-70mm^2导线或载流量相近的电缆。

12.1.3.2　导线型号选取

（1）按照Q/GDW 10370《配电网技术导则》的要求，为保障线路运行安全，保证人群密集区域人员出行的安全，推荐采用JKLYJ系列铝芯交联聚乙烯架空绝缘导线。

（2）JKLGYJ钢芯铝绞线芯交联聚乙烯绝缘架空电缆可用于树线矛盾突出且有较大使用档距需求的情况，但该导线未被录入现行国家标准、行业标准，同时其线条张力和架线弧垂均较大，故不作为绝缘导线的主要类型推荐使用，各地如确需使用，须严格收集导线各力学参数，参考常用导线计算方法，依据规程规范进行导线应力弧垂计算、杆塔电气及结构计算，并对典型设计所列杆塔类型进行校核、调整，满足要求后方可投入使用。

（3）低压架空导线各气象区导线型号选取、导线适用档距、安全系数见表12-2。

（4）对于超出表12-2导线型号或安全系数限定范围的使用情况，各地应对电杆的适用档距进行核算，并对所选用电杆的电气间隙和结构强度及稳定性进行校验并调整，满足要求后方可使用。

表 12-2　　导线安全系数表

导线分类	适用档距（m）	导线型号	安全系数				
			A 区	B 区	C 区	D1 区	D2 区
绝缘铝导线	$L\leqslant60$	JKLYJ-1/70	4.5	4	4	3.5	3
	$L\leqslant60$	JKLYJ-1/120	5.5	5	5	4.2	3.6
	$L\leqslant60$	JKLYJ-1/185	6.5	5	5	5.2	5.2

12.1.3.3　导线参数

绝缘导线参数根据 GB/T 12527《额定电压 1kV 及以下架空绝缘电缆》选取。标准中对绝缘导线的导体中最小单线根数、绝缘厚度、导线拉断力均有明确规定，但导线的外径、质量和计算截面在标准中尚无明确的规定。典型设计在对国内多家绝缘导线厂家调研的基础上，选取绝缘导线外径、质量、计算截面较大者作为推荐的计算参数，以确保设计的安全裕度。典型设计绝缘导线参数见表 12-3。

表 12-3　　绝缘导线参数

型号		JKLYJ-1/35	JKLYJ-1/70	JKLYJ-1/120	JKLYJ-1/185
构造（根数×直径 mm）	铝	7×2.25	19×2.25	19×2.20	37×2.58
	绝缘厚度（mm）	1.2	1.4	1.6	2.0
截面积（mm^2）	铝	36.58	75.55	125.50	193.43
外径（mm）		11.0	9.2	16.8	20.8
单位质量（kg/km）		130	241	400	618
综合弹性系数（MPa）		59000	56000	56000	56000
线膨胀系数（1/℃）		0.000023	0.000023	0.000023	0.000023
计算拉断力（N）		5177	10354	17339	26732

12.1.4　杆型选取和使用

12.1.4.1　杆型分类

（1）杆型按照“一杆多用”原则进行分类。

（2）根据低压架空配电线路中电杆的不同用途，给出了直线水泥杆、直线转角水泥杆、45°和 90°带拉线耐张转角水泥杆、直线 T 接水泥杆、带拉线终端水泥杆、无拉线耐张转角杆等共计 13 个模块 13 种杆型，设计人员可根据各自的使用情况再选取适用于本地区的杆型。

（3）典型设计采用使电杆受力最大的杆头型式进行结构计算。

（4）为进一步简化杆型，提高电杆的适用性，多数电杆均能适用三个气象区的多种外荷载，按档距、导线型号可选取不同等级的电杆。

12.1.4.2　电杆回路数

（1）本典型设计仅考虑单回水平排列低压架空配电线路。

（2）低压线路与 10kV 同杆架设已在《国家电网公司配电网工程典型设计 10kV 架空线路分册》中考虑，本典设不再赘述。

12.1.4.3　电杆选择

典型设计选用 GB/T 4623《环形混凝土电杆》中的锥形普通非预应力电杆和部分预应力电杆共 6 种。按杆高分为 10m、12m 三种规格；按福建省实际应用电杆梢径保留 ϕ190、ϕ230、ϕ270、ϕ350 四种规格；按开裂检验弯矩分为 I、M、N、O、T 五个等级。根据国家电网公司标准化物料要求，具体选用型号见表 12-4。

表 12-4　　水泥杆选型汇总表

序号	电杆分类	类型	水泥杆规格
1	ϕ190×10m	非预应力水泥杆	ϕ190×10×I×G
2	ϕ190×10m	非预应力水泥杆	ϕ190×10×M×G
3	ϕ190×12m	非预应力水泥杆	ϕ190×12×M×G
4	ϕ190×12m	非预应力水泥杆	ϕ190×12×N×G
5	ϕ270×12m	部分预应力水泥杆	ϕ270×12×O×B
6	ϕ350×12m	部分预应力水泥杆	ϕ350×12×T×B

12.1.4.4　电杆水平档距及垂直档距

低压架空线路的各种杆型按最大水平档距 $L_h\leqslant60$m，垂直档距 $L\leqslant75$m 进行设计，特殊大档距情况，可按差异化设计。

本章对各种杆型根据各外荷载对直线水泥杆的水平档距、耐张转角水泥杆、线路转向角度均再做相应的限定。

12.1.4.5 杆型汇总表

典型设计共给出低压架空线路 13 个模块 23 种杆型，见表 12-5。

表 12-5　　低压架空线路杆型汇总表

杆型编号	杆型模块（方案）	电杆类型	杆型代号
1	10m 380V 直线水泥杆	非预应力水泥杆	D4Z-10-I
2		非预应力水泥杆	D4Z-10-M
3	12m 380V 直线水泥杆	非预应力水泥杆	D4Z-12-M
4		预应力水泥杆	D4Z-12-N
5	10m 380V 直线转角水泥杆	非预应力水泥杆	D4ZJ-10-I
6		非预应力水泥杆	D4ZJ-10-M
7	12m 380V 直线转角水泥杆	非预应力水泥杆	D4Z-12-M
8	10m 380V　45°带拉线耐张转角水泥杆	非预应力水泥杆	D4NJ1-10-I
9		非预应力水泥杆	D4NJ1-10-M
10	12m 380V　45°带拉线耐张转角水泥杆	非预应力水泥杆	D4NJ1-12-M
11	10m 380V　90°带拉线耐张转角水泥杆	非预应力水泥杆	D4NJ2-10-I
12		非预应力水泥杆	D4NJ2-10-M
13	12m 380V　90°带拉线耐张转角水泥杆	非预应力水泥杆	D4NJ2-12-M
14	10m 380V 直线 T 接水泥杆	非预应力水泥杆	D4ZT4-10-I
15		非预应力水泥杆	D4ZT4-10-M
16	12m 380V 直线 T 接水泥杆	非预应力水泥杆	D4ZT4-12-M
17		非预应力水泥杆	D4ZT4-12-N
18	10m 380V 带拉线终端水泥杆	非预应力水泥杆	D4D-10-I
19		非预应力水泥杆	D4D-10-M
20	12m 380V 带拉线终端水泥杆	非预应力水泥杆	D4D-12-M
21		非预应力水泥杆	D4D-12-N
22	12m 380V 无拉线耐张转角水泥杆	预应力水泥杆	D4J-12-O
23		非预应力水泥杆	D4J-12-T

12.1.5 横担选配

（1）典型设计对横担、抱箍、螺栓及铁附件按强度进行计算，对横担长度经最小线间距离校验后进行归类。并按适用线路、导线截面、不同气象区等条件列出了 4 种规格的四线横担供设计人员选取。

（2）角钢规格选择是按照导线分档和不同型号同截面导线最大适用角钢规格综合考虑，设计人员可根据导线实际使用需求进行进一步优化。

12.1.6 绝缘配合

（1）依照 GB 50061《66kV 及以下架空电力线路设计规范》和 DL/T 620《交流电气装置的过电压保护和绝缘配合》进行绝缘设计，使线路能在工频电压、操作过电压和雷电过电压等各种情况下安全可靠地运行。

（2）环境污秽等级划分参照 GB 50061《66kV 及以下架空电力线路设计规范》附录 B 架空电力线路环境污秽等级标准，按 a～e 级考虑，并归类为 a、b、c 级，d 级及 e 级三种情况，根据国网福建电力设备部关于印发《10kV 配电网差异化建设与改造指导手册》的通知（设备配电〔2021〕15 号），福建省污秽等级分为中污区、重污区、严重污区。

（3）低压架空线路与高电压等级线路临近、交叉、平行接近的安全距离，与弱电线路的跨越及交叉角、保护间隙均应满足规程要求，必要时应进行校核计算，并采取相应的安全防护措施。

（4）典型设计按海拔 1000m 及以下考虑，1000m 以上特殊区域根据修正参数自行校验。各海拔的杆头电气距离、绝缘子选用的外绝缘水平均应满足国家电网公司物资采购标准 Q/GDW 13001《高海拔外绝缘配置技术规范》的相关内容要求。

12.1.7 拉线的选配

（1）本典型设计根据各类杆型按导线截面和不同气象区的最大承受荷载进行计算。12.3 列出了拉线形式选配表。

（2）12.4 明确了低压架空配电线路拉线的钢绞线、拉线棒、拉环等选材和拉线及拉线绝缘子装置要求，并给出了拉线棒、拉线盘及拉环的加工图。

（3）根据低压架空配电线路拉线受力全部按 60m 档距配置进行计算。列出了 4 种不同破断拉力的拉线组合形式供选用。给出了 LX 型普通拉线、VLX 型 V 形拉线、SVLX 型水平 V 形拉线、SLX 型水平拉线、GLX 型弓形拉线 5 种形式的组装图。

12.1.8 基础的选择

（1）本典型设计明确了由于各地地质条件不同，基础形式应根据各地区现场实际情况以及受力状况，结合当地地形条件、施工条件及实际地质参数，综合考虑基础形式并进行计算后进行选择。

（2）12.4 给出了直埋式、套筒无筋式、套筒式等 6 种常用的水泥杆基础形式。

12.1.9 金具及绝缘子选择

（1）本典型设计明确了适用于各类型导线的金具型号及选用要求，规定了适用于不同海拔及环境污秽等级的直线及耐张绝缘子型式。

（2）本典型设计给出了低压架空配电线路柱式、蝶式、线轴式、盘形悬式绝缘子选用配置图表。列出了盘形悬式、蝶式绝缘子耐张串安装图。

（3）本典型设计给出了低压接地线夹安装示意图。

12.1.10 防雷和接地

（1）12.5 阐述了低压架空配电线路防雷与接地的措施和要求。

（2）典型设计明确了低压架空配电网 TN-C-S、TT 两种供电系统的适用范围。

（3）典型设计给出了水平放射形、水平环形、垂直放射形、垂直环形等四种常用的接地体安装示意图及接地体铁件加工供设计人员选择。

（4）典型设计水泥杆采用外接引线接地方式，对于非预应力水泥杆，可采用通过非预应力主筋连接上下接地孔的接地方式。

12.1.11 架空线路标识及警示装置

架空线路标识及警示装置相关要求按照国网福建电力编制的《配电网标准化建设技术规范（试行） 配电设施标识分册》、国家电网公司 Q/GDW 742《配电网施工检修工艺规范》和 Q/GDW 434.2《国家电网公司安全设施标准 第二部分：电力线路》的相关要求，规范 380V/220V 架空配电线路标识及警示装置的安装要求。

12.2 导线张力弧垂

12.2.1 内容说明

（1）导线张力弧垂表（见表 12-7～表 12-21）的右侧表格列出了选用导线的外径、截面、拉断力、单位质量、最大使用张力、安全系数、气象区参数及导线的单位荷载等。

（2）导线张力弧垂表的左侧表格列出了选用导线在最高气温（简称高温）、最低气温（简称低温）、安装、外过电压（简称外过）、带电、热线、内过电压（简称内过）、最大风（简称大风）、覆冰、年平均气温（简称平温）及架线气象组合等情况下的导线张力和弧垂的数值。

12.2.2 导线架线弧垂查找方法

弧垂表列出了各种规格导线 10～100m 每隔 5m 各种气象条件下的导线张力和弧垂数值。使用时根据放线耐张段的代表档距 $l_{代表}$ 和放线时的气温采用插入法查取相应弧垂数值 $f_{代表}$（并根据上述要求进行导线初伸长的补偿），然后根据 $f_{观察}=(l_{观察}/l_{代表})^2 \cdot f_{代表}$ 计算出观察档施工弧垂 $f_{观察}$ 考虑高差时，代表档距计算公式为

$$l_{代表}=\sqrt{\frac{\sum l_i^2\cos^2\beta_i}{\sum l_i^2\cos^2\beta_i}}$$

12.2.3 导线初伸长的补偿原则

（1）新架导线的初伸长可采用弧垂减小的方法进行，但弧垂减小的幅值与导线的类型、使用档距、安全系数及载流量均相关。典型设计中仅提出推荐的经验数值，使用时须根据导线使用的实际情况做相应调整，使运行一段时间后的导线弧垂与弧垂表一致。

（2）因低压线路导线均采用松弛张力放线，安全系数取值较大，导线的初伸长建议采用以下处理方式：代表档距 50m 及以下的耐张段不考虑初伸长的补偿（直接根据弧垂表查取的数值进行施工）；代表档距 50m 以上的耐张段导线的初伸长补偿为：JKLYJ 系列绝缘线按弧垂表查取数值乘 0.9 进行施工，JL/G1A 系列钢芯铝绞线按弧垂表查取数值乘 0.92 进行施工。

12.2.4 设计图

导线张力弧垂表目录见表 12-6。

表 12-6 导线张力弧垂表目录

图序	表名	表格编号
1	A 气象区 JKLYJ-1/70（k=4.5）导线张力弧垂数据表	表 12-7
2	A 气象区 JKLYJ-1/120（k=5.5）导线应力弧垂表	表 12-8
3	A 气象区 JKLYJ-1/185（k=6.5）导线应力弧垂表	表 12-9
4	B 气象区 JKLYJ-1/70（k=4）导线张力弧垂数据表	表 12-10
5	B 气象区 JKLYJ-1/120（k=5）导线应力弧垂表	表 12-11
6	B 气象区 JKLYJ-1/185（k=5）导线应力弧垂表	表 12-12
7	C 气象区 JKLYJ-1/70（k=4）导线张力弧垂数据表	表 12-13
8	C 气象区 JKLYJ-1/120（k=5）导线应力弧垂表	表 12-14
9	C 气象区 JKLYJ-1/185（k=5）导线应力弧垂表	表 12-15
10	D1 气象区 JKLYJ-1/70（k=3.5）导线张力弧垂数据表	表 12-16
11	D1 气象区 JKLYJ-1/120（k=4.2）导线应力弧垂表	表 12-17
12	D1 气象区 JKLYJ-1/185（k=5.2）导线应力弧垂表	表 12-18
13	D2 气象区 JKLYJ-1/70（k=3）导线张力弧垂数据表	表 12-19
14	D2 气象区 JKLYJ-1/120（k=3.6）导线应力弧垂表	表 12-20
15	D2 气象区 JKLYJ-1/185（k=4.5）导线应力弧垂表	表 12-21

表 12-7　　A 气象区 JKLYJ-1/70（k=4.5）导线张力弧垂数据表

应力弧垂 \ 气象条件		高温	低温	安装	外过	内过	大风	覆冰	平均	架线气象条件					
	气温（℃）	40	−10	−5	15	20	10	−5	20	−10	0	10	20	30	40
	风速（m/s）	0	0	10	15	18	35	10	0	0	0	0	0	0	0
档距(m)	覆冰（mm）	0	0	0	0	0	0	5	0	0	0	0	0	0	0
30	应力（MPa）	6.706	28.029	23.389	13.747	14.104	30.455	29.984	9.508	28.029	18.523	12.599	9.508	7.787	6.706
	弧垂（m）	0.525	0.126	0.163	0.352	0.406	0.431	0.258	0.370	0.126	0.190	0.279	0.370	0.452	0.525
35	应力（MPa）	6.999	20.772	17.999	13.059	13.908	30.455	26.721	9.139	20.772	14.576	11.126	9.139	7.875	6.999
	弧垂（m）	0.684	0.231	0.289	0.504	0.560	0.586	0.393	0.524	0.231	0.329	0.431	0.524	0.608	0.684
40	应力（MPa）	7.216	15.902	14.751	12.614	13.773	30.455	24.451	8.903	15.902	12.387	10.278	8.903	7.937	7.216
	弧垂（m）	0.867	0.393	0.460	0.682	0.739	0.766	0.562	0.703	0.393	0.505	0.609	0.703	0.788	0.867
45	应力（MPa）	7.381	13.249	12.938	12.312	13.676	30.455	22.909	8.744	13.249	11.159	9.754	8.744	7.981	7.381
	弧垂（m）	1.073	0.598	0.664	0.884	0.942	0.969	0.759	0.906	0.598	0.710	0.812	0.906	0.992	1.073
50	应力（MPa）	7.508	11.781	11.866	12.098	13.605	30.455	21.844	8.632	11.781	10.414	9.407	8.632	8.014	7.508
	弧垂（m）	1.302	0.830	0.893	1.110	1.169	1.197	0.982	1.133	0.830	0.939	1.039	1.133	1.220	1.302
55	应力（MPa）	7.608	10.893	11.182	11.942	13.552	30.455	21.085	8.549	10.893	9.925	9.165	8.549	8.039	7.608
	弧垂（m）	1.555	1.086	1.147	1.361	1.420	1.448	1.231	1.384	1.086	1.192	1.291	1.384	1.471	1.555
60	应力（MPa）	7.688	10.312	10.716	11.824	13.511	30.455	20.528	8.487	10.312	9.586	8.989	8.487	8.059	7.688
	弧垂（m）	1.831	1.365	1.424	1.636	1.695	1.723	1.505	1.659	1.365	1.469	1.566	1.659	1.747	1.831
65	应力（MPa）	7.752	9.907	10.382	11.734	13.478	30.455	20.108	8.439	9.907	9.339	8.856	8.439	8.074	7.752
	弧垂（m）	2.131	1.668	1.725	1.935	1.994	2.023	1.803	1.958	1.668	1.769	1.865	1.958	2.046	2.131
70	应力（MPa）	7.804	9.612	10.134	11.662	13.452	30.455	19.783	8.401	9.612	9.154	8.754	8.401	8.087	7.804
	弧垂（m）	2.455	1.993	2.050	2.258	2.317	2.346	2.126	2.281	1.993	2.093	2.189	2.281	2.369	2.455
75	应力（MPa）	7.848	9.389	9.944	11.604	13.431	30.455	19.527	8.371	9.389	9.011	8.673	8.371	8.097	7.848
	弧垂（m）	2.803	2.343	2.398	2.605	2.664	2.693	2.472	2.628	2.343	2.441	2.536	2.628	2.717	2.803
80	应力（MPa）	7.884	9.216	9.795	11.558	13.414	30.455	19.321	8.346	9.216	8.897	8.609	8.346	8.105	7.884
	弧垂（m）	3.174	2.715	2.770	2.975	3.035	3.064	2.843	2.999	2.715	2.813	2.907	2.999	3.088	3.174
85	应力（MPa）	7.914	9.079	9.675	11.519	13.399	30.455	19.152	8.325	9.079	8.806	8.556	8.325	8.112	7.914
	弧垂（m）	3.570	3.112	3.166	3.370	3.430	3.459	3.238	3.394	3.112	3.208	3.302	3.394	3.483	3.570
90	应力（MPa）	7.940	8.968	9.577	11.487	13.387	30.455	19.013	8.308	8.968	8.731	8.512	8.308	8.118	7.940
	弧垂（m）	3.989	3.532	3.586	3.789	3.848	3.878	3.656	3.812	3.532	3.628	3.721	3.812	3.902	3.989
95	应力（MPa）	7.963	8.877	9.497	11.460	13.377	30.455	18.897	8.294	8.877	8.669	8.475	8.294	8.123	7.963
	弧垂（m）	4.432	3.976	4.029	4.232	4.291	4.321	4.099	4.255	3.976	4.071	4.164	4.255	4.344	4.432
100	应力（MPa）	7.982	8.800	9.429	11.436	13.368	30.455	18.798	8.281	8.800	8.617	8.444	8.281	8.127	7.982
	弧垂（m）	4.899	4.443	4.496	4.699	4.758	4.787	4.566	4.722	4.443	4.538	4.631	4.722	4.811	4.899
105	应力（MPa）	7.998	8.736	9.372	11.416	13.361	30.455	18.714	8.271	8.736	8.572	8.418	8.271	8.131	7.998
	弧垂（m）	5.390	4.935	4.987	5.189	5.248	5.278	5.056	5.213	4.935	5.029	5.122	5.213	5.302	5.390
110	应力（MPa）	8.013	8.681	9.323	11.399	13.354	30.455	18.642	8.262	8.681	8.535	8.395	8.262	8.134	8.013
	弧垂（m）	5.905	5.450	5.502	5.704	5.763	5.793	5.571	5.727	5.450	5.544	5.636	5.727	5.817	5.905
115	应力（MPa）	8.026	8.635	9.281	11.384	13.348	30.455	18.579	8.254	8.635	8.502	8.375	8.254	8.137	8.026
	弧垂（m）	6.444	5.989	6.041	6.242	6.302	6.331	6.109	6.266	5.989	6.083	6.175	6.266	6.355	6.444
120	应力（MPa）	8.037	8.594	9.244	11.371	13.343	30.455	18.524	8.246	8.594	8.473	8.358	8.246	8.140	8.037
	弧垂（m）	7.006	6.552	6.604	6.805	6.864	6.894	6.672	6.828	6.552	6.645	6.737	6.828	6.918	7.006

计算条件			
线规：JKLYJ-1/70			
截面积：75.55mm²		外径：13.2mm	
单位质量：0.24kg/m		拉断力：10.35kN	
最大使用应用：30.46MPa		安全系数：4.5	
气象条件			
	气温（℃）	风速（m/s）	冰厚（mm）
高温	40	0	0
低温	−10	0	0
安装	−5	10	0
外过	15	15	0
内过	20	17.5	0
大风	10	35	0
覆冰	−5	10	5
平均	20	0	0
比载［$\times 10^{-3}$N/(m·mm²)］			
	水平	垂直	综合
高温	0	31.283	31.283
低温	0	31.283	31.283
安装	13.104	31.283	33.916
外过	29.484	31.283	42.987
内过	40.131	31.283	50.883
大风	112.366	31.283	116.639
覆冰	23.031	64.681	68.659
平均	0	31.283	31.283

临界档距					
0	低温	26.179	覆冰	29.391	
29.391	大风				

表 12-8　　　　A 气象区 JKLYJ-1/120（k=5.5）导线应力弧垂表

应力弧垂 \ 气象条件 \ 档距(m)		高温	低温	安装	外过	内过	大风	覆冰	平均	架线气象条件					
	气温（℃）	40	−10	−5	15	20	10	−5	20	−10	0	10	20	30	40
	风速（m/s）	0	0	10	15	18	35	10	0	0	0	0	0	0	0
	覆冰（mm）	0	0	0	0	0	0	5	0	0	0	0	0	0	0
30	应力（MPa）	6.388	24.059	19.830	11.585	11.645	24.384	25.120	8.739	24.059	15.826	11.177	8.739	7.317	6.388
	弧垂（m）	0.550	0.146	0.186	0.374	0.424	0.423	0.258	0.402	0.146	0.222	0.315	0.402	0.481	0.550
35	应力（MPa）	6.913	19.919	17.045	11.706	12.054	25.120	23.548	8.967	19.919	14.082	10.848	8.967	7.758	6.913
	弧垂（m）	0.692	0.240	0.295	0.504	0.557	0.558	0.375	0.534	0.240	0.340	0.441	0.534	0.617	0.692
40	应力（MPa）	7.200	15.821	14.349	11.444	12.048	25.120	21.532	8.878	15.821	12.336	10.244	8.878	7.917	7.200
	弧垂（m）	0.868	0.395	0.458	0.674	0.728	0.729	0.535	0.704	0.395	0.507	0.610	0.704	0.790	0.868
45	应力（MPa）	7.424	13.478	12.784	11.263	12.044	25.120	20.170	8.816	13.478	11.305	9.853	8.816	8.036	7.424
	弧垂（m）	1.066	0.587	0.650	0.867	0.921	0.923	0.723	0.897	0.587	0.700	0.803	0.897	0.985	1.066
50	应力（MPa）	7.600	12.121	11.828	11.133	12.040	25.120	19.232	8.771	12.121	10.654	9.586	8.771	8.126	7.600
	弧垂（m）	1.285	0.806	0.867	1.083	1.138	1.139	0.936	1.114	0.806	0.917	1.019	1.114	1.202	1.285
55	应力（MPa）	7.740	11.276	11.204	11.036	12.038	25.120	18.566	8.737	11.276	10.217	9.396	8.737	8.195	7.740
	弧垂（m）	1.527	1.048	1.108	1.321	1.377	1.379	1.173	1.353	1.048	1.157	1.258	1.353	1.442	1.527
60	应力（MPa）	7.854	10.713	10.773	10.963	12.036	25.120	18.077	8.711	10.713	9.909	9.255	8.711	8.250	7.854
	弧垂（m）	1.791	1.313	1.371	1.583	1.639	1.641	1.434	1.615	1.313	1.419	1.520	1.615	1.705	1.791
65	应力（MPa）	7.946	10.316	10.462	10.905	12.034	25.120	17.709	8.691	10.316	9.682	9.148	8.691	8.294	7.946
	弧垂（m）	2.077	1.600	1.657	1.868	1.924	1.926	1.718	1.899	1.600	1.705	1.804	1.899	1.990	2.077
70	应力（MPa）	8.023	10.025	10.228	10.860	12.033	25.120	17.424	8.675	10.025	9.510	9.065	8.675	8.330	8.023
	弧垂（m）	2.386	1.910	1.966	2.175	2.232	2.233	2.025	2.207	1.910	2.013	2.112	2.207	2.298	2.386
75	应力（MPa）	8.086	9.804	10.048	10.823	12.032	25.120	17.200	8.662	9.804	9.376	8.998	8.662	8.360	8.086
	弧垂（m）	2.718	2.242	2.297	2.505	2.562	2.564	2.355	2.537	2.242	2.344	2.442	2.537	2.629	2.718
80	应力（MPa）	8.140	9.631	9.907	10.794	12.031	25.120	17.019	8.651	9.631	9.269	8.945	8.651	8.384	8.140
	弧垂（m）	3.072	2.596	2.651	2.858	2.915	2.917	2.708	2.890	2.596	2.698	2.796	2.890	2.982	3.072
85	应力（MPa）	8.185	9.494	9.793	10.769	12.031	25.120	16.872	8.642	9.494	9.183	8.901	8.642	8.405	8.185
	弧垂（m）	3.449	2.973	3.028	3.234	3.291	3.293	3.084	3.266	2.973	3.074	3.172	3.266	3.359	3.449
90	应力（MPa）	8.224	9.382	9.699	10.748	12.030	25.120	16.750	8.635	9.382	9.112	8.864	8.635	8.422	8.224
	弧垂（m）	3.848	3.373	3.427	3.633	3.690	3.692	3.482	3.665	3.373	3.473	3.570	3.665	3.758	3.848
95	应力（MPa）	8.257	9.290	9.622	10.730	12.029	25.120	16.648	8.628	9.290	9.053	8.833	8.628	8.437	8.257
	弧垂（m）	4.270	3.795	3.849	4.054	4.112	4.113	3.904	4.087	3.795	3.895	3.992	4.087	4.179	4.270
100	应力（MPa）	8.286	9.214	9.557	10.715	12.029	25.120	16.562	8.623	9.214	9.004	8.807	8.623	8.450	8.286
	弧垂（m）	4.715	4.241	4.294	4.499	4.556	4.558	4.348	4.531	4.241	4.339	4.436	4.531	4.624	4.715
105	应力（MPa）	8.311	9.149	9.502	10.703	12.029	25.120	16.488	8.618	9.149	8.961	8.785	8.618	8.461	8.311
	弧垂（m）	5.183	4.708	4.761	4.966	5.023	5.025	4.815	4.998	4.708	4.807	4.903	4.998	5.091	5.183
110	应力（MPa）	8.333	9.094	9.455	10.691	12.028	25.120	16.425	8.614	9.094	8.925	8.766	8.614	8.470	8.333
	弧垂（m）	5.673	5.199	5.251	5.456	5.513	5.515	5.305	5.488	5.199	5.297	5.393	5.488	5.581	5.673
115	应力（MPa）	8.353	9.046	9.415	10.682	12.028	25.120	16.370	8.611	9.046	8.894	8.749	8.611	8.479	8.353
	弧垂（m）	6.186	5.712	5.764	5.968	6.026	6.027	5.818	6.001	5.712	5.810	5.906	6.001	6.094	6.186
120	应力（MPa）	8.370	9.005	9.379	10.673	12.028	25.120	16.322	8.608	9.005	8.867	8.734	8.608	8.486	8.370
	弧垂（m）	6.722	6.248	6.300	6.504	6.561	6.563	6.353	6.536	6.248	6.345	6.442	6.536	6.630	6.722

计算条件			
线规：JKLYJ-1/120			
截面积：125.5mm²		外径：16.8mm	
单位质量：0.4kg/m		拉断力：17.34kN	
最大使用应用：25.12MPa		安全系数：5.5	
气象条件			
	气温（℃）	风速（m/s）	冰厚（mm）
高温	40	0	0
低温	−10	0	0
安装	−5	10	0
外过	15	15	0
内过	20	17.5	0
大风	10	35	0
覆冰	−5	10	5
平均	20	0	0
比载［$\times10^{-3}$N/(m·mm²)］			
	水平	垂直	综合
高温	0	31.256	31.256
低温	0	31.256	31.256
安装	10.040	31.256	32.829
外过	22.590	31.256	38.565
内过	30.747	31.256	43.844
大风	86.092	31.256	91.590
覆冰	16.016	55.338	57.609
平均	0	31.256	31.256

临界档距				
0	低温	27.270	覆冰	32.102
32.102	大风			

表 12-9　　　　　　　　　　A 气象区 JKLYJ-1/185（k=6.5）导线应力弧垂表

应力弧垂 / 档距(m)	气象条件	高温	低温	安装	外过	内过	大风	覆冰	平均	架线气象条件					
	气温（℃）	40	−10	−5	15	20	10	−5	20	−10	0	10	20	30	40
	风速（m/s）	0	0	10	15	18	35	10	0	0	0	0	0	0	0
	覆冰（mm）	0	0	0	0	0	0	5	0	0	0	0	0	0	0
30	应力（MPa）	6.121	20.441	16.788	9.958	9.766	18.960	21.262	8.122	20.441	13.666	10.071	8.122	6.929	6.121
	弧垂（m）	0.576	0.172	0.216	0.401	0.445	0.420	0.271	0.434	0.172	0.258	0.350	0.434	0.509	0.576
35	应力（MPa）	6.831	18.932	16.096	10.645	10.585	20.239	21.262	8.789	18.932	13.537	10.551	8.789	7.641	6.831
	弧垂（m）	0.702	0.253	0.306	0.510	0.559	0.535	0.369	0.546	0.253	0.354	0.455	0.546	0.628	0.702
40	应力（MPa）	7.445	17.581	15.464	11.171	11.240	21.262	21.164	9.316	17.581	13.364	10.887	9.316	8.236	7.445
	弧垂（m）	0.842	0.356	0.416	0.635	0.688	0.665	0.484	0.673	0.356	0.469	0.576	0.673	0.761	0.842
45	应力（MPa）	7.742	15.100	13.848	11.070	11.310	21.262	19.836	9.336	15.100	12.339	10.563	9.336	8.435	7.742
	弧垂（m）	1.024	0.525	0.588	0.811	0.865	0.842	0.654	0.850	0.525	0.643	0.751	0.850	0.940	1.024
50	应力（MPa）	7.982	13.574	12.823	10.997	11.363	21.262	18.904	9.351	13.574	11.669	10.336	9.351	8.590	7.982
	弧垂（m）	1.227	0.721	0.785	1.008	1.063	1.039	0.847	1.047	0.721	0.839	0.947	1.047	1.140	1.227
55	应力（MPa）	8.177	12.599	12.140	10.941	11.404	21.262	18.234	9.362	12.599	11.209	10.171	9.362	8.712	8.177
	弧垂（m）	1.449	0.940	1.003	1.226	1.282	1.258	1.062	1.265	0.940	1.057	1.165	1.265	1.360	1.449
60	应力（MPa）	8.337	11.940	11.663	10.898	11.436	21.262	17.739	9.371	11.940	10.880	10.046	9.371	8.811	8.337
	弧垂（m）	1.691	1.181	1.242	1.465	1.521	1.497	1.300	1.505	1.181	1.296	1.403	1.505	1.600	1.691
65	应力（MPa）	8.470	11.475	11.316	10.865	11.462	21.262	17.364	9.378	11.475	10.636	9.951	9.378	8.891	8.470
	弧垂（m）	1.954	1.442	1.502	1.724	1.781	1.756	1.558	1.765	1.442	1.556	1.663	1.765	1.861	1.954
70	应力（MPa）	8.581	11.131	11.055	10.838	11.483	21.262	17.073	9.383	11.131	10.450	9.876	9.383	8.956	8.581
	弧垂（m）	2.236	1.724	1.784	2.005	2.062	2.037	1.838	2.045	1.724	1.836	1.943	2.045	2.143	2.236
75	应力（MPa）	8.674	10.871	10.854	10.816	11.500	21.262	16.843	9.388	10.871	10.304	9.815	9.388	9.011	8.674
	弧垂（m）	2.540	2.027	2.085	2.306	2.364	2.339	2.139	2.347	2.027	2.138	2.244	2.347	2.445	2.540
80	应力（MPa）	8.754	10.667	10.695	10.798	11.514	21.262	16.658	9.392	10.667	10.188	9.766	9.392	9.056	8.754
	弧垂（m）	2.863	2.350	2.408	2.628	2.686	2.661	2.461	2.669	2.350	2.460	2.566	2.669	2.768	2.863
85	应力（MPa）	8.821	10.505	10.567	10.783	11.526	21.262	16.507	9.395	10.505	10.094	9.726	9.395	9.095	8.821
	弧垂（m）	3.208	2.694	2.751	2.971	3.029	3.004	2.803	3.012	2.694	2.803	2.909	3.012	3.111	3.208
90	应力（MPa）	8.879	10.374	10.462	10.771	11.536	21.262	16.382	9.398	10.374	10.016	9.693	9.398	9.128	8.879
	弧垂（m）	3.573	3.058	3.115	3.335	3.393	3.367	3.167	3.376	3.058	3.167	3.273	3.376	3.475	3.573
95	应力（MPa）	8.930	10.265	10.375	10.760	11.545	21.262	16.277	9.400	10.265	9.951	9.664	9.400	9.156	8.930
	弧垂（m）	3.958	3.443	3.500	3.719	3.777	3.752	3.551	3.760	3.443	3.552	3.657	3.760	3.860	3.958
100	应力（MPa）	8.974	10.175	10.302	10.751	11.552	21.262	16.189	9.402	10.175	9.897	9.640	9.402	9.180	8.974
	弧垂（m）	4.364	3.849	3.906	4.124	4.183	4.157	3.956	4.166	3.849	3.957	4.063	4.166	4.266	4.364
105	应力（MPa）	9.012	10.098	10.241	10.743	11.558	21.262	16.113	9.404	10.098	9.850	9.619	9.404	9.202	9.012
	弧垂（m）	4.791	4.276	4.332	4.551	4.609	4.584	4.382	4.592	4.276	4.384	4.489	4.592	4.693	4.791
110	应力（MPa）	9.046	10.033	10.188	10.736	11.564	21.262	16.048	9.405	10.033	9.810	9.601	9.405	9.220	9.046
	弧垂（m）	5.239	4.723	4.779	4.997	5.056	5.030	4.829	5.039	4.723	4.831	4.936	5.039	5.140	5.239
115	应力（MPa）	9.075	9.977	10.142	10.730	11.569	21.262	15.992	9.406	9.977	9.776	9.586	9.406	9.237	9.075
	弧垂（m）	5.707	5.191	5.247	5.465	5.524	5.498	5.296	5.506	5.191	5.298	5.403	5.506	5.608	5.707
120	应力（MPa）	9.102	9.929	10.102	10.725	11.573	21.262	15.942	9.408	9.929	9.746	9.572	9.408	9.251	9.102
	弧垂（m）	6.196	5.680	5.736	5.954	6.012	5.987	5.785	5.995	5.680	5.787	5.892	5.995	6.096	6.196

计算条件			
线规：JKLYJ-1/185			
截面积：193.43mm²		外径：20.8mm	
单位质量：0.62kg/m		拉断力：26.73kN	
最大使用应用：21.26MPa		安全系数：6.5	
气象条件			
	气温（℃）	风速（m/s）	冰厚（mm）
高温	40	0	0
低温	−10	0	0
安装	−5	10	0
外过	15	15	0
内过	20	17.5	0
大风	10	35	0
覆冰	−5	10	5
平均	20	0	0
比载［$\times 10^{-3}$N/(m·mm²)］			
	水平	垂直	综合
高温	0	31.332	31.332
低温	0	31.332	31.332
安装	7.393	31.332	32.192
外过	16.634	31.332	35.473
内过	22.641	31.332	38.656
大风	63.392	31.332	70.714
覆冰	11.942	49.824	51.235
平均	0	31.332	31.332

临界档距				
0	低温	27.554	覆冰	39.695
39.695	大风			

表 12-10　　B 气象区 JKLYJ-1/70（k=4）导线张力弧垂数据表

应力/弧垂 气象条件		高温	低温	安装	外过	内过	大风	覆冰	平均	架线气象条件						
	气温（℃）	40	−20	−10	15	10	−5	−5	10	−20	−10	0	10	20	30	40
	风速（m/s）	0	0	10	10	15	25	10	0	0	0	0	0	0	0	0
档距(m)	覆冰（mm）	0	0	0	0	0	0	10	0	0	0	0	0	0	0	0
30	应力（MPa）	6.060	29.716	20.345	9.436	12.723	26.068	34.262	9.865	29.716	19.768	13.281	9.865	7.998	6.845	6.060
	弧垂（m）	0.581	0.118	0.188	0.404	0.380	0.329	0.397	0.357	0.118	0.178	0.265	0.357	0.440	0.514	0.581
35	应力（MPa）	6.517	23.150	16.758	9.475	12.594	25.080	34.262	9.606	23.150	15.990	11.905	9.606	8.183	7.218	6.517
	弧垂（m）	0.735	0.207	0.310	0.548	0.523	0.466	0.541	0.499	0.207	0.300	0.402	0.499	0.585	0.664	0.735
40	应力（MPa）	6.882	18.130	14.516	9.502	12.504	24.355	34.262	9.433	18.130	13.674	11.070	9.433	8.317	7.504	6.882
	弧垂（m）	0.909	0.345	0.467	0.714	0.688	0.627	0.706	0.663	0.345	0.458	0.565	0.663	0.752	0.834	0.909
45	应力（MPa）	7.175	15.053	13.158	9.521	12.439	23.823	34.262	9.314	15.053	12.305	10.537	9.314	8.416	7.725	7.175
	弧垂（m）	1.104	0.526	0.652	0.902	0.875	0.811	0.894	0.850	0.526	0.644	0.752	0.850	0.941	1.025	1.104
50	应力（MPa）	7.413	13.265	12.299	9.536	12.391	23.425	34.262	9.227	13.265	11.454	10.177	9.227	8.490	7.900	7.413
	弧垂（m）	1.319	0.737	0.862	1.111	1.084	1.018	1.104	1.059	0.737	0.853	0.961	1.059	1.151	1.238	1.319
55	应力（MPa）	7.608	12.171	11.725	9.547	12.355	23.122	34.262	9.163	12.171	10.891	9.924	9.163	8.548	8.038	7.608
	弧垂（m）	1.555	0.972	1.094	1.343	1.316	1.248	1.335	1.291	0.972	1.086	1.192	1.291	1.384	1.472	1.555
60	应力（MPa）	7.768	11.455	11.321	9.555	12.327	22.888	34.262	9.115	11.455	10.499	9.738	9.115	8.594	8.151	7.768
	弧垂（m）	1.812	1.229	1.348	1.597	1.569	1.501	1.589	1.544	1.229	1.341	1.446	1.544	1.638	1.727	1.812
65	应力（MPa）	7.900	10.958	11.026	9.562	12.304	22.703	34.262	9.077	10.958	10.214	9.597	9.077	8.630	8.242	7.900
	弧垂（m）	2.091	1.508	1.625	1.873	1.845	1.775	1.865	1.820	1.508	1.618	1.721	1.820	1.914	2.005	2.091
70	应力（MPa）	8.012	10.598	10.802	9.568	12.287	22.556	34.262	9.047	10.598	9.999	9.489	9.047	8.660	8.317	8.012
	弧垂（m）	2.392	1.808	1.923	2.171	2.143.	2.072	2.163	2.118	1.808	1.916	2.019	2.118	2.213	2.304	2.392
75	应力（MPa）	8.105	10.326	10.629	9.572	12.272	22.436	34.262	9.022	10.326	9.833	9.402	9.022	8.684	8.380	8.105
	弧垂（m）	2.714	2.130	2.244	2.491	2.463	2.392	2.483	2.438	2.130	2.237	2.339	2.438	2.533	2.625	2.714
80	应力（MPa）	8.185	10.116	10.492	9.576	12.260	22.337	34.262	9.002	10.116	9.702	9.333	9.002	8.704	8.433	8.185
	弧垂（m）	3.058	2.474	2.586	2.834	2.805	2.733	2.825	2.780	2.474	2.580	2.681	2.780	2.875	2.968	3.058
85	应力（MPa）	8.253	9.950	10.381	9.579	12.250	22.255	34.262	8.986	9.950	9.596	9.276	8.986	8.721	8.477	8.253
	弧垂（m）	3.423	2.839	2.951	3.198	3.169	3.097	3.190	3.144	2.839	2.944	3.046	3.144	3.240	3.333	3.423
90	应力（MPa）	8.311	9.816	10.290	9.581	12.242	22.186	34.262	8.972	9.816	9.509	9.229	8.972	8.735	8.515	8.311
	弧垂（m）	3.811	3.227	3.337	3.584	3.555	3.483	3.576	3.530	3.227	3.331	3.432	3.530	3.626	3.720	3.811
95	应力（MPa）	8.362	9.705	10.214	9.584	12.235	22.127	34.262	8.960	9.705	9.437	9.190	8.960	8.747	8.548	8.362
	弧垂（m）	4.220	3.636	3.746	3.992	3.964	3.891	3.984	3.939	3.636	3.740	3.840	3.939	4.035	4.128	4.220
100	应力（MPa）	8.406	9.614	10.151	9.586	12.229	22.077	34.262	8.950	9.614	9.377	9.156	8.950	8.757	8.576	8.406
	弧垂（m）	4.652	4.068	4.177	4.423	4.394	4.321	4.415	4.369	4.068	4.170	4.271	4.369	4.465	4.559	4.652
105	应力（MPa）	8.445	9.536	10.097	9.587	12.224	22.034	34.262	8.942	9.536	9.325	9.128	8.942	8.767	8.601	8.445
	弧垂（m）	5.105	4.521	4.629	4.875	4.846	4.774	4.867	4.821	4.521	4.623	4.723	4.821	4.918	5.012	5.105
110	应力（MPa）	8.479	9.471	10.051	9.589	12.219	21.996	34.262	8.934	9.471	9.281	9.103	8.934	8.774	8.623	8.479
	弧垂（m）	5.580	4.996	5.104	5.350	5.321	5.248	5.342	5.296	4.996	5.098	5.198	5.296	5.392	5.487	5.580
115	应力（MPa）	8.509	9.414	10.011	9.590	12.215	21.964	34.262	8.928	9.414	9.243	9.081	8.928	8.781	8.642	8.509
	弧垂（m）	6.078	5.493	5.601	5.847	5.818	5.744	5.838	5.793	5.493	5.595	5.694	5.793	5.889	5.984	6.078
120	应力（MPa）	8.535	9.365	9.976	9.591	12.212	21.935	34.262	8.922	9.365	9.210	9.063	8.922	8.787	8.659	8.535
	弧垂（m）	6.597	6.012	6.120	6.365	6.336	6.263	6.357	6.311	6.012	6.114	6.213	6.311	6.408	6.503	6.597

计算条件			
线规：JKLYJ-1/70			
截面积：75.55mm²		外径：13.2mm	
单位质量：0.24kg/m		拉断力：10.35kN	
最大使用应用：34.26MPa		安全系数：4	
气象条件			
	气温（℃）	风速（m/s）	冰厚（mm）
高温	40	0	0
低温	−20	0	0
安装	−10	10	0
外过	15	10	0
内过	10	15	0
大风	−5	25	0
覆冰	−5	10	10
平均	10	0	0
比载［$\times 10^{-3}$N/(m·mm²)］			
	水平	垂直	综合
高温	0	31.283	31.283
低温	0	31.283	31.283
安装	13.104	31.283	33.916
外过	13.104	31.283	33.916
内过	29.484	31.283	42.987
大风	69.614	31.283	76.320
覆冰	32.958	116.429	121.004
平均	0	31.283	31.283
临界档距			
0	低温	26.672	覆冰

表 12-11　　**B 气象区 JKLYJ-1/120（k=5）导线应力弧垂表**

应力弧垂 / 档距(m)	气象条件	高温	低温	安装	外过	内过	大风	覆冰	平均	架线气象条件						
	气温（℃）	40	−20	−10	15	10	−5	−5	10	−20	−10	0	10	20	30	40
	风速（m/s）	0	0	10	10	15	25	10	0	0	0	0	0	0	0	0
	覆冰（mm）	0	0	0	0	0	0	10	0	0	0	0	0	0	0	0
30	应力（MPa）	5.847	26.119	17.566	8.604	10.876	21.368	27.632	9.123	26.119	17.181	11.882	9.123	7.553	6.549	5.847
	弧垂（m）	0.601	0.135	0.210	0.429	0.399	0.325	0.379	0.385	0.135	0.205	0.296	0.385	0.466	0.537	0.601
35	应力（MPa）	6.355	20.897	15.112	8.840	10.999	20.693	27.632	9.158	20.897	14.644	11.161	9.158.	7.886	7.005	6.355
	弧垂（m）	0.753	0.229	0.333	0.569	0.537	0.457	0.516	0.523	0.229	0.327	0.429	0.523	0.607	0.683	0.753
40	应力（MPa）	6.774	17.076	13.563	9.014	11.088	20.203	27.632	9.183	17.076	13.063	10.695	9.183	8.137	7.367	6.774
	弧垂（m）	0.923	0.366	0.484	0.728	0.696	0.612	0.674	0.681	0.366	0.479	0.585	0.681	0.768	0.849	0.923
45	应力（MPa）	7.119	14.693	12.585	9.143	11.154	19.845	27.632	9.201	14.693	12.077	10.381	9.201	8.329	7.656	7.119
	弧垂（m）	1.111	0.538	0.660	0.909	0.875	0.789	0.853	0.860	0.538	0.655	0.762	0.860	0.950	1.033	1.111
50	应力（MPa）	7.404	13.240	11.941	9.243	11.204	19.577	27.632	9.214	13.240	11.435	10.161	9.214	8.479	7.889	7.404
	弧垂（m）	1.319	0.738	0.859	1.110	1.076	0.987	1.053	1.060	0.738	0.854	0.961	1.060	1.152	1.238	1.319
55	应力（MPa）	7.641	12.312	11.497	9.320	11.242	19.373	27.632	9.224	12.312	10.994	10.001	9.224	8.597	8.079	7.641
	弧垂（m）	1.547	0.960	1.080	1.332	1.297	1.207	1.274	1.281	0.960	1.075	1.182	1.281	1.375	1.463	1.547
60	应力（MPa）	7.839	11.686	11.177	9.381	11.272	19.215	27.632	9.232	11.686	10.678	9.881	9.232	8.692	8.234	7.839
	弧垂（m）	1.794	1.204	1.322	1.575	1.540	1.448	1.516	1.524	1.204	1.317	1.423	1.524	1.618	1.708	1.794
65	应力（MPa）	8.006	11.242	10.939	9.430	11.296	19.091	27.632	9.238	11.242	10.444	9.789	9.238	8.769	8.362	8.006
	弧垂（m）	2.062	1.468	1.585	1.839	1.803	1.710	1.779	1.787	1.468	1.580	1.686	1.787	1.882	1.974	2.062
70	应力（MPa）	8.147	10.915	10.757	9.470	11.316	18.991	27.632	9.243	10.915	10.266	9.716	9.243	8.832	8.469	8.147
	弧垂（m）	2.350	1.754	1.869	2.123	2.087	1.994	2.064	2.071	1.754	1.865	1.970	2.071	2.168	2.260	2.350
75	应力（MPa）	8.267	10.666	10.615	9.503	11.331	18.910	27.632	9.248	10.666	10.126	9.658	9.248	8.884	8.560	8.267
	弧垂（m）	2.658	2.061	2.175	2.429	2.393	2.299	2.369	2.377	2.061	2.170	2.276	2.377	2.474	2.568	2.658
80	应力（MPa）	8.370	10.471	10.501	9.530	11.345	18.843	27.632	9.251	10.471	10.014	9.611	9.251	8.928	8.636	8.370
	弧垂（m）	2.987	2.388	2.501	2.756	2.720	2.625	2.696	2.703	2.388	2.497	2.602	2.703	2.801	2.895	2.987
85	应力（MPa）	8.459	10.316	10.408	9.554	11.356	18.787	27.632	9.254	10.316	9.924	9.572	9.254	8.965	8.701	8.459
	弧垂（m）	3.337	2.736	2.849	3.103	3.067	2.972	3.043	3.050	2.736	2.845	2.949	3.050	3.149	3.244	3.337
90	应力（MPa）	8.536	10.191	10.332	9.573	11.365	18.740	27.632	9.256	10.191	9.849	9.539	9.256	8.997	8.757	8.536
	弧垂（m）	3.708	3.106	3.217	3.472	3.436	3.340	3.411	3.419	3.106	3.213	3.318	3.419	3.518	3.614	3.708
95	应力（MPa）	8.603	10.087	10.268	9.590	11.373	18.700	27.632	9.258	10.087	9.787	9.512	9.258	9.024	8.806	8.603
	弧垂（m）	4.099	3.496	3.607	3.862	3.825	3.729	3.801	3.809	3.496	3.603	3.707	3.809	3.908	4.004	4.099
100	应力（MPa）	8.661	10.000	10.214	9.604	11.380	18.666	27.632	9.260	10.000	9.735	9.489	9.260	9.047	8.848	8.661
	弧垂（m）	4.511	3.907	4.018	4.273	4.236	4.140	4.212	4.219	3.907	4.014	4.118	4.219	4.319	4.416	4.511
105	应力（MPa）	8.712	9.927	10.168	9.617	11.386	18.637	27.632	9.262	9.927	9.690	9.469	9.262	9.067	8.885	8.712
	弧垂（m）	4.944	4.339	4.449	4.705	4.668	4.571	4.643	4.651	4.339	4.445	4.549	4.651	4.751	4.848	4.944
110	应力（MPa）	8.758	9.865	10.129	9.628	11.391	18.611	27.632	9.263	9.865	9.652	9.451	9.263	9.085	8.917	8.758
	弧垂（m）	5.398	4.792	4.902	5.157	5.121	5.024	5.096	5.104	4.792	4.898	5.002	5.104	5.204	5.302	5.398
115	应力（MPa）	8.798	9.811	10.095	9.637	11.396	18.589.	27.632	9.264	9.811	9.618	9.436	9.264	9.101	8.946	8.798
	弧垂（m）	5.873	5.266	5.376	5.631	5.594	5.498	5.570	5.578	5.266	5.372	5.476	5.578	5.678	5.776	5.873
120	应力（MPa）	8.834	9.765	10.065	9.646	11.400	18.570	27.632	9.265	9.765	9.589	9.423	9.265	9.115	8.971	8.834
	弧垂（m）	6.369	5.762	5.871	6.126	6.089	5.992	6.065	6.072	5.762	5.867	5.971	6.072	6.173	6.271	6.369

计算条件			
线规：JKLYJ-1/120			
截面积：125.5mm^2		外径：16.8mm	
单位质量：0.4kg/m		拉断力：17.34kN	
最大使用应用：27.63MPa		安全系数：5	
气象条件			
	气温（℃）	风速（m/s）	冰厚（mm）
高温	40	0	0
低温	−20	0	0
安装	−10	10	0
外过	15	10	0
内过	10	15	0
大风	−5	25	0
覆冰	−5	10	10
平均	10	0	0
比载［$\times10^{-3}$N/(m·mm^2)］			
	水平	垂直	综合
高温	0	31.256	31.256
低温	0	31.256	31.256
安装	10.040	31.256	32.829
外过	10.040	31.256	32.829
内过	22.590	31.256	38.565
大风	53.337	31.256	61.820
覆冰	21.992	90.467	93.102
平均	0	31.256	31.256

临界档距				
0	低温	28.670	覆冰	

表 12-12　　　B 气象区 JKLYJ-1/185（$k=5$）导线应力弧垂表

应力/弧垂	气象条件	高温	低温	安装	外过	内过	大风	覆冰	平均	架线气象条件						
	气温（℃）	40	−20	−10	15	10	−5	−5	10	−20	−10	0	10	20	30	40
	风速（m/s）	0	0	10	10	15	25	10	0	0	0	0	0	0	0	0
档距(m)	覆冰（mm）	0	0	0	0	0	0	10	0	0	0	0	0	0	0	0
30	应力（MPa）	5.947	27.640	18.453	8.689	10.459	19.525	25.235	9.439	27.640	18.251	12.460	9.439	7.749	6.684	5.947
	弧垂（m）	0.593	0.128	0.196	0.417	0.382	0.289	0.344	0.373	0.128	0.193	0.283	0.373	0.455	0.527	0.593
35	应力（MPa）	6.830	27.640	19.158	9.790	11.682	21.003	27.359	10.548	27.640	18.923	13.532	10.548	8.787	7.640	6.830
	弧垂（m）	0.702	0.174	0.257	0.503	0.465	0.366	0.432	0.455	0.174	0.254	0.355	0.455	0.546	0.628	0.702
40	应力（MPa）	7.407	24.168	17.560	10.176	11.981	20.657	27.640	10.782	24.168	17.283	13.192	10.782	9.246	8.186	7.407
	弧垂（m）	0.846	0.259	0.367	0.633	0.592	0.486	0.558	0.581	0.259	0.363	0.475	0.581	0.678	0.765	0.846
45	应力（MPa）	7.866	20.847	16.125	10.396	12.106	20.170	27.640	10.860	20.847	15.822	12.786	10.860	9.547	8.593	7.866
	弧垂（m）	1.008	0.380	0.505	0.784	0.742	0.631	0.706	0.730	0.380	0.501	0.620	0.730	0.831	0.923	1.008
50	应力（MPa）	8.257	18.421	15.117	10.570	12.202	19.796	27.640	10.921	18.421	14.802	12.490	10.921	9.789	8.931	8.257
	弧垂（m）	1.186	0.532	0.665	0.952	0.908	0.793	0.872	0.897	0.532	0.661	0.784	0.897	1.000	1.096	1.186
55	应力（MPa）	8.592	16.738	14.400	10.709	12.279	19.507	27.640	10.968	16.738	14.080	12.270	10.968	9.985	9.214	8.592
	弧垂（m）	1.379	0.708	0.845	1.137	1.092	0.974	1.055	1.080	0.708	0.841	0.966	1.080	1.187	1.286	1.379
60	应力（MPa）	8.879	15.571	13.878	10.821	12.340	19.280	27.640	11.005	15.571	13.556	12.102	11.005	10.146	9.452	8.879
	弧垂（m）	1.588	0.905	1.044	1.339	1.294	1.173	1.256	1.281	0.905	1.040	1.165	1.281	1.390	1.492	1.588
65	应力（MPa）	9.126	14.741	13.488	10.913	12.389	19.100	27.640	11.035	14.741	13.165	11.972	11.035	10.279	9.654	9.126
	弧垂（m）	1.813	1.122	1.261	1.558	1.512	1.389	1.474	1.499	1.122	1.257	1.382	1.499	1.610	1.714	1.813
70	应力（MPa）	9.340	14.133	13.188	10.989	12.430	18.954	27.640	11.060	14.133	12.866	11.868	11.060	10.390	9.825	9.340
	弧垂（m）	2.055	1.358	1.495	1.794	1.748	1.624	1.709	1.735	1.358	1.492	1.617	1.735	1.847	1.953	2.055
75	应力（MPa）	9.525	13.675	12.954	11.052	12.463	18.836	27.640	11.080	13.675	12.633	11.785	11.080	10.484	9.971	9.525
	弧垂（m）	2.313	1.611	1.747	2.048	2.001	1.875	1.962	1.988	1.611	1.744	1.869	1.988	2.101	2.209	2.313
80	应力（MPa）	9.686	13.320	12.767	11.105	12.491	18.738	27.640	11.097	13.320	12.447	11.717	11.097	10.563	10.097	9.686
	弧垂（m）	2.588	1.882	2.017	2.319	2.272	2.145	2.232	2.259	1.882	2.014	2.139	2.259	2.373	2.483	2.588
85	应力（MPa）	9.826	13.040	12.615	11.150	12.515	18.656	27.640	11.111	13.040	12.296	11.661	11.111	10.631	10.206	9.826
	弧垂（m）	2.880	2.170	2.305	2.607	2.560	2.432	2.520	2.547	2.170	2.301	2.427	2.547	2.662	2.773	2.880
90	应力（MPa）	9.950	12.814	12.490	11.189	12.535	18.587	27.640	11.124	12.814	12.172	11.614	11.124	10.689	10.300	9.950
	弧垂（m）	3.188	2.476	2.610	2.913	2.865	2.737	2.825	2.852	2.476	2.606	2.732	2.852	2.968	3.080	3.188
95	应力（MPa）	10.058	12.629	12.386	11.222	12.552	18.528	27.640	11.134	12.629	12.068	11.574	11.134	10.739	10.383	10.058
	弧垂（m）	3.514	2.799	2.932	3.236	3.188	3.059	3.148	3.175	2.799	2.929	3.054	3.175	3.291	3.404	3.514
100	应力（MPa）	10.155	12.475	12.298	11.251	12.567	18.478	27.640	11.143	12.475	11.981	11.540	11.143	10.783	10.455	10.155
	弧垂（m）	3.857	3.139	3.272	3.577	3.528	3.399	3.488	3.515	3.139	3.269	3.394	3.515	3.632	3.746	3.857
105	应力（MPa）	10.240	12.346	12.224	11.276	12.580	18.435	27.640	11.150	12.346	11.907	11.511	11.150	10.821	10.519	10.240
	弧垂（m）	4.217	3.497	3.629	3.934	3.886	3.756	3.845	3.872	3.497	3.626	3.751	3.872	3.990	4.105	4.217
110	应力（MPa）	10.316	12.237	12.160	11.298	12.592	18.397	27.640	11.157	12.237	11.844	11.486	11.157	10.855	10.575	10.316
	弧垂（m）	4.594	3.873	4.004	4.310	4.261	4.131	4.220	4.247	3.873	4.001	4.126	4.247	4.366	4.481	4.594
115	应力（MPa）	10.384	12.143	12.104	11.317	12.602	18.364	27.640	11.163	12.143	11.789	11.464	11.163	10.885	10.626	10.384
	弧垂（m）	4.988	4.265	4.397	4.702	4.654	4.523	4.613	4.640	4.265	4.393	4.518	4.640	4.759	4.875	4.988
120	应力（MPa）	10.445	12.062	12.056	11.334	12.610	18.335	27.640	11.168	12.062	11.742	11.444	11.168	10.911	10.670	10.445
	弧垂（m）	5.400	4.675	4.806	5.112	5.063	4.932	5.022	5.050	4.675	4.803	4.928	5.050	5.169	5.285	5.400

计算条件			
线规：JKLYJ-1/185			
截面积：193.43mm²		外径：20.8mm	
单位质量：0.62kg/m		拉断力：26.73kN	
最大使用应用：27.64MPa		安全系数：5	
气象条件			
	气温（℃）	风速（m/s）	冰厚（mm）
高温	40	0	0
低温	−20	0	0
安装	−10	10	0
外过	15	10	0
内过	10	15	0
大风	−5	25	0
覆冰	−5	10	10
平均	10	0	0
比载［$\times10^{-3}$N/(m·mm²)］			
	水平	垂直	综合
高温	0	31.332	31.332
低温	0	31.332	31.332
安装	7.393	31.332	32.192
外过	7.393	31.332	32.192
内过	16.634	31.332	35.473
大风	39.275	31.332	50.241
覆冰	15.820	75.483	77.123
平均	0	31.332	31.332
临界档距			
0	低温	35.689	覆冰

表 12-13　　C 气象区 JKLYJ-1/70（$k=4$）导线张力弧垂数据表

应力弧垂 / 档距(m)	气象条件	高温	低温	安装	外过	内过	大风	覆冰	平均	架线气象条件								
	气温（℃）	40	−40	−15	15	−5	−5	−5	−5	−40	−30	−20	−10	0	10	20	30	40
	风速（m/s）	0	0	10	10	15	30	10	0	0	0	0	0	0	0	0	0	0
	覆冰（mm）	0	0	0	0	0	0	10	0	0	0	0	0	0	0	0	0	0
30	应力（MPa）	5.209	34.262	13.522	7.278	12.453	22.846	27.650	9.623	34.262	23.388	15.408	10.965	8.624	7.247	6.341	5.696	5.209
	弧垂（m）	0.676	0.103	0.282	0.524	0.388	0.462	0.492	0.366	0.103	0.150	0.228	0.321	0.408	0.486	0.555	0.618	0.676
35	应力（MPa）	6.020	34.262	14.764	8.338	13.948	25.498	30.830	10.796	34.262	23.897	16.453	12.159	9.755	8.280	7.286	6.568	6.020
	弧垂（m）	0.796	0.140	0.352	0.623	0.472	0.563	0.601	0.444	0.140	0.200	0.291	0.394	0.491	0.579	0.657	0.729	0.796
40	应力（MPa）	6.813	34.262	15.912	9.357	15.350	27.996	33.831	11.894	34.262	24.404	17.424	13.267	10.822	9.270	8.200	7.416	6.813
	弧垂（m）	0.918	0.183	0.426	0.725	0.560	0.670	0.715	0.526	0.183	0.256	0.359	0.472	0.578	0.675	0.763	0.844	0.918
45	应力（MPa）	7.175	26.830	14.404	9.521	14.861	28.079	34.262	11.332	26.830	19 584	15.053	12.305	10.537	9.314	8.416	7.725	7.175
	弧垂（m）	1.104	0.295	0.596	0.902	0.732	0.846	0.894	0.699	0.295	0.404	0.526	0.644	0.752	0.850	0.941	1.025	1.104
50	应力（MPa）	7.413	20.357	13.155	9.536	14.290	27.824	34.262	10.765	20.357	16.000	13.265	11.454	10.177	9.227	8.490	7.900	7.413
	弧垂（m）	1.319	0.480	0.806	1.111	0.940	1.054	1.104	0.908	0.480	0.611	0.737	0.853	0.961	1.059	1.151	1.238	1.319
55	应力（MPa）	7.608	16.543	12.349	9.547	13.884	27.627	34.262	10.376	16.543	13.945	12.171	10.891	9.924	9.163	8.548	8.038	7.608
	弧垂（m）	1.555	0.715	1.039	1.343	1.171	1.284	1.335	1.140	0.715	0.848	0.972	1.086	1.192	1.291	1.384	1.472	1.555
60	应力（MPa）	7.768	14.371	11.797	9.555	13.586	27.470	34.262	10.098	14.371	12.695	11.455	10.499	9.738	9.115	8.594	8.151	7.768
	弧垂（m）	1.812	0.980	1.294	1.597	1.424	1.537	1.589	1.394	0.980	1.109	1.229	1.341	1.446	1.544	1.638	1.727	1.812
65	应力（MPa）	7.900	13.048	11.402	9.562	13.360	27.345	34.262	9.892	13.048	11.878	10.958	10.214	9.597	9.077	8.630	8.242	7.900
	弧垂（m）	2.091	1.266	1.571	1.873	1.699	1.812	1.865	1.670	1.266	1.391	1.508	1.618	1.721	1.820	1.914	2.005	2.091
70	应力（MPa）	8.012	12.178	11.109	9.568	13.185	27.244	34.262	9.734	12.178	11.311	10.598	9.999	9.489	9.047	8.660	8.317	8.012
	弧垂（m）	2.392	1.573	1.870	2.171	1.997	2.109	2.163	1.968	1.573	1.694	1.808	1.916	2.019	2.118	2.213	2.304	2.392
75	应力（MPa）	8.105	11.571	10.884	9.572	13.046	27.161	34.262	9.611	11.571	10.898	10.326	9.833	9.402	9.022	8.684	8.380	8.105
	弧垂（m）	2.714	1.901	2.191	2.491	2.317	2.429	2.483	2.289	1.901	2.018	2.130	2.237	2.339	2.438	2.533	2.625	2.714
80	应力（MPa）	8.185	11.126	10.708	9.576	12.935	27.092	34.262	9.512	11.126	10.587	10.116	9.702	9.333	9.002	8.704	8.433	8.185
	弧垂（m）	3.058	2.249	2.534	2.834	2.659	2.770	2.825	2.631	2.249	2.364	2.474	2.580	2.681	2.780	2.875	2.968	3.058
85	应力（MPa）	8.253	10.789	10.566	9.579	12.843	27.034	34.262	9.432	10.789	10.345	9.950	9.596	9.276	8.986	8.721	8.477	8.253
	弧垂（m）	3.423	2.619	2.899	3.198	3.023	3.134	3.190	2.995	2.619	2.731	2.839	2.944	3.046	3.144	3.240	3.333	3.423
90	应力（MPa）	8.311	10.526	10.451	9.581	12.768	26.985	34.262	9.366	10.526	10.153	9.816	9.509	9.229	8.972	8.735	8.515	8.311
	弧垂（m）	3.811	3.009	3.286	3.584	3.409	3.520	3.576	3.382	3.009	3.120	3.227	3.331	3.432	3.530	3.626	3.720	3.811
95	应力（MPa）	8.362	10.316	10.356	9.584	12.704	26.943	34.262	9.311	10.316	9.997	9.705	9.437	9.190	8.960	8.747	8.548	8.362
	弧垂（m）	4.220	3.421	3.695	3.992	3.817	3.928	3.984	3.790	3.421	3.530	3.636	3.740	3.840	3.939	4.035	4.128	4.220
100	应力（MPa）	8.406	10.145	10.276	9.586	12.650	26.907	34.262	9.264	10.145	9.869	9.614	9.377	9.156	8.950	8.757	8.576	8.406
	弧垂（m）	4.652	3.854	4.126	4.423	4.248	4.359	4.415	4.221	3.854	3.962	4.068	4.170	4.271	4.369	4.465	4.559	4.652
105	应力（MPa）	8.445	10.004	10.209	9.587	12.605	26.876	34.262	9.225	10.004	9.762	9.536	9.325	9.128	8.942	8.767	8.601	8.445
	弧垂（m）	5.105	4.309	4.578	4.875	4.700	4.811	4.867	4.673	4.309	4.416	4.521	4.623	4.723	4.821	4.918	5.012	5.105
110	应力（MPa）	8.479	9.886	10.151	9.589	12.565	26.849	34.262	9.191	9.886	9.672	9.471	9.281	9.103	8.934	8.774	8.623	8.479
	弧垂（m）	5.580	4.786	5.053	5.350	5.175	5.285	5.342	5.148	4.786	4.892	4.996	5.098	5.198	5.296	5.392	5.487	5.580
115	应力（MPa）	8.509	9.786	10.102	9.590	12.531	26.825	34.262	9.161	9.786	9.595	9.414	9.243	9.081	8.928	8.781	8.642	8.509
	弧垂（m）	6.078	5.285	5.550	5.847	5.671	5.782	5.838	5.645	5.285	5.390	5.493	5.595	5.694	5.793	5.889	5.984	6.078
120	应力（MPa）	8.535	9.700	10.059	9.591	12.501	26.805	34.262	9.136	9.700	9.528	9.365	9.210	9.063	8.922	8.787	8.659	8.535
	弧垂（m）	6.597	5.805	6.069	6.365	6.190	6.300	6.357	6.164	5.805	5.910	6.012	6.114	6.213	6.311	6.408	6.503	6.597

计算条件			
线规：JKLYJ-1/70			
截面积：75.55mm^2		外径：13.2mm	
单位质量：0.24kg/m		拉断力：10.35kN	
最大使用应用：34.26MPa		安全系数：4	
气象条件			
	气温（℃）	风速（m/s）	冰厚（mm）
高温	40	0	0
低温	−40	0	0
安装	−15	10	0
外过	15	10	0
内过	−5	15	0
大风	−5	30	0
覆冰	−5	10	10
平均	−5	0	0
比载［$\times10^{-3}$N/(m·mm^2)］			
	水平	垂直	综合
高温	0	31.283	31.283
低温	0	31.283	31.283
安装	13.104	31.283	33.916
外过	13.104	31.283	33.916
内过	29.484	31.283	42.987
大风	88.451	31.283	93.820
覆冰	32.958	116.429	121.004
平均	0	31.283	31.283
临界档距			
0	低温	40.742	覆冰

表 12-14 **C 气象区 JKLYJ-1/120（k=5）导线应力弧垂表**

应力弧垂 / 档距(m)	气象条件	高温	低温	安装	外过	内过	大风	覆冰	平均	架线气象条件								
	气温（℃）	40	−40	−15	15	−5	−5	−5	−5	−40	−30	−20	−10	0	10	20	30	40
	风速（m/s）	0	0	10	10	15	30	10	0	0	0	0	0	0	0	0	0	0
	覆冰（mm）	0	0	0	0	0	0	10	0	0	0	0	0	0	0	0	0	0
30	应力（MPa）	4.970	27.632	11.103	6.568	10.154	17.604	21.029	8.469	27.632	18.235	12.441	9.421	7.733	6.669	5.934	5.390	4.970
	弧垂（m）	0.708	0.127	0.333	0.562	0.427	0.477	0.498	0.415	0.127	0.193	0.283	0.373	0.455	0.527	0.593	0.652	0.708
35	应力（MPa）	5.738	27.632	12.262	7.526	11.431	19.742	23.554	9.545	27.632	18.907	13.511	10.528	8.769	7.623	6.815	6.211	5.738
	弧垂（m）	0.834	0.173	0.410	0.668	0.517	0.579	0.605	0.501	0.173	0.253	0.354	0.455	0.546	0.628	0.702	0.771	0.834
40	应力（MPa）	6.487	27.632	13.323	8.444	12.623	21.746	25.925	10.549	27.632	19.534	14.483	11.551	9.745	8.534	7.664	7.006	6.487
	弧垂（m）	0.964	0.226	0.493	0.778	0.611	0.686	0.718	0.593	0.226	0.320	0.432	0.541	0.642	0.733	0.816	0.892	0.964
45	应力（MPa）	7.119	25.934	13.761	9.143	13.360	23.140	27.632	11.146	25.934	18.990	14.693	12.077	10.381	9.201	8.329	7.656	7.119
	弧垂（m）	1.111	0.305	0.604	0.909	0.731	0.816	0.853	0.710	0.305	0.417	0.538	0.655	0.762	0.860	0.950	1.033	1.111
50	应力（MPa）	7.404	20.307	12.780	9.243	12.971	22.972	27.632	10.747	20.307	15.965	13.240	11.435	10.161	9.214	8.479	7.889	7.404
	弧垂（m）	1.319	0.481	0.803	1.110	0.929	1.015	1.053	0.909	0.481	0.612	0.738	0.854	0.961	1.060	1.152	1.238	1.319
55	应力（MPa）	7.641	16.855	12.125	9.320	12.690	22.843	27.632	10.465	16.855	14.148	12.312	10.994	10.001	9.224	8.597	8.079	7.641
	弧垂（m）	1.547	0.701	1.024	1.332	1.149	1.235	1.274	1.129	0.701	0.835	0.960	1.075	1.182	1.281	1.375	1.463	1.547
60	应力（MPa）	7.839	14.802	11.666	9.381	12.480	22.740	27.632	10.258	14.802	13.003	11.686	10.678	9.881	9.232	8.692	8.234	7.839
	弧垂（m）	1.794	0.950	1.266	1.575	1.391	1.477	1.516	1.371	0.950	1.082	1.204	1.317	1.423	1.524	1.618	1.708	1.794
65	应力（MPa）	8.006	13.516	11.332	9.430	12.319	22.659	27.632	10.101	13.516	12.236	11.242	10.444	9.789	9.238	8.769	8.362	8.006
	弧垂（m）	2.062	1.221	1.530	1.839	1.653	1.739	1.779	1.634	1.221	1.349	1.468	1.580	1.686	1.787	1.882	1.974	2.062
70	应力（MPa）	8.147	12.655	11.080	9.470	12.194	22.592	27.632	9.980	12.655	11.695	10.915	10.266	9.716	9.243	8.832	8.469	8.147
	弧垂（m）	2.350	1.513	1.815	2.123	1.937	2.023	2.064	1.918	1.513	1.637	1.754	1.865	1.970	2.071	2.168	2.260	2.350
75	应力（MPa）	8.267	12.048	10.885	9.503	12.094	22.538	27.632	9.884	12.048	11.297	10.666	10.126	9.658	9.248	8.884	8.560	8.267
	弧垂（m）	2.658	1.824	2.121	2.429	2.242	2.328	2.369	2.224	1.824	1.945	2.061	2.170	2.276	2.377	2.474	2.568	2.658
80	应力（MPa）	8.370	11.600	10.731	9.530	12.012	22.493	27.632	9.806	11.600	10.994	10.471	10.014	9.611	9.251	8.928	8.636	8.370
	弧垂（m）	2.987	2.156	2.447	2.756	2.568	2.654	2.696	2.550	2.156	2.274	2.388	2.497	2.602	2.703	2.801	2.895	2.987
85	应力（MPa）	8.459	11.259	10.607	9.554	11.946	22.455	27.632	9.743	11.259	10.758	10.316	9.924	9.572	9.254	8.965	8.701	8.459
	弧垂（m）	3.337	2.507	2.795	3.103	2.916	3.002	3.043	2.897	2.507	2.624	2.736	2.845	2.949	3.050	3.149	3.244	3.337
90	应力（MPa）	8.536	10.991	10.506	9.573	11.890	22.423	27.632	9.691	10.991	10.569	10.191	9.849	9.539	9.256	8.997	8.757	8.536
	弧垂（m）	3.708	2.879	3.164	3.472	3.284	3.370	3.411	3.266	2.879	2.994	3.106	3.213	3.318	3.419	3.518	3.614	3.708
95	应力（MPa）	8.603	10.777	10.421	9.590	11.843	22.396	27.632	9.647	10.777	10.415	10.087	9.787	9.512	9.258	9.024	8.806	8.603
	弧垂（m）	4.099	3.272	3.554	3.862	3.673	3.759	3.801	3.655	3.272	3.386	3.496	3.603	3.707	3.809	3.908	4.004	4.099
100	应力（MPa）	8.661	10.602	10.350	9.604	11.804	22.373	27.632	9.609	10.602	10.288	10.000	9.735	9.489	9.260	9.047	8.848	8.661
	弧垂（m）	4.511	3.685	3.965	4.273	4.084	4.170	4.212	4.066	3.685	3.797	3.907	4.014	4.118	4.219	4.319	4.416	4.511
105	应力（MPa）	8.712	10.458	10.290	9.617	11.770	22.352	27.632	9.577	10.458	10.182	9.927	9.690	9.469	9.262	9.067	8.885	8.712
	弧垂（m）	4.944	4.119	4.397	4.705	4.516	4.601	4.643	4.498	4.119	4.230	4.339	4.445	4.549	4.651	4.751	4.848	4.944
110	应力（MPa）	8.758	10.337	10.239	9.628	11.740	22.335	27.632	9.550	10.337	10.093	9.865	9.652	9.451	9.263	9.085	8.917	8.758
	弧垂（m）	5.398	4.574	4.850	5.157	4.968	5.054	5.096	4.950	4.574	4.684	4.792	4.898	5.002	5.104	5.204	5.302	5.398
115	应力（MPa）	8.798	10.234	10.194	9.637	11.715	22.319	27.632	9.526	10.234	10.016	9.811	9.618	9.436	9.264	9.101	8.946	8.798
	弧垂（m）	5.873	5.049	5.324	5.631	5.442	5.528	5.570	5.424	5.049	5.159	5.266	5.372	5.476	5.578	5.678	5.776	5.873
120	应力（MPa）	8.834	10.146	10.156	9.646	11.693	22.306	27.632	9.505	10.146	9.950	9.765	9.589	9.423	9.265	9.115	8.971	8.834
	弧垂（m）	6.369	5.545	5.819	6.126	5.937	6.022	6.065	5.919	5.545	5.654	5.762	5.867	5.971	6.072	6.173	6.271	6.369

计算条件			
线规：JKLYJ-1/120			
截面积：125.5mm^2		外径：16.8mm	
单位质量：0.4kg/m		拉断力：17.34kN	
最大使用应用：27.63MPa		安全系数：5	
气象条件			
	气温（℃）	风速（m/s）	冰厚（mm）
高温	40	0	0
低温	−40	0	0
安装	−15	10	0
外过	15	10	0
内过	−5	15	0
大风	−5	30	0
覆冰	−5	10	10
平均	−5	0	0
比载［$\times 10^{-3}$N/(m·mm^2)］			
	水平	垂直	综合
高温	0	31.256	31.256
低温	0	31.256	31.256
安装	10.040	31.256	32.829
外过	10.040	31.256	32.829
内过	22.590	31.256	38.565
大风	67.769	31.256	74.630
覆冰	21.992	90.467	93.102
平均	0	31.256	31.256
临界档距			

0	低温	43.795	覆冰	

表 12-15　　　　　　　　C 气象区 JKLYJ-1/185（k=5）导线应力弧垂表

应力/弧垂 档距(m)	气象条件	高温	低温	安装	外过	内过	大风	覆冰	平均	架线气象条件								
	气温（℃）	40	−40	−15	15	−5	−5	−5	−5	−40	−30	−20	−10	0	10	20	30	40
	风速（m/s）	0	0	10	10	15	30	10	0	0	0	0	0	0	0	0	0	0
	覆冰（mm）	0	0	0	0	0	0	10	0	0	0	0	0	0	0	0	0	0
30	应力（MPa）	4.981	27.640	10.937	6.448	9.450	14.507	18.079	8.486	27.640	18.251	12.460	9.439	7.749	6.684	5.947	5.403	4.981
	弧垂（m）	0.708	0.128	0.331	0.562	0.422	0.457	0.480	0.415	0.128	0.193	0.283	0.373	0.455	0.527	0.593	0.652	0.708
35	应力（MPa）	5.752	27.640	12.077	7.389	10.643	16.289	20.269	9.564	27.640	18.923	13.532	10.548	8.787	7.640	6.830	6.225	5.752
	弧垂（m）	0.834	0.174	0.408	0.667	0.510	0.554	0.583	0.502	0.174	0.254	0.355	0.455	0.546	0.628	0.702	0.771	0.834
40	应力（MPa）	6.502	27.640	13.120	8.291	11.756	17.957	22.323	10.569	27.640	19.551	14.504	11.572	9.764	8.552	7.681	7.021	6.502
	弧垂（m）	0.964	0.227	0.491	0.777	0.604	0.656	0.691	0.593	0.227	0.321	0.432	0.542	0.642	0.733	0.816	0.892	0.964
45	应力（MPa）	7.231	27.640	14.077	9.155	12.797	19.524	24.256	11.509	27.640	20.132	15.391	12.520	10.684	9.422	8.499	7.793	7.231
	弧垂（m）	1.097	0.287	0.579	0.890	0.702	0.764	0.805	0.689	0.287	0.394	0.515	0.633	0.742	0.842	0.933	1.018	1.097
50	应力（MPa）	7.940	27.640	14.959	9.981	13.771	20.998	26.079	12.387	27.640	20.669	16.201	13.399	11.550	10.250	9.285	8.538	7.940
	弧垂（m）	1.233	0.354	0.673	1.008	0.805	0.877	0.924	0.790	0.354	0.474	0.604	0.731	0.848	0.955	1.054	1.147	1.233
55	应力（MPa）	8.592	27.160	15.605	10.709	14.564	22.238	27.640	13.095	27.160	20.841	16.738	14.080	12.270	10.968	9.985	9.214	8.592
	弧垂（m）	1.379	0.436	0.780	1.137	0.921	1.002	1.055	0.905	0.436	0.568	0.708	0.841	0.966	1.080	1.187	1.286	1.379
60	应力（MPa）	8.879	22.962	14.810	10.821	14.256	22.077	27.640	12.774	22.962	18.510	15.571	13.556	12.102	11.005	10.146	9.452	8.879
	弧垂（m）	1.588	0.614	0.978	1.339	1.120	1.201	1.256	1.104	0.614	0.762	0.905	1.040	1.165	1.281	1.390	1.492	1.588
65	应力（MPa）	9.126	20.047	14.229	10.913	14.018	21.947	27.640	12.530	20.047	16.914	14.741	13.165	11.972	11.035	10.279	9.654	9.126
	弧垂（m）	1.813	0.825	1.195	1.558	1.336	1.418	1.474	1.321	0.825	0.978	1.122	1.257	1.382	1.499	1.610	1.714	1.813
70	应力（MPa）	9.340	18.072	13.792	10.989	13.831	21.841	27.640	12.339	18.072	15.798	14.133	12.866	11.868	11.060	10.390	9.825	9.340
	弧垂（m）	2.055	1.062	1.430	1.794	1.571	1.652	1.709	1.555	1.062	1.215	1.358	1.492	1.617	1.735	1.847	1.953	2.055
75	应力（MPa）	9.525	16.705	13.456	11.052	13.682	21.753	27.640	12.188	16.705	14.991	13.675	12.633	11.785	11.080	10.484	9.971	9.525
	弧垂（m）	2.313	1.319	1.682	2.048	1.823	1.905	1.962	1.807	1.319	1.470	1.611	1.744	1.869	1.988	2.101	2.209	2.313
80	应力（MPa）	9.686	15.727	13.191	11.105	13.561	21.680	27.640	12.066	15.727	14.388	13.320	12.447	11.717	11.097	10.563	10.097	9.686
	弧垂（m）	2.588	1.594	1.952	2.319	2.093	2.174	2.232	2.077	1.594	1.742	1.882	2.014	2.139	2.259	2.373	2.483	2.588
85	应力（MPa）	9.826	15.002	12.979	11.150	13.461	21.619	27.640	11.966	15.002	13.926	13.040	12.296	11.661	11.111	10.631	10.206	9.826
	弧垂（m）	2.880	1.886	2.240	2.607	2.380	2.461	2.520	2.365	1.886	2.032	2.170	2.301	2.427	2.547	2.662	2.773	2.880
90	应力（MPa）	9.950	14.449	12.806	11.189	13.378	21.567	27.640	11.883	14.449	13.562	12.814	12.172	11.614	11.124	10.689	10.300	9.950
	弧垂（m）	3.188	2.196	2.545	2.913	2.685	2.766	2.825	2.670	2.196	2.339	2.476	2.606	2.732	2.852	2.968	3.080	3.188
95	应力（MPa）	10.058	14.015	12.663	11.222	13.308	21.523	27.640	11.814	14.015	13.271	12.629	12.068	11.574	11.134	10.739	10.383	10.058
	弧垂（m）	3.514	2.522	2.868	3.236	3.007	3.088	3.148	2.992	2.522	2.663	2.799	2.929	3.054	3.175	3.291	3.404	3.514
100	应力（MPa）	10.155	13.668	12.544	11.251	13.249	21.484	27.640	11.755	13.668	13.033	12.475	11.981	11.540	11.143	10.783	10.455	10.155
	弧垂（m）	3.857	2.865	3.208	3.577	3.347	3.428	3.488	3.332	2.865	3.005	3.139	3.269	3.394	3.515	3.632	3.746	3.857
105	应力（MPa）	10.240	13.385	12.442	11.276	13.198	21.451	27.640	11.704	13.385	12.836	12.346	11.907	11.511	11.150	10.821	10.519	10.240
	弧垂（m）	4.217	3.226	3.566	3.934	3.704	3.785	3.845	3.689	3.226	3.364	3.497	3.626	3.751	3.872	3.990	4.105	4.217
110	应力（MPa）	10.316	13.152	12.356	11.298	13.154	21.422	27.640	11.661	13.152	12.670	12.237	11.844	11.486	11.157	10.855	10.575	10.316
	弧垂（m）	4.594	3.603	3.941	4.310	4.079	4.160	4.220	4.064	3.603	3.740	3.873	4.001	4.126	4.247	4.366	4.481	4.594
115	应力（MPa）	10.384	12.955	12.282	11.317	13.116	21.397	27.640	11.623	12.955	12.530	12.143	11.789	11.464	11.163	10.885	10.626	10.384
	弧垂（m）	4.988	3.998	4.333	4.702	4.471	4.552	4.613	4.456	3.998	4.134	4.265	4.393	4.518	4.640	4.759	4.875	4.988
120	应力（MPa）	10.445	12.789	12.217	11.334	13.083	21.375	27.640	11.590	12.789	12.410	12.062	11.742	11.444	11.168	10.911	10.670	10.445
	弧垂（m）	5.400	4.410	4.743	5.112	4.881	4.962	5.022	4.866	4.410	4.544	4.675	4.803	4.928	5.050	5.169	5.285	5.400

计算条件			
线规：JKLYJ-1/185			
截面积：193.43mm²		外径：20.8mm	
单位质量：0.62kg/m		拉断力：26.73kN	
最大使用应用：27.64MPa		安全系数：5	
气象条件			
	气温（℃）	风速（m/s）	冰厚（mm）
高温	40	0	0
低温	−40	0	0
安装	−15	10	0
外过	15	10	0
内过	−5	15	0
大风	−5	30	0
覆冰	−5	10	10
平均	−5	0	0
比载［$\times 10^{-3}$N/(m·mm²)］			
	水平	垂直	综合
高温	0	31.332	31.332
低温	0	31.332	31.332
安装	7.393	31.332	32.192
外过	7.393	31.332	32.192
内过	16.634	31.332	35.473
大风	49.902	31.332	58.923
覆冰	15.820	75.483	77.123
平均	0	31.332	31.332

临界档距				
0	低温	54.517	覆冰	

表 12-16　　　　　　D1 气象区 JKLYJ-1/70（$k=3.5$）导线张力弧垂数据表

应力弧垂 / 档距(m)	气象条件	高温	低温	安装	外过	内过	大风	覆冰	平均	架线气象条件					
	气温（℃）	40	−5	0	15	20	10	−5	20	−10	0	10	20	30	40
	风速（m/s）	0	0	10	15	20	40	10	0	0	0	0	0	0	0
	覆冰（mm）	0	0	0	0	0	0	0	0	0	0	0	0	0	0
30	应力（MPa）	7.382	29.929	25.046	16.365	16.991	39.157	30.271	11.360	35.688	24.593	16.172	11.360	8.842	7.382
	弧垂（m）	0.477	0.118	0.152	0.296	0.360	0.431	0.126	0.310	0.099	0.143	0.218	0.310	0.398	0.477
35	应力（MPa）	7.554	22.182	19.085	14.812	16.276	39.157	22.814	10.360	26.825	18.358	13.209	10.360	8.666	7.554
	弧垂（m）	0.634	0.216	0.272	0.444	0.512	0.587	0.228	0.462	0.179	0.261	0.363	0.462	0.553	0.634
40	应力（MPa）	7.677	16.718	15.375	13.850	15.795	39.157	17.565	9.765	19.598	14.525	11.579	9.765	8.550	7.677
	弧垂（m）	0.815	0.374	0.441	0.621	0.689	0.766	0.386	0.641	0.319	0.431	0.540	0.641	0.732	0.815
45	应力（MPa）	7.767	13.704	13.312	13.227	15.461	39.157	14.596	9.385	15.293	12.454	10.636	9.385	8.469	7.767
	弧垂（m）	1.019	0.578	0.645	0.823	0.891	0.970	0.588	0.844	0.518	0.636	0.744	0.844	0.935	1.019
50	应力（MPa）	7.835	12.059	12.111	12.803	15.221	39.157	12.932	9.127	13.004	11.274	10.046	9.127	8.411	7.835
	弧垂（m）	1.248	0.811	0.875	1.049	1.118	1.198	0.820	1.071	0.752	0.867	0.973	1.071	1.162	1.248
55	应力（MPa）	7.887	11.080	11.354	12.502	15.044	39.157	11.923	8.945	11.701	10.541	9.651	8.945	8.368	7.887
	弧垂（m）	1.500	1.068	1.130	1.300	1.368	1.449	1.076	1.322	1.011	1.122	1.226	1.322	1.414	1.500
60	应力（MPa）	7.928	10.446	10.844	12.280	14.909	39.157	11.264	8.810	10.888	10.050	9.372	8.810	8.336	7.928
	弧垂（m）	1.776	1.348	1.407	1.575	1.643	1.725	1.355	1.598	1.293	1.401	1.502	1.598	1.689	1.776
65	应力（MPa）	7.961	10.008	10.481	12.112	14.804	39.157	10.806	8.708	10.341	9.704	9.167	8.708	8.310	7.961
	弧垂（m）	2.075	1.651	1.709	1.874	1.942	2.024	1.658	1.897	1.598	1.703	1.802	1.897	1.988	2.075
70	应力（MPa）	7.987	9.691	10.213	11.981	14.721	39.157	10.473	8.629	9.953	9.449	9.012	8.629	8.290	7.987
	弧垂（m）	2.399	1.977	2.034	2.198	2.265	2.347	1.984	2.221	1.925	2.028	2.126	2.221	2.311	2.399
75	应力（MPa）	8.009	9.453	10.008	11.877	14.654	39.157	10.221	8.566	9.665	9.254	8.891	8.566	8.274	8.009
	弧垂（m）	2.746	2.327	2.383	2.545	2.612	2.695	2.333	2.568	2.276	2.377	2.474	2.568	2.659	2.746
80	应力（MPa）	8.027	9.269	9.848	11.794	14.599	39.157	10.027	8.515	9.444	9.102	8.794	8.515	8.260	8.027
	弧垂（m）	3.118	2.700	2.755	2.916	2.983	3.066	2.706	2.939	2.650	2.749	2.846	2.939	3.030	3.118
85	应力（MPa）	8.042	9.123	9.720	11.725	14.554	39.157	9.872	8.473	9.271	8.981	8.716	8.473	8.249	8.042
	弧垂（m）	3.513	3.097	3.151	3.311	3.378	3.461	3.103	3.334	3.047	3.146	3.241	3.334	3.425	3.513
90	应力（MPa）	8.054	9.005	9.615	11.668	14.516	39.157	9.747	8.439	9.132	8.882	8.652	8.439	8.240	8.054
	弧垂（m）	3.933	3.517	3.571	3.730	3.797	3.880	3.523	3.753	3.468	3.566	3.661	3.753	3.844	3.933
95	应力（MPa）	8.065	8.908	9.529	11.620	14.484	39.157	9.644	8.409	9.018	8.801	8.599	8.409	8.232	8.065
	弧垂（m）	4.376	3.962	4.015	4.173	4.240	4.323	3.967	4.197	3.913	4.010	4.104	4.197	4.287	4.376
100	应力（MPa）	8.074	8.827	9.457	11.580	14.457	39.157	9.559	8.385	8.924	8.733	8.554	8.385	8.225	8.074
	弧垂（m）	4.843	4.430	4.483	4.640	4.707	4.790	4.435	4.664	4.382	4.478	4.571	4.664	4.754	4.843
105	应力（MPa）	8.082	8.760	9.396	11.545	14.433	39.157	9.486	8.364	8.846	8.676	8.515	8.364	8.219	8.082
	弧垂（m）	5.334	4.922	4.974	5.131	5.198	5.281	4.927	5.155	4.874	4.969	5.063	5.155	5.245	5.334
110	应力（MPa）	8.089	8.702	9.344	11.515	14.413	39.157	9.425	8.345	8.779	8.627	8.483	8.345	8.214	8.089
	弧垂（m）	5.849	5.437	5.490	5.646	5.713	5.796	5.443	5.670	5.390	5.485	5.578	5.670	5.760	5.849
115	应力（MPa）	8.095	8.652	9.299	11.489	14.395	39.157	9.372	8.329	8.721	8.585	8.454	8.329	8.210	8.095
	弧垂（m）	6.388	5.977	6.029	6.185	6.252	6.335	5.982	6.209	5.930	6.024	6.117	6.209	6.299	6.388
120	应力（MPa）	8.101	8.609	9.261	11.467	14.380	39.157	9.327	8.316	8.672	8.548	8.430	8.316	8.206	8.101
	弧垂（m）	6.951	6.540	6.592	6.748	6.815	6.898	6.546	6.771	6.493	6.587	6.680	6.771	6.862	6.951

计算条件	
线规：JKLYJ-1/70	
截面积：75.55mm^2	外径：13.20mm
单位质量：0.24kg/m	拉断力：10.35kN
最大使用应用：39.16MPa	安全系数：3.50

气象条件	气温（℃）	风速（m/s）	冰厚（mm）
高温	40	0	0
低温	−5	0	0
安装	0	10	0
外过	15	15	0
内过	20	20	0
大风	10	40	0
覆冰	−5	10	0
平均	20	0	0

比载［$\times10^{-3}$N/(m·mm^2)］	水平	垂直	综合
高温	0.000	31.283	31.283
低温	0.000	31.283	31.283
安装	13.104	31.283	33.916
外过	29.484	31.283	42.987
内过	44.553	31.283	54.439
大风	146.764	31.283	150.061
覆冰	13.104	31.283	33.916
平均	0.000	31.283	31.283

临界档距				
0.000	覆冰	24.375	大风	

表 12-17　　　　D1 气象区 JKLYJ-1/120（k=4.2）导线应力弧垂表

应力弧垂 / 档距(m)	气象条件	高温	低温	安装	外过	内过	大风	覆冰	平均	架线气象条件					
	气温（℃）	40	−5	0	15	20	10	−5	20	−10	0	10	20	30	40
	风速（m/s）	0	0	10	15	20	40	10	0	0	0	0	0	0	0
	覆冰（mm）	0	0	0	0	0	0	0	0	0	0	0	0	0	0
30	应力（MPa）	7.216	28.336	23.455	14.624	14.622	32.895	28.556	10.888	33.996	23.164	15.265	10.888	8.579	7.216
	弧垂（m）	0.487	0.124	0.157	0.297	0.356	0.399	0.129	0.323	0.103	0.152	0.230	0.323	0.410	0.487
35	应力（MPa）	7.530	22.003	18.651	13.568	14.238	32.895	22.384	10.309	26.617	18.213	13.125	10.309	8.632	7.530
	弧垂（m）	0.636	0.218	0.270	0.435	0.498	0.543	0.225	0.464	0.180	0.263	0.365	0.464	0.554	0.636
40	应力（MPa）	7.764	17.345	15.509	12.888	13.974	32.895	17.849	9.939	20.413	14.997	11.855	9.939	8.669	7.764
	弧垂（m）	0.805	0.360	0.423	0.598	0.662	0.710	0.368	0.629	0.306	0.417	0.527	0.629	0.721	0.805
45	应力（MPa）	7.943	14.548	13.646	12.434	13.787	32.895	15.093	9.691	16.381	13.119	11.072	9.691	8.696	7.943
	弧垂（m）	0.996	0.544	0.609	0.785	0.850	0.898	0.551	0.816	0.483	0.603	0.715	0.816	0.910	0.996
50	应力（MPa）	8.082	12.921	12.511	12.117	13.650	32.895	13.464	9.516	14.059	11.990	10.561	9.516	8.716	8.082
	弧垂（m）	1.209	0.756	0.820	0.995	1.060	1.109	0.762	1.026	0.695	0.815	0.925	1.026	1.121	1.209
55	应力（MPa）	8.191	11.918	11.777	11.888	13.548	32.895	12.449	9.389	12.682	11.265	10.209	9.389	8.732	8.191
	弧垂（m）	1.443	0.992	1.054	1.227	1.292	1.342	0.997	1.259	0.932	1.049	1.158	1.259	1.354	1.443
60	应力（MPa）	8.278	11.255	11.273	11.717	13.469	32.895	11.775	9.293	11.805	10.771	9.956	9.293	8.743	8.278
	弧垂（m）	1.699	1.250	1.310	1.481	1.546	1.597	1.255	1.513	1.191	1.306	1.413	1.513	1.609	1.699
65	应力（MPa）	8.348	10.793	10.912	11.586	13.407	32.895	11.302	9.220	11.209	10.418	9.767	9.220	8.753	8.348
	弧垂（m）	1.977	1.529	1.589	1.758	1.823	1.874	1.534	1.790	1.473	1.584	1.690	1.790	1.886	1.977
70	应力（MPa）	8.406	10.456	10.643	11.483	13.358	32.895	10.956	9.162	10.784	10.156	9.622	9.162	8.760	8.406
	弧垂（m）	2.277	1.831	1.889	2.057	2.122	2.173	1.835	2.090	1.775	1.885	1.990	2.090	2.185	2.277
75	应力（MPa）	8.454	10.202	10.436	11.401	13.318	32.895	10.694	9.116	10.467	9.955	9.508	9.116	8.767	8.454
	弧垂（m）	2.600	2.154	2.212	2.378	2.444	2.495	2.159	2.411	2.100	2.208	2.311	2.411	2.507	2.600
80	应力（MPa）	8.494	10.004	10.274	11.335	13.285	32.895	10.490	9.078	10.225	9.797	9.417	9.078	8.772	8.494
	弧垂（m）	2.944	2.499	2.556	2.722	2.787	2.838	2.504	2.755	2.446	2.552	2.655	2.755	2.851	2.944
85	应力（MPa）	8.528	9.847	10.144	11.280	13.258	32.895	10.328	9.047	10.034	9.671	9.343	9.047	8.776	8.528
	弧垂（m）	3.310	2.867	2.923	3.088	3.153	3.204	2.871	3.120	2.813	2.919	3.021	3.120	3.217	3.310
90	应力（MPa）	8.556	9.721	10.038	11.235	13.235	32.895	10.197	9.021	9.881	9.568	9.282	9.021	8.779	8.556
	弧垂（m）	3.699	3.256	3.312	3.475	3.541	3.592	3.260	3.508	3.203	3.308	3.409	3.508	3.605	3.699
95	应力（MPa）	8.581	9.616	9.950	11.197	13.216	32.895	10.089	8.999	9.755	9.483	9.231	8.999	8.782	8.581
	弧垂（m）	4.109	3.667	3.722	3.886	3.951	4.003	3.671	3.918	3.615	3.718	3.820	3.918	4.015	4.109
100	应力（MPa）	8.602	9.529	9.876	11.164	13.199	32.895	10.000	8.980	9.652	9.412	9.188	8.980	8.785	8.602
	弧垂（m）	4.542	4.100	4.155	4.318	4.383	4.435	4.104	4.351	4.048	4.151	4.252	4.351	4.447	4.542
105	应力（MPa）	8.621	9.456	9.814	11.136	13.185	32.895	9.924	8.964	9.564	9.351	9.152	8.964	8.787	8.621
	弧垂（m）	4.997	4.555	4.610	4.772	4.838	4.889	4.559	4.805	4.504	4.606	4.707	4.805	4.902	4.997
110	应力（MPa）	8.637	9.394	9.761	11.112	13.173	32.895	9.859	8.950	9.491	9.300	9.120	8.950	8.789	8.637
	弧垂（m）	5.474	5.033	5.087	5.249	5.314	5.366	5.036	5.282	4.981	5.083	5.184	5.282	5.379	5.474
115	应力（MPa）	8.651	9.340	9.715	11.091	13.162	32.895	9.804	8.938	9.427	9.256	9.093	8.938	8.791	8.651
	弧垂（m）	5.973	5.532	5.586	5.748	5.813	5.865	5.536	5.781	5.481	5.583	5.683	5.781	5.878	5.973
120	应力（MPa）	8.663	9.294	9.675	11.073	13.152	32.895	9.756	8.928	9.373	9.217	9.069	8.928	8.793	8.663
	弧垂（m）	6.494	6.054	6.108	6.269	6.334	6.386	6.057	6.302	6.003	6.104	6.204	6.302	6.399	6.494

计算条件			
线规：JKLYJ-1/120			
截面积：125.50mm^2		外径：16.80mm	
单位质量：0.40kg/m		拉断力：17.34kN	
最大使用应用：32.90MPa		安全系数：4.20	
气象条件			
	气温（℃）	风速（m/s）	冰厚（mm）
高温	40	0	0
低温	−5	0	0
安装	0	10	0
外过	15	15	0
内过	20	20	0
大风	10	40	0
覆冰	−5	10	0
平均	20	0	0
比载 [$\times 10^{-3}$N/(m·mm^2)]			
	水平	垂直	综合
高温	0.000	31.256	31.256
低温	0.000	31.256	31.256
安装	10.040	31.256	32.829
外过	22.590	31.256	38.565
内过	34.135	31.256	46.284
大风	112.446	31.256	116.709
覆冰	10.040	31.256	32.829
平均	0.000	31.256	31.256
临界档距			
0.000	覆冰	26.726	大风

表 12-18　　D1 气象区 JKLYJ-1/185（$k=5.2$）导线应力弧垂表

应力弧垂 / 档距(m)	气象条件	高温	低温	安装	外过	内过	大风	覆冰	平均	架线气象条件					
	气温（℃）	40	−5	0	15	20	10	−5	20	−10	0	10	20	30	40
	风速（m/s）	0	0	10	15	20	40	10	0	0	0	0	0	0	0
	覆冰（mm）	0	0	0	0	0	0	0	0	0	0	0	0	0	0
30	应力（MPa）	6.978	25.713	21.061	12.847	12.407	26.577	25.852	10.202	31.159	20.883	13.918	10.202	8.197	6.978
	弧垂（m）	0.505	0.137	0.172	0.311	0.364	0.375	0.140	0.346	0.113	0.169	0.253	0.346	0.430	0.505
35	应力（MPa）	7.404	20.718	17.459	12.278	12.328	26.577	20.938	10.006	25.081	17.212	12.583	10.006	8.445	7.404
	弧垂（m）	0.648	0.232	0.282	0.442	0.499	0.510	0.235	0.479	0.191	0.279	0.381	0.479	0.568	0.648
40	应力（MPa）	7.737	17.062	15.069	11.898	12.272	26.577	17.340	9.873	20.039	14.789	11.740	9.873	8.628	7.737
	弧垂（m）	0.810	0.367	0.427	0.596	0.655	0.666	0.371	0.635	0.313	0.424	0.534	0.635	0.726	0.810
45	应力（MPa）	7.999	14.760	13.580	11.634	12.231	26.577	15.059	9.778	16.647	13.290	11.190	9.778	8.765	7.999
	弧垂（m）	0.991	0.537	0.600	0.772	0.831	0.843	0.541	0.811	0.476	0.597	0.709	0.811	0.905	0.991
50	应力（MPa）	8.208	13.342	12.630	11.445	12.200	26.577	13.644	9.710	14.573	12.339	10.814	9.710	8.870	8.208
	弧垂（m）	1.193	0.734	0.797	0.969	1.029	1.041	0.737	1.008	0.672	0.793	0.905	1.008	1.104	1.193
55	应力（MPa）	8.376	12.429	11.993	11.306	12.177	26.577	12.728	9.658	13.284	11.706	10.547	9.658	8.952	8.376
	弧垂（m）	1.414	0.953	1.015	1.186	1.247	1.260	0.956	1.227	0.892	1.012	1.123	1.227	1.323	1.414
60	应力（MPa）	8.513	11.810	11.546	11.200	12.159	26.577	12.104	9.619	12.437	11.262	10.350	9.619	9.018	8.513
	弧垂（m）	1.656	1.194	1.255	1.425	1.487	1.499	1.197	1.466	1.134	1.252	1.362	1.466	1.564	1.656
65	应力（MPa）	8.626	11.370	11.220	11.117	12.145	26.577	11.660	9.588	11.851	10.939	10.200	9.588	9.070	8.626
	弧垂（m）	1.918	1.455	1.515	1.685	1.747	1.759	1.458	1.726	1.396	1.513	1.622	1.726	1.824	1.918
70	应力（MPa）	8.719	11.045	10.974	11.052	12.134	26.577	11.330	9.563	11.427	10.696	10.084	9.563	9.113	8.719
	弧垂（m）	2.201	1.738	1.797	1.966	2.028	2.040	1.740	2.007	1.679	1.794	1.903	2.007	2.106	2.201
75	应力（MPa）	8.797	10.797	10.784	11.000	12.124	26.577	11.079	9.543	11.109	10.508	9.992	9.543	9.148	8.797
	弧垂（m）	2.504	2.040	2.099	2.268	2.329	2.342	2.043	2.309	1.983	2.096	2.205	2.309	2.408	2.504
80	应力（MPa）	8.863	10.603	10.633	10.957	12.117	26.577	10.882	9.527	10.863	10.359	9.918	9.527	9.177	8.863
	弧垂（m）	2.828	2.364	2.422	2.590	2.652	2.665	2.367	2.631	2.307	2.420	2.527	2.631	2.731	2.828
85	应力（MPa）	8.919	10.448	10.512	10.922	12.110	26.577	10.725	9.513	10.669	10.239	9.857	9.513	9.202	8.919
	弧垂（m）	3.173	2.708	2.766	2.933	2.996	3.008	2.711	2.975	2.652	2.763	2.871	2.975	3.075	3.173
90	应力（MPa）	8.967	10.322	10.412	10.892	12.105	26.577	10.597	9.501	10.512	10.141	9.806	9.501	9.223	8.967
	弧垂（m）	3.538	3.073	3.130	3.298	3.360	3.373	3.076	3.339	3.018	3.128	3.235	3.339	3.440	3.538
95	应力（MPa）	9.008	10.218	10.329	10.867	12.100	26.577	10.492	9.492	10.384	10.060	9.764	9.492	9.241	9.008
	弧垂（m）	3.924	3.459	3.516	3.683	3.745	3.758	3.461	3.724	3.404	3.514	3.620	3.724	3.825	3.924
100	应力（MPa）	9.044	10.132	10.260	10.846	12.096	26.577	10.404	9.483	10.278	9.992	9.728	9.483	9.256	9.044
	弧垂（m）	4.330	3.866	3.922	4.088	4.151	4.164	3.868	4.130	3.811	3.920	4.026	4.130	4.231	4.330
105	应力（MPa）	9.076	10.059	10.201	10.827	12.093	26.577	10.329	9.476	10.188	9.934	9.697	9.476	9.270	9.076
	弧垂（m）	4.758	4.293	4.349	4.515	4.578	4.591	4.295	4.557	4.238	4.347	4.453	4.557	4.658	4.758
110	应力（MPa）	9.103	9.996	10.151	10.811	12.090	26.577	10.266	9.470	10.112	9.884	9.670	9.470	9.281	9.103
	弧垂（m）	5.206	4.741	4.797	4.963	5.025	5.038	4.743	5.004	4.686	4.795	4.900	5.004	5.106	5.206
115	应力（MPa）	9.128	9.942	10.107	10.798	12.087	26.577	10.211	9.465	10.047	9.841	9.647	9.465	9.292	9.128
	弧垂（m）	5.675	5.210	5.265	5.431	5.494	5.507	5.212	5.473	5.155	5.263	5.369	5.473	5.574	5.675
120	应力（MPa）	9.149	9.896	10.069	10.785	12.085	26.577	10.164	9.460	9.990	9.804	9.627	9.460	9.301	9.149
	弧垂（m）	6.164	5.699	5.755	5.920	5.983	5.996	5.701	5.962	5.645	5.753	5.858	5.962	6.064	6.164

计算条件			
线规：JKLYJ-1/185			
截面积：193.43mm²		外径：20.80mm	
单位质量：0.62kg/m		拉断力：26.73kN	
最大使用应用：26.58MPa		安全系数：5.20	
气象条件			
	气温（℃）	风速（m/s）	冰厚（mm）
高温	40	0	0
低温	−5	0	0
安装	0	10	0
外过	15	15	0
内过	20	20	0
大风	10	40	0
覆冰	−5	10	0
平均	20	0	0
比载［$\times10^{-3}$N/(m·mm²)］			
	水平	垂直	综合
高温	0.000	31.332	31.332
低温	0.000	31.332	31.332
安装	7.393	31.332	32.192
外过	16.634	31.332	35.473
内过	25.136	31.332	40.168
大风	82.800	31.332	88.530
覆冰	7.393	31.332	32.192
平均	0.000	31.332	31.332

临界档距				
0.000	覆冰	29.324	大风	

表 12-19　　　　　　　　D2 气象区 JKLYJ-1/70（$k=3$）导线张力弧垂数据表

应力弧垂 / 档距(m)	气象条件	高温	低温	安装	外过	内过	大风	覆冰	平均	架线气象条件					
	气温（℃）	40	−10	−5	15	20	10	−5	20	−10	0	10	20	30	40
	风速（m/s）	0	0	10	15	23	45	10	0	0	0	0	0	0	0
	覆冰（mm）	0	0	0	0	0	0	5	0	0	0	0	0	0	0
30	应力（MPa）	7.535	31.386	26.341	16.987	20.140	45.683	31.703	11.817	37.223	25.919	17.049	11.817	9.090	7.535
	弧垂（m）	0.467	0.112	0.145	0.285	0.373	0.464	0.120	0.298	0.095	0.136	0.206	0.298	0.387	0.467
35	应力（MPa）	7.548	22.122	19.038	14.791	19.095	45.683	22.756	10.345	26.754	18.310	13.183	10.345	8.656	7.548
	弧垂（m）	0.635	0.217	0.273	0.445	0.535	0.631	0.228	0.463	0.179	0.262	0.363	0.463	0.553	0.635
40	应力（MPa）	7.556	15.929	14.772	13.519	18.401	45.683	16.781	9.533	18.568	13.927	11.222	9.533	8.387	7.556
	弧垂（m）	0.828	0.393	0.459	0.636	0.725	0.825	0.404	0.656	0.337	0.449	0.558	0.656	0.746	0.828
45	应力（MPa）	7.562	12.817	12.579	12.736	17.924	45.683	13.686	9.041	14.163	11.746	10.158	9.041	8.209	7.562
	弧垂（m）	1.047	0.618	0.682	0.854	0.942	1.044	0.627	0.876	0.559	0.674	0.779	0.876	0.965	1.047
50	应力（MPa）	7.567	11.215	11.362	12.223	17.584	45.683	12.049	8.719	11.988	10.562	9.518	8.719	8.085	7.567
	弧垂（m）	1.292	0.872	0.933	1.099	1.186	1.289	0.880	1.121	0.815	0.926	1.027	1.121	1.209	1.292
55	应力（MPa）	7.570	10.286	10.615	11.866	17.335	45.683	11.084	8.496	10.788	9.844	9.100	8.496	7.995	7.570
	弧垂（m）	1.563	1.150	1.208	1.370	1.455	1.559	1.157	1.392	1.096	1.202	1.300	1.392	1.480	1.563
60	应力（MPa）	7.573	9.692	10.119	11.609	17.146	45.683	10.462	8.334	10.048	9.370	8.809	8.334	7.927	7.573
	弧垂（m）	1.859	1.452	1.508	1.666	1.751	1.855	1.459	1.689	1.401	1.502	1.598	1.689	1.776	1.859
65	应力（MPa）	7.575	9.286	9.770	11.416	17.000	45.683	10.034	8.213	9.553	9.039	8.597	8.213	7.875	7.575
	弧垂（m）	2.181	1.779	1.833	1.989	2.072	2.178	1.785	2.012	1.729	1.828	1.922	2.012	2.098	2.181
70	应力（MPa）	7.576	8.992	9.513	11.268	16.885	45.683	9.724	8.120	9.202	8.796	8.438	8.120	7.834	7.576
	弧垂（m）	2.529	2.131	2.184	2.337	2.420	2.526	2.136	2.360	2.082	2.178	2.271	2.360	2.446	2.529
75	应力（MPa）	7.578	8.772	9.318	11.151	16.793	45.683	9.490	8.046	8.942	8.612	8.315	8.046	7.802	7.578
	弧垂（m）	2.903	2.507	2.559	2.711	2.793	2.899	2.513	2.734	2.460	2.554	2.645	2.734	2.819	2.903
80	应力（MPa）	7.579	8.602	9.165	11.057	16.717	45.683	9.310	7.987	8.743	8.468	8.217	7.987	7.775	7.579
	弧垂（m）	3.302	2.909	2.960	3.110	3.192	3.299	2.914	3.133	2.862	2.955	3.046	3.133	3.219	3.302
85	应力（MPa）	7.580	8.468	9.044	10.981	16.655	45.683	9.167	7.939	8.587	8.354	8.139	7.939	7.753	7.580
	弧垂（m）	3.727	3.336	3.387	3.535	3.617	3.724	3.342	3.559	3.290	3.382	3.471	3.559	3.644	3.727
90	应力（MPa）	7.580	8.359	8.945	10.918	16.603	45.683	9.051	7.899	8.461	8.261	8.074	7.899	7.735	7.580
	弧垂（m）	4.178	3.789	3.839	3.987.	4.068	4.175	3.794	4.010	3.743	3.834	3.923	4.010	4.095	4.178
95	应力（MPa）	7.581	8.270	8.864	10.865	16.559	45.683	8.956	7.866	8.359	8.184	8.020	7.866	7.719	7.581
	弧垂（m）	4.655	4.267	4.317	4.463	4.545	4.652	4.272	4.487	4.222	4.312	4.400	4.487	4.572	4.655
100	应力（MPa）	7.582	8.196	8.796	10.820	16.522	45.683	8.877	7.837	8.274	8.121	7.975	7.837	7.706	7.582
	弧垂（m）	5.158	4.771	4.820	4.966	5.047	5.154	4.776	4.989	4.726	4.815	4.903	4.989	5.074	5.158
105	应力（MPa）	7.582	8.134	8.738	10.782	16.490	45.683	8.811	7.813	8.203	8.067	7.937	7.813	7.695	7.582
	弧垂（m）	5.686	5.300	5.349	5.494	5.575	5.682	5.305	5.518	5.256	5.344	5.432	5.518	5.602	5.686
110	应力（MPa）	7.583	8.081	8.689	10.749	16.462	45.683	8.754	7.793	8.143	8.021	7.904	7.793	7.685	7.583
	弧垂（m）	6.240	5.855	5.904	6.049	6.129	6.236	5.860	6.072	5.811	5.899	5.986	6.072	6.156	6.240
115	应力（MPa）	7.583	8.036	8.647	10.721	16.437	45.683	8.706	7.775	8.091	7.981	7.876	7.775	7.677	7.583
	弧垂（m）	6.820	6.436	6.484	6.628	6.709	6.816	6.440	6.652	6.392	6.479	6.566	6.652	6.736	6.820
120	应力（MPa）	7.583	7.996	8.611	10.696	16.416	45.683	8.664	7.759	8.046	7.947	7.851	7.759	7.669	7.583
	弧垂（m）	7.425	7.042	7.090	7.234	7.315	7.422	7.046	7.257	6.998	7.086	7.172	7.257	7.342	7.425

计算条件			
线规：JKLYJ-1/70			
截面积：75.55mm²		外径：13.20mm	
单位质量：0.24kg/m		拉断力：10.35kN	
最大使用应用：45.68MPa		安全系数：3.00	
气象条件			
	气温（℃）	风速（m/s）	冰厚（mm）
高温	40	0	0
低温	−5	0	0
安装	0	10	0
外过	15	15	0
内过	20	23	0
大风	10	45	0
覆冰	−5	10	0
平均	20	0	0
比载［$\times10^{-3}$N/(m·mm²)］			
	水平	垂直	综合
高温	0.000	31.283	31.283
低温	0.000	31.283	31.283
安装	13.104	31.283	33.916
外过	29.484	31.283	42.987
内过	58.922	31.283	66.711
大风	185.748	31.283	188.364
覆冰	13.104	31.283	33.916
平均	0.000	31.283	31.283
临界档距			
0.000	覆冰	22.435	大风

表 12-20　　D2 气象区 JKLYJ-1/120（$k=3.6$）导线应力弧垂表

应力弧垂 / 气象条件 / 档距(m)		高温	低温	安装	外过	内过	大风	覆冰	平均	架线气象条件					
	气温（℃）	40	−5	0	15	20	10	−5	20	−10	0	10	20	30	40
	风速（m/s）	0	0	10	15	23	45	10	0	0	0	0	0	0	0
档距(m)	覆冰（mm）	0	0	0	0	0	0	0	0	0	0	0	0	0	0
30	应力（MPa）	7.358	29.746	24.697	15.195	17.038	38.378	29.950	11.298	35.495	24.426	16.061	11.298	8.806	7.358
	弧垂（m）	0.478	0.118	0.150	0.286	0.363	0.427	0.123	0.311	0.099	0.144	0.219	0.311	0.399	0.478
35	应力（MPa）	7.548	22.175	18.785	13.627	16.387	38.378	22.553	10.352	26.818	18.349	13.201	10.352	8.659	7.548
	弧垂（m）	0.634	0.216	0.268	0.433	0.513	0.581	0.223	0.462	0.178	0.261	0.363	0.462	0.553	0.634
40	应力（MPa）	7.685	16.802	15.097	12.676	15.946	38.378	17.311	9.784	19.711	14.586	11.612	9.784	8.562	7.685
	弧垂（m）	0.813	0.372	0.435	0.608	0.689	0.759	0.379	0.639	0.317	0.429	0.538	0.639	0.730	0.813
45	应力（MPa）	7.785	13.806	13.050	12.069	15.638	38.378	14.343	9.419	15.426	12.534	10.687	9.419	8.494	7.785
	弧垂（m）	1.016	0.573	0.637	0.809	0.889	0.961	0.579	0.840	0.513	0.631	0.740	0.840	0.931	1.016
50	应力（MPa）	7.862	12.159	11.861	11.660	15.416	38.378	12.685	9.171	13.127	11.357	10.105	9.171	8.445	7.862
	弧垂（m）	1.242	0.803	0.865	1.034	1.113	1.186	0.809	1.065	0.744	0.860	0.967	1.065	1.157	1.242
55	应力（MPa）	7.920	11.175	11.113	11.372	15.251	38.378	11.683	8.994	11.813	10.623	9.714	8.994	8.408	7.920
	弧垂（m）	1.492	1.058	1.117	1.282	1.361	1.436	1.062	1.314	1.001	1.113	1.217	1.314	1.406	1.492
60	应力（MPa）	7.966	10.536	10.609	11.160	15.125	38.378	11.030	8.864	10.991	10.131	9.437	8.864	8.381	7.966
	弧垂（m）	1.766	1.335	1.392	1.555	1.634	1.708	1.339	1.587	1.280	1.388	1.490	1.587	1.678	1.766
65	应力（MPa）	8.003	10.095	10.252	11.000	15.027	38.378	10.576	8.765	10.438	9.783	9.234	8.765	8.359	8.003
	弧垂（m）	2.063	1.635	1.691	1.852	1.930	2.005	1.639	1.883	1.582	1.687	1.788	1.883	1.975	2.063
70	应力（MPa）	8.033	9.776	9.987	10.876	14.949	38.378	10.247	8.688	10.044	9.527	9.079	8.688	8.341	8.033
	弧垂（m）	2.383	1.958	2.013	2.172	2.250	2.325	1.962	2.204	1.906	2.010	2.109	2.204	2.295	2.383
75	应力（MPa）	8.057	9.535	9.786	10.778	14.886	38.378	9.999	8.626	9.753	9.331	8.958	8.626	8.328	8.057
	弧垂（m）	2.728	2.305	2.359	2.516	2.594	2.670	2.309	2.548	2.253	2.355	2.453	2.548	2.639	2.728
80	应力（MPa）	8.078	9.349	9.628	10.699	14.834	38.378	9.806	8.577	9.530	9.178	8.863	8.577	8.316	8.078
	弧垂（m）	3.096	2.675	2.728	2.884	2.961	3.037	2.678	2.916	2.624	2.724	2.821	2.916	3.007	3.096
85	应力（MPa）	8.095	9.202	9.502	10.634	14.792	38.378	9.654	8.536	9.354	9.056	8.785	8.536	8.307	8.095
	弧垂（m）	3.487	3.068	3.120	3.275	3.352	3.429	3.071	3.307	3.018	3.117	3.213	3.307	3.398	3.487
90	应力（MPa）	8.109	9.083	9.399	10.581	14.756	38.378	9.530	8.502	9.214	8.957	8.721	8.502	8.299	8.109
	弧垂（m）	3.903	3.484	3.536	3.690	3.768	3.844	3.488	3.722	3.435	3.533	3.629	3.722	3.814	3.903
95	应力（MPa）	8.121	8.985	9.314	10.536	14.726	38.378	9.429	8.474	9.099	8.875	8.668	8.474	8.292	8.121
	弧垂（m）	4.342	3.924	3.976	4.129	4.206	4.283	3.928	4.161	3.875	3.973	4.068	4.161	4.252	4.342
100	应力（MPa）	8.132	8.904	9.243	10.498	14.700	38.378	9.345	8.449	9.004	8.807	8.623	8.449	8.286	8.132
	弧垂（m）	4.805	4.388	4.440	4.592	4.669	4.746	4.391	4.624	4.339	4.436	4.531	4.624	4.715	4.805
105	应力（MPa）	8.141	8.835	9.184	10.465	14.678	38.378	9.274	8.429	8.924	8.749	8.585	8.429	8.281	8.141
	弧垂（m）	5.291	4.875	4.927	5.079	5.155	5.232	4.879	5.110	4.827	4.923	5.018	5.110	5.202	5.291
110	应力（MPa）	8.149	8.777	9.132	10.437	14.659	38.378	9.213	8.411	8.856	8.700	8.552	8.411	8.277	8.149
	弧垂（m）	5.801	5.386	5.437	5.589	5.665	5.742	5.390	5.621	5.338	5.434	5.528	5.621	5.712	5.801
115	应力（MPa）	8.156	8.727	9.088	10.413	14.642	38.378	9.161	8.396	8.798	8.658	8.524	8.396	8.273	8.156
	弧垂（m）	6.335	5.921	5.971	6.123	6.199	6.276	5.924	6.155	5.873	5.968	6.062	6.155	6.246	6.335
120	应力（MPa）	8.162	8.684	9.050	10.391	14.627	38.378	9.116	8.382	8.748	8.621	8.499	8.382	8.270	8.162
	弧垂（m）	6.893	6.479	6.529	6.680	6.757	6.834	6.482	6.712	6.431	6.526	6.620	6.712	6.803	6.893

计算条件			
线规：JKLYJ-1/120			
截面积：125.5mm^2		外径：16.80mm	
单位质量：0.40kg/m		拉断力：17.34kN	
最大使用应用：38.38MPa		安全系数：3.60	
气象条件			
	气温（℃）	风速（m/s）	冰厚（mm）
高温	40	0	0
低温	−5	0	0
安装	0	10	0
外过	15	15	0
内过	20	23	0
大风	10	45	0
覆冰	−5	10	0
平均	20	0	0
比载［$\times10^{-3}$N/(m·mm^2)］			
	水平	垂直	综合
高温	0.000	31.256	31.256
低温	0.000	31.256	31.256
安装	10.040	31.256	32.829
外过	22.590	31.256	38.565
内过	45.144	31.256	54.909
大风	142.315	31.256	145.707
覆冰	10.040	31.256	32.829
平均	0.000	31.256	31.256

临界档距				
0.000	覆冰	24.600	大风	

表 12-21　　　　　　　　　　D2 气象区 JKLYJ-1/185（k=4.5）导线应力弧垂

应力弧垂 / 档距(m)	气象条件	高温	低温	安装	外过	内过	大风	覆冰	平均	架线气象条件					
	气温（℃）	40	−5	0	15	20	10	−5	20	−10	0	10	20	30	40
	风速（m/s）	0	0	10	15	23	45	10	0	0	0	0	0	0	0
	覆冰（mm）	0	0	0	0	0	0	0	0	0	0	0	0	0	0
30	应力（MPa）	7.039	26.361	21.613	13.080	13.894	30.711	26.494	10.369	31.865	21.439	14.240	10.369	8.293	7.039
	弧垂（m）	0.501	0.134	0.168	0.305	0.370	0.401	0.137	0.340	0.111	0.164	0.248	0.340	0.425	0.501
35	应力（MPa）	7.377	20.471	17.269	12.196	13.639	30.711	20.693	9.945	24.784	17.021	12.478	9.945	8.406	7.377
	弧垂（m）	0.650	0.234	0.285	0.445	0.513	0.545	0.238	0.482	0.194	0.282	0.385	0.482	0.571	0.650
40	应力（MPa）	7.632	16.364	14.539	11.633	13.462	30.711	16.644	9.670	19.131	14.260	11.426	9.670	8.486	7.632
	弧垂（m）	0.821	0.383	0.443	0.610	0.679	0.712	0.387	0.648	0.328	0.439	0.548	0.648	0.738	0.821
45	应力（MPa）	7.828	13.946	12.933	11.257	13.336	30.711	14.241	9.483	15.599	12.649	10.770	9.483	8.545	7.828
	弧垂（m）	1.013	0.569	0.630	0.798	0.867	0.902	0.572	0.836	0.508	0.627	0.736	0.836	0.928	1.013
50	应力（MPa）	7.981	12.528	11.948	10.995	13.243	30.711	12.820	9.350	13.571	11.667	10.335	9.350	8.589	7.981
	弧垂（m）	1.227	0.782	0.842	1.008	1.078	1.113	0.785	1.047	0.721	0.839	0.947	1.047	1.140	1.227
55	应力（MPa）	8.102	11.640	11.304	10.806	13.173	30.711	11.927	9.252	12.353	11.029	10.032	9.252	8.622	8.102
	弧垂（m）	1.462	1.018	1.077	1.241	1.311	1.347	1.021	1.281	0.959	1.074	1.181	1.281	1.374	1.462
60	应力（MPa）	8.199	11.048	10.860	10.664	13.120	30.711	11.327	9.178	11.566	10.589	9.812	9.178	8.649	8.199
	弧垂（m）	1.720	1.276	1.334	1.497	1.567	1.603	1.279	1.536	1.219	1.332	1.437	1.536	1.630	1.720
65	应力（MPa）	8.277	10.630	10.538	10.556	13.077	30.711	10.905	9.121	11.026	10.272	9.647	9.121	8.669	8.277
	弧垂（m）	1.999	1.557	1.613	1.775	1.845	1.881	1.559	1.814	1.501	1.611	1.715	1.814	1.909	1.999
70	应力（MPa）	8.342	10.323	10.298	10.471	13.043	30.711	10.593	9.076	10.637	10.035	9.520	9.076	8.686	8.342
	弧垂（m）	2.301	1.859	1.915	2.075	2.145	2.181	1.861	2.115	1.804	1.912	2.016	2.115	2.209	2.301
75	应力（MPa）	8.395	10.091	10.113	10.403	13.016	30.711	10.357	9.039	10.347	9.852	9.420	9.039	8.700	8.395
	弧垂（m）	2.624	2.183	2.238	2.398	2.468	2.504	2.186	2.437	2.129	2.236	2.339	2.437	2.532	2.624
80	应力（MPa）	8.440	9.909	9.967	10.348	12.993	30.711	10.172	9.010	10.123	9.708	9.340	9.010	8.711	8.440
	弧垂（m）	2.970	2.530	2.584	2.742	2.813	2.849	2.532	2.782	2.476	2.582	2.684	2.782	2.877	2.970
85	应力（MPa）	8.478	9.765	9.849	10.302	12.974	30.711	10.025	8.985	9.946	9.593	9.275	8.985	8.721	8.478
	弧垂（m）	3.338	2.898	2.952	3.110	3.180	3.216	2.900	3.149	2.845	2.950	3.051	3.149	3.245	3.338
90	应力（MPa）	8.510	9.647	9.753	10.265	12.959	30.711	9.906	8.965	9.803	9.499	9.220	8.965	8.729	8.510
	弧垂（m）	3.728	3.288	3.342	3.499	3.569	3.606	3.290	3.539	3.236	3.340	3.441	3.539	3.634	3.728
95	应力（MPa）	8.538	9.551	9.674	10.233	12.945	30.711	9.808	8.947	9.686	9.421	9.175	8.947	8.736	8.538
	弧垂（m）	4.140	3.701	3.754	3.911	3.981	4.018	3.703	3.950	3.649	3.752	3.852	3.950	4.046	4.140
100	应力（MPa）	8.562	9.470	9.607	10.206	12.934	30.711	9.725	8.933	9.590	9.355	9.137	8.933	8.742	8.562
	弧垂（m）	4.574	4.136	4.188	4.345	4.415	4.452	4.138	4.384	4.084	4.186	4.287	4.384	4.480	4.574
105	应力（MPa）	8.583	9.402	9.551	10.183	12.924	30.711	9.656	8.920	9.508	9.300	9.104	8.920	8.747	8.583
	弧垂（m）	5.031	4.592	4.645	4.801	4.871	4.908	4.595	4.841	4.541	4.643	4.743	4.841	4.937	5.031
110	应力（MPa）	8.601	9.344	9.503	10.162	12.915	30.711	9.597	8.909	9.439	9.252	9.076	8.909	8.751	8.601
	弧垂（m）	5.510	5.072	5.124	5.280	5.350	5.387	5.074	5.319	5.021	5.122	5.222	5.319	5.415	5.510
115	应力（MPa）	8.617	9.294	9.461	10.145	12.908	30.711	9.546	8.899	9.380	9.211	9.051	8.899	8.755	8.617
	弧垂（m）	6.011	5.573	5.625	5.780	5.850	5.888	5.575	5.820	5.522	5.623	5.722	5.820	5.916	6.011
120	应力（MPa）	8.631	9.251	9.425	10.130	12.901	30.711	9.502	8.891	9.328	9.176	9.030	8.891	8.758	8.631
	弧垂（m）	6.534	6.096	6.148	6.303	6.374	6.411	6.098	6.343	6.046	6.146	6.246	6.343	6.439	6.534

计算条件				
线规：JKLYJ-1/185				
截面积：193.43mm^2		外径：20.80mm		
单位质量：0.62kg/m		拉断力：26.73kN		
最大使用应用：30.71MPa		安全系数：4.50		
气象条件				
	气温（℃）	风速（m/s）	冰厚（mm）	
高温	40	0	0	
低温	−5	0	0	
安装	0	10	0	
外过	15	15	0	
内过	20	23	0	
大风	10	45	0	
覆冰	−5	10	0	
平均	20	0	0	
比载［×10^{-3}N/(m·mm^2)］				
	水平	垂直	综合	
高温	0.000	31.332	31.332	
低温	0.000	31.332	31.332	
安装	7.373	31.332	32.192	
外过	16.634	31.332	35.473	
内过	33.242	31.332	45.681	
大风	104.794	31.332	109.377	
覆冰	7.393	31.332	32.192	
平均	0.000	31.332	31.332	
临界档距				
0.000	覆冰	26.734	大风	

12.3 低压架空线路杆型

12.3.1 设计说明

12.3.1.1 杆型分类依据

（1）电杆荷载等级分类。水泥杆根据 GB 4623《环形混凝土电杆》对整根锥形杆及组装锥形杆的标准检验弯矩等级进行分类。该设计的水泥杆荷载等级分别选用 I、M 级两类。

（2）导线配置分类。根据 380V/220V 架空线路导线截面积与载流量的匹配原则，综合考虑各地运行经验和物料统一归类对导线配置分类，见表 12-22。

表 12-22　　低压架空线路导线配置分类

适用线路	导线配置分类（m^2）	导线截面积范围（m^2）
三相四线（380V）	70	70 及以下
	120	95～120
	185	150～185

绝缘导线绑扎线宜采用不小于 BV-4mm^2 绝缘导线。

（3）电杆配置分类。典型设计中电杆按杆高分为 10、12m 两种。

按水泥电杆钢筋受力分为预应力、非预应力两种，预应力水泥杆适用于山区及运输不便的地区。

按使用需要分为直线杆、0°～15°带拉线直线转角杆、0°～45°带拉线耐张转角杆、45°～90°带拉线耐张转角杆、带拉线直线 T 接杆、带拉线终端杆、无拉线耐张转角杆七种类型。

12.3.1.2 计算依据及方法

（1）气象条件、导线安全系数见表 12-1、表 12-2。海拔按 1000m 及以下考虑，1000m 以上特殊区域可根据修正参数自行校验。

（2）低压架空线路档距：水平档距取 L_h 不大于 60m，垂直档距 L_v 不大于 75m。

（3）根据“一杆多用”的原则，典型设计采用水泥杆承受荷载最大力计算。

（4）水泥杆埋深依据 DL/T 5220《10kV 及以下架空配电线路设计技术规程》中第 10.0.17 的要求：单回路的配电线路水泥杆埋设深度宜采用表 12-23 中所列数值。

表 12-23　　水泥杆埋设深度　　m

杆高	10	12	15
埋深	1.7	1.9	2.3

注　此次典型设计根据上述埋深要求进行计算，但考虑到基础设计不包含在此次典型设计范围内，可根据对应杆位的地质条件进行设计，以确定水泥杆埋深及基础形式。

（5）根部弯矩设计值、标准值及水平力设计值、标准值计算点：直埋基础距地面以下水泥杆埋深 1/3 处，其他基础形式按相关规定执行。

（6）附加弯矩（包含横担构件、绝缘子及金具等产生的风荷载）：直线杆取风荷载的 8%，其他杆型取风荷载的 15%。

（7）电杆采用 GB/T 4623《环形混凝土电杆》标准水泥杆。

（8）耐张转角杆纵向不平衡张力：水泥杆左右代表档距相差 50%。

（9）拉线采用 YB/T 5004《镀锌钢绞线》标准镀锌钢绞线，其中 1×19－13.0 钢绞线抗拉强度为 1370MPa，其余钢绞线均为 1270MPa，且截面积不应小于 35mm^2。

拉线张力主要由风力和导线张力等可变荷载产生，荷载系数应按 1.4 计算，其强度设计值应按下式计算

$$f=\psi_1 \cdot \psi_2 \cdot f_u$$

式中　f——钢绞线强度设计值，N/mm^2；

ψ_1——钢绞线强度扭绞调整系数，取 0.9；

ψ_2——钢绞线强度不均匀系数，对 1×7 结构取 0.65，其他结构取 0.56；

f_u——钢绞线的破坏强度，N/mm^2。

12.3.1.3 低压杆型配置

（1）低压直线水泥杆。低压直线水泥杆杆型及配置见表 12-24。

表 12-24　　　　　　　　　　低压直线水泥杆杆型及配置表

序号	杆型代号	水泥杆规格	杆长（m）	开裂检验弯矩（kN·m）
1	D4Z-10-I	ϕ190×10×I×G	10	24.15
2	D4Z-10-M	ϕ190×10×M×G	10	40.25
3	D4Z-12-M	ϕ190×12×M×G	12	58.50
4	D4Z-12-N	ϕ190×12×N×G	12	68.25

杆型代号说明

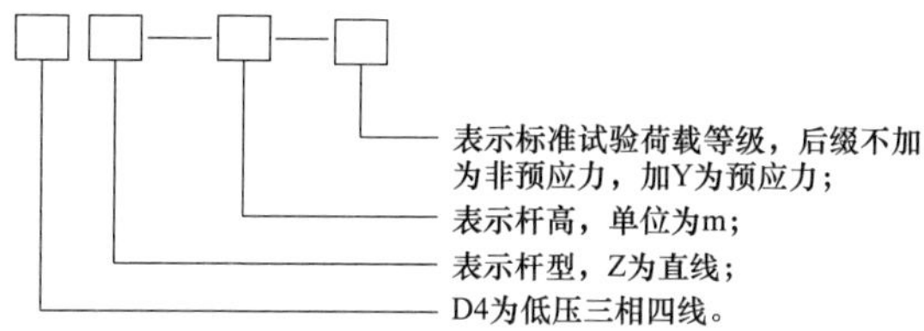

例　“D4Z-10-I”：D4 表示低压三相四线；Z 表示直线杆；10 表示杆长 10m；I 表示标准试验荷载等级代号为 I 级的非预应力水泥杆。

380V 直线水泥杆型适用情况见表 12-25～表 12-29。

表 12-25　　　　　　　　低压直线水泥杆杆型适用表（A 气象区）

导线型号	水平档距	使用情况杆型			
		D4Z-10-I	D4Z-10-M	D4Z-12-M	D4Z-12-N
70mm² 导线	$L_h<35$	√	—	√	—
	$L_h<45$	√	—	√	—
	$L_h<50$	√	—	√	—
	$L_h<60$	√	—	√	—
120mm² 导线	$L_h<35$	√	—	√	—
	$L_h<45$	√	—	√	—
	$L_h<50$	√	—	√	—
	$L_h<60$	√	—	√	—
185mm² 导线	$L_h<35$	√	—	√	—
	$L_h<45$	√	—	√	—
	$L_h<50$	√	—	√	—
	$L_h<60$	×	√	×	—

注　1. L_h 为水平档距，单位为 m。
　　2. 表中打“×”处表明此水泥杆不适用于该外荷载情况；“—”表示从经济性考虑不推荐使用。

表 12-26　　　　　　　　低压直线水泥杆杆型适用表（B 气象区）

导线型号	水平档距	使用情况杆型			
		D4Z-10-I	D4Z-10-M	D4Z-12-M	D4Z-12-N
70mm² 导线	$L_h<35$	√	—	√	—
	$L_h<45$	√	—	√	—
	$L_h<50$	√	—	√	—
	$L_h<60$	√	—	√	—
120mm² 导线	$L_h<35$	√	—	√	—
	$L_h<45$	√	—	√	—
	$L_h<50$	√	—	√	—
	$L_h<60$	√	—	√	—
185mm² 导线	$L_h<35$	√	—	√	—
	$L_h<45$	√	—	√	—
	$L_h<50$	√	—	√	—
	$L_h<60$	√	—	√	—

注　1. L_h 为水平档距，单位为 m。
　　2. 表中“—”表示从经济性考虑不推荐使用。

表 12-27　　　　　　　　低压直线水泥杆杆型适用表（C 气象区）

导线型号	水平档距	使用情况杆型			
		D4Z-10-I	D4Z-10-M	D4Z-12-M	D4Z-12-N
70mm² 导线	$L_h<35$	√	—	√	—
	$L_h<45$	√	—	√	—
	$L_h<50$	√	—	√	—
	$L_h<60$	√	—	√	—
120mm² 导线	$L_h<35$	√	—	√	—
	$L_h<45$	√	—	√	—
	$L_h<50$	√	—	√	—
	$L_h<60$	√	—	√	—
185mm² 导线	$L_h<35$	√	—	√	—
	$L_h<45$	√	—	√	—
	$L_h<50$	√	—	√	—
	$L_h<60$	√	—	√	—

注　1. L_h 为水平档距，单位为 m。
　　2. 表中“—”表示从经济性考虑不推荐使用。

表 12-28　　　　低压直线水泥杆杆型适用表（D1 气象区）

导线型号	水平档距	使用情况杆型			
		D4Z-10-I	D4Z-10-M	D4Z-12-M	D4Z-12-N
70mm² 导线	$L_h<35$	×	√	√	—
	$L_h<45$	×	√	√	—
	$L_h<50$	×	×	×	—
	$L_h<60$	×	×	×	—
120mm² 导线	$L_h<35$	×	√	√	—
	$L_h<45$	×	√	√	—
	$L_h<50$	×	×	×	—
	$L_h<60$	×	×	×	—
185mm² 导线	$L_h<35$	×	√	√	—
	$L_h<45$	×	√	√	—
	$L_h<50$	×	×	×	—
	$L_h<60$	×	×	×	—

注　1. L_h 为水平档距，单位为 m。
　　2. 表中打“×”处表明此水泥杆不适用于该外荷载情况；“—”表示从经济性考虑不推荐使用。

表 12-29　　　　低压直线水泥杆杆型适用表（D2 气象区）

导线型号	水平档距	使用情况杆型			
		D4Z-10-I	D4Z-10-M	D4Z-12-M	D4Z-12-N
70mm² 导线	$L_h<35$	×	√	√	—
	$L_h<45$	×	√	×	√
	$L_h<50$	×	×	×	×
	$L_h<60$	×	×	×	×
120mm² 导线	$L_h<35$	×	√	√	—
	$L_h<45$	×	√	×	√
	$L_h<50$	×	×	×	×
	$L_h<60$	×	×	×	×
185mm² 导线	$L_h<35$	×	√	√	—
	$L_h<45$	×	√	×	√
	$L_h<50$	×	×	×	×
	$L_h<60$	×	×	×	×

注　1. L_h 为水平档距，单位为 m。
　　2. 表中打“×”处表明此水泥杆不适用于该外荷载情况；“—”表示从经济性考虑不推荐使用。

（2）低压直线转角水泥杆 4 种杆型，杆型及配置见表 12-30。

表 12-30　　　　低压直线水泥杆杆型及配置表

序号	杆型代号	水泥杆规格	杆长（m）	开裂检验弯矩（kN·m）
1	D4ZJ-10-I	ϕ190×10×I×G	10	24.15
2	D4ZJ-10-M	ϕ190×10×M×G	10	40.25
3	D4ZJ-12-M	ϕ190×12×M×G	12	58.50

杆型代号说明

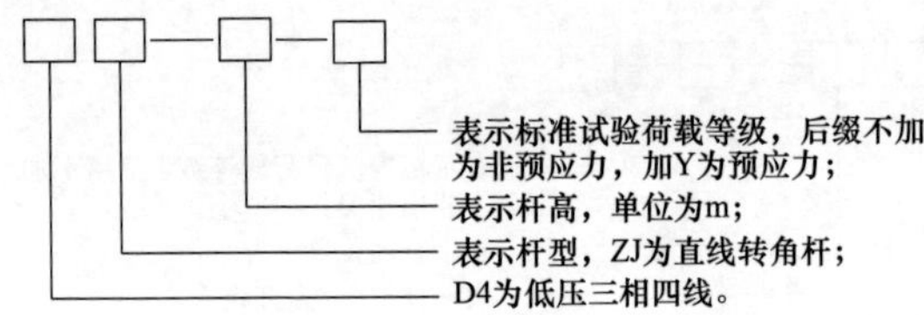

例　“D4ZJ-10-I”：D4 表示低压三相四线；ZJ 表示直线转角杆；10 表示杆长 10m；I 表示标准试验荷载等级代号为 I 级的非预应力水泥杆。

低压直线转角水泥杆型适用情况见表 12-31～表 12-35。

表 12-31　　　　低压直线转角水泥杆杆型适用表（A 气象区）

导线型号	水平档距	使用情况杆型			
		D4ZJ-10-I	D4ZJ-10-M	D4ZJ-12-M	D4ZJ-12-N
70mm² 导线	$L_h<35$	√	—	√	—
	$L_h<45$	√	—	√	—
	$L_h<50$	√	—	√	—
	$L_h<60$	√	—	√	—
120mm² 导线	$L_h<35$	√	—	√	—
	$L_h<45$	√	—	√	—
	$L_h<50$	√	—	√	—
	$L_h<60$	√	—	√	—
185mm² 导线	$L_h<35$	√	—	√	—
	$L_h<45$	√	—	√	—
	$L_h<50$	√	—	√	—
	$L_h<60$	×	√	×	—

注　1. L_h 为水平档距，单位为 m。
　　2. 表中打“×”处表明此水泥杆不适用于该外荷载情况；“—”表示从经济性考虑不推荐使用。

表 12-32　　低压直线转角水泥杆杆型适用表（B 气象区）

导线型号	水平档距	使用情况杆型			
		D4JZ-10-I	D4ZJ-10-M	D4ZJ-12-M	D4ZJ-12-N
$70mm^2$ 导线	$L_h<35$	√	—	√	—
	$L_h<45$	√	—	√	—
	$L_h<50$	√	—	√	—
	$L_h<60$	√	—	√	—
$120mm^2$ 导线	$L_h<35$	√	—	√	—
	$L_h<45$	√	—	√	—
	$L_h<50$	√	—	√	—
	$L_h<60$	√	—	√	—
$185mm^2$ 导线	$L_h<35$	√	—	√	—
	$L_h<45$	√	—	√	—
	$L_h<50$	√	—	√	—
	$L_h<60$	√	—	√	—

注　1. L_h 为水平档距，单位为 m。
　　2. 表中"—"表示从经济性考虑不推荐使用。

表 12-33　　低压直线转角水泥杆杆型适用表（C 气象区）

导线型号	水平档距	使用情况杆型			
		D4JZ-10-I	D4ZJ-10-M	D4ZJ-12-M	D4ZJ-12-N
$70mm^2$ 导线	$L_h<35$	√	—	√	—
	$L_h<45$	√	—	√	—
	$L_h<50$	√	—	√	—
	$L_h<60$	√	—	√	—
$120mm^2$ 导线	$L_h<35$	√	—	√	—
	$L_h<45$	√	—	√	—
	$L_h<50$	√	—	√	—
	$L_h<60$	√	—	√	—
$185mm^2$ 导线	$L_h<35$	√	—	√	—
	$L_h<45$	√	—	√	—
	$L_h<50$	√	—	√	—
	$L_h<60$	√	—	√	—

注　1. L_h 为水平档距，单位为 m。
　　2. 表中"—"表示从经济性考虑不推荐使用。

表 12-34　　低压直线转角水泥杆杆型适用表（D1 气象区）

导线型号	水平档距	使用情况杆型			
		D4ZJ-10-I	D4ZJ-10-M	D4ZJ-12-M	D4ZJ-12-N
$70mm^2$ 导线	$L_h<35$	×	√	√	—
	$L_h<45$	×	√	√	—
	$L_h<50$	×	√	√	—
	$L_h<60$	×	√	√	—
$120mm^2$ 导线	$L_h<35$	×	√	√	—
	$L_h<45$	×	√	√	—
	$L_h<50$	×	√	√	—
	$L_h<60$	×	√	√	—
$185mm^2$ 导线	$L_h<35$	×	√	√	—
	$L_h<45$	×	√	√	—
	$L_h<50$	×	√	√	—
	$L_h<60$	×	×	×	—

注　1. L_h 为水平档距，单位为 m。
　　2. 表中打"×"处表明此水泥杆不适用于该外荷载情况；"—"表示从经济性考虑不推荐使用。

表 12-35　　低压直线转角水泥杆杆型适用表（D2 气象区）

导线型号	水平档距	使用情况杆型			
		D4ZJ-10-I	D4ZJ-10-M	D4ZJ-12-M	D4ZJ-12-N
$70mm^2$ 导线	$L_h<35$	×	√	√	—
	$L_h<45$	×	√	√	—
	$L_h<50$	×	√	√	—
	$L_h<60$	×	√	√	—
$120mm^2$ 导线	$L_h<35$	×	√	√	—
	$L_h<45$	×	√	√	—
	$L_h<50$	×	√	√	—
	$L_h<60$	×	√	√	—
$185mm^2$ 导线	$L_h<35$	×	√	√	—
	$L_h<45$	×	√	√	—
	$L_h<50$	×	√	√	—
	$L_h<60$	×	×	×	—

注　1. L_h 为水平档距，单位为 m。
　　2. 表中打"×"处表明此水泥杆不适用于该外荷载情况；"—"表示从经济性考虑不推荐使用。

（3）低压 45°带拉线耐张转角水泥杆 4 种杆型，杆型及配置见表 12-36。

表 12-36　　低压 45°带拉线耐张转角水泥杆杆型及配置表

序号	杆型代号	水泥杆规格	杆长（m）	开裂检验弯矩（kN·m）
1	D4NJ1-10-I	ϕ190×10×I×G	10	24.15
2	D4NJ1-10-M	ϕ190×10×M×G	10	40.25
3	D4NJ1-12-M	ϕ190×12×M×G	12	58.50

杆型代号说明

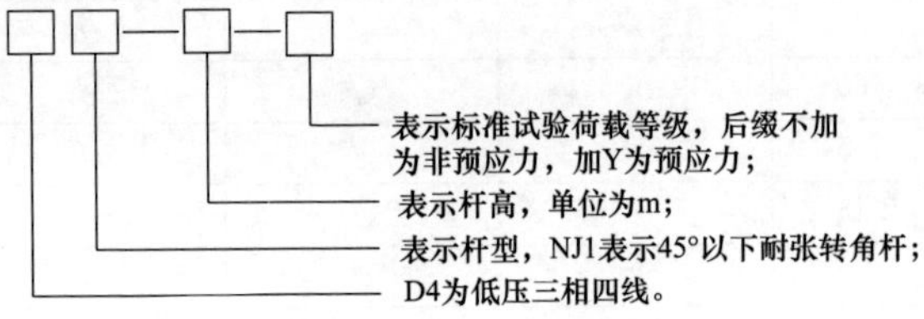

例　“D4NJ1-10-I”：D4 表示低压三相四线；NJ1 表示 45°以下耐张转角杆；10 表示杆长 10m；I 表示标准试验荷载等级代号为 I 级的非预应力水泥杆。

低压 45°带拉线耐张转角水泥杆型适用情况见表 12-37～表 12-41。

表 12-37　　低压 45°带拉线耐张转角水泥杆杆型适用表（A 气象区）

导线型号	水平档距	使用情况杆型			
		D4NJ1-10-I	D4NJ1-10-M	D4NJ1-12-M	D4NJ1-12-N
70mm² 导线	$L_h<35$	√	—	√	—
	$L_h<45$	√	—	√	—
	$L_h<50$	√	—	√	—
	$L_h<60$	√	—	√	—
120mm² 导线	$L_h<35$	√	—	√	—
	$L_h<45$	√	—	√	—
	$L_h<50$	√	—	√	—
	$L_h<60$	√	—	√	—
185mm² 导线	$L_h<35$	√	—	√	—
	$L_h<45$	√	—	√	—
	$L_h<50$	√	—	√	—
	$L_h<60$	×	√	×	—

注　1. L_h 为水平档距，单位为 m。
2. 表中打“×”处表明此水泥杆不适用于该外荷载情况；“—”表示从经济性考虑不推荐使用。

表 12-38　　低压 45°带拉线耐张转角水泥杆杆型适用表（B 气象区）

导线型号	水平档距	使用情况杆型			
		D4NJ1-10-I	D4NJ1-10-M	D4NJ1-12-M	D4NJ1-12-N
70mm² 导线	$L_h<35$	√	—	√	—
	$L_h<45$	√	—	√	—
	$L_h<50$	√	—	√	—
	$L_h<60$	√	—	√	—
120mm² 导线	$L_h<35$	√	—	√	—
	$L_h<45$	√	—	√	—
	$L_h<50$	√	—	√	—
	$L_h<60$	√	—	√	—
185mm² 导线	$L_h<35$	√	—	√	—
	$L_h<45$	√	—	√	—
	$L_h<50$	√	—	√	—
	$L_h<60$	√	—	√	—

注　1. L_h 为水平档距，单位为 m。
2. 表中“—”表示从经济性考虑不推荐使用。

表 12-39　　低压 45°带拉线耐张转角水泥杆杆型适用表（C 气象区）

导线型号	水平档距	使用情况杆型			
		D4NJ1-10-I	D4NJ1-10-M	D4NJ1-12-M	D4NJ1-12-N
70mm² 导线	$L_h<35$	√	—	√	—
	$L_h<45$	√	—	√	—
	$L_h<50$	√	—	√	—
	$L_h<60$	√	—	√	—
120mm² 导线	$L_h<35$	√	—	√	—
	$L_h<45$	√	—	√	—
	$L_h<50$	√	—	√	—
	$L_h<60$	√	—	√	—
185mm² 导线	$L_h<35$	√	—	√	—
	$L_h<45$	√	—	√	—
	$L_h<50$	√	—	√	—
	$L_h<60$	×	√	√	—

注　1. L_h 为水平档距，单位为 m。
2. 表中打“×”处表明此水泥杆不适用于该外荷载情况；“—”表示从经济性考虑不推荐使用。

（4）低压 90°带拉线耐张转角水泥杆 4 种杆型，杆型及配置见表 12-42。

表 12-40　　低压 45°带拉线耐张转角水泥杆杆型适用表（D1 气象区）

导线型号	水平档距	使用情况杆型			
		D4NJ1-10-I	D4NJ1-10-M	D4NJ1-12-M	D4NJ1-12-N
70mm² 导线	$L_h<35$	×	√	√	—
	$L_h<45$	×	√	√	—
	$L_h<50$	×	√	√	—
	$L_h<60$	×	√	√	—
120mm² 导线	$L_h<35$	×	√	√	—
	$L_h<45$	×	√	√	—
	$L_h<50$	×	√	√	—
	$L_h<60$	×	√	√	—
185mm² 导线	$L_h<35$	×	√	√	—
	$L_h<45$	×	√	√	—
	$L_h<50$	×	√	√	—
	$L_h<60$	×	√	×	—

注　1. L_h 为水平档距，单位为 m。
　　2. 表中打“×”处表明此水泥杆不适用于该外荷载情况；“—”表示从经济性考虑不推荐使用。

表 12-41　　低压 45°带拉线耐张转角水泥杆杆型适用表（D2 气象区）

导线型号	水平档距	使用情况杆型			
		D4NJ1-10-I	D4NJ1-10-M	D4NJ1-12-M	D4NJ1-12-N
70mm² 导线	$L_h<35$	×	√	√	—
	$L_h<45$	×	√	√	—
	$L_h<50$	×	√	√	—
	$L_h<60$	×	√	√	—
120mm² 导线	$L_h<35$	×	√	√	—
	$L_h<45$	×	√	√	—
	$L_h<50$	×	√	√	—
	$L_h<60$	×	√	√	—
185mm² 导线	$L_h<35$	×	√	√	—
	$L_h<45$	×	√	√	—
	$L_h<50$	×	√	√	—
	$L_h<60$	×	√	×	—

注　1. L_h 为水平档距，单位为 m。
　　2. 表中打“×”处表明此水泥杆不适用于该外荷载情况；“—”表示从经济性考虑不推荐使用。

表 12-42　　低压 90°带拉线耐张转角水泥杆杆型及配置表

序号	杆型代号	水泥杆规格	杆长（m）	开裂检验弯矩（kN·m）
1	D4NJ2-10-I	ϕ190×10×I×G	10	24.15
2	D4NJ2-10-M	ϕ190×10×M×G	10	40.25
3	D4NJ2-12-M	ϕ190×12×M×G	12	58.50

杆型代号说明

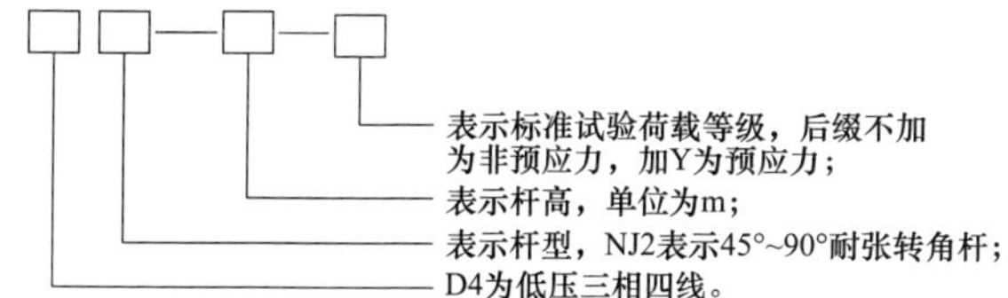

例　“D4NJ2-10-I”：D4 表示低压三相四线；NJ1 表示 45°～90°耐张转角杆；10 表示杆长 10m；I 表示标准试验荷载等级代号为 I 级的非预应力水泥杆。

低压 90°带拉线耐张转角水泥杆杆型适用情况见表 12-43～表 12-47。

表 12-43　　低压 90°带拉线耐张转角水泥杆杆型适用表（A 气象区）

导线型号	水平档距	使用情况杆型			
		D4NJ2-10-I	D4NJ2-10-M	D4NJ2-12-M	D4NJ2-12-N
70mm² 导线	$L_h<35$	√	—	√	—
	$L_h<45$	√	—	√	—
	$L_h<50$	√	—	√	—
	$L_h<60$	√	—	√	—
120mm² 导线	$L_h<35$	√	—	√	—
	$L_h<45$	√	—	√	—
	$L_h<50$	√	—	√	—
	$L_h<60$	√	—	√	—
185mm² 导线	$L_h<35$	√	—	√	—
	$L_h<45$	√	—	√	—
	$L_h<50$	√	—	√	—
	$L_h<60$	×	√	×	—

注　1. L_h 为水平档距，单位为 m。
　　2. 表中打“×”处表明此水泥杆不适用于该外荷载情况；“—”表示从经济性考虑不推荐使用。

（5）低压直线 T 接水泥杆共有 4 种杆型，杆型及配置见表 12-48。

表 12-44　　低压 90°带拉线耐张转角水泥杆杆型适用表（B 气象区）

导线型号	水平档距	使用情况杆型			
		D4NJ2-10-I	D4NJ2-10-M	D4NJ2-12-M	D4NJ2-12-N
70mm² 导线	L_h<35	√	—	√	—
	L_h<45	√	—	√	—
	L_h<50	√	—	√	—
	L_h<60	√	—	√	—
120mm² 导线	L_h<35	√	—	√	—
	L_h<45	√	—	√	—
	L_h<50	√	—	√	—
	L_h<60	√	—	√	—
185mm² 导线	L_h<35	√	—	√	—
	L_h<45	√	—	√	—
	L_h<50	√	—	√	—
	L_h<60	√	—	√	—

注　1. L_h 为水平档距，单位为 m。
　　2. 表中“—”表示从经济性考虑不推荐使用。

表 12-45　　低压 90°带拉线耐张转角水泥杆杆型适用表（C 气象区）

导线型号	水平档距	使用情况杆型			
		D4NJ2-10-I	D4NJ2-10-M	D4NJ2-12-M	D4NJ2-12-N
70mm² 导线	L_h<35	√	—	√	—
	L_h<45	√	—	√	—
	L_h<50	√	—	√	—
	L_h<60	√	—	√	—
120mm² 导线	L_h<35	√	—	√	—
	L_h<45	√	—	√	—
	L_h<50	√	—	√	—
	L_h<60	√	—	√	—
185mm² 导线	L_h<35	√	—	√	—
	L_h<45	√	—	√	—
	L_h<50	√	—	√	—
	L_h<60	√	—	√	—

注　1. L_h 为水平档距，单位为 m。
　　2. 表中“—”表示从经济性考虑不推荐使用。

表 12-46　　低压 90°带拉线耐张转角水泥杆杆型适用表（D1 气象区）

导线型号	水平档距	使用情况杆型			
		D4NJ2-10-I	D4NJ2-10-M	D4NJ2-12-M	D4NJ2-12-N
70mm² 导线	L_h<35	×	√	√	—
	L_h<45	×	√	√	—
	L_h<50	×	√	√	—
	L_h<60	×	√	√	—
120mm² 导线	L_h<35	×	√	√	—
	L_h<45	×	√	√	—
	L_h<50	×	√	√	—
	L_h<60	×	√	√	—
185mm² 导线	L_h<35	×	√	√	—
	L_h<45	×	√	√	—
	L_h<50	×	√	√	—
	L_h<60	×	√	×	—

注　1. L_h 为水平档距，单位为 m。
　　2. 表中打“×”处表明此水泥杆不适用于该外荷载情况；“—”表示从经济性考虑不推荐使用。

表 12-47　　低压 90°带拉线耐张转角水泥杆杆型适用表（D2 气象区）

导线型号	水平档距	使用情况杆型			
		D4NJ2-10-I	D4NJ2-10-M	D4NJ2-12-M	D4NJ2-12-N
70mm² 导线	L_h<35	×	√	√	—
	L_h<45	×	√	√	—
	L_h<50	×	√	√	—
	L_h<60	×	√	√	—
120mm² 导线	L_h<35	×	√	√	—
	L_h<45	×	√	√	—
	L_h<50	×	√	√	—
	L_h<60	×	√	√	—
185mm² 导线	L_h<35	×	√	√	—
	L_h<45	×	√	√	—
	L_h<50	×	√	√	—
	L_h<60	×	√	×	—

注　1. L_h 为水平档距，单位为 m。
　　2. 表中打“×”处表明此水泥杆不适用于该外荷载情况；“—”表示从经济性考虑不推荐使用。

表 12-48　　　　低压直线 T 接水泥杆杆型及配置表

序号	杆型代号	水泥杆规格	杆长（m）	开裂检验弯矩（kN·m）
1	D4ZT4-10-I	ϕ190×10×I×G	10	24.15
2	D4ZT4-10-M	ϕ190×10×M×G	10	40.25
3	D4ZT4-12-M	ϕ190×12×M×G	12	58.50
4	D4ZT4-12-N	ϕ230×12×N×G	12	68.25

杆型代号说明

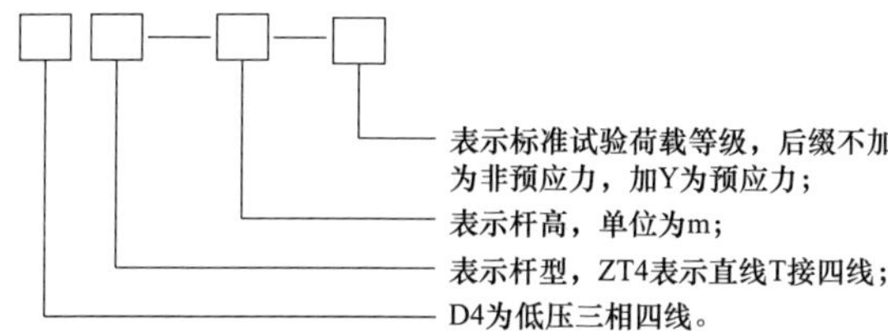

例　“D4ZT4-10-I”：D4 表示低压三相四线；ZT4 表示直线 T 接四线杆；10 表示杆长 10m；I 表示标准试验荷载等级代号为 I 级的非预应力水泥杆。

低压直线 T 接水泥杆杆型适用情况见表 12-49～表 12-53。

表 12-49　　　　低压直线 T 接水泥杆杆型适用表（A 气象区）

导线型号	水平档距	使用情况杆型			
		D4ZT4-10-I	D4ZT4-10-M	D4ZT4-12-M	D4ZT4-12-N
$70mm^2$ 导线	$L_h<35$	√	—	√	—
	$L_h<45$	√	—	√	—
	$L_h<50$	√	—	√	—
	$L_h<60$	×	√	√	—
$120mm^2$ 导线	$L_h<35$	√	—	√	—
	$L_h<45$	√	—	√	—
	$L_h<50$	√	—	√	—
	$L_h<60$	×	√	√	—
$185mm^2$ 导线	$L_h<35$	×	√	√	—
	$L_h<45$	×	√	√	—
	$L_h<50$	×	√	√	—
	$L_h<60$	×	√	√	—

注　1. L_h 为水平档距，单位为 m。
2. 表中打“×”处表明此水泥杆不适用于该外荷载情况；“—”表示从经济性考虑不推荐使用。

表 12-50　　　　低压直线 T 接水泥杆杆型适用表（B 气象区）

导线型号	水平档距	使用情况杆型			
		D4ZT4-10-I	D4ZT4-10-M	D4ZT4-12-M	D4ZT4-12-N
$70mm^2$ 导线	$L_h<35$	√	—	√	—
	$L_h<45$	√	—	√	—
	$L_h<50$	√	—	√	—
	$L_h<60$	√	—	√	—
$120mm^2$ 导线	$L_h<35$	√	—	√	—
	$L_h<45$	√	—	√	—
	$L_h<50$	√	—	√	—
	$L_h<60$	√	—	√	—
$185mm^2$ 导线	$L_h<35$	√	—	√	—
	$L_h<45$	√	—	√	—
	$L_h<50$	√	—	√	—
	$L_h<60$	√	—	√	—

注　1. L_h 为水平档距，单位为 m。
2. 表中“—”表示从经济性考虑不推荐使用。

表 12-51　　　　低压直线 T 接水泥杆杆型适用表（C 气象区）

导线型号	水平档距	使用情况杆型			
		D4ZT4-10-I	D4ZT4-10-M	D4ZT4-12-M	D4ZT4-12-N
$70mm^2$ 导线	$L_h<35$	√	—	√	—
	$L_h<45$	√	—	√	—
	$L_h<50$	√	—	√	—
	$L_h<60$	√	—	√	—
$120mm^2$ 导线	$L_h<35$	√	—	√	—
	$L_h<45$	√	—	√	—
	$L_h<50$	√	—	√	—
	$L_h<60$	√	—	√	—
$185mm^2$ 导线	$L_h<35$	√	—	√	—
	$L_h<45$	√	—	√	—
	$L_h<50$	√	—	√	—
	$L_h<60$	×	√	√	—

注　1. L_h 为水平档距，单位为 m。
2. 表中打“×”处表明此水泥杆不适用于该外荷载情况；“—”表示从经济性考虑不推荐使用。

（6）低压带拉线终端水泥杆共有 4 种杆型，杆型及配置见表 12-54。

表 12-52　　低压直线 T 接水泥杆杆型适用表（D1 气象区）

导线型号	水平档距	使用情况杆型			
		D4ZT4-10-I	D4ZT4-10-M	D4ZT4-12-M	D4ZT4-12-N
70mm² 导线	L_h<35	×	√	√	—
	L_h<45	×	√	√	—
	L_h<50	×	√	√	—
	L_h<60	×	×	×	√
120mm² 导线	L_h<35	×	√	√	—
	L_h<45	×	√	√	—
	L_h<50	×	√	√	—
	L_h<60	×	×	×	√
185mm² 导线	L_h<35	×	√	√	—
	L_h<45	×	√	√	—
	L_h<50	×	√	√	—
	L_h<60	×	×	×	√

注　1. L_h 为水平档距，单位为 m。
2. 表中打“×”处表明此水泥杆不适用于该外荷载情况；“—”表示从经济性考虑不推荐使用。

表 12-53　　低压直线 T 接水泥杆杆型适用表（D2 气象区）

导线型号	水平档距	使用情况杆型			
		D4ZT4-10-I	D4ZT4-10-M	D4ZT4-12-M	D4ZT4-12-N
70mm² 导线	L_h<35	×	√	√	—
	L_h<45	×	√	√	—
	L_h<50	×	×	×	√
	L_h<60	×	×	×	×
120mm² 导线	L_h<35	×	√	√	—
	L_h<45	×	√	√	—
	L_h<50	×	×	×	√
	L_h<60	×	×	×	×
185mm² 导线	L_h<35	×	√	√	—
	L_h<45	×	√	√	—
	L_h<50	×	×	×	√
	L_h<60	×	×	×	×

注　1. L_h 为水平档距，单位为 m。
2. 表中打“×”处表明此水泥杆不适用于该外荷载情况；“—”表示从经济性考虑不推荐使用。

表 12-54　　低压直线 T 接水泥杆杆型及配置表

序号	杆型代号	水泥杆规格	杆长（m）	开裂检验弯矩（kN·m）
1	D4D-10-I	ϕ190×10×I×G	10	24.15
2	D4D-10-M	ϕ190×10×M×G	10	40.25
3	D4D-12-M	ϕ190×12×M×G	12	58.50
4	D4D-12-N	ϕ230×12×N×G	12	68.25

杆型代号说明

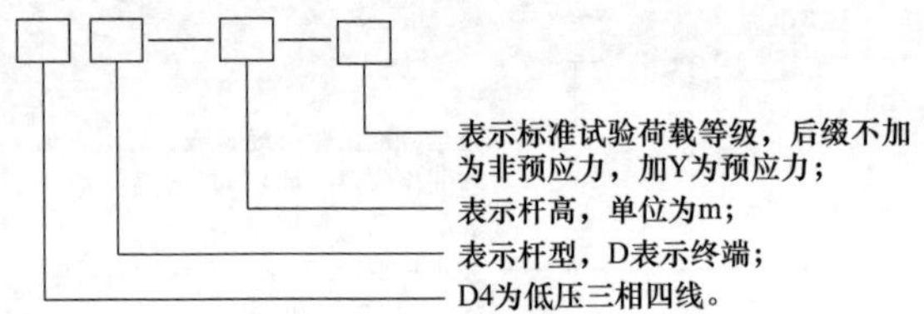

例　“D4D-10-I”：D4 表示低压三相四线；D 表示终端杆；10 表示杆长 10m；I 表示标准试验荷载等级代号为 I 级的非预应力水泥杆。

低压带拉线终端水泥杆杆型适用情况见表 12-55～表 12-59。

表 12-55　　低压带拉线终端水泥杆杆型适用表（A 气象区）

导线型号	水平档距	使用情况杆型			
		D4D-10-I	D4D-10-M	D4D-12-M	D4D-12-N
70mm² 导线	L_h<35	√	—	√	—
	L_h<45	√	—	√	—
	L_h<50	√	—	√	—
	L_h<60	√	—	√	—
120mm² 导线	L_h<35	√	—	√	—
	L_h<45	√	—	√	—
	L_h<50	√	—	√	—
	L_h<60	√	—	√	—
185mm² 导线	L_h<35	√	—	√	—
	L_h<45	√	—	√	—
	L_h<50	×	√	√	—
	L_h<60	×	√	√	—

注　1. L_h 为水平档距，单位为 m。
2. 表中打“×”处表明此水泥杆不适用于该外荷载情况；“—”表示从经济性考虑不推荐使用。

表 12-56　　低压带拉线终端水泥杆杆型适用表（B 气象区）

导线型号	水平档距	使用情况杆型			
		D4D-10-I	D4D-10-M	D4D-12-M	D4D-12-N
70mm² 导线	L_h<35	√	—	√	—
	L_h<45	√	—	√	—
	L_h<50	√	—	√	—
	L_h<60	√	—	√	—
120mm² 导线	L_h<35	√	—	√	—
	L_h<45	√	—	√	—
	L_h<50	√	—	√	—
	L_h<60	√	—	√	—
185mm² 导线	L_h<35	√	—	√	—
	L_h<45	√	—	√	—
	L_h<50	√	—	√	—
	L_h<60	√	—	√	—

注　1. L_h 为水平档距，单位为 m。
2. 表中"—"表示从经济性考虑不推荐使用。

表 12-57　　低压带拉线终端水泥杆杆型适用表（C 气象区）

导线型号	水平档距	使用情况杆型			
		D4D-10-I	D4D-10-M	D4D-12-M	D4D-12-N
70mm² 导线	L_h<35	√	—	√	—
	L_h<45	√	—	√	—
	L_h<50	√	—	√	—
	L_h<60	√	—	√	—
120mm² 导线	L_h<35	√	—	√	—
	L_h<45	√	—	√	—
	L_h<50	√	—	√	—
	L_h<60	√	—	√	—
185mm² 导线	L_h<35	√	—	√	—
	L_h<45	√	—	√	—
	L_h<50	√	—	√	—
	L_h<60	√	—	√	—

注　1. L_h 为水平档距，单位为 m。
2. 表中"—"表示从经济性考虑不推荐使用。

表 12-58　　低压带拉线终端水泥杆杆型适用表（D1 气象区）

导线型号	水平档距	使用情况杆型			
		D4D-10-I	D4D-10-M	D4D-12-M	D4D-12-N
70mm² 导线	L_h<35	×	√	√	—
	L_h<35	×	√	√	—
	L_h<45	×	√	√	—
	L_h<50	×	√	×	√
120mm² 导线	L_h<60	×	√	√	—
	L_h<35	×	√	√	—
	L_h<45	×	√	√	—
	L_h<50	×	√	×	√
185mm² 导线	L_h<60	×	√	√	—
	L_h<35	×	√	√	—
	L_h<45	×	√	√	—
	L_h<50	×	√	×	√

注　1. L_h 为水平档距，单位为 m。
2. 表中打"×"处表明此水泥杆不适用于该外荷载情况；"—"表示从经济性考虑不推荐使用。

表 12-59　　低压带拉线终端水泥杆杆型适用表（D2 气象区）

导线型号	水平档距	使用情况杆型			
		D4D-10-I	D4D-10-M	D4D-12-M	D4D-12-N
70mm² 导线	L_h<35	×	√	√	—
	L_h<45	×	√	×	√
	L_h<50	×	×	×	×
	L_h<60	×	×	×	×
120mm² 导线	L_h<35	×	√	√	—
	L_h<45	×	√	×	√
	L_h<50	×	×	×	×
	L_h<60	×	×	×	×
185mm² 导线	L_h<35	×	√	√	—
	L_h<45	×	√	×	√
	L_h<50	×	×	×	×
	L_h<60	×	×	×	×

注　1. L_h 为水平档距，单位为 m。
2. 表中打"×"处表明此水泥杆不适用于该外荷载情况；"—"表示从经济性考虑不推荐使用。

（7）低压无拉线转角水泥杆共有 2 种杆型，杆型及配置见表 12-60。

表 12-60　　低压无拉线转角水泥杆杆型及配置表

序号	杆型代号	水泥杆规格	杆长（m）	开裂检验弯矩（kN·m）
1	D4J-12-0B	ϕ270×12×O×B	12	78.00
2	D4JD-12-TB	ϕ350×12×T×B	12	146.25

杆型代号说明

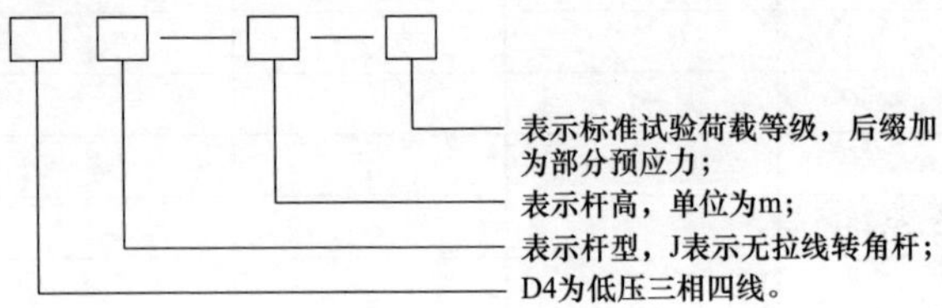

例　“D4J-12-TB”：D4 表示低压三相四线；J 表示无拉线转角杆；12 表示杆长 12m；TB 表示标准试验荷载等级代号为 T 级的部分预应力水泥杆。

低压无拉线转角水泥杆杆型适用情况见表 12-61～表 12-66。

表 12-61　低压无拉线耐张转角水泥杆型适用表（L_h=60m）（A 气象区）

杆型使用情况	水泥杆规格	水泥杆杆长（m）	A 气象区	
			单回 120mm²	单回 185mm²
D4J-12-0B	ϕ270×12×O×B	12	$0^\circ<\alpha<12^\circ$	$0^\circ<\alpha<10^\circ$
D4JD-12-TB	ϕ350×12×T×B	12	$12^\circ<\alpha<35^\circ$	$10^\circ<\alpha<30^\circ$

注　1. L_h 为水平档距，单位为 m。
2. α 为线路转角。

表 12-62　低压无拉线耐张转角水泥杆型适用表（L_h=60m）（B 气象区）

杆型使用情况	水泥杆规格	水泥杆杆长（m）	A 气象区	
			单回 120mm²	单回 185mm²
D4J-12-0B	ϕ270×12×O×B	12	$0^\circ<\alpha<20^\circ$	$0^\circ<\alpha<12^\circ$
D4JD-12-TB	ϕ350×12×T×B	12	$20^\circ<\alpha<40^\circ$	$12^\circ<\alpha<25^\circ$

注　1. L_h 为水平档距，单位为 m。
2. α 为线路转角。

12.3.1.4　横担选配

（1）导线线间距离。根据 DL/T 5220《10kV 及以下架空配电线路设计技术规程》和 DL/T 601《架空绝缘配电线路设计技术规程》的 9.0.6 有关规定：配电线路导线的线间距离应结合地区运行经验确定，如无可靠资料，导线的线间距离不应小于表 12-67 的规定。

表 12-63　低压无拉线耐张转角水泥杆型适用表（L_h=60m）（C 气象区）

杆型使用情况	水泥杆规格	水泥杆杆长（m）	A 气象区	
			单回 120mm²	单回 185mm²
D4J-12-0B	ϕ270×12×O×B	12	$0^\circ<\alpha<15^\circ$	$0^\circ<\alpha<10^\circ$
D4JD-12-TB	ϕ350×12×T×B	12	$15^\circ<\alpha<40^\circ$	$10^\circ<\alpha<30^\circ$

注　1. L_h 为水平档距，单位为 m。
2. α 为线路转角。

表 12-64　低压无拉线耐张转角水泥杆型适用表（L_h=50m）（A 气象区）

杆型使用情况	水泥杆规格	水泥杆杆长（m）	A 气象区	
			单回 120mm²	单回 185mm²
D4J-12-0B	ϕ270×12×O×B	12	$0^\circ<\alpha<15^\circ$	$0^\circ<\alpha<12^\circ$
D4JD-12-TB	ϕ350×12×T×B	12	$15^\circ<\alpha<35^\circ$	$12^\circ<\alpha<30^\circ$

注　1. L_h 为水平档距，单位为 m。
2. α 为线路转角。

表 12-65　低压无拉线耐张转角水泥杆型适用表（L_h=50m）（B 气象区）

杆型使用情况	水泥杆规格	水泥杆杆长（m）	A 气象区	
			单回 120mm²	单回 185mm²
D4J-12-0B	ϕ270×12×O×B	12	$0^\circ<\alpha<20^\circ$	$0^\circ<\alpha<12^\circ$
D4JD-12-TB	ϕ350×12×T×B	12	$20^\circ<\alpha<40^\circ$	$12^\circ<\alpha<25^\circ$

注　1. L_h 为水平档距，单位为 m。
2. α 为线路转角。

表 12-66　低压无拉线耐张转角水泥杆型适用表（L_h=50m）（C 气象区）

杆型使用情况	水泥杆规格	水泥杆杆长（m）	A 气象区	
			单回 120mm²	单回 185mm²
D4J-12-0B	ϕ270×12×O×B	12	$0^\circ<\alpha<15^\circ$	$0^\circ<\alpha<15^\circ$
D4JD-12-TB	ϕ350×12×T×B	12	$15^\circ<\alpha<40^\circ$	$15^\circ<\alpha<30^\circ$

注　1. L_h 为水平档距，单位为 m。
2. α 为线路转角。

（2）横担型式。水泥杆的横担采用 Q235 钢、L 型角钢组合结构。直线水泥杆采用单角钢横担结构，直线转角水泥杆采用双角钢横担结构，45°及以下的耐张转角水泥杆采用单排双横担结构，45°～90°的耐张转角水泥杆采用双排双横担结构。所有的横担及铁附件均采用热镀锌防腐措施，镀锌层厚度不小于70μm。

表 12-67　　配电线路的最小线间距离　　m

线路＼档距	40m 及以下	50m	60m
1kV 以下	0.3（0.3）	0.4（0.4）	0.45

注　() 内为绝缘导线数值。1kV 以下配电线路靠近水泥杆两侧导线间水平距离不应小于 0.5m。

根据 GB 50061《66kV 及以下架空电力线路设计规范》的要求，当架空电力线路交叉跨越时，直线水泥杆横担应按导线双固定方式设计。

（3）横担分类。本着安全、经济、美观，方便加工、施工和运行的原则，对横担尺寸进行统一。低压线路横担共使用 4 种规格的角铁，各种型号横担规格适用组合见表 12-68～表 12-72。

横担代号说明

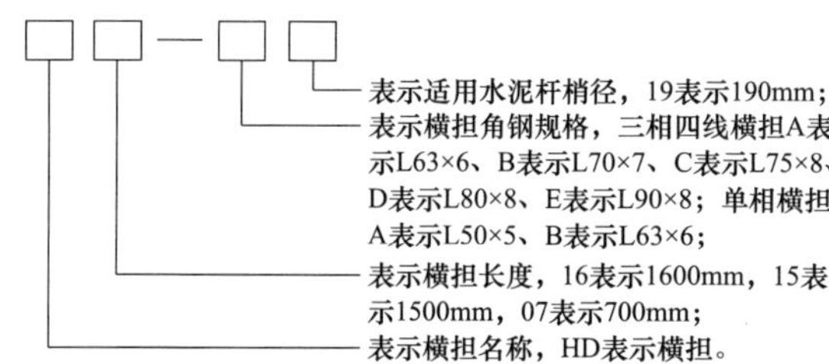

例　1."HD15-A19"：表示长度为 1.5m，角钢规格为∠63mm×6mm，适用于三相四线所有梢径为 190mm 水泥杆；

2."HD15-C19"：表示长度为 1.5m，角钢规格为∠75mm×8mm，适用于三相四线所有梢径为 190mm 水泥杆；

3."HD07-A15"：表示长度为 0.7m，角钢规格为∠50mm×5mm，适用于单相所有梢径为 150mm 水泥杆。

表 12-68　　横担规格适用表（L_h≤50m）（A 气象区）

适用线路	使用导线截面积范围	直线、直线转角			耐张、终端		
		横担编号	角钢规格	长度（mm）	横担编号	角钢规格	长度（mm）
380V	70mm² 及以下	HD15-A19	∠63×6	1500	HD15-D19	∠80×8	1500
	120mm² 及以下	HD15-A19	∠63×6	1500	HD15-D19	∠80×8	1500
	185mm² 及以下	HD15-A19	∠63×6	1500	HD15-D19	∠80×8	1500

表 12-69　　横担规格适用表（L_h≤50m）（B、C 气象区）

适用线路	使用导线截面积范围	直线、直线转角			耐张、终端		
		横担编号	角钢规格	长度（mm）	横担编号	角钢规格	长度（mm）
380V	70mm² 及以下	HD15-A19	∠63×6	1500	HD15-D19	∠80×8	1500
	120mm² 及以下	HD15-A19	∠63×6	1500	HD15-D19	∠80×8	1500
	185mm² 及以下	HD15-A19	∠63×6	1500	HD15-E19	∠90×8	1500

表 12-70　　横担规格适用表（L_h≤60m）（A 气象区）

适用线路	使用导线截面积范围	直线、直线转角			耐张、终端		
		横担编号	角钢规格	长度（mm）	横担编号	角钢规格	长度（mm）
380V	70mm² 及以下	HD16-A19	∠63×6	1600	HD15-D19	∠80×8	1600
	120mm² 及以下	HD16-A19	∠63×6	1600	HD15-D19	∠80×8	1600
	185mm² 及以下	HD16-A19	∠63×6	1600	HD16-D19	∠80×8	1600

表 12-71　　横担规格适用表（L_h≤60m）（B、C 气象区）

适用线路	使用导线截面积范围	直线、直线转角			耐张、终端		
		横担编号	角钢规格	长度（mm）	横担编号	角钢规格	长度（mm）
380V	70mm² 及以下	HD16-A19	∠63×6	1600	HD15-D19	∠80×8	1600

续表

适用线路	使用导线截面积范围	直线、直线转角			耐张、终端		
		横担编号	角钢规格	长度（mm）	横担编号	角钢规格	长度（mm）
380V	$120mm^2$ 及以下	HD16-A19	∠63×6	1600	HD15-D19	∠80×8	1600
	$185mm^2$ 及以下	HD16-A19	∠63×6	1600	HD16-E19	∠90×8	1600

表 12-72　横担规格适用表（L_h≤60m）（D1、D2 气象区）

适用线路	使用导线截面积范围	直线、直线转角			耐张、终端		
		横担编号	角钢规格	长度（mm）	横担编号	角钢规格	长度（mm）
380V	$70mm^2$ 及以下	HD16-B19	∠80×8	1600	HD16-D19	∠80×8	1600
	$120mm^2$ 及以下	HD16-B19	∠80×8	1600	HD16-D19	∠80×8	1600
	$185mm^2$ 及以下	HD16-B19	∠80×8	1600	HD16-D19	∠80×8	1600

注　表 12-68～表 12-72 中的角钢规格选择是按照导线分档和不同型号同截面积导线最大适用角钢规格综合考虑，各地区可根据导线实际使用习惯优化。

12.3.1.5　拉线选配

拉线采用 YB/T 5004《镀锌钢绞线》标准铝包钢镀锌钢绞线，其中 1×19-13.0 钢绞线抗拉强度为 1370MPa，其余钢绞线均为 1270MPa。其截面积应按受力情况计算确定，且截面积不应小于 $35mm^2$。钢绞线的强度设计值见表 12-73。

表 12-73　钢绞线的强度设计值

标称	钢绞线强度扭绞调整系数	钢绞线强度不均匀系数	钢绞线的破坏强度（N/mm^2）	钢绞线的强度设计值（N/mm^2）
JLB20A，35	0.9	0.65	1270	742.95
JLB20A，50	0.9	0.65	1270	742.95
JLB20A，80	0.9	0.65	1270	640.08
JLB20A，100	0.9	0.65	1270	690.48

本典型设计拉线转角杆型共 4 类，分别为带拉线直线转角杆、0°～45°带拉线耐张转角杆、45°～90°带拉线耐张转角杆、终端杆。并按最大适用导线承受荷载最大的杆型进行检验计算，各种杆型拉线按水泥杆受力大小选择。拉线组合选型见表 12-74。工程中应根据地质和拉线对地夹角等实际情况，经计算后选择表中的拉线型式。

表 12-74　拉线组合型式选配表

型号	导线截面积	杆型分类	数量	拉线形式				
				A 气象区	B 气象区	C 气象区	D1 气象区	D2 气象区
1	$70mm^2$ 及以下	直线转角杆	1	LX-50	LX-50	LX-50	LX-50	LX-50
2		0°～45°转角杆	3	LX-50	LX-50	LX-50	LX-50	LX-50
3		45°～90°转角杆	2	LX-50	LX-50	LX-50	LX-50	LX-50
4		终端杆	1	LX-50	LX-50	LX-50	LX-50	LX-50
5	$120mm^2$ 及以下	直线转角杆	1	LX-50	LX-50	LX-50	LX-50	LX-50
6		0°～45°转角杆	3	LX-80	LX-80	LX-80	LX-80	LX-80
7		45°～90°转角杆	2	LX-80	LX-80	LX-80	LX-80	LX-80
8		终端杆	1	LX-80	LX-80	LX-80	LX-80	LX-80
9	$185mm^2$ 及以下	直线转角杆	1	LX-80	LX-80	LX-80	LX-80	LX-80
10		0°～45°转角杆	3	LX-100	LX-100	LX-100	LX-100	LX-100
11		45°～90°转角杆	2	LX-100	LX-100	LX-100	LX-100	LX-100
12		终端杆	1	LX-100	LX-100	LX-100	LX-100	LX-100

注　LX 表示拉线，35～100 表示拉线的直径，单位为 mm。

12.3.1.6　使用说明

（1）拉线应根据确定的杆型、导线型号和本地区所在气象区选用对应的型式。

（2）所有拉线对地夹角应为 45°，大于或小于 45°时应重新校验后选用。

（3）0°～15°带拉线直线转角杆：允许转角的角度应根据导线截面积校核。

（4）0°～45°带拉线耐张转角杆：当线路转角为0°时（直线耐张），拉线分两组，装设在顺线路方向；当线路转角为大于0°且小于45°时，拉线分三组，两组装设在顺线路方向，另一组装设在合力反方向。

（5）45°～90°带拉线耐张转角杆：拉线分两组，均装设在线路反方向。

（6）带拉线终端杆：拉线设置方向应与线路方向一致。

（7）现场不满足装设拉线时，设计人员校验后可以选用高强度水泥杆或钢管杆。

12.3.1.7 设计图

220V/380V架空线路杆型设计图清单见表12-75。

表12-75　　低压架空配电线路杆型图设计图清单

图序	图名	图纸编号
1	D4Z-10直线水泥杆杆型图	图12-1
2	D4Z-12直线水泥杆杆型图	图12-2
3	D4FZ-10直线水泥杆杆型图	图12-3
4	D4FZ-12直线水泥杆杆型图	图12-4
5	D4ZJ-10直线转角水泥杆杆型图	图12-5
6	D4ZJ-12直线转角水泥杆杆型图	图12-6
7	D4FZJ-10直线转角水泥杆杆型图	图12-7
8	D4FZJ-12直线转角水泥杆杆型图	图12-8
9	D4NJ1-10带拉线耐张转角水泥杆杆型图	图12-9
10	D4NJ1-12带拉线耐张转角水泥杆杆型图	图12-10
11	D4FNJ1-10带拉线耐张转角水泥杆杆型图	图12-11
12	D4FNJ1-12带拉线耐张转角水泥杆杆型图	图12-12
13	D4NJ2-10带拉线耐张转角水泥杆杆型图	图12-13
14	D4NJ2-12带拉线耐张转角水泥杆杆型图	图12-14
15	D4FNJ2-10带拉线耐张转角水泥杆杆型图	图12-15
16	D4FNJ2-12带拉线耐张转角水泥杆杆型图	图12-16
17	D4ZT4-10直线T接水泥杆杆型图	图12-17
18	D4ZT4-12直线T接水泥杆杆型图	图12-18
19	D4FZT4-10直线T接水泥杆杆型图	图12-19
20	D4FZT4-12直线T接水泥杆杆型图	图12-20
21	D4D-10带拉线终端水泥杆杆型图	图12-21
22	D4D-12带拉线终端水泥杆杆型图	图12-22
23	D4FD-10带拉线终端水泥杆杆型图	图12-23
24	D4FD-12带拉线终端水泥杆杆型图	图12-24
25	D4J-12无拉线耐张转角水泥杆杆型图	图12-25
26	低压带拉线电缆终端水泥杆杆型图	图12-26
27	低压水泥杆回引下水泥杆杆型	图12-27

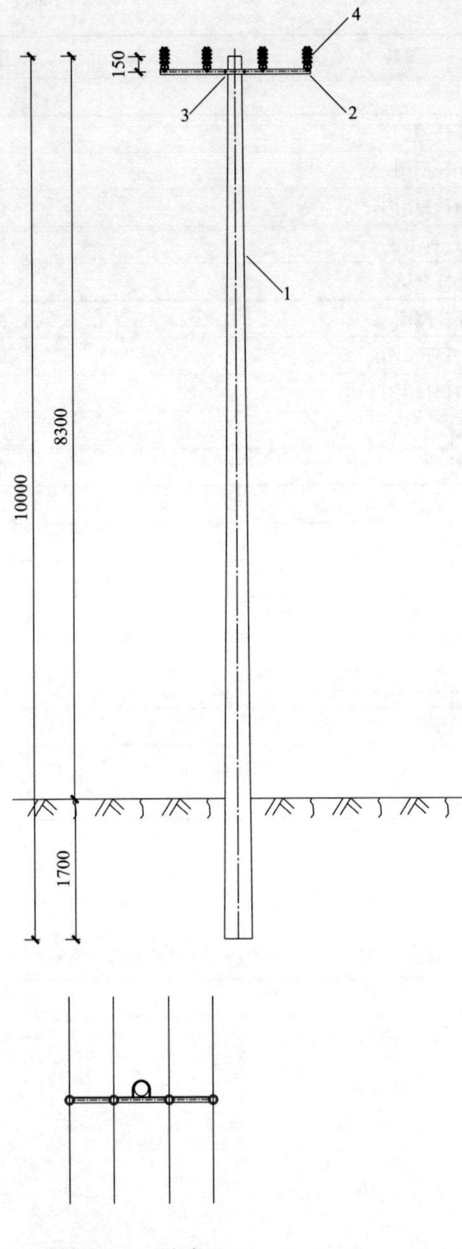

380V 10m 直线水泥杆杆型材料表（梢径ϕ190杆头）

杆型代码				D4Z-10-I/D4Z-10-M	加工图号
编号	材料名称	单位	数量	材料型号规格	
1	水泥杆	根	1	ϕ190×10×I×G	
				ϕ190×10×M×G	
2	四线横担	块	1	根据杆型适用表选配	图12-28
3	U形抱箍	块	1	U16-200	图12-29
4	低压绝缘子	只	4	R3ET105N，120，224，300	图15-1

杆型适用表

导线截面积		A气象区			B气象区			C气象区		
		70mm^2	120mm^2	185mm^2	70mm^2	120mm^2	185mm^2	70mm^2	120mm^2	185mm^2
横担角钢型号	L_h≤35	HD16-A19	HD16-A19	HD16-A19	HD16-A19	HD16-A19	HD16-A19	HD16-A19	HD16-A19	HD16-A19
	L_h≤45	HD16-A19	HD16-A19	HD16-A19	HD16-A19	HD16-A19	HD16-A19	HD16-A19	HD16-A19	HD16-A19
	L_h≤50	HD16-A19	HD16-A19	HD16-A19	HD16-A19	HD16-A19	HD16-A19	HD16-A19	HD16-A19	HD16-A19
	L_h≤60	HD16-A19	HD16-D19	HD16-D19	HA16-A19	HA16-A19	HA16-A19	HA16-A19	HA16-A19	HD16-D19
适用杆型	L_h≤35	D4Z-10-I	D4Z-10-I	D4Z-10-I	D4Z-10-I	D4Z-10-I	D4Z-10-I	D4Z-10-I	D4Z-10-I	D4Z-10-I
	L_h≤45	D4Z-10-I	D4Z-10-I	D4Z-10-I	D4Z-10-I	D4Z-10-I	D4Z-10-I	D4Z-10-I	D4Z-10-I	D4Z-10-I
	L_h≤50	D4Z-10-I	D4Z-10-I	D4Z-10-I	D4Z-10-I	D4Z-10-I	D4Z-10-I	D4Z-10-I	D4Z-10-I	D4Z-10-I
	L_h≤60	D4Z-10-I	D4Z-10-I	D4Z-10-M	D4Z-10-I	D4Z-10-I	D4Z-10-I	D4Z-10-I	D4Z-10-I	D4Z-10-I

说明：1. 根据具体实际情况对电杆基础部分进行计算校核后，选用底盘或卡盘。
2. 所有铁件均需热镀锌防腐。

图 12-1　D4Z-10 直线水泥杆杆型图

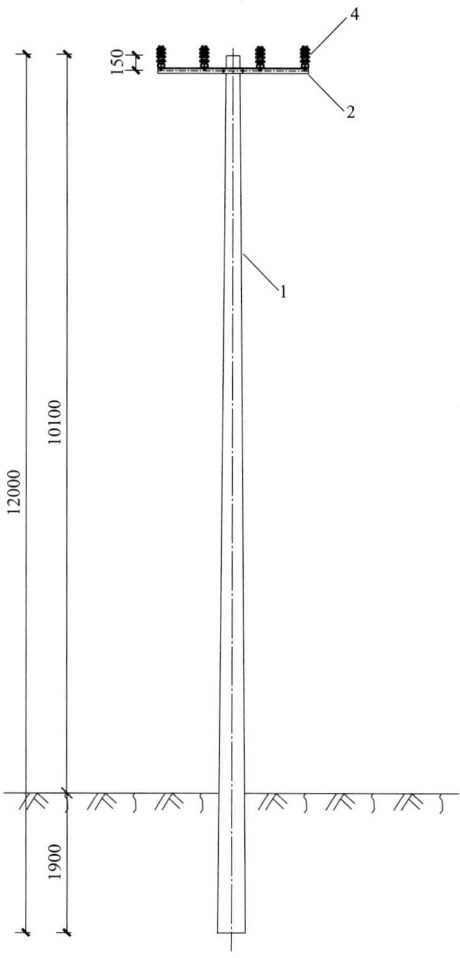

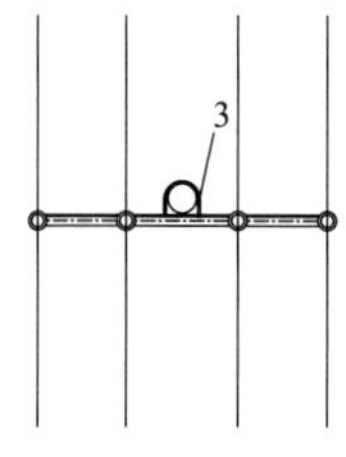

适用于A、B、C气象区

380V 12m 直线水泥杆杆型材料表（梢径ϕ190杆头）

杆型代码				D4Z-12-M	加工图号
编号	材料名称	单位	数量	材料型号规格	
1	水泥杆	根	1	ϕ190×12×M×G	
2	四线横担	块	1	根据杆型适用表选配	图12-28
3	U形抱箍	块	1	U16-200	图12-29
4	低压绝缘子	只	4	R3ET105N，120，224，300	图15-1

杆型适用表

导线截面积		A气象区			B气象区			C气象区		
		70mm^2	120mm^2	185mm^2	70mm^2	120mm^2	185mm^2	70mm^2	120mm^2	185mm^2
横担角钢型号	L_h≤35	HD16-A19	HD16-A19	HD16-A19	HD16-A19	HD16-A19	HD16-A19	HD16-A19	HD16-A19	HD16-A19
	L_h≤45	HD16-A19	HD16-A19	HD16-A19	HD16-A19	HD16-A19	HD16-A19	HD16-A19	HD16-A19	HD16-A19
	L_h≤50	HD16-A19	HD16-A19	HD16-A19	HD16-A19	HD16-A19	HD16-A19	HD16-A19	HD16-A19	HD16-A19
	L_h≤60	HD16-A19	HD16-A19	HD16-A19	HA16-A19	HA16-A19	HA16-A19	HA16-A19	HA16-A19	HD16-A19
适用杆型	L_h≤35	D4Z-12-M	D4Z-12-M	D4Z-12-M	D4Z-12-M	D4Z-12-M	D4Z-12-M	D4Z-12-M	D4Z-12-M	D4Z-12-M
	L_h≤45	D4Z-12-M	D4Z-12-M	D4Z-12-M	D4Z-12-M	D4Z-12-M	D4Z-12-M	D4Z-12-M	D4Z-12-M	D4Z-12-M
	L_h≤50	D4Z-12-M	D4Z-12-M	D4Z-12-M	D4Z-12-M	D4Z-12-M	D4Z-12-M	D4Z-12-M	D4Z-12-M	D4Z-12-M
	L_h≤60	D4Z-12-M	D4Z-12-M	—	D4Z-12-M	D4Z-12-M	D4Z-12-M	D4Z-12-M	D4Z-12-M	D4Z-12-M

说明：1. 根据具体实际情况对电杆基础部分进行计算校核后，选用底盘或卡盘。
2. 所有铁件均需热镀锌防腐。

图 12-2　D4Z-12 直线水泥杆杆型图

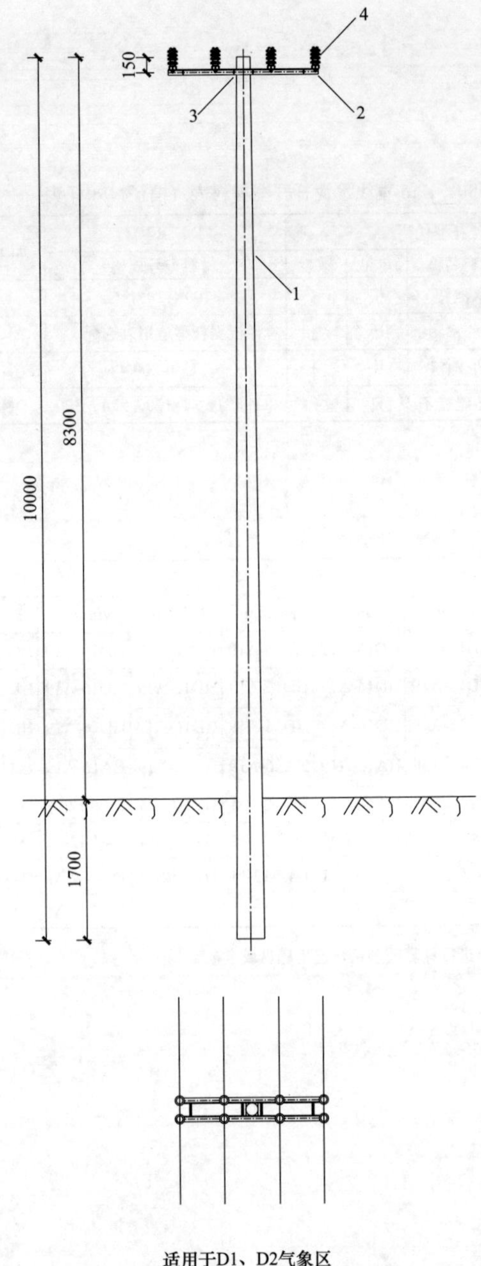

380V 10m 直线水泥杆杆型材料表（梢径ϕ190杆头）

杆型代码				D4FZ-10-M	加工图号
编号	材料名称	单位	数量	材料型号规格	
1	水泥杆	根	1	ϕ190×10×M×G	
2	四线横担	块	3	根据杆型适用表选配	图12-28
3	双头螺栓	件	4	M18×320	图7-29
4	低压绝缘子	只	8	R3ET105N，120，224，300	图15-1

杆型适用表

导线截面积		D1气象区			D2气象区		
		70mm^2	120mm^2	185mm^2	70mm^2	120mm^2	185mm^2
横担角钢型号	$L_h \leqslant 35$	HD16-D19	HD16-D19	HD16-D19	HD16-D19	HD16-D19	HD16-D19
	$L_h \leqslant 45$	HD16-D19	HD16-D19	HD16-D19	HD16-D19	HD16-D19	HD16-D19
	$L_h \leqslant 50$	—	—	—	—	—	—
	$L_h \leqslant 60$	—	—	—	—	—	—
适用杆型	$L_h \leqslant 35$	D4FZ-10-M	D4FZ-10-M	D4FZ-10-M	D4FZ-10-M	D4FZ-10-M	D4FZ-10-M
	$L_h \leqslant 45$	D4FZ-10-M	D4FZ-10-M	D4FZ-10-M	D4FZ-10-M	D4FZ-10-M	D4FZ-10-M
	$L_h \leqslant 50$	—	—	—	—	—	—
	$L_h \leqslant 60$	—	—	—	—	—	—

说明：1. 根据具体实际情况对电杆基础部分进行计算校核后，选用底盘或卡盘。D1、D2气象区电杆应配制卡盘基础。
2. 所有铁件均需热镀锌防腐。

图 12-3　D4FZ-10 直线水泥杆杆型图

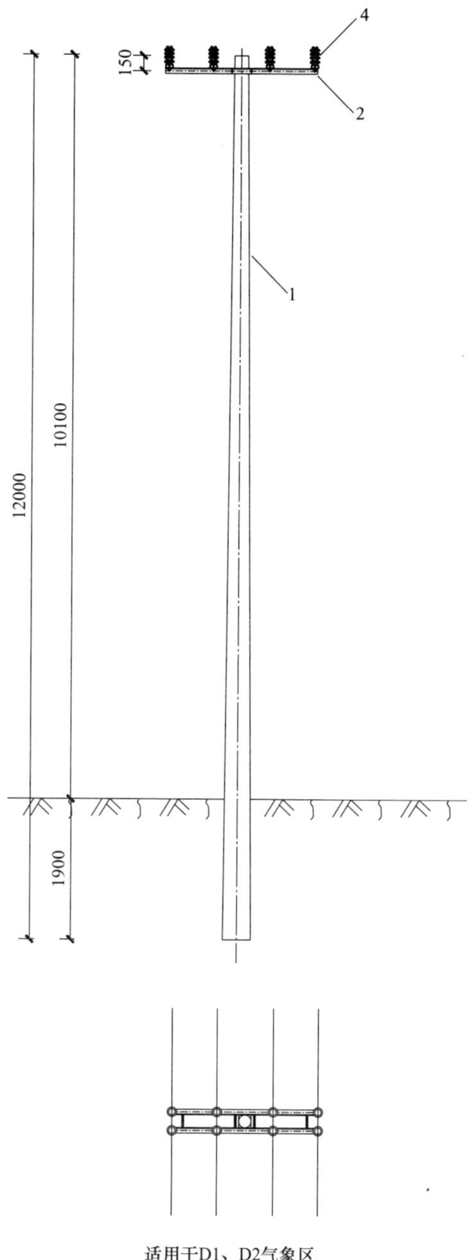

380V 12m 直线水泥杆杆型材料表（梢径ϕ190杆头）

杆型代码				D4FZ-12-M	加工图号
编号	材料名称	单位	数量	材料型号规格	
1	水泥杆	根	1	ϕ190×12×M×G	
2	四线横担	块	2	根据杆型适用表选配	图12-28
3	双头螺栓	件	4	M18×320	图7-29
4	低压绝缘子	只	8	R3ET105N，120，224，300	图15-1

380V 12m 直线水泥杆杆型材料表（梢径ϕ230杆头）

杆型代码				D4FZ-12-N	加工图号
编号	材料名称	单位	数量	材料型号规格	
1	水泥杆	根	1	ϕ230×12×N×G	
2	四线横担	块	2	根据杆型适用表选配	图12-28
3	双头螺栓	件	4	M18×320	图7-29
4	低压绝缘子	只	8	R3ET105N，120，224，300	图15-1

杆型适用表

导线截面积		D1气象区			D2气象区		
		70mm^2	120mm^2	185mm^2	70mm^2	120mm^2	185mm^2
横担角钢型号	L_h≤35	HD16-D19	HD16-D19	HD16-D19	HD16-D19	HD16-D19	HD16-D19
	L_h≤45	HD16-D19	HD16-D19	HD16-D19	HD16-D19	HD16-D19	HD16-D19
	L_h≤50	—	—	—	—	—	—
	L_h≤60	—	—	—	—	—	—
适用杆型	L_h≤35	D4FZ-12-M	D4FZ-12-M	D4FZ-12-M	D4FZ-12-M	D4FZ-12-M	D4FZ-12-M
	L_h≤45	D4FZ-12-M	D4FZ-12-M	D4FZ-12-M	D4FZ-12-N	D4FZ-12-N	D4FZ-12-N
	L_h≤50	—	—	—	—	—	—
	L_h≤60	—	—	—	—	—	—

说明：1. 根据具体实际情况对电杆基础部分进行计算校核后，选用底盘或卡盘。D1、D2气象区电杆应配制卡盘基础。
2. 所有铁件均需热镀锌防腐。

图 12-4　D4FZ-12 直线水泥杆杆型图

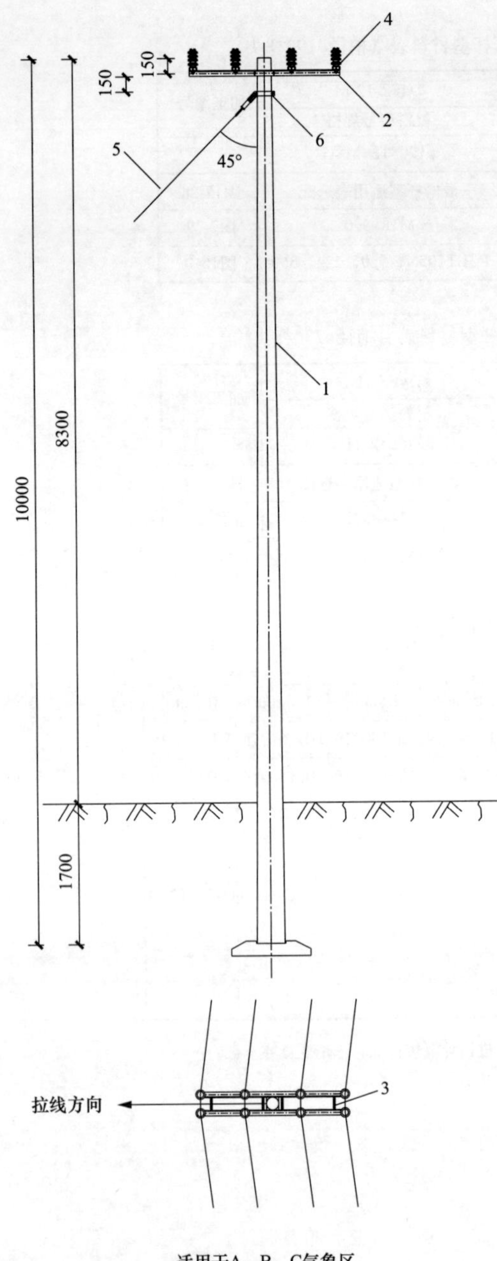

380V 10m 直线转角水泥杆杆型材料表（梢径ϕ190杆头）

杆型代码				D4ZJ-10-I/D4ZJ-10-M	加工图号
编号	材料名称	单位	数量	材料型号规格	
1	水泥杆	根	1	ϕ190×10×I×G	
				ϕ190×10×I×M	
2	四线横担	块	2	根据杆型适用表选配	图12-28
3	双头螺栓	件	4	M18×320	图7-29
4	低压绝缘子	只	8	R3ET105N，120，224，300	图15-1
5	拉线	套	1	根据实际选配	
6	拉线抱箍	套	1	根据实际选配	图12-31

杆型适用表

导线截面积		A 气象区			B 气象区			C 气象区		
		70mm²	120mm²	185mm²	70mm²	120mm²	185mm²	70mm²	120mm²	185mm²
横担角钢型号	L_h≤35	HD16-A19	HD16-A19	HD16-A19	HD16-A19	HD16-A19	HD16-A19	HD16-A19	HD16-A19	HD16-A19
	L_h≤45	HD16-A19	HD16-A19	HD16-A19	HD16-A19	HD16-A19	HD16-A19	HD16-A19	HD16-A19	HD16-A19
	L_h≤50	HD16-A19	HD16-A19	HD16-D19	HD16-A19	HD16-A19	HD16-A19	HD16-A19	HD16-A19	HD16-A19
	L_h≤60	HD16-D19	HD16-D19	HD16-D19	HD16-A19	HD16-A19	HD16-A19	HD16-A19	HD16-A19	HD16-D19
拉线		LX-5	LX-5	LX-8	LX-5	LX-5	LX-8	LX-5	LX-5	LX-8
拉线抱箍		LB-200 (−8×80)	LB-200 (−8×80)	LB-200 (−8×80)	LB-200 (−8×80)	LB-200 (−8×80)	LB-200 (−8×80)	LB-200 (−8×80)	LB-200 (−8×80)	LB-200 (−8×80)
适用杆型	L_h≤35	D4ZJ-10-I	D4ZJ-10-I	D4ZJ-10-I	D4ZJ-10-I	D4ZJ-10-I	D4ZJ-10-I	D4ZJ-10-I	D4ZJ-10-I	D4ZJ-10-I
	L_h≤45	D4ZJ-10-I	D4ZJ-10-I	D4ZJ-10-I	D4ZJ-10-I	D4ZJ-10-I	D4ZJ-10-I	D4ZJ-10-I	D4ZJ-10-I	D4ZJ-10-I
	L_h≤50	D4ZJ-10-I	D4ZJ-10-I	D4ZJ-10-I	D4ZJ-10-I	D4ZJ-10-I	D4ZJ-10-I	D4ZJ-10-I	D4ZJ-10-I	D4ZJ-10-I
	L_h≤60	D4ZJ-10-I	D4ZJ-10-I	D4ZJ-10-M	D4ZJ-10-I	D4ZJ-10-I	D4ZJ-10-I	D4ZJ-10-I	D4ZJ-10-I	D4ZJ-10-I

说明：1.根据具体实际情况对电杆基础部分进行计算校核后，选用底盘或卡盘。
2.所有铁件均需热镀锌防腐。

图 12-5　D4ZJ-10 直线转角水泥杆杆型图

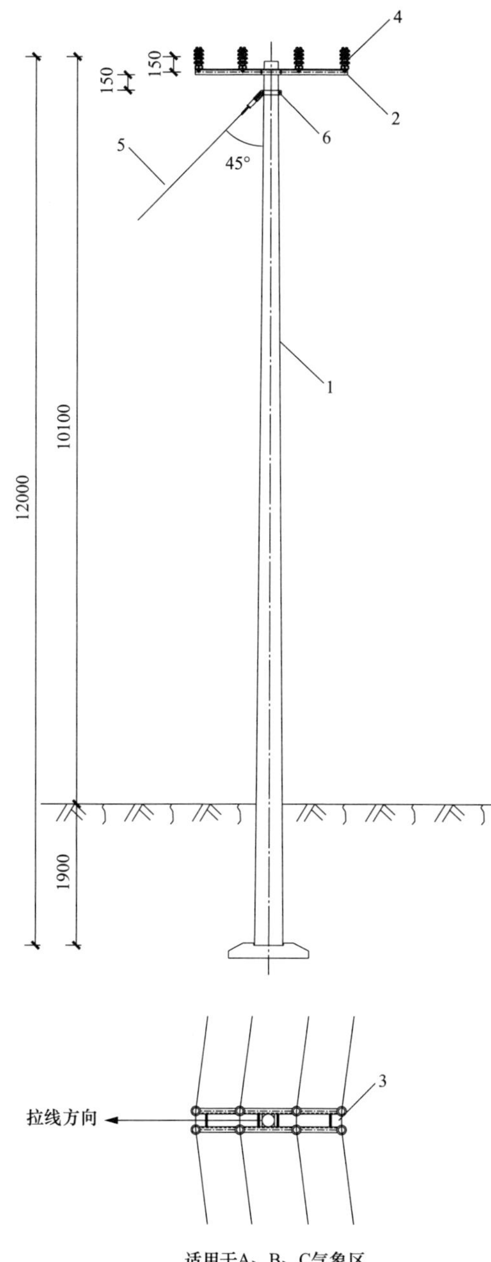

380V 12m 直线转角水泥杆杆型材料表（梢径ϕ190杆头）

杆型代码				D4ZJ-12-M	加工图号
编号	材料名称	单位	数量	材料型号规格	
1	水泥杆	根	1	ϕ190×12×M×G	
2	四线横担	块	2	根据杆型适用表选配	图12-28
3	双头螺栓	件	4	M18×320	图7-29
4	低压绝缘子	只	8	R3ET105N，120，224，300	图15-1
5	拉线	套	1	根据实际选配	
6	拉线抱箍	套	1	根据实际选配	图12-31

杆型适用表

导线截面积		A气象区			B气象区			C气象区		
		70mm²	120mm²	185mm²	70mm²	120mm²	185mm²	70mm²	120mm²	185mm²
横担角钢型号	L_h≤35	HD16-A19	HD16-A19	HD16-A19	HD16-A19	HD16-A19	HD16-A19	HD16-A19	HD16-A19	HD16-A19
	L_h≤45	HD16-A19	HD16-A19	HD16-A19	HD16-A19	HD16-A19	HD16-A19	HD16-A19	HD16-A19	HD16-A19
	L_h≤50	HD16-A19	HD16-A19	HD16-D19	HD16-A19	HD16-A19	HD16-A19	HD16-A19	HD16-A19	HD16-A19
	L_h≤60	HD16-A19	HD16-A19	HD16-D19	HD16-A19	HD16-A19	HD16-A19	HD16-A19	HD16-A19	HD16-A19
拉线		LX-5	LX-5	LX-8	LX-5	LX-5	LX-8	LX-5	LX-5	LX-8
拉线抱箍		LB-200 (−8×80)	LB-200 (−8×80)	LB-200 (−8×80)	LB-200 (−8×80)	LB-200 (−8×80)	LB-200 (−8×80)	LB-200 (−8×80)	LB-200 (−8×80)	LB-200 (−8×80)
适用杆型	L_h≤35	D4ZJ-12-M	D4ZJ-12-M	D4ZJ-12-M	D4ZJ-12-M	D4ZJ-12-M	D4ZJ-12-M	D4ZJ-12-M	D4ZJ-12-M	D4ZJ-12-M
	L_h≤45	D4ZJ-12-M	D4ZJ-12-M	D4ZJ-12-M	D4ZJ-12-M	D4ZJ-12-M	D4ZJ-12-M	D4ZJ-12-M	D4ZJ-12-M	D4ZJ-12-M
	L_h≤50	D4ZJ-12-M	D4ZJ-12-M	D4ZJ-12-M	D4ZJ-12-M	D4ZJ-12-M	D4ZJ-12-M	D4ZJ-12-M	D4ZJ-12-M	D4ZJ-12-M
	L_h≤60	D4ZJ-12-M	D4ZJ-12-M	—	D4ZJ-12-M	D4ZJ-12-M	D4ZJ-12-M	D4ZJ-12-M	D4ZJ-12-M	D4ZJ-12-M

说明：1. 线路转角度数不应超过导线允许的最大直线转角。
2. 根据具体实际情况对电杆基础部分进行计算校核后，选用底盘或卡盘。
3. 所有铁件均需热镀锌防腐。

图 12-6　D4ZJ-12 直线转角水泥杆杆型图

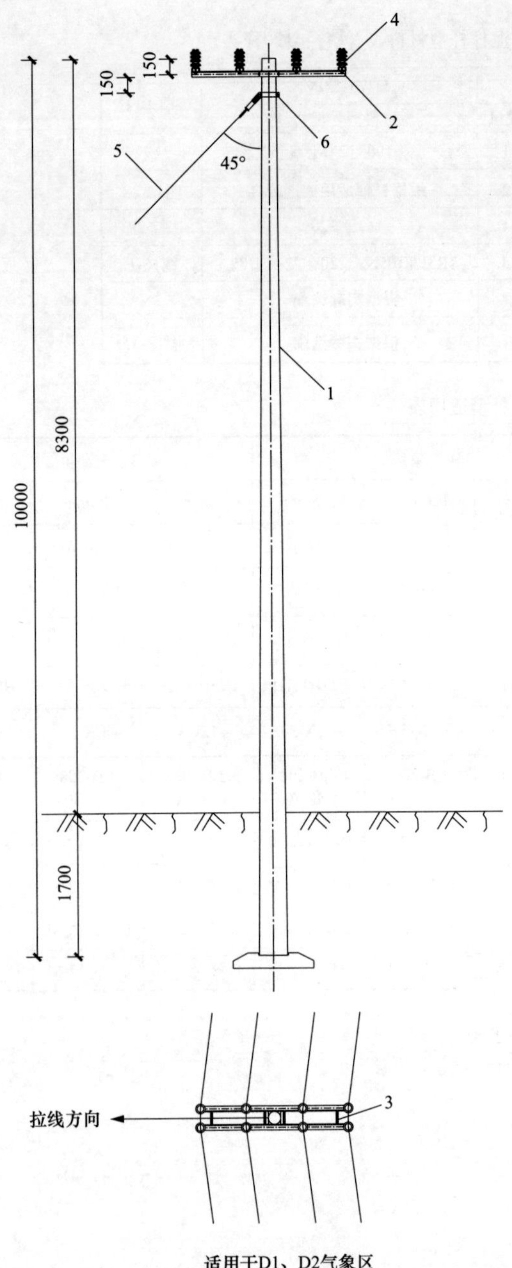

380V 10m直线转角水泥杆杆型材料表（梢径ϕ190杆头）

杆型代码				D4FZJ-10-M	加工图号
编号	材料名称	单位	数量	材料型号规格	
1	水泥杆	根	1	ϕ190×10×M×G	
2	四线横担	块	2	根据杆型适用表选配	图12-28
3	双头螺栓	件	4	M18×320	图7-29
4	低压绝缘子	只	8	R3ET105N，120，224，300	图15-1
5	拉线	套	1	根据实际选配	
6	拉线抱箍	套	1	根据实际选配	图12-31

杆型适用表

导线截面积		D1气象区			D2气象区		
		70mm^2	120mm^2	185mm^2	70mm^2	120mm^2	185mm^2
横担角钢型号	$L_h \leqslant 35$	HD16-D19	HD16-D19	HD16-D19	HD16-D19	HD16-D19	HD16-D19
	$L_h \leqslant 45$	HD16-D19	HD16-D19	HD16-D19	HD16-D19	HD16-D19	HD16-D19
	$L_h \leqslant 50$	HD16-D19	HD16-D19	HD16-D19	HD16-D19	HD16-D19	HD16-D19
	$L_h \leqslant 60$	HD16-D19	HD16-D19	HD16-D19	HD16-D19	HD16-D19	HD16-D19
拉线		LX-5	LX-5	LX-8	LX-5	LX-5	LX-8
拉线抱箍		LB-200 (−8×80)	LB-200 (−8×80)	LB-200 (−8×80)	LB-200 (−8×80)	LB-200 (−8×80)	LB-200 (−8×80)
适用杆型	$L_h \leqslant 35$	D4FZJ-10-M	D4FZJ-10-M	D4FZJ-10-M	D4FZJ-10-M	D4FZJ-10-M	D4FZJ-10-M
	$L_h \leqslant 45$	D4FZJ-10-M	D4FZJ-10-M	D4FZJ-10-M	D4FZJ-10-M	D4FZJ-10-M	D4FZJ-10-M
	$L_h \leqslant 50$	D4FZJ-10-M	D4FZJ-10-M	D4FZJ-10-M	D4FZJ-10-M	D4FZJ-10-M	D4FZJ-10-M
	$L_h \leqslant 60$	D4FZJ-10-M	D4FZJ-10-M	—	D4FZJ-10-M	D4FZJ-10-M	—

说明：1. 根据具体实际情况对电杆基础部分进行计算校核后，选用底盘或卡盘。
D1、D2气象区电杆应配制卡盘基础。
2. 所有铁件均需热镀锌防腐。

图 12-7　D4FZJ-10 直线转角水泥杆杆型图

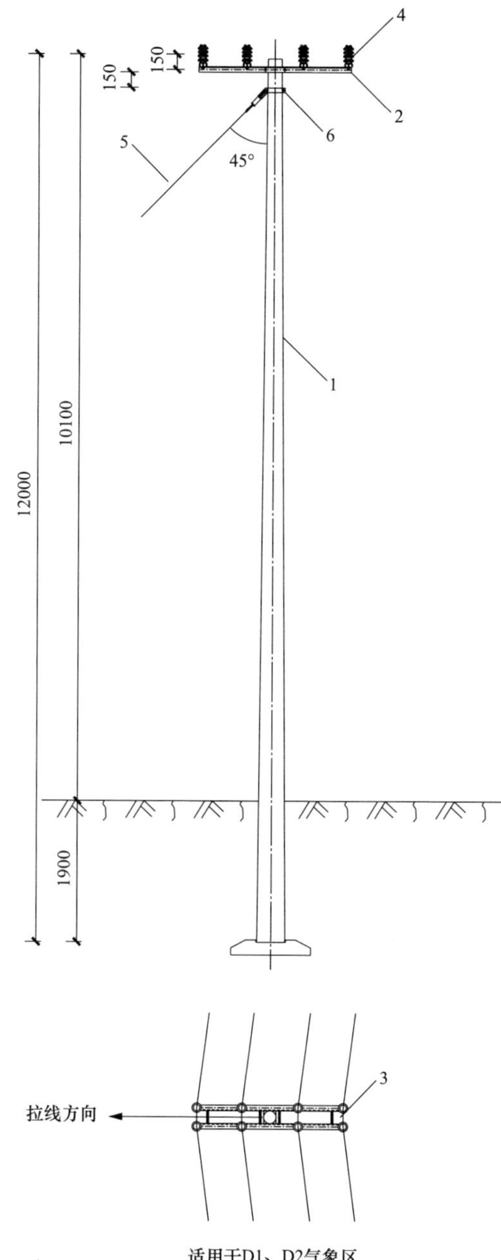

380V 12m 直线转角水泥杆杆型材料表（梢径ϕ190杆头）

杆型代码				D4FZJ-12-M	加工图号
编号	材料名称	单位	数量	材料型号规格	
1	水泥杆	根	1	ϕ190×12×M×G	
2	四线横担	块	2	根据杆型适用表选配	图12-28
3	双头螺栓	件	4	M18×320	图7-29
4	低压绝缘子	只	8	R3ET105N，120，224，300	图15-1
5	拉线	套	1	根据实际选配	
6	拉线抱箍	套	1	根据实际选配	图12-31

杆型适用表

导线截面积		D1气象区			D2气象区		
		70mm²	120mm²	185mm²	70mm²	120mm²	185mm²
横担角钢型号	L_h≤35	HD16-D19	HD16-D19	HD16-D19	HD16-D19	HD16-D19	HD16-D19
	L_h≤45	HD16-D19	HD16-D19	HD16-D19	HD16-D19	HD16-D19	HD16-D19
	L_h≤50	HD16-D19	HD16-D19	HD16-D19	HD16-D19	HD16-D19	HD16-D19
	L_h≤60	HD16-D19	HD16-D19	HD16-D19	HD16-D19	HD16-D19	HD16-D19
拉线		LX-5	LX-5	LX-8	LX-5	LX-5	LX-8
拉线抱箍		LB-200 (−8×80)	LB-200 (−8×80)	LB-200 (−8×80)	LB-200 (−8×80)	LB-200 (−8×80)	LB-200 (−8×80)
适用杆型	L_h≤35	D4FZJ-12-M	D4FZJ-12-M	D4FZJ-12-M	D4FZJ-12-M	D4FZJ-12-M	D4FZJ-12-M
	L_h≤45	D4FZJ-12-M	D4FZJ-12-M	D4FZJ-12-M	D4FZJ-12-M	D4FZJ-12-M	D4FZJ-12-M
	L_h≤50	D4FZJ-12-M	D4FZJ-12-M	D4FZJ-12-M	D4FZJ-12-M	D4FZJ-12-M	D4FZJ-12-M
	L_h≤60	D4FZJ-12-M	D4FZJ-12-M	—	D4FZJ-12-M	D4FZJ-12-M	—

说明：1. 线路转角度数不应超过导线允许的最大直线转角。
2. 根据具体实际情况对电杆基础部分进行计算校核后，选用底盘或卡盘。D1、D2气象区电杆应配制卡盘基础。
3. 所有铁件均需热镀锌防腐。

图 12-8 D4FZJ-12 直线转角水泥杆杆型图

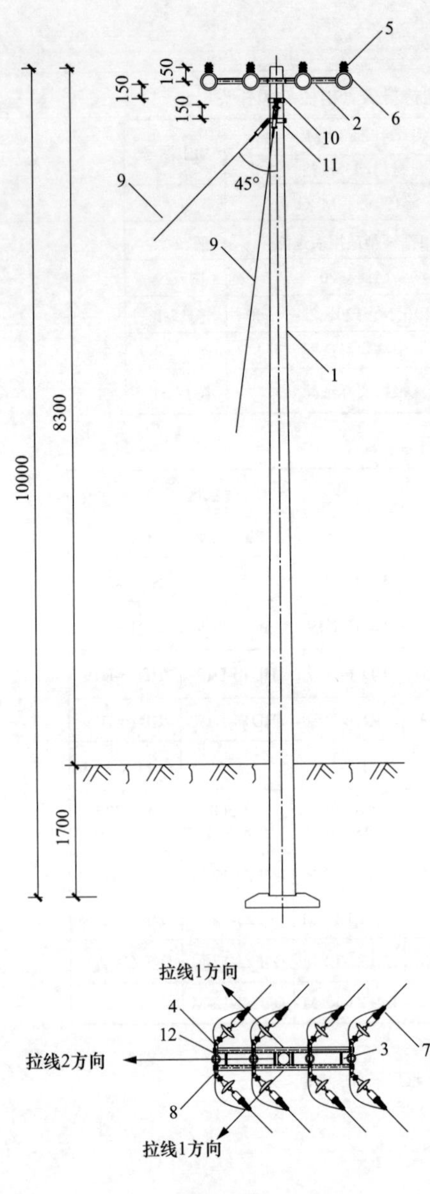

380V 10m 45°转角水泥杆杆型材料表（梢径ϕ190杆头）

杆型代码				D4NJ1-10-I/D4NJ1-10-M	加工图号
编号	材料名称	单位	数量	材料型号规格	
1	水泥杆	根	1	ϕ190×10×I×G	
				ϕ190×10×M×G	
2	四线横担	块	2	根据杆型适用表选配	图12-28
3	双头螺栓	件	4	M18×320	
4	单头螺栓	件	8	M16×40	
5	低压绝缘子	只	4	R3ET105N，120，224，300	图15-1
6	低压绝缘子耐张串	串	8	根据导线型号及截面选择	
7	耐张线夹	副	8	根据导线型号及截面选择	
8	联板	块	4	联-57，Q235，扁钢-75×8×570	图12-30
9	拉线	套	3	根据实际选配	
10	拉线1抱箍	套	2	根据实际选配	图12-31
11	拉线2抱箍	套	1	根据实际选配	图12-31
12	楔形并沟线夹（带绝缘罩）	只	8	根据导线截面积选配	

杆型适用表

导线截面积		A气象区			B气象区			C气象区		
		70mm²	120mm²	185mm²	70mm²	120mm²	185mm²	70mm²	120mm²	185mm²
横担角钢型号	L_h≤35	HD16-D19	HD16-D19	HD16-D19	HD16-D19	HD16-D19	HD16-E19	HD16-D19	HD16-D19	HD16-E19
	L_h≤45	HD16-D19	HD16-D19	HD16-D19	HD16-D19	HD16-D19	HD16-E19	HD16-D19	HD16-D19	HD16-E19
	L_h≤50	HD16-D19	HD16-D19	HD16-D19	HD16-D19	HD16-D19	HD16-E19	HD16-D19	HD16-D19	HD16-E19
	L_h≤60	HD16-D19	HD16-D19	HD16-D19	HD16-D19	HD16-D19	HD16-E19	HD16-D19	HD16-D19	—
拉线1		LX-5	LX-8	LX-10	LX-5	LX-8	LX-10	LX-5	LX-8	LX-10
拉线2		LX-5	LX-8	LX-10	LX-5	LX-8	LX-10	LX-5	LX-8	LX-10
拉线抱箍1、2		LB-200 (-8×80)	LB-200 (-8×80)	LB-200 (-8×80)	LB-200 (-8×80)	LB-200 (-8×80)	LB-200 (-8×80)	LB-200 (-8×80)	LB-200 (-8×80)	LB-200 (-8×80)
适用杆型	L_h≤35	D4NJ1-10-I	D4NJ1-10-I	D4NJ1-10-I	D4NJ1-10-I	D4NJ1-10-I	D4NJ1-10-I	D4NJ1-10-I	D4NJ1-10-I	D4NJ1-10-I
	L_h≤45	D4NJ1-10-I	D4NJ1-10-I	D4NJ1-10-I	D4NJ1-10-I	D4NJ1-10-I	D4NJ1-10-I	D4NJ1-10-I	D4NJ1-10-I	D4NJ1-10-I
	L_h≤50	D4NJ1-10-I	D4NJ1-10-I	D4NJ1-10-I	D4NJ1-10-I	D4NJ1-10-I	D4NJ1-10-I	D4NJ1-10-I	D4NJ1-10-I	D4NJ1-10-I
	L_h≤60	D4NJ1-10-I	D4NJ1-10-I	D4NJ1-10-M	D4NJ1-10-I	D4NJ1-10-I	D4NJ1-10-I	D4NJ1-10-I	D4NJ1-10-I	D4NJ1-10-M

说明：1. 线路转角0°～45°。
2. 拉线对地夹角45°，拉线1为对角拉线，拉线2为外角拉线。
3. 根据具体实际情况对电杆基础部分进行计算校核后，选用底盘或卡盘。
4. 所有铁件均需热镀锌防腐。

图 12-9　D4NJ1-10 带拉线耐张转角水泥杆杆型图

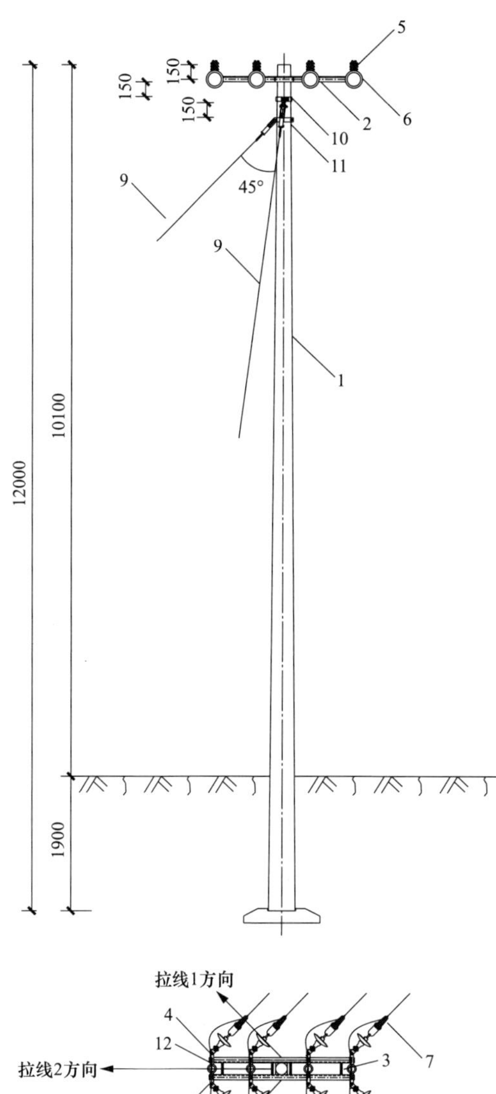

适用于A、B、C气象区

380V 12m 45°转角水泥杆杆型材料表（梢径ϕ190杆头）

杆型代码				D4NJ1-12-M	加工图号
编号	材料名称	单位	数量	材料型号规格	
1	水泥杆	根	1	ϕ190×12×M×G	
2	四线横担	块	2	根据杆型适用表选配	图12-28
3	双头螺栓	件	4	M18×320	
4	单头螺栓	件	8	M16×40	
5	低压绝缘子	只	4	R3ET105N，120，224，300	图15-1
6	低压绝缘子耐张串	串	8	根据导线型号及截面选择	
7	耐张线夹	副	8	根据导线型号及截面选择	
8	联板	块	4	联-57，Q235，扁钢-75×8×570	图12-30
9	拉线	套	3	根据实际选配	
10	拉线1抱箍	套	1	根据实际选配	图12-31
11	拉线2抱箍	套	1	根据实际选配	图12-31
12	楔形并沟线夹（带绝缘罩）	只	8	根据导线截面积选配	

杆型适用表

导线截面积		A气象区			B气象区			C气象区		
		70mm^2	120mm^2	185mm^2	70mm^2	120mm^2	185mm^2	70mm^2	120mm^2	185mm^2
横担角钢型号	L_h≤35	HD16-D19	HD16-D19	HD16-D19	HD16-D19	HD16-D19	HD16-E19	HD16-D19	HD16-D19	HD16-E19
	L_h≤45	HD16-D19	HD16-D19	HD16-D19	HD16-D19	HD16-D19	HD16-E19	HD16-D19	HD16-D19	HD16-E19
	L_h≤50	HD16-D19	HD16-D19	HD16-D19	HD16-D19	HD16-D19	HD16-E19	HD16-D19	HD16-D19	HD16-E19
	L_h≤60	HD16-D19	HD16-D19	HD16-D19	HD16-D19	HD16-D19	HD16-E19	HD16-D19	HD16-D19	HD16-E19
拉线1		LX-5	LX-8	LX-10	LX-5	LX-8	LX-10	LX-5	LX-8	LX-10
拉线2		LX-5	LX-8	LX-10	LX-5	LX-8	LX-10	LX-5	LX-8	LX-10
拉线抱箍1、2		LB-200 (−8×80)	LB-200 (−8×80)	LB-200 (−8×80)	LB-200 (−8×80)	LB-200 (−8×80)	LB-200 (−8×80)	LB-200 (−8×80)	LB-200 (−8×80)	LB-200 (−8×80)
适用杆型	L_h≤35	D4NJ1-12-M	D4NJ1-12-M	D4NJ1-12-M	D4NJ1-12-M	D4NJ1-12-M	D4NJ1-12-M	D4NJ1-12-M	D4NJ1-12-M	D4NJ1-12-M
	L_h≤45	D4NJ1-12-M	D4NJ1-12-M	D4NJ1-12-M	D4NJ1-12-M	D4NJ1-12-M	D4NJ1-12-M	D4NJ1-12-M	D4NJ1-12-M	D4NJ1-12-M
	L_h≤50	D4NJ1-12-M	D4NJ1-12-M	D4NJ1-12-M	D4NJ1-12-M	D4NJ1-12-M	D4NJ1-12-M	D4NJ1-12-M	D4NJ1-12-M	D4NJ1-12-M
	L_h≤60	D4NJ1-12-M	D4NJ1-12-M	—	D4NJ1-12-M	D4NJ1-12-M	D4NJ1-12-M	D4NJ1-12-M	D4NJ1-12-M	D4NJ1-12-M

说明：1. 线路转角0°～45°。
2. 拉线对地夹角45°，拉线1为对角拉线，拉线2为外角拉线。
3. 根据具体实际情况对电杆基础部分进行计算校核后，选用底盘或卡盘。
4. 所有铁件均需热镀锌防腐。

图 12-10　D4NJ1-12 带拉线耐张转角水泥杆杆型图

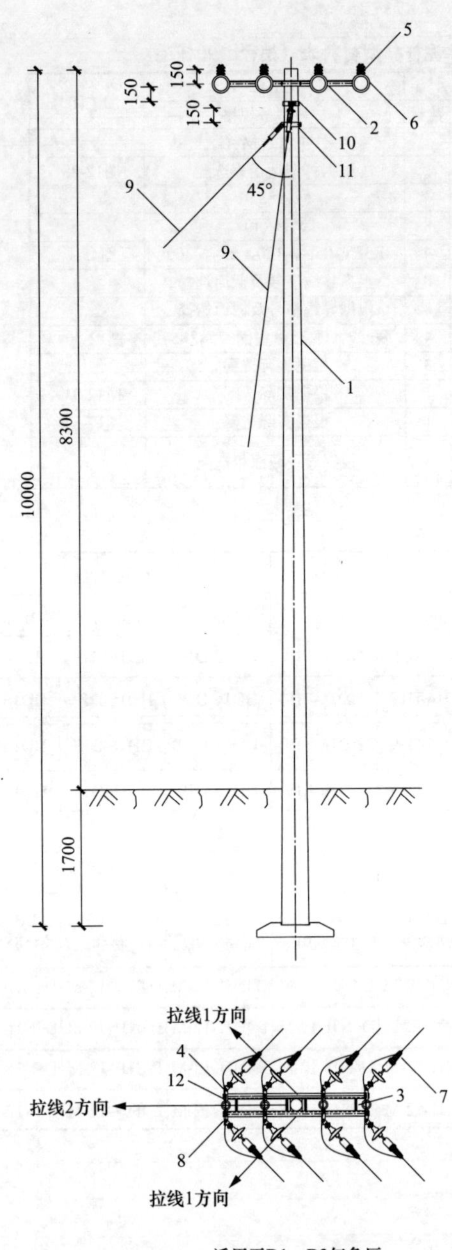

380V 10m 45°转角水泥杆杆型材料表（梢径ϕ190杆头）

杆型代码				D4FNJ1-10-M	加工图号
编号	材料名称	单位	数量	材料型号规格	
1	水泥杆	根	1	ϕ190×10×M×G	
2	四线横担	块	2	根据杆型适用表选配	图12-28
3	双头螺栓	件	4	M18×320	
4	单头螺栓	件	8	M16×40	
5	低压绝缘子	只	4	R3ET105N，120，224，300	图15-1
6	低压绝缘子耐张串	串	8	根据导线型号及截面选择	
7	耐张线夹	副	8	根据导线型号及截面选择	
8	联板	块	4	联-57，Q235，扁钢-75×8×570	图12-30
9	拉线	套	3	根据实际选配	
10	拉线1抱箍	套	2	根据实际选配	图12-31
11	拉线2抱箍	套	1	根据实际选配	图12-31
12	楔形并沟线夹（带绝缘罩）	只	8	根据导线截面积选配	

杆型适用表

导线截面积		D1气象区			D2气象区		
		70mm²	120mm²	185mm²	70mm²	120mm²	185mm²
横担角钢型号	L_h≤35	HD16-D19	HD16-D19	HD16-D19	HD16-D19	HD16-D19	HD16-D19
	L_h≤45	HD16-D19	HD16-D19	HD16-D19	HD16-D19	HD16-D19	HD16-D19
	L_h≤50	HD16-D19	HD16-D19	HD16-D19	HD16-D19	HD16-D19	HD16-D19
	L_h≤60	HD16-D19	HD16-D19	HD16-D19	HD16-D19	HD16-D19	HD16-D19
拉线1		LX-5	LX-8	LX-10	LX-5	LX-8	LX-10
拉线2		LX-5	LX-8	LX-10	LX-5	LX-8	LX-10
拉线抱箍1、2		LB-200（-8×80）	LB-200（-8×80）	LB-200（-8×80）	LB-200（-8×80）	LB-200（-8×80）	LB-200（-8×80）
适用杆型	L_h≤35	D4FNJ1-10-M	D4FNJ1-10-M	D4FNJ1-10-M	D4FNJ1-10-M	D4FNJ1-10-M	D4FNJ1-10-M
	L_h≤45	D4FNJ1-10-M	D4FNJ1-10-M	D4FNJ1-10-M	D4FNJ1-10-M	D4FNJ1-10-M	D4FNJ1-10-M
	L_h≤50	D4FNJ1-10-M	D4FNJ1-10-M	D4FNJ1-10-M	D4FNJ1-10-M	D4FNJ1-10-M	D4FNJ1-10-M
	L_h≤60	D4FNJ1-10-M	D4FNJ1-10-M	D4FNJ1-10-M	D4FNJ1-10-M	D4FNJ1-10-M	D4FNJ1-10-M

说明：1. 线路转角0°～45°。
2. 拉线对地夹角45°，拉线1为对角拉线，拉线2为外角拉线。
3. 根据具体实际情况对电杆基础部分进行计算校核后，选用底盘或卡盘。
4. 所有铁件均需热镀锌防腐。

图 12-11　D4FNJ1-10 带拉线耐张转角水泥杆杆型图

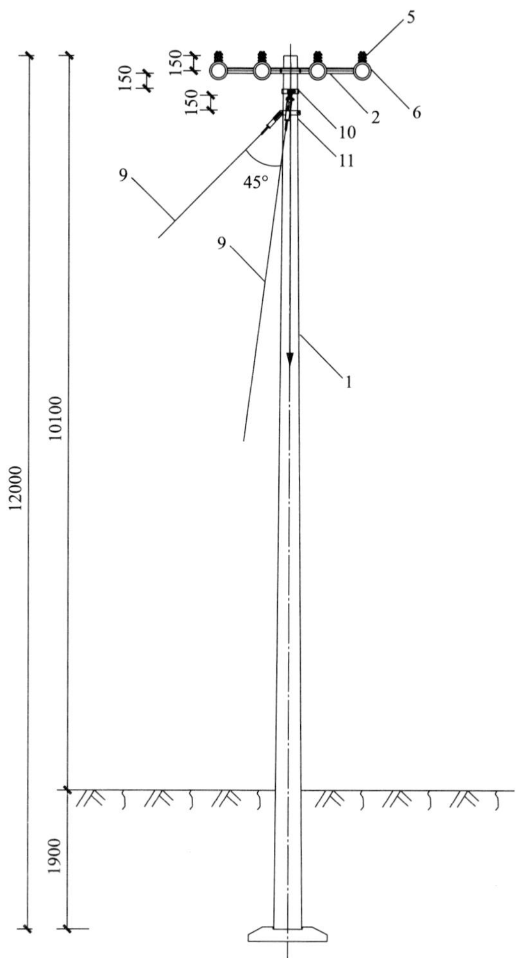

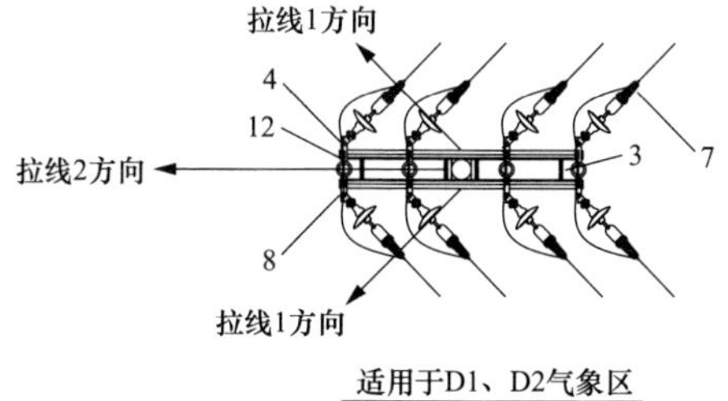

380V 12m 45°转角水泥杆杆型材料表（梢径ϕ190杆头）

杆型代码				D4FNJ1-12-M	加工图号
编号	材料名称	单位	数量	材料型号规格	
1	水泥杆	根	1	ϕ190×12×M×G	
2	四线横担	块	2	根据杆型适用表选配	图12-28
3	双头螺栓	件	4	M18×320	
4	单头螺栓	件	8	M16×40	
5	低压绝缘子	只	4	R3ET105N，120，224，300	图15-1
6	低压绝缘子耐张串	串	8	根据导线型号及截面选择	
7	耐张线夹	副	8	根据导线型号及截面选择	
8	联板	块	4	联-57，Q235，扁钢-75×8×570	图12-18
9	拉线	套	3	根据实际选配	
10	拉线1抱箍	套	1	根据实际选配	图12-31
11	拉线2抱箍	套	1	根据实际选配	图12-31
12	楔形并沟线夹（带绝缘罩）	只	8	根据导线截面积选配	

杆型适用表

导线截面积		D1气象区			D2气象区		
		70mm²	120mm²	185mm²	70mm²	120mm²	185mm²
横担角钢型号	L_h≤35	HD16-D19	HD16-D19	HD16-D19	HD16-D19	HD16-D19	HD16-D19
	L_h≤45	HD16-D19	HD16-D19	HD16-D19	HD16-D19	HD16-D19	HD16-D19
	L_h≤50	HD16-D19	HD16-D19	HD16-D19	HD16-D19	HD16-D19	HD16-D19
	L_h≤60	HD16-D19	HD16-D19	HD16-D19	HD16-D19	HD16-D19	HD16-D19
拉线1		LX-5	LX-8	LX-10	LX-5	LX-8	LX-10
拉线2		LX-5	LX-8	LX-10	LX-5	LX-8	LX-10
拉线抱箍1、2		LB-200 (-8×80)	LB-200 (-8×80)	LB-200 (-8×80)	LB-200 (-8×80)	LB-200 (-8×80)	LB-200 (-8×80)
适用杆型	L_h≤35	D4FNJ1-12-M	D4FNJ1-12-M	D4FNJ1-12-M	D4FNJ1-12-M	D4FNJ1-12-M	D4FNJ1-12-M
	L_h≤45	D4FNJ1-12-M	D4FNJ1-12-M	D4FNJ1-12-M	D4FNJ1-12-M	D4FNJ1-12-M	D4FNJ1-12-M
	L_h≤50	D4FNJ1-12-M	D4FNJ1-12-M	D4FNJ1-12-M	D4FNJ1-12-M	D4FNJ1-12-M	D4FNJ1-12-M
	L_h≤60	D4FNJ1-12-M	D4FNJ1-12-M	—	D4FNJ1-12-M	D4FNJ1-12-M	—

说明：1. 线路转角0°～45°。
2. 拉线对地夹角45°，拉线1为对角拉线，拉线2为外角拉线。
3. 根据具体实际情况对电杆基础部分进行计算校核后，选用底盘或卡盘。
4. 所有铁件均需热镀锌防腐。

图 12-12　D4FNJ1-12 带拉线耐张转角水泥杆杆型图

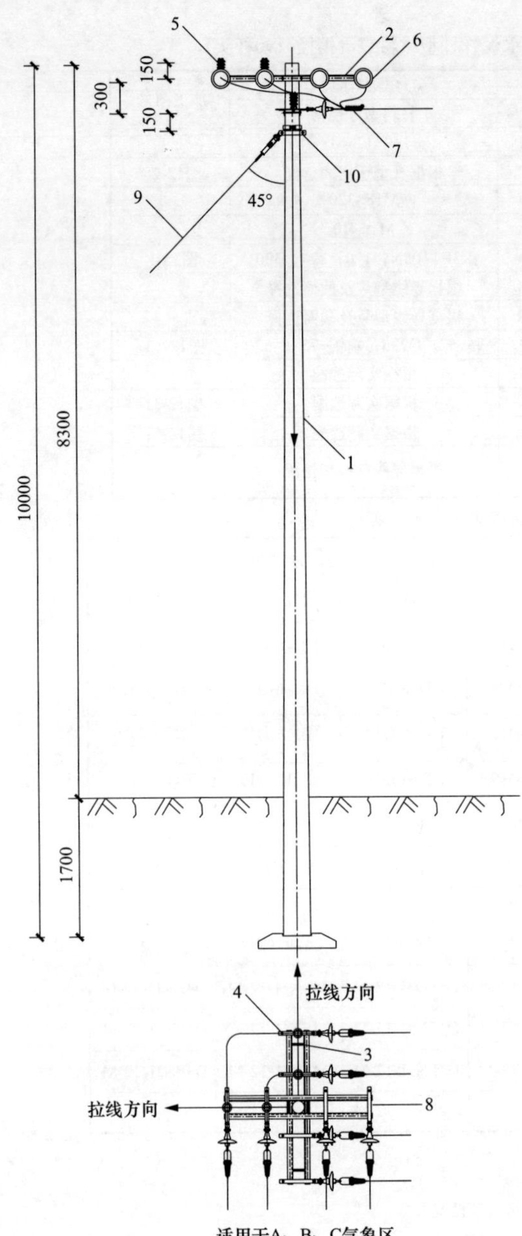

380V 10m 45°～90°转角水泥杆杆型材料表（梢径ϕ190杆头）

杆型代码				D4NJ2-10-I/D4NJ2-10-M	加工图号
编号	材料名称	单位	数量	材料型号规格	
1	水泥杆	根	1	ϕ190×10×I×G	
				ϕ190×10×M×G	
2	四线横担	块	4	根据杆型适用表选配	图12-28
3	双头螺栓	件	8	M18×320	
4	单头螺栓	件	16	M16×40	
5	低压绝缘子	只	4	R3ET105N，120，224，300	图15-1
6	低压绝缘子耐张串	串	8	根据导线型号及截面选择	
7	耐张线夹	副	8	根据导线型号及截面选择	
8	联板	块	8	联-57，Q235，扁钢-75×8×570	图12-30
9	拉线	套	2	根据实际选配	
10	拉线抱箍	套	2	根据实际选配	图12-31
11	楔形并沟线夹（带绝缘罩）	只	8	根据导线截面积选配	

杆型适用表

导线截面积		A 气象区			B 气象区			C 气象区		
		70mm²	120mm²	185mm²	70mm²	120mm²	185mm²	70mm²	120mm²	185mm²
横担角钢型号	L_h≤35	HD16-D19	HD16-D19	HD16-D19	HD16-D19	HD16-D19	HD16-E19	HD16-D19	HD16-D19	HD16-E19
	L_h≤45	HD16-D19	HD16-D19	HD16-D19	HD16-D19	HD16-D19	HD16-E19	HD16-D19	HD16-D19	HD16-E19
	L_h≤50	HD16-D19	HD16-D19	HD16-D19	HD16-D19	HD16-D19	HD16-E19	HD16-D19	HD16-D19	HD16-E19
	L_h≤60	HD16-D19	HD16-D19	HD16-D19	HD16-D19	HD16-D19	HD16-E19	HD16-D19	HD16-D19	—
拉线		LX-5	LX-8	LX-10	LX-5	LX-8	LX-10	LX-5	LX-8	LX-10
拉线抱箍		LB-200（-8×80）	LB-200（-8×80）	LB-200（-8×80）	LB-200（-8×80）	LB-200（-8×80）	LB-200（-8×80）	LB-200（-8×80）	LB-200（-8×80）	LB-200（-8×80）
适用杆型	L_h≤35	D4NJ2-10-I	D4NJ2-10-I	D4NJ2-10-I	D4NJ2-10-I	D4NJ2-10-I	D4NJ2-10-I	D4NJ2-10-I	D4NJ2-10-I	D4NJ2-10-I
	L_h≤45	D4NJ2-10-I	D4NJ2-10-I	D4NJ2-10-I	D4NJ2-10-I	D4NJ2-10-I	D4NJ2-10-I	D4NJ2-10-I	D4NJ2-10-I	D4NJ2-10-I
	L_h≤50	D4NJ2-10-I	D4NJ2-10-I	D4NJ2-10-I	D4NJ2-10-I	D4NJ2-10-I	D4NJ2-10-I	D4NJ2-10-I	D4NJ2-10-I	D4NJ2-10-I
	L_h≤60	D4NJ2-10-I	D4NJ2-10-I	D4NJ2-10-M	D4NJ2-10-I	D4NJ2-10-I	D4NJ2-10-I	D4NJ2-10-I	D4NJ2-10-I	D4NJ2-10-I

说明：1. 线路转角45°～90°。
2. 拉线对地夹角45°。
3. 根据具体实际情况对电杆基础部分进行计算校核后，选用底盘或卡盘。
4. 所有铁件均需热镀锌防腐。

图 12-13　D4NJ2-10 带拉线耐张转角水泥杆杆型图

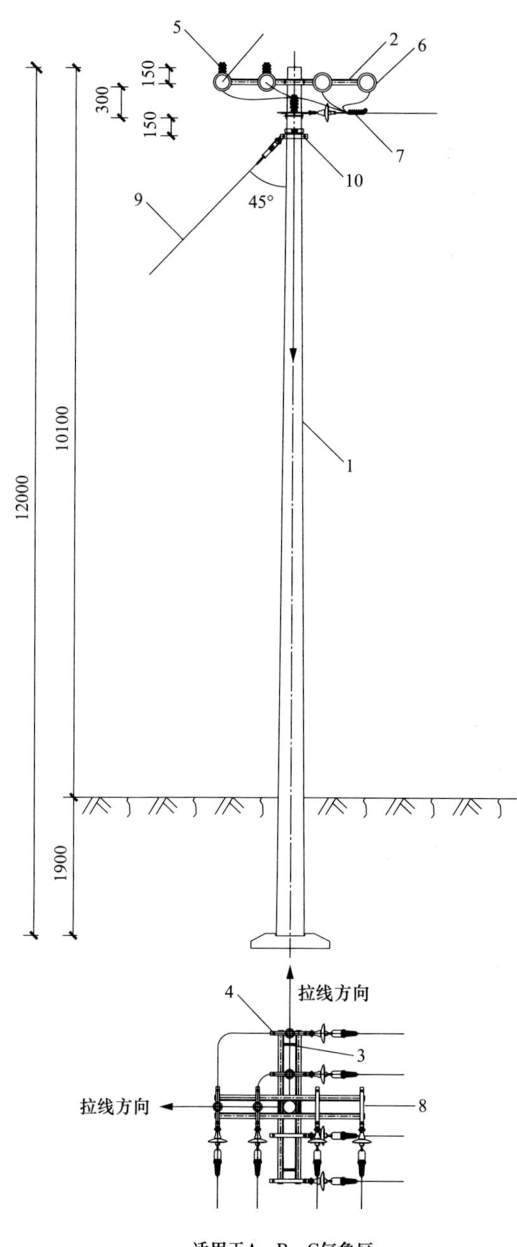

380V 12m 45°～90°转角水泥杆杆型材料表（梢径ϕ190杆头）

杆型代码				D4NJ2-12-M	加工图号
编号	材料名称	单位	数量	材料型号规格	
1	水泥杆	根	1	ϕ190×12×M×G	
2	四线横担	块	4	根据杆型适用表选配	图12-28
3	双头螺栓	件	8	M18×320	
4	单头螺栓	件	16	M16×40	
5	低压绝缘子	只	4	R3ET105N，120，224，300	图15-1
6	低压绝缘子耐张串	串	8	根据导线型号及截面选择	
7	耐张线夹	副	8	根据导线型号及截面选择	
8	联板	块	8	联-57，Q235，扁钢-75×8×570	图12-30
9	拉线	套	2	根据实际选配	
10	拉线抱箍	套	2	根据实际选配	图12-31
11	楔形并沟线夹（带绝缘罩）	只	8	根据导线截面积选配	

杆型适用表

导线截面积		A 气象区			B 气象区			C 气象区		
		70mm²	120mm²	185mm²	70mm²	120mm²	185mm²	70mm²	120mm²	185mm²
横担角钢型号	L_h≤35	HD16-D19	HD16-D19	HD16-D19	HD16-D19	HD16-D19	HD16-E19	HD16-D19	HD16-D19	HD16-E19
	L_h≤45	HD16-D19	HD16-D19	HD16-D19	HD16-D19	HD16-D19	HD16-E19	HD16-D19	HD16-D19	HD16-E19
	L_h≤50	HD16-D19	HD16-D19	HD16-D19	HD16-D19	HD16-D19	HD16-E19	HD16-D19	HD16-D19	HD16-E19
	L_h≤60	HD16-D19	HD16-D19	HD16-D19	HD16-D19	HD16-D19	HD16-E19	HD16-D19	HD16-D19	HD16-E19
拉线		LX-5	LX-8	LX-10	LX-5	LX-8	LX-10	LX-5	LX-8	LX-10
拉线抱箍		LB-200 (-8×80)	LB-200 (-8×80)	LB-200 (-8×80)	LB-200 (-8×80)	LB-200 (-8×80)	LB-200 (-8×80)	LB-200 (-8×80)	LB-200 (-8×80)	LB-200 (-8×80)
适用杆型	L_h≤35	D4NJ2-12-M	D4NJ2-12-M	D4NJ2-12-M	D4NJ2-12-M	D4NJ2-12-M	D4NJ2-12-M	D4NJ2-12-M	D4NJ2-12-M	D4NJ2-12-M
	L_h≤45	D4NJ2-12-M	D4NJ2-12-M	D4NJ2-12-M	D4NJ2-12-M	D4NJ2-12-M	D4NJ2-12-M	D4NJ2-12-M	D4NJ2-12-M	D4NJ2-12-M
	L_h≤50	D4NJ2-12-M	D4NJ2-12-M	D4NJ2-12-M	D4NJ2-12-M	D4NJ2-12-M	D4NJ2-12-M	D4NJ2-12-M	D4NJ2-12-M	D4NJ2-12-M
	L_h≤60	D4NJ2-12-M	D4NJ2-12-M	—	D4NJ2-12-M	D4NJ2-12-M	D4NJ2-12-M	D4NJ2-12-M	D4NJ2-12-M	D4NJ2-12-M

说明：1. 线路转角45°～90°。
2. 拉线对地夹角45°。
3. 根据具体实际情况对电杆基础部分进行计算校核后，选用底盘或卡盘。
4. 所有铁件均需热镀锌防腐。

图 12-14　D4FNJ2-12 带拉线耐张转角水泥杆杆型图

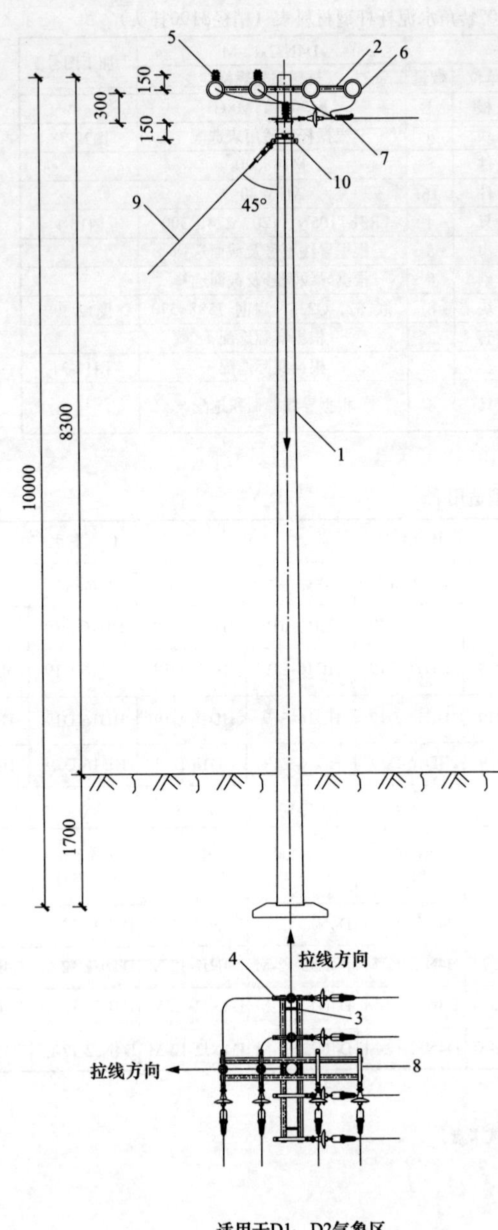

380V 10m 45°～90°转角水泥杆杆型材料表（梢径ϕ190杆头）

杆型代码				D4FNJ2-10-M	加工图号
编号	材料名称	单位	数量	材料型号规格	
1	水泥杆	根	1	ϕ190×10×M×G	
2	四线横担	块	4	根据杆型适用表选配	图12-28
3	双头螺栓	件	8	M18×320	
4	单头螺栓	件	16	M16×40	
5	低压绝缘子	只	4	R3ET105N，120，224，300	图15-1
6	低压绝缘子耐张串	串	8	根据导线型号及截面选择	
7	耐张线夹	副	8	根据导线型号及截面选择	
8	联板	块	8	联-57，Q235，扁钢-75×8×570	图12-30
9	拉线	套	2	根据实际选配	
10	拉线抱箍	套	2	根据实际选配	图12-31
11	楔形并沟线夹（带绝缘罩）	只	8	根据导线截面积选配	

杆型适用表

导线截面积		D1气象区			D2气象区		
		70mm²	120mm²	185mm²	70mm²	120mm²	185mm²
横担角钢型号	L_h≤35	HD16-D19	HD16-D19	HD16-D19	HD16-D19	HD16-D19	HD16-D19
	L_h≤45	HD16-D19	HD16-D19	HD16-D19	HD16-D19	HD16-D19	HD16-D19
	L_h≤50	HD16-D19	HD16-D19	HD16-D19	HD16-D19	HD16-D19	HD16-D19
	L_h≤60	HD16-D19	HD16-D19	HD16-D19	HD16-D19	HD16-D19	HD16-D19
拉线		LX-5	LX-8	LX-10	LX-5	LX-8	LX-10
拉线抱箍		LB-200（-8×80）	LB-200（-8×80）	LB-200（-8×80）	LB-200（-8×80）	LB-200（-8×80）	LB-200（-8×80）
适用杆型	L_h≤35	D4FNJ2-10-M	D4FNJ2-10-M	D4FNJ2-10-M	D4FNJ2-10-M	D4FNJ2-10-M	D4FNJ2-10-M
	L_h≤45	D4FNJ2-10-M	D4FNJ2-10-M	D4FNJ2-10-M	D4FNJ2-10-M	D4FNJ2-10-M	D4FNJ2-10-M
	L_h≤50	D4FNJ2-10-M	D4FNJ2-10-M	D4FNJ2-10-M	D4FNJ2-10-M	D4FNJ2-10-M	D4FNJ2-10-M
	L_h≤60	D4FNJ2-10-M	D4FNJ2-10-M	D4FNJ2-10-M	D4FNJ2-10-M	D4FNJ2-10-M	D4FNJ2-10-M

说明：1. 线路转角45°～90°。
2. 拉线对地夹角45°。
3. 根据具体实际情况对电杆基础部分进行计算校核后，选用底盘或卡盘。
4. 所有铁件均需热镀锌防腐。

图 12-15 D4FNJ2-10 带拉线耐张转角水泥杆杆型图

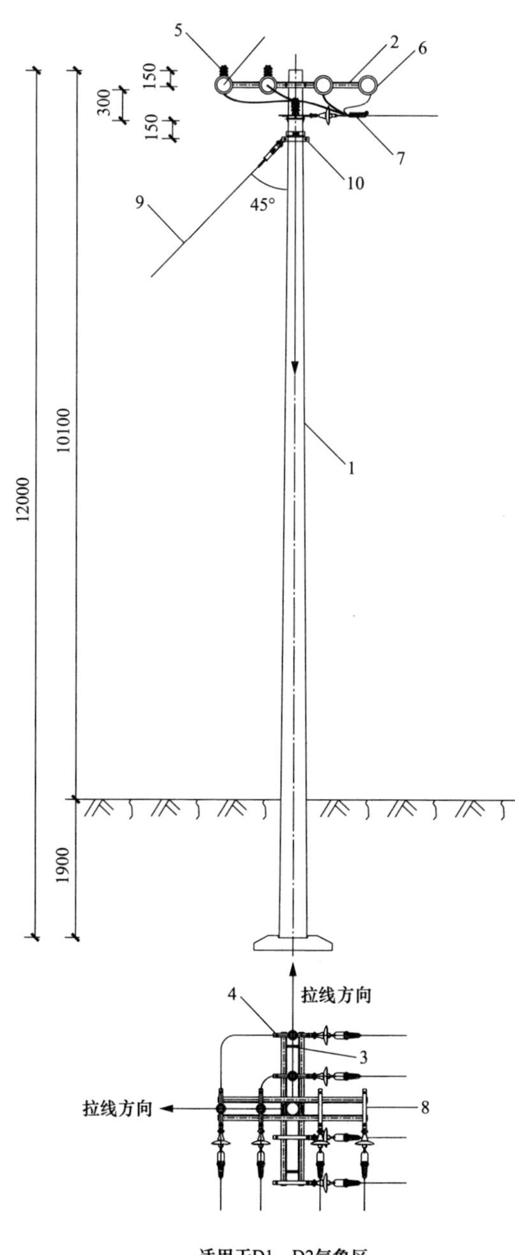

380V 12m 45°～90°转角水泥杆杆型材料表（梢径ϕ190杆头）

杆型代码				D4FNJ2-12-M	加工图号
编号	材料名称	单位	数量	材料型号规格	
1	水泥杆	根	1	ϕ190×12×M×G	
2	四线横担	块	4	根据杆型适用表选配	图12-28
3	双头螺栓	件	8	M18×320	
4	单头螺栓	件	16	M16×40	
5	低压绝缘子	只	4	R3ET105N，120，224，300	图15-1
6	低压绝缘子耐张串	串	8	根据导线型号及截面选择	
7	耐张线夹	副	8	根据导线型号及截面选择	
8	联板	块	8	联-57，Q235，扁钢-75×8×570	图12-30
9	拉线	套	2	根据实际选配	
10	拉线抱箍	套	2	根据实际选配	图12-31
11	楔形并沟线夹（带绝缘罩）	只	8	根据导线截面积选配	

杆型适用表

导线截面积		D1气象区			D2气象区		
		70mm^2	120mm^2	185mm^2	70mm^2	120mm^2	185mm^2
横担角钢型号	L_h≤35	HD16-D19	HD16-D19	HD16-D19	HD16-D19	HD16-D19	HD16-D19
	L_h≤45	HD16-D19	HD16-D19	HD16-D19	HD16-D19	HD16-D19	HD16-D19
	L_h≤50	HD16-D19	HD16-D19	HD16-D19	HD16-D19	HD16-D19	HD16-D19
	L_h≤60	HD16-D19	HD16-D19	HD16-D19	HD16-D19	HD16-D19	HD16-D19
拉线		LX-5	LX-8	LX-10	LX-5	LX-8	LX-10
拉线抱箍		LB-200（-8×80）	LB-200（-8×80）	LB-200（-8×80）	LB-200（-8×80）	LB-200（-8×80）	LB-200（-8×80）
适用杆型	L_h≤35	D4FNJ2-12-M	D4FNJ2-12-M	D4FNJ2-12-M	D4FNJ2-12-M	D4FNJ2-12-M	D4FNJ2-12-M
	L_h≤45	D4FNJ2-12-M	D4FNJ2-12-M	D4FNJ2-12-M	D4FNJ2-12-M	D4FNJ2-12-M	D4FNJ2-12-M
	L_h≤50	D4FNJ2-12-M	D4FNJ2-12-M	D4FNJ2-12-M	D4FNJ2-12-M	D4FNJ2-12-M	D4FNJ2-12-M
	L_h≤60	D4FNJ2-12-M	D4FNJ2-12-M	—	D4FNJ2-12-M	D4FNJ2-12-M	—

说明：1. 线路转角45°～90°。
2. 拉线对地夹角45°。
3. 根据具体实际情况对电杆基础部分进行计算校核后，选用底盘或卡盘。
4. 所有铁件均需热镀锌防腐。

图 12-16　D4FNJ2-12 带拉线耐张转角水泥杆杆型图

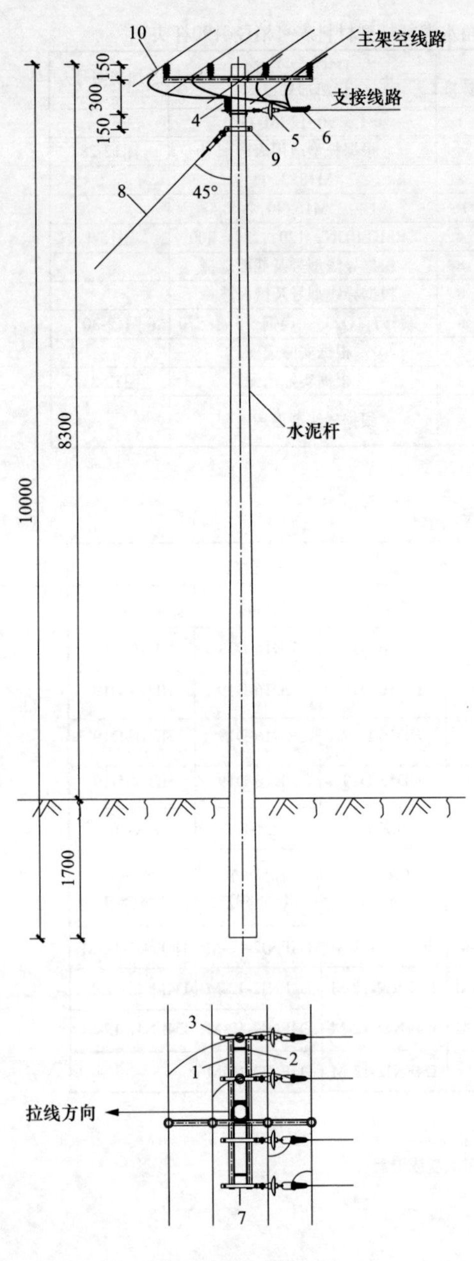

380V 10m T接（四线）水泥杆杆型材料表（梢径ϕ190杆头）

杆型代码				D4ZT4-10-I/D4ZT4-10-M	加工图号
编号	材料名称	单位	数量	材料型号规格	
1	四线横担	块	2	根据杆型适用表选配	图12-28
2	双头螺栓	件	4	M18×320	
3	单头螺栓	件	8	M16×40	
4	低压绝缘子	只	2	R3ET105N，120，224，300	图15-1
5	低压绝缘子耐张串	串	4	根据导线型号及截面选择	
6	耐张线夹	副	4	根据导线型号及截面选择	
7	联板	块	4	联-57，Q235，扁钢-75×8×570	图12-30
8	拉线	套	1	根据实际选配	
9	拉线抱箍	套	1	根据实际选配	图12-31
10	楔形并沟线夹（带绝缘罩）	只	8	根据导线截面积选配	

注　表中的材料不含低压主架空线路水泥杆及直线杆杆头的材料在内，该部分材料见图12-1材料表中所列。

杆型适用表

导线截面积		A气象区			B气象区			C气象区		
		70mm^2	120mm^2	185mm^2	70mm^2	120mm^2	185mm^2	70mm^2	120mm^2	185mm^2
横担角钢型号	$L_h\leqslant35$	HD16-D19	HD16-D19	HD16-D19	HD16-D19	HD16-D19	HD16-E19	HD16-D19	HD16-D19	HD16-E19
	$L_h\leqslant45$	HD16-D19	HD16-D19	HD16-D19	HD16-D19	HD16-D19	HD16-E19	HD16-D19	HD16-D19	HD16-E19
	$L_h\leqslant50$	HD16-D19	HD16-D19	HD16-D19	HD16-D19	HD16-D19	HD16-E19	HD16-D19	HD16-D19	HD16-E19
	$L_h\leqslant60$	HD16-D19	HD16-D19	HD16-D19	HD16-D19	HD16-D19	HD16-E19	HD16-D19	HD16-D19	—
拉线		LX-5	LX-5	LX-8	LX-5	LX-8	LX-10	LX-5	LX-8	LX-10
拉线抱箍		LB-200（−8×80）	LB-200（−8×80）	LB-200（−8×80）	LB-200（−8×80）	LB-200（−8×80）	LB-200（−8×80）	LB-200（−8×80）	LB-200（−8×80）	LB-200（−8×80）
适用杆型	$L_h\leqslant35$	D4ZT4-10-I	D4ZT4-10-I	D4ZT4-10-M	D4ZT4-10-I	D4ZT4-10-I	D4ZT4-10-I	D4ZT4-10-I	D4ZT4-10-I	D4ZT4-10-I
	$L_h\leqslant45$	D4ZT4-10-I	D4ZT4-10-I	D4ZT4-10-M	D4ZT4-10-I	D4ZT4-10-I	D4ZT4-10-I	D4ZT4-10-I	D4ZT4-10-I	D4ZT4-10-I
	$L_h\leqslant50$	D4ZT4-10-I	D4ZT4-10-I	D4ZT4-10-M	D4ZT4-10-I	D4ZT4-10-I	D4ZT4-10-I	D4ZT4-10-I	D4ZT4-10-I	D4ZT4-10-I
	$L_h\leqslant60$	D4ZT4-10-M	D4ZT4-10-M	D4ZT4-10-M	D4ZT4-10-I	D4ZT4-10-I	D4ZT4-10-I	D4ZT4-10-I	D4ZT4-10-I	D4ZT4-10-M

说明：1. 线路T接：拉线对地夹角45°。
2. 根据具体实际情况对电杆基础部分进行计算校核后，选用底盘或卡盘。
3. 所有铁件均需热镀锌防腐。

图 12-17　D4ZT4-10 直线 T 接水泥杆杆型图

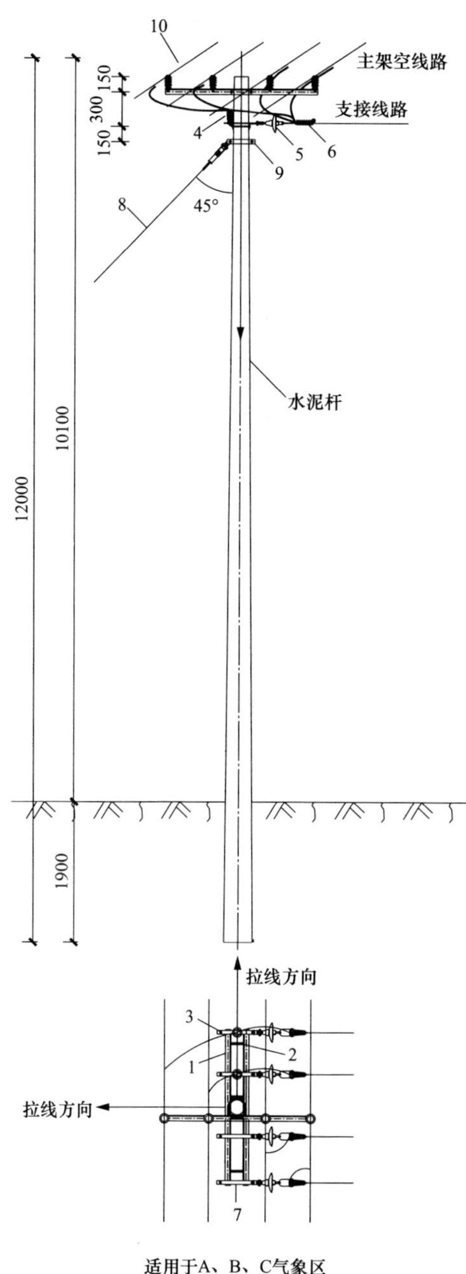

380V 12m T接(四线)水泥杆杆型材料表（梢径ϕ190杆头）

杆型代码				D4ZT4-12-M	加工图号
编号	材料名称	单位	数量	材料型号规格	
1	四线横担	块	2	根据杆型适用表选配	图12-28
2	双头螺栓	件	4	M18×320	
3	单头螺栓	件	8	M16×40	
4	低压绝缘子	只	2	R3ET105N，120，224，300	图15-1
5	低压绝缘子耐张串	串	4	根据导线型号及截面选择	
6	耐张线夹	副	4	根据导线型号及截面选择	
7	联板	块	4	联-57，Q235，扁钢-75×8×570	图12-30
8	拉线	套	1	根据实际选配	
9	拉线抱箍	套	1	根据实际选配	图12-31
10	楔形并沟线夹（带绝缘罩）	只	8	根据导线截面积选配	

注　表中的材料不含低压主架空线路水泥杆及直线杆杆头的材料在内，该部分材料见图12-2材料表中所列。

杆型适用表

导线截面积		A气象区			B气象区			C气象区		
		70mm²	120mm²	185mm²	70mm²	120mm²	185mm²	70mm²	120mm²	185mm²
横担角钢型号	L_h≤35	HD16-D19	HD16-D19	HD16-D19	HD16-D19	HD16-D19	HD16-E19	HD16-D19	HD16-D19	HD16-E19
	L_h≤45	HD16-D19	HD16-D19	HD16-D19	HD16-D19	HD16-D19	HD16-E19	HD16-D19	HD16-D19	HD16-E19
	L_h≤50	HD16-D19	HD16-D19	HD16-D19	HD16-D19	HD16-D19	HD16-E19	HD16-D19	HD16-D19	HD16-E19
	L_h≤60	HD16-D19	HD16-D19	HD16-D19	HD16-D19	HD16-D19	HD16-E19	HD16-D19	HD16-D19	HD16-E19
拉线		LX-5	LX-5	LX-8	LX-5	LX-8	LX-10	LX-5	LX-8	LX-10
拉线抱箍		LB-200（−8×80）	LB-200（−8×80）	LB-200（−8×80）	LB-200（−8×80）	LB-200（−8×80）	LB-200（−8×80）	LB-200（−8×80）	LB-200（−8×80）	LB-200（−8×80）
适用杆型	L_h≤35	D4ZT4-12-M	D4ZT4-12-M	D4ZT4-12-M	D4ZT4-12-M	D4ZT4-12-M	D4ZT4-12-M	D4ZT4-12-M	D4ZT4-12-M	D4ZT4-12-M
	L_h≤45	D4ZT4-12-M	D4ZT4-12-M	D4ZT4-12-M	D4ZT4-12-M	D4ZT4-12-M	D4ZT4-12-M	D4ZT4-12-M	D4ZT4-12-M	D4ZT4-12-M
	L_h≤50	D4ZT4-12-M	D4ZT4-12-M	D4ZT4-12-M	D4ZT4-12-M	D4ZT4-12-M	D4ZT4-12-M	D4ZT4-12-M	D4ZT4-12-M	D4ZT4-12-M
	L_h≤60	D4ZT4-12-M	D4ZT4-12-M	D4ZT4-12-M	D4ZT4-12-M	D4ZT4-12-M	D4ZT4-12-M	D4ZT4-12-M	D4ZT4-12-M	D4ZT4-12-M

说明：1. 线路T接：拉线对地夹角45°。
2. 根据具体实际情况对电杆基础部分进行计算校核后，选用底盘或卡盘。
3. 所有铁件均需热镀锌防腐。

图 12-18　D4ZT4-12 直线 T 接水泥杆杆型图

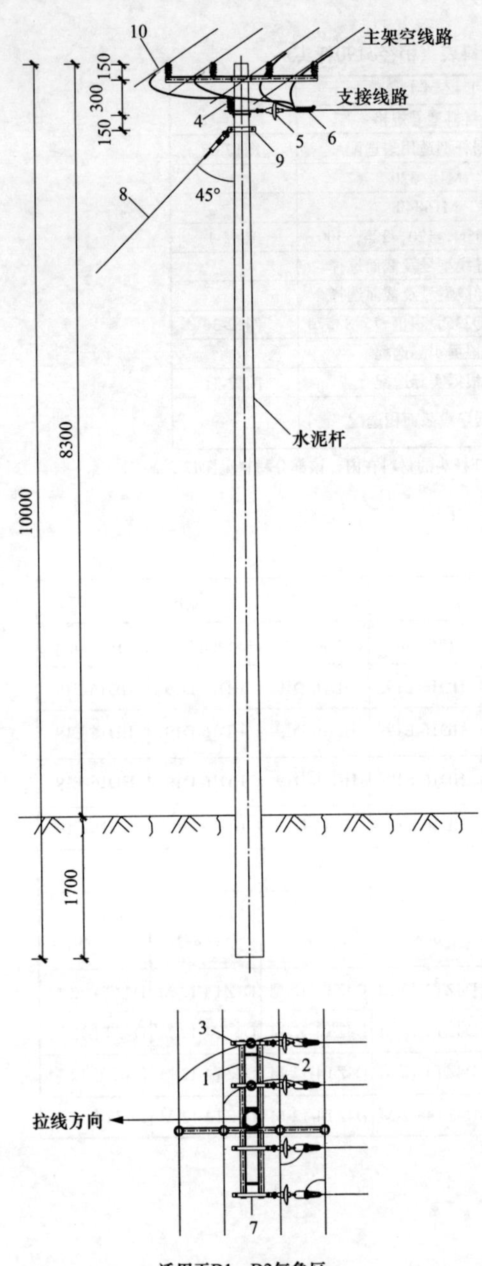

380V 10m T接（四线）水泥杆杆型材料表（梢径ϕ190杆头）

杆型代码				D4FZT4-10-M	加工图号
编号	材料名称	单位	数量	材料型号规格	
1	四线横担	块	2	根据杆型适用表选配	图12-28
2	双头螺栓	件	4	M18×320	
3	单头螺栓	件	8	M16×40	
4	低压绝缘子	只	2	R3ET105N，120，224，300	图15-1
5	低压绝缘子耐张串	串	4	根据导线型号及截面选择	
6	耐张线夹	副	4	根据导线型号及截面选择	
7	联板	块	4	联-57，Q235，扁钢-75×8×570	图12-30
8	拉线	套	1	根据实际选配	
9	拉线抱箍	套	1	根据实际选配	图12-31
10	楔形并沟线夹（带绝缘罩）	只	8	根据导线截面积选配	

注　表中的材料不含低压主架空线路水泥杆及直线杆杆头的材料在内，该部分材料见图12-1材料表中所列。

杆型适用表

导线截面积		D1气象区			D2气象区		
		$70mm^2$	$120mm^2$	$185mm^2$	$70mm^2$	$120mm^2$	$185mm^2$
横担角钢型号	$L_h \leqslant 35$	HD16-D19	HD16-D19	HD16-D19	HD16-D19	HD16-D19	HD16-D19
	$L_h \leqslant 45$	HD16-D19	HD16-D19	HD16-D19	HD16-D19	HD16-D19	HD16-D19
	$L_h \leqslant 50$	HD16-D19	HD16-D19	HD16-D19	HD16-D19	HD16-D19	HD16-D19
	$L_h \leqslant 60$	—	—	—	—	—	—
拉线		LX-5	LX-8	LX-10	LX-5	LX-8	LX-10
拉线抱箍		LB-200（-8×80）	LB-200（-8×80）	LB-200（-8×80）	LB-200（-8×80）	LB-200（-8×80）	LB-200（-8×80）
适用杆型	$L_h \leqslant 35$	D4FZT4-10-M	D4FZT4-10-M	D4FZT4-10-M	D4FZT4-10-M	D4FZT4-10-M	D4FZT4-10-M
	$L_h \leqslant 45$	D4FZT4-10-M	D4FZT4-10-M	D4FZT4-10-M	D4FZT4-10-M	D4FZT4-10-M	D4FZT4-10-M
	$L_h \leqslant 50$	D4FZT4-10-M	D4FZT4-10-M	D4FZT4-10-M	—	—	—
	$L_h \leqslant 60$	—	—	—	—	—	—

说明：1. 线路T接：拉线对地夹角45°。
2. 根据具体实际情况对电杆基础部分进行计算校核后，选用底盘或卡盘。
3. 所有铁件均需热镀锌防腐。

图 12-19　D4FZT4-10 直线 T 接水泥杆杆型图

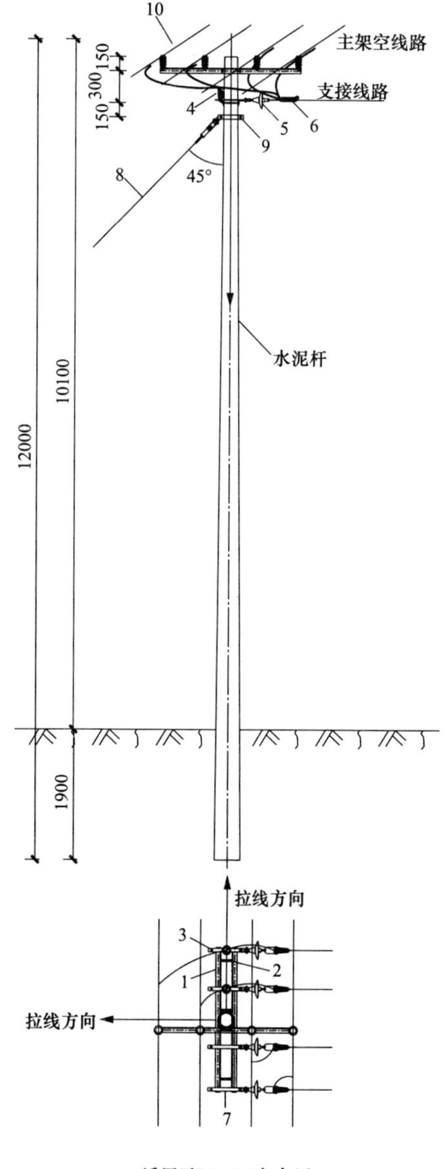

380V 12m T接（四线）水泥杆杆型材料表（梢径ϕ190杆头）

杆型代码				D4FZT4-12-M	加工图号
编号	材料名称	单位	数量	材料型号规格	
1	四线横担	块	2	根据杆型适用表选配	图12-28
2	双头螺栓	件	4	M18×320	
3	单头螺栓	件	8	M16×40	
4	低压绝缘子	只	2	R3ET105N，120，224，300	图15-1
5	低压绝缘子耐张串	串	4	根据导线型号及截面选择	
6	耐张线夹	副	4	根据导线型号及截面选择	
7	联板	块	4	联-57，Q235，扁钢-75×8×570	图12-30
8	拉线	套	1	根据实际选配	
9	拉线抱箍	套	1	根据实际选配	图12-31
10	楔形并沟线夹（带绝缘罩）	只		根据导线截面积选配	

380V 12m T接（四线）水泥杆杆型材料表（梢径ϕ230杆头）

杆型代码				D4FZT4-12-N	加工图号
编号	材料名称	单位	数量	材料型号规格	
1	四线横担	块	2	根据杆型适用表选配	图12-28
2	双头螺栓	件	4	M18×360	
3	单头螺栓	件	8	M16×40	
4	低压绝缘子	只	2	R3ET105N，120，224，300	图15-1
5	低压绝缘子耐张串	串	4	根据导线型号及截面选择	
6	耐张线夹	副	4	根据导线型号及截面选择	
7	联板	块	4	联-65，Q235，扁钢-75×8×653	图12-30
8	拉线	套	1	根据实际选配	
9	拉线抱箍	套	1	根据实际选配	图12-31
10	楔形并沟线夹（带绝缘罩）	只		根据导线截面积选配	

注　表中的材料表不含低压主架空线路水泥杆及直线杆杆头的材料在内，该部分材料见图12-2材料表中所列。

杆型适用表

导线截面积		D1气象区			D2气象区		
		70mm²	120mm²	185mm²	70mm²	120mm²	185mm²
横担角钢型号	$L_h \leqslant 35$	HD16-D19	HD16-D19	HD16-D19	HD16-D19	HD16-D19	HD16-D19
	$L_h \leqslant 45$	HD16-D19	HD16-D19	HD16-D19	HD16-D19	HD16-D19	HD16-D19
	$L_h \leqslant 50$	HD16-D19	HD16-D19	HD16-D19	HD16-D19	HD16-D19	HD16-D19
	$L_h \leqslant 60$	HD16-D19	HD16-D19	HD16-D19	—	—	—
拉线		LX-5	LX-8	LX-10	LX-5	LX-8	LX-10
拉线抱箍	ϕ190杆	LB-200 (-8×80)	LB-200 (-8×80)	LB-200 (-8×80)	LB-200 (-8×80)	LB-200 (-8×80)	LB-200 (-8×80)
	ϕ230杆	LB-200 (-8×80)	LB-200 (-8×80)	LB-200 (-8×80)	LB-200 (-8×80)	LB-200 (-8×80)	LB-200 (-8×80)
适用杆型	$L_h \leqslant 35$	D4FZT4-12-M	D4FZT4-12-M	D4FZT4-12-M	D4FZT4-12-M	D4FZT4-12-M	D4FZT4-12-M
	$L_h \leqslant 45$	D4FZT4-12-M	D4FZT4-12-M	D4FZT4-12-M	D4FZT4-12-M	D4FZT4-12-M	D4FZT4-12-M
	$L_h \leqslant 50$	D4FZT4-12-M	D4FZT4-12-M	D4FZT4-12-M	D4FZT4-12-N	D4FZT4-12-N	D4FZT4-12-N
	$L_h \leqslant 60$	D4FZT4-12-N	D4FZT4-12-N	D4FZT4-12-N	—	—	—

说明：1. 线路T接：拉线对地夹角45°。
2. 根据具体实际情况对电杆基础部分进行计算校核后，选用底盘或卡盘。
3. 所有铁件均需热镀锌防腐。

图 12-20　D4FZT4-12 直线 T 接水泥杆杆型图

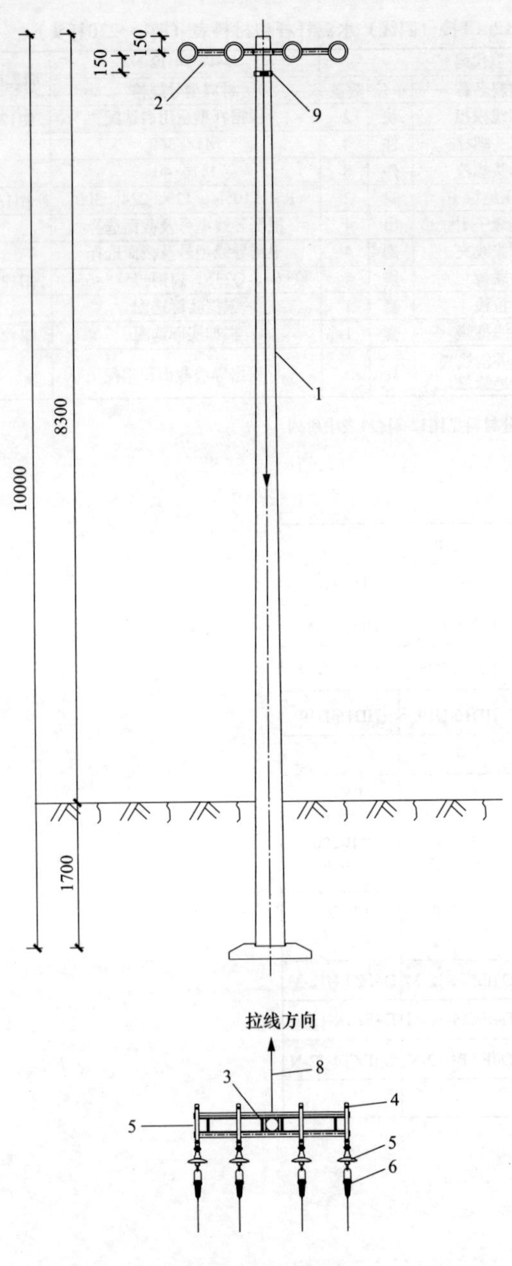

380V 10m 终端水泥杆杆型材料表（梢径ϕ190杆头）

杆型代码				D4D-10-I/D4D-10-M	加工图号
编号	材料名称	单位	数量	材料型号规格	
1	水泥杆	根	1	ϕ190×10×I×G	
				ϕ190×10×M×G	
2	四线横担	块	2	根据杆型适用表选配	图12-28
3	双头螺栓	件	4	M18×320	
4	单头螺栓	件	8	M16×40	
5	低压绝缘子耐张串	串	4	根据导线型号及截面选择	
6	耐张线夹	副	4	根据导线型号及截面选择	
7	联板	块	4	联-57，Q235，扁钢-75×8×570	图12-30
8	拉线	套	1	根据实际选配	
9	拉线抱箍	套	1	根据实际选配	图12-31

杆型适用表

导线截面积		A 气象区			B 气象区			C 气象区		
		70mm^2	120mm^2	185mm^2	70mm^2	120mm^2	185mm^2	70mm^2	120mm^2	185mm^2
横担角钢型号	$L_h \le 35$	HD16-D19	HD16-D19	HD16-D19	HD16-D19	HD16-D19	HD16-E19	HD16-D19	HD16-D19	HD16-E19
	$L_h \le 45$	HD16-D19	HD16-D19	HD16-D19	HD16-D19	HD16-D19	HD16-E19	HD16-D19	HD16-D19	HD16-E19
	$L_h \le 50$	HD16-D19	HD16-D19	HD16-D19	HD16-D19	HD16-D19	HD16-E19	HD16-D19	HD16-D19	HD16-E19
	$L_h \le 60$	HD16-D19	HD16-D19	HD16-D19	HD16-D19	HD16-D19	HD16-E19	HD16-D19	HD16-D19	—
拉线		LX-5	LX-8	LX-10	LX-5	LX-8	LX-10	LX-5	LX-8	LX-10
拉线抱箍		LB-200 (-8×80)	LB-200 (-8×80)	LB-200 (-8×80)	LB-200 (-8×80)	LB-200 (-8×80)	LB-200 (-8×80)	LB-200 (-8×80)	LB-200 (-8×80)	LB-200 (-8×80)
适用杆型	$L_h \le 35$	D4D-10-I	D4D-10-I	D4D-10-I	D4D-10-I	D4D-10-I	D4D-10-I	D4D-10-I	D4D-10-I	D4D-10-I
	$L_h \le 45$	D4D-10-I	D4D-10-I	D4D-10-I	D4D-10-I	D4D-10-I	D4D-10-I	D4D-10-I	D4D-10-I	D4D-10-I
	$L_h \le 50$	D4D-10-I	D4D-10-I	D4D-10-M	D4D-10-I	D4D-10-I	D4D-10-I	D4D-10-I	D4D-10-I	D4D-10-I
	$L_h \le 60$	D4D-10-I	D4D-10-I	D4D-10-M	D4D-10-I	D4D-10-I	D4D-10-I	D4D-10-I	D4D-10-I	D4D-10-I

说明：1. 拉线对地夹角45°。
2. 根据具体实际情况对电杆基础部分进行计算校核后，选用底盘或卡盘。
3. 所有铁件均需热镀锌防腐。

图 12-21　D4D-10 带拉线终端水泥杆杆型图

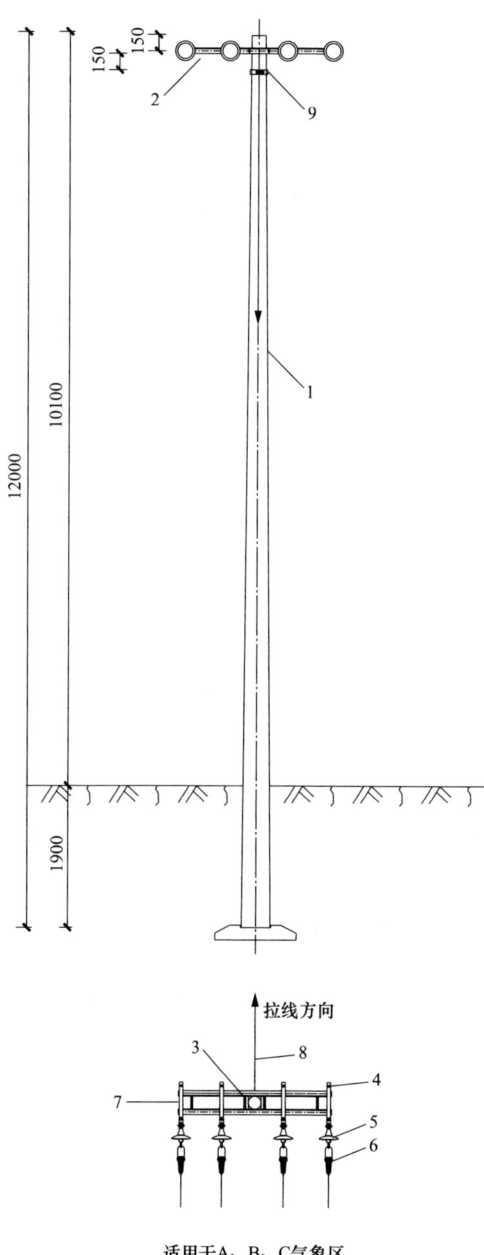

380V 12m 终端水泥杆杆型材料表（梢径ϕ190杆头）

杆型代码				D4D-12-M	加工图号
编号	材料名称	单位	数量	材料型号规格	
1	水泥杆	根	1	ϕ190×12×M×G	
2	四线横担	块	2	根据杆型适用表选配	图12-28
3	双头螺栓	件	4	M18×320	
4	单头螺栓	件	8	M16×40	
5	低压绝缘子耐张串	串	4	根据导线型号及截面选择	
6	耐张线夹	副	4	根据导线型号及截面选择	
7	联板	块	4	联-57，Q235，扁钢-75×8×570	图12-30
8	拉线	套	1	根据实际选配	
9	拉线抱箍	套	1	根据实际选配	图12-31

杆型适用表

导线截面积		A 气象区			B 气象区			C 气象区		
		70mm^2	120mm^2	185mm^2	70mm^2	120mm^2	185mm^2	70mm^2	120mm^2	185mm^2
横担角钢型号	$L_h \leqslant 35$	HD16-D19	HD16-D19	HD16-D19	HD16-D19	HD16-D19	HD16-E19	HD16-D19	HD16-D19	HD16-E19
	$L_h \leqslant 45$	HD16-D19	HD16-D19	HD16-D19	HD16-D19	HD16-D19	HD16-E19	HD16-D19	HD16-D19	HD16-E19
	$L_h \leqslant 50$	HD16-D19	HD16-D19	HD16-D19	HD16-D19	HD16-D19	HD16-E19	HD16-D19	HD16-D19	HD16-E19
	$L_h \leqslant 60$	HD16-D19	HD16-D19	HD16-D19	HD16-D19	HD16-D19	HD16-E19	HD16-D19	HD16-D19	HD16-E19
拉线		LX-5	LX-8	LX-10	LX-5	LX-8	LX-10	LX-5	LX-8	LX-10
拉线抱箍		LB-200 (−8×80)	LB-200 (−8×80)	LB-200 (−8×80)	LB-200 (−8×80)	LB-200 (−8×80)	LB-200 (−8×80)	LB-200 (−8×80)	LB-200 (−8×80)	LB-200 (−8×80)
适用杆型	$L_h \leqslant 35$	D4D-12-M	D4D-12-M	D4D-12-M	D4D-12-M	D4D-12-M	D4D-12-M	D4D-12-M	D4D-12-M	D4D-12-M
	$L_h \leqslant 45$	D4D-12-M	D4D-12-M	D4D-12-M	D4D-12-M	D4D-12-M	D4D-12-M	D4D-12-M	D4D-12-M	D4D-12-M
	$L_h \leqslant 50$	D4D-12-M	D4D-12-M	D4D-12-M	D4D-12-M	D4D-12-M	D4D-12-M	D4D-12-M	D4D-12-M	D4D-12-M
	$L_h \leqslant 60$	D4D-12-M	D4D-12-M	D4D-12-M	D4D-12-M	D4D-12-M	D4D-12-M	D4D-12-M	D4D-12-M	D4D-12-M

说明：1. 拉线对地夹角45°。
2. 根据具体实际情况对电杆基础部分进行计算校核后，选用底盘或卡盘。
3. 所有铁件均需热镀锌防腐。

图 12-22　D4D-12 带拉线终端水泥杆杆型图

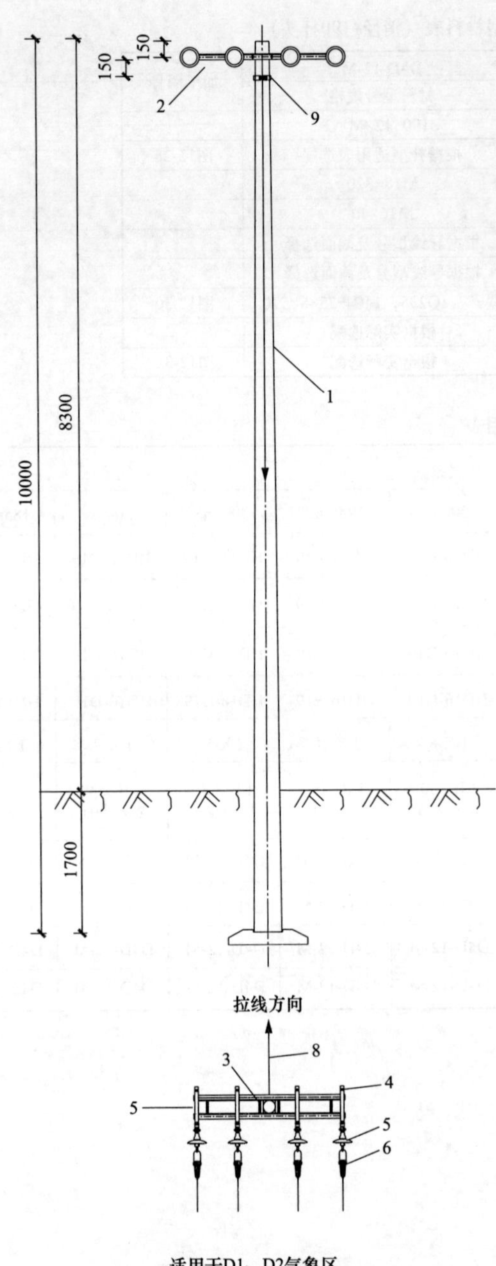

380V 10m 终端水泥杆杆型材料表（梢径ϕ190杆头）

杆型代码				D4FD-10-M	加工图号
编号	材料名称	单位	数量	材料型号规格	
1	水泥杆	根	1	ϕ190×10×M×G	
2	四线横担	块	2	根据杆型适用表选配	图12-28
3	双头螺栓	件	4	M18×320	
4	单头螺栓	件	8	M16×40	
5	低压绝缘子耐张串	串	4	根据导线型号及截面选择	
6	耐张线夹	副	4	根据导线型号及截面选择	
7	联板	块	4	联−57，Q235，扁钢−75×8×570	图12-30
8	拉线	套	1	根据实际选配	
9	拉线抱箍	套	1	根据实际选配	图12-31

杆型适用表

导线截面积		D1气象区			D2气象区		
		70mm^2	120mm^2	185mm^2	70mm^2	120mm^2	185mm^2
横担角钢型号	L_h≤35	HD16-D19	HD16-D19	HD16-D19	HD16-D19	HD16-D19	HD16-D19
	L_h≤45	HD16-D19	HD16-D19	HD16-D19	HD16-D19	HD16-D19	HD16-D19
	L_h≤50	HD16-D19	HD16-D19	HD16-D19	HD16-D19	HD16-D19	HD16-D19
	L_h≤60	—	—	—	—	—	—
拉线		LX-5	LX-8	LX-10	LX-5	LX-8	LX-10
拉线抱箍		LB-200 (−8×80)	LB-200 (−8×80)	LB-200 (−8×80)	LB-200 (−8×80)	LB-200 (−8×80)	LB-200 (−8×80)
适用杆型	L_h≤35	D4FD-10-M	D4FD-10-M	D4FD-10-M	D4FD-10-M	D4FD-10-M	D4FD-10-M
	L_h≤45	D4FD-10-M	D4FD-10-M	D4FD-10-M	D4FD-10-M	D4FD-10-M	D4FD-10-M
	L_h≤50	D4FD-10-M	D4FD-10-M	D4FD-10-M	—	—	—
	L_h≤60	D4FD-10-M	D4FD-10-M	D4FD-10-M	—	—	—

说明：1. 拉线对地夹角45°。
2. 根据具体实际情况对电杆基础部分进行计算校核后，选用底盘或卡盘。
3. 所有铁件均需热镀锌防腐。

图 12-23　D4FD-10 带拉线终端水泥杆杆型图

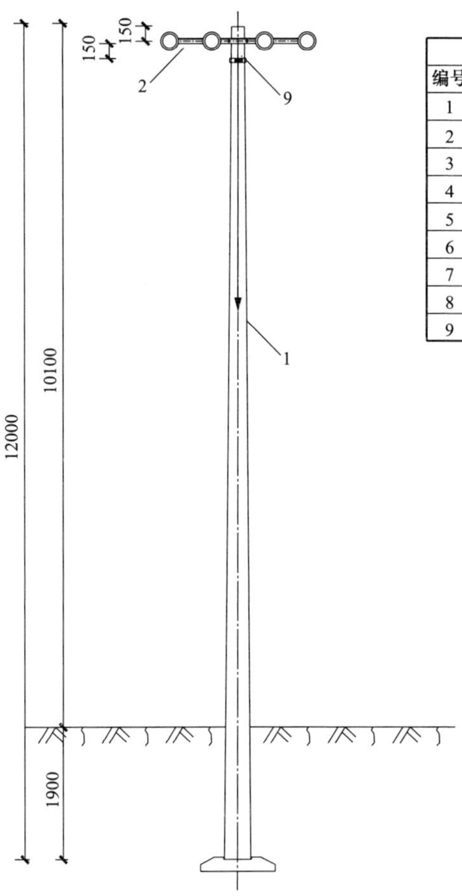

12000
10100
1900
150
150
1
2
9

拉线方向
3
8
4
7
5
6

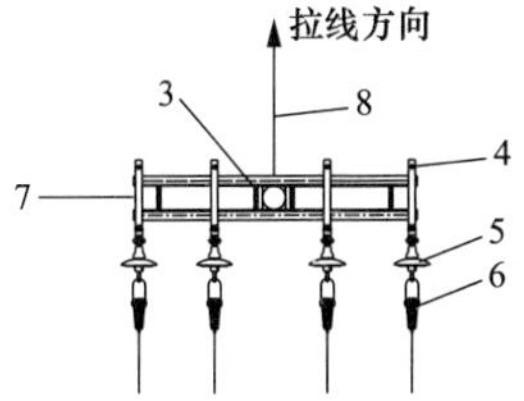

适用于D1、D2气象区

380V 12m 终端水泥杆杆型材料表（梢径ϕ190杆头）

杆型代码				D4FD-12-M	加工图号
编号	材料名称	单位	数量	材料型号规格	
1	水泥杆	根	1	ϕ190×12×M×G	
2	四线横担	块	2	根据杆型适用表选配	图12-28
3	双头螺栓	件	4	M18×320	
4	单头螺栓	件	8	M16×40	
5	低压绝缘子耐张串	串	4	根据导线型号及截面选择	
6	耐张线夹	副	4	根据导线型号及截面选择	
7	联板	块	4	联-57，Q235，扁钢-75×8×570	图12-30
8	拉线	套	1	根据实际选配	
9	拉线抱箍	套	1	根据实际选配	图12-31

380V 12m 终端水泥杆杆型材料表（梢径ϕ230杆头）

杆型代码				D4FD-12-N	加工图号
编号	材料名称	单位	数量	材料型号规格	
1	水泥杆	根	1	ϕ230×12×N×G	
2	四线横担	块	2	根据杆型适用表选配	图12-28
3	双头螺栓	件	4	M18×360	
4	单头螺栓	件	8	M16×40	
5	低压绝缘子耐张串	串	4	根据导线型号及截面选择	
6	耐张线夹	副	4	根据导线型号及截面选择	
7	联板	块	4	联-65，Q235，扁钢-75×8×653	图12-30
8	拉线	套	1	根据实际选配	
9	拉线抱箍	套	1	根据实际选配	图12-31

杆型适用表

导线截面积		D1气象区			D2气象区		
		70mm²	120mm²	185mm²	70mm²	120mm²	185mm²
横担角钢型号	$L_h \leq 35$	HD16-D19	HD16-D19	HD16-D19	HD16-D19	HD16-D19	HD16-D19
	$L_h \leq 45$	HD16-D19	HD16-D19	HD16-D19	HD16-D19	HD16-D19	HD16-D19
	$L_h \leq 50$	HD16-D19	HD16-D19	HD16-D19	HD16-D19	HD16-D19	HD16-D19
	$L_h \leq 60$	HD16-D19	HD16-D19	HD16-D19	—	—	—
拉线		LX-5	LX-8	LX-10	LX-5	LX-8	LX-10
拉线抱箍	ϕ190杆	LB-200 (−8×80)	LB-200 (−8×80)	LB-200 (−8×80)	LB-200 (−8×80)	LB-200 (−8×80)	LB-200 (−8×80)
	ϕ230杆	LB-200 (−8×80)	LB-200 (−8×80)	LB-200 (−8×80)	LB-200 (−8×80)	LB-200 (−8×80)	LB-200 (−8×80)
适用杆型	$L_h \leq 35$	D4FD-12-M	D4FD-12-M	D4FD-12-M	D4FD-12-M	D4FD-12-M	D4FD-12-M
	$L_h \leq 45$	D4FD-12-M	D4FD-12-M	D4FD-12-M	D4FD-12-N	D4FD-12-N	D4FD-12-N
	$L_h \leq 50$	D4FD-12-M	D4FD-12-M	D4FD-12-M	—	—	—
	$L_h \leq 60$	D4FD-12-N	D4FD-12-N	D4FD-12-N	—	—	—

说明：1. 拉线对地夹角45°。
2. 根据具体实际情况对电杆基础部分进行计算校核后，选用底盘或卡盘。
3. 所有铁件均需热镀锌防腐。

图 12-24 D4FD-12 带拉线终端水泥杆杆型图

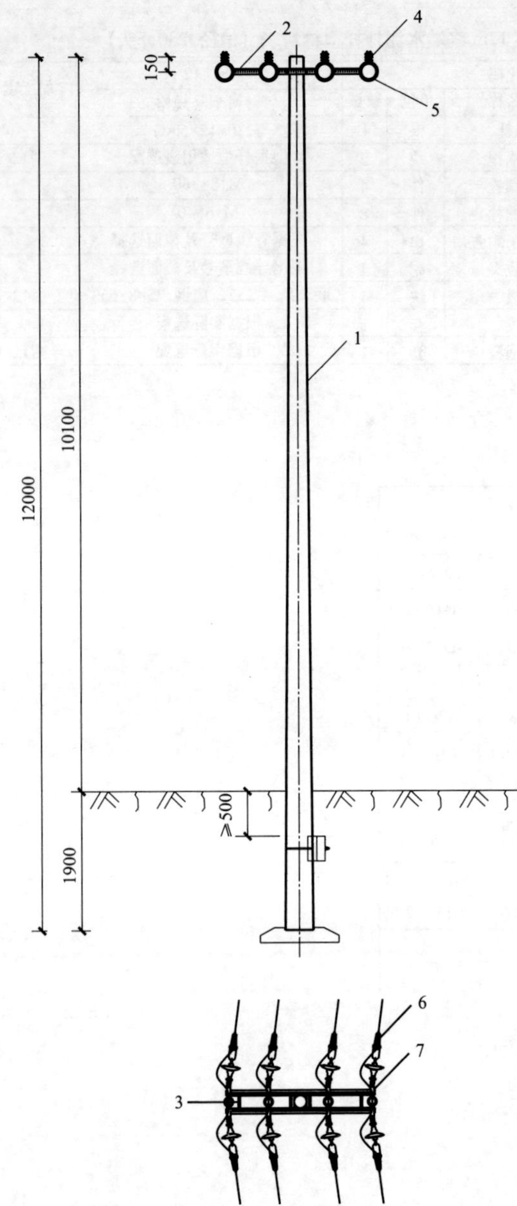

材料表

杆型代号				D4J-12-O	D4J-12-T	加工图号
编号	材料名称	单位	数量	材料型号规格		
1	水泥杆	根	1	ϕ270×12×O×B	ϕ350×12×T×B	
2	四线横担	根	2	HD16-E26	HD16-E35	图12-28
3	双头螺栓	只	4	M18×400	M18×480	
4	低压绝缘子	个	4	R3ET105N，120，224，300	R3ET105N，120，224，300	
5	低压绝缘子耐张串	串	8	根据导线型号及截面选择		
6	线夹	只	8	根据导线型号及截面选择		
7	联板	块	4	L260	L350	图12-30

杆型适用表（L_h=50m）　（A、B、C气象区）

使用情况	水泥杆长度(m)	A气象区		B气象区		C气象区	
水泥杆规格		单回120mm²	单回185mm²	单回120mm²	单回185mm²	单回120mm²	单回185mm²
ϕ270×12×O×B	12	0<*a*≤15°	0<*a*≤12°	0<*a*≤20°	0<*a*≤12°	0<*a*≤15°	0<*a*≤15°
ϕ350×12×T×B	12	15°<*a*≤35°	12°<*a*≤30°	20°<*a*≤40°	12°<*a*≤25°	15°<*a*≤40°	15°<*a*≤30°

杆型适用表（L_h=60m）　（A、B、C气象区）

使用情况	水泥杆长度(m)	A气象区		B气象区		C气象区	
水泥杆规格		单回120mm²	单回185mm²	单回120mm²	单回185mm²	单回120mm²	单回185mm²
ϕ270×12×O×B	12	0<*a*≤12°	0<*a*≤10°	0<*a*≤20°	0<*a*≤12°	0<*a*≤15°	0<*a*≤10°
ϕ350×12×T×B	12	12°<*a*≤35°	10°<*a*≤25°	20°<*a*≤40°	12°<*a*≤25°	15°<*a*≤40°	10°<*a*≤30°

技术参数表

杆型	导线截面积	根部水平力标准值（kN）	根部下压力标准值（kN）	根部弯矩标准值（kN·m）	根部水平力设计值（kN）	根部下压力设计值（kN）	根部弯设计准值（kN·m）
ϕ270×12×O×B	120mm²	8.67	10.88	87.57	12.14	13.06	122.59
	185mm²	10.07	12.67	101.74	14.10	15.20	142.44
ϕ350×12×T×B	120mm²	16.37	17.92	165.35	22.92	21.50	231.49
	185mm²	17.51	18.66	176.89	24.52	22.39	247.65

说明：1. 根据具体实际情况对杆塔基础部分进行计算校核后，选用底盘、卡盘等基础。
　　2. 水泥杆爬梯安装图见图12-34~图12-37。

图 12-25　D4J-12 无拉线耐张转角水泥杆杆型图

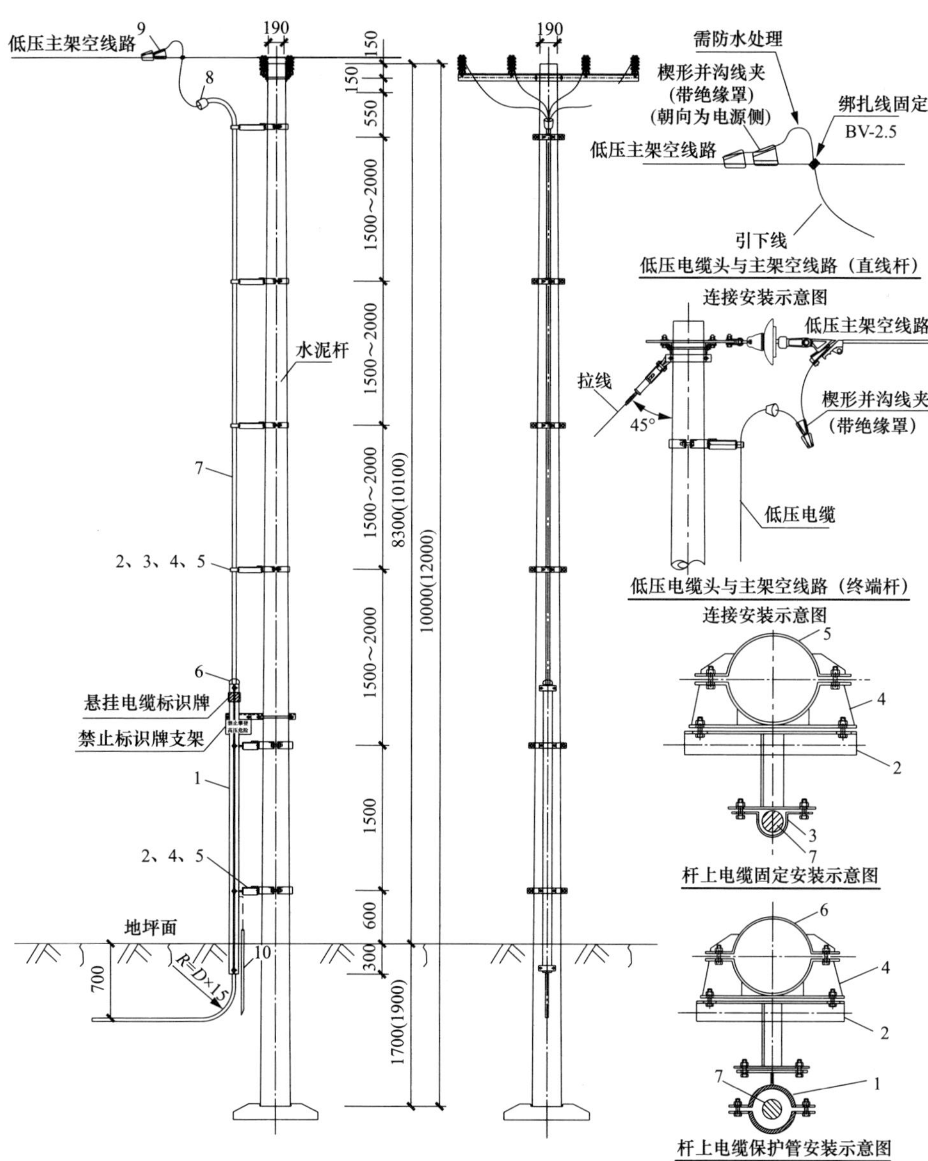

主要材料表

序号	材料名称	规格型号	单位	数量	加工图号	备注
1	杆上电缆保护管	114×3.2×3000	副	1	图12-33	$4\times240mm^2$及以下
2	杆上电缆固定架	DLJ5-165	块	2	图7-32	具体数量详见选配表
		DLJ5-265	块	1、2、3	图12-32	具体数量详见选配表
3	电缆卡抱	根据设计电缆截面积选定	块	2、3、4	图7-22	具体数量详见选配表
4	横担抱箍	设计选定	块	4、5、6	图7-25	
5	半圆抱箍	设计选定	块	4、5、6	图7-23	
6	防火堵料		kg	2		管口封堵
7	低压电缆	设计选定	根	1		具体型号设计选定
8	1kV电缆终端头	设计选定	套	1		用于杆上户外
9	楔形线夹（带绝缘罩）	设计选定	只	8		按实际需求选取
10	接地装置	JD11-6	套	1		镀锌钢管接地

注　电缆及钢管卡抱根据电缆截面而定，具体以设计为准。

杆上低压电缆固定架选配表

材料选用			低压架空线路		高、低压同杆架设				加工图号
			10m杆	12m杆	12m杆		15m杆		
对应序号	材料名称	规格型号	$\phi190$	$\phi190$	$\phi190$	$\phi230$	$\phi190$	$\phi230$	
2	杆上电缆固定架	DLJ5-165	2	2	2	2	2	2	图7-32
		DLJ5-265	3	4	2	2	3	3	图12-32
3	电缆卡抱		3	4	2	2	3	3	图7-22
4	横担抱箍	HBG6-200	1	1					图7-25
		HBG6-220	1	1					图7-25
		HBG6-260	1	1	1		1		图7-25
		HBG6-280	1	1	1		1		图7-25
		HBG6-300	1	1	1	1	1	1	图7-25
		HBG6-320		1	1	1	1	1	图7-25
		HBG6-340				1	1	1	图7-25
		HBG6-360				1		1	图7-25
		HBG6-380						1	图7-25
5	半圆抱箍	BG6-200	1	1					图7-23
		BG6-220	1	1					图7-23
		BG6-260	1	1	1		1		图7-23
		BG6-280	1	1	1		1		图7-23
		BG6-300	1	1	1	1	1	1	图7-23
		BG6-320		1	1	1	1	1	图7-23
		BG6-340				1	1	1	图7-23
		BG6-360				1		1	图7-23
		BG6-380						1	图7-23

说明：1. 本图380V终端杆单回电缆引下安装示意图，也可适用于主架空线为直线、转角杆电缆引下。材料表不包含主架空线路及水泥杆在内。
2. 低压主架空线路按绝缘导线$185mm^2$考虑，具体以实际现场为准。
3. 表内的楔形线夹、电缆终端头、电缆卡抱等连接件根据实际进行调整。
4. 本图中的低压电缆头附件为冷缩式，架空杆上户外电缆终端头需增加1kV冷缩延长管（1m/相），且延长管需有相应的相色标识。

图 12-26　低压带拉线电缆终端水泥杆杆型图

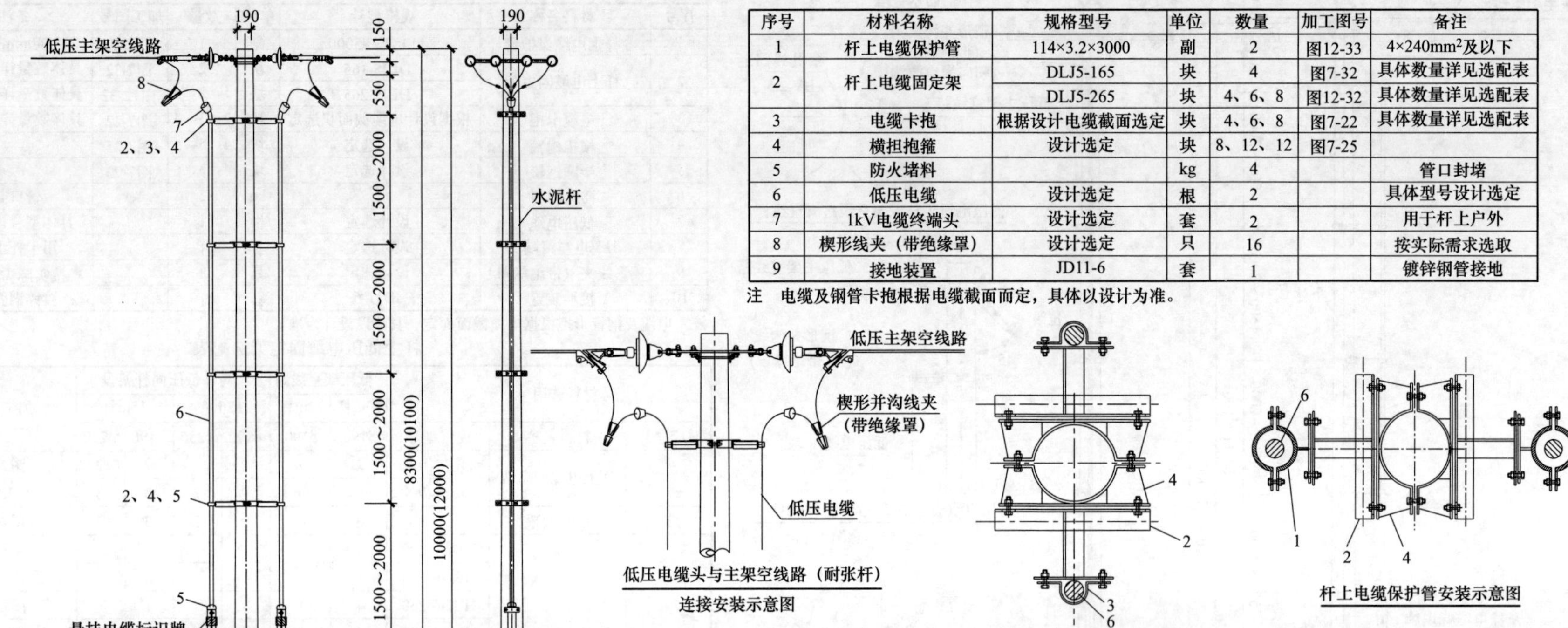

主要材料表

序号	材料名称	规格型号	单位	数量	加工图号	备注
1	杆上电缆保护管	114×3.2×3000	副	2	图12-33	4×240mm²及以下
2	杆上电缆固定架	DLJ5-165	块	4	图7-32	具体数量详见选配表
		DLJ5-265	块	4、6、8	图12-32	具体数量详见选配表
3	电缆卡抱	根据设计电缆截面选定	块	4、6、8	图7-22	具体数量详见选配表
4	横担抱箍	设计选定	块	8、12、12	图7-25	
5	防火堵料		kg	4		管口封堵
6	低压电缆	设计选定	根	2		具体型号设计选定
7	1kV电缆终端头	设计选定	套	2		用于杆上户外
8	楔形线夹（带绝缘罩）	设计选定	只	16		按实际需求选取
9	接地装置	JD11-6	套	1		镀锌钢管接地

注　电缆及钢管卡抱根据电缆截面而定，具体以设计为准。

杆上低压电缆固定架选配表

材料选用			低压架空线路		高、低压同杆架设				加工图号
			10m杆	12m杆	12m杆		15m杆		
对应序号	材料名称	规格型号	φ190	φ190	φ190	φ230	φ190	φ230	
2	杆上电缆固定架	DLJ5-165	4	4	4	4	4	4	图7-32
		DLJ5-265	6	8	4	4	6	6	图12-32
3	电缆卡抱		6	8	4	4	6	6	图7-22
4	横担抱箍	HBG6-200	2	2					图7-25
		HBG6-220	2	2					图7-25
		HBG6-260	2	2	2		2		图7-25
		HBG6-280	2	2	2		2		图7-25
		HBG6-300	2	2	2	2	2	2	图7-25
		HBG6-320		2	2	2	2	2	图7-25
		HBG6-340				2	2	2	图7-25
		HBG6-360				2		2	图7-25
		HBG6-380						2	图7-25

说明：1. 本图 380V 水泥杆双回电缆引下安装示意图（配电变压器台低压出线）。
材料表不包含主架空线路及水泥杆在内。
2. 低压主架空线路按绝缘导线185mm²考虑，具体以实际现场为准。
3. 表内的楔形线夹、电缆终端头、电缆卡抱等连接件根据实际进行调整。
4. 本图中的低压电缆头附件为冷缩式，架空杆上户外电缆终端头需增加 1kV 冷缩延长管（1m/相），且延长管需有相应的相色标识。

图 12-27　低压水泥杆回引下水泥杆杆型

12.3.1.8 铁附件加工

（1）铁附件加工的型钢质量及尺寸应符合 GB/T 706—2008《热轧型钢》中的要求。选用的钢材强度除图纸中标注外，一般选用 Q235。

（2）铁附件加工完成后都应按照图纸型号打上标识，标识用钢字模压印，标识的钢印应排列整齐，字形不得有缺陷，钢印深度为 0.5～1.0mm。

（3）型钢下料长度允许偏差±1mm，切断处高于 0.3mm 毛刺应清除。角钢端部垂直度不大于 3t/100，且不大于 3.0mm（t 为角钢厚度）。

（4）型钢加工准距要求偏差±1.0mm，排间距要求偏差±1.0mm，端距要求偏差±2.0mm。孔直径允许偏差＋1.0mm，孔锥度允许偏差＋0.5mm 或－0.2mm，垂直度允许偏差不大于 0.03T 且小于等于 2.0mm（t 为钢材厚度）。同组内相邻两孔允许偏差±0.5mm，同组内不相邻两孔允许偏差±1.0mm；相邻两组孔距允许偏差±1mm，不相邻两组孔允许偏差±1.5mm。制孔表面不得有明显的凹陷，高于 0.5mm 的毛刺应清除。制孔错误修补后，零件的修补位置不得有裂纹、飞溅等缺陷。

（5）型钢制弯后，火曲线边缘的孔不得有变形，包铁和主材不能出现摆头、扭曲，曲线（点）位置不得有明显的凹面、折皱、划痕和损伤。制弯的角度允许偏差±0.5°。制弯边缘应圆滑过渡，最薄处不得小于钢材厚度的 70%，需开口才能制弯的包铁（主材），须在开口处先坡口后再施焊，焊材选用相应于钢材材质的焊条（焊丝），并处理飞溅、电弧擦伤等表面缺陷，不保留焊接痕迹。

（6）型钢切角的尺寸允许偏差＋2mm，切断处大于 0.5mm 毛刺清除。切角边距：直径 ϕ17.5mm，边距≥23mm，直径 ϕ21.5mm 边距≥28mm，直径 ϕ25.5mm 边距≥33mm，切断处应圆滑过渡。不允许有多余的切角（例如：切错角后不修复，重新切角）。

（7）开合角：允许偏差为±1°，开合角后不准有弯曲、扭曲现象。打扁：打扁处的角钢背不得有裂纹、弯曲，通孔后毛刺应清除，通孔后的孔径应与打扁处孔径相清符。

220V/380V 架空线路水泥杆铁附件加工设计图清单见表 12-76。

表 12-76　220V/380V 架空线路水泥杆铁附件加工设计图清单

图序	图名	图纸编号
1	四线横担加工示意图	图 12-28
2	U 形抱箍加工示意图	图 12-29
3	联板加工示意图	图 12-30
4	拉线抱箍加工图	图 12-31
5	杆上电缆固定架制造图（DLJ5-265）	图 12-32
6	杆上电缆保护管制造图（DLHG-B）	图 12-33
7	无拉线转角水泥单杆爬梯组合安装图	图 12-34
8	水泥杆爬梯铁附件制造图（一）	图 12-35
9	水泥杆爬梯铁附件制造图（二）	图 12-36
10	水泥杆爬梯铁附件制造图（三）	图 12-37

注　其余柱上变压器台铁附件加工图参照 7.8“铁附件加工”执行。

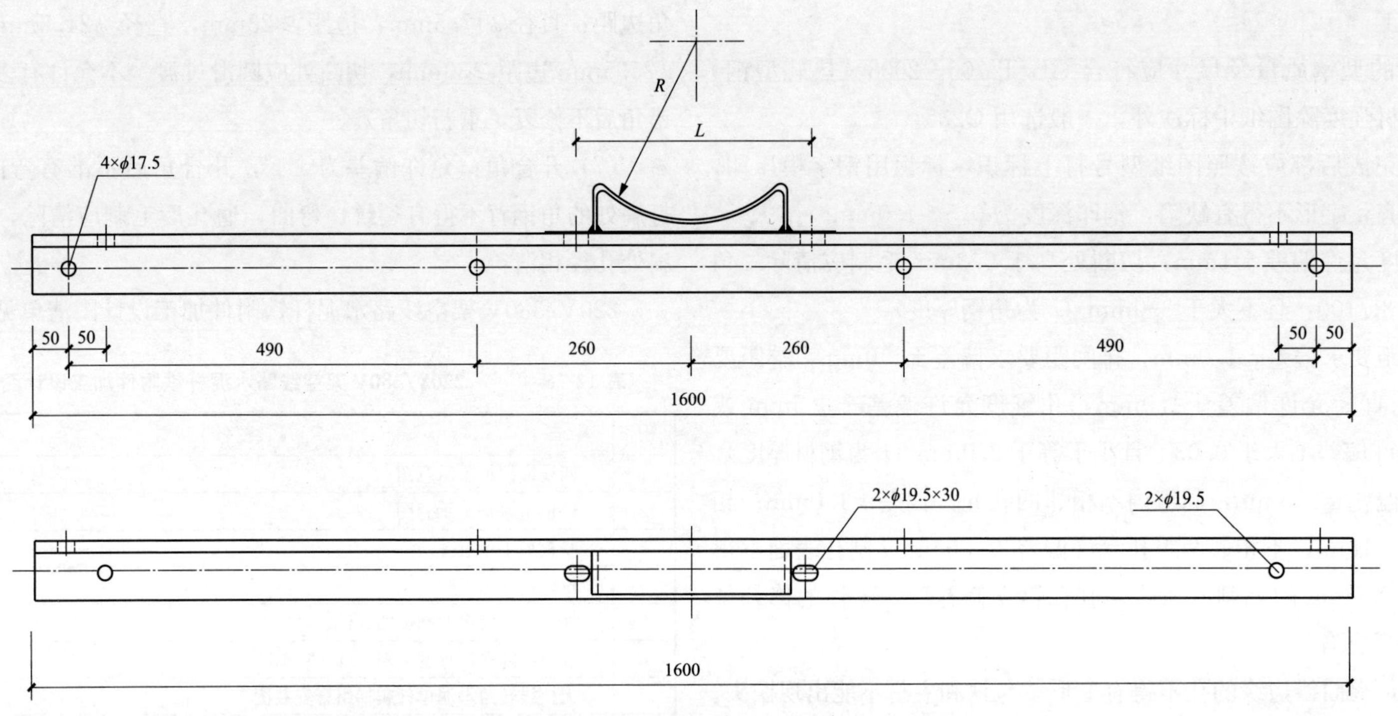

四线横担材料及适用表

型号	角钢		垫铁		总质量 (kg)	R (mm)	L (mm)	适用主行直径 (mm)
	规格 (mm)	质量 (kg)	规格	质量 (kg)				
HD16-A15	∠63×6×1600	9.15	垫150	0.90	10.05	80	190	150~175
HD16-A19	∠63×6×1600	9.15	垫190	1.00	10.15	100	230	190~215
HD16-A23	∠63×6×1600	9.15	垫230	1.00	10.25	110	250	220~245
HD16-A26	∠63×6×1600	9.15	垫260	1.00	11.15	130	310	260~285
HD16-D15	∠80×8×1600	15.45	垫150	0.90	16.35	80	190	150~175
HD16-D19	∠80×8×1600	15.45	垫190	1.00	16.45	100	230	190~215
HD16-D23	∠80×8×1600	15.45	垫230	1.10	16.55	110	250	220~245
HD16-D26	∠80×8×1600	15.45	垫260	1.50	16.95	130	310	260~285
HD16-D35	∠80×8×1600	15.45	垫350	2.00	17.45	175	410	350~375

说明：1. 铁件均需热镀锌，材料表中的角钢材料为Q235。
2. 如同一根杆中使用双侧横担，加工孔时应镜像加工。
3. 图中R的尺寸是根据横担安装位置不同确定。
4. 垫铁使用-50×5扁钢制造。

图 12-28　四线横担加工示意图

横担U形抱箍适用表

型号	R (mm)	适用主杆直径 (mm)
U16-160	80	155~165
U16-200	100	195~205
U16-210	105	210~235
U16-240	120	235~245
U16-260	130	255~265
U16-280	140	275~285
U16-300	150	295~305
U16-320	160	315~325
U16-340	170	335~345
U16-360	180	355~365
U16-380	190	375~385

横担U形抱箍材料表

型号	R (mm)	编号	名称	规格	数量	质量（kg）	
						单重	总重
U16-160	80	1	圆钢	ϕ16×571	1	0.9	1.05
		2	螺母	M16	4	0.03	
		3	垫片	16	2	0.013	
U16-200	100	1	圆钢	ϕ16×674	1	1.1	1.25
U16-210	105	1	圆钢	ϕ16×725	1	1.16	1.31
U16-240	120	1	圆钢	ϕ16×777	1	1.22	1.37
U16-260	130	1	圆钢	ϕ16×828	1	1.31	1.46
U16-280	140	1	圆钢	ϕ16×880	1	1.39	1.54
U16-300	150	1	圆钢	ϕ16×931	1	1.47	1.62
U16-320	160	1	圆钢	ϕ16×983	1	1.55	1.70
U16-340	170	1	圆钢	ϕ16×1034	1	1.63	1.78
U16-360	180	1	圆钢	ϕ16×1085	1	1.71	1.86
U16-380	190	1	圆钢	ϕ16×1137	1	1.80	1.95

注　每副U形抱箍配螺母4个、平垫平2个。

说明：1. 铁件均需热镀锌，材料表中的角钢材料为Q235。
2. U形抱箍材料表中的型号为基本型号，特殊表示为U16-ϕ（直径），总重参考基本型号。

图 12-29　U 形抱箍加工示意图

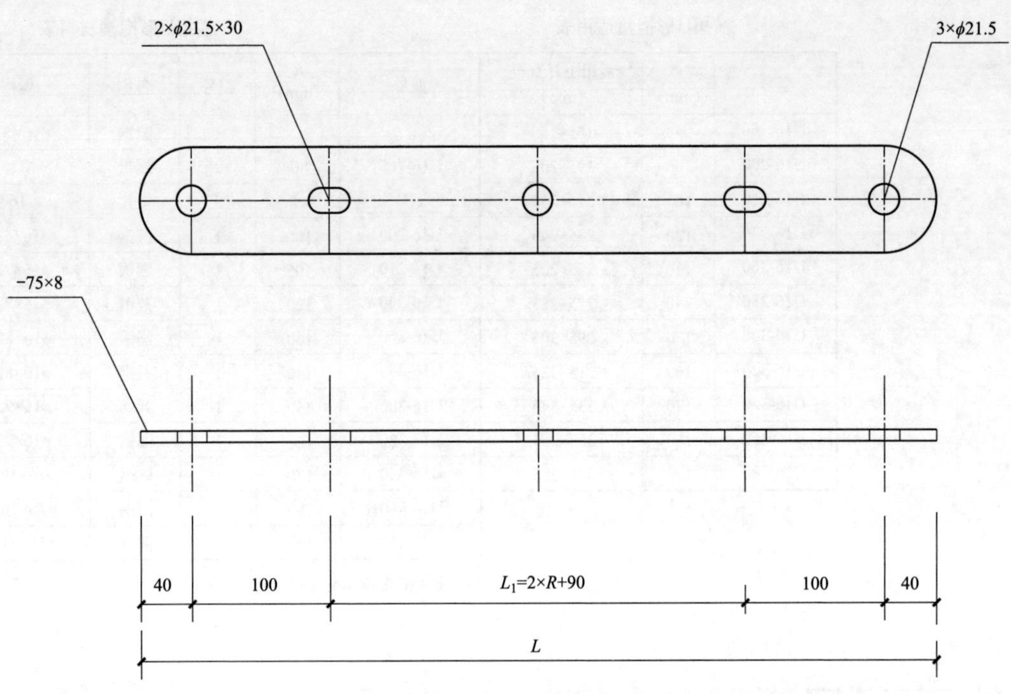

尺寸构件明细表

联板编号	尺寸（mm）			适用主干直径（mm）	编号	规格	数量	质量（kg）	
	L_1	R	L					一件	小计
联-53	250	80	530	ϕ140～ϕ165	1	-75×8	1	2.5	2.5
联-57	290	100	570	ϕ190～ϕ215	2	-75×8	1	2.69	2.69
联-61	330	120	610	ϕ210～ϕ255	3	-75×8	1	2.87	2.87
联-64	360	135	640	ϕ260～ϕ285	4	-75×8	1	3.01	3.01
联-67	390	150	670	ϕ300～ϕ325	4	-75×8	1	3.16	3.16
联-73	450	180	730	ϕ350～ϕ375	4	-75×8	1	3.45	3.45

说明：1. 铁件均需热镀锌，材料表中的材料为Q235。
2. 图中R的尺寸是根据铁件安装在距混凝土杆顶的不同高度和电杆梢径来决定的。
3. 联板的孔径根据绝缘子螺栓直径调整。

图 12-30　联板加工示意图

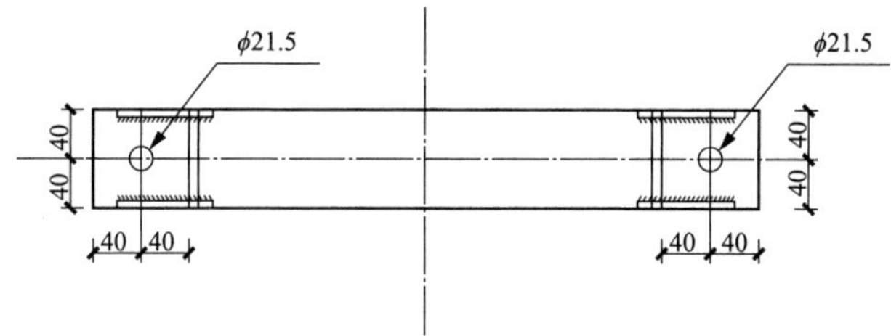

材料表

序号	编号	名 称	规 格	长度（mm）	单位	数量	质量（kg）		备注
							一件	小计	
1	1	加劲板	−8×80	56	块	8	0.31	2.5	
2	2	螺栓	M20×100	100	个	2	0.48	1.0	6.8级，双帽双垫，无扣长度为46mm

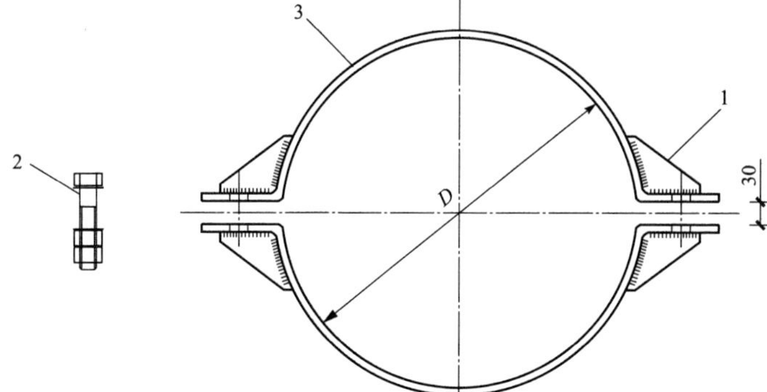

比例（1∶10）

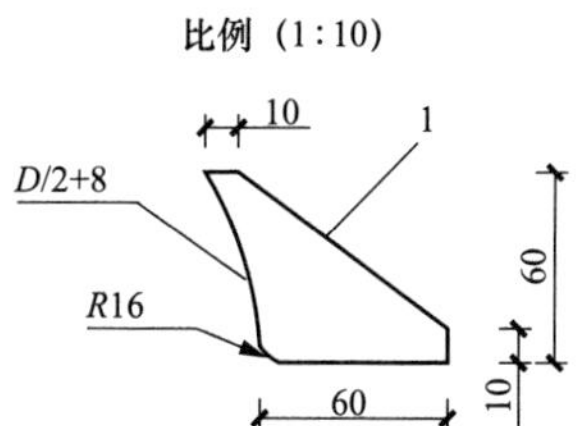

加劲板大样图
比例（1∶5）

选型表

序号	编号	型 号	D（mm）	规 格	长度（mm）	单位	数量	质量（kg）		总重量（kg）
								一件	小计	1+2+3
1	3	LB-200	200	−8×80	457	块	2	2.30	4.6	8.1
2	3	LB-210	210	−8×80	473	块	2	2.37	4.8	8.2
3	3	LB-220	220	−8×80	489	块	2	2.45	4.9	8.4
4	3	LB-230	230	−8×80	504	块	2	2.53	5.1	8.6
5	3	LB-240	240	−8×80	520	块	2	2.61	5.2	8.8
6	3	LB-250	250	−8×80	536	块	2	2.69	5.4	8.9
7	3	LB-260	260	−8×80	552	块	2	2.77	5.5	9.0
8	3	LB-270	270	−8×80	567	块	2	2.85	5.7	9.2
9	3	LB-280	280	−8×80	583	块	2	2.93	5.9	9.4
10	3	LB-290	290	-8×80	599	块	2	3.01	6.0	9.5
11	3	LB-300	300	−8×80	614	块	2	3.08	6.2	9.7
12	3	LB-310	310	−8×80	630	块	2	3.16	6.3	9.8
13	3	LB-320	320	−8×80	646	块	2	3.24	6.5	10.0
14	3	LB-330	330	−8×80	661	块	2	3.32	6.6	10.1
15	3	LB-340	340	−8×80	677	块	2	3.40	6.8	10.3
16	3	LB-350	350	−8×80	693	块	2	3.48	7.0	10.5
17	3	LB-360	360	−8×80	709	块	2	3.56	7.1	10.6
18	3	LB-370	370	−8×80	724	块	2	3.64	7.3	10.8
19	3	LB-380	380	−8×80	740	块	2	3.71	7.4	10.9
20	3	LB-390	390	−8×80	756	块	2	3.79	7.6	11.1

说明：1. 螺栓螺母垫圈参阅国家标准。
2. 钢材为Q235。
3. 全部铁件必须热镀锌防腐处理。
4. 各构件焊接工艺、焊缝高度及长度应满足相关规程、规范要求。

图 12-31　拉线抱箍加工图

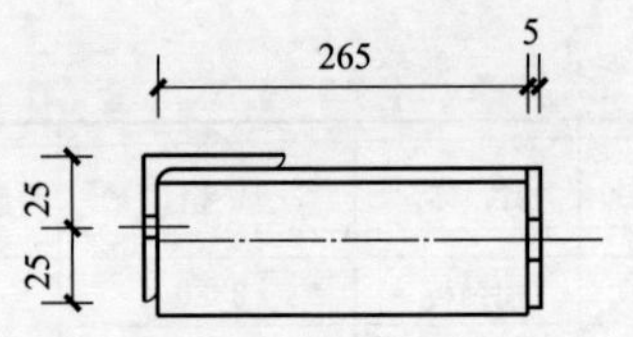

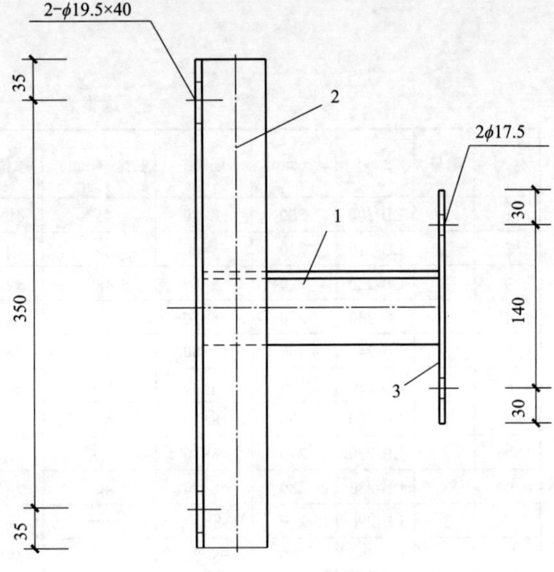

选用表

型号	适用范围	单位（1903：副）	质量（kg）
DLJ5-265	杆上电缆固定架	1	2.98

材料表

编号	名称	规格	单位	数量	质量（kg）
1	角钢	L50×5×265	块	1	1.0
2	角钢	L50×5×420	块	1	1.58
3	扁钢	-50×5×200	块	1	0.40

图 12-32　杆上电缆固定架制造图（DLJ5-265）

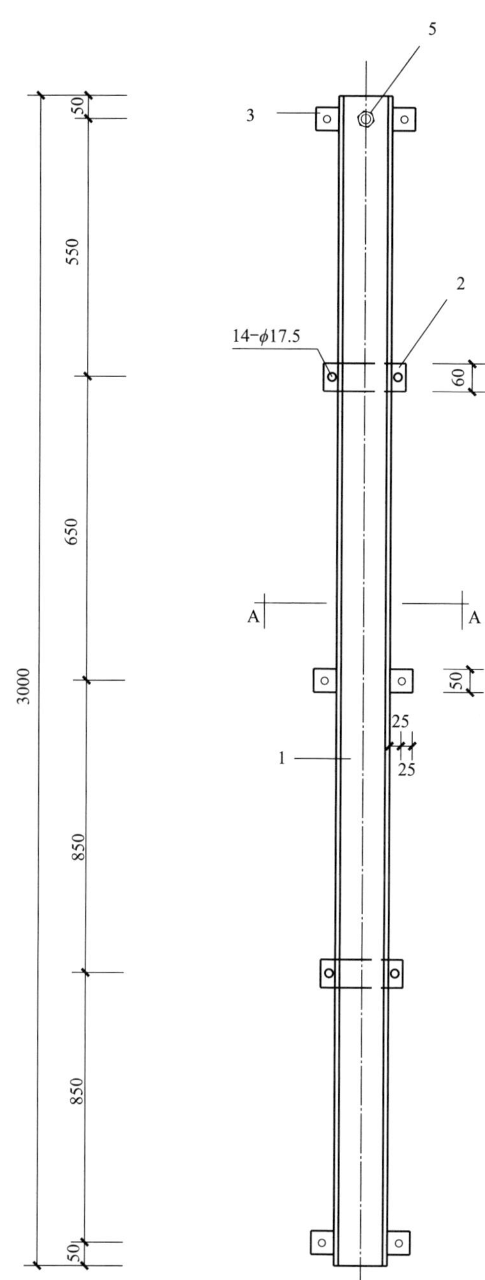

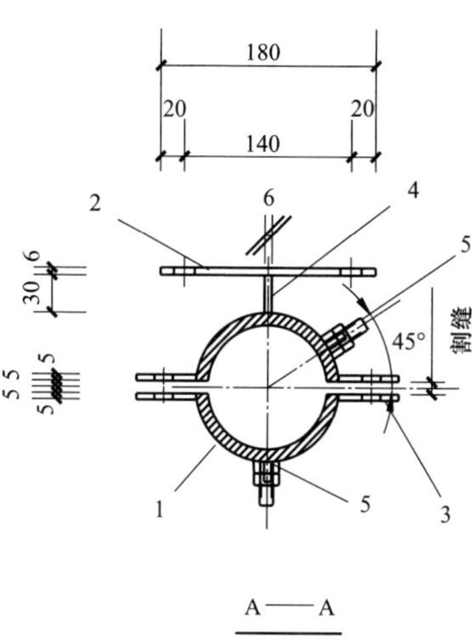

A—A

60
30

4 详图

选用表

型号	外径×壁厚×长度(mm)	质量(kg)	单位（1909：根）	总重(kg)
DLHG-114B	114×3.2×3000	26.22	1	28.12
DLHG-168B	168×4.0×3000	47.7	1	49.6

材料表

编号	名称	规格	单位	数量	质量（kg）	备注
1	钢管	见上表	根	1	见上表	
2	扁钢	−60×6×180	块	2	1.02	
3	扁钢	−5×50×50	块	12	0.59	
4	扁钢	−6×60×30	块	2	0.17	
5	螺栓	M12×30	根	2	0.12	接地用

说明：本图适用于高、低压电缆上杆保护管。

图 12-33　杆上电缆保护管制造图（DLHG-B）

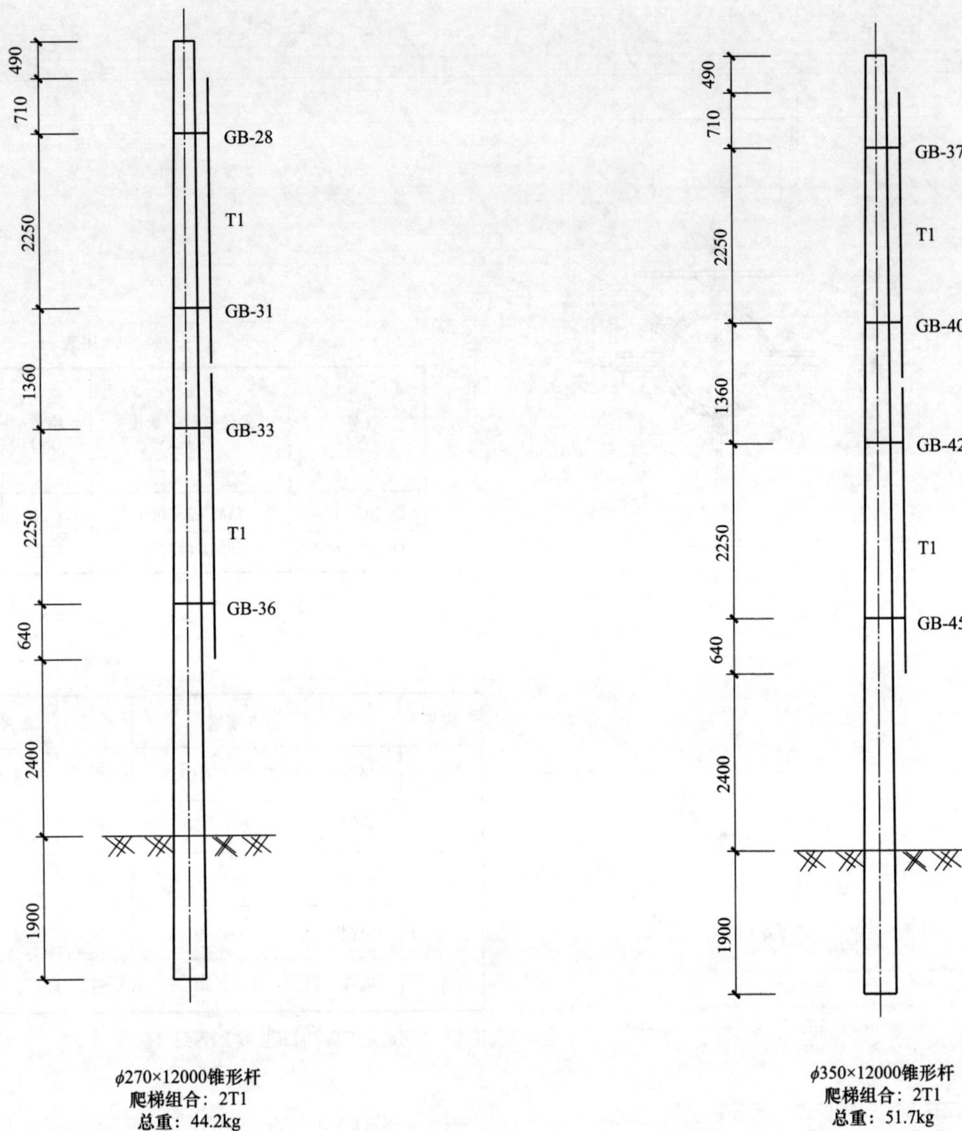

说明：1. 电杆现场埋深与图不符时，爬梯组合请自行计算处理。

2. 当爬梯抱箍与电杆上横担及斜撑抱箍安装位置有冲突时，应重新调整爬梯与抱箍安装的开孔位置（每副爬梯的抱箍间距不得大于2250mm）。

图 12-34　无拉线转角水泥单杆爬梯组合安装图

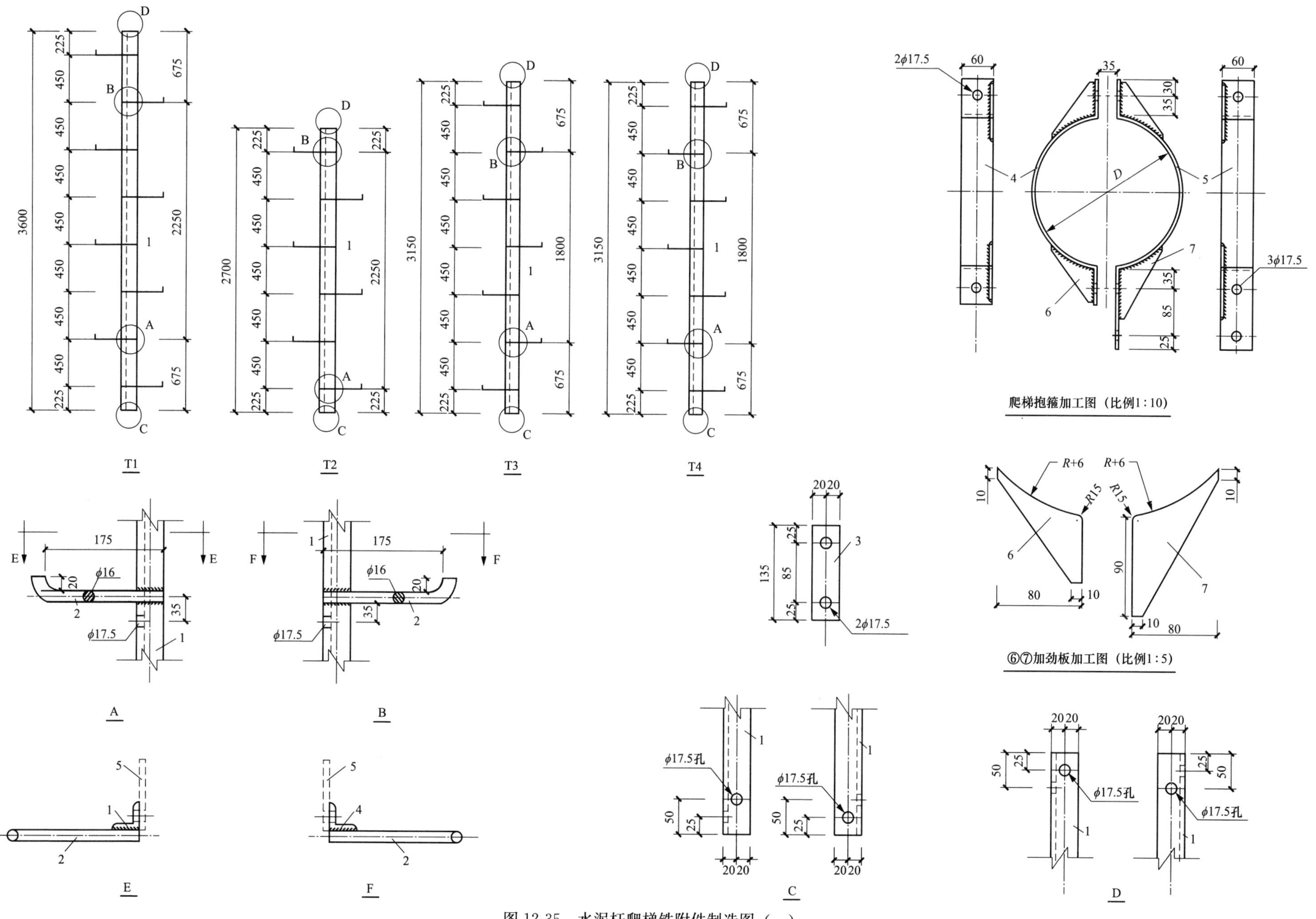

图 12-35　水泥杆爬梯铁附件制造图（一）

材 料 表

型号	编号	名称	规格	长度（mm）	数量	质量（kg） 单计	小计	合计
T1	1	角钢	∠40×4	3600	1	8.73	8.7	11.9
	2	圆钢	ϕ16	203	8	0.32	2.6	
	3	连接板	−4×40	135	2	0.17	0.3	
		连接螺栓	M16×40		2	0.13	0.3	
T2	1	角钢	∠40×4	2700	1	6.55	6.6	9.1
	2	圆钢	ϕ16	203	6	0.32	1.9	
	3	连接板	−4×40	135	2	0.17	0.3	
		连接螺栓	M16×40		2	0.13	0.3	
T3	1	角钢	∠40×4	3150	1	7.63	7.6	10.4
	2	圆钢	ϕ16	203	7	0.32	2.2	
	3	连接板	−4×40	135	2	0.17	0.3	
		连接螺栓	M16×40		2	0.13	0.3	
T4	1	角钢	∠40×4	3150	1	7.63	7.6	10.4
	2	圆钢	ϕ16	203	7	0.32	2.2	
	3	连接板	−4×40	135	2	0.17	0.3	
		连接螺栓	M16×40		2	0.13	0.3	

型号	编号	名称	规格	长度（mm）	数量	质量（kg） 单计	小计	合计
GB-24	4	抱箍板	−6×60	487	1	1.38	1.4	4.4
	5	抱箍板	−6×60	567	1	1.60	1.6	
	6	加劲板	−4×80	110	3	0.28	0.8	
	7	加劲板	−4×80	90	1	0.23	0.2	
		连接螺栓	M16	80（45）	2	0.19	0.4	
GB-25	4	抱箍板	−6×60	503	1	1.42	1.4	4.5
	5	抱箍板	−6×60	583	1	1.65	1.7	
	6	加劲板	−4×80	110	3	0.28	0.8	
	7	加劲板	−4×80	90	1	0.23	0.2	
		连接螺栓	M16	80（45）	2	0.19	0.4	
GB-26	4	抱箍板	−6×60	519	1	1.47	1.5	4.6
	5	抱箍板	−6×60	599	1	1.69	1.7	
	6	加劲板	−4×80	110	3	0.28	0.8	
	7	加劲板	−4×80	90	1	0.23	0.2	
		连接螺栓	M16	80（45）	2	0.19	0.4	
GB-27	4	抱箍板	−6×60	534	1	1.51	1.5	4.6
	5	抱箍板	−6×60	614	1	1.74	1.7	
	6	加劲板	−4×80	110	3	0.28	0.8	
	7	加劲板	−4×80	90	1	0.23	0.2	
		连接螺栓	M16	80（45）	2	0.19	0.4	
GB-28	4	抱箍板	−6×60	550	1	1.55	1.6	4.8
	5	抱箍板	−6×60	630	1	1.78	1.8	
	6	加劲板	−4×80	110	3	0.28	0.8	
	7	加劲板	−4×80	90	1	0.23	0.2	
		连接螺栓	M16	80（45）	2	0.19	0.4	
GB-29	4	抱箍板	−6×60	566	1	1.60	1.6	4.8
	5	抱箍板	−6×60	646	1	1.83	1.8	
	6	加劲板	−4×80	110	3	0.28	0.8	
	7	加劲板	−4×80	90	1	0.23	0.2	
		连接螺栓	M16	80（45）	2	0.19	0.4	

型号	编号	名称	规格	长度（mm）	数量	质量（kg） 单计	小计	合计
GB-30	4	抱箍板	−6×60	582	1	1.64	1.6	4.9
	5	抱箍板	−6×60	662	1	1.87	1.9	
	6	加劲板	−4×80	110	3	0.28	0.8	
	7	加劲板	−4×80	90	1	0.23	0.2	
		连接螺栓	M16	80（45）	2	0.19	0.4	
GB-31	4	抱箍板	−6×60	597	1	1.69	1.7	5.0
	5	抱箍板	−6×60	677	1	1.91	1.9	
	6	加劲板	−4×80	110	3	0.28	0.8	
	7	加劲板	−4×80	90	1	0.23	0.2	
		连接螺栓	M16	80（45）	2	0.19	0.4	
GB-32	4	抱箍板	−6×60	613	1	1.73	1.7	5.1
	5	抱箍板	−6×60	693	1	1.96	2.0	
	6	加劲板	−4×80	110	3	0.28	0.8	
	7	加劲板	−4×80	90	1	0.23	0.2	
		连接螺栓	M16	80（45）	2	0.19	0.4	
GB-33	4	抱箍板	−6×60	629	1	1.78	1.8	5.2
	5	抱箍板	−6×60	709	1	2.00	2.0	
	6	加劲板	−4×80	110	3	0.28	0.8	
	7	加劲板	−4×80	90	1	0.23	0.2	
		连接螺栓	M16	80（45）	2	0.19	0.4	
GB-34	4	抱箍板	−6×60	644	1	1.82	1.8	5.3
	5	抱箍板	−6×60	724	1	2.05	2.1	
	6	加劲板	−4×80	110	3	0.28	0.8	
	7	加劲板	−4×80	90	1	0.23	0.2	
		连接螺栓	M16	80（45）	2	0.19	0.4	
GB-35	4	抱箍板	−6×60	660	1	1.87	1.9	5.4
	5	抱箍板	−6×60	740	1	2.09	2.1	
	6	加劲板	−4×80	110	3	0.28	0.8	
	7	加劲板	−4×80	90	1	0.23	0.2	
		连接螺栓	M16	80（45）	2	0.19	0.4	

抱 箍 尺 寸 表

型号	GB-24	GB-25	GB-26	GB-27	GB-28	GB-29
D（mm）	240	250	260	270	280	290
型号	GB-30	GB-31	GB-32	GB-33	GB-34	GB-35
D（mm）	300	310	320	330	340	350
型号	GB-36	GB-37	GB-38	GB-39	GB-40	GB-41
D（mm）	360	370	380	390	400	410
型号	GB-42	GB-43	GB-44	GB-45	GB-46	GB-47
D（mm）	420	430	440	450	460	470
型号	GB-48	GB-49	GB-50	GB-51	GB-52	GB-53
D（mm）	480	490	500	510	520	530
型号	GB-54	GB-55	GB-56	GB-57	GB-58	GB-59
D（mm）	540	550	560	570	580	590
型号	GB-60					
D（mm）	600					

说明：1. 所有的爬梯及爬梯抱箍均须打上标有型号的钢印。
2. 所有材料均须热镀锌防腐。
3. 所有材料为Q235。

图 12-36　水泥杆爬梯铁附件制造图（二）

材　料　表

型号	编号	名称	规格	长度（mm）	数量	质量（kg）		
						单计	小计	合计
GB-36	4	抱箍板	−6×60	676	1	1.91	1.9	5.4
	5	抱箍板	−6×60	756	1	2.14	2.1	
	6	加劲板	−4×80	110	3	0.28	0.8	
	7	加劲板	−4×80	90	1	0.23	0.2	
		连接螺栓	M16	80(45)	2	0.19	0.4	
GB-37	4	抱箍板	−6×60	692	1	1.95	2.0	5.6
	5	抱箍板	−6×60	772	1	2.18	2.2	
	6	加劲板	−4×80	110	3	0.28	0.8	
	7	加劲板	−4×80	90	1	0.23	0.2	
		连接螺栓	M16	80(45)	2	0.19	0.4	
GB-38	4	抱箍板	−6×60	707	1	2.00	2.0	5.6
	5	抱箍板	−6×60	787	1	2.23	2.2	
	6	加劲板	−4×80	110	3	0.28	0.8	
	7	加劲板	−4×80	90	1	0.23	0.2	
		连接螺栓	M16	80(45)	2	0.19	0.4	
GB-39	4	抱箍板	−6×60	723	1	2.04	2.0	5.7
	5	抱箍板	−6×60	803	1	2.27	2.3	
	6	加劲板	−4×80	110	3	0.28	0.8	
	7	加劲板	−4×80	90	1	0.23	0.2	
		连接螺栓	M16	80(45)	2	0.19	0.4	
GB-40	4	抱箍板	−6×60	739	1	2.09	2.1	5.8
	5	抱箍板	−6×60	819	1	2.31	2.3	
	6	加劲板	−4×80	110	3	0.28	0.8	
	7	加劲板	−4×80	90	1	0.23	0.2	
		连接螺栓	M16	80(45)	2	0.19	0.4	
GB-41	4	抱箍板	−6×60	754	1	2.13	2.1	5.8
	5	抱箍板	−6×60	834	1	2.36	2.4	
	6	加劲板	−4×80	75	3	0.19	0.6	
	7	加劲板	−4×80	120	1	0.30	0.3	
		连接螺栓	M16	80(45)	2	0.19	0.4	

型号	编号	名称	规格	长度（mm）	数量	质量（kg）		
						单计	小计	合计
GB-42	4	抱箍板	−6×60	770	1	2.18	2.2	5.9
	5	抱箍板	−6×60	850	1	2.40	2.4	
	6	加劲板	−4×80	75	3	0.19	0.6	
	7	加劲板	−4×80	120	1	0.30	0.3	
		连接螺栓	M16	80（45）	2	0.19	0.4	
GB-43	4	抱箍板	−6×60	786	1	2.22	2.2	6.0
	5	抱箍板	−6×60	866	1	2.45	2.5	
	6	加劲板	−4×80	75	3	0.19	0.6	
	7	加劲板	−4×80	120	1	0.30	0.3	
		连接螺栓	M16	80（45）	2	0.19	0.4	
GB-44	4	抱箍板	−6×60	802	1	2.27	2.3	6.1
	5	抱箍板	−6×60	882	1	2.49	2.5	
	6	加劲板	−4×80	75	3	0.19	0.6	
	7	加劲板	−4×80	120	1	0.30	0.3	
		连接螺栓	M16	80（45）	2	0.19	0.4	
GB-45	4	抱箍板	−6×60	817	1	2.31	2.3	6.1
	5	抱箍板	−6×60	897	1	2.54	2.5	
	6	加劲板	−4×80	75	3	0.19	0.6	
	7	加劲板	−4×80	120	1	0.30	0.3	
		连接螺栓	M16	80（45）	2	0.19	0.4	
GB-46	4	抱箍板	−6×60	833	1	2.35	2.4	6.3
	5	抱箍板	−6×60	913	1	2.58	2.6	
	6	加劲板	−4×80	75	3	0.19	0.6	
	7	加劲板	−4×80	120	1	0.30	0.3	
		连接螺栓	M16	80（45）	2	0.19	0.4	
GB-47	4	抱箍板	−6×60	849	1	2.40	2.4	6.3
	5	抱箍板	−6×60	929	1	2.62	2.6	
	6	加劲板	−4×80	75	3	0.19	0.6	
	7	加劲板	−4×80	120	1	0.30	0.3	
		连接螺栓	M16	80（45）	2	0.19	0.4	

型号	编号	名称	规格	长度（mm）	数量	质量（kg）		
						单计	小计	合计
GB-48	4	抱箍板	−6×60	864	1	2.44	2.4	6.4
	5	抱箍板	−6×60	944	1	2.67	2.7	
	6	加劲板	−4×80	75	3	0.19	0.6	
	7	加劲板	−4×80	120	1	0.30	0.3	
		连接螺栓	M16	80（45）	2	0.19	0.4	
GB-49	4	抱箍板	−6×60	880	1	2.49	2.5	6.5
	5	抱箍板	−6×60	960	1	2.71	2.7	
	6	加劲板	−4×80	75	3	0.19	0.6	
	7	加劲板	−4×80	120	1	0.30	0.3	
		连接螺栓	M16	80（45）	2	0.19	0.4	
GB-50	4	抱箍板	−6×60	896	1	2.53	2.5	6.6
	5	抱箍板	−6×60	976	1	2.76	2.8	
	6	加劲板	−4×80	75	3	0.19	0.6	
	7	加劲板	−4×80	120	1	0.30	0.3	
		连接螺栓	M16	80（45）	2	0.19	0.4	
GB-51	4	抱箍板	−6×60	912	1	2.58	2.6	6.7
	5	抱箍板	−6×60	992	1	2.80	2.8	
	6	加劲板	−4×80	75	3	0.19	0.6	
	7	加劲板	−4×80	120	1	0.30	0.3	
		连接螺栓	M16	80（45）	2	0.19	0.4	
GB-52	4	抱箍板	−6×60	927	1	2.62	2.6	6.8
	5	抱箍板	−6×60	1007	1	2.85	2.9	
	6	加劲板	−4×80	75	3	0.19	0.6	
	7	加劲板	−4×80	120	1	0.30	0.3	
		连接螺栓	M16	80（45）	2	0.19	0.4	
GB-53	4	抱箍板	−6×60	943	1	2.67	2.7	6.9
	5	抱箍板	−6×60	1023	1	2.89	2.9	
	6	加劲板	−4×80	75	3	0.19	0.6	
	7	加劲板	−4×80	120	1	0.30	0.3	
		连接螺栓	M16	80（45）	2	0.19	0.4	

说明：1. 所有的爬梯及爬梯抱箍均须打上标有型号的钢印。
2. 所有材料均须热镀锌防腐。
3. 所有材料为Q235。

图 12-37　水泥杆爬梯铁附件制造图（三）

12.4 拉线及基础

12.4.1 设计说明

12.4.1.1 拉线选型

（1）拉线张力。拉线张力主要由风力和导线张力等可变荷载产生，荷载系数应按 1.4 计算。

其钢绞线强度设计值应按下式计算

$$f = \psi_1 \cdot \psi_2 \cdot f_u$$

式中 f——钢绞线强度设计值，N/mm²；

ψ_1——钢绞线强度扭绞调整系数，取 0.9；

ψ_2——钢绞线强度不均匀系数，对 1×7 结构取 0.65，其他结构取 0.56；

f_u——钢绞线的破坏强度，N/mm²。

（2）钢绞线选材。拉线采用铝包钢绞线，铝包钢绞线的技术参数见表 12-77。

表 12-77　铝包钢绞线技术参数表

型号	单位长度质量 (kg/km)	额定抗拉力 (kN)	绞前抗拉强度 (MPa)	绞后抗拉强度 (MPa)	1%伸长应力 (MPa)
JLB20A，35	228.7	≥41.44	≥1340	≥1273	≥1200
JLB20A，50	329.3	≥59.67	≥1340	≥1273	≥1200
JLB20A，80	528.4	≥89.31	≥1250	≥1188	≥1100
JLB20A，100	674.1	≥121.66	≥1340	≥1273	≥1200

注　JLB 表示铝包钢绞线，20A 表示 IACS 导电率 20.3%，35～100 表示拉线的直径，单位为 mm。

（3）拉线棒选材。拉线棒的直径应根据计算确定，且不应小于 16mm。拉线棒应热镀锌。腐蚀地区拉线棒直径应适当加大 2～4mm 或采取其他有效的防腐措施。拉线棒选型见表 12-78。

表 12-78　拉线棒（两端环型套）型式选用表

型式代码	公称横截面积 (mm²)	抗剪强度设计值×1.5 (N/mm²)	最小破断拉力值 (kN)
LB-18	254	180	45.72
LB-22	380	180	68.40
LB-26	530	180	95.52
LB-28	616	180	110.88

注　LB 表示拉线棒，18～28 表示拉棒圆钢的直径，单位为 mm；拉线棒选用 Q235 钢材，若采用高强度钢材时，拉棒规格可适当缩减。

（4）拉环选材。

1）拉线盘上的拉环直径应根据计算确定。由于各地区使用习惯不同，有采用现浇的，也有预制的。本典型设计对预制拉线盘上的拉环规格做了明确（现浇拉线盘的拉环强度规格与之相同）。

2）拉线盘拉环应热镀锌。腐蚀地区拉环直径应适当加大 2～4mm 或采取其他有效的防腐措施。拉环选型见表 12-79。

表 12-79　拉环型式选用表

型式代码	公称横截面积 (mm²)	抗剪强度设计值×1.5 (N/mm²)	最小破断拉力值 (kN)
LPU-22	380	180	68.40
LPU-26	530	180	95.52
LPU-28	616	180	110.88

注　LPU 表示拉线盘拉环，22～28 表示拉环圆钢的直径，单位为 mm；拉环若采用高强度钢材时，拉环规格可适当缩减。

3）拉环型式见图 12-47。

（5）拉线设置要求。

1）水泥电杆的终端杆、耐张杆、转角杆、分支杆需要在电杆部位装设拉线，增加电杆的稳定性，加装拉线的电杆通常不再配置卡盘。拉线方式主要分为普通拉线、水平拉线、弓形拉线、预绞式拉线等。

2）空旷地区配电线路超过 500m 时，宜装设防风拉线；特殊区域（如稻田、沿海、山口）经核算荷载后可增加防风拉线。覆冰严重地区的直线杆应装设拉线。

3）跨越道路的水平拉线，对路边缘的垂直距离，不应小于 6m（非公路道路，不应小于 5m）。拉线柱的倾斜角宜采用 10°～20°。跨越电车行车线的水平拉线，对路面的垂直距离，不应小于 9m。

4）防风拉线对地夹角为 60°，其余拉线对地夹角宜采用 45°，当受地形限制可适当调整，且不应小于 30°或大于 60°。

（6）拉线绝缘子设置要求。

1）穿越和接近导线的电杆拉线必须装设与线路电压等级相同的拉线绝缘子。拉线绝缘子应装在最低穿越导线以下。当设置拉线绝缘子时，在下部断拉线情况下拉线绝缘子距地面处不应小于 2.5m，地面范围的拉线应设置安全警示保护管。

2）拉紧绝缘子的强度安全系数不应小于 3.0。

（7）拉线型式选配。根据低压架空配电线路耐张转角水泥杆拉线设计要求与配套的钢绞线、拉棒等规格的选定，本典型设计给出了 LX 型普通拉线、VLX 型 V 形拉线、SLX 型水平拉线、SVLX 型水平 V 形拉线、GLX 型弓形拉线、YLX 型 Y 形拉线六种安装方式（见图 12-38、图 12-39、图 12-40、图 12-41、图 12-42、图 12-43）。

12.4.1.2 基础选配

（1）基础分类。基础分为电杆基础、拉线基础两类。

（2）电杆基础形式。

1）本典型设计仅选取了 5 种常见的水泥杆基础形式供参考，分别为直埋式、卡盘、底盘、套筒无筋式、套筒式，见图 12-44、图 12-45。设计时应根据基础作用力，结合当地地形条件、施工条件及实际地质参数，综合考虑基础形式进行计算后选用。

2）设计时应根据基础作用力，结合当地地形条件、施工条件及实际地质参数，综合考虑基础形式进行计算后选用，对于特殊地质条件需进行相应的加固措施。

（3）拉线基础形式。

1）拉线基础。设计时应根据第 13 章中各种水泥杆杆型安装示意图中技术参数表上的拉线拉力，结合当地地质条件、地形条件及各地区使用习惯选用合理的拉线基础形式，对于特殊地质条件要采用特别加固措施。

2）拉线棒拉线盘装设，应注意拉线棒埋设方向应根据拉线角度确定，拉线棒受力后不应弯曲。

（4）根据不同地质，选择原土或混凝土进行基础回填。水泥杆及拉线盘埋深不应小于设计值，回填土每 300mm 夯实一次，地面上应留有高 300mm 的防沉土台。

（5）基础坑开挖时注意保持坑壁边坡，坑内渗水、积水应及时排除，并采取措施，防止基坑塌陷。

12.4.2 设计图

低压架空配电线路拉线及基础设计图清单见表 12-80。

表 12-80　　低压架空配电线路拉线及基础设计图纸清单

图序	图名	图纸编号
1	LX 型单拉线布置示意图及配置表	图 12-38
2	VLX 型 V 形拉线布置示意图及配置表	图 12-39
3	SLX 型水平拉线布置示意图及配置表	图 12-40
4	SVLX 型水平 V 形拉线布置示意图及配置表	图 12-41
5	GLX 型弓形拉线布置示意图及配置表	图 12-42
6	YLX 型 Y 形拉线布置示意图及配置表	图 12-43
7	水泥杆基础形式示意图（一）	图 12-44
8	水泥杆基础形式示意图（二）	图 12-45

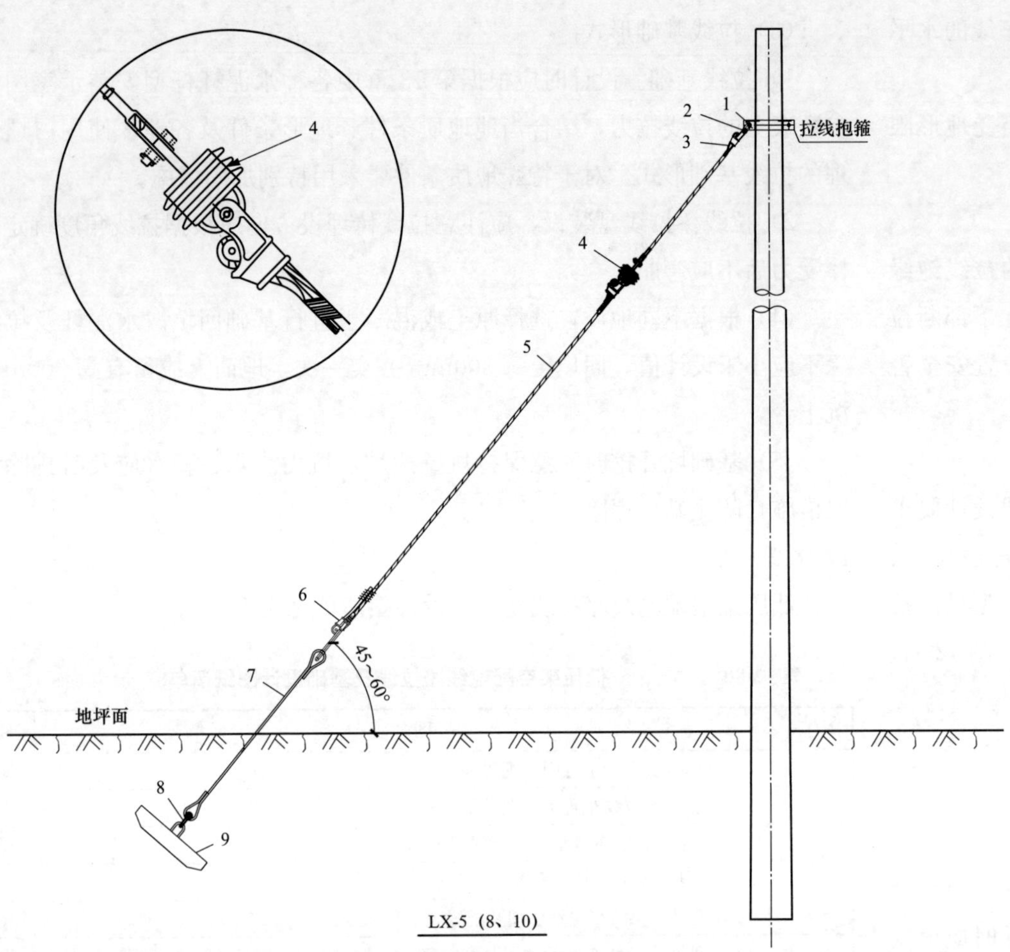

说明：1. 拉线坑回填土须夯实。
2. 拉线尾线须用镀锌铁线绑扎，JLB20A，50拉线用14号铁线绑扎，JLB20A，80拉线用12号铁线绑扎，JLB20A，100拉线用10号铁线绑扎。
3. 扎线长头为15圈，短头为5圈，短头离线尾留25mm。
4. 上把尾线留35～40cm，下把尾线留45～60cm。
5. 拉线盘尺寸及埋深为可塑黏土的基础形式，实际工程中应进行验算后使用。
6. 拉线棒外露地面部分的长度应为500～700mm。
7. 拉线绝缘子应装在距离地面4m以上的位置，并低于最低层的带电导线300mm以下。

LX型单拉线配置表

型号	编号	名 称	单位	LX-5	数量	备注	加工图号
配置表1	1	拉线抱箍	副	（按实际选定）	1	需热镀锌	图12-19
	2	延长环	只	PH-7	1		
	3	楔形线夹	副	NX-2	3		
	4	拉紧绝缘子	只	JH10-120	1		
	5	铝包钢绞线	根	JLB20A，50	1		
	6	UT线夹	副	NUT-2	1		
	7	拉线棒	根	ϕ20×3000	1		图12-48
	8	拉线用U形环	只	U-25	1		
	9	拉线盘	块	300×600	1		
	10	拉线保护管	个	黄、黑相间	1	按需配置	
		拉线盘埋深	45°	1.8m			
		拉线盘埋深	60°	2.2m			
	编号	名 称	单位	LX-8	数量	备注	加工图号
配置表2	1	拉线抱箍	副	（按实际选定）	1	需热镀锌	图12-19
	2	延长环	只	PH-10	1		
	3	楔形线夹	副	NX-2	3		
	4	拉紧绝缘子	只	JH10-120	1		
	5	铝包钢绞线	根	JLB20A，80	1		
	6	UT线夹	副	NUT-2	1		
	7	拉线棒	根	ϕ22×3600	1		图12-48
	8	拉线用U形环	只	U-25	1		
	9	拉线盘	块	400×800	1		
	10	拉线保护管	个	黄、黑相间	1	按需配置	
		拉线盘埋深	45°	2.2m			
		拉线盘埋深	60°	2.6m			
	编号	名 称	单位	LX-10	数量	备注	加工图号
配置表3	1	拉线抱箍	副	（按实际选定）	1	需热镀锌	图12-19
	2	延长环	只	PH-16	1		
	3	楔形线夹	副	NX-3	3		
	4	拉紧绝缘子	只	JH10-120	1		
	5	铝包钢绞线	根	JLB20A，100	1		
	6	UT线夹	副	NUT-3	1		
	7	拉线棒	根	ϕ26×3600	1		图12-48
	8	拉线用U形环	只	UL-25	1		
	9	拉线盘	块	500×1000	1		
	10	拉线保护管	个	黄、黑相间	1	按需配置	
		拉线盘埋深	45°	2.2m			
		拉线盘埋深	60°	2.6m			

注 本图使用的拉线采用铝包钢绞线。

图 12-38 LX 型单拉线布置示意图及配置表

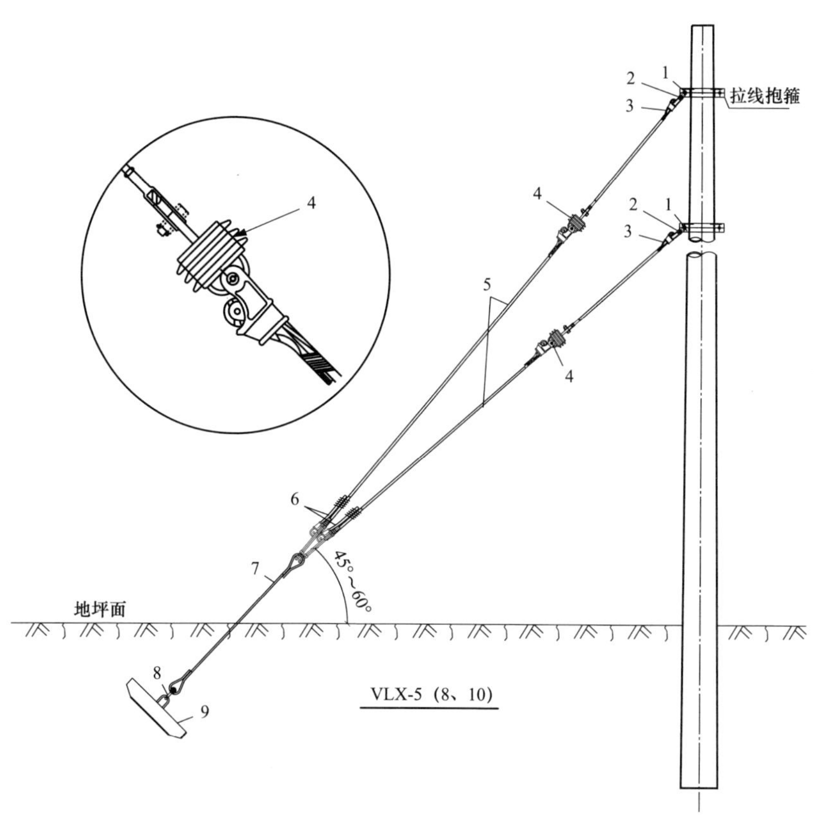

说明：1. 拉线坑回填土须夯实。
2. 拉线尾线须用镀锌铁线绑扎，JLB20A，50拉线用14号铁线绑扎，JLB20A，80拉线用12号铁线绑扎，LB20A，100拉线用10号铁线绑扎，扎线长头为15圈，短头为5圈，短头离线尾留25mm。
3. 上把尾线留35～40cm，下把尾线留45～60cm。
4. 拉线盘尺寸及埋深为可塑黏土的基础形式，实际工程中应进行验算后使用。
5. 拉线棒外露地面部分的长度应为500～700mm。
6. 拉线绝缘子应装在距离地面4m以上的位置，并低于最低层的带电导线300mm以下。

VLX型V形拉线配置表

型号	编号	名 称	单位	VLX-5	数量	备注	加工图号
配置表1	1	拉线抱箍	副	（按实际选定）	2	需热镀锌	图12-31
	2	延长环	只	PH-7	2		
	3	楔形线夹	副	NX-2	6		
	4	拉紧绝缘子	只	JH10-120	2		
	5	铝包钢绞线	根	JLB20A，50	2		
	6	UT线夹	副	NUT-2	2		
	7	拉线棒	根	$\phi22\times3000$	1		图12-46
	8	拉线用U形环	只	U-25	1		
	9	拉线盘	块	400×800	1		
	10	拉线保护管	个	黄、黑相间	2	按需配置	
		拉线盘埋深	45°	1.8m	注　配置表1可适用于单回架空线路导线截面120~150mm^{2}的耐张或终端杆顺线拉，具体以设计为准。		
		拉线盘埋深	60°	2.2m			
型号	编号	名 称	单位	VLX-5	数量	备注	加工图号
配置表2	1	拉线抱箍	副	（按实际选定）	2	需热镀锌	图12-31
	2	延长环	只	PH-7	2		
	3	楔形线夹	副	NX-2	6		
	4	拉紧绝缘子	只	JH10-120	2		
	5	铝包钢绞线	根	JLB20A，50	2		
	6	UT线夹	副	NUT-2	2		
	7	拉线棒	根	$\phi26\times3600$	1		图12-46
	8	拉线用U形环	只	U-25	1		
	9	拉线盘	块	500×1000	1		
	10	拉线保护管	个	黄、黑相间	2	按需配置	
		拉线盘埋深	45°	2.2m	注　配置表^{2}可适用于单回架空线路导线截面185~240mm^{2}的耐张或终端杆顺线拉，具体以设计为准。		
		拉线盘埋深	60°	2.6m			
配置表3	编号	名 称	单位	VLX-8	数量	备注	加工图号
	1	拉线抱箍	副	（按实际选定）	2	需热镀锌	图12-31
	2	延长环	只	PH-10	2		
	3	楔形线夹	副	NX-2	6		
	4	拉紧绝缘子	只	JH10-120	2		
	5	铝包钢绞线	根	JLB20A，80	2		
	6	UT线夹	副	NUT-2	2		
	7	拉线棒	根	$\phi30\times3600$	2		图12-46
	8	拉线用U形环	只	U-25	1		
	9	拉线盘	块	600×1200	1		
	10	拉线保护管	个	黄、黑相间	2	按需配置	
		拉线盘埋深	45°	2.2m			
		拉线盘埋深	60°	2.6m			
	注　配置表3可适用于A、B、C气象区的架空线路导线截面185mm^{2}耐张或终端杆顺线拉，以及E2、E3气象区的单回架空线路导线截面120~185mm^{2}的耐张或终端杆顺线拉，具体以设计为准。						
配置表4	编号	名 称	单位	VLX-10	数量	备注	加工图号
	1	拉线抱箍	副	（按实际选定）	2	需热镀锌	图12-31
	2	延长环	只	PH-16	2		
	3	楔形线夹	副	NX-3	6		
	4	拉紧绝缘子	只	JH10-120	2		
	5	铝包钢绞线	根	JLB20A，100	2		
	6	UT线夹	副	NUT-3	2		
	7	拉线棒	根	$\phi30\times3600$	2		图12-46
	8	拉线用U形环	只	U-30	1		
	9	拉线盘	块	750×1500	1		
	10	拉线保护管	个	黄、黑相间	1	按需配置	
		拉线盘埋深	45°	2.2m			
		拉线盘埋深	60°	2.6m			
	注　配置表4可适用于D1、D2、E1、E2、E3气象区的双回架空线路导线截面185mm^{2}耐张或终端杆顺线拉，具体以设计为准。						

注　相同钢绞线截面默认表达为VLX-5、VLX-8等；不同截面表达的V形拉线VLX-5+8、VLX-8+10等。

图 12-39　VLX 型 V 形拉线布置示意图及配置表

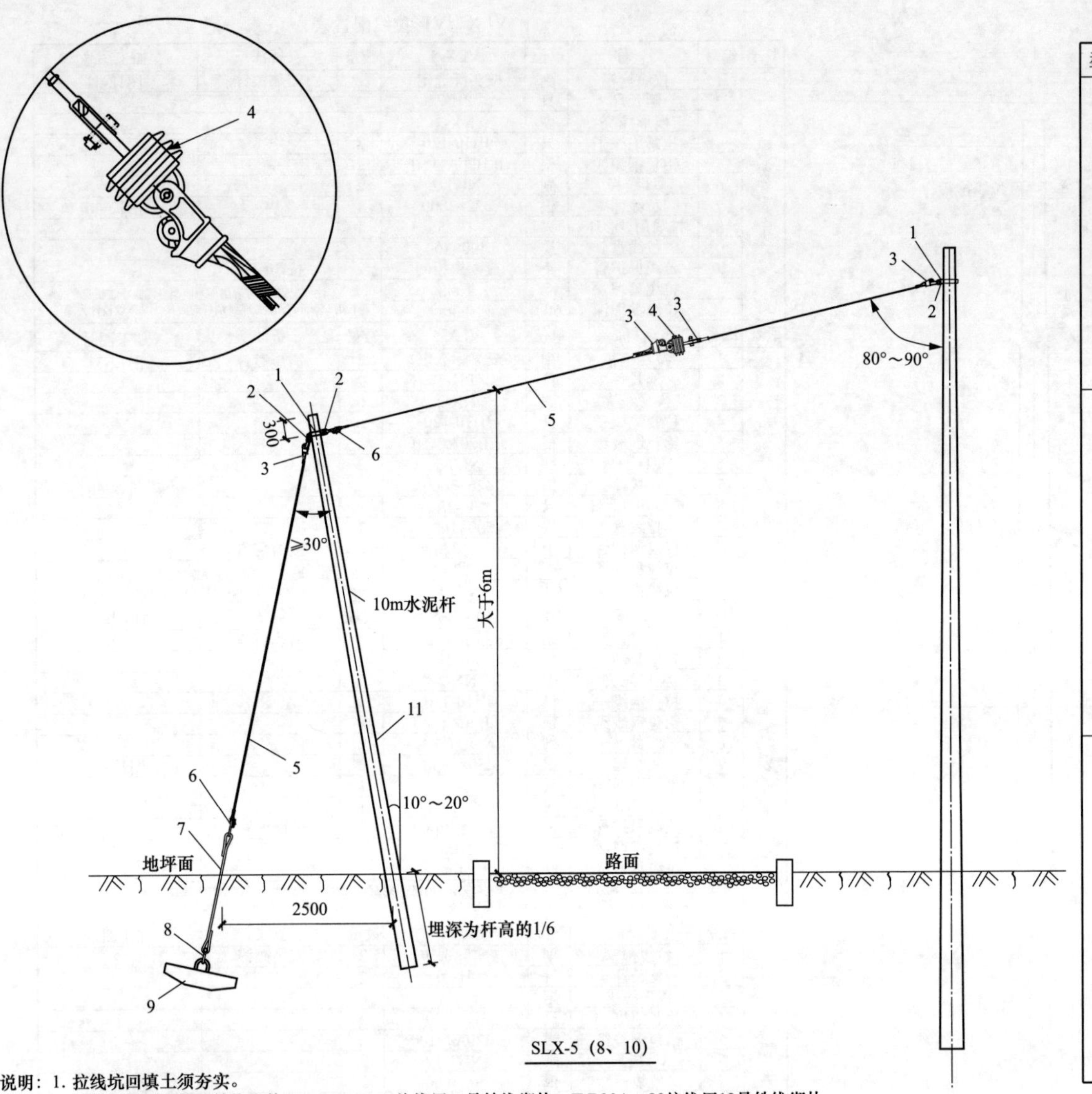

SLX型水平拉线配置表

型号	编号	名 称	单位	SLX-5	数量	备注	加工图号
配置表1	1	拉线抱箍	副	（按实际选定）	2	需热镀锌	图12-31
	2	延长环	只	PH-7	3		
	3	楔形线夹	副	NX-2	4		
	4	拉紧绝缘子	只	JH10-120	1		
	5	铝包钢绞线	根	JLB20A，50	1		
	6	UT线夹	副	NUT-2	2		
	7	拉线棒	根	ϕ20×2500	1		图12-46
	8	拉线用U形环	只	U-25	1		
	9	拉线盘	块	300×600	1		
	10	拉线保护管	个	黄、黑相间	1	按需配置	
	11	水泥杆	根	ϕ190×10×I×G	1		
		拉线盘埋深		2.2m			
配置表2	编号	名 称	单位	SLX-8	数量	备注	加工图号
	1	拉线抱箍	副	（按实际选定）	2	需热镀锌	图12-31
	2	延长环	只	PH-10	3		
	3	楔形线夹	副	NX-2	4		
	4	拉紧绝缘子	只	JH10-120	1		
	5	铝包钢绞线	根	JLB20A，80	1		
	6	UT线夹	副	NUT-2	2		
	7	拉线棒	根	ϕ22×2700	1		图12-46
	8	拉线用U形环	只	U-25	1		
	9	拉线盘	块	400×800	1		
	10	拉线保护管	个	黄、黑相间	1	按需配置	
	11	水泥杆	根	ϕ190×10×I×G	1		
		拉线盘埋深		2.4m			
配置表3	编号	名 称	单位	SLX-10	数量	备注	加工图号
	1	拉线抱箍	副	（按实际选定）	2	需热镀锌	图12-31
	2	延长环	只	PH-16	3		
	3	楔形线夹	副	NX-3	4		
	4	拉紧绝缘子	只	JH10-120	1		
	5	铝包钢绞线	根	JLB20A，100	1		
	6	UT线夹	副	NUT-3	2		
	7	拉线棒	根	ϕ26×3000	1		图12-46
	8	拉线用U形环	只	U-25	1		
	9	拉线盘	块	500×1000	1		
	10	拉线保护管	个	黄、黑相间	1	按需配置	
	11	水泥杆	根	ϕ190×10×I×G	1		
		拉线盘埋深		2.6m			

说明：1. 拉线坑回填土须夯实。
2. 拉线尾线须用镀锌铁线绑扎，JLB20A，50拉线用14号铁线绑扎，JLB20A，80拉线用12号铁线绑扎，JLB20A，100拉线用10号铁线绑扎。
3. 扎线长头为15圈，短头为5圈，短头离线尾留25mm。
4. 上把尾线留35～40cm，下把尾线留45～60cm。
5. 拉线盘尺寸及埋深为可塑黏土的基础形式，实际工程中应进行验算后使用。
6. 拉线棒外露地面部分的长度应为500～700mm。
7. 拉线绝缘子应装在距离地面4m以上的位置，并低于最低层的带电导线300mm以下。

图 12-40　SLX 型水平拉线布置示意图及配置表

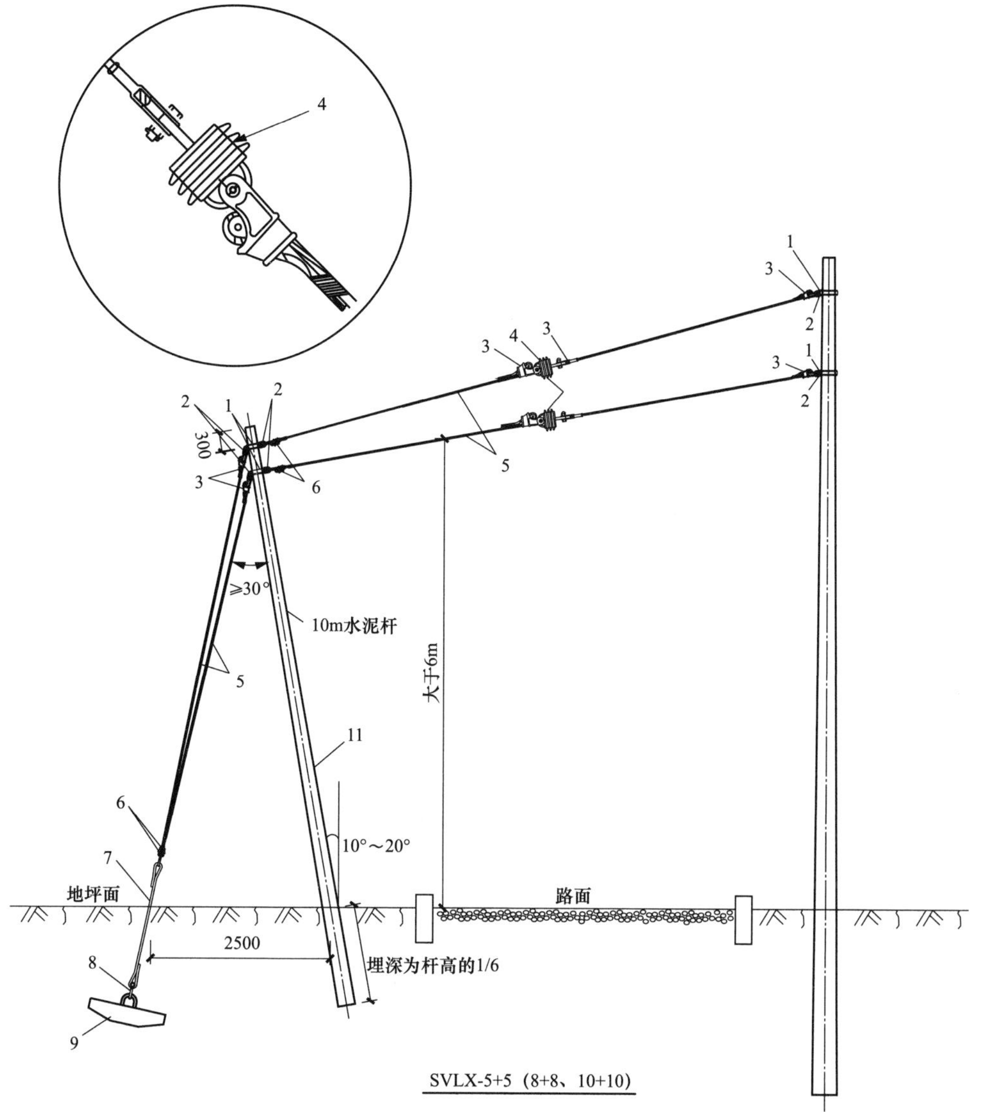

SVLX型水平V形拉线配置表

型号	编号	名 称	单位	SVLX-5+5	数量	备注	加工图号
配置表1	1	拉线抱箍	副	（按实际选定）	4	需热镀锌	图12-31
	2	延长环	只	PH-7	6		
	3	楔形线夹	副	NX-2	8		
	4	拉紧绝缘子	只	JH10-120	2		
	5	铝包钢绞线	根	JLB20A，50	2		
	6	UT线夹	副	NUT-2	4		
	7	拉线棒	根	ϕ22×2700	1		图12-46
	8	拉线用U形环	只	U-25	1		
	9	拉线盘	块	400×800	1		
	10	拉线保护管	个	黄、黑相间	2	按需配置	
	11	水泥杆	根	ϕ190×10×I×G	1		
		拉线盘埋深		2.4m			
配置表2	编号	名 称	单位	SVLX-8+8	数量	备注	加工图号
	1	拉线抱箍	副	（按实际选定）	4	需热镀锌	图12-31
	2	延长环	只	PH-10	6		
	3	楔形线夹	副	NX-2	8		
	4	拉紧绝缘子	只	JH10-120	2		
	5	铝包钢绞线	根	JLB20A，80	2		
	6	UT线夹	副	NUT-2	4		
	7	拉线棒	根	ϕ26×3000	1		图12-46
	8	拉线用U形环	只	U-25	1		
	9	拉线盘	块	500×1000	1		
	10	拉线保护管	个	黄、黑相间	2	按需配置	
	11	水泥杆	根	ϕ190×10×I×G	1		
		拉线盘埋深		2.6m			
配置表3	编号	名 称	单位	SVLX-10+10	数量	备注	加工图号
	1	拉线抱箍	副	（按实际选定）	4	需热镀锌	图12-31
	2	延长环	只	PH-16	6		
	3	楔形线夹	副	NX-3	8		
	4	拉紧绝缘子	只	JH10-120	2		
	5	铝包钢绞线	根	JLB20A，100	2		
	6	UT线夹	副	NUT-3	4		
	7	拉线棒	根	ϕ30×3000	2		图12-46
	8	拉线用U形环	只	U-30	1		
	9	拉线盘	块	750×1500	1		
	10	拉线保护管	个	黄、黑相间	1	按需配置	
	11	水泥杆	根	ϕ190×10×I×G	1		
		拉线盘埋深	45°	2.2m			
		拉线盘埋深	60°	2.6m			

注 相同钢绞线截面默认表达为SVLX-5、SVLX-8等；不同截面表达的V拉SVLX-5+8、SVLX-8+10等。

说明：1. 拉线坑回填土须夯实。
2. 拉线尾线须用镀锌铁线绑扎，JLB20A，50拉线用14号铁线绑扎，JLB20A，80拉线用12号铁线绑扎。
3. 扎线长头为15圈，短头为5圈，短头离线尾留25mm。
4. 上把尾线留35～40cm，下把尾线留45～60cm。
5. 拉线盘尺寸及埋深为可塑黏土的基础形式，实际工程中应进行验算后使用。
6. 拉线绝缘子应装在距离地面4m以上的位置，并低于最低层的带电导线300mm以下。

图 12-41 SVLX 型水平 V 形拉线布置示意图及配置表

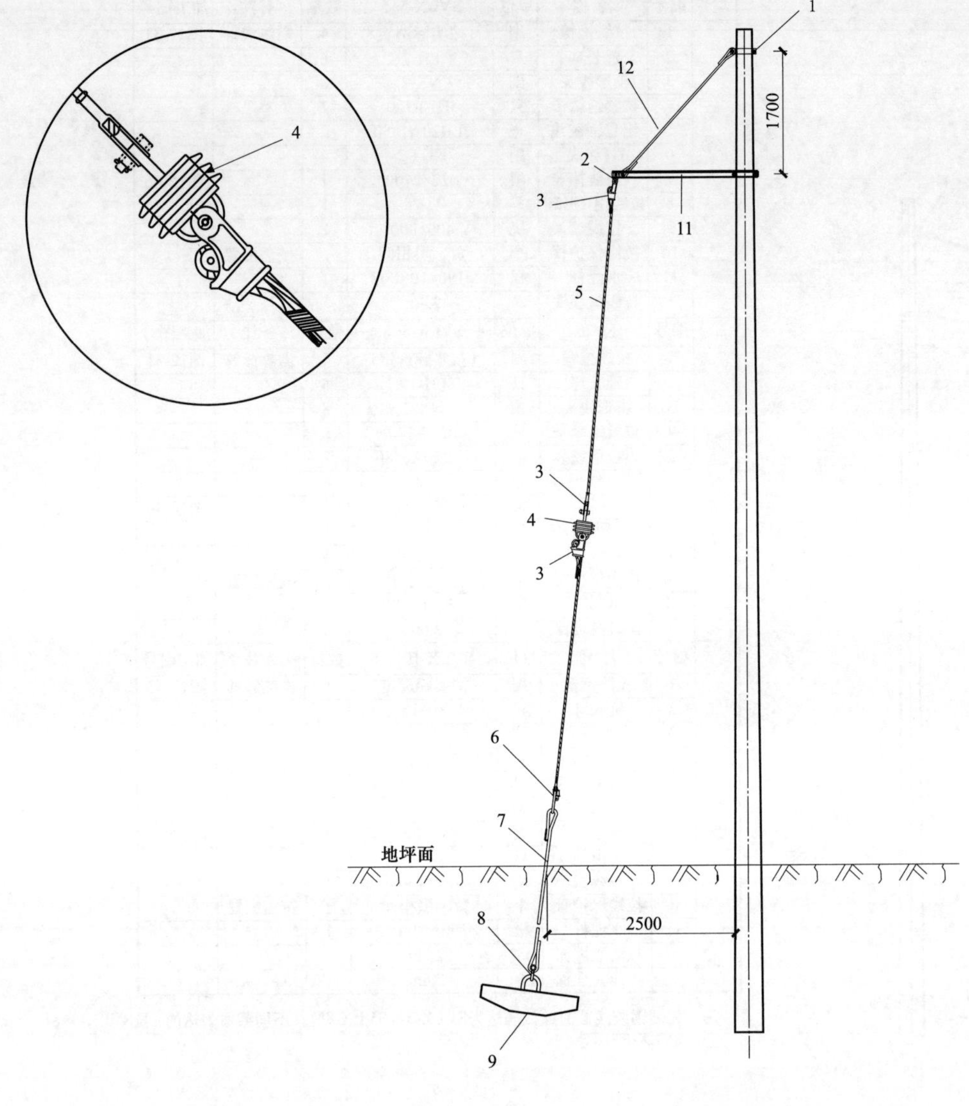

GLX型弓形拉线配置表

型号	编号	名 称	单位	GLX-5	数量	备注	加工图号
配置表1	1	拉线抱箍	副	（按实际选定）	1	需热镀锌	图12-31
	2	延长环	只	PH-7	1		
	3	楔形线夹	副	NX-2	3		
	4	拉紧绝缘子	只	JH10-120	1		
	5	铝包钢绞线	根	JLB20A，50	1		
	6	UT线夹	副	NUT-2	1		
	7	拉线棒	根	ϕ20×2500	1		图12-46
	8	拉线用U形环	只	U-25	1		
	9	拉线盘	块	300×600	1		
	10	拉线保护管	个	黄、黑相间	1	按需配置	
	11	弓形拉横担	块	∠63×6×1600	1		图12-48
	12	拉线棒	根	ϕ20×2100	1	弓形拉横担用	图12-46
		拉线盘埋深		2.2m			
配置表2	编号	名 称	单位	GLX-8	数量	备注	加工图号
	1	拉线抱箍	副	（按实际选定）	1	需热镀锌	图12-31
	2	延长环	只	PH-10	1		
	3	楔形线夹	副	NX-2	3		
	4	拉紧绝缘子	只	JH10-120	1		
	5	铝包钢绞线	根	JLB20A，80	1		
	6	UT线夹	副	NUT-2	1		
	7	拉线棒	根	ϕ22×2700	1		图12-46
	8	拉线用U形环	只	U-25	1		
	9	拉线盘	块	400×800	1		
	10	拉线保护管	个	黄、黑相间	1	按需配置	
	11	弓形拉横担	块	∠63×6×1600	2		图12-48
	12	拉线棒	根	ϕ20×2100	1	弓形拉横担用	图12-46
		拉线盘埋深		2.4m			

说明：1. 拉线坑回填土须夯实。
2. 拉线包箍根据实际杆径选择确定。
3. 拉线尾线须用镀锌铁线绑扎，JLB20A，50拉线用14号铁线绑扎，JLB20A，80拉线用12号铁线绑扎。
4. 扎线长头为15圈，短头为5圈，短头离线尾留25mm。
5. 上把尾线留35～40cm，下把尾线留45～60cm。
6. 拉线绝缘子应装在距离地面4m以上的位置，并低于最低层的带电导线300mm以下。

图 12-42　GLX 型弓形拉线布置示意图及配置表

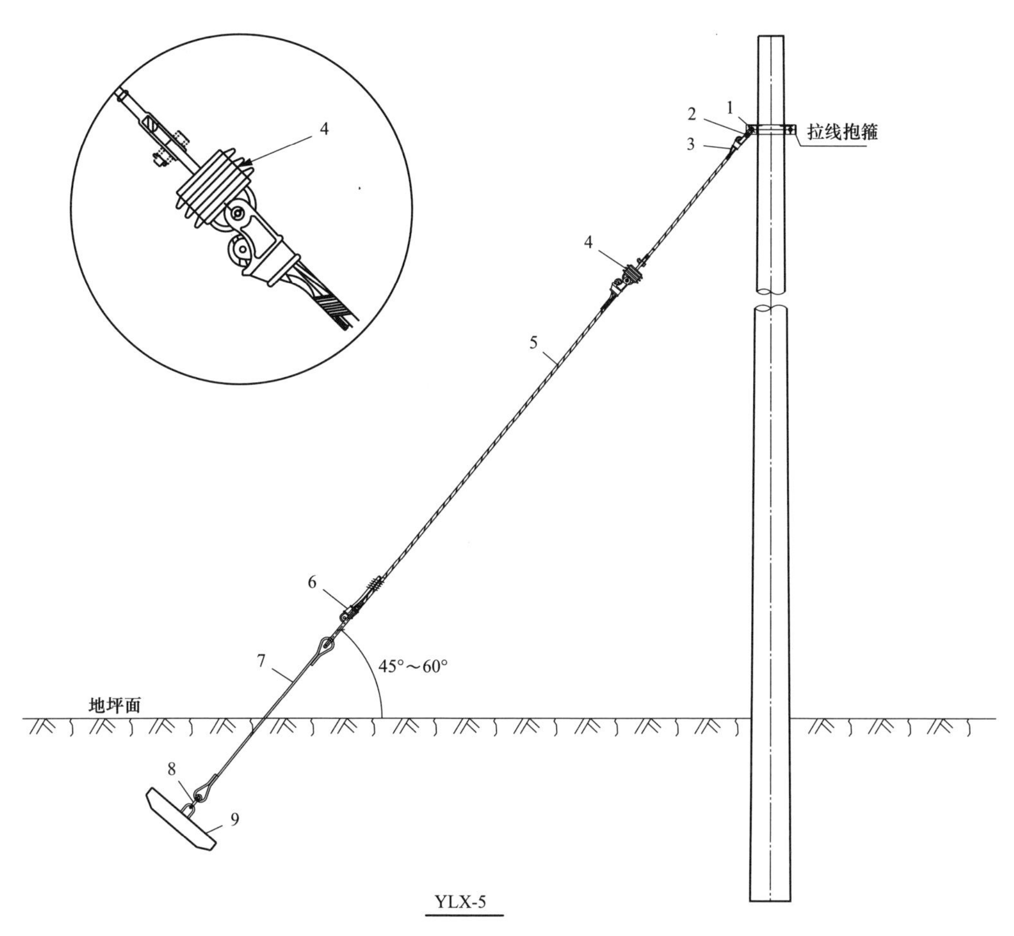

YLX型Y形拉线配置表

型号	编号	名称	单位	YLX-5	数量	备注	加工图号
配置表1	1	拉线抱箍	副	（按实际选定）	2	需热镀锌	图9-56
	2	延长环	只	PH-7	2		
	3	楔形线夹	副	NX-2	6		
	4	拉紧绝缘子	只	JH10-120	2		
	5	铝包钢绞线	根	JLB20A，50	2		
	6	UT线夹	副	NUT-2	2		
	7	拉线棒	根	ϕ22×3000	1		图12-46
	8	拉线用U形环	只	U-25	1		
	9	拉线盘	块	400×800	1		
	10	拉线保护管	个	黄、黑相间	2	按需配置	
		拉线盘埋深	45°	1.8m			
		拉线盘埋深	60°	2.2m			

注 1. 相同钢绞线截面默认表达为YLX-3、YLX-5等；不同截面表达的Y拉YLX-3+5。
2. Y形拉线只适用于双杆配电变台横向进线终端杆用。
本图使用的拉线采用铝包钢绞线。

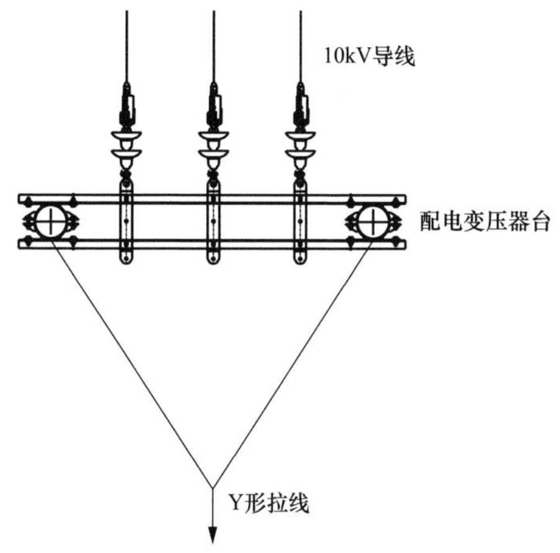

终端杆拉线布置图
（变压器台横向进线）

说明：1. 拉线坑回填土须夯实。
2. 拉线尾线须用镀锌铁线绑扎，JLB20A，50拉线用14号铁线绑扎，JLB20A，80拉线用12号铁线绑扎，JLB20A，100拉线用10号铁线绑扎。
3. 扎线长头为15圈，短头为5圈，短头离线尾留25mm。
4. 上把尾线留35～40cm，下把尾线留45～60cm。
5. 拉线盘尺寸及埋深为可塑黏土的基础形式，实际工程中应进行验算后使用。
6. 拉线棒外露地面部分的长度应为500～700mm。
7. 拉线绝缘子应装在距离地面4m以上的位置，并低于最低层的带电导线300mm以下。

图 12-43 YLX型Y形拉线布置示意图及配置表

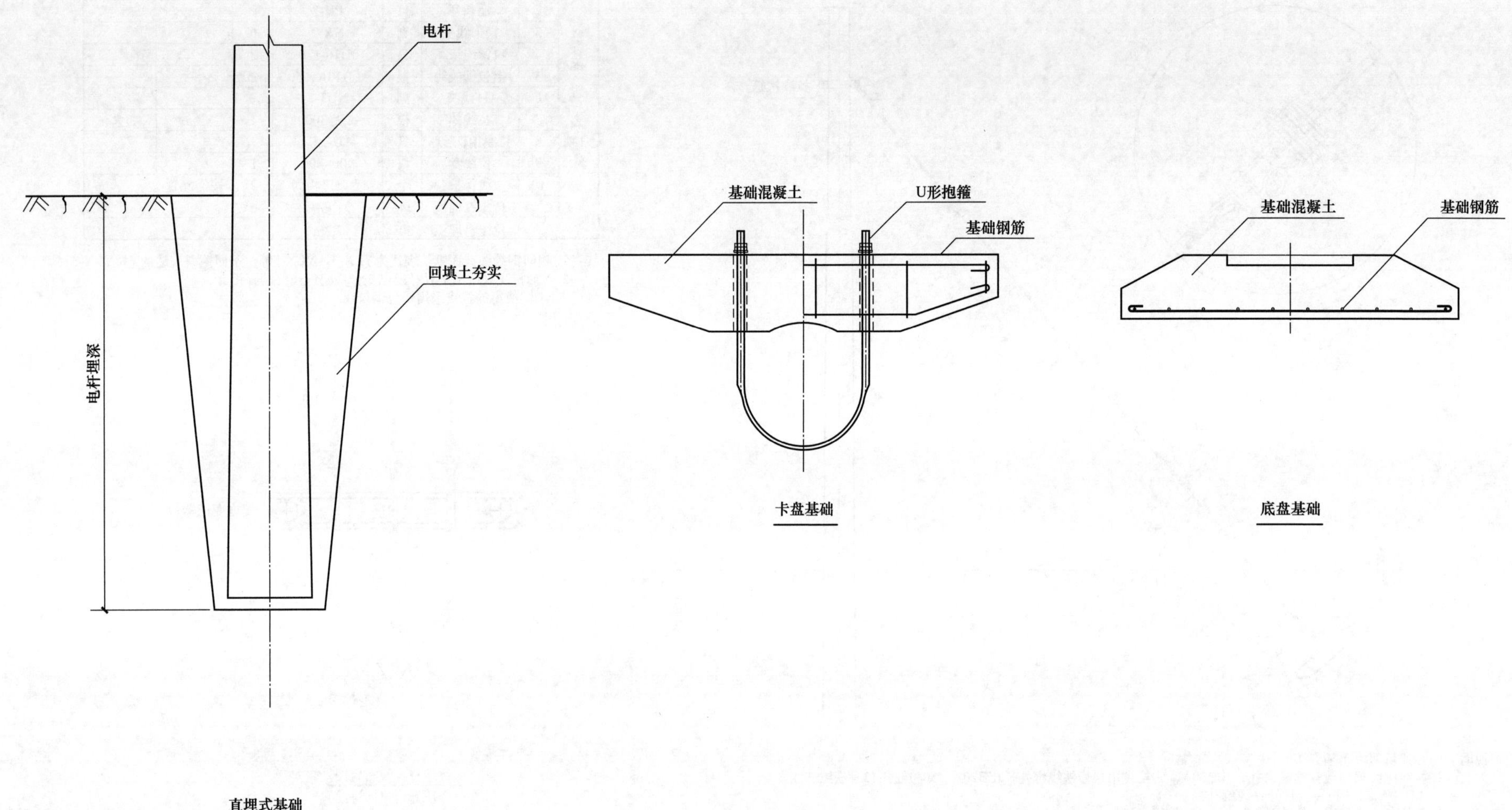

图 12-44　水泥杆基础形式示意图（一）

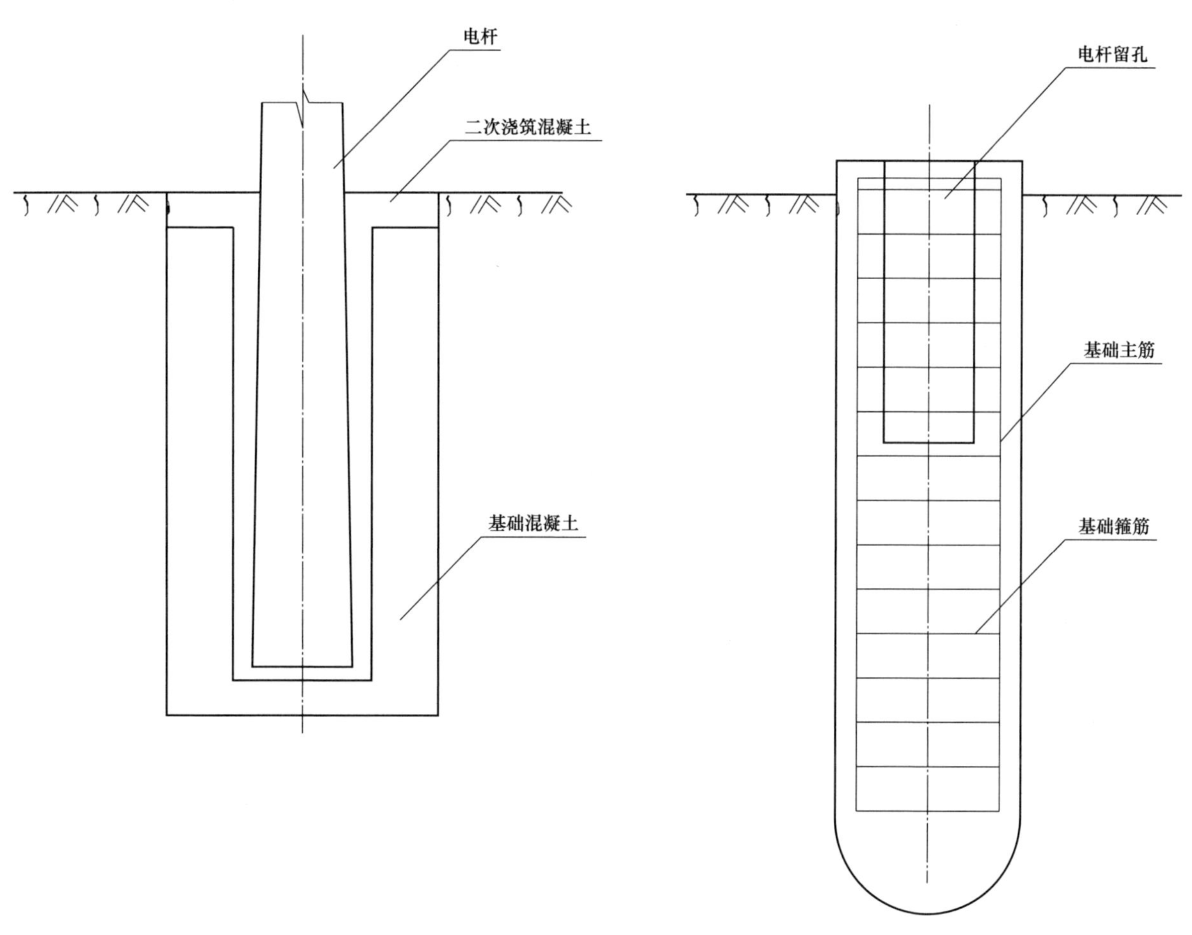

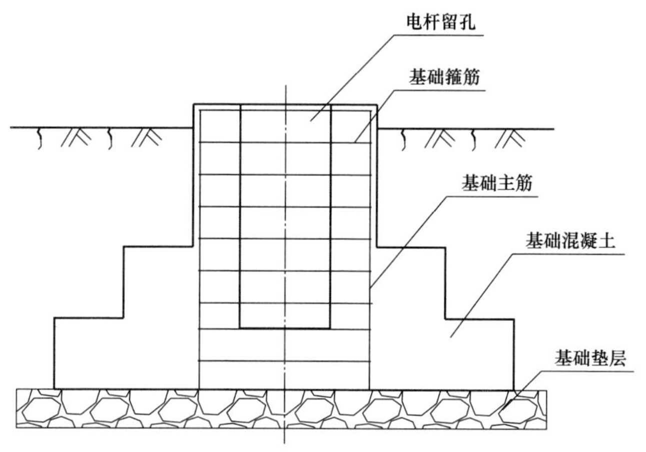

(a) 套筒无筋式基础　　(b) 套筒式基础　　(c) 台阶式基础

图 12-45　水泥杆基础型式示意图（二）

12.4.3 铁附件加工

低压架空线路拉线金具加工图典型设计方案的设计图清单见表 12-81。

表 12-81　　拉线金具加工图典型设计方案设计图清单

图序	图名	图纸编号
1	拉线棒加工示意图	图 12-46
2	拉线盘拉环加工示意图	图 12-47
3	弓形拉横担加工示意图	图 12-48

直径ϕ	A	B	r	适用拉线规格
18	75	100	17	LX-35
20	80	110	17	LX-50
22	100	140	17	LX-80
24	110	150	19	LX-100
26	120	160	20	LX-100
30	130	180	25	2×LX-80
32	140	200	25	2×LX-100

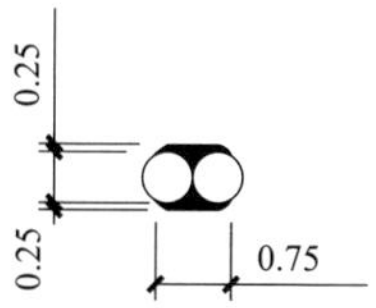

型号	垂直埋深（m）				规格	L (mm)	下料长 (mm)	质量 (kg)
	45°	50°	55°	60°				
ϕ18-21			1.4	1.4	ϕ18	2100	2540	5.08
ϕ18-24	1.4	1.4	1.6	1.6		2400	2840	5.68
ϕ18-27	1.6	1.6	1.8	1.8 / 2.0		2700	3140	6.28
ϕ18-30	1.8	1.8 / 2.0	2.0	2.2		3000	3440	6.88
ϕ18-33	2.0	2.2	2.2			3300	3740	7.48
ϕ18-36	2.2					3600	4040	8.08
ϕ20-24			1.6	1.6	ϕ20	2400	2870	7.08
ϕ20-27	1.6	1.6	1.8	1.8 / 2.0		2700	3170	7.82
ϕ20-30	1.8	1.8 / 2.0	2.0	2.2		3000	3470	8.56
ϕ20-33	2.0	2.2	2.2	2.4		3300	3770	9.30
ϕ20-36	2.2	2.4	2.4			3600	4070	10.04
ϕ20-39	2.4					3900	4370	10.78
ϕ22-27			1.8	1.8 / 2.0	ϕ22	2700	3290	9.82
ϕ22-30	1.8	1.8 / 2.0	2.0	2.2		3000	3590	10.71
ϕ22-33	2.0	2.2	2.2	2.4		3300	3890	11.61
ϕ22-36	2.2	2.4	2.4 / 2.6	2.6		3600	4190	12.50
ϕ22-39	2.4	2.6				3900	4490	13.40
ϕ22-42	2.6					4200	4790	14.29

型号	垂直埋深（m）				规格	L (mm)	下料长 (mm)	质量 (kg)
	45°	50°	55°	60°				
ϕ24-27			1.8	1.8 / 2.0	ϕ24	2700	3350	11.89
ϕ24-30	1.8	1.8 / 2.0	2.0	2.2		3000	3650	12.96
ϕ24-33	2.0	2.2	2.2	2.4		3300	3950	14.02
ϕ24-36	2.2	2.4	2.4 / 2.6	2.6		3600	4250	15.09
ϕ24-39	2.4	2.6				3900	4550	16.15
ϕ24-42	2.6					4200	4850	17.22
ϕ26-27				2.0	ϕ26	2700	3400	14.18
ϕ26-30		2.0	2.0	2.2		3000	3700	15.42
ϕ26-33	2.0	2.2	2.2	2.4		3300	4000	16.70
ϕ26-36	2.2	2.4	2.4 / 2.6	2.6		3600	4300	17.95
ϕ26-39	2.4	2.6	2.6	2.8		3900	4600	19.20
ϕ26-42	2.6	2.8	2.8			4200	4900	20.40
ϕ26-45	2.8					4500	5200	21.70
ϕ30-27				2.0	ϕ30	2700	3460	19.20
ϕ30-30		2.0	2.0	2.2		3000	3760	20.85
ϕ30-33	2.0	2.2	2.2	2.4		3300	4060	22.50
ϕ30-36	2.2	2.4	2.4 / 2.6	2.6		3600	4360	24.20
ϕ30-39	2.4	2.6	2.6	2.8		3900	4660	25.80
ϕ30-42	2.6	2.8	2.8			4200	4960	27.50
ϕ30-45	2.8					4500	5260	29.20
ϕ32-27				2.0	ϕ32	2700	3520	22.24
ϕ32-30		2.0	2.0	2.2		3000	3820	24.14
ϕ32-33	2.0	2.2	2.2	2.4		3300	4120	26.05
ϕ32-36	2.2	2.4	2.4 / 2.6	2.6		3600	4420	27.95
ϕ32-39	2.4	2.6	2.6	2.8		3900	4720	29.81
ϕ32-42	2.6	2.8	2.8			4200	5020	31.71
ϕ32-45	2.8					4500	5320	33.62

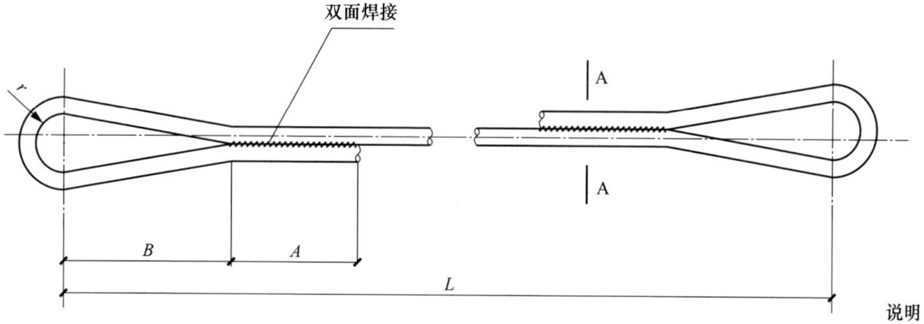

双面焊接

A—A

说明：1. 铁件均需热镀锌。
2. 材料表中的材料为Q235。

图 12-46　拉线棒加工示意图

拉线盘拉环材料表

型号	圆钢		钢板			螺母			单位（副）	合计质量（kg）
	规格（mm）	质量（kg）	规格（mm）	数量	质量（kg）	规格（mm）	数量	质量（kg）		
LPU-22	ϕ22×779	2.32	−10×110×230	1	2.1	M22	4	0.3	1	4.72
LPU-26	ϕ26×779	3.24	−10×110×230	1	2.1	M26	4	0.5	1	5.84
LPU-28	ϕ28×779	3.76	−10×110×230	1	2.1	M28	4	0.6	1	6.46

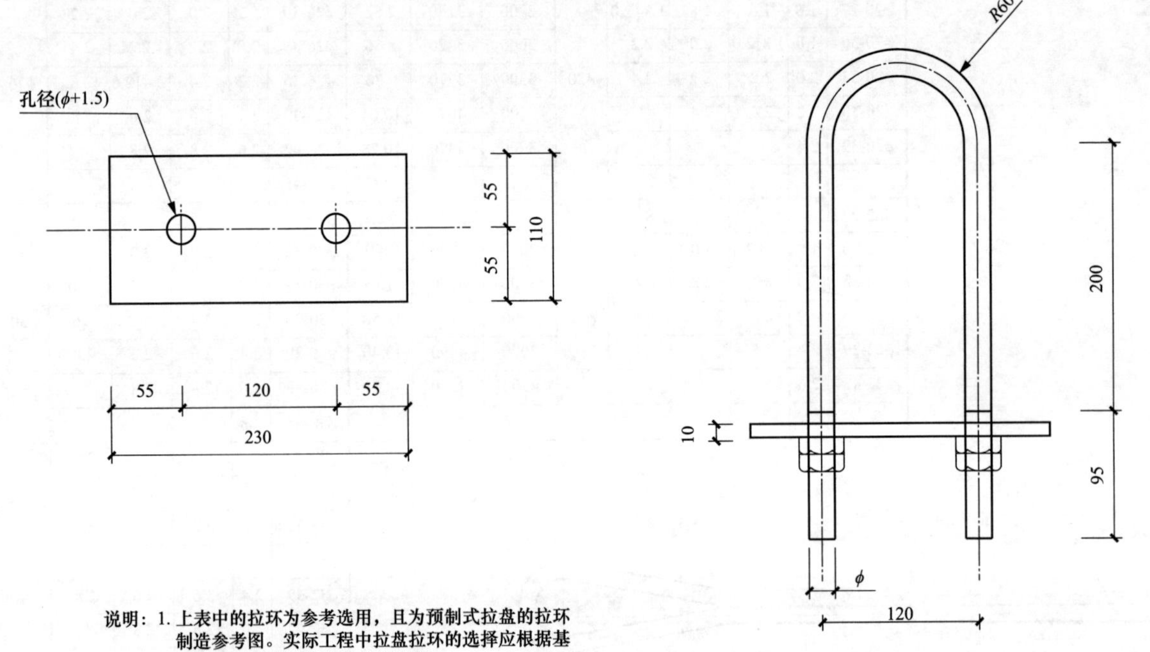

说明：1. 上表中的拉环为参考选用，且为预制式拉盘的拉环制造参考图。实际工程中拉盘拉环的选择应根据基础拉盘的形式及拉线受力来选用。
2. 腐蚀地区拉环直径（ϕ）应适当加大2～4mm或采取其他有效的防腐措施。
3. 钢材选用Q235，采用热镀锌处理。

图 12-47　拉线盘拉环加工示意图

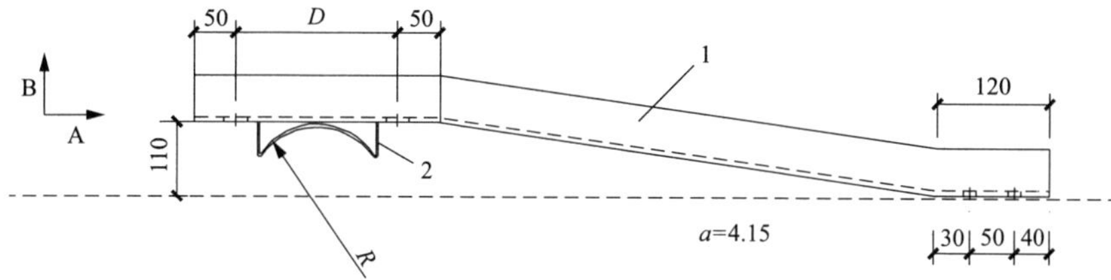

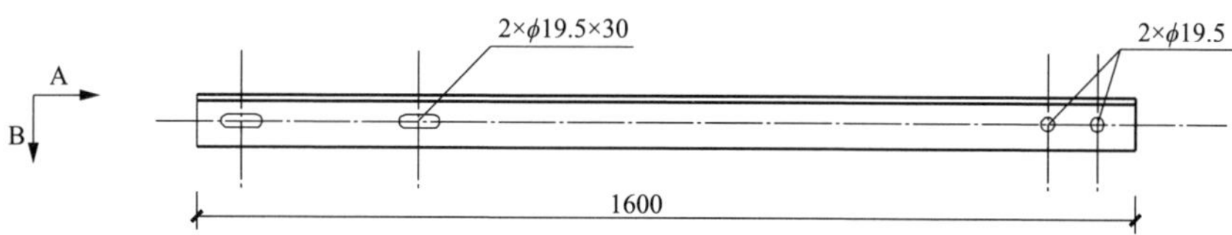

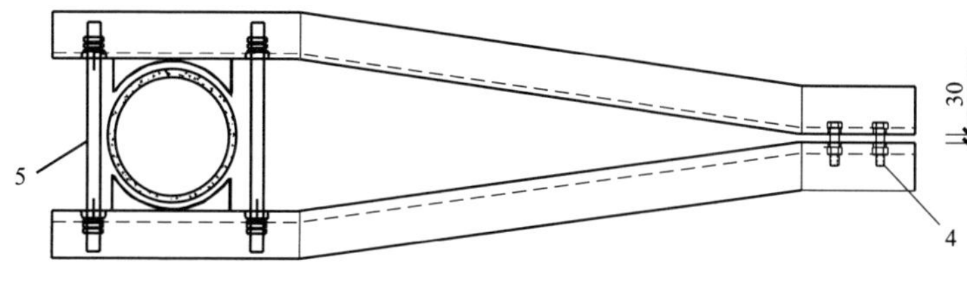

弓形拉横担制造图

杆径（mm）	型号	编号	材料名称	规格（mm）	单位	数量	质量（kg）		合计总重（kg）1+2+3+4+5	适用范围	备注
							一件	小计			
ϕ150	LHD-150	1	角钢	L63×6×1600	块	2	10.3	20.6	28.6	ϕ150～ϕ190稍杆	
		2	扁钢	−50×5×180	块	2	0.35	0.7			
		3	拉线棒	ϕ18×2100	根	1	5.08	5.1			
		4	单头螺栓	M18×70	个	2	0.32	0.6			
		5	双头螺栓	M18×280	个	2	0.8	1.6			
ϕ190	LHD-190	1	角钢	L63×6×1600	块	2	10.3	20.6	29	ϕ190～ϕ230稍杆	
		2	扁钢	−50×5×220	块	2	0.43	0.9			
		3	拉线棒	ϕ18×2100	根	1	5.08	5.1			
		4	单头螺栓	M18×70	个	2	0.32	0.6			
		5	双头蝶栓	M18×320	个		0.9	1.8			
ϕ230	LHD-230	1	角纲	L63×6×1600	共	2	10.3	20.6	29.3	ϕ230～ϕ270稍杆	
		2	扁钢	−50×5×260	块	2	0.51	1.0			
		3	拉线棒	ϕ18×2100	根	1	5.08	5.1			
		4	单头螺栓	M18×70	个	2	0.32	0.6			
		5	双头蝶栓	M18×340	个	2	1.0	2.0			

说明：1. 铁件均需热镀锌。
2. 如同一根杆中使用双侧横担，加工孔时应镜像加工。
3. 图中R的尺寸是根据铁件安装在距杆顶的不同高度和电杆梢径来决定的。
4. 材料表中的角钢材料为Q235。

图 12-48　弓形拉横担加工示意图

12.5　防雷及接地

12.5.1　设计依据

低压架空配电线路防雷与接地的设计，主要依据 GB/T 50065《交流电气装置的接地设计规范》、DL/T 5220《10kV 及以下架空配电线路设计技术规程》、DL/T 499《农村低压电力技术规程》、GB 50173《电气装置安装工程 66kV 及以下架空电力线路施工及验收规范》、GB 50169《电气装置安装工程接地装置施工及验收规范》。

12.5.2　防雷措施

（1）多雷区，为防止雷电波或低压侧雷电波击穿配电变压器高压侧的绝缘，宜在低压侧装设浪涌保护器。如低压侧中性点不接地，应在低压侧中性点装设击穿熔断器。

（2）为防止雷电波沿低压绝缘线路侵入建筑物，接户线上绝缘子铁脚宜接地，其接地电阻不大于 30Ω。年平均雷暴日数不超过 30 日/年的地区和 1kV 以下配电线被建筑物屏蔽的地区以及接户线与 1kV 以下干线接地点的距离不大于 50m 的地方，绝缘子铁脚可不接地。

12.5.3　接地方式选择

（1）低压配电网接地型式应根据台区线路类型、运行环境和用户负荷性质等具体情况进行选择。

（2）采用纯电缆线路供电的低压台区，应优先选用 TN-S 接地型式。

（3）采用架空导线或混缆线路供电的低压台区，应优先选用 TT 接地型式，当台区没有农业生产用电、走廊通道良好、线路全绝缘化且不存在破损的情况下，电网侧可选用 TN-C-S 接地型式。

（4）低压配电网采用 TT 系统时，应采取分级保护，应配置中级剩余电流保护动作装置，按照 Q/GDW 10370《配电网技术导则》、Q/GDW 11008《低压计量箱技术规范》执行。

（5）采用 TN-C 系统时，1kV 以下配电线路中的中性线，应在电源点接地，在干线和分干线终端处，应重复接地。在配电线路引入大型建筑物处，如距接地点超过 50m，应将中性线重复接地。为了保证在故障时保护中性线的电位尽可能保持接近大地电位，保护中性线应均匀分配地重复接地。

总容量为 100kVA 及以上的变压器，其接地装置的接地电阻不应大于 4Ω，每个重复接地装置的接地电阻不应大于 10Ω。总容量为 100kVA 以下的变压器，其接地装置的接地电阻不应大于 10Ω，每个重复接地装置的接地电阻不应大于 30Ω，且重复接地不应少于 3 处。

12.5.4　接地体装设要求及型式

（1）接地体的埋设深度应不小于 0.6m（对于永冻土地区应敷设深钻式接地极，或充分利用井管或其他深埋地下的金属构件作接地极，还应敷设深垂直接地极，其深度应保证深入冻土层下面的土壤至少 0.5m），接地体与地下（燃气管、送水管等）的间距应满足规程要求。

（2）接地体宜采用垂直敷设或水平敷设，接地体和接地线的最小规格圆钢直径不小于 8mm，扁钢截面积不小于 $48mm^2$，同时厚度不小于 4mm，角钢肢厚不小于 4mm，钢管壁厚不小于 3.5mm，绞线截面积不小于 $25mm^2$。

（3）在腐蚀严重地区，对埋入地下的接地极宜采取适合当地条件的防腐蚀措施，接地线与接地极或接地极之间的焊接点应涂防腐材料。

（4）典型设计给出垂直放射形等常用的接地体安装图供设计人员选择，见图 12-49～图 12-53。

12.5.5　接地体型式代号

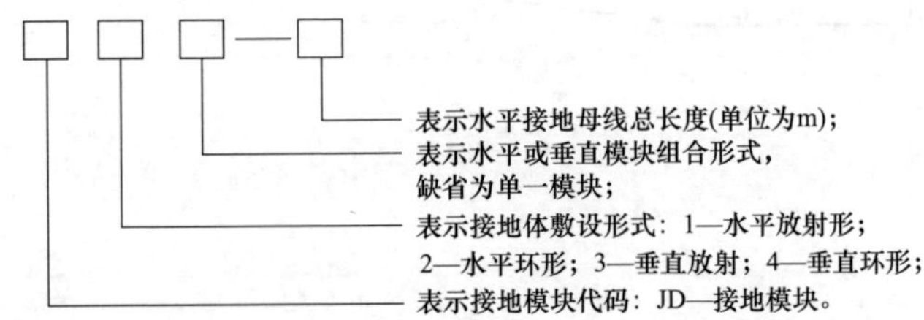

例如："JD3-30"表示"垂直放射，接地母线长度 30m"。

12.5.6　设计图

接地体安装图清单见表 12-82。

表 12-82　　　　　　　　　　接地体安装图清单

图序	图名	图纸编号
1	垂直放射形接地体安装示意图（上杆）	图 12-49
2	垂直环形接地体安装示意图（上杆）	图 12-50
3	垂直放射形接地体安装示意图（上杆，新型镀铜接地）	图 12-51
4	垂直放射形接地体安装示意图（壁挂式金属箱体）	图 12-52
5	垂直放射形接地体安装示意图（壁挂式金属箱体，新型镀铜接地）	图 12-53

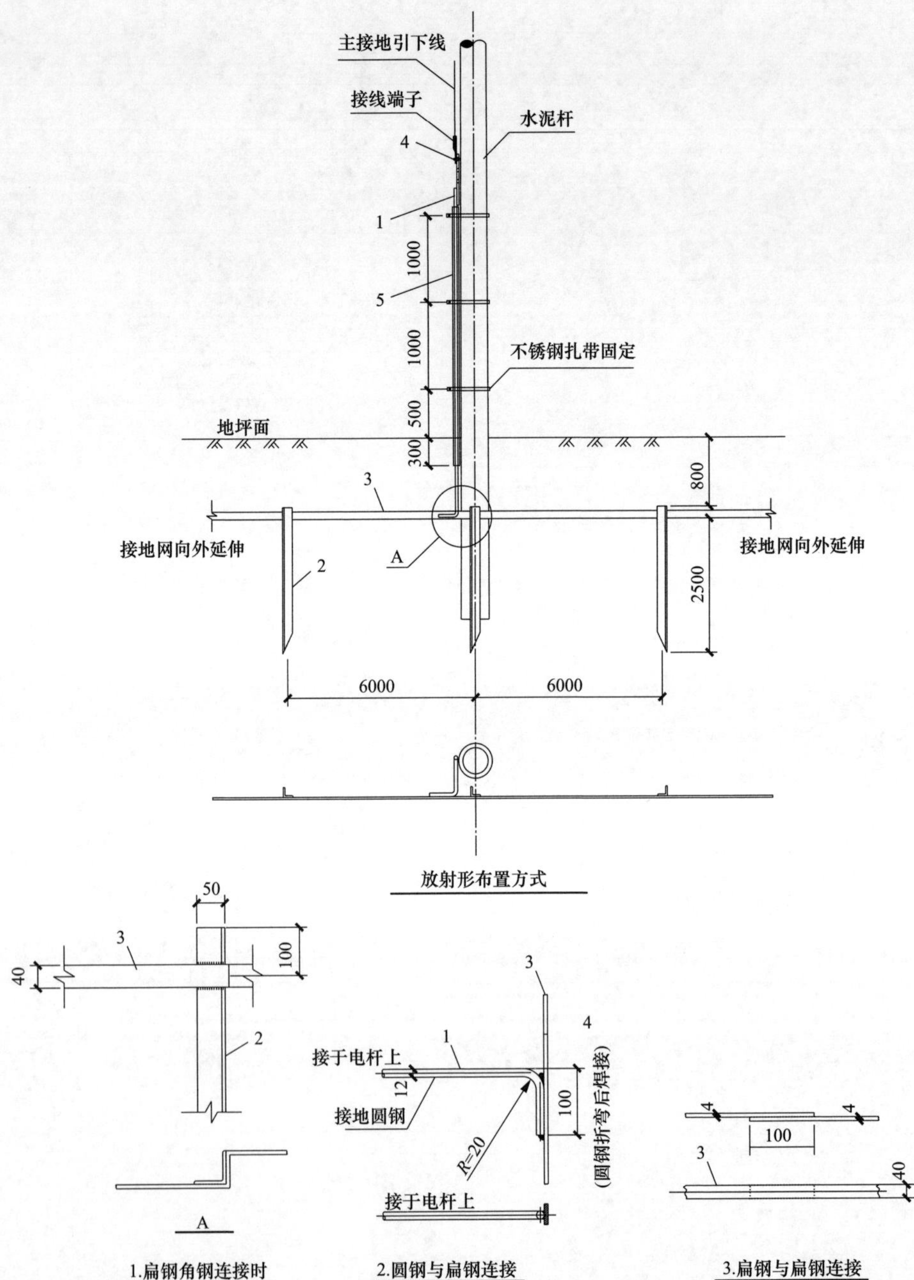

垂直放射形接地体材料表

接地代号	编号	名 称	规格型号（mm）	单位	数量	质量（kg）		备注
						单件	小计	
JD3-12	1	接地圆钢	JDS-4000	副	1	3.81	47.24	—
	2	垂直接地铁	JDZ-2500	副	3	9.43		
	3	水平接地铁	JDP-6m	副	2	7.56		
	4	单头螺栓	M12×40	套	1	0.02		
	5	PVC套管	ϕ20	m	3			
JD3-30	1	接地圆钢	JDS-4000	副	1	3.81	98.21	—
	2	垂直接地铁	JDZ-2500	副	6	9.43		
	3	水平接地铁	JDP-6m	副	5	7.56		
	4	单头螺栓	M12×40	套	1	0.02		
	5	PVC套管	ϕ20	m	3			
JD3-60	1	接地圆钢	JDS-4000	副	1	3.81	192.59	—
	2	垂直接地铁	JDZ-2500	副	12	9.43		
	3	水平接地铁	JDP-6m	副	10	7.56		
	4	单头螺栓	M12×40	套	1	0.02		
	5	PVC套管	ϕ20	m	3			

注 表内的各组接地需配3条不锈钢扎带进行绑扎固定。

说明：1. 本图中的架空线路杆塔接地装置型式需根据现场地形及土壤电阻率情况进行选配，具体选配参考如下：

（1） 图中JD3-12适用于土壤电阻率ρ≤300Ω·m的石质黏土，潮湿黏土、黄土、细沙混合土、亚沙土、亚黏土等。设计接地电阻R≤30Ω。该接地也可适用于：土壤电阻率ρ≤100Ω·m的耕土、腐植土、黏土、淤泥、黑土、泥沼地、盐渍土等，设计接地电阻R≤10Ω。

（2） 图中JD3-30适用于土壤电阻率ρ≤300Ω·m的石质黏土，潮湿黏土、黄土、细沙混合土、亚沙土、亚黏土等。设计接地电阻R≤10Ω。该接地也可适用于：土壤电阻率ρ≤100Ω·m的耕土、腐植土、黏土、淤泥、黑土、泥沼地、盐渍土等，设计接地电阻R≤4Ω。

（3） 图中JD3-60适用于土壤电阻率ρ≤300Ω·m的石质黏土，潮湿黏土、黄土、细沙混合土、亚沙土、亚黏土等。设计接地电阻R≤10Ω。

（4） 如以上三种的接地型式无法满足接地电阻要求时（或土壤电阻率超过设计值时，以上三种接地型式仍无法满足接地电阻要求的情况下），可采用其他接地型式或采用降阻剂等措施进行降阻。

2. 接地装置的连接应可靠，连接前，应清除连接部位的铁锈及其附着物。
3. 接地装置的焊接应采用搭接焊。除本图特别说明外，其余施工搭接长度应符合下列规定：

（1） 扁钢与扁钢的搭接长度应为扁钢宽度的2倍，四面施焊。

（2） 圆钢与圆的搭接长度应为圆钢直径的6倍，双面施焊。

（3） 圆钢与扁钢连接时，其搭接长度应为圆钢直径的6倍，双面施焊。

（4） 扁钢与钢管、扁钢与角钢焊接，紧贴角钢外侧两面，或紧贴3/4钢管表面，上、下两侧施焊。

4. 接地装置的铁构件均需热镀锌．材料表中铁件材料为Q345，焊条规格为E50。

图 12-49 垂直放射形接地体安装示意图（上杆）

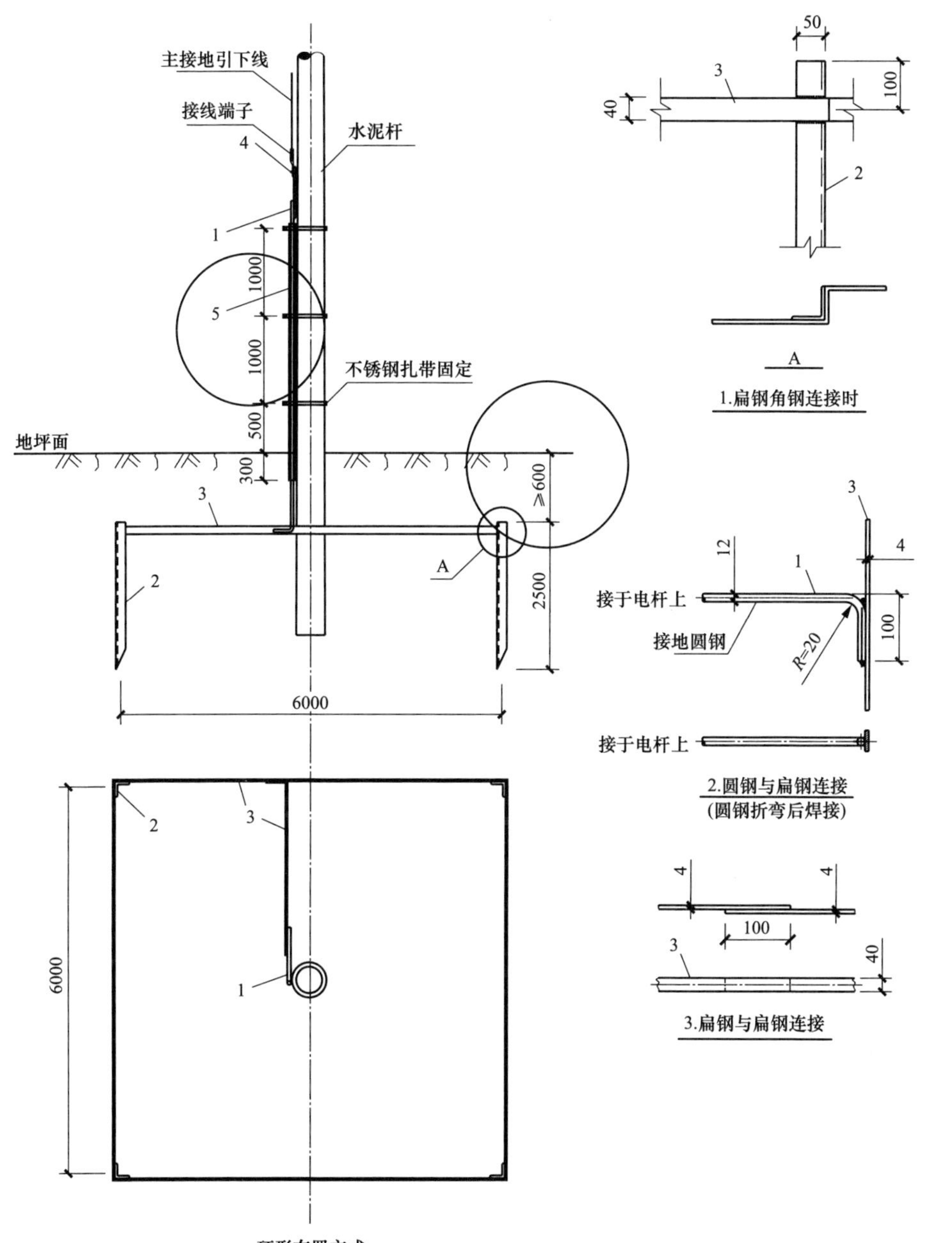

垂直环形接地体材料表

接地代号	编号	名称	规格型号(mm)	单位	数量	质量(kg) 单件	质量(kg) 小计
JD4-24	1	接地圆钢	JDS-4000	副	1	3.81	75.6
	2	垂直接地铁	JDZ-2500	副	4	9.43	
	3	水平接地铁	JDP-6m	副	4.5	7.56	
	4	单头螺栓	M12×40	套	1	0.02	
	5	PVC套管	ϕ20	m	3		
JD4-48	1	接地圆钢	JDS-4000	副	1	3.81	143.5
	2	垂直接地铁	JDZ-2500	副	8	9.43	
	3	水平接地铁	JDP-6m	副	8.5	7.56	
	4	单头螺栓	M12×40	套	1	0.02	
	5	PVC套管	ϕ20	m	3		

注　表内的各组接地需配3条不锈钢扎带进行绑扎固定。

说明：1. 本图中的架空线路或配电变台等接地装置型式需根据现场地形及土壤电阻率情况进行选配，具体选配参考如下：

(1)　图中JD4-24适用于土壤电阻率$\rho \leqslant 100\Omega/m$的耕土、腐植土、黏土、淤泥、黑土、泥沼地、盐渍土等，设计接地电阻$R \leqslant 4\Omega$。该接地也可适用于：土壤电阻率$\rho \leqslant 300\Omega/m$的石质黏土，潮湿黏土、黄土、细沙混合土、亚沙土、亚黏土等。设计接地电阻$R \leqslant 10\Omega$。

(2)　图中JD4-48适用于土壤电阻率$\rho \leqslant 300\Omega/m$的石质黏土，潮湿黏土、黄土、细沙混合土、亚沙土、亚黏土等。设计接地电阻$R \leqslant 4\Omega$。

(3)　以上接地装置配置只为参考值，具体以实际现场为准。如两种土壤电阻率大于设计值时，应使用降阻剂等相应的降阻措施。

2. 接地装置的连接应可靠，连接前，应清除连接部位的铁锈及其附着物。

3. 接地装置的焊接应采用搭接焊。除本图特别说明外，其余施工搭接长度应符合下列规定：

(1)　扁钢与扁钢的搭接长度应为扁钢宽度的2倍，四面施焊。

(2)　圆钢与圆的搭接长度应为圆钢直径的6倍，双面施焊。

(3)　圆钢与扁钢连接时，其搭接长度应为圆钢直径的6倍，双面施焊。

(4)　扁钢与钢管、扁钢与角钢焊接，紧贴角钢外侧两面，或紧贴3/4钢管表面，上、下两侧施焊。

4. 接地装置的铁构件均需热镀锌．材料表中铁件材料为Q235，焊条规格为E43。

图 12-50　垂直环形接地体安装示意图（上杆）

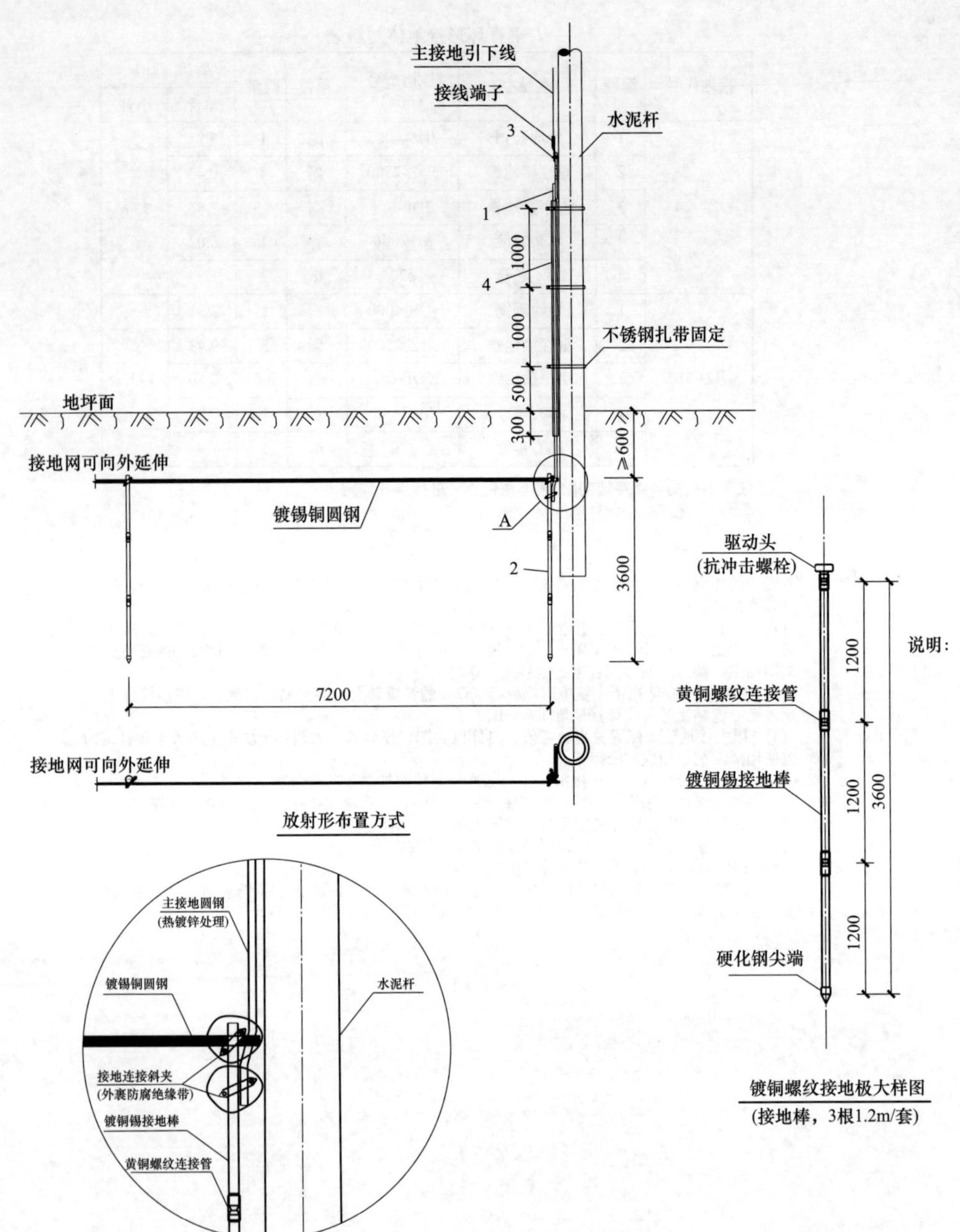

垂直放射形接地体材料表

接地代号	编号	名 称	规格型号 (mm)	单位	数量	质量（kg）	
						单件	小计
JD7-4	1	接地圆钢	JDS-4000	副	1	3.81	13.23
	2	新型镀铜接地材料	JDZ-3600	套	1	9.40	
	3	单头螺栓	M12×40	套	1	0.02	
	4	PVC套管	$\phi20$	m	3		
JD7-8	1	接地圆钢	JDS-4000	副	1	3.81	22.63
	2	新型镀铜接地材料	JDZ-3600	套	2	9.40	
	3	单头螺栓	M12×40	套	1	0.02	
	4	PVC套管	$\phi20$	m	3		
JD7-24	1	接地圆钢	JDS-4000	副	1	3.81	41.43
	2	新型镀铜接地材料	JDZ-3600	套	4	9.40	
	3	单头螺栓	M12×40	套	1	0.02	
	4	PVC套管	$\phi20$	m	3		

注　1. 表内的各组接地需配3条不锈钢扎带进行绑扎固定。
2. 每套新型镀铜接地材料包含：镀铜锡接地棒、镀锡铜圆钢、黄铜连接管、抗冲击螺栓、防腐蚀带、硬化钢尖端、接地夹在内。

说明：1. 本图中的架空线路或配电变台等接地装置型式需根据现场地形及土壤电阻率情况进行选配，具体选配参考如下：

(1) 图中JD7-4适用于土壤电阻率$\rho\leqslant100\Omega/m$的耕土、腐植土、黏土、淤泥、黑土、泥沼地、盐渍土等，设计接地电阻$R\leqslant30\Omega$。

(2) 图中JD7-8适用于土壤电阻率$\rho\leqslant100\Omega/m$的耕土、腐植土、黏土、淤泥、黑土、泥沼地，盐渍土等，设计接地电阻$R\leqslant4\Omega$。该接地也可适用于：土壤电阻率$\rho\leqslant300\Omega/m$的石质黏土，潮湿黏土、黄土、细沙混合土、亚沙土、亚黏土等，设计接地电阻$R\leqslant10\Omega$。

(3) 图中JD7-24适用于土壤电阻率$\rho\leqslant300\Omega/m$的石质黏土，潮湿黏土、黄土、细沙混合土、亚沙土、亚黏土等，设计接地电阻$R\leqslant4\Omega$。

(4) 以上接地装置配置只为参考值，具体以实际现场为准。如三种土壤电阻率大于设计值时，应使用降阻剂等相应的降阻措施。

2. 接地装置的连接应可靠，连接前，应清除连接部位的铁锈及其附着物。
3. 本接地网由镀铜锡接地棒、镀锡铜圆钢及其配套附件组成，杆上主接地引下线采用接地圆钢（主接地引下线镀锌圆钢材料不列在新型镀铜接地成套材料在内，材料另外单列）。
4. 水平接地体埋设于接地沟槽内，接地沟槽埋深0.8m。水平接地体与主接地引下线圆钢及垂直接地极需采用接地连接斜夹连接，为保证埋入土壤中的接地连接斜线夹不被腐蚀，各连接处需采用防腐绝缘带缠绕进行防腐处理。

图 12-51　垂直放射形接地体安装示意图（上杆，新型镀铜接地）

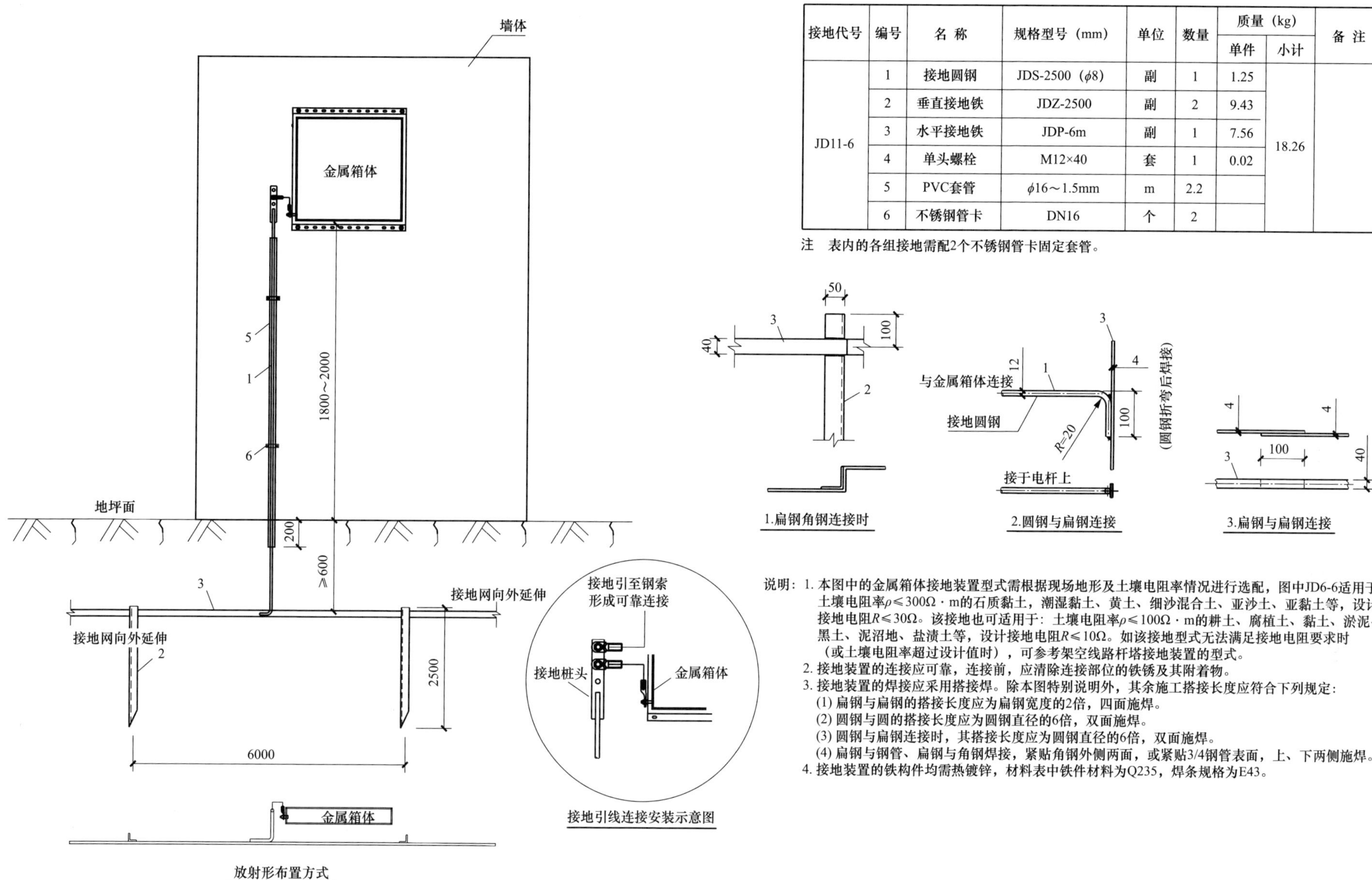

垂直放射形接地体材料表

接地代号	编号	名 称	规格型号（mm）	单位	数量	质量（kg）		备 注
						单件	小计	
JD11-6	1	接地圆钢	JDS-2500（ϕ8）	副	1	1.25	18.26	
	2	垂直接地铁	JDZ-2500	副	2	9.43		
	3	水平接地铁	JDP-6m	副	1	7.56		
	4	单头螺栓	M12×40	套	1	0.02		
	5	PVC套管	ϕ16～1.5mm	m	2.2			
	6	不锈钢管卡	DN16	个	2			

注 表内的各组接地需配2个不锈钢管卡固定套管。

说明：1. 本图中的金属箱体接地装置型式需根据现场地形及土壤电阻率情况进行选配，图中JD6-6适用于土壤电阻率$\rho \leqslant 300\Omega \cdot m$的石质黏土，潮湿黏土、黄土、细沙混合土、亚沙土、亚黏土等，设计接地电阻$R \leqslant 30\Omega$。该接地也可适用于：土壤电阻率$\rho \leqslant 100\Omega \cdot m$的耕土、腐植土、黏土、淤泥、黑土、泥沼地、盐渍土等，设计接地电阻$R \leqslant 10\Omega$。如该接地型式无法满足接地电阻要求时（或土壤电阻率超过设计值时），可参考架空线路杆塔接地装置的型式。

2. 接地装置的连接应可靠，连接前，应清除连接部位的铁锈及其附着物。

3. 接地装置的焊接应采用搭接焊。除本图特别说明外，其余施工搭接长度应符合下列规定：

(1) 扁钢与扁钢的搭接长度应为扁钢宽度的2倍，四面施焊。

(2) 圆钢与圆的搭接长度应为圆钢直径的6倍，双面施焊。

(3) 圆钢与扁钢连接时，其搭接长度应为圆钢直径的6倍，双面施焊。

(4) 扁钢与钢管、扁钢与角钢焊接，紧贴角钢外侧两面，或紧贴3/4钢管表面，上、下两侧施焊。

4. 接地装置的铁构件均需热镀锌，材料表中铁件材料为Q235，焊条规格为E43。

图 12-52 垂直放射形接地体安装示意图（壁挂式金属箱体）

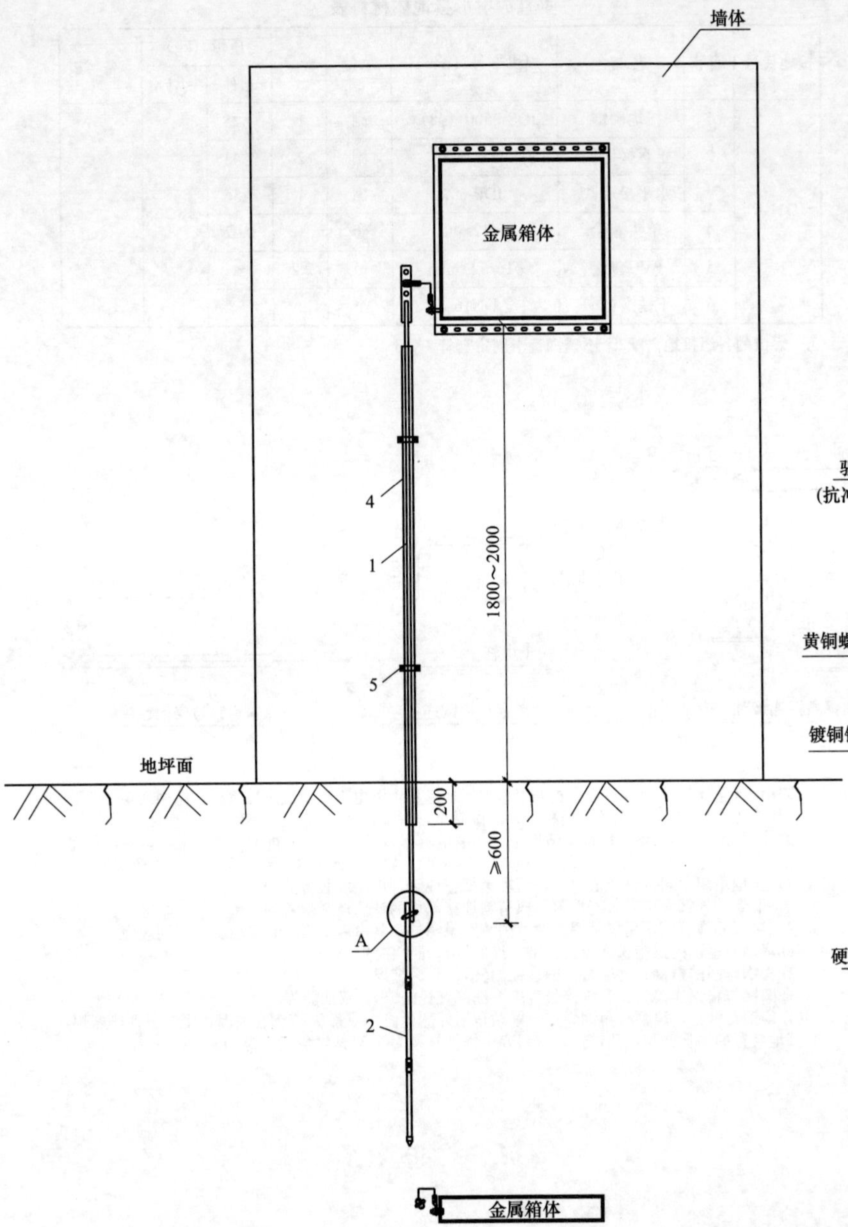

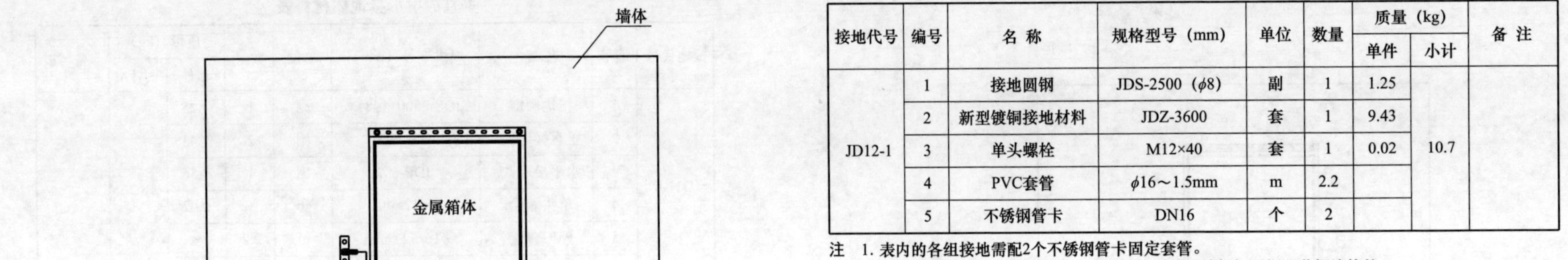

垂直放射形接地体材料表

接地代号	编号	名 称	规格型号（mm）	单位	数量	质量（kg）		备 注
						单件	小计	
JD12-1	1	接地圆钢	JDS-2500（ϕ8）	副	1	1.25	10.7	
	2	新型镀铜接地材料	JDZ-3600	套	1	9.43		
	3	单头螺栓	M12×40	套	1	0.02		
	4	PVC套管	ϕ16～1.5mm	m	2.2			
	5	不锈钢管卡	DN16	个	2			

注 1. 表内的各组接地需配2个不锈钢管卡固定套管。
2. 每套新型镀铜接地材料包含：镀铜锡接地棒、镀锡铜圆钢、黄铜连接管、抗冲击螺栓、防腐蚀带、硬化钢尖端、接地夹在内。

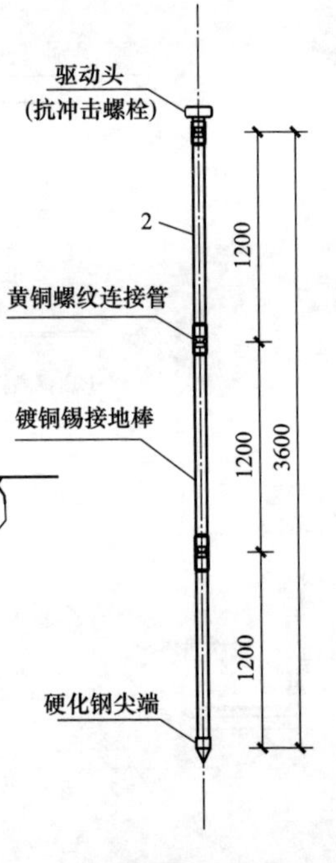

镀铜螺纹接地极大样图

（接地棒，3根1.2m/套）

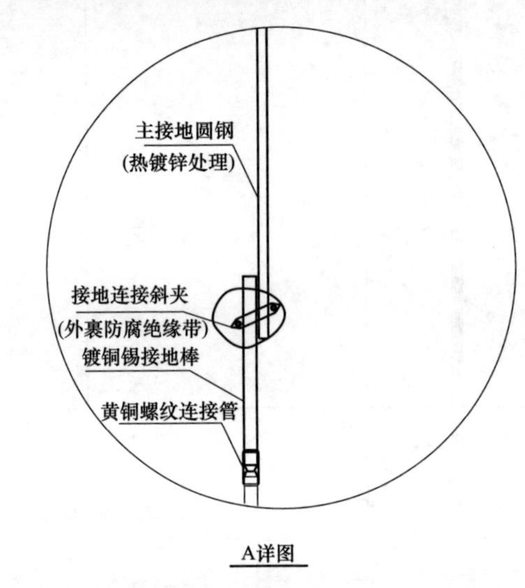

A详图

说明：1. 本图中的金属箱体接地装置型式需根据现场地形及土壤电阻率情况进行选配，图中JD9-1适用于土壤电阻率$\rho\leqslant100\Omega$/m的耕土、腐植土、黏土、淤泥、黑土、泥沼地、盐渍土等，设计接地电阻$R\leqslant10\Omega$。该接地也可适用于：土壤电阻率$\rho\leqslant300\Omega$/m的石质黏土，潮湿黏土、黄土、细沙混合土、亚沙土、亚黏土等。设计接地电阻$R\leqslant30\Omega$。如土壤电阻率大于设计值时，可扩大接地网或使用降阻剂等相应的降阻措施。
2. 接地装置的连接应可靠，连接前，应清除连接部位的铁锈及其附着物。
3. 本接地网由镀铜锡接地棒、镀锡铜圆钢组成及其配套附件组成，杆上主接地引下线采用接地圆钢（主接地引下线镀锌圆钢材料不列在新型镀铜接地成套材料在内，材料另外单列）。
4. 水平接地体埋设于接地沟槽内，接地沟槽埋深0.8m。水平接地体与主接地引下线圆钢及垂直接地极需采用接地连接斜夹连接，为保证埋入土壤中的接地连斜线夹不被腐蚀，各连接处需采用防腐绝缘带缠绕进行防腐处理。

图 12-53 垂直放射形接地体安装示意图（壁挂式金属箱体，新型镀铜接地）

第 13 章　低压电缆线路典型设计

13.1　概述

低压电缆线路典型设计适用于国网福建电力内新建、改造交流额定电压 1kV 电力电缆线路，包括电缆本体、附件与相关建（构）筑物的排水、消防和火灾报警系统等。

电缆线路设计应遵循：安全可靠、技术先进、标准统一、控制成本、环保节约的设计原则。在设计中，努力做到设计方案先进性、经济性、适用性和灵活性的协调统一。电缆线路的敷设方式分为排管和电缆井两个模块。

13.2　电气部分

13.2.1　环境条件选择

本典型设计采用的环境条件，见表 13-1。

表 13-1　环　境　条　件

项目		单位	参数
海拔		m	≤1000
最高环境温度		℃	+45
最低环境温度		℃	−40
土壤最高环境温度		℃	+35
土壤最低环境温度		℃	−20
日照强度（户外）		W/cm^2	0.1
湿度	日相对湿度平均值	%	≤95
湿度	月相对湿度平均值	%	≤90
雷电日		d/a	40
最大风速（户外）		m/s	35
电缆敷设方式		排管、电缆沟、电缆井	

注　本典型设计以上述参数为边界条件，其他环境条件使用前请自行校验。

13.2.2　环境条件选择

本典型设计采用的运行条件，见表 13-2。

表 13-2　运　行　条　件

标称电压（V）	220/380
允许电压偏差	单相+7%～−10%，三相±7%
系统频率（Hz）	50
系统接地方式	TN、TT

13.2.3　电缆路径选择

（1）电缆线路应与各种管线和其他市政设施统一安排，且应征得规划部门认可。

（2）电缆敷设路径应综合考虑路径长度、施工、运行和维护方便等因素，统筹兼顾，在符合安全性要求下，电缆敷设路径应有利于降低电缆及其构筑物的综合投资。

（3）应避开可能挖掘施工的地方，避免电缆遭受机械性外力、过热、腐蚀等危害。

（4）供敷设电缆用的土建设施宜按电网远期规划并预留适当裕度一次建成。

（5）电缆在任何敷设方式及其全部路径条件的上下左右改变部位，均应满足电缆允许弯曲半径要求。本典型设计电缆允许最小弯半径应为电缆外径的 15 倍。

（6）如遇湿陷性、淤泥、冻土等特殊地质应进行相应的地基处理。

13.2.4　电缆选择原则

（1）电力电缆的选用应满足负荷要求、热稳定校验、敷设条件、安装条件、对电缆本体的要求、运输条件等。在未考虑以上因素，电缆按负荷载流量 1.5 倍系数选取。

（2）电力电缆通常情况下采用交联聚乙烯绝缘，应具有挤塑外护套；高层住宅建筑中明敷的线缆应选用低烟、低毒的阻燃类线缆。

（3）电缆截面的选择。选择电缆截面，应在电缆额定载流量的基础上，考虑环境温度、并行敷设、热阻系数、埋设深度以及户外架空敷设无遮阳时的日照影响等因素后选择。

13.2.5　电缆型号及使用范围

低压电力电缆线路一般选用四芯、五芯铝芯电缆，电缆型号、名称及其适用范围，见表13-3。

表13-3　　低压电缆型号、名称及其适用范围

型号		名称	适用范围
铝芯	ZC-YJLY22	阻燃C级交联聚乙烯、绝缘钢带铠装聚乙烯护套铝芯电力电缆	可在土壤直埋敷设，能承受机械外力作用，但不能承受大的拉力
铝芯	ZC-YJLY	阻燃C级交联聚乙烯、绝缘聚乙烯护套铝芯电力电缆	不能承受机械外力作用

（1）电缆铠装、外护套选择。不同敷设方式下，电缆铠装、外护套宜按表13-4选择。

表13-4　　低压电缆铠装、外护套选择

敷设方式	铠装/无铠装	外护套
排管、电缆沟、电缆井	铠装/无铠装	聚乙烯

注　1. 在潮湿、含化学腐蚀环境或易受水浸泡的电缆，宜选用聚乙烯等类型材料的外护套。
2. 有白蚁危害的场所应采用金属铠装，或在非金属外护套外采用防白蚁护套。
3. 有鼠害的场所宜采用金属铠装，或采用硬质护套。
4. 有化学溶液污染的场所应按其化学成分采用相应材质的外护套。

（2）电缆截面选择。

1）导体最高允许温度按表13-5选择。

表13-5　　导体最高允许温度选择

绝缘类型	最高允许温度（℃）	
	持续工作	短路暂态
交联聚乙烯	90	250

2）电缆导体最小截面的选择，应同时满足规划载流量和通过可能的最大短路电流时热稳定的要求。低压交联电缆参考载流量见表13-6。

3）连接回路在最大工作电流作用下的电压降，不得超过该回路允许值。

4）电缆导体截面的选择应结合敷设环境来考虑，低压常用电缆可参考相应环境下导体载流量，并结合考虑不同环境温度、不同管材热阻系数、不同土壤热阻系数及多根电缆并行敷设时等各种载流量校正系数来综合计算。

表13-6　　低压交联电缆参考载流量

低压交联电缆载流量		电缆允许持续载流量（A）			
绝缘类型		交联聚乙烯			
缆芯最高工作温度（C°）		90			
电缆导体材质		铝		铜	
敷设方式		空气中	直埋	空气中	直埋
缆芯截面积（mm^2）	25	91	91	118	117
	35	114	113	150	143
	50	146	134	182	169
	70	178	165	228	208
	95	214	195	273	247
	120	246	221	314	282
	150	278	247	360	321
	185	319	278	410	356
	240	378	321	483	408
环境温度（C°）		40	25	40	25
土壤热阻系数［C°·（m/W）］		—	2	—	2

注　缆芯工作温度大于90℃时，计算持续允许载流量时，应符合下列规定：
1. 数量较多的该类电缆敷设于未安装机械通风的隧道、竖井时，应计入对环境温升的影响。
2. 电缆直埋敷设在干燥或潮湿土壤中，除实施换土处理能避免水分迁移的情况外，土壤热阻系数取值不小于2.0K·（m/W）。

5）小区内接户电缆一般应选用五芯（4＋1）和三芯截面，中性线（中性线）截面应与相线截面相同。三相计量箱与单相两表位以上计量箱接户电缆一般应选用五芯电力电缆，单相单表位计量箱应选用三芯电力电缆。

6）采用单回路双拼电缆时，两根电缆应等长，并采用相同材质、相同截面的导体。

（3）电缆架空要求。电缆的适用档距是指电缆允许使用到的最大档距（即工程中相邻杆塔的最大间距）。典型设计中120mm^2及以上截面铝芯电缆架空的适用档距不宜超过35m，120mm^2以下截面铝芯电缆架空的适用档距不宜超过50m。

13.2.6 电缆附件选择

（1）电缆附件的每一导体与金属护套之间的额定工频电压 U_0、任何两相线之间的额定工频电压 U、任何两相线之间的运行最高电压 U_m 应满足表 13-7 的要求。

表 13-7 电缆绝缘水平表

U_0/U（kV）	0.6/1
U_m（kV）	1.2
电缆额定电压（kV）	0.6/1

（2）电缆终端选用冷缩型，外露于空气中的电缆终端装置类型应按下列条件选择：

1）不受阳光直接照射和雨淋的室内环境应选用户内终端。

2）受阳光直接照射和雨淋的室外环境应选用户外终端。

3）对电缆终端有特殊要求的，选用专用的电缆终端。

（3）电缆中间接头的选择。新建低压电缆线路不应设置中间接头。

13.2.7 电缆线路的接地

电缆的铠装、电缆支架必须可靠接地，接地电阻不大于 10Ω。

13.2.8 电缆与电缆、管道、道路、构筑物等相互间距

电缆与电缆、管道、道路、构筑物等之间的允许最小距离，应符合表 13-8 的规定。

表 13-8 电缆与电缆、管道、道路、构筑物等之间的允许最小距离

电缆直埋敷设时的配置情况		平行（m）	交叉（m）
电力电缆之间或与控制电缆之间	10kV 及以下	0.1	0.5*
不同部门使用的电缆		0.5**	0.5*
电缆与地下管沟	热力管沟	2.0***	0.5*
电缆与地下管沟	油管或易（可）燃气管道	1.0	0.5*
电缆与地下管沟	其他管道	0.5	0.5*
电缆与铁路	非直流电气化铁路路轨	3.0	1.0
电缆与铁路	直流电气化铁路路轨	10.0	1.0
电缆与建筑物基础		0.6***	—
电缆与公路边		1.0***	—
电缆与排水沟		1.0***	—
电缆与树木的主干		0.7	—
电缆与 1kV 以下架空线电杆		1.0***	—
电缆与 1kV 以上架空线杆塔基础		4.0***	—

注 * 用隔板分隔或电缆穿管时不得小于 0.25m；** 用隔板分隔或电缆穿管时不得小于 0.1m；*** 特殊情况时，减小值不得大于 50%。

1. 对于 1000m 以上的高海拔地区的电力电缆之间的相互间距应适当增加，建议表中数值调整为平行 0.2m、交叉 0.6m。
2. 对于 1000m 以上的高海拔地区的电力电缆应尽量减少与热力管道等发热类下管沟及设备的近距离平行与交叉，当无法避免时，建议表中数值调整为平行 2.5m、交叉 1.0m。

13.3 土建部分

土建工井、排管模块直接参照《国网福建电力 10kV 电缆管沟土建典型设计（2023 年版）》。

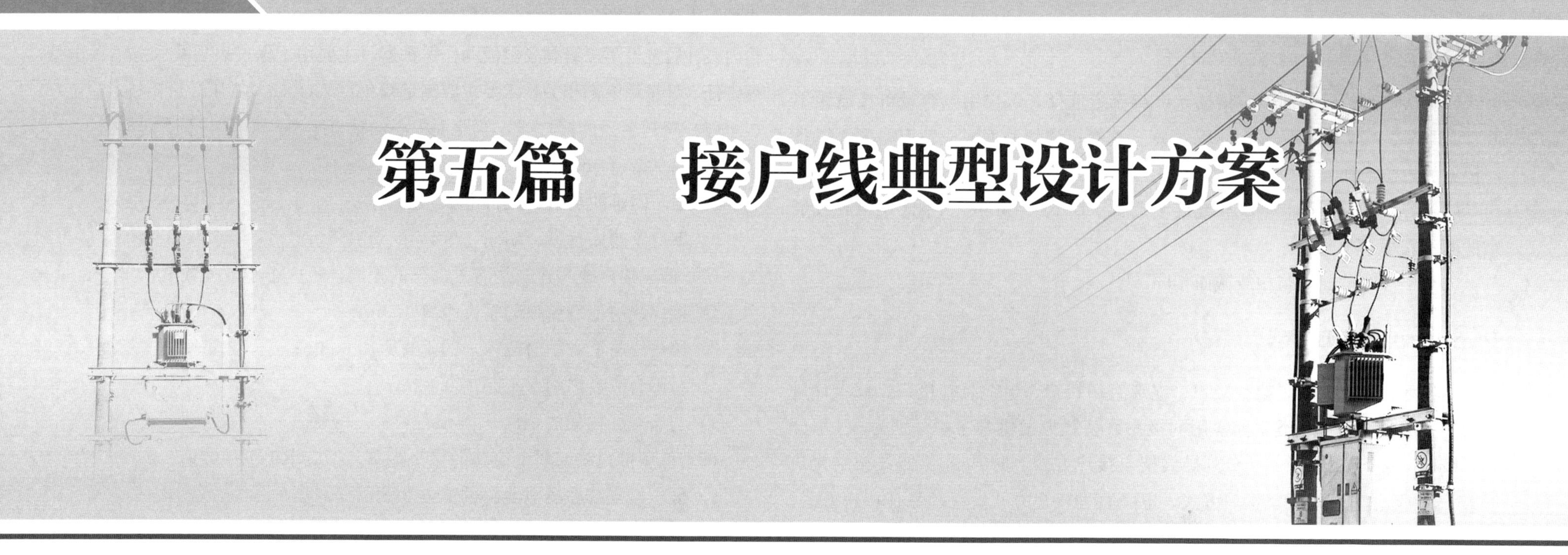

第五篇 接户线典型设计方案

第 14 章　接户架空线路典型设计

14.1　导线选型

（1）接户线指配电线路与用户建筑物外第一支持点之间的一段线路。本典型设计架空接户线推荐采用绝缘导线（JKLYJ 型）和交联聚乙烯绝缘聚乙烯护套电缆（YJLY 型）。

（2）接户线不应采用聚氯乙烯绝缘导线（BLV、BV 型）。

14.2　截面选用

（1）接户线的导线截面应根据允许载流量选择，每户用电容量可按城镇不低于 13kW、一般乡村不低于 8kW 确定。选择接户线截面时应留有裕度，以备可预见的户数增加。

（2）接户线采用铝芯绝缘导线最小截面不宜小于 16mm^2、铜芯绝缘导线最小截面不宜小于 10mm^2。

（3）中性线截面应与相线截面相同。

14.3　接户线装置方式

本典型设计仅选取了架空接户、电缆直埋接户、电缆悬挂接户、杆上计量接户、沿墙敷设接户 5 类 9 种常用的接户线装置方案供参考，分别为 380V 分列导线架空接户方式、220V 分列导线架空接户方式、380V 垂直布线架空接户方式、220V 垂直布线架空接户方式、电缆直埋接户方式、电缆悬挂接户方式、380V 分列导线垂直布线沿墙敷设接户方式、220V 分列导线垂直布线沿墙敷设接户方式、380V 分列导线水平布线沿墙敷设接户方式、220V 分列导线水平布线沿墙敷设接户方式。具体由各地根据当地实际情况进行调整使用。

14.4　接户线架设要求

（1）接户线的档距不宜大于 25m，超过 25m 时宜设接户杆。

（2）接户线受电端的对地面垂直距离不应小于 2.7m。

（3）沿墙敷设的接户线两支持点间的距离不应大于 6m。沿墙敷设接户线的对地垂直距离不小于 2.7m。

（4）低压计量箱安装应满足 Q/GDW 11008《低压计量箱技术规范》的要求，应注意防雨，在保证安全的条件下，安装后箱体与地面距离应符合以下要求：最高观察窗中心线及门锁距地面高度不超过 1.8m；独立式单表位计量箱、单排排列箱组式计量箱下沿距地面高度不小于 1.4m。

本典型设计仅选取了适用于 TT 系统的单表位、单排 4 表位、两排 6 表位和三排 9 表位 4 种常用的电能计量保护箱方案供参考。在农村 TT 低压系统计量表箱内表计后装设第二级剩余电流动作保护器，主要用于保护表后线和分清漏电管理责任。计量箱内部相关技术要求应满足 Q/GDW 11008《低压计量箱技术规范》。

（5）跨越街道的接户线，至路面中心的垂直距离，不应小于下列数值：

1）通车街道 6m；

2）通车困难的街道、人行道 3.5m；

3）不通车的人行道、胡同（里、弄、巷）3m。

（6）低压接户线与建筑物有关部分的距离，不应小于下列数值：

1）接户线与下方窗户的垂直距离 0.3m；

2）接户线与上方阳台或窗户的垂直距离 0.8m；

3）与阳台或窗户的水平距离 0.75m；

4）与墙壁、构架的距离 0.05m。

（7）低压接户线与弱电线路的交叉距离，不应小于下列数值：

1）低压接户线在弱电线路的上方 0.6m；

2）低压接户线在弱电线路的下方 0.3m。

如不能满足上述要求，应采取隔离措施。

（8）不同金属、不同规格、不同绞向的接户线，严禁在档距内连接。跨越通车街道的接户线，不应有接头。

（9）接户线与线路导线若为铜铝连接，应有可靠的铜铝过渡措施。

（10）电缆线路架空敷设是将电缆挂在距地面有一定高度的一种电缆敷设方式，

适用于A+、A、B类地区负荷发展分散、无架空线路通道、电缆地下敷设开挖困难的区域，如城乡接合部、城中村、棚户区等。与地下电缆敷设方式相比，优点为架设方便、投资小、工期短；缺点为易受外界环境影响、安全可靠性差、不美观。

（11）当采用电缆线路架空敷设方式时，应满足如下要求：

1）须另设电缆吊线，利用挂钩将电缆吊挂在吊线下方。

2）吊线一般采用镀锌钢绞线，根据所挂敷电缆规格计算单位质量进行选择，建议选型详见表14-1，本典设只给出安装示意图，镀锌钢绞线须根据放线安全系数及吊挂电缆型号的变化进行严格校验。

表14-1　　吊线用镀锌钢绞线建议选型表

电缆导体及截面积	镀锌钢绞线选择
铝电缆4芯150mm^{2}以下	JLB20A，35
铝电缆4芯150mm^{2}及以上	JLB20A，50

3）当采用墙侧式挂敷时，吊线固定在建筑物外墙上的墙担，墙担直线间距一般不大于6m，在转角处需另设转角支架，墙担的规格根据所挂敷的电缆规格和回路数进行选择，单回敷设采用∠50×5×250 L型墙担，双回敷设用∠50×5×450 T型墙担，上方需加扁钢拉铁；L型、T型墙担作耐张或终端时根据受力需要加装扁钢拉铁；电缆两端的墙担应可靠接地，并有效连接到镀锌钢绞线，接地线宜采用镀锌扁钢（50×5）。一条吊线吊挂一条电缆，吊挂电缆的挂钩之间距离应为0.4m，电缆挂钩根据所挂敷电缆的外径选择相应的规格型号。

4）当采用电杆挂敷时，吊线通过单槽夹板及跳线抱箍（角铁横担）固定安装于电杆上，在终端位置采用拉线抱箍及其他金具，保证电缆挂敷的安全性。挂钩间距应为0.4m，根据电缆线径选择挂钩型号。电杆一般选用GB/T 4623《环形混凝土电杆》中的锥形普通非预应力水泥杆、锥形普通预应力水泥杆，宜采用ϕ190mm×10m水泥杆，具体水泥杆选择须根据电缆型号、外部受力情况进行严格校验。终端杆应安装拉线。

14.5　设计图

低压接户线设计图清单见表14-2。

表14-2　　低压接户线设计图清单

图序	图名	图编号纸
1	380V架空绝缘导线架空接户方式示意图（JX-S4）	图14-1（a）
2	计量箱接户线安装详图（380V架空绝缘导线架空接入，PVC套管进线）	图14-1（b）
3	220V架空绝缘导线架空接户方式示意图（JX-S2）	图14-2（a）
4	计量箱接户线安装详图（220V架空绝缘导线架空接入，PVC套管进线）	图14-2（b）
5	380V垂直布线架空接户方式示意图（JX-C4）	图14-3
6	220V垂直布线架空接户方式示意图（JX-C2）	图14-4
7	380V电缆直埋接户方式示意图（JD-Z4）	图14-5（a）
8	计量箱接户线安装详图（380V埋地电缆接入，钢管套管进线）	图14-5（b）
9	380V电缆悬挂接户方式示意图（JD-X4）	图14-6（a）
10	计量箱接户线安装详图（380V架空电缆接入）	图14-6（b）
11	220V电缆悬挂接户方式示意图（JD-X2）	图14-7（a）
12	计量箱接户线安装详图（220V架空电缆接入）	图14-7（b）
13	电缆悬挂“低压分支线”安装示意图	图14-8
14	墙侧式电缆挂敷侧视图	图14-9（a）
15	墙侧式电缆挂敷断面图	图14-9（b）
16	电杆电缆挂敷侧视图（单回）	图14-10
17	380V直线杆单根电缆挂敷安装示意图（Z-D-X）	图14-11
18	380V直线转角杆单根电缆挂敷安装示意图（ZJ-D-X）	图14-12
19	380V 0°～30°耐张转角杆单根电缆挂敷安装示意图（NJ1-D-X）	图14-13
20	380V 30°～90°耐张转角杆单根电缆挂敷安装示意图（NJ2-D-X）	图14-14
21	380V终端杆单根电缆挂敷安装示意图（D-D-X）	图14-15
22	电杆电缆挂敷侧视图（双回）	图14-16
23	380V直线杆两根电缆挂敷安装示意图（Z-2D-X）	图14-17
24	380V直线转角杆两根电缆挂敷安装示意图（ZJ-2D-X）	图14-18
25	380V 0°～30°耐张转角杆两根电缆挂敷安装示意图（NJ1-2D-X）	图14-19
26	380V 30°～90°耐张转角杆两根电缆挂敷安装示意图（NJ2-2D-X）	图14-20
27	380V终端杆两根电缆挂敷安装示意图（D-2D-X）	图14-21
28	电杆电缆挂敷断面图	图14-22
29	380V分列导线垂直布线沿墙敷设示意图	图14-23
30	220V分列导线垂直布线沿墙敷设示意图	图14-24
31	380V分列导线水平布线沿墙敷设示意图	图14-25
32	接户“四线Ⅱ形支架”安装示意图	图14-26
33	接户“四线L形支架”安装示意图（直线型）	图14-27
34	接户“四线L形支架”安装示意图（终端型）	图14-28
35	接户“四线垂直支架”安装示意图（直线型）	图14-29
36	接户“四线垂直支架”安装示意图（终端型）	图14-30
37	220V分列导线水平布线沿墙敷设示意图	图14-31
38	接户“二线Ⅱ形支架”安装示意图	图14-32
39	接户“二线丁字形支架”安装示意图（直线型）	图14-33
40	接户“二线丁字形支架”安装示意图（终端型）	图14-34
41	接户“二线垂直支架”安装示意图（直线型）	图14-35
42	接户“二线垂直支架”安装示意图（终端型）	图14-36
43	低压电缆沿墙敷设示意图	图14-37
44	进户线同字形支架安装示意图	图14-38
45	进户线L形支架安装示意图	图14-39

主要材料表

编号	材料名称	型号规格	单位	数量	铁附件加工图号	备注
1	四线铁横担	HD12-A19	块	1	图14-40	—
2	蝶式绝缘子	ED-2	只	8		按实际需求选取
3	架空绝缘导线	AC1kV，JKLYJ，35	m			4根，按实际需求选取
4	U形抱箍	U16-200	副	1	图12-29	—
5	膨胀螺栓	M12×100，不锈钢	根	4		用于固定墙担
6	螺栓	M16×120	件	8		用于固定绝缘子
7	四线Ⅱ形支架	∠50×5×1700	副	1	图14-42	—
8	楔形并沟线夹（带绝缘罩）	185/35	只	4		按实际需求选取
9	电缆接线端子	铜镀锡，35mm²，单孔	只	4		箱内

说明：1.本图适用于3～8位表的单相集装式计量箱接户线（380V架空绝缘导线架空接入）安装，材料表不包含主架空线路及箱体表后线材料在内。低压主架空线路按绝缘导线185mm²考虑，具体以实际现场为准。
2.接户线横担安装于电源侧、配套U形抱箍安装于负荷侧。
3.本图接户线接入点的搭接方式为主架空线路为直线杆杆型，如主架空线路为耐张杆，且电源侧与负荷侧导线截面不一致时，接户线应全部搭接于电源侧。
4.表内的楔形线夹、接线端子、蝶式绝缘子等连接件根据导线截面进行调整。
5.计量箱接户线部分详见“计量箱接户线安装详图（380V架空绝缘导线架空接入）”，进户线部分详见各种相应的计量箱进户线安装示意图。
6.接户线采用绑扎线BV-4mm²固定。
7.箱体安装位置应合理，需满足防火防爆要求（一般安装于易于抄表及砖混结构的墙体）。
8.计量箱采用金属计量箱时，箱体必须可靠接地［接地详见“接地装置安装图（JD11型）”］。
9.所有铁件均热镀锌防腐。

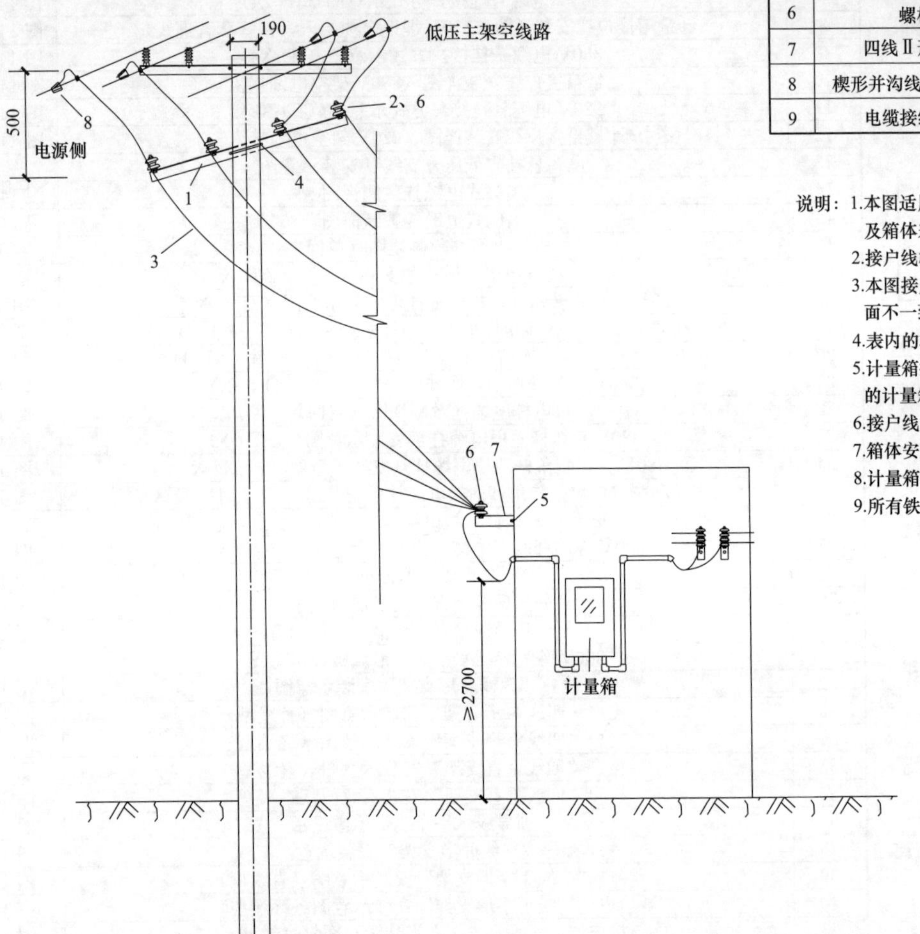

(a) 380V架空绝缘导线架空接户方式示意图（JX-S4）

图 14-1　380V 架空绝缘导线架空接户方式及计量箱接户线安装详图（PVC 套管进线）（一）

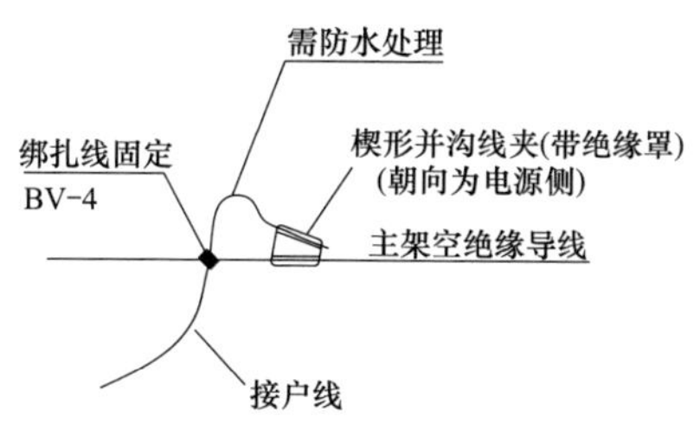

引下线与主架空线路连接安装示意图

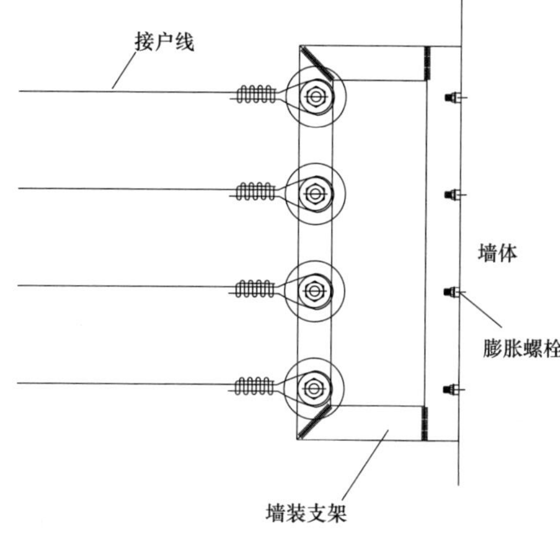

四线墙装Π形支架安装示意图

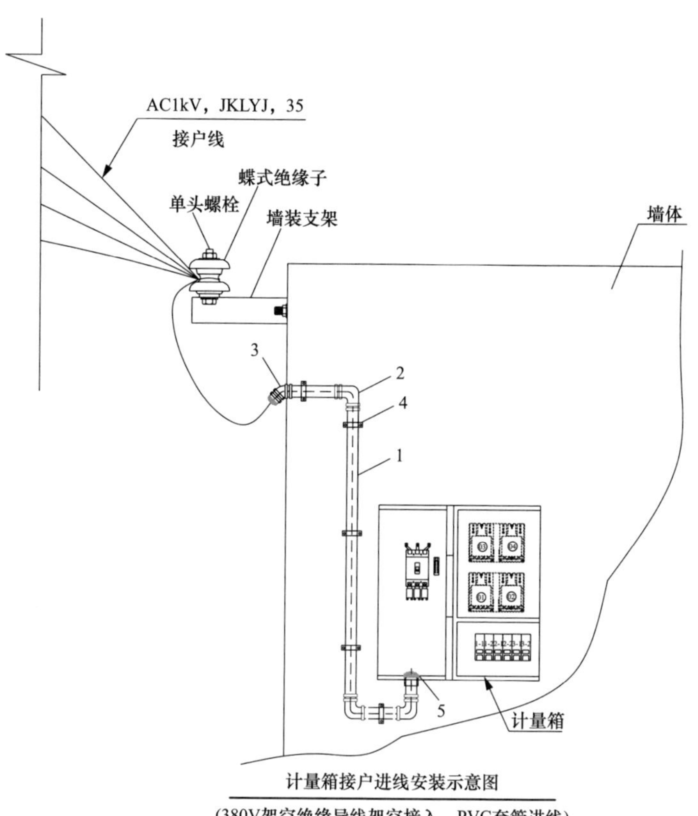

计量箱接户进线安装示意图

(380V架空绝缘导线架空接入，PVC套管进线)

主要材料表

编号	材料名称	型号规格	单位	数量	备注
1	复合材料管	PVC，ϕ50（3.0mm）	m	3	按实际需求选取
2	弯头	PVC，外接，DN50°，90	个	3	按实际需求选取
3	弯头	PVC，外接，DN50°，45	个	1	按实际需求选取
4	管卡	不锈钢，DN50	个	3	按实际需求选取
5	防火堵料	—	kg	0.6	按实际需求选取

说明：1.本图为3～8位表的单相集装式计量箱接户线（380V架空绝缘导线架空接入，PVC管进线）安装详图。计量箱及进户部分详见各种相应的“计量箱进户线安装示意图”。
2.接户线采用绑扎线BV-4mm^{2}固定。
3.计量箱采用金属计量箱时，箱体必须可靠接地［接地详见“接地装置安装图（JD11型）”］。
4.所有铁件均热镀锌防腐。

(b) 计量箱接户线安装详图（380V架空绝缘导线架空接入，PVC套管进线）

图 14-1　380V 架空绝缘导线架空接户方式及计量箱接户线安装详图（PVC 套管进线）（二）

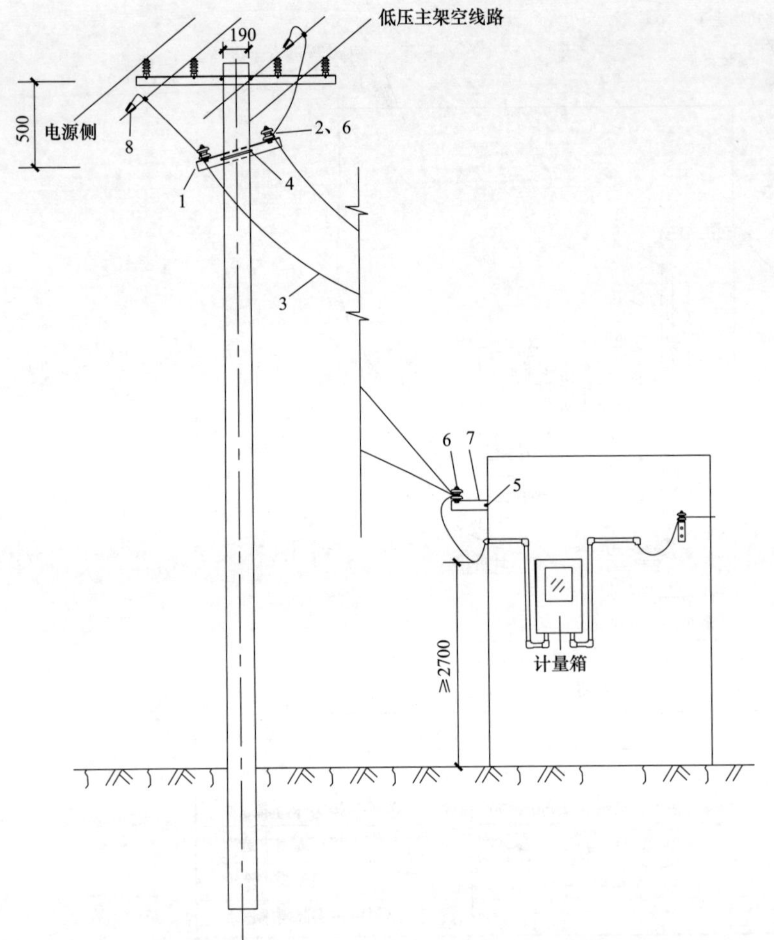

主要材料表

编号	材料名称	型号规格	单位	数量	铁附件加工图号	备注
1	二线铁横担	HD07-B19	块	1	图14-41	—
2	蝶式绝缘子	ED-2	只	4		按实际需求选取
3	架空绝缘导线	AC1kV，JKLYJ，16	m			2根，按实际需求选取
4	U形抱箍	U16-200	副	1	图12-29	—
5	膨胀螺栓	M12×100，不锈钢	根	2		用于固定墙担
6	螺栓	M16×120	件	4		用于固定绝缘子
7	二线Ⅱ形支架	L50×5×1100	副	1	图14-43	—
8	楔型并沟线夹（带绝缘罩）	185/16	只	2		按实际需求选取
9	电缆接线端子	铜镀锡，16mm²，单孔	只	2		箱内

说明：1.本图适用于1～2位表的单相计量箱接户线（220V架空绝缘导线架空接入）安装，材料表不包含主架空线路及箱体表后线材料在内。低压主架空线路按绝缘导线185mm²考虑，具体以实际现场为准。

2.本图中的所列的主要材料表接户导线只适用于1表位单相计量箱，如计量箱采用2表位时，相应表内的接户导线需改为AC1kV，JKLYJ，35，接线端子需改为35mm²。

3.接户线横担安装于电源侧、配套U形抱箍安装于负荷侧。

4.本图接户线接入点的搭接方式为主架空线路为直线杆杆型，如主架空线路为耐张杆，且电源侧与负荷侧导线截面不一致时，接户线应全部搭接于电源侧。

5.表内的楔型线夹、接线端子、蝶式绝缘子等连接件根据导线截面进行调整。

6.计量箱接户线部分详见“计量箱接户线安装详图（220V架空绝缘导线架空接入）”，进户部分详见各种相应的“计量箱进户线安装示意图”。

7.接户线采用绑扎线BV-4mm²固定。

8.箱体安装位置应合理，需满足防火防爆要求（一般安装于易于抄表及砖混结构的墙体）。

9.计量箱采用金属计量箱时，箱体必须可靠接地，接地详见“接地装置安装图（JD11型）”。

10.所有铁件均热镀锌防腐。

(a) 220V架空绝缘导线架空接户方式示意图（JX-S2）

图 14-2　220V 架空绝缘导线架空接户方式及计量箱接户线安装详图（PVC 套管进线）（一）

主要材料表

编号	材料名称	型号规格	单位	数量	备注
1	复合材料管	PVC，ϕ50（2.5mm）	m	2.5	按实际需求选取
2	弯头	PVC，外接，DN50°，90	个	3	按实际需求选取
3	弯头	PVC，外接，DN50°，45	个	1	按实际需求选取
4	管卡	不锈钢，DN50	个	3	按实际需求选取
5	防火堵料		kg	0.6	按实际需求选取

说明：1.本图为1～2位表的单相计量箱接户线（220V架空绝缘导线架空接入，PVC管进线）安装详图。计量箱及进户部分详见各种相应的“计量箱进户线安装示意图”。

2.接户线采用绑扎线BV-4mm²固定。

3.计量箱采用金属计量箱时，箱体必须可靠接地，接地详见“接地装置安装图（JD11型）”。

4.所有铁件均热镀锌防腐。

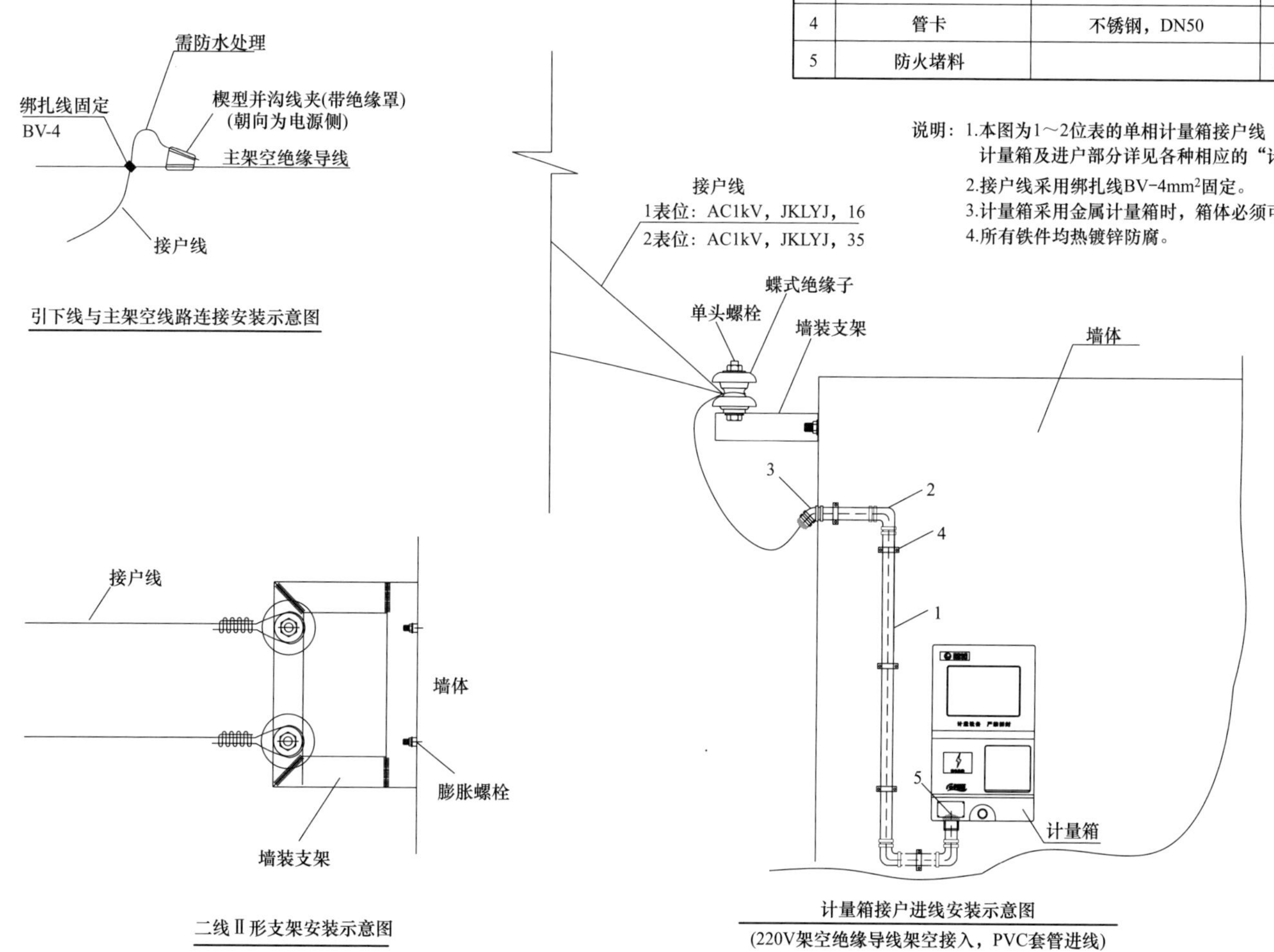

(b) 计量箱接户线安装详图（220V架空绝缘导线架空接入，PVC套管进线）

图 14-2　220V 架空绝缘导线架空接户方式及计量箱接户线安装详图（PVC 套管进线）（二）

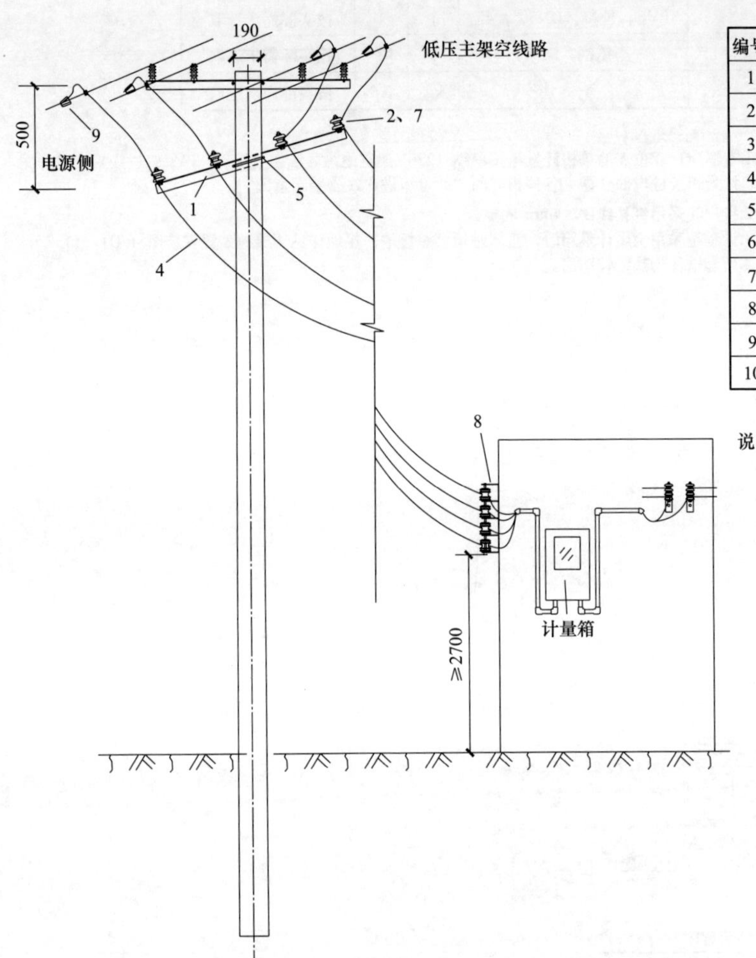

主要材料表

编号	材料名称	型号规格	单位	数量	铁附件加工图号	备注
1	四线铁横担	HD12-A19	块	1	图14-40	
2	蝶式绝缘子	ED-2	只	4		按实际需求选取
3	轴式绝缘子	EX-2	只	4		按实际需求选取
4	架空绝缘导线	AC1kV，JKLYJ，35	m			4根，按实际需求选取
5	U形抱箍	U16-200	副	1	图12-29	
6	膨胀螺栓	M12×100，不锈钢	根	4		用于固定墙担
7	螺栓	M16×120	件	4		用于固定绝缘子
8	四线垂直支架	-60×5×900	副	1	图14-44	
9	楔形并沟线夹（带绝缘罩）	185/35	只	4		按实际需求选取
10	电缆接线端子	铜镀锡，35mm^2，单孔	只	4		箱内

说明：1.本图适用于3～8位表的单相集装式计量箱接户线（380V架空绝缘导线架空接入）安装，材料表不包含主架空线路及箱体表后线材料在内。低压主架空线路按绝缘导线185mm^{2}考虑，具体以实际现场为准。

2.接户线横担安装于电源侧、配套U型抱箍安装于负荷侧。

3.本图接户线接入点的搭接方式为主架空线路为直线杆杆型，如主架空线路为耐张杆，且电源侧与负荷侧导线截面不一致时，接户线应全部搭接于电源侧。

4.表内的楔形线夹、接线端子、蝶式绝缘子等连接件根据导线截面进行调整。

5.计量箱接户线部分详见“计量箱接户线安装详图（380V架空绝缘导线架空接入）”，进户线部分详见各种相应的“计量箱进户线安装示意图”。

6.接户线采用绑扎线BV-4mm^{2}固定。

7.箱体安装位置应合理，需满足防火防爆要求（一般安装于易于抄表及砖混结构的墙体）。

8.计量箱采用金属计量箱时，箱体必须可靠接地，接地详见“接地装置安装图（JD11型）”。

9.所有铁件均热镀锌防腐。

图 14-3　380V 垂直布线架空接户方式示意图（JX-C4）

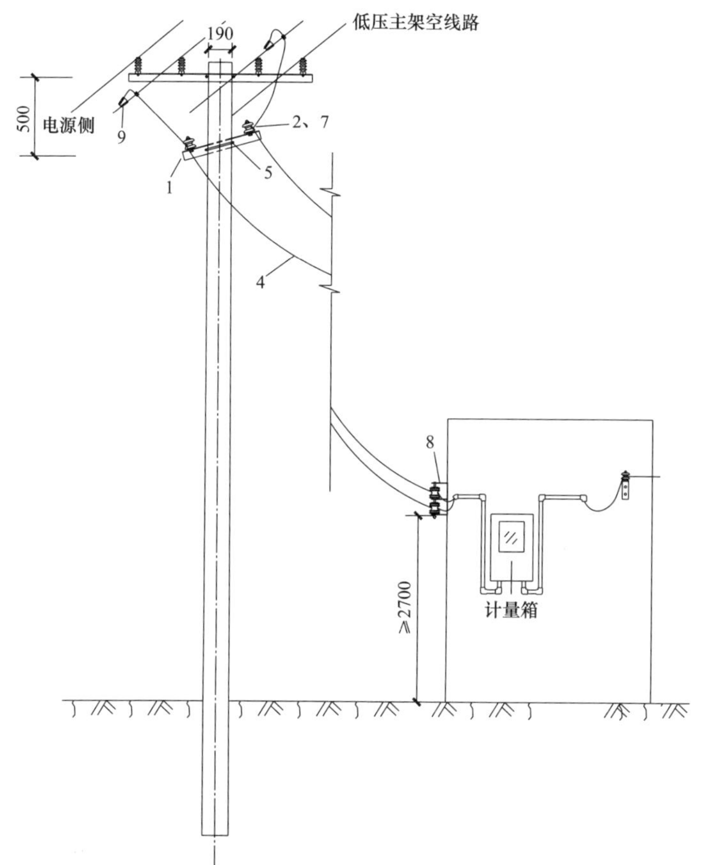

主要材料表

编号	材料名称	型号规格	单位	数量	铁附件加工图号	备注
1	二线铁横担	HD07-B19	块	1	图14-41	—
2	蝶式绝缘子	ED-2	只	4		按实际需求选取
3	轴式绝缘子	EX-2	只	4		按实际需求选取
4	架空绝缘导线	AC1kV，JKLYJ，16	m			2根，按实际需求选取
5	U形抱箍	U16-200	副	1	图12-29	—
6	膨胀螺栓	M12×100，不锈钢	根	2		用于固定墙担
7	螺栓	M16×120	件	4		用于固定绝缘子
8	二线垂直支架	-60×5×600	副	1	图14-45	—
9	楔形并沟线夹（带绝缘罩）	185/16	只	2		按实际需求选取
10	电缆接线端子	铜镀锡，16mm²，单孔	只	2		箱内

说明：1.本图适用于1～2位表的单相计量箱接户线（220V架空绝缘导线架空接入）安装，材料表不包含主架空线路及箱体表后线材料在内。低压主架空线路按绝缘导线185mm²考虑，具体以实际现场为准。

2.本图中的所列的主要材料表接户导线只适用于1表位单相计量箱，如计量箱采用2表位时，相应表内的接户导线需改为AC1kV，JKLYJ，35，接线端子需改为35mm²。

3.接户线横担安装于电源侧、配套U形抱箍安装于负荷侧。

4.本图接户线接入点的搭接方式为主架空线路为直线杆杆型，如主架空线路为耐张杆，且电源侧与负荷侧导线截面不一致时，接户线应全部搭接于电源侧。

5.表内的楔形线夹、接线端子、蝶式绝缘子等连接件根据导线截面进行调整。

6.计量箱接户线部分详见“计量箱接户线安装详图（220V架空绝缘导线架空接入）”，进户部分详见各种相应的“计量箱进户线安装示意图”。

7.接户线采用绑扎线BV7-4mm²固定。

8.箱体安装位置应合理，需满足防火防爆要求（一般安装于易于抄表及砖混结构的墙体）。

9.计量箱采用金属计量箱时，箱体必须可靠接地，接地详见“接地装置安装图（JD11型）”。

10.所有铁件均热镀锌防腐。

图 14-4　220V 垂直布线架空接户方式示意图（JX-C2）

低压电缆头与主架空线路(终端杆)连接安装示意图

低压电缆头与主架空线路(直线杆)连接安装示意图

杆上电缆保护管安装示意图

杆上电缆固定安装示意图

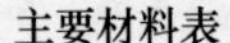

主要材料表

编号	材料名称	材料型号规格	单位	数量	铁附件加工图号	备注
1	杆上电缆固定架	DLJ5-165	副	4	图7-32	
2	杆上电缆头固定架	DLJ6-400A	副	1	图7-35	
3	横担抱箍	HBG6-200	块	1	图7-25	
	横担抱箍	HBG6-240	块	2	图7-25	
	横担抱箍	HBG6-260	块	1	图7-25	
	横担抱箍	HBG6-280	块	1	图7-25	
4	半圆抱箍	BG6-200	块	1	图7-23	
	半圆抱箍	BG6-240	块	2	图7-23	
	半圆抱箍	BG6-260	块	1	图7-23	
	半圆抱箍	BG6-280	块	1	图7-23	
5	杆上电缆保护管	DLHG-114B	副	1	图7-38	低压电缆上杆保护
6	电缆卡抱	KBG4-50	块	3	图7-22	具体型号设计选定
7	防火堵料		kg	1.5		上端钢管口电缆封堵
8	低压电缆	$ZCYJLY_{22}$-1kV-4×95	m			1根，型号及数量设计选定
9	1kV电缆终端头	4×95，户外终端，冷缩	套	1		用于杆上户外
10	1kV电缆终端头	4×95，户内终端，冷缩	套	1		用于箱体户内
11	楔形线夹（带绝缘罩）	185/95	只	4		按实际需求选取
12	电缆接线端子	铜镀锡，95mm²，单孔	只	4		箱内
13	单头螺栓	M12×40	件	10		
14	接地装置	JD11-6	套			钢管及金属表箱外壳接地

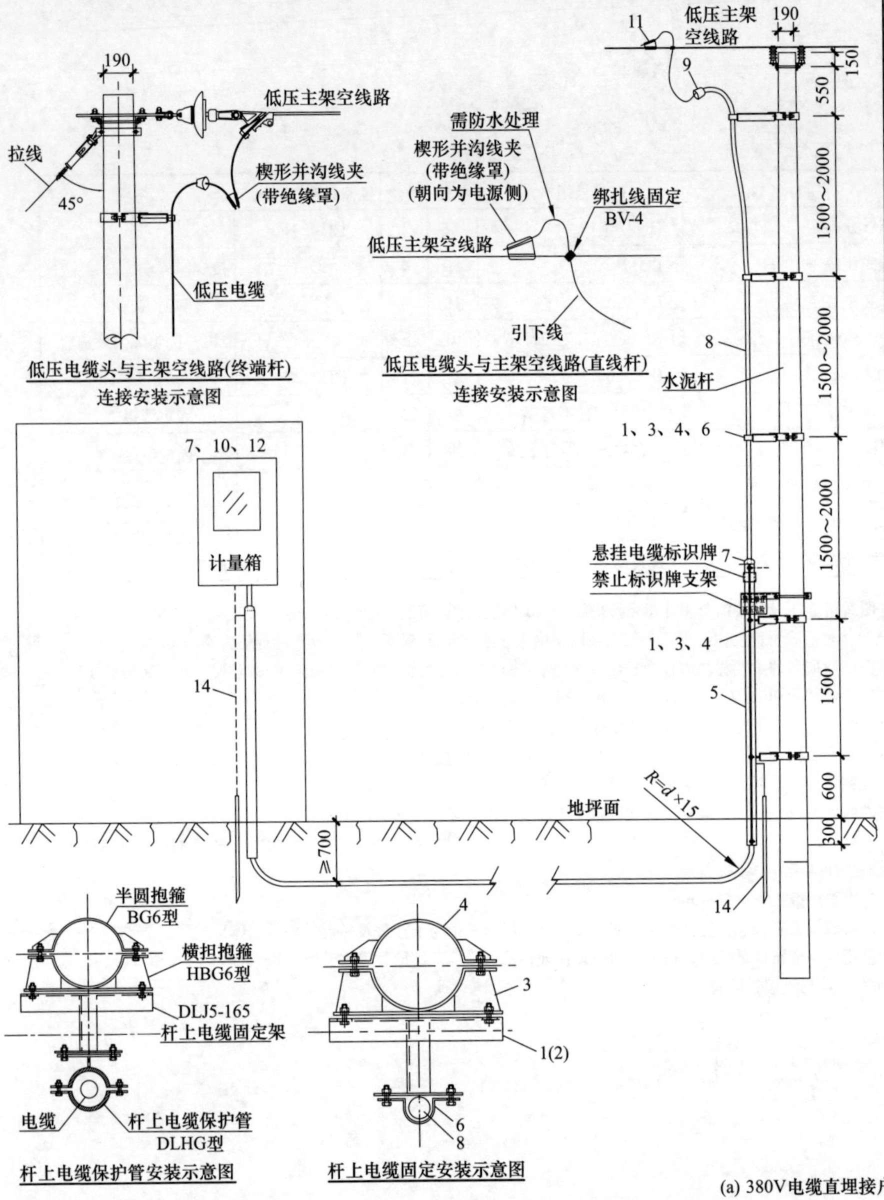

说明：1.本图适用于3～8位表的单相集装式计量箱接户线（380V电缆埋地接入）安装，材料表不包含主架空线路及箱体表后线材料在内。低压主架空线路按绝缘导线185mm²考虑，具体以实际现场为准。

2.本图为低压电缆直埋接户安装示意图。低压水泥杆按10m考虑。

3.表内的楔形线夹、接线端子、电缆终端头、电缆卡抱等连接件根据导线截面进行调整。

4.计量箱接户线部分详见“计量箱接户线安装详图（380V电缆埋地接入）”，计量箱、接地及进户部分详见各种相应的“计量箱进户线安装示意图”。

5.箱体安装位置应合理,需满足防火防爆要求（一般安装于易于抄表及砖混结构的墙体）。

6.计量箱采用金属计量箱时，箱体必须可靠接地，钢管也需可靠接地，接地详见“接地装置安装图（JD11型）”。

7.本图中的低压电缆头附件为冷缩式，架空杆上户外电缆终端头需增加1kV冷缩延长管（1m/相），且延长管需有相应的相色标识。

8.所有铁件均热镀锌防腐。

(a) 380V电缆直埋接户方式示意图（JD-Z4）

图 14-5　380V 电缆直埋接户方式及计量箱接户线安装详图（钢管套管进线）（一）

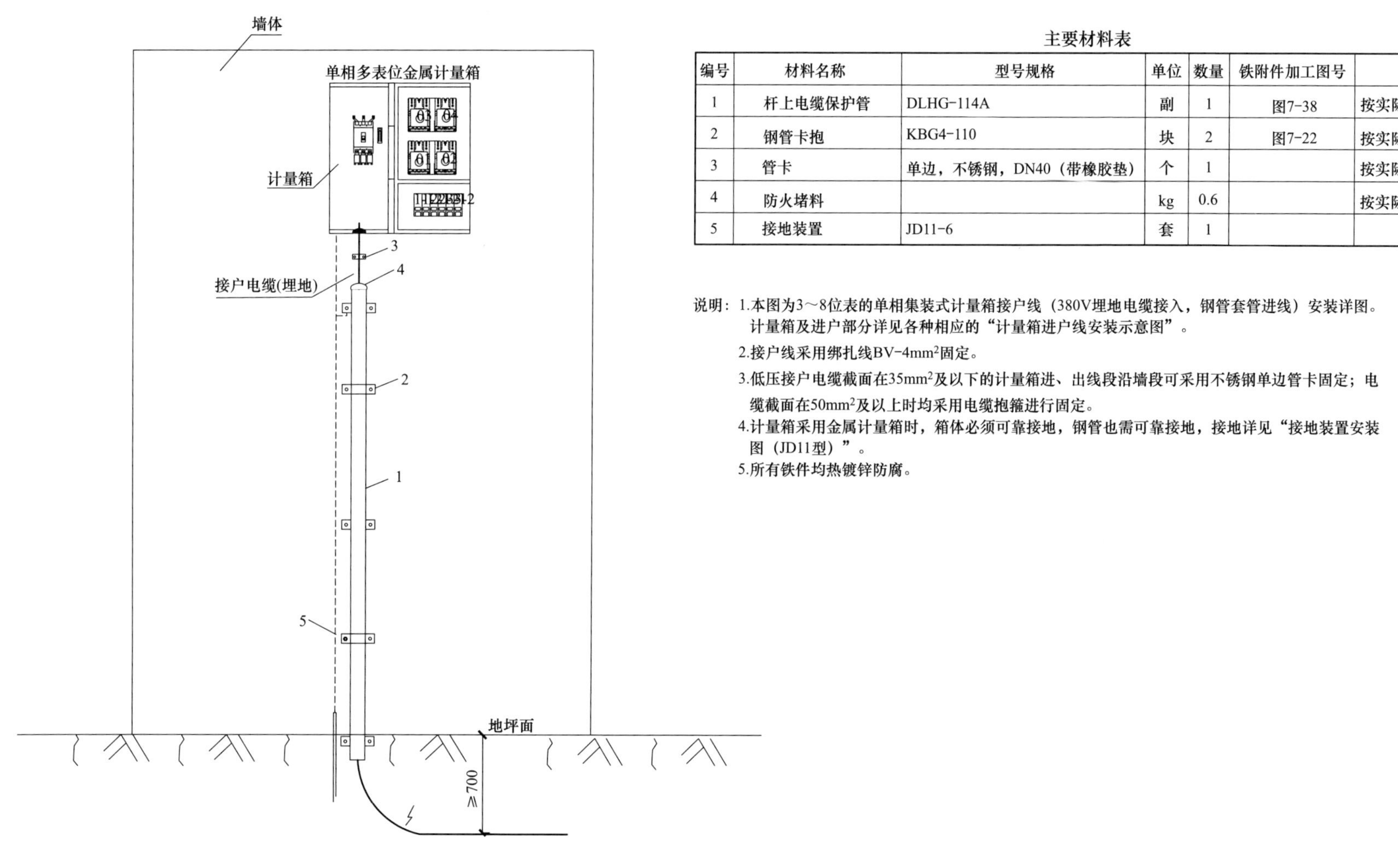

主要材料表

编号	材料名称	型号规格	单位	数量	铁附件加工图号	备注
1	杆上电缆保护管	DLHG-114A	副	1	图7-38	按实际需求选取
2	钢管卡抱	KBG4-110	块	2	图7-22	按实际需求选取
3	管卡	单边，不锈钢，DN40（带橡胶垫）	个	1		按实际需求选取
4	防火堵料		kg	0.6		按实际需求选取
5	接地装置	JD11-6	套	1		

说明：1.本图为3～8位表的单相集装式计量箱接户线（380V埋地电缆接入，钢管套管进线）安装详图。计量箱及进户部分详见各种相应的“计量箱进户线安装示意图”。

2.接户线采用绑扎线BV-4mm²固定。

3.低压接户电缆截面在35mm²及以下的计量箱进、出线段沿墙段可采用不锈钢单边管卡固定；电缆截面在50mm²及以上时均采用电缆抱箍进行固定。

4.计量箱采用金属计量箱时，箱体必须可靠接地，钢管也需可靠接地，接地详见“接地装置安装图（JD11型）”。

5.所有铁件均热镀锌防腐。

(b) 计量箱接户线安装详图（380V埋地电缆接入，钢管套管进线）

图 14-5　380V 电缆直埋接户方式及计量箱接户线安装详图（钢管套管进线）（二）

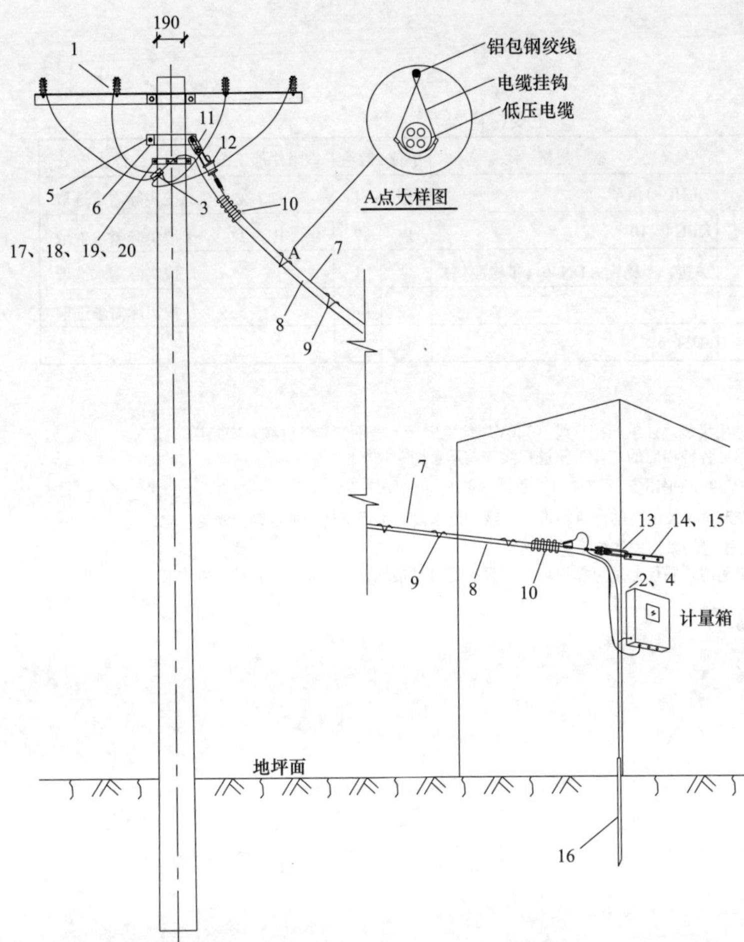

主要材料表

编号	名称	规格	单位	数量	铁附件加工图号	备注
1	楔形线夹（带绝缘罩）	185/35	只	4		按实际需求选取
2	电缆接线端子	铜镀锡，35mm²，单孔	只	4		
3	1kV电缆终端头	4×35，户外终端，冷缩	套	1		用于杆上户外
4	1kV电缆终端头	4×35，户内终端，冷缩	套	1		用于箱体户内
5	半圆抱箍	BG6-200	块	2	图7-23	
6	螺栓	M16×80	件	2		
7	铝包钢绞线	JLB20A，35	t			1根，按实际需求选取
8	低压电缆	ZCYJLY-1kV-4×35	m	20		1根，按实际需求选取
9	电缆挂钩	3.5号	只	20		一般隔1m一个
10	电缆绑扎线	BV-4mm²	m	3		绑扎电缆
11	延长环	PH-7	只	1		
12	楔型线夹	NX-1	副	1		
13	UT形线夹	NUT-1	副	1		
14	电缆终端固定墙担	∠63×6×300	块	1	图14-51	
15	膨胀螺栓	M12×100，不锈钢	根	3		
16	接地装置	JD11-6	套	1		
17	杆上电缆固定架	DLJ5-165	块	1	图7-32	
18	电缆卡抱	KBG4-40	块	1	图7-22	
19	横担抱箍	HBG6-200	块	1	图7-25	
20	抱箍	BG6-200	块	1	图7-23	

说明：1.本图适用于3～8位表的单相集装式计量箱接户线（380V架空电缆接入）安装，材料表不包含主架空线路及箱体表后线材料在内。低压主架空线路按绝缘导线185mm²考虑，具体以实际现场为准。

2.表内的楔形线夹、接线端子、电缆终端头、电缆卡抱等连接件根据导线截面进行调整。

3.计量箱接户线部分详见“计量箱接户线安装详图（380V架空电缆接入）”，计量箱、接地及进户部分详见各种相应的“计量箱进户线安装示意图”。

4.所有电缆头均需做防水处理，杆上电缆头处固定点采用绑扎线固定于电缆抱箍上。

5.沿墙挂敷设电缆对地距离不应小于2.5m，沿线电缆在跨越胡同、街道等跨越物时，需满足相应规范的安全距离。

6.接户电缆与铝包钢绞线采用绑扎线BV-4mm²固定，接地引线采用绑扎线BV-4mm²固定，不得使用铁线直接绑扎电缆。

7.当钢索长度在50m及以下时，应在钢索一端装设花篮螺栓紧固；当钢索长度大于50m时，应在钢索两端装设花篮螺栓紧固；长度每增加50m，就应加装一个中间花篮螺栓。现场施工时花篮螺栓的收紧度应控制在50%之内（即花篮螺栓螺牙应预留50%做为今后的钢索弧垂的调整）。沿墙部分的钢索敷设弧垂应控制在10cm之内。

8.钢索不应有扭曲和断股等缺陷，敷设时不能出现有超过90°的折度。钢索端头应用14号镀锌铁线绑扎紧密。

9.钢索需进行可靠接地，如计量箱采用金属材质时，则计量箱与钢索可共用一组接地；如计量箱采用非金属材质时，钢索也需设单独接地（接地引线与钢绞连接时，需采用连接金具进行过渡，禁止采用绑扎）。具体接地详见“接地装置安装图（JD11型）”。

10.箱体安装位置应合理，需满足防火防爆要求（一般安装于易于抄表及砖混结构的墙体）。

11.本图中的低压电缆头附件为冷缩式，直线杆架空杆上户外电缆终端头需增加1kV冷缩延长管（1m/相），且延长管需有相应的相色标识。

12.所有铁件均热镀锌防腐。且焊接部位应进行防锈处理（涂刷防锈漆）。

(a) 380V电缆悬挂接户方式示意图（JD-X4）

图 14-6　380V 电缆悬挂接户方式及计量箱接户线安装详图（一）

主要材料表

编号	材料名称	型号规格	单位	数量	备注
1	架空绝缘导线	AC1kV，JKLYJ，35	m	2	钢索接地引线
2	楔形线夹	35/25	只	1	
3	管卡	单边，不锈钢，DN32（带橡胶垫）	个	2	按实际需求选取
4	电缆接线端子	铜镀锡，35mm²，单孔	只	1	
5	防火堵料	防火堵料	kg	0.4	按实际需求选取
6	1kV热缩绝缘套管	ϕ25(黑色)	m	0.2	端子压接处热缩
7	接地装置	JD11-6	套	1	

说明：1.本图适用于3～8位表的单相集装式计量箱接户线（380V架空电缆接入）安装详图。计量箱及进户部分详见各种相应的"计量箱进户线安装示意图"。

2.接户电缆与铝包钢绞线采用绑扎线BV-4mm²固定，接地引线采用绑扎线BV-4mm²固定。

3.铝包钢绞线端头应用14号镀锌铁线绑扎紧密。

4.钢索需进行可靠接地，如计量箱采用金属材质时，则计量箱与钢索可共用一组接地；如计量箱采用非金属材质时，钢索也需设单独接地（接地引线与钢绞连接时，需采用连接金具进行过渡，禁止采用绑扎）。具体接地详见"接地装置安装图（JD11型）"。

5.低压接户电缆截面积在35mm²及以下的计量箱进、出线段沿墙段可采用不锈钢单边管卡固定；电缆截面积在50mm²及以上时均采用电缆抱箍进行固定。

6.所有铁件均热镀锌防腐。

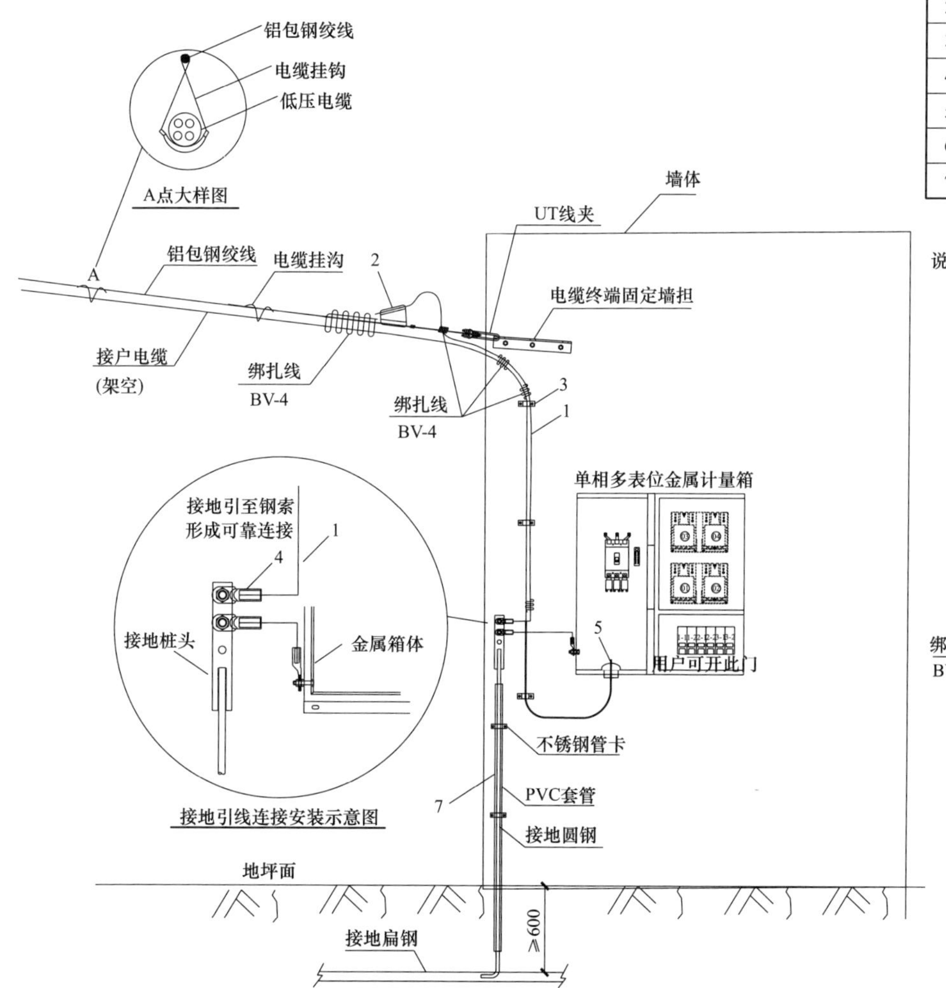

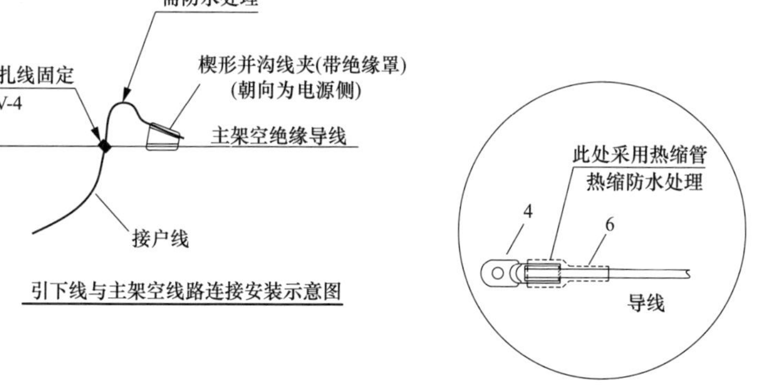

(b) 计量箱接户线安装详图（380V架空电缆接入）

图 14-6　380V电缆悬挂接户方式及计量箱接户线安装详图（二）

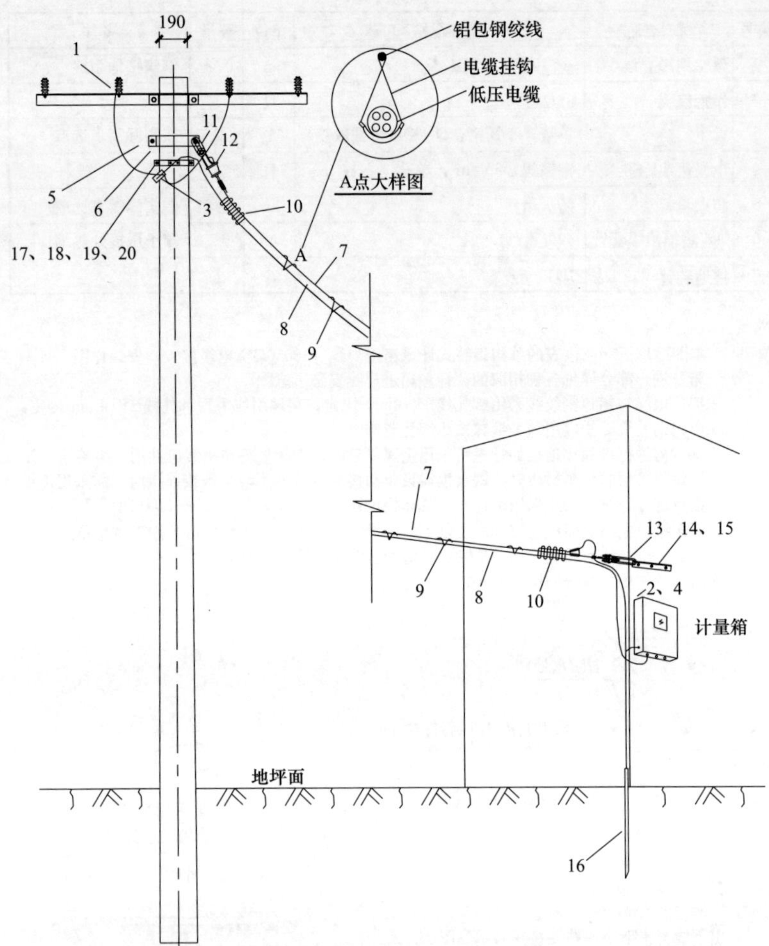

主要材料表

编号	名称	规格	单位	数量	铁附件加工图号	备注
1	楔形线夹（带绝缘罩）	185/16	只	2		按实际需求选取
2	电缆接线端子	铜镀锡，16mm²，单孔	只	2		
3	1kV电缆终端头	2×16，户外终端，冷缩	套	1		用于杆上户外
4	1kV电缆终端头	2×16，户内终端，冷缩	套	1		用于箱体户内
5	半圆抱箍	BG6-200	块	2	图7-23	
6	螺栓	M16×80	件	2		
7	铝包钢绞线	JLB20A，35	t			1根，按实际需求选取
8	低压电缆	ZCYJLY-1kV-2×16	m	20		1根，按实际需求选取
9	电缆挂钩	3.5号	只	20		一般隔1m一个
10	电缆绑扎线	BV-4mm²	m	3		绑扎电缆
11	延长环	PH-7	只	1		
12	楔形线夹	NX-1	副	1		
13	UT形线夹	NUT-1	副	1		
14	电缆终端固定墙担	∠63×6×300	块	1	图14-51	
15	膨胀螺栓	M12×100，不锈钢	根	3		
16	接地装置	JD11-6	套	1		
17	杆上电缆固定架	DLJ5-165	块	1	图7-32	
18	电缆卡抱	KBG4-40	块	1	图7-22	
19	横担抱箍	HBG6-200	块	1	图7-25	
20	抱箍	BG6-200	块	1	图7-23	

说明：1.本图适用于1～2位表的单相计量箱接户线（220V架空电缆接入）安装，材料表不包含主架空线路及箱体表后线材料在内。低压主架空线路按绝缘导线185mm²考虑，具体以实际现场为准。

2.本图中的所列的主要材料表低压电缆及其电缆头附件只适用于1表位单相计量箱，如计量箱采用2表位时，相应表内的低压电缆需改为YJLY-1kV-2×35，低压电缆头附件及接线端子均需改为35mm²。

3.表内的楔型线夹、接线端子、电缆终端头、电缆卡抱、花篮螺栓等连接件根据导线截面进行调整。

4.计量箱接户线部分详见“计量箱接户线安装详图（220V架空电缆接入）”，计量箱、接地及进户部分详见各种相应的“计量箱进户线安装示意图”。

5.所有电缆头均需做防水处理，杆上电缆头处固定点采用绑扎线固定于电缆抱箍上。

6.沿墙挂敷设电缆对地距离不应小于2.5m，沿线电缆在跨越胡同、街道等跨越物时，需满足相应规范的安全距离。

7.接户电缆与铝包钢绞线采用绑扎线BV-4mm²固定，接地引线采用绑扎线BV-4mm²固定，不得使用铁线直接绑扎电缆。

8.当钢索长度在50m及以下时，应在钢索一端装设花篮螺栓紧固；当钢索长度大于50m时，应在钢索两端装设花篮螺栓紧固；长度每增加50m，就应加装一个中间花篮螺栓。现场施工时花篮螺栓的收紧度应控制在50%之内（即花篮螺栓螺牙应预留50%做为今后的钢索弧垂的调整）。沿墙部分的钢索敷设弧垂应控制在10cm之内。

9.钢索不应有扭曲和断股等缺陷，敷设时不能出现有超过90°的折度。钢索端头应用14号镀锌铁线绑扎紧密。

10.箱体安装位置应合理，需满足防火防爆要求（一般安装于易于抄表及砖混结构的墙体）。

11.钢索需进行可靠接地，如计量箱采用金属材质时，则计量箱与钢索可共用一组接地；如计量箱采用非金属材质时，钢索也需设单独接地（接地引线与钢绞连接时，需采用连接金具进行过渡，禁止采用绑扎）。具体接地详见“接地装置安装图（JD11型）”。

12.所有铁件均热镀锌防腐。且焊接部位应进行防锈处理（涂刷防锈漆）。

13.本图中的低压电缆头附件为冷缩式，直线杆架空杆上户外电缆终端头需增加1kV冷缩延长管（1m/相），且延长管需有相应的相色标识。

(a) 220V电缆悬挂接户方式示意图（JD-X2）

图 14-7　220V 电缆悬挂接户方式及计量箱接户线安装详图（一）

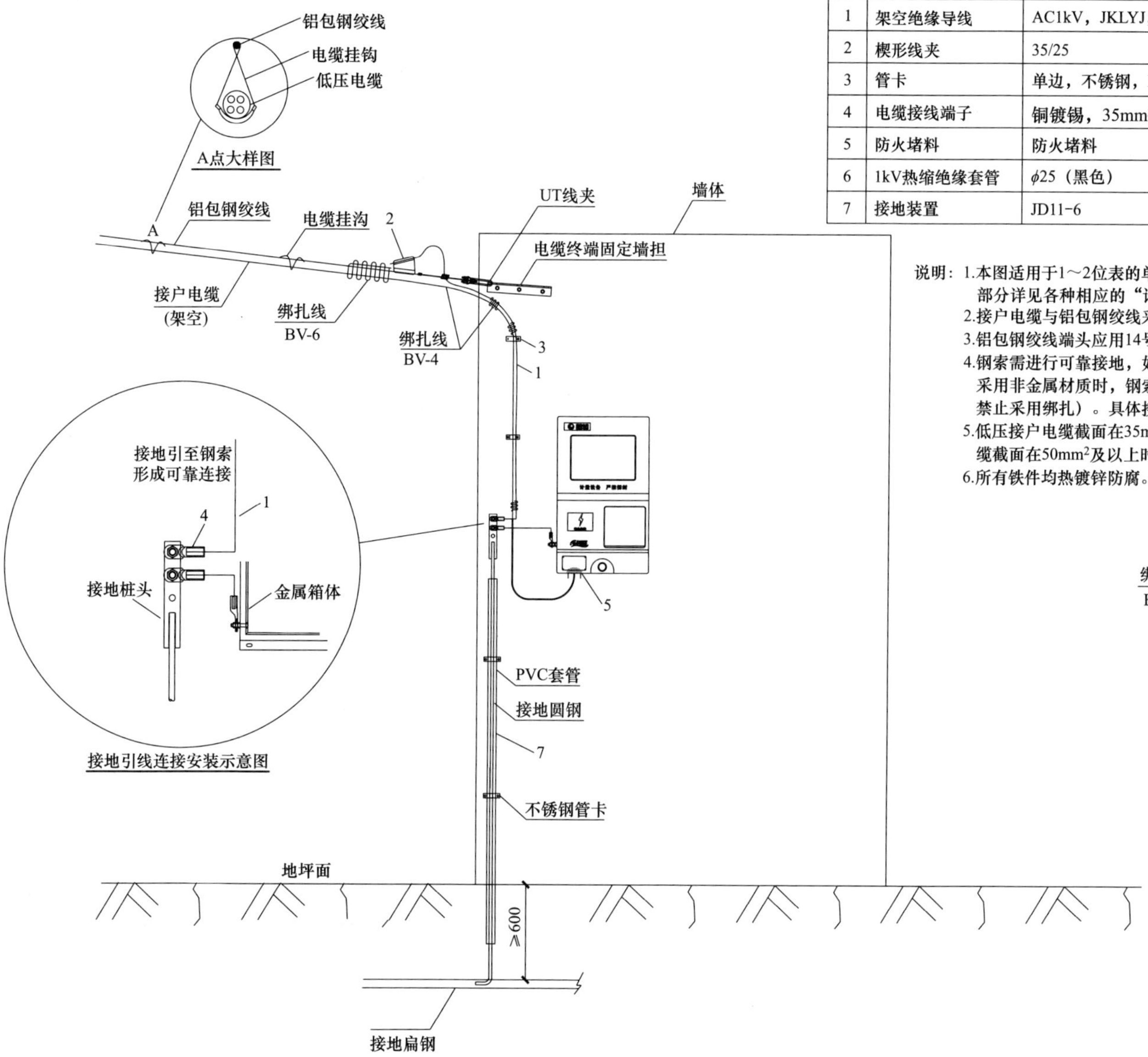

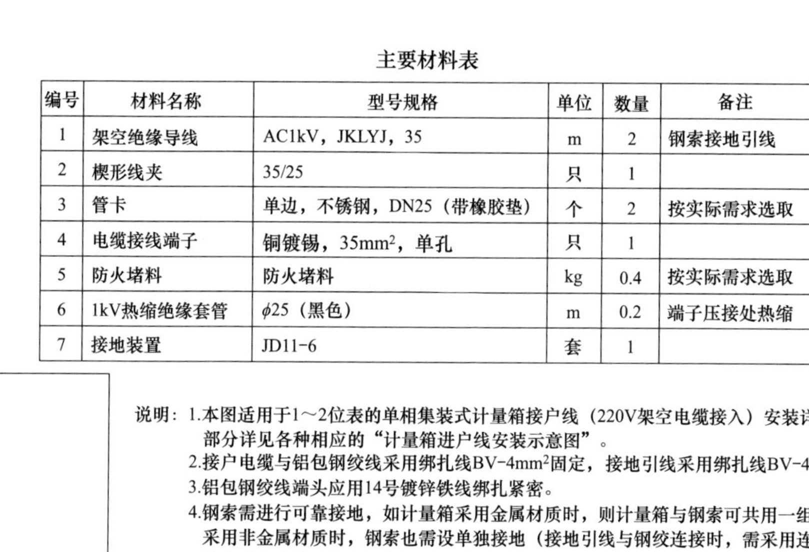

主要材料表

编号	材料名称	型号规格	单位	数量	备注
1	架空绝缘导线	AC1kV，JKLYJ，35	m	2	钢索接地引线
2	楔形线夹	35/25	只	1	
3	管卡	单边，不锈钢，DN25（带橡胶垫）	个	2	按实际需求选取
4	电缆接线端子	铜镀锡，35mm^2，单孔	只	1	
5	防火堵料	防火堵料	kg	0.4	按实际需求选取
6	1kV热缩绝缘套管	ϕ25（黑色）	m	0.2	端子压接处热缩
7	接地装置	JD11-6	套	1	

说明：1.本图适用于1～2位表的单相集装式计量箱接户线（220V架空电缆接入）安装详图。计量箱及户部分详见各种相应的“计量箱进户线安装示意图”。

2.接户电缆与铝包钢绞线采用绑扎线BV-4mm^{2}固定，接地引线采用绑扎线BV-4mm^{2}固定。

3.铝包钢绞线端头应用14号镀锌铁线绑扎紧密。

4.钢索需进行可靠接地，如计量箱采用金属材质时，则计量箱与钢索可共用一组接地；如计量箱采用非金属材质时，钢索也需设单独接地（接地引线与钢绞连接时，需采用连接金具进行过渡，禁止采用绑扎）。具体接地详见“接地装置安装图（JD11型）”。

5.低压接户电缆截面在35mm^{2}及以下的计量箱进、出线段沿墙段可采用不锈钢单边管卡固定；电缆截面在50mm^{2}及以上时均采用电缆抱箍进行固定。

6.所有铁件均热镀锌防腐。

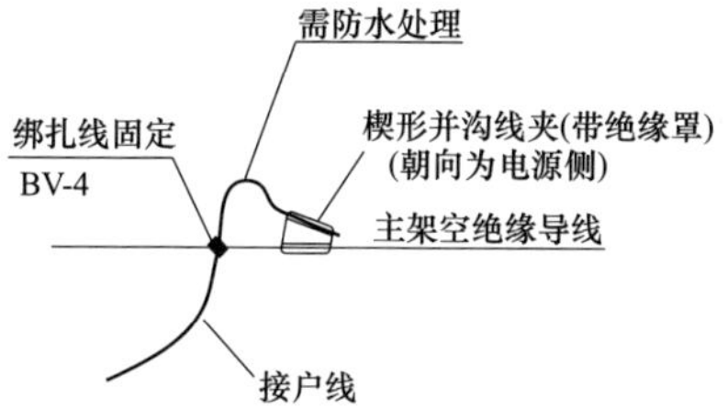

铝包钢绞线
电缆挂钩
低压电缆
A点大样图
A
铝包钢绞线
电缆挂沟
2
UT线夹
墙体
电缆终端固定墙担
接户电缆
(架空)
绑扎线
BV-6
绑扎线
BV-4
3
1
接地引至钢索
形成可靠连接
4
1
接地桩头
金属箱体
5
接地引线连接安装示意图
PVC套管
接地圆钢
7
不锈钢管卡
地坪面
≥600
接地扁钢

需防水处理
绑扎线固定
BV-4
楔形并沟线夹(带绝缘罩)
(朝向为电源侧)
主架空绝缘导线
接户线
引下线与主架空线路连接安装示意图

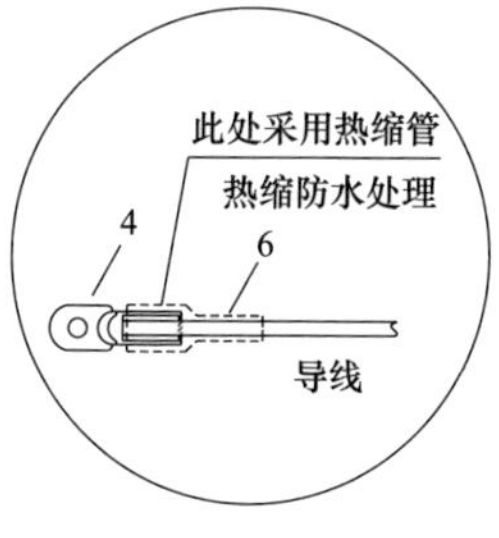

此处采用热缩管
热缩防水处理
4
6
导线
户外接线端子与导线等连接部位防水处理

(b) 计量箱接户线安装详图（220V架空电缆接入）

图 14-7　220V 电缆悬挂接户方式及计量箱接户线安装详图（二）

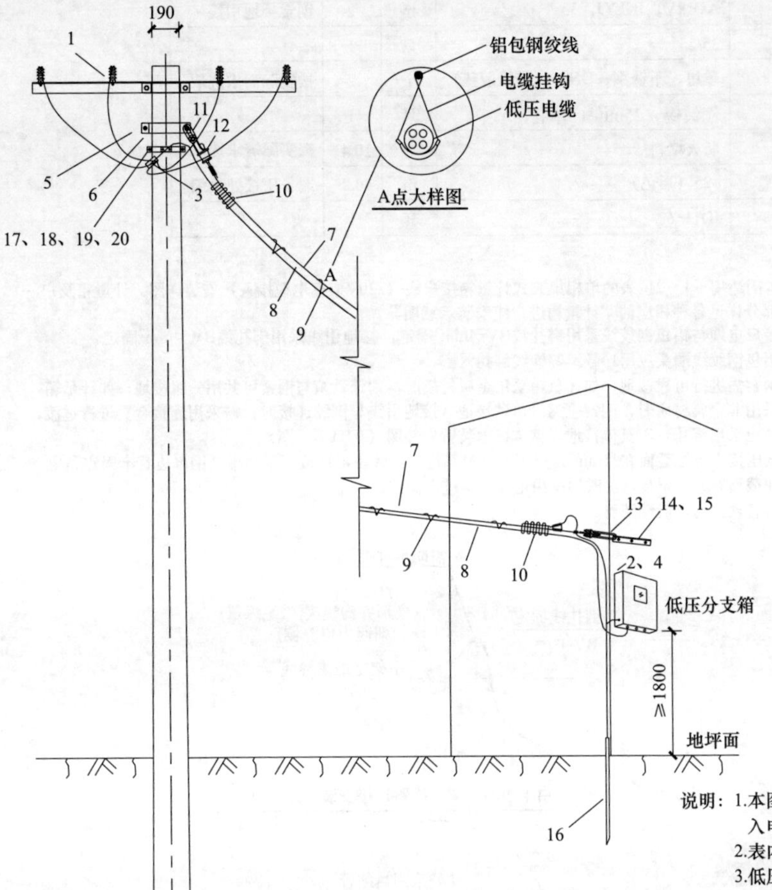

主要材料表

编号	名称	规格	单位	数量	铁附件加工图号	备注
1	楔形线夹（带绝缘罩）	185/95	只	4		按实际需求选取
2	电缆接线端子	铜镀锡，95mm²，单孔	只	4		
3	1kV电缆终端头	4×95，户外终端，冷缩	套	1		用于杆上户外
4	1kV电缆终端头	4×95，户内终端，冷缩	套	1		用于箱体户内
5	半圆抱箍	BG6-200	块	2	图7-23	
6	螺栓	M16×80	件	2		
7	铝包钢绞线	JLB20A，35	t			1根，按实际需求选取
8	低压电缆	ZCYJLY-1kV-4×95	m			1根，按实际需求选取
9	电缆挂钩	4.5号	只	20		一般隔1m一个
10	电缆绑扎线	BV-4mm²	m	3		绑扎电缆
11	延长环	PH-7	只	1		
12	楔形线夹	NX-1	副	1		
13	UT形线夹	NUT-1	副	1		
14	电缆终端固定墙担	∠63×6×300	块	1	图14-51	
15	膨胀螺栓	M12×100，不锈钢	根	3		
16	接地装置	JD11-6	套	1		
17	杆上电缆固定架	DLJ5-165	块	1	图7-32	
18	电缆卡抱	KBG4-40	块	1	图7-22	
19	横担抱箍	HBG6-200	块	1	图7-25	
20	抱箍	BG6-200	块	1	图7-23	

说明：1.本图适用于低压分支线电缆分支箱架空电缆接入安装，材料表不包含主架空线路材料在内。低压主架空线路按绝缘导线185mm²、分支箱接入电缆按YJLY-1kV-4×95mm²考虑，具体以实际现场为准。
2.表内的楔形线夹、接线端子、电缆终端头、电缆卡抱等连接件根据导线截面进行调整。
3.低压电缆分支箱的进、出线详见相应的“分支箱进、出线安装示意图”。
4.所有电缆头均需做防水处理，杆上电缆头处固定点采用绑扎线固定于电缆抱箍上。
5.沿墙挂敷设电缆对地距离不应小于2.5m，沿线电缆在跨越胡同、街道等跨越物时，需满足相应规范的安全距离。
6.接户电缆与铝包钢绞线采用绑扎线BV-4mm²固定，接地引线采用绑扎线BV-4mm²固定，不得使用铁线直接绑扎电缆。
7.当钢索长度在50m及以下时，应在钢索一端装设花篮螺栓紧固；当钢索长度大于50m时，应在钢索两端装设花篮螺栓紧固；长度每增加50m，就应加装一个中间花篮螺栓。现场施工时花篮螺栓的收紧度应控制在50%之内（即花篮螺栓螺牙应预留50%做为今后的钢索弧垂的调整）。沿墙部分的钢索敷设弧垂应控制在10cm之内。
8.钢索不应有扭曲和断股等缺陷，敷设时不能出现有超过90°的折度。钢索端头应用14号镀锌铁线绑扎紧密。
9.本图采用金属低压电缆分支箱，电缆分支箱与钢索可共用一组接地，(接地引线与钢绞连接时，需采用连接金具进行过渡，禁止采用绑扎)。具体接地详见“接地装置安装图（JD11型）”。
10.箱体安装位置应合理，需满足防火防爆要求（一般安装于易于抄表及砖混结构的墙体）。
11.本图中的低压电缆头附件为冷缩式，直线杆架空杆上户外电缆终端头需增加1kV冷缩延长管（1m/相），且延长管需有相应的相色标识。
12.所有铁件均热镀锌防腐。且焊接部位应进行防锈处理（涂刷防锈漆）。

图 14-8　电缆悬挂“低压分支线”安装示意图

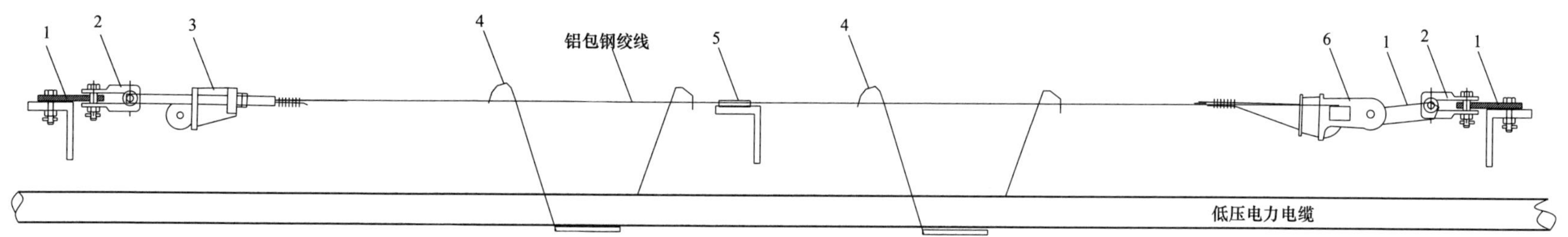

材料表1（适用于"4芯、95m²及以下铜电缆、240m²及以下铝电缆"配合JLB20A，35架空敷设）

编号	名称	规格	单位	数量	备注
1	平行挂板	P-7	只	3	
2	U形挂板	U-7	只	2	
3	UT形线夹	NUT-1	副	1	
4	电缆挂钩	2.5～7.5号	只	20	设计选定，每8m，0.4m/个
5	单槽夹板		副	1	
6	楔形线夹	NX-1	副	1	
7	墙拉拉铁	ϕ12×460	块	1	图14-54

材料表2（适用于"4芯、120～185m²铜电缆"配合JLB20A，50架空敷设）

编号	名称	规格	单位	数量	备注
1	平行挂板	P-7	只	3	
2	U形挂板	U-7	只	2	
3	UT形线夹	NUT-2	副	1	
4	电缆挂钩	2.5～7.5号	只	20	设计选定，每8m，0.4m/个
5	单槽夹板		副	1	
6	楔形线夹	NX-2	副	1	
7	墙拉拉铁	ϕ12×460	块	1	图14-54

说明：1.本材料表为1回材料，2回材料数量增加1倍。
2.该方案中的钢绞线全部采用铝包钢绞线。

(a) 墙侧式电缆挂敷侧视图

图 14-9 墙侧式电缆挂敷侧视图和断视图（一）

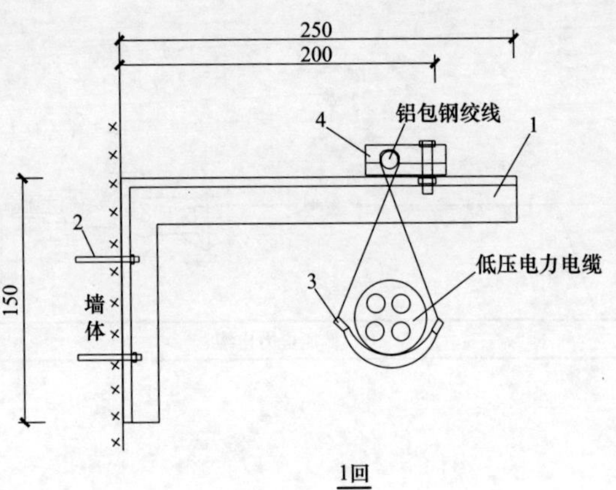

材料表（1回）

编号	名称	规格	单位	数量	备注
1	电缆直线固定墙担	∠50×5×250	块	1	图14-46
2	膨胀螺栓	M12×100，不锈钢	根	2	
3	电缆挂钩	2.5～7.5号	只	20	设计选定，每8m，0.4m/个
4	单槽夹板		副	1	

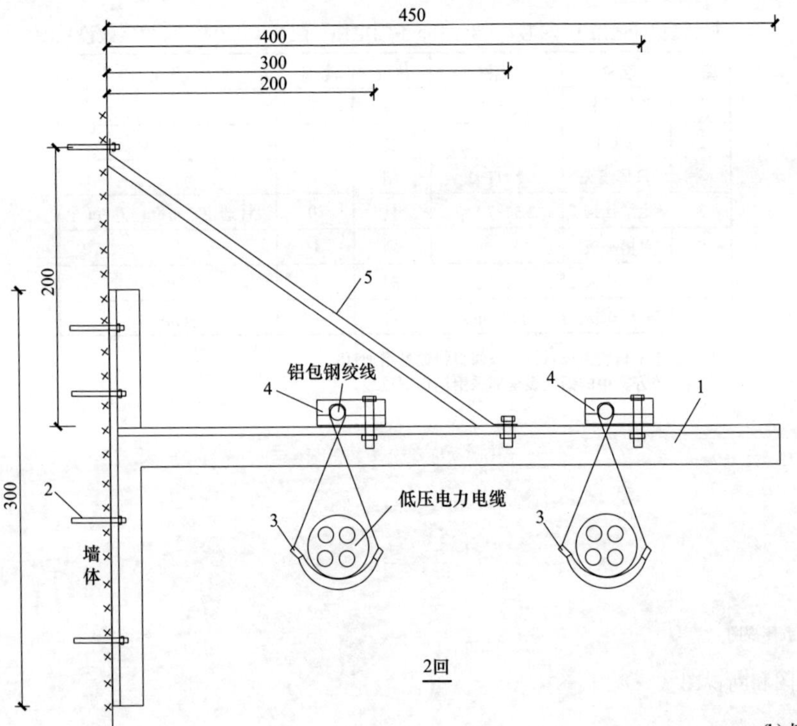

材料表（2回）

编号	名称	规格	单位	数量	备注
1	电缆直线固定墙担	∠50×5×450	块	1	图14-46
2	膨胀螺栓	M12×100，不锈钢	根	5	
3	电缆挂钩	2.5～7.5号	只	40	设计选定，每8m，0.4m/个
4	单槽夹板		副	2	
5	墙拉拉铁	L-1，ϕ12×460	根	1	

(b) 墙侧式电缆挂敷断面图

图 14-9　墙侧式电缆挂敷侧视图和断视图（二）

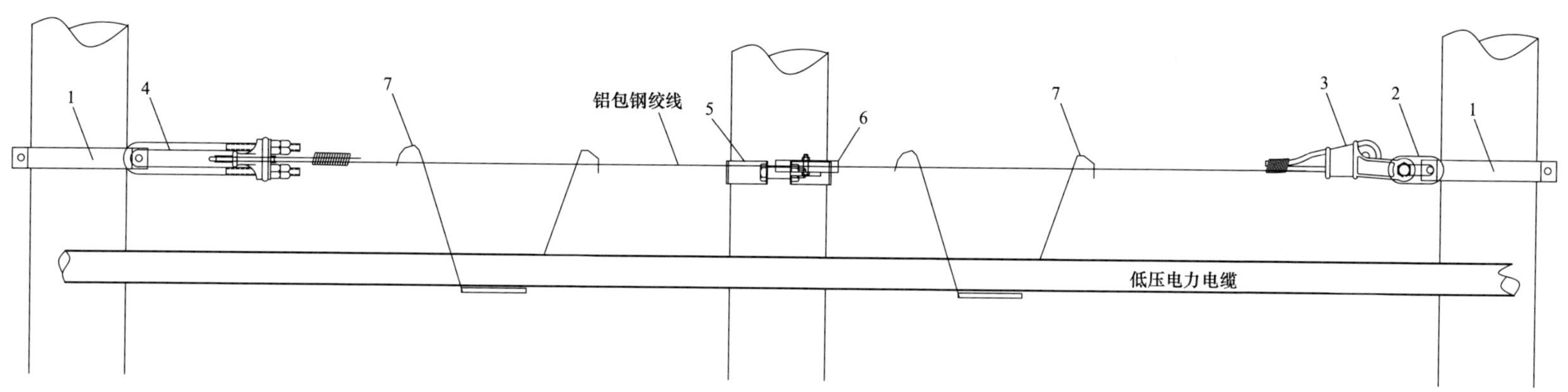

材料表1（配合JLB20A，35架空敷设）

(1回)

编号	名称	规格	单位	数量	备注
1	拉线抱箍	LB2-200	副	2	图12-19
2	延长环	PH-7	只	1	
3	楔形线夹	NX-1	副	1	
4	UT形线夹	NUT-1	副	1	
5	杆上电缆固定抱箍	BG6-2-190	副	1	图14-47
6	单槽夹板		副	1	
7	电缆挂钩	2.5～7.5号	只	20	设计选定，每8m，0.4m/个

材料表2（配合JLB20A，50架空敷设）

编号	名称	规格	单位	数量	备注
1	拉线抱箍	LB2-200	副	2	图12-19
2	延长环	PH-7	只	1	
3	楔形线夹	NX-2	副	1	
4	UT形线夹	NUT-2	副	1	
5	杆上电缆固定抱箍	BG6-2-190	副	1	图14-47
6	单槽夹板		副	1	
7	电缆挂钩	2.5～7.5号	只	20	设计选定，每8m，0.4m/个

材料表3（配合JLB20A，80架空敷设）

编号	名称	规格	单位	数量	备注
1	拉线抱箍	LB2-200	副	2	图12-19
2	延长环	PH-10	只	1	
3	楔形线夹	NX-2	副	1	
4	UT形线夹	NUT-2	副	1	
5	杆上电缆固定抱箍	BG6-2-190	副	1	图14-47
6	单槽夹板		副	1	
7	电缆挂钩	2.5～7.5号	只	20	设计选定，每8m，0.4m/个

说明 1.该方案中的钢绞线全部采用铝包钢绞线。
2.本图适用于1回电缆挂敷。

图 14-10 电杆电缆挂敷侧视图（单回）

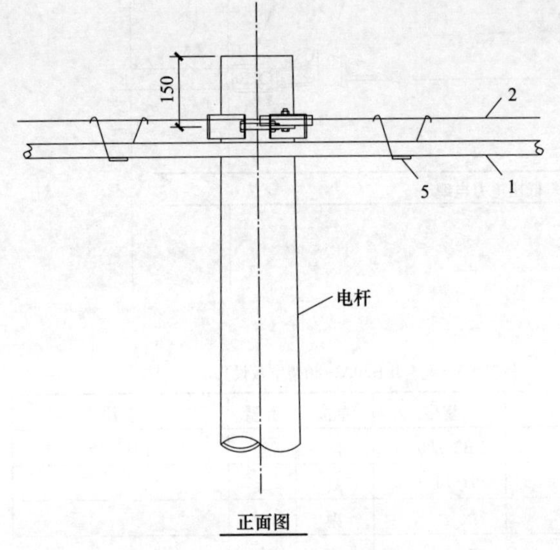

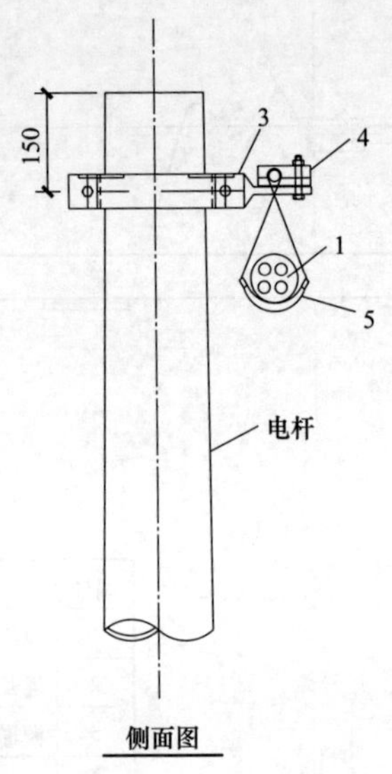

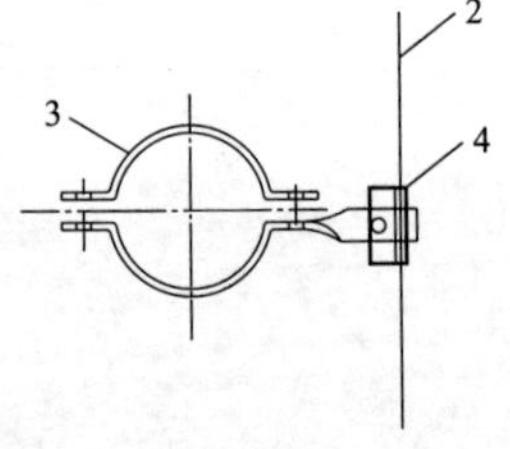

材料表

编号	名称	规 格	单位	数量	备注
1	低压电缆	设计选定	根	1	设计选定
2	铝包钢绞线	设计选定	根	1	设计选定
3	杆上电缆固定抱箍	BG6-2-190	副	1	图14-47
4	单槽夹板		副	1	
5	电缆挂钩	2.5～7.5号	只		设计选定，0.4m/只

注　表中的杆上电缆固定抱箍抱径根据安装电杆的位置确定。

杆头与杆型适配表

杆头代号	适用杆型代号	适用电杆
DZL1-15	DZL1-8-G	ϕ150×8×G
	DZL1-10-E	ϕ150×10×E
DZL1-19	DZL1-10-I	ϕ190×10×I
	DZL1-12-M	ϕ190×12×M
	DZL1-15-M	ϕ190×15×M
DZL1-23	DZL1-12-M/T	ϕ190×12×M
	DZL1-15-M/T	ϕ190×15×M
DZL1-26	DZL1-12-N/T	ϕ230×12×M
	DZL1-15-N/T	ϕ230×15×M

注 “L1”表示单根电缆架空挂敷；“/T”表示同杆架设的杆型。

说明：1.本图适用于直线杆单根电缆架空挂敷。
2.本图描述的杆型是以电缆挂敷的钢绞线作为判断。

图 14-11　380V 直线杆单根电缆挂敷安装示意图（Z-D-X）

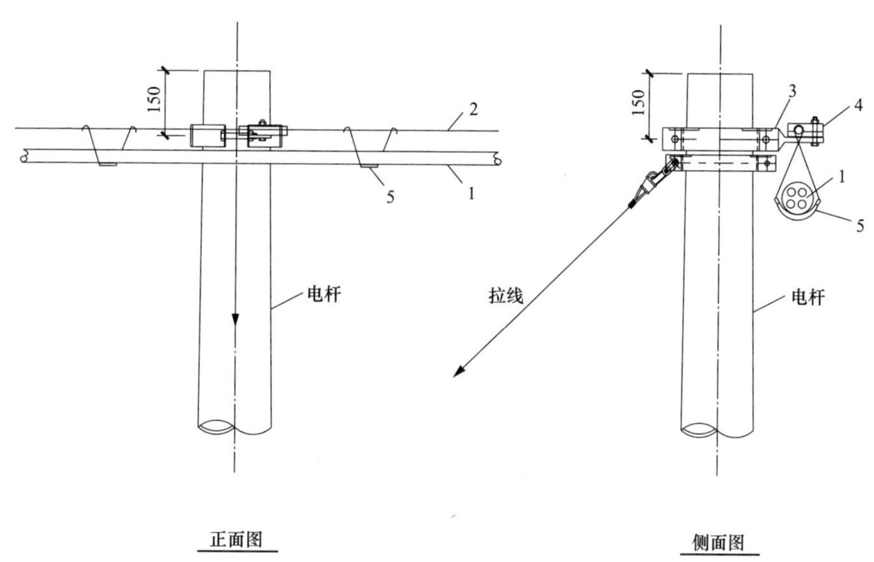

材料表

编号	名称	规格	单位	数量	备注
1	低压电缆	设计选定	根	1	设计选定
2	铝包钢绞线	设计选定	根	1	设计选定
3	杆上电缆固定抱箍	BG6-2-190	副	1	图14-47
4	单槽夹板		副	1	
5	电缆挂钩	2.5～7.5号	只		设计选定，0.4m/只

注　表中的杆上电缆固定抱箍抱径根据安装电杆的位置确定。

杆头与杆型适配表

杆头代号	适用杆型代号	适用电杆
DZJL1-15	DZJL1-8-G	ϕ150×8×G
	DZJL1-10-E	ϕ150×10×E
DZJL1-19	DZJL1-10-I	ϕ190×10×I
	DZJL1-12-M	ϕ190×12×M
	DZJL1-15-M	ϕ190×15×M
DZJL1-23	DZJL1-12-M/T	ϕ190×12×M
	DZJL1-15-M/T	ϕ190×15×M
DZJL1-26	DZJL1-12-N/T	ϕ230×12×M
	DZJL1-15-N/T	ϕ230×15×M

注 “L1”表示单根电缆架空挂敷；“/T”表示同杆架设的杆型。

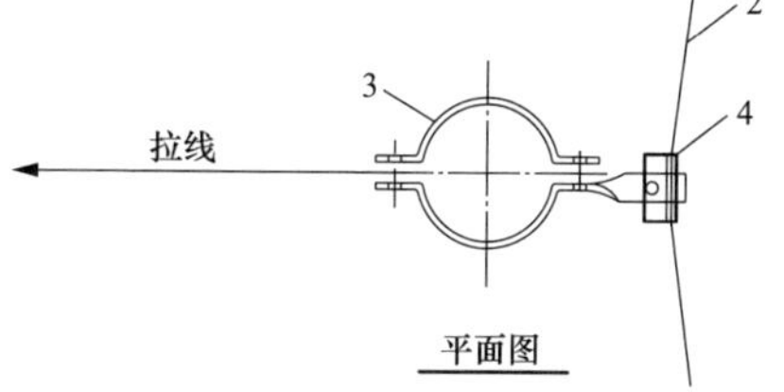

说明：1.本图适用于直线转角杆0°～15°单根电缆架空挂敷。
2.本图描述的杆型是以电缆挂敷的钢绞线作为判断。
3.拉线型号、数量根据电缆截面大小设计选定，不在本图材料表内。

图 14-12　380V 直线转角杆单根电缆挂敷安装示意图（ZJ-D-X）

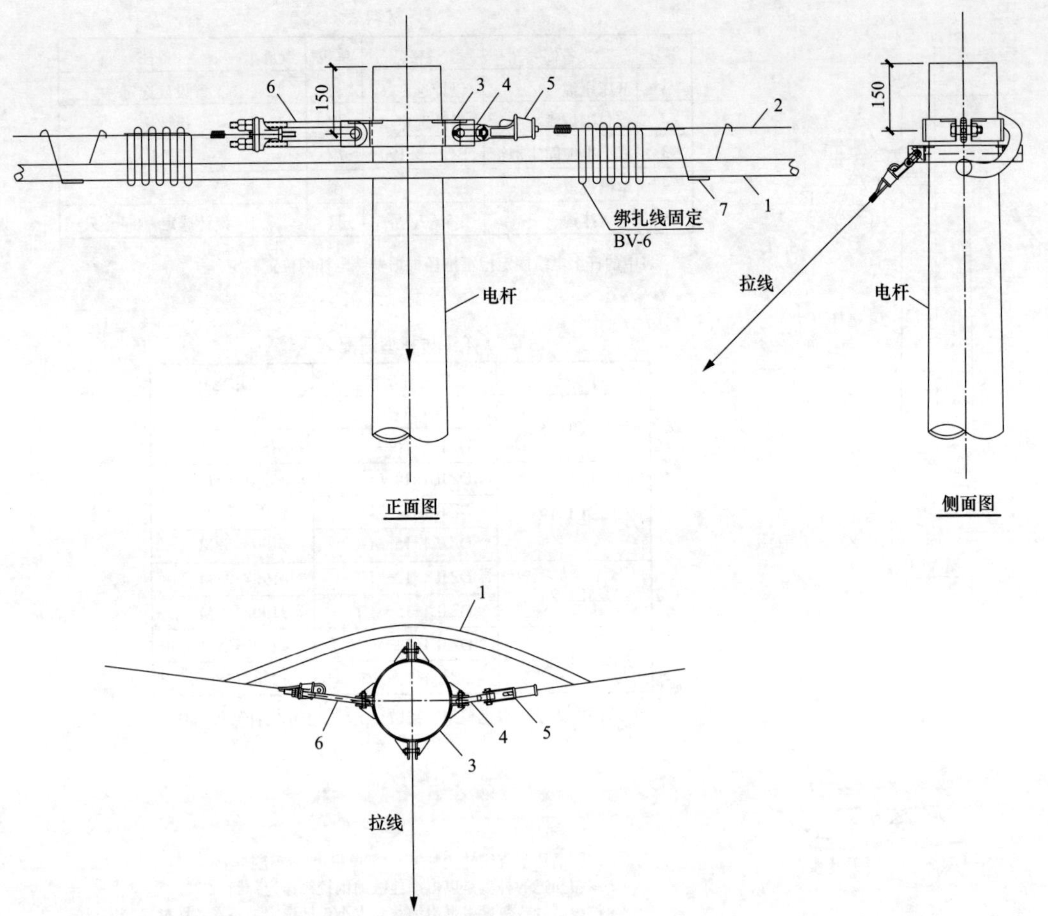

材料表

编号	名称	规格	单位	数量	备注
1	低压电缆	设计选定	根	1	设计选定
2	铝包钢绞线	设计选定	根	1	设计选定
3	拉线抱箍	LB2-200	副	1	图12-19
4	延长环	PH-7	只	1	
5	楔形线夹	NX-	副	1	设计选定
6	UT形线夹	NUT-	副	1	设计选定
7	电缆挂钩	2.5～7.5号	只		设计选定，0.4m/只

注 表中的杆上拉线抱箍抱径根据安装电杆的位置确定。

杆头与杆型适配表

杆头代号	适用杆型代号	适用电杆
DNJ1L1-15	DNJ1L1-8-G	ϕ150×8×G
	DNJ1L1-10-E	ϕ150×10×E
DNJ1L1-19	DNJ1L1-10-I	ϕ190×10×I
	DNJ1L1-12-M	ϕ190×12×M
	DNJ1L1-15-M	ϕ190×15×M
DNJ1L1-23	DNJ1L1-12-M/T	ϕ190×12×M
	DNJ1L1-15-M/T	ϕ190×15×M
DNJ1L1-26	DNJ1L1-12-N/T	ϕ230×12×M
	DNJ1L1-15-N/T	ϕ230×15×M

注 “L1”表示单根电缆架空挂敷；“/T”表示同杆架设的杆型。

说明：1.本图适用于0°～30°耐张转角杆单根电缆架空挂敷。
2.本图描述的杆型是以电缆挂敷的钢绞线作为判断。
3.拉线型号、数量根据电缆截面大小设计选定，不在本图材料表内。

图 14-13 380V 0°～30°耐张转角杆单根电缆挂敷安装示意图（NJ1-D-X）

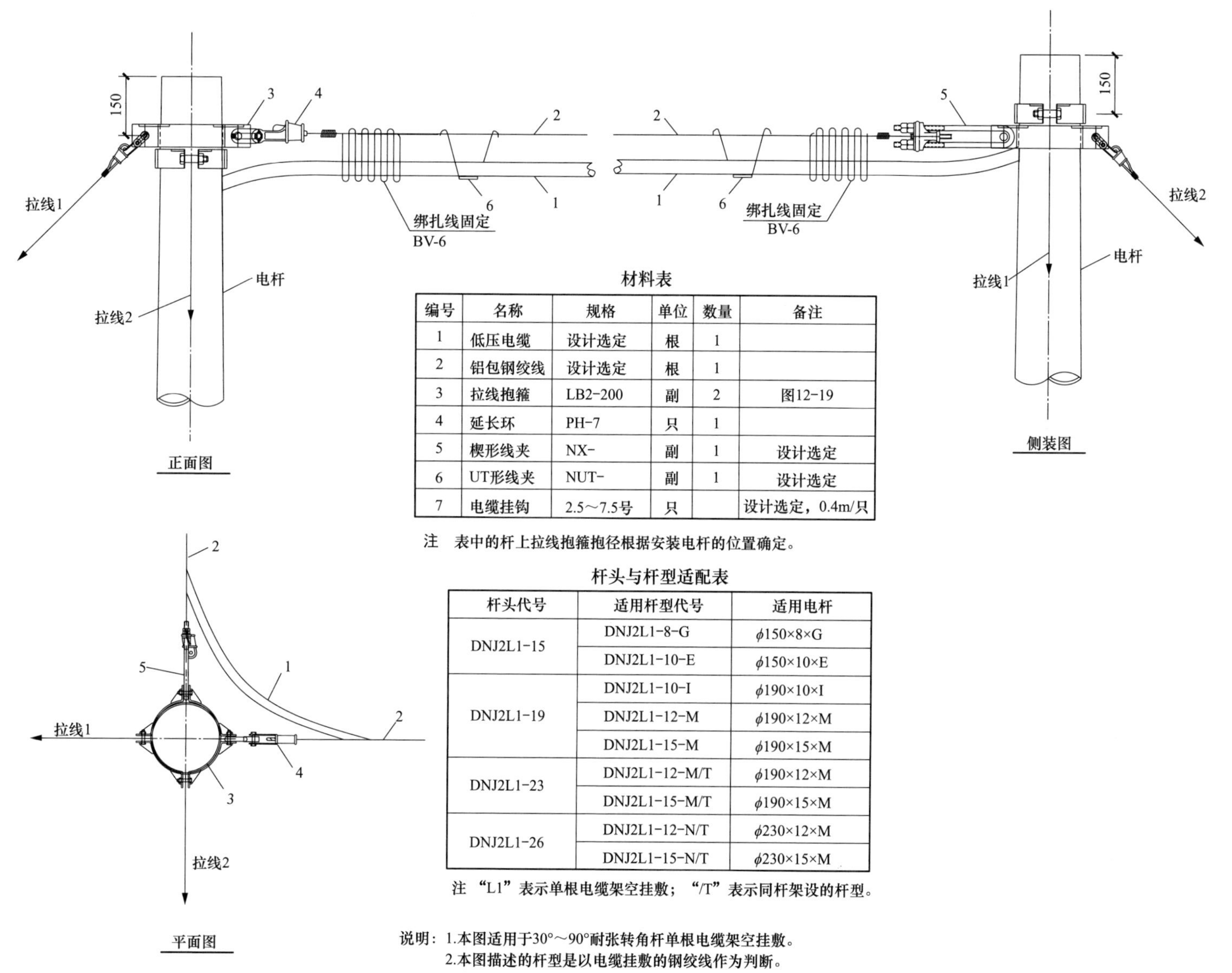

材料表

编号	名称	规格	单位	数量	备注
1	低压电缆	设计选定	根	1	
2	铝包钢绞线	设计选定	根	1	
3	拉线抱箍	LB2-200	副	2	图12-19
4	延长环	PH-7	只	1	
5	楔形线夹	NX-	副	1	设计选定
6	UT形线夹	NUT-	副	1	设计选定
7	电缆挂钩	2.5～7.5号	只		设计选定，0.4m/只

注　表中的杆上拉线抱箍抱径根据安装电杆的位置确定。

杆头与杆型适配表

杆头代号	适用杆型代号	适用电杆
DNJ2L1-15	DNJ2L1-8-G	ϕ150×8×G
	DNJ2L1-10-E	ϕ150×10×E
DNJ2L1-19	DNJ2L1-10-I	ϕ190×10×I
	DNJ2L1-12-M	ϕ190×12×M
	DNJ2L1-15-M	ϕ190×15×M
DNJ2L1-23	DNJ2L1-12-M/T	ϕ190×12×M
	DNJ2L1-15-M/T	ϕ190×15×M
DNJ2L1-26	DNJ2L1-12-N/T	ϕ230×12×M
	DNJ2L1-15-N/T	ϕ230×15×M

注 “L1”表示单根电缆架空挂敷；“/T”表示同杆架设的杆型。

说明：1.本图适用于30°～90°耐张转角杆单根电缆架空挂敷。
2.本图描述的杆型是以电缆挂敷的钢绞线作为判断。
3.拉线型号、数量根据电缆截面大小设计选定，不在本图材料表内。

图 14-14　380V 30°～90°耐张转角杆单根电缆挂敷安装示意图（NJ2-D-X）

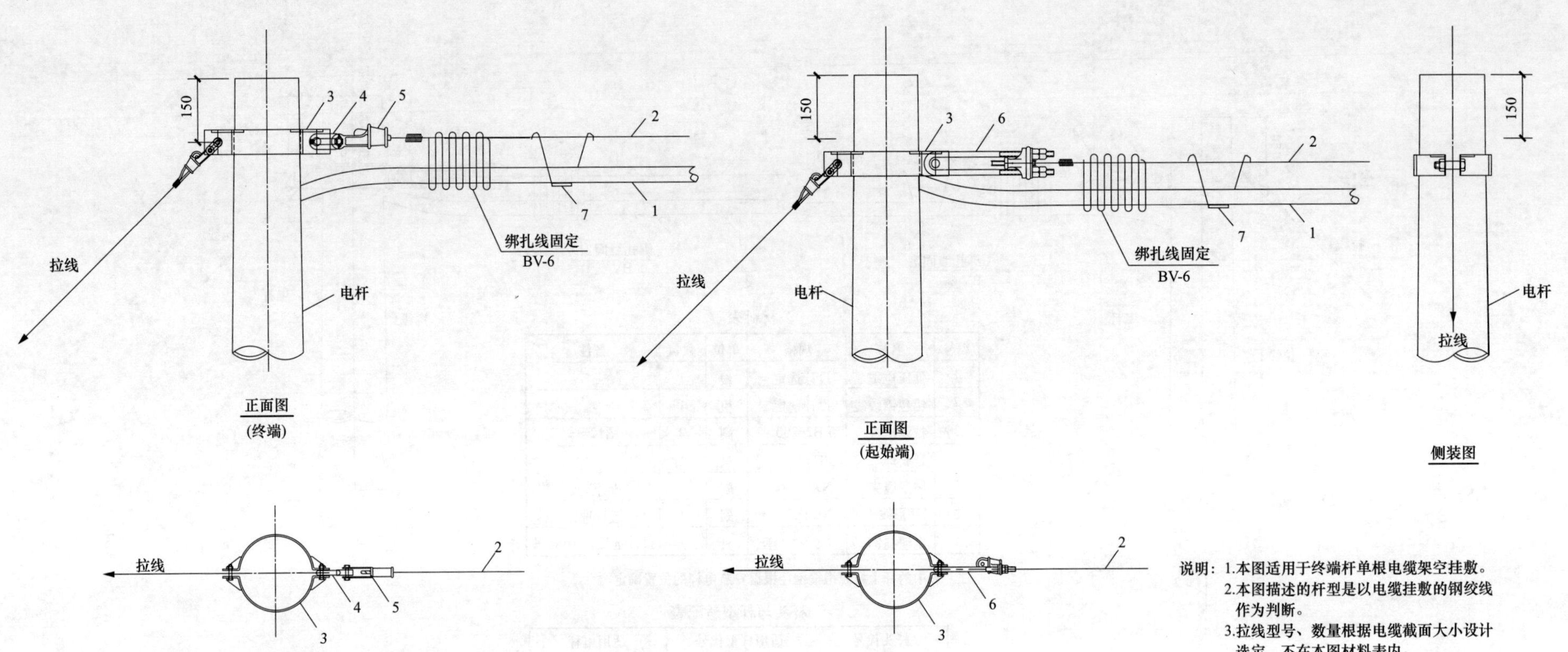

说明：1.本图适用于终端杆单根电缆架空挂敷。
2.本图描述的杆型是以电缆挂敷的钢绞线作为判断。
3.拉线型号、数量根据电缆截面大小设计选定，不在本图材料表内。
4.起始杆线夹为楔形线夹、终端杆末端为UT形线夹。

杆头与杆型适配表

杆头代号	适用杆型代号	适用电杆
DDL1-15	DDL1-8-G	ϕ150×8×G
	DDL1-10-E	ϕ150×10×E
DDL1-19	DDL1-10-I	ϕ190×10×I
	DDL1-12-M	ϕ190×12×M
	DDL1-15-M	ϕ190×15×M
DDL1-23	DDL1-12-M/T	ϕ190×12×M
	DDL1-15-M/T	ϕ190×15×M
DDL1-26	DDL1-12-N/T	ϕ230×12×M
	DDL1-15-N/T	ϕ230×15×M

注 "L1"表示单根电缆架空挂敷；"/T"表示同杆架设的杆型。

材料表

编号	名称	规格	单位	数量	备注
1	低压电缆	设计选定	根	1	设计选定
2	铝包钢绞线	设计选定	根	1	设计选定
3	拉线抱箍	LB2-200	副	1	图12-19
4	延长环	PH-7	只	1	
5	楔形线夹	NX-	副	1	设计选定，终端
6	UT形线夹	NUT-	副	1	设计选定，起始端
7	电缆挂钩	2.5～7.5号	只		设计选定，0.4m/只

注 表中的杆上拉线抱箍抱径根据安装电杆的位置确定。

图 14-15 380V 终端杆单根电缆挂敷安装示意图（D-D-X）

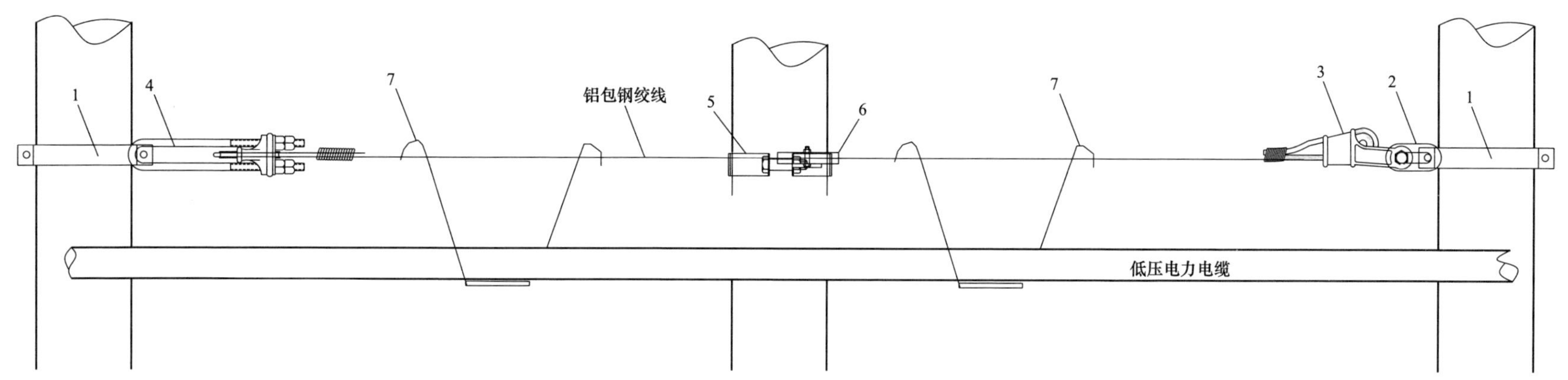

(2回)

材料表1（配合JLB20A，35架空敷设）

编号	名称	规格	单位	数量	备注
1	拉线抱箍	LB2-200	副	2	图12-19
2	延长环	PH-7	只	1	
3	楔形线夹	NX-1	副	1	
4	UT形线夹	NUT-1	副	1	
5	杆上电缆固定抱箍	BG6-3-190	副	1	图14-47
6	单槽夹板		副	1	
7	电缆挂钩	2.5～7.5号	只	20	设计选定，每8m，0.4m/个

材料表2（配合JLB20A，50架空敷设）

编号	名称	规格	单位	数量	备注
1	拉线抱箍	LB2-200	副	2	图12-19
2	延长环	PH-7	只	2	
3	楔形线夹	NX-2	副	2	
4	UT形线夹	NUT-2	副	2	
5	杆上电缆固定抱箍	BG6-3-190	副	1	图14-48
6	单槽夹板		副	2	
7	电缆挂钩	2.5～7.5号	只	40	设计选定，每8m，0.4m/个

材料表3（配合JLB20A，80架空敷设）

编号	名称	规格	单位	数量	备注
1	拉线抱箍	LB2-200	副	2	图12-19
2	延长环	PH-10	只	2	
3	楔形线夹	NX-2	副	2	
4	UT形线夹	NUT-2	副	2	
5	杆上电缆固定抱箍	BG6-3-190	副	1	图14-48
6	单槽夹板		副	2	
7	电缆挂钩	2.5～7.5号	只	40	设计选定，每8m，0.4m/个

注 1.该方案中的钢绞线全部采用铝包钢绞线。
2.本图适用于2回电缆挂敷。

图 14-16　电杆电缆挂敷侧视图（双回）

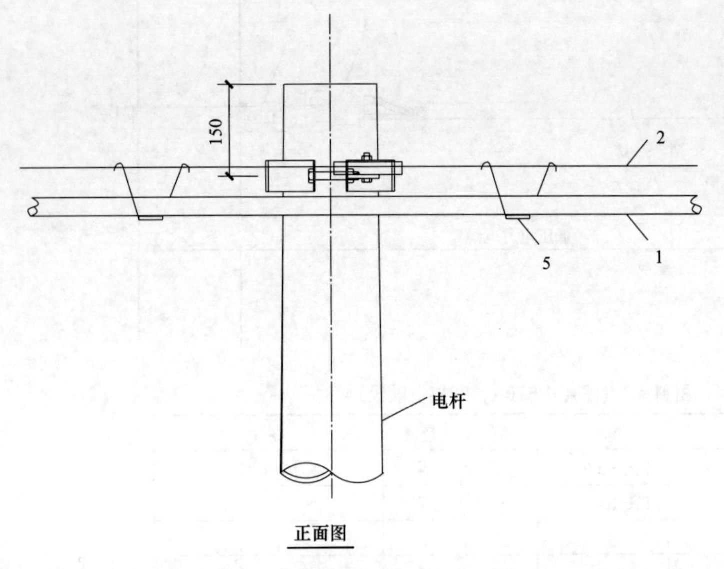

正面图

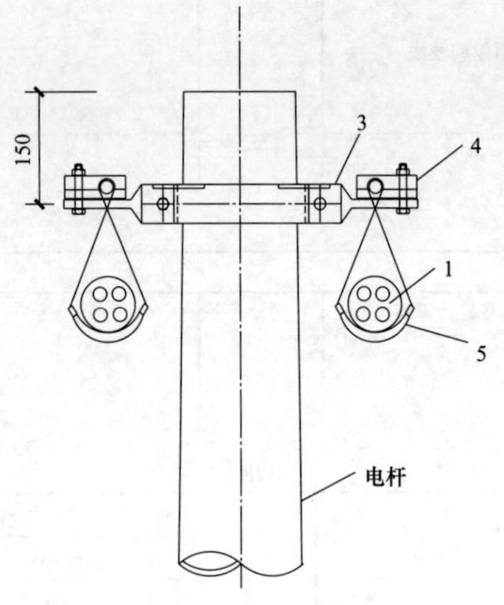

侧面图

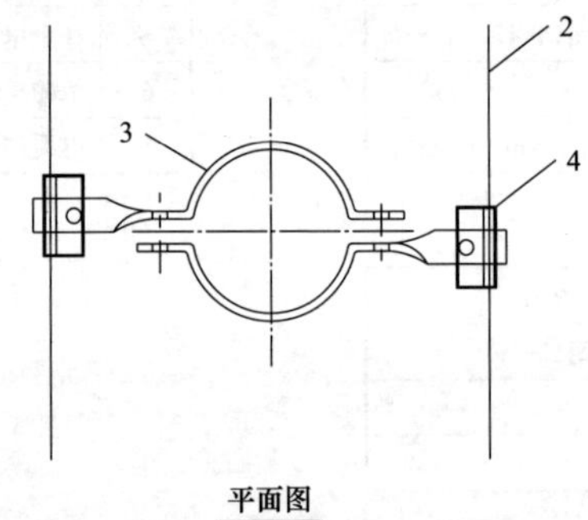

平面图

材料表

编号	名称	规 格	单位	数量	备注
1	低压电缆	设计选定	根	2	设计选定
2	铝包钢绞线	设计选定	根	2	设计选定
3	杆上电缆固定抱箍	BG6-3-190	副	1	图14-48
4	单槽夹板		副	2	
5	电缆挂钩	2.5～7.5号	只		设计选定，0.4m/只

注 表中的杆上电缆固定抱箍抱径根据安装电杆的位置确定。

杆头与杆型适配表

杆头代号	适用杆型代号	适用电杆
DZL2-15	DZL2-8-G	ϕ150×8×G
	DZL2-10-E	ϕ150×10×E
DZL2-19	DZL2-10-I	ϕ190×10×I
	DZL2-12-M	ϕ190×12×M
	DZL2-15-M	ϕ190×15×M
DZL2-23	DZL2-12-M/T	ϕ190×12×M
	DZL2-15-M/T	ϕ190×15×M
DZL2-26	DZL2-12-N/T	ϕ230×12×M
	DZL2-15-N/T	ϕ230×15×M

注 “L2”表示两根电缆架空挂敷；“/T”表示同杆架设的杆型。

说明：1.本图适用于直线杆两根电缆架空挂敷。
2.本图描述的杆型是以电缆挂敷的钢绞线作为判断。

图 14-17 380V 直线杆两根电缆挂敷安装示意图（Z-2D-X）

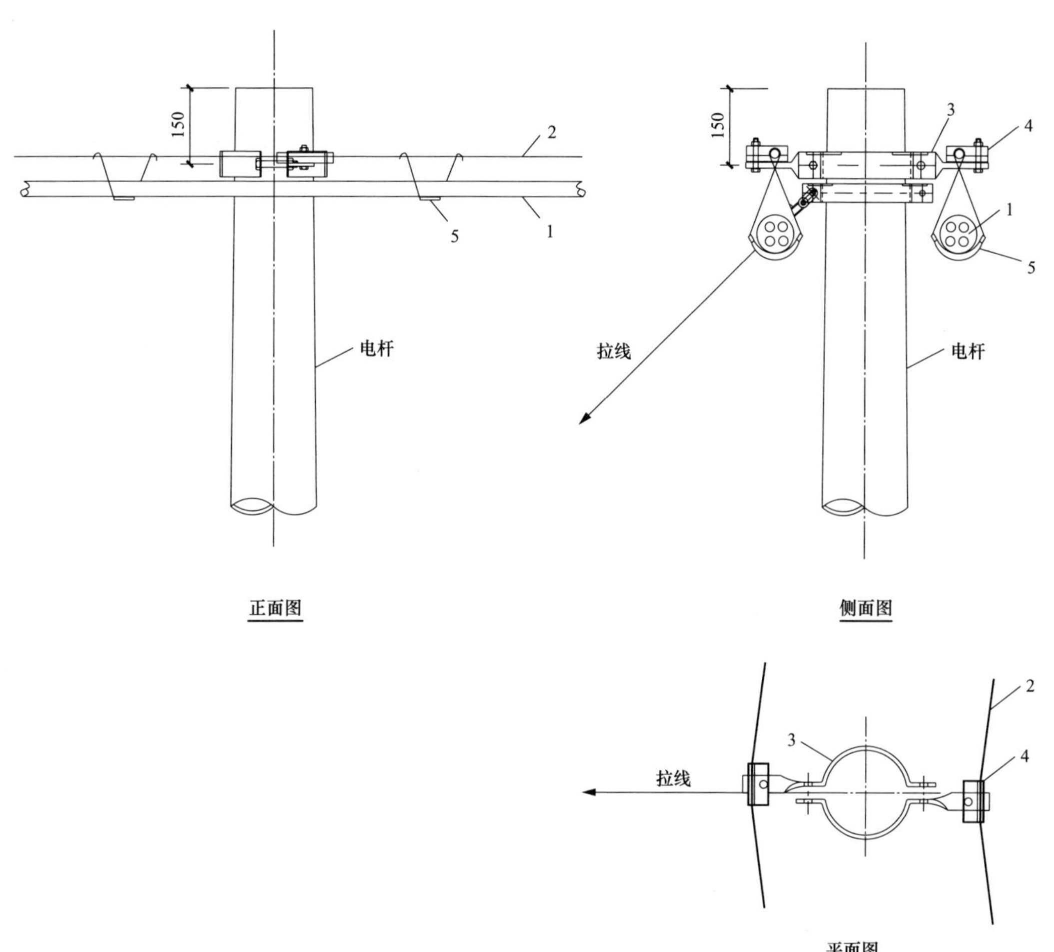

图 14-18 380V 直线转角杆两根电缆挂敷安装示意图（ZJ-2D-X）

材料表

编号	名称	规格	单位	数量	备注
1	低压电缆	设计选定	根	2	设计选定
2	铝包钢绞线	设计选定	根	2	设计选定
3	杆上电缆固定抱箍	BG6-3-190	副	1	图14-48
4	单槽夹板		副	2	
5	电缆挂钩	2.5～7.5号	只		设计选定，0.4m/只

注 表中的杆上电缆固定抱箍抱径根据安装电杆的位置确定。

杆头与杆型适配表

杆头代号	适用杆型代号	适用电杆
DZJL2-15	DZJL2-8-G	$\phi150\times8\times G$
	DZJL2-10-E	$\phi150\times10\times E$
DZJL2-19	DZJL2-10-I	$\phi190\times10\times I$
	DZJL2-12-M	$\phi190\times12\times M$
	DZJL2-15-M	$\phi190\times15\times M$
DZJL2-23	DZJL2-12-M/T	$\phi190\times12\times M$
	DZJL2-15-M/T	$\phi190\times15\times M$
DZJL2-26	DZJL2-12-N/T	$\phi230\times12\times M$
	DZJL2-15-N/T	$\phi230\times15\times M$

注 “L2”表示两根电缆架空挂敷；“/T”表示同杆架设的杆型。

说明：1.本图适用于直线转角杆0°～15°两根电缆架空挂敷。
2.本图描述的杆型是以电缆挂敷的钢绞线作为判断。
3.拉线型号、数量根据电缆截面大小设计选定，不在本图材料表内。

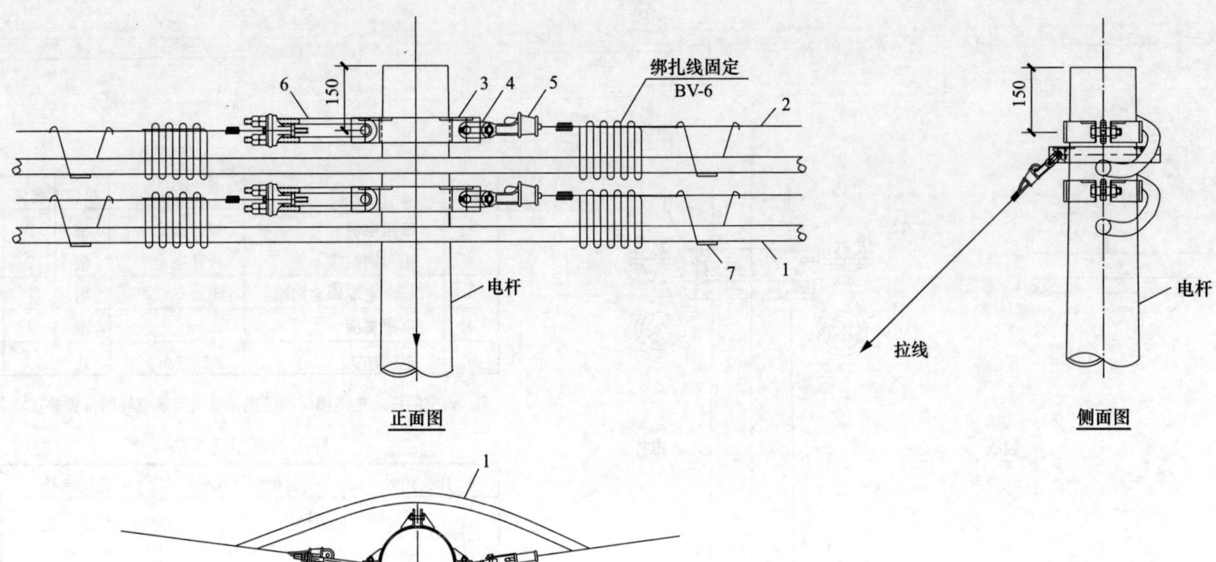

正面图　　侧面图

平面图

材料表

编号	名称	规格	单位	数量	备注
1	低压电缆	设计选定	根	2	设计选定
2	铝包钢绞线	设计选定	根	2	设计选定
3	拉线抱箍	LB2-200	副	2	图12-19
4	延长环	PH-7	只	1	
5	楔形线夹	NX-	副	2	设计选定
6	UT形线夹	NUT-	副	2	设计选定
7	电缆挂钩	2.5～7.5号	只		设计选定，0.4m/只

注　表中的杆上拉线抱箍抱径根据安装电杆的位置确定。

杆头与杆型适配表

杆头代号	适用杆型代号	适用电杆
DNJ1L2-15	DNJ1L2-8-G	ϕ150×8×G
	DNJ1L2-10-E	ϕ150×10×E
DNJ1L2-19	DNJ1L2-10-I	ϕ190×10×I
	DNJ1L2-12-M	ϕ190×12×M
	DNJ1L2-15-M	ϕ190×15×M
DNJ1L2-23	DNJ1L2-12-M/T	ϕ190×12×M
	DNJ1L2-15-M/T	ϕ190×15×M
DNJ1L2-26	DNJ1L2-12-N/T	ϕ230×12×M
	DNJ1L2-15-N/T	ϕ230×15×M

注 “L2”表示两根电缆架空挂敷；“/T”表示同杆架设的杆型。

说明：1.本图适用于0°～30°耐张转角杆两根电缆架空挂敷。
2.本图描述的杆型是以电缆挂敷的钢绞线作为判断。
3.拉线型号、数量根据电缆截面大小设计选定，不在本图材料表内。

图 14-19　380V 0°～30°耐张转角杆两根电缆挂敷安装示意图（NJ1-2D-X）

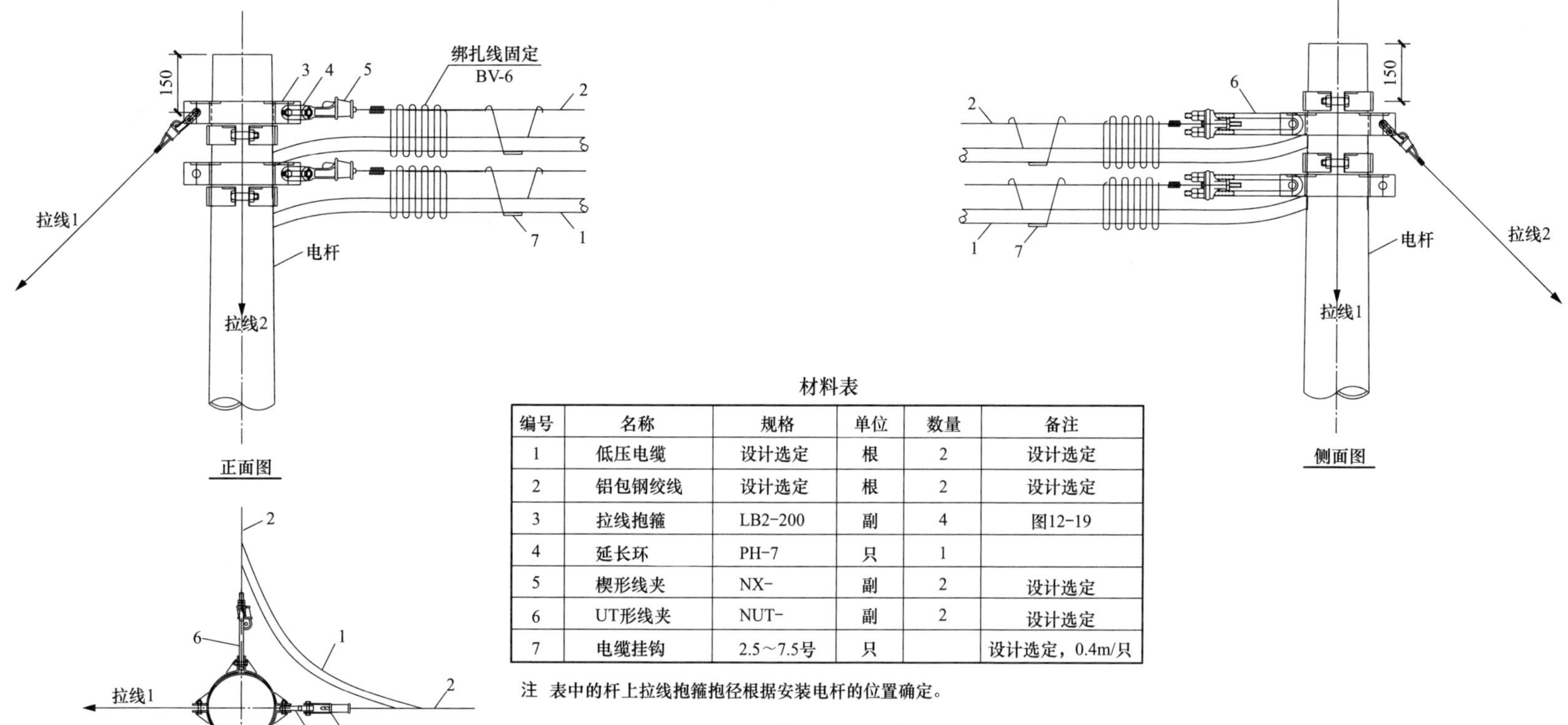

材料表

编号	名称	规格	单位	数量	备注
1	低压电缆	设计选定	根	2	设计选定
2	铝包钢绞线	设计选定	根	2	设计选定
3	拉线抱箍	LB2-200	副	4	图12-19
4	延长环	PH-7	只	1	
5	楔形线夹	NX-	副	2	设计选定
6	UT形线夹	NUT-	副	2	设计选定
7	电缆挂钩	2.5～7.5号	只		设计选定，0.4m/只

注 表中的杆上拉线抱箍抱径根据安装电杆的位置确定。

杆头与杆型适配表

杆头代号	适用杆型代号	适用电杆
DNJ2L2-15	DNJ2L2-8-G	ϕ150×8×G
	DNJ2L2-10-E	ϕ150×10×E
DNJ2L2-19	DNJ2L2-10-I	ϕ190×10×I
	DNJ2L2-12-M	ϕ190×12×M
	DNJ2L2-15-M	ϕ190×15×M
DNJ2L2-23	DNJ2L2-12-M/T	ϕ190×12×M
	DNJ2L2-15-M/T	ϕ190×15×M
DNJ2L2-26	DNJ2L2-12-N/T	ϕ230×12×M
	DNJ2L2-15-N/T	ϕ230×15×M

注 “L2”表示两根电缆架空挂敷；“/T”表示同杆架设的杆型。

说明：1.本图适用于30°～90°耐张转角杆两根电缆架空挂敷。
2.本图描述的杆型是以电缆挂敷的钢绞线作为判断。
3.拉线型号、数量根据电缆截面大小设计选定，不在本图材料表内。

图 14-20 380V 30°～90°耐张转角杆两根电缆挂敷安装示意图（NJ2-2D-X）

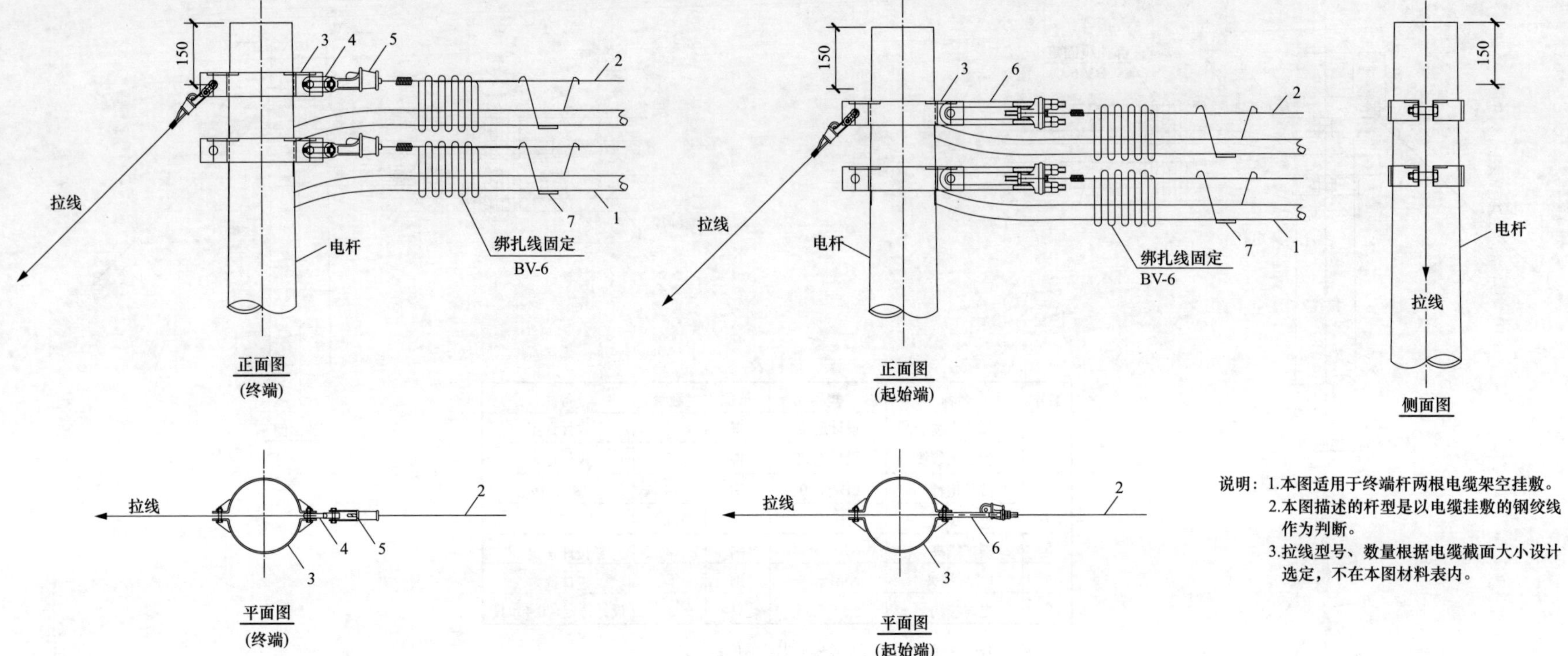

说明：1.本图适用于终端杆两根电缆架空挂敷。
2.本图描述的杆型是以电缆挂敷的钢绞线作为判断。
3.拉线型号、数量根据电缆截面大小设计选定，不在本图材料表内。

杆头与杆型适配表

杆头代号	适用杆型代号	适用电杆	备注
DDL2-15	DDL2-8-G	ϕ150×8×G	
	DDL2-10-E	ϕ150×10×E	
DDL2-19	DDL2-10-I	ϕ190×10×I	
	DDL2-12-M	ϕ190×12×M	
	DDL2-15-M	ϕ190×15×M	
DDL2-23	DDL2-12-M/T	ϕ190×12×M	
	DDL2-15-M/T	ϕ190×15×M	
DDL2-26	DDL2-12-N/T	ϕ230×12×M	
	DDL2-15-N/T	ϕ230×15×M	

注 “L1”表示单根电缆架空挂敷；“/T”表示同杆架设的杆型。

材料表

编号	名称	规格	单位	数量	备注
1	低压电缆	设计选定	根	2	设计选定
2	铝包钢绞线	设计选定	根	2	设计选定
3	拉线抱箍	LB2-200	副	2	图12-19
4	延长环	PH-7	只	1	
5	楔形线夹	NX-	副	2	设计选定，终端
6	UT形线夹	NUT-	副	2	设计选定，起始端
7	电缆挂钩	2.5～7.5号	只		设计选定，0.4m/只

注 表中的杆上拉线抱箍抱径根据安装电杆的位置确定。

图 14-21 380V 终端杆两根电缆挂敷安装示意图（D-2D-X）

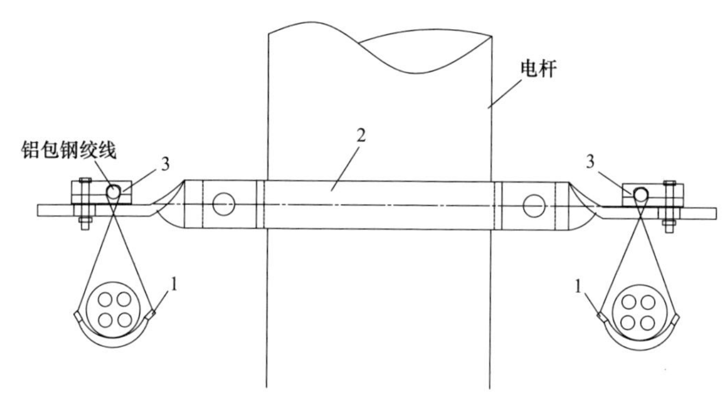

材料表（1）

编号	名称	规格	单位	数量	铁附件加工图号	备注
1	电缆挂钩	2.5～7.5号	只	20		设计选定，每8m，0.4m/个
2	杆上电缆固定抱箍	BG6-2-190	副	1	图14-47	
3	单槽夹板		副	2		

注 本材料表适用于1回电缆挂敷。

材料表（2）

编号	名称	规格	单位	数量	铁附件加工图号	备注
1	电缆挂钩	2.5～7.5号	只	40		设计选定，每8m，0.4m/个
2	杆上电缆固定抱箍	BG6-3-190	副	1	图14-48	
3	单槽夹板		副	2		

注 本材料表适用于2回电缆挂敷。

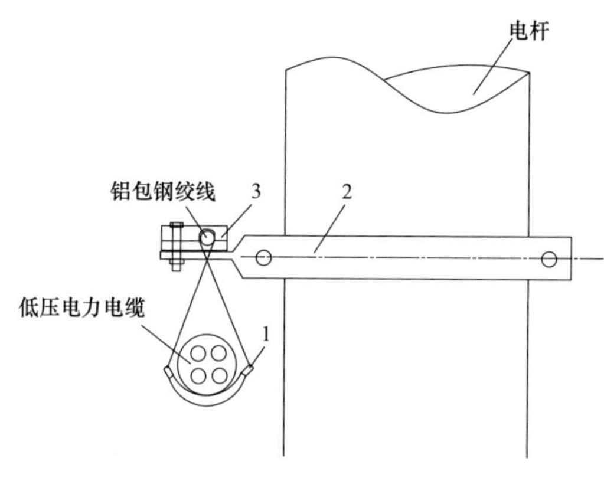

(1回)

图 14-22 电杆电缆挂敷断面图

主要材料表

编号	材料名称	型号规格	单位	数量	铁附件加工图号	备注
1	架空绝缘导线	AC1kV，JKLYJ，35	根	4		按实际需求选取
2	线轴式绝缘子	EX-2	只	36		按实际需求选取
3	四线垂直支架	-5×60×1050	块	9	图14-44	按实际需求选取
4	联板	联-53	块	4	TJ-GZ-01	按实际需求选取
5	垂直拉铁	-30×4×300	块	6	图14-49	按实际需求选取
6	楔形线夹	35/35	只	8		

主要材料表

编号	材料名称	型号规格	单位	数量	铁附件加工图号	备注
7	布电线	BV-4mm²	根	36		绑扎线用
8	电缆接线端子	铜镀锡，35mm²，单孔	只	4		接户线箱内
9	四线Π形支架	∠50×5×1700	副	2	图14-42	跨越明敷管用
10	螺栓	M16×120	件	36		用于固定绝缘子
11	膨胀螺栓	M12×100，不锈钢	根	42		

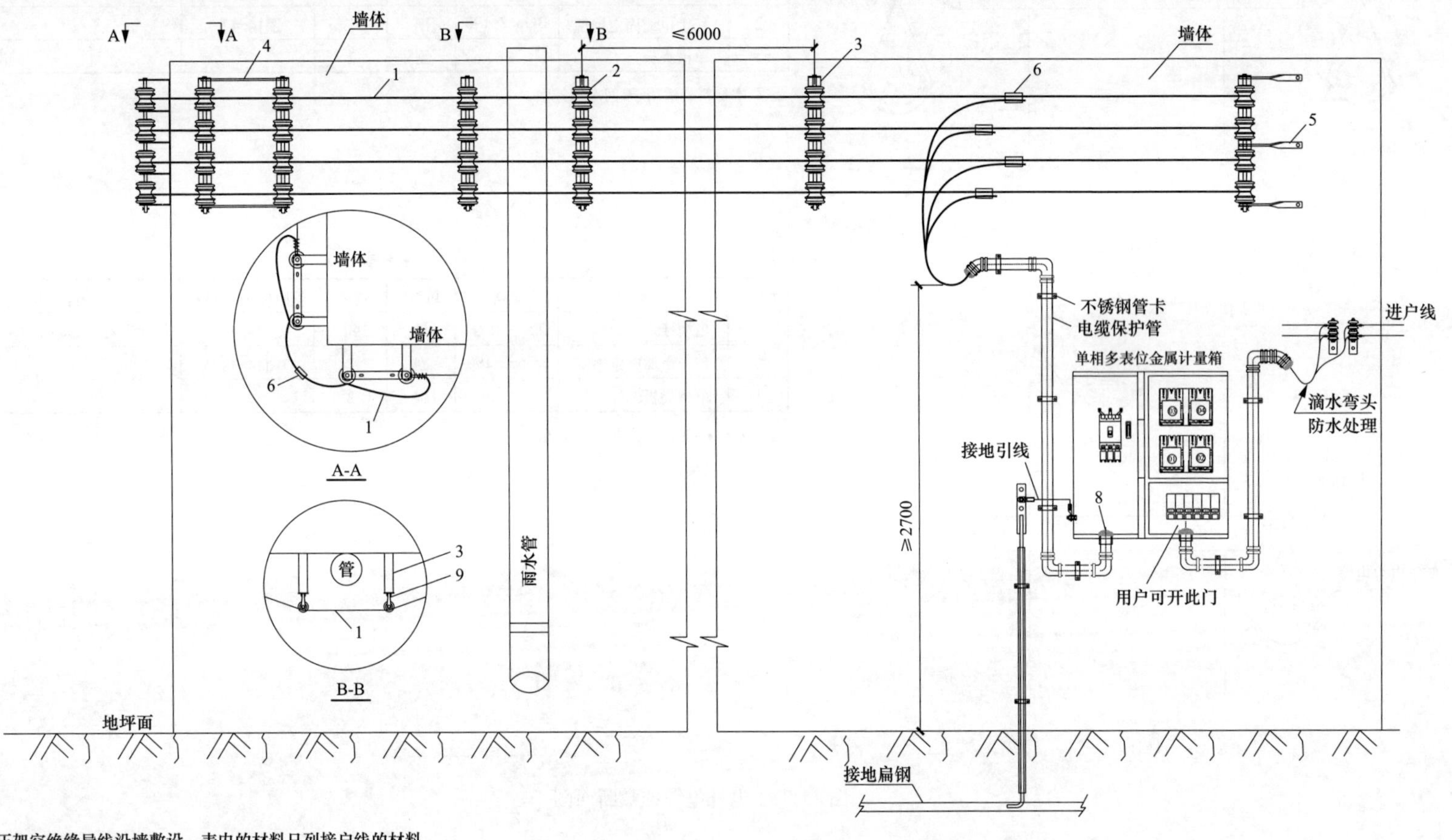

说明：本图为低压架空绝缘导线沿墙敷设，表内的材料只列接户线的材料，具体的材料规格型号及数量需以实际为准。

图 14-23　380V 分列导线垂直布线沿墙敷设示意图

主要材料表

编号	材料名称	型号规格	单位	数量	铁附件加工图号	备注
1	架空绝缘导线	AC1kV，JKLYJ，35	根	2		按实际需求选取
2	线轴式绝缘子	EX-2	只	18		按实际需求选取
3	二线垂直支架	−5×60×1050	块	9	图14-45	按实际需求选取
4	联板	联-53	块	4	图12-30	按实际需求选取
5	垂直拉铁	−30×4×300	块	4	图14-49	按实际需求选取
6	楔形线夹	35/35	只	4		

主要材料表

编号	材料名称	型号规格	单位	数量	铁附件加工图号	备注
7	布电线	BV-2.5mm²	根	18		绑扎线用
8	电缆接线端子	铜镀锡，35mm²，单孔	只	2		接户线箱内
9	二线∏形支架	∠50×5×1700	副	2	图14-43	跨越明敷管用
10	螺栓	M16×120	件	18		用于固定绝缘子
11	膨胀螺栓	M12×100，不锈钢	根	22		

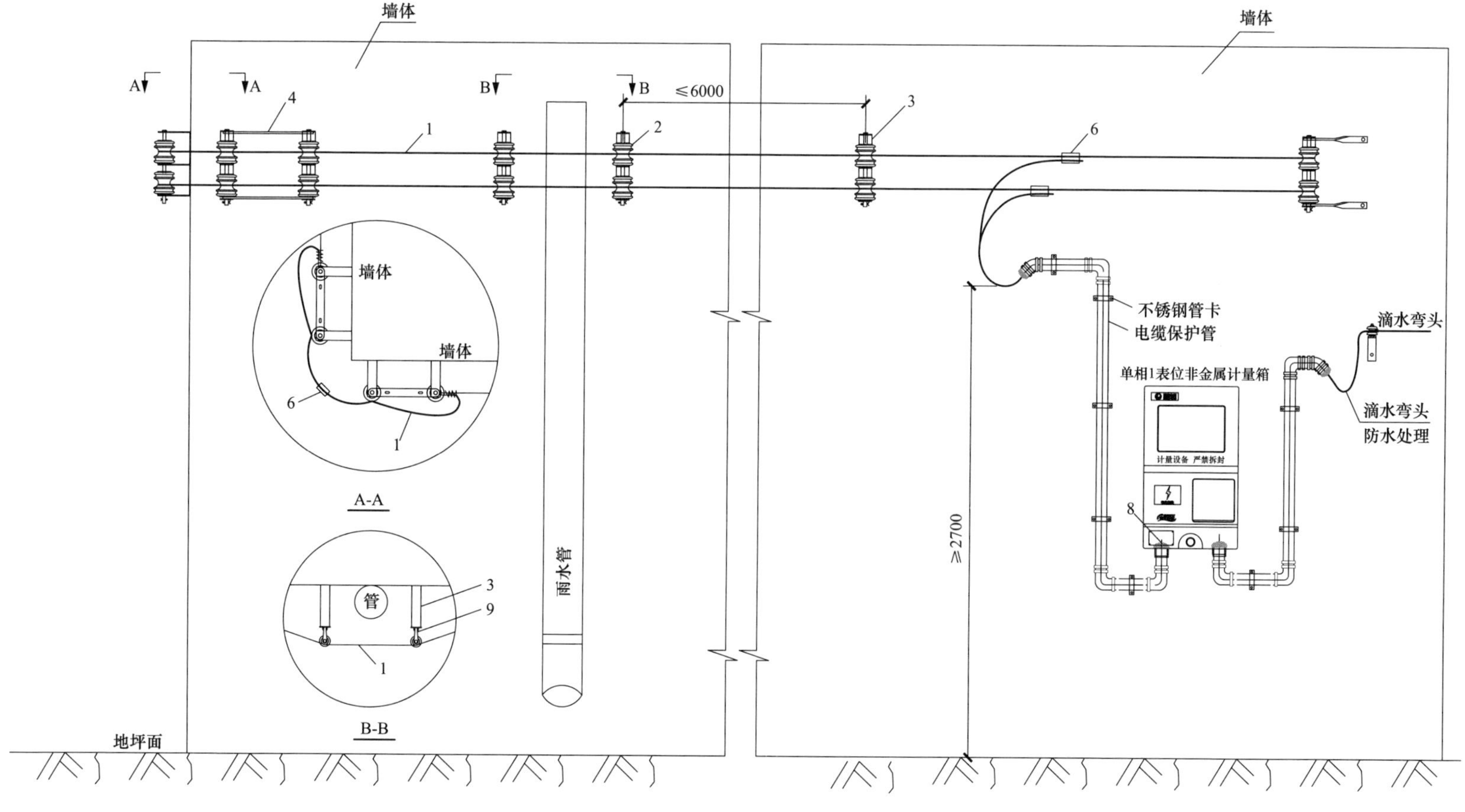

说明：本图为低压架空绝缘导线沿墙敷设，表内的材料只列接户线的材料，具体的材料规格型号及数量需以实际为准。

图 14-24　220V 分列导线垂直布线沿墙敷设示意图

主要材料表

编号	材料名称	型号规格	单位	数量	铁附件加工图号	备注
1	架空绝缘导线	AC1kV，JKLYJ，35	根	4		按实际需求选取
2	蝶式绝缘子	ED-2	只	24		按实际需求选取
3	四线墙装L形支架	∠50×5×1150、550	块	6	图14-50	按实际需求选取
4	N形拉板	-40×6×250	块	16	图14-53	按实际需求选取
5	墙担拉杆	ϕ16×960	根	4		按实际需求选取
6	楔形线夹	35/35	只	8		

主要材料表

编号	材料名称	型号规格	单位	数量	铁附件加工图号	备注
7	布电线	BV-2.5mm^2	根	24		绑扎线用
8	电缆接线端子	铜镀锡，35mm^2，单孔	只	4		接户线箱内
9	螺栓	M16×120	件	24		用于固定绝缘子
10	螺栓	M16×40	件	8		
11	螺栓	M12×40	件	4		
12	膨胀螺栓	M12×100，不锈钢	根	16		

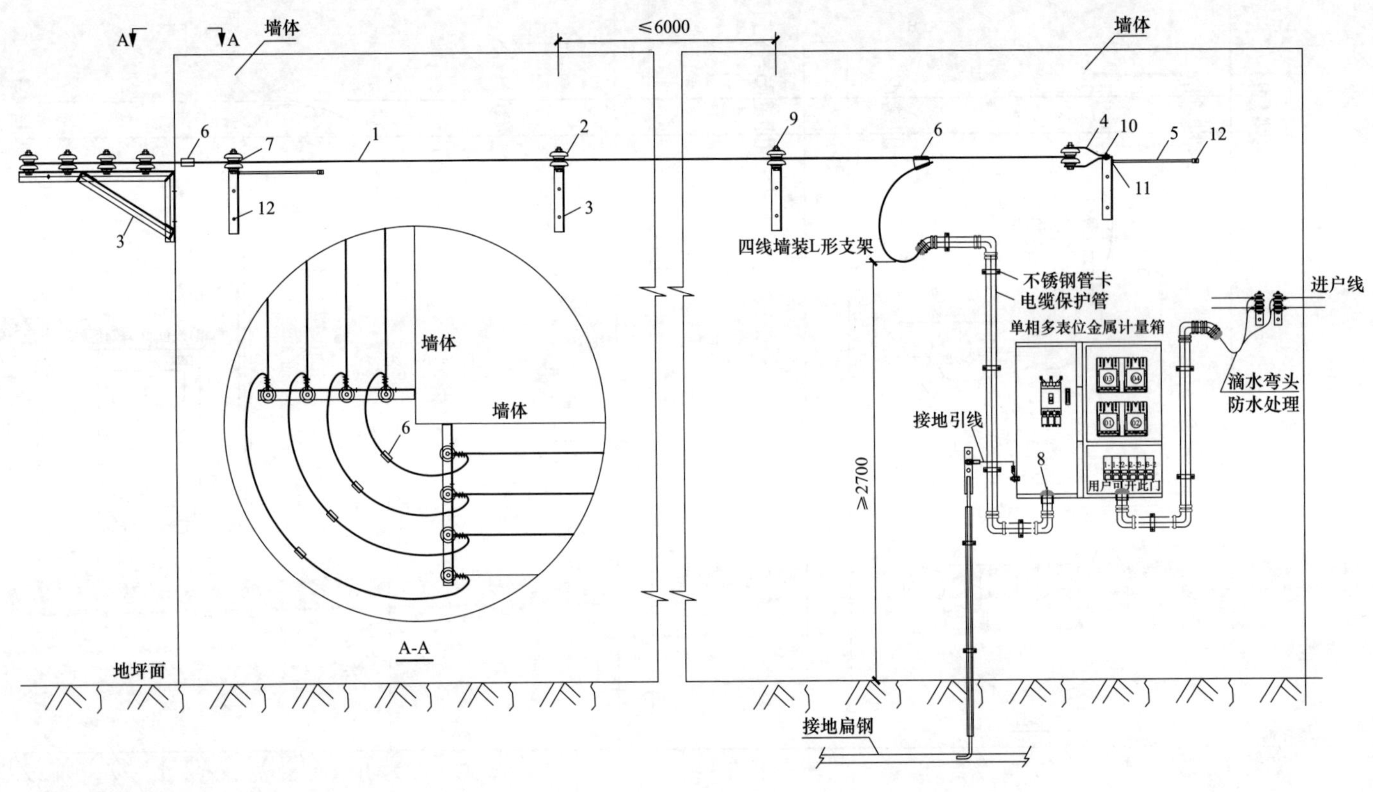

说明：本图为低压架空绝缘导线沿墙敷设，表内的材料只列接户线的材料，具体的材料规格型号及数量需以实际为准。

图 14-25　380V 分列导线水平布线沿墙敷设示意图

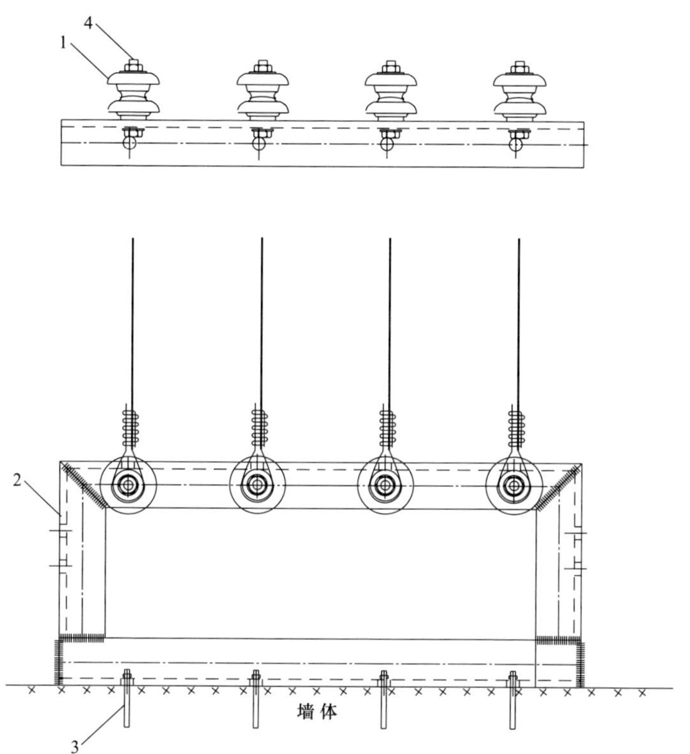

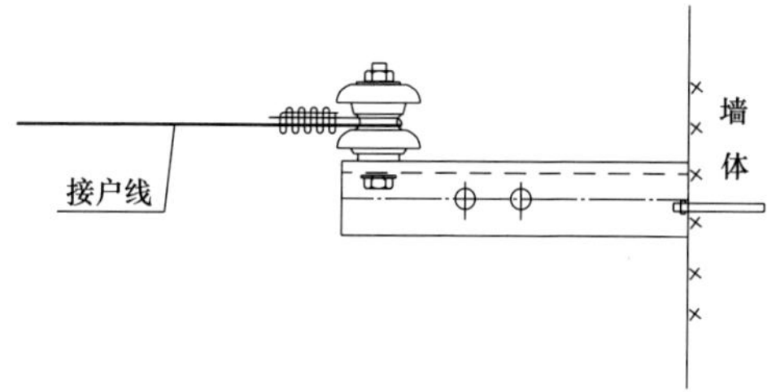

主要材料表

编号	材料名称	型号规格	单位	数量	铁附件加工图号	备注
1	蝶式绝缘子	ED-2	只	4		
2	四线墙装Π形支架	∠50×5×1700	块	1	图14-42	
3	膨胀螺栓	M12×100，不锈钢	根	4		用于固定墙担
4	单头螺栓	M16×120	件	4		用于固定绝缘子

说明：本图为低压架空绝缘导线（四线）固定支架，终端型。

图 14-26　接户“四线Π形支架”安装示意图

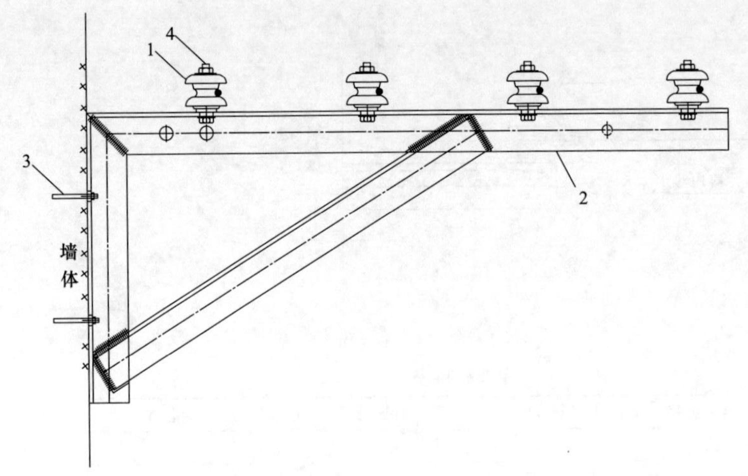

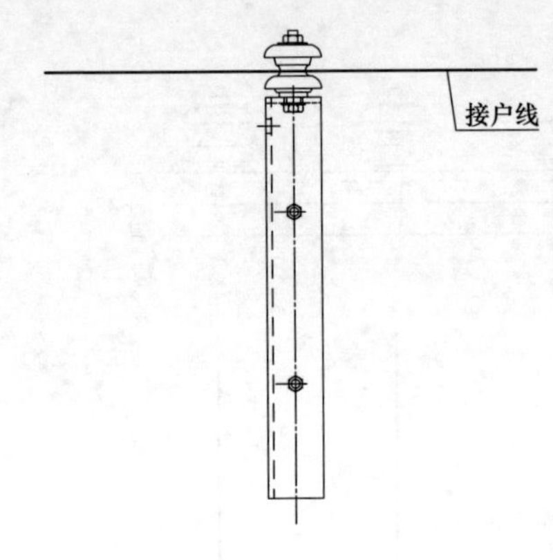

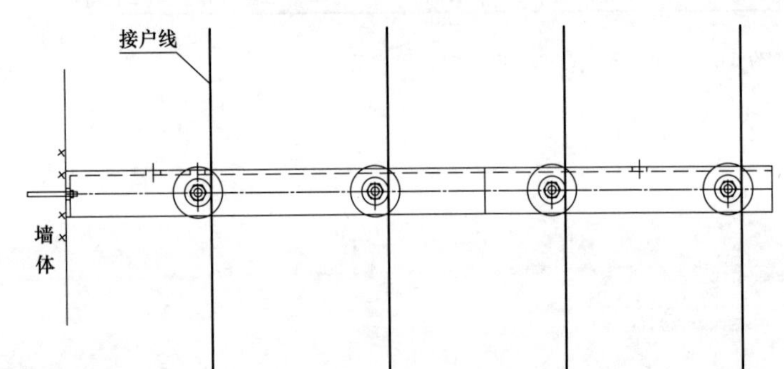

主要材料表

编号	材料名称	型号规格	单位	数量	铁附件加工图号	备注
1	蝶式绝缘子	ED-2	只	4		
2	四线L形支架	∠50×5×1150	块	1	图14-50	
3	膨胀螺栓	M12×100，不锈钢	根	4		用于固定墙担
4	单头螺栓	M12×40	件	1		用于固定墙担拉杆

说明：本图为低压架空绝缘导线（四线）沿墙敷设固定支架，直线型。

图 14-27　接户“四线 L 形支架”安装示意图（直线型）

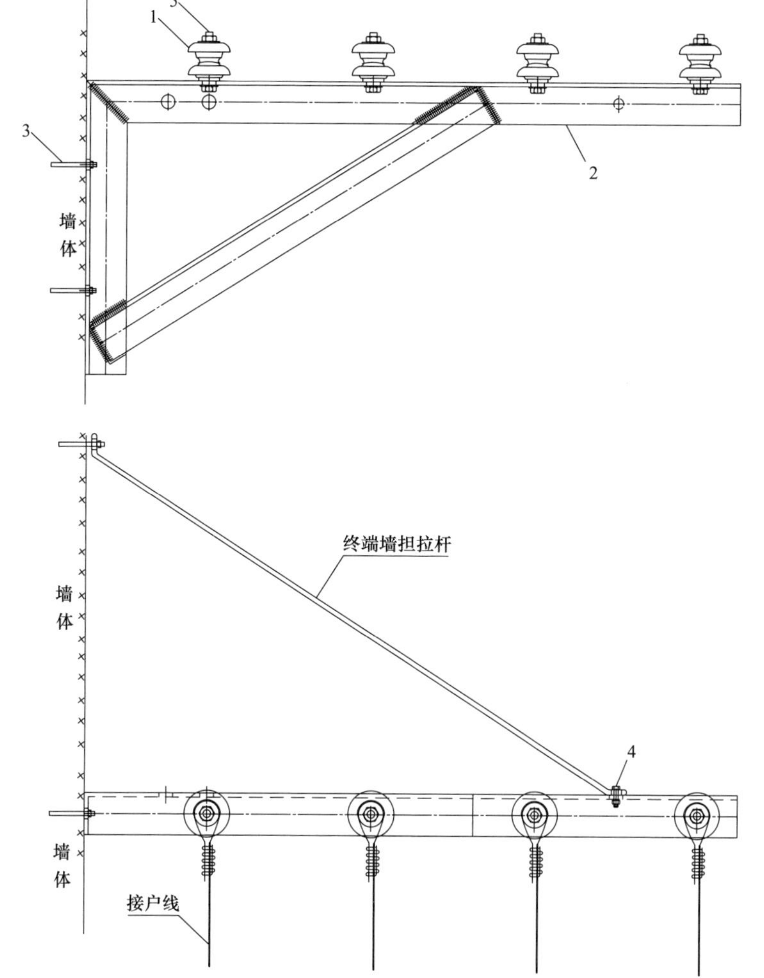

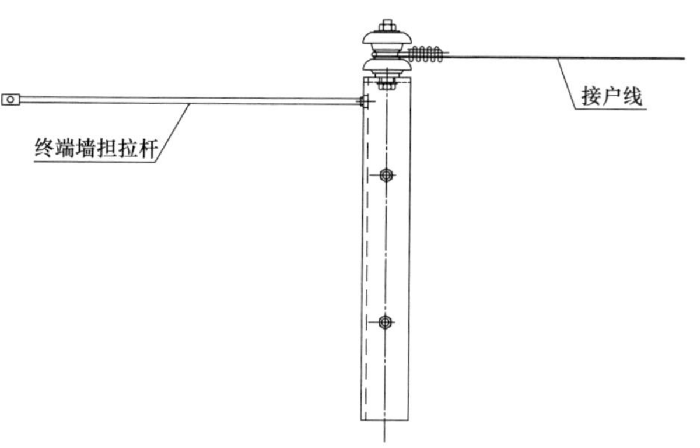

主要材料表

编号	材料名称	型号规格	单位	数量	铁附件加工图号	备注
1	蝶式绝缘子	ED-2	只	4		
2	四线L形支架	∠50×5×1150	块	1	图14-50	含终端墙担拉杆
3	膨胀螺栓	M12×100，不锈钢	根	5		用于固定墙担
4	单头螺栓	M12×40	件	1		用于固定墙担拉杆
5	单头螺栓	M16×120	件	4		用于固定绝缘子

说明：本图为低压架空绝缘导线（四线）固定支架，终端型。

图 14-28　接户“四线 L 形支架”安装示意图（终端型）

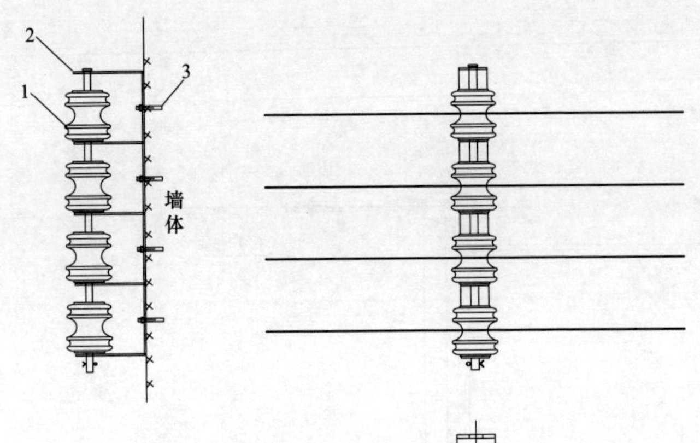

主要材料表

编号	材料名称	型号规格	单位	数量	铁附件加工图号	备注
1	线轴式绝缘子	EX-2	只	4		
2	四线垂直布置支架	-60×5×1050	块	1	图14-44	
3	膨胀螺栓	M12×100，不锈钢	根	4		用于固定墙担

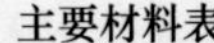

说明：本图为低压架空绝缘导线（四线）沿墙垂直敷设固定支架，直线型。

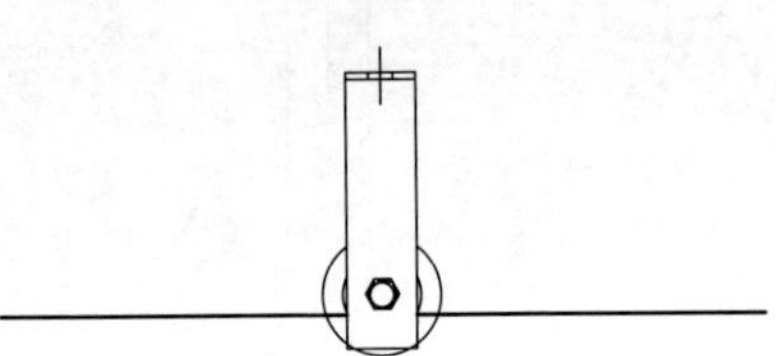

图 14-29　接户“四线垂直支架”安装示意图（直线型）

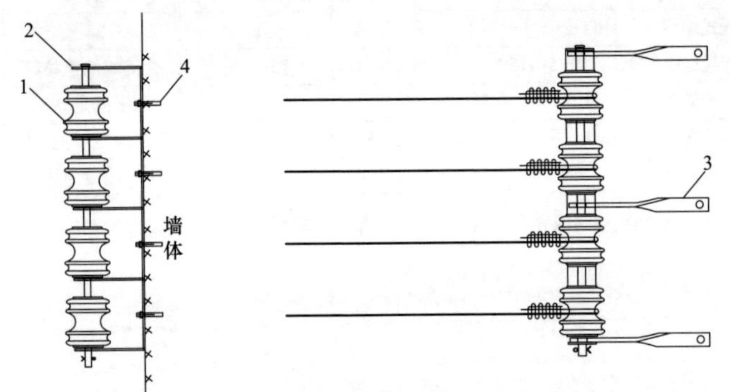

主要材料表

编号	材料名称	型号规格	单位	数量	铁附件加工图号	备注
1	线轴式绝缘子	EX-2	只	4		
2	四线垂直布置支架	-60×5×1050	块	1	图14-44	
3	垂直拉铁	-30×4×300	块	3	图14-49	
4	膨胀螺栓	M12×100，不锈钢	根	7		用于固定墙担

说明：本图为低压架空绝缘导线（四线）沿墙垂直敷设固定支架，终端型。

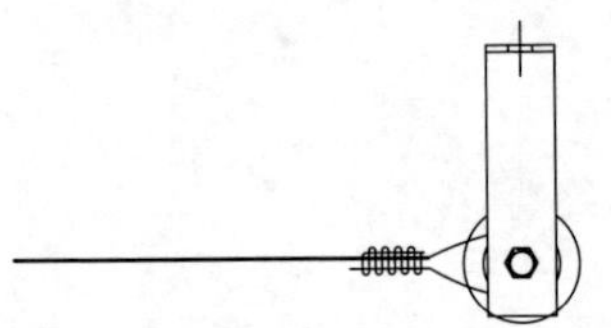

图 14-30　接户“四线垂直支架”安装示意图（终端型）

主要材料表

编号	材料名称	型号规格	单位	数量	铁附件加工图号	备注
1	架空绝缘导线	AC1kV，JKLYJ，35	根	2		按实际需求选取
2	蝶式绝缘子	ED-2	只	12		按实际需求选取
3	二线墙装丁字形支架	∠50×5×700	块	6	图14-52	按实际需求选取
4	N形拉板	-40×6×250	块	8	图14-53	按实际需求选取
5	墙担拉杆	ϕ12×460	根	4	图14-54	按实际需求选取
6	楔形线夹	35/35	只	4		

主要材料表

编号	材料名称	型号规格	单位	数量	铁附件加工图号	备注
7	布电线	BV-2.5mm^2	根	12		绑扎线用
8	电缆接线端子	铜镀锡，35mm^2，单孔	只	2		接户线箱内
9	螺栓	M16×120	件	12		用于固定绝缘子
10	螺栓	M16×40	件	4		
11	螺栓	M12×40	件	4		
12	膨胀螺栓	M12×100，不锈钢	根	16		

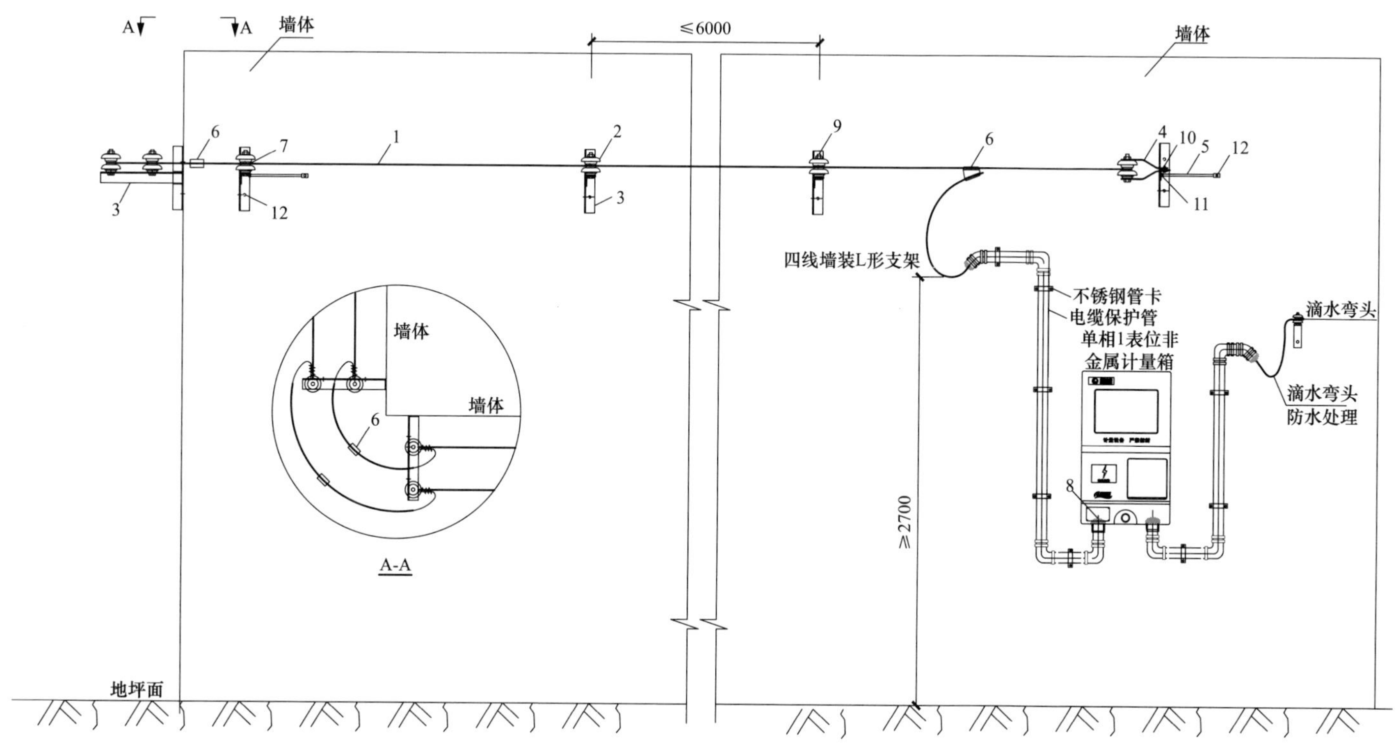

说明：本图为低压架空绝缘导线沿墙敷设，表内的材料只列接户线的材料，
具体的材料规格型号及数量需以实际为准。

图 14-31　220V 分列导线水平布线沿墙敷设示意图

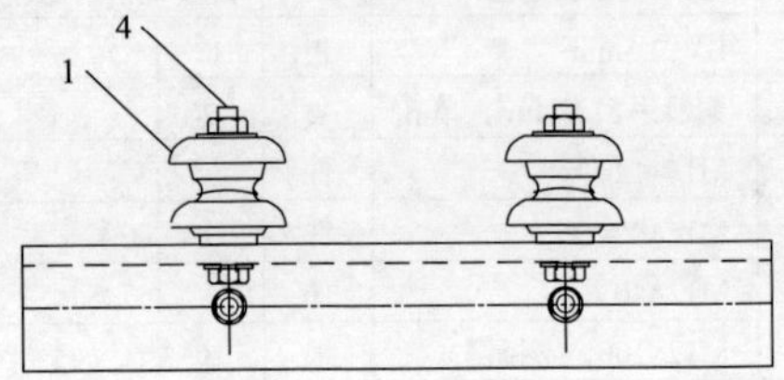

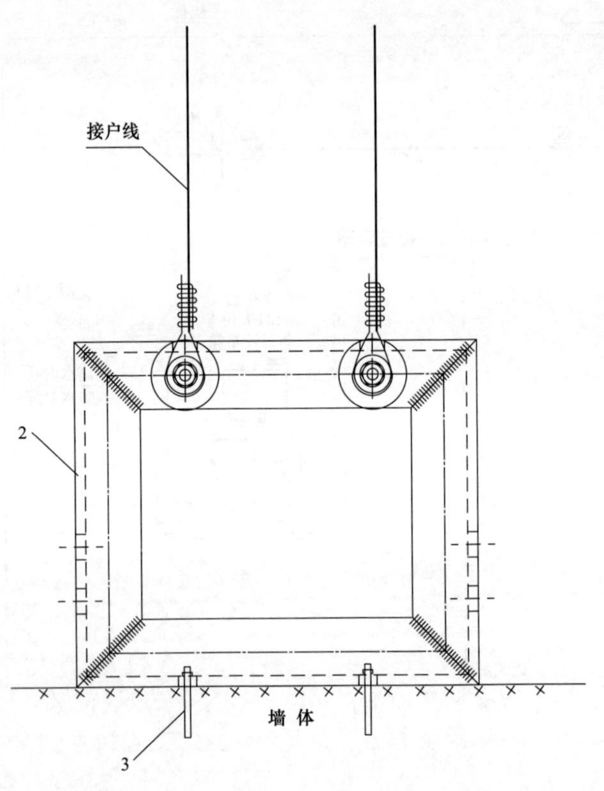

主要材料表

编号	材料名称	型号规格	单位	数量	铁附件加工图号	备注
1	蝶式绝缘子	ED-2	只	2		
2	二线墙装Π形支架	∠50×5×1100	块	1	图14-43	
3	膨胀螺栓	M12×100，不锈钢	根	2		用于固定墙担
4	单头螺栓	M16×120	件	2		用于固定绝缘子

说明：本图为低压架空绝缘导线（二线）固定支架，终端型。

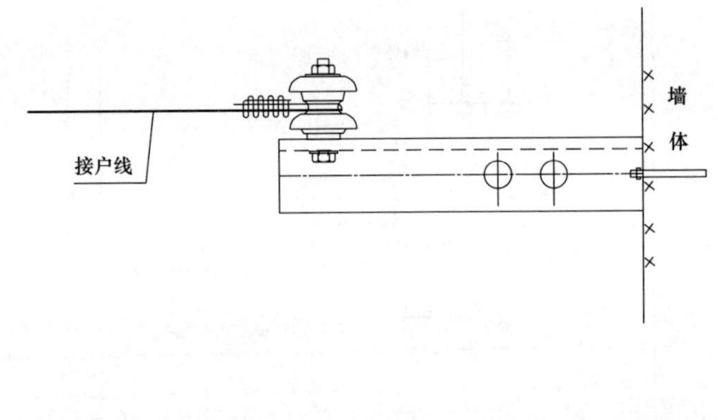

图 14-32　接户“二线Ⅱ形支架”安装示意图

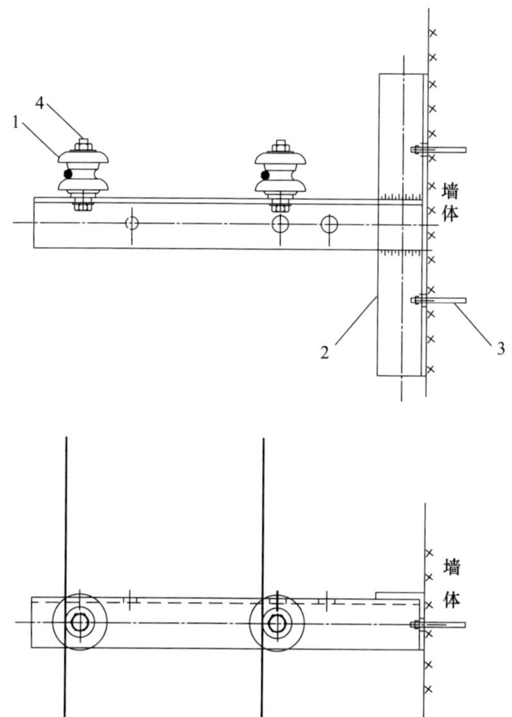

主要材料表

编号	材料名称	型号规格	单位	数量	铁附件加工图号	备注
1	蝶式绝缘子	ED-2	只	2		
2	二线丁字形墙担	∠50×5×700	块	1	图14-52	
3	膨胀螺栓	M12×100，不锈钢	根	2		用于固定墙担
4	单头螺栓	M16×120	件	2		用于固定绝缘子

说明：本图为低压架空绝缘导线（二线）沿墙敷设固定支架，直线型。

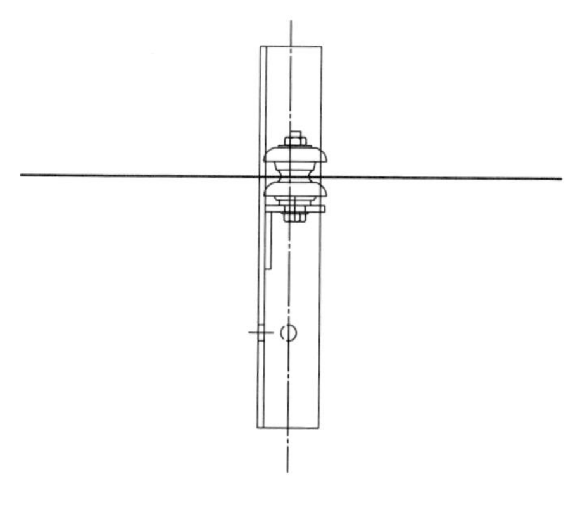

图 14-33　接户“二线丁字形支架”安装示意图（直线型）

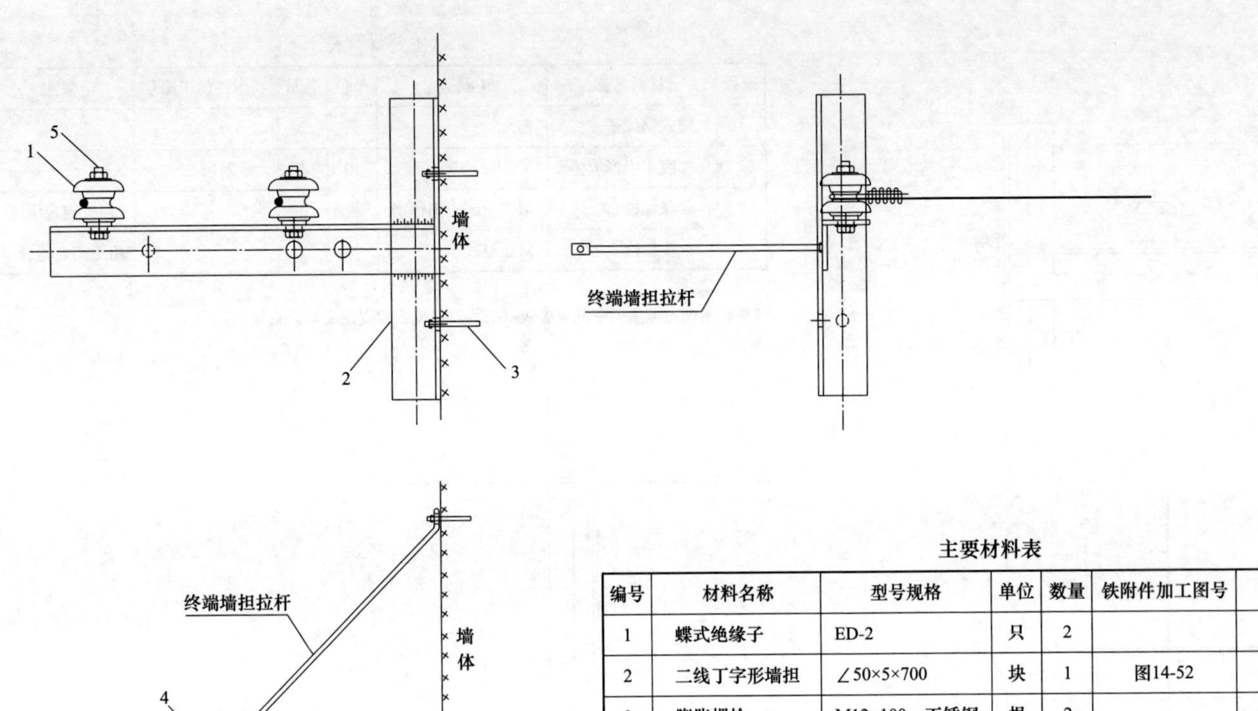

主要材料表

编号	材料名称	型号规格	单位	数量	铁附件加工图号	备注
1	蝶式绝缘子	ED-2	只	2		
2	二线丁字形墙担	∠50×5×700	块	1	图14-52	
3	膨胀螺栓	M12×100，不锈钢	根	2		用于固定墙担
4	单头螺栓	M16×120	件	2		用于固定绝缘子

说明：本图为低压架空绝缘导线（二线）沿墙敷设固定支架，终端型。

图 14-34　接户“二线丁字形支架”安装示意图（终端型）

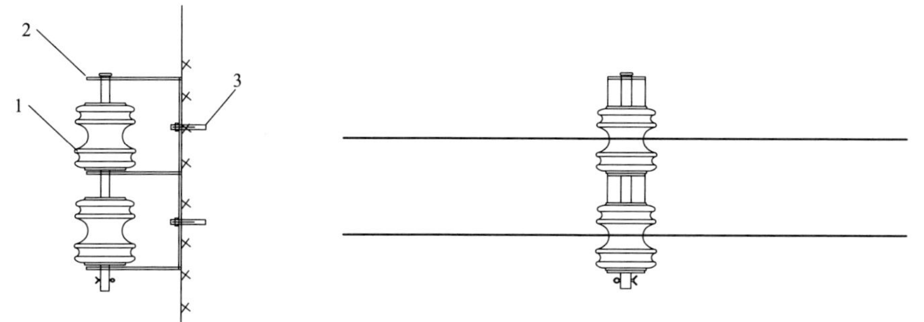

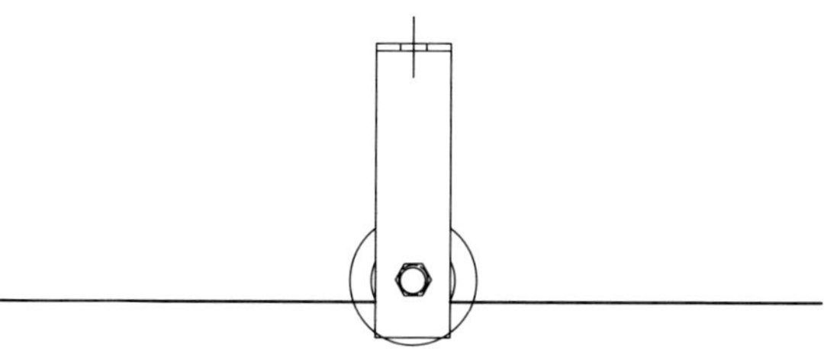

主要材料表

编号	材料名称	型号规格	单位	数量	铁附件加工图号	备注
1	线轴式绝缘子	EX-2	只	2		
2	二线垂直支架	-5×60×750	块	1	图14-45	
3	膨胀螺栓	M12×100，不锈钢	根	2		用于固定墙担

说明：本图为低压架空绝缘导线（二线）沿墙垂直敷设固定支架，直线型。

图 14-35　接户“二线垂直支架”安装示意图（直线型）

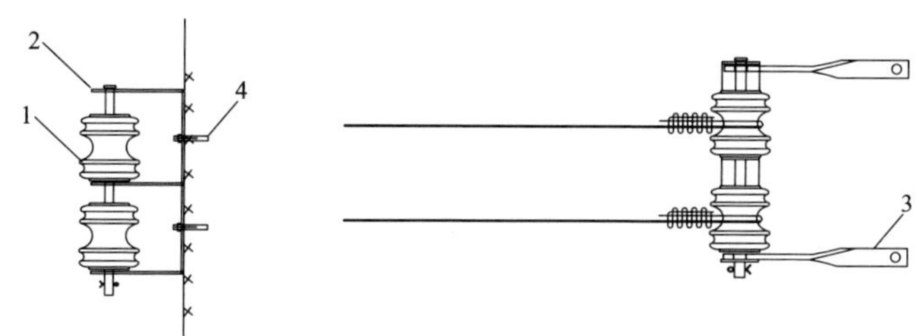

主要材料表

编号	材料名称	型号规格	单位	数量	铁附件加工图号	备注
1	线轴式绝缘子	EX-2	只	2		
2	二线垂直支架	-5×60×750	块	1	图14-45	
3	垂直拉铁	-30×4×300	块	2	图14-49	
4	膨胀螺栓	M12×100，不锈钢	根	4		用于固定墙担

说明：本图为低压架空绝缘导线（二线）沿墙垂直敷设固定支架，终端型。

图 14-36　接户“二线垂直支架”安装示意图（终端型）

主要材料表

编号	名称	规格	单位	数量	铁附件加工图号	备注
1	低压电缆	ZCYJLY-1kV-4×35	m	50		1根，按实际需求选取
2	1kV电缆终端头	4×35，户内，冷缩	套	2		用于箱体户内
3	电缆接线端子	铜镀锡，35mm²，单孔	只	8		
4	铝包钢绞线	JLB20A，25	t	0.012		1根，按实际需求选取
5	电缆终端固定墙担	∠63×6×300	块	2	图14-51	
6	UT形线夹	NUT-1	副	2		
7	楔形线夹	35/35；35/25	只	4		
8	电缆挂钩	3.5号	只	125		间隔0.4m一个
9	电缆固定墙担	QD5-250	块	8	图14-46	
10	蝶式绝缘子	ED-4	只	1		接地引线过渡用

主要材料表

编号	名称	规格	单位	数量	铁附件加工图号	备注
11	单槽夹板		副	8		
12	管卡	单边，不锈钢，DN25(带橡胶垫)	个	4		接地引线
13	进户线L形支架	-5×50×300	块	1	图14-55	
14	电缆绑扎线	BV-4mm²	m	2		绑扎电缆
15	架空绝缘导线	AC1kV，JKLYJ，35	m	4		接地引线
16	防火堵料		kg	6		箱体进出线孔洞
17	单头螺栓	M12×80	件	1		
18	膨胀螺栓	M12×100，不锈钢	根	24		

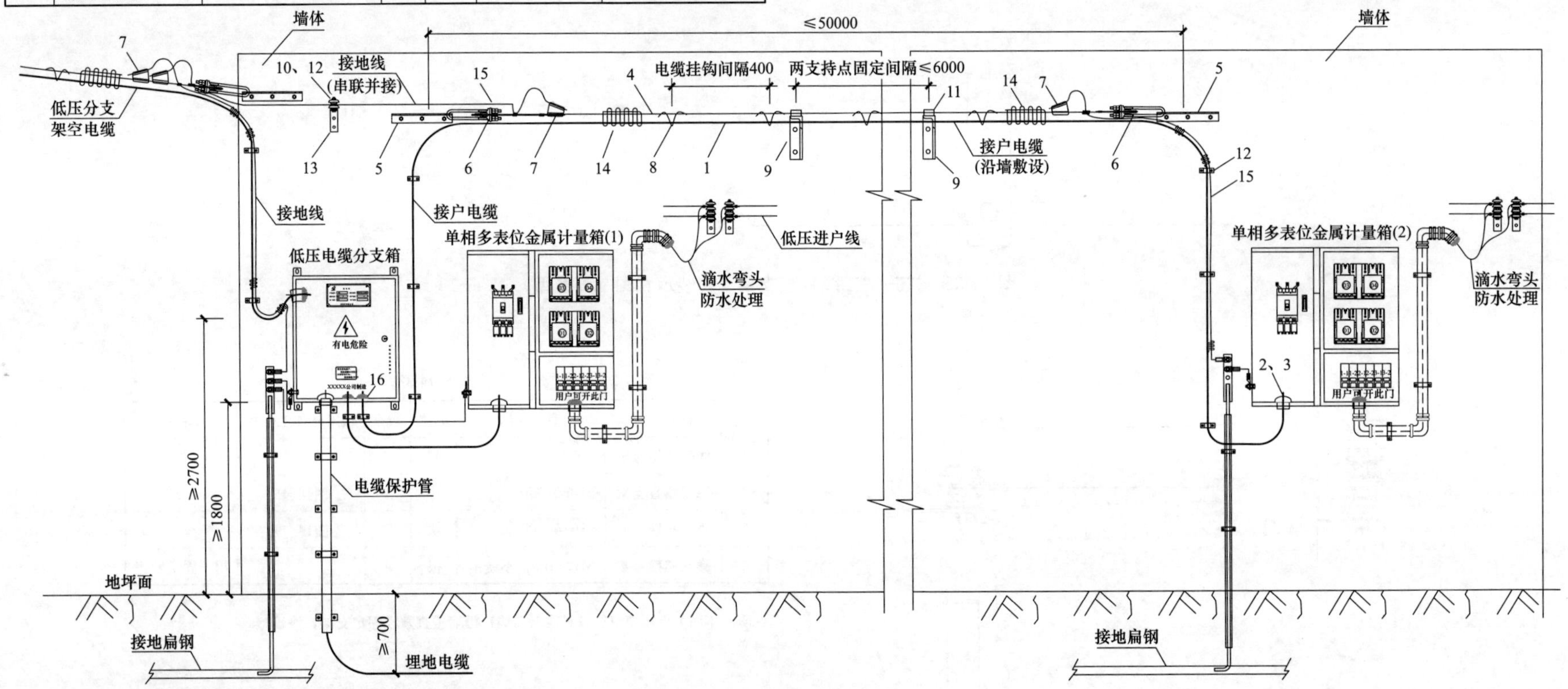

说明：1.本图为低压电缆沿墙敷设及箱体安装示意图，表内的材料只列计量箱（2）的材料，具体的材料规格型号及数量需以实际为准。
2.箱体安装之间的安装间距需满足电缆进、出线的转弯半径要求。
3.本图中的低压电缆头附件为冷缩式，架空杆上户外电缆终端头需增加1kV冷缩延长管（1m/相），且延长管需有相应的相色标识。

图 14-37　低压电缆沿墙敷设示意图

主要材料表(三根挂敷)

编号	材料名称	型号规格	单位	数量	铁附件加工图号
1	蝶式绝缘子	ED-4	只	3	
2	进户线同字形支架	-5×50×520	块	1	图14-56
3	单头螺栓	M12×80	件	1	
4	单头螺栓	M12×140	件	1	
5	膨胀螺栓	M12×100，不锈钢	根	2	

主要材料表(四根挂敷)

编号	材料名称	型号规格	单位	数量	铁附件加工图号
1	蝶式绝缘子	ED-4	只	4	
2	进户线同字形支架	-5×50×520	块	1	图14-56
3	单头螺栓	M2×140	件	2	
4	膨胀螺栓	M12×100，不锈钢	根	2	

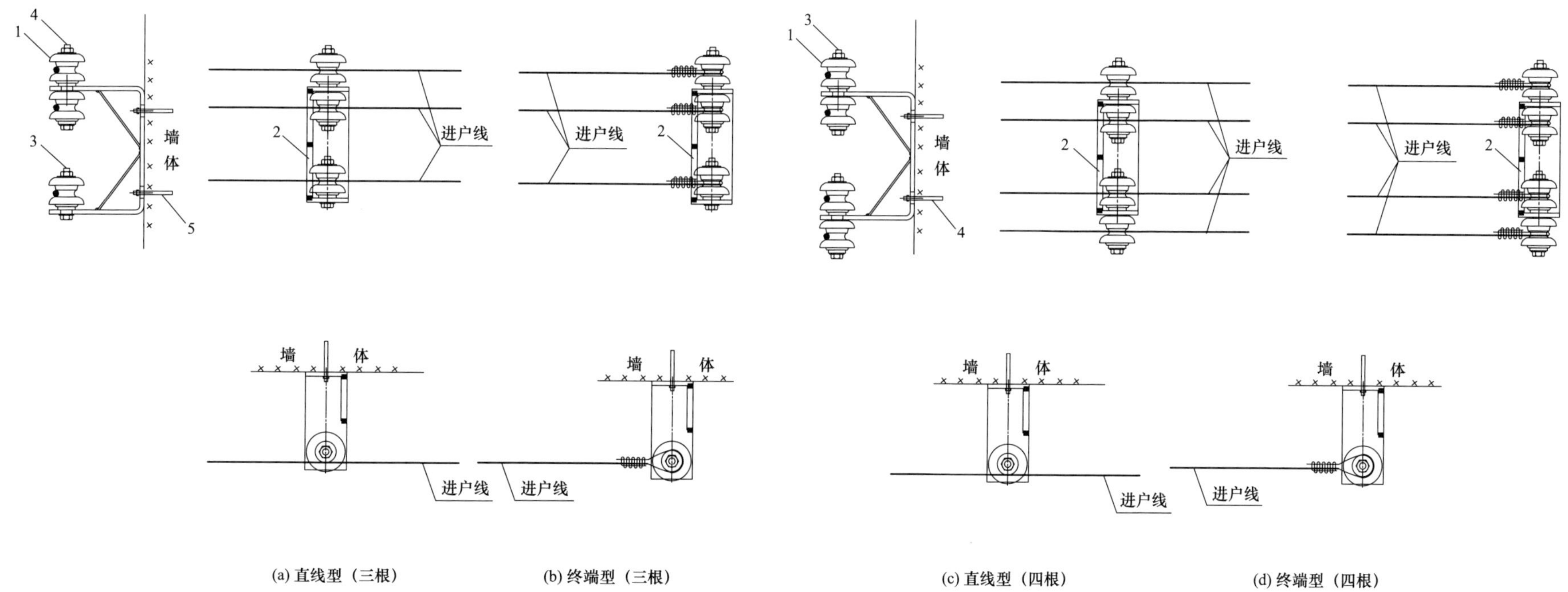

说明：1.本图为低压进户线（布电线）固定支架安装图，适用于直线和终端型。
2.本图适用于多根布电线的挂敷，具体根据现场实际情况进行组合。

图 14-38　进户线同字形支架安装示意图

主要材料表(单根挂敷)

编号	材料名称	型号规格	单位	数量	铁附件加工图号
1	蝶式绝缘子	ED-4	只	1	
2	进户线L形支架	-5×50×300	块	1	图14-55
3	单头螺栓	M12×80	件	1	
4	膨胀螺栓	M12×100，不锈钢	根	2	

主要材料表(两根挂敷)

编号	材料名称	型号规格	单位	数量	铁附件加工图号
1	蝶式绝缘子	ED-4	只	2	
2	进户线L形支架	-5×50×300	块	1	图14-55
3	单头螺栓	M2×140	件	1	
4	膨胀螺栓	M12×100，不锈钢	根	2	

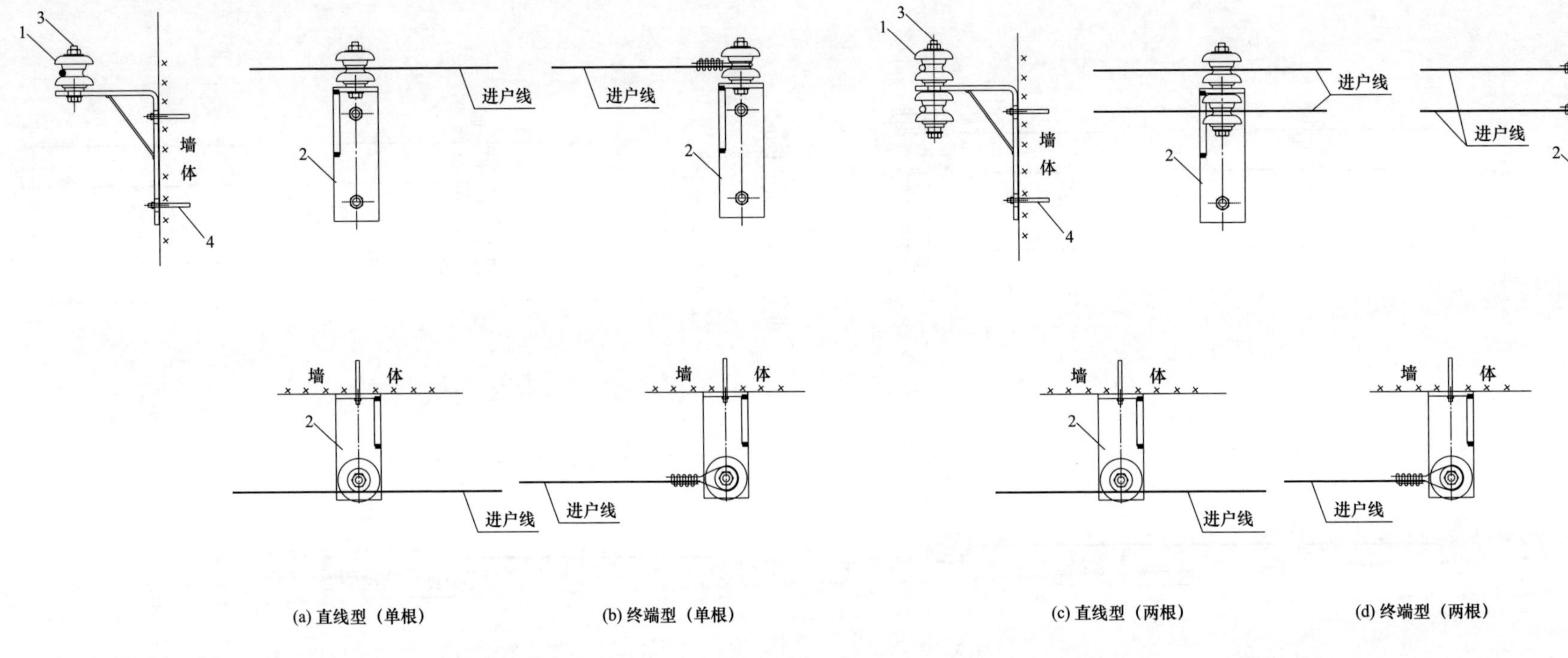

说明：1.本图为低压进户线（布电线）固定支架安装图，适用于直线型和终端型。
2.本图适用于1～2根布电线的挂敷，具体根据现场实际情况进行组合。

图 14-39　进户线 L 形支架安装示意图

14.6 铁附件加工

低压接户线铁附件加工设计图清单见表 14-3。

表 14-3 **低压接户线铁附件加工设计图清单**

图序	图名	图编号纸
1	四线接户横担加工示意图（HD12）	图 14-40
2	两线接户横担加工示意图（HD07）	图 14-41
3	四线墙装 II 形支架加工示意图	图 14-42
4	两线墙装 II 形支架加工示意图	图 14-43
5	四线垂直布置支架加工示意图	图 14-44
6	二线垂直布置支架加工示意图	图 14-45
7	电缆直线固定墙担加工示意图	图 14-46
8	杆上电缆固定抱箍加工示意图（1 回）	图 14-47
9	杆上电缆固定支架加工示意图（2 回）	图 14-48
10	垂直拉铁及连板加工图	图 14-49
11	四线墙担 L 形支架加工示意图	图 14-50
12	电缆终端固定墙担加工示意图	图 14-51
13	T 字形支架加工示意图	图 14-52
14	N 形拉板制造图	图 14-53
15	墙担拉杆加工示意图	图 14-54
16	进户线 L 形支架加工示意图	图 14-55
17	进户线同字形支架加工示意图	图 14-56
18	电缆转角固定墙担加工示意图	图 14-57

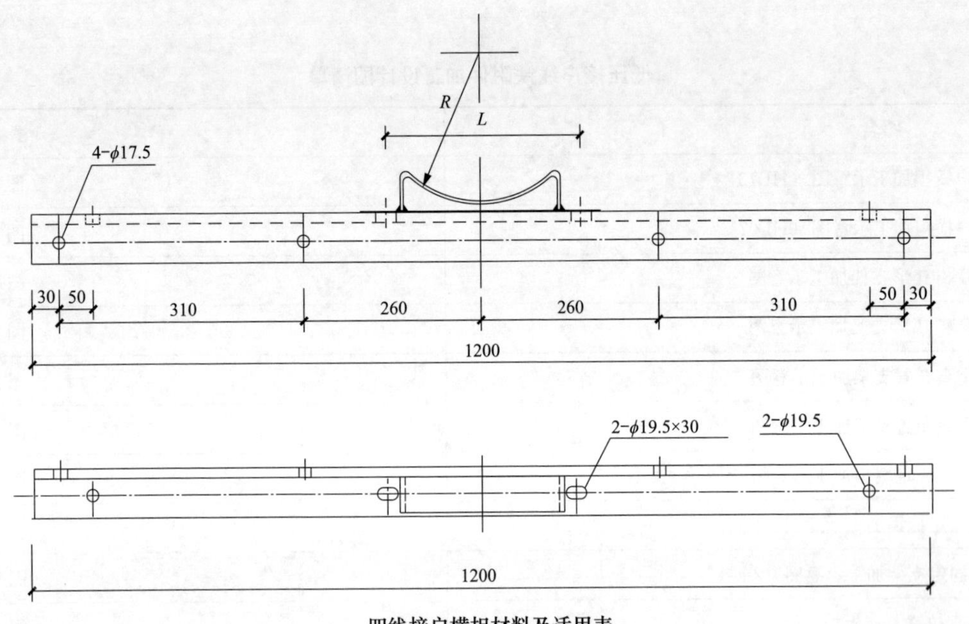

四线接户横担材料及适用表

型号	角钢		垫铁		总质量（kg）	R（mm）	L（mm）	适用主杆直径（mm）
	规格（mm）	质量（kg）	规格	质量（kg）				
HD12-A15	∠63×6×1200	6.87	垫150	0.90	7.77	80	190	150～175
HD12-A19	∠63×6×1200	6.87	垫190	1.00	7.87	100	230	190～215
HD12-A23	∠63×6×1200	6.87	垫230	1.10	7.97	110	250	220～245
HD12-A26	∠63×6×1200	6.87	垫260	2.00	8.87	135	310	260～285

说明：1.本图横担适用于档距不大于25m的架空接户线。
2.铁附件均需热镀锌，材料表中的角钢材料为Q245。
3.如同一根杆中使用双侧横担，加工孔时应镜像加工。
4.图中R的尺寸是根据铁附件安装在距水泥杆顶的不同高度和电杆梢径来决定的。
5.垫铁使用-50×5扁钢制造。

图 14-40　四线接户横担加工示意图（HD12）

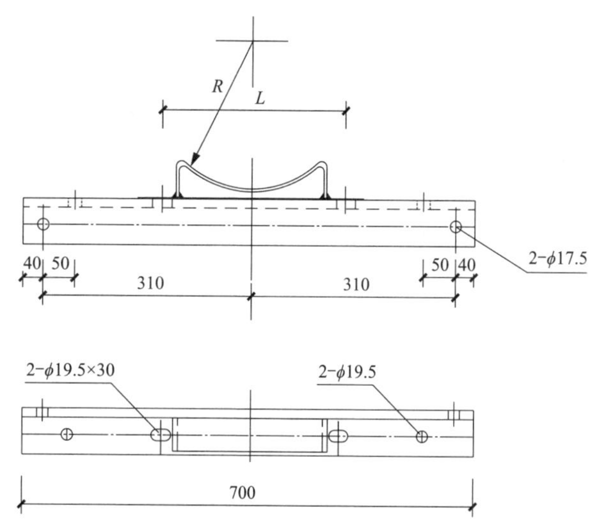

两线接户横担材料及适用表

型号	角钢		垫铁		总质量（kg）	R（mm）	L（mm）	适用主杆直径（mm）
	规格（mm）	质量（kg）	规格	质量（kg）				
HD07-B15	∠63×6×700	4.00	垫150	0.90	4.90	80	190	150～175
HD07-B19	∠63×6×700	4.00	垫190	1.00	5.00	100	230	190～215
HD07-B23	∠63×6×700	4.00	垫230	1.10	5.10	110	250	220～245
HD07-B26	∠63×6×700	4.00	垫260	2.00	6.00	135	310	260～285

说明：1.本图横担适用于档距不大于25m的架空接户线。
2.铁附件均需热镀锌，材料表中的角钢材料为Q235。
3.如同一根杆中使用双侧横担，加工孔时应镜像加工。
4.图中R的尺寸是根据铁附件安装在距水泥杆顶的不同高度和电杆梢径来决定的。
5.垫铁使用-50×5扁钢制造。

图 14-41　两线接户横担加工示意图（HD07）

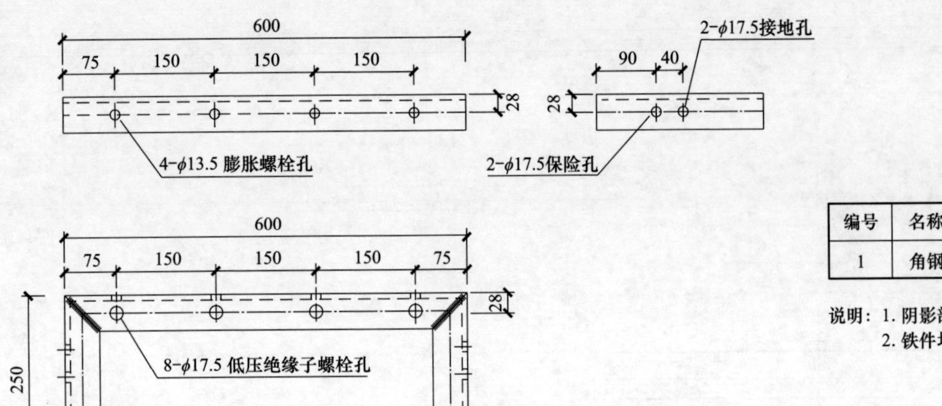

材料表

编号	名称	规格	单位	数量	质量（kg）
1	角钢	∠50×5×1700	块	1	6.41

说明：1. 阴影部分为焊接。
2. 铁件均需热镀锌，材料为Q235。

图 14-42　四线墙装 Ⅱ 形支架加工示意图

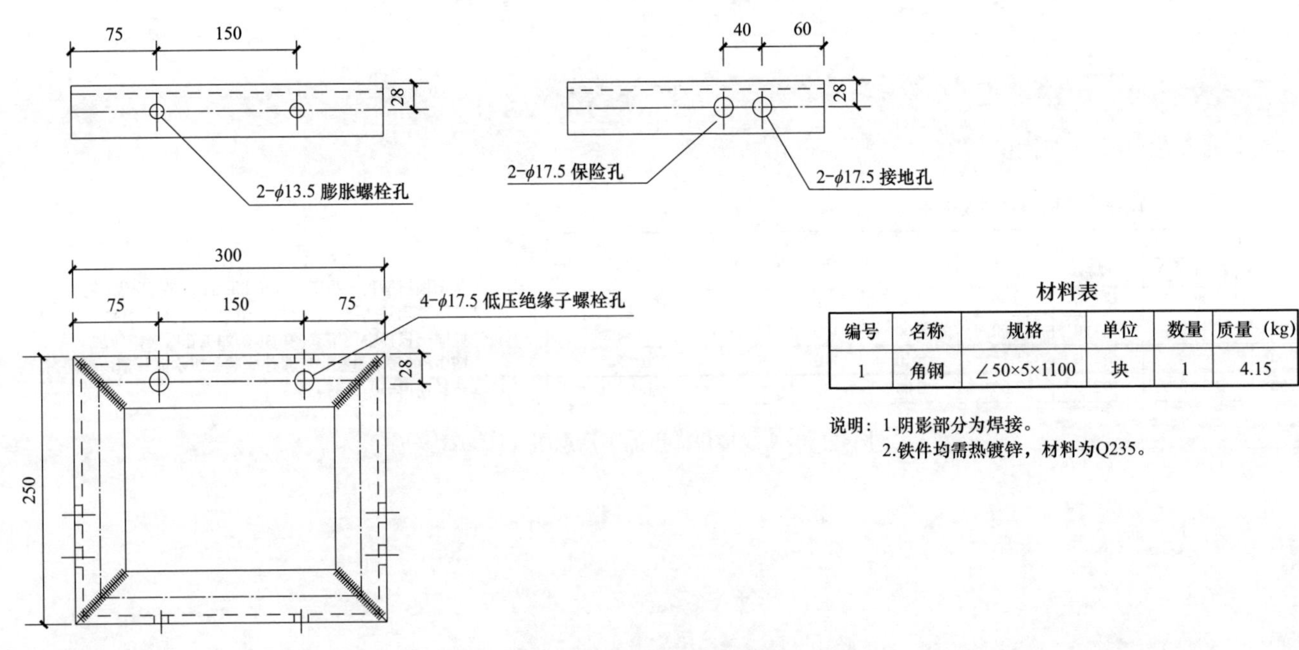

材料表

编号	名称	规格	单位	数量	质量（kg）
1	角钢	∠50×5×1100	块	1	4.15

说明：1.阴影部分为焊接。
2.铁件均需热镀锌，材料为Q235。

图 14-43　两线墙装 Ⅱ 形支架加工示意图

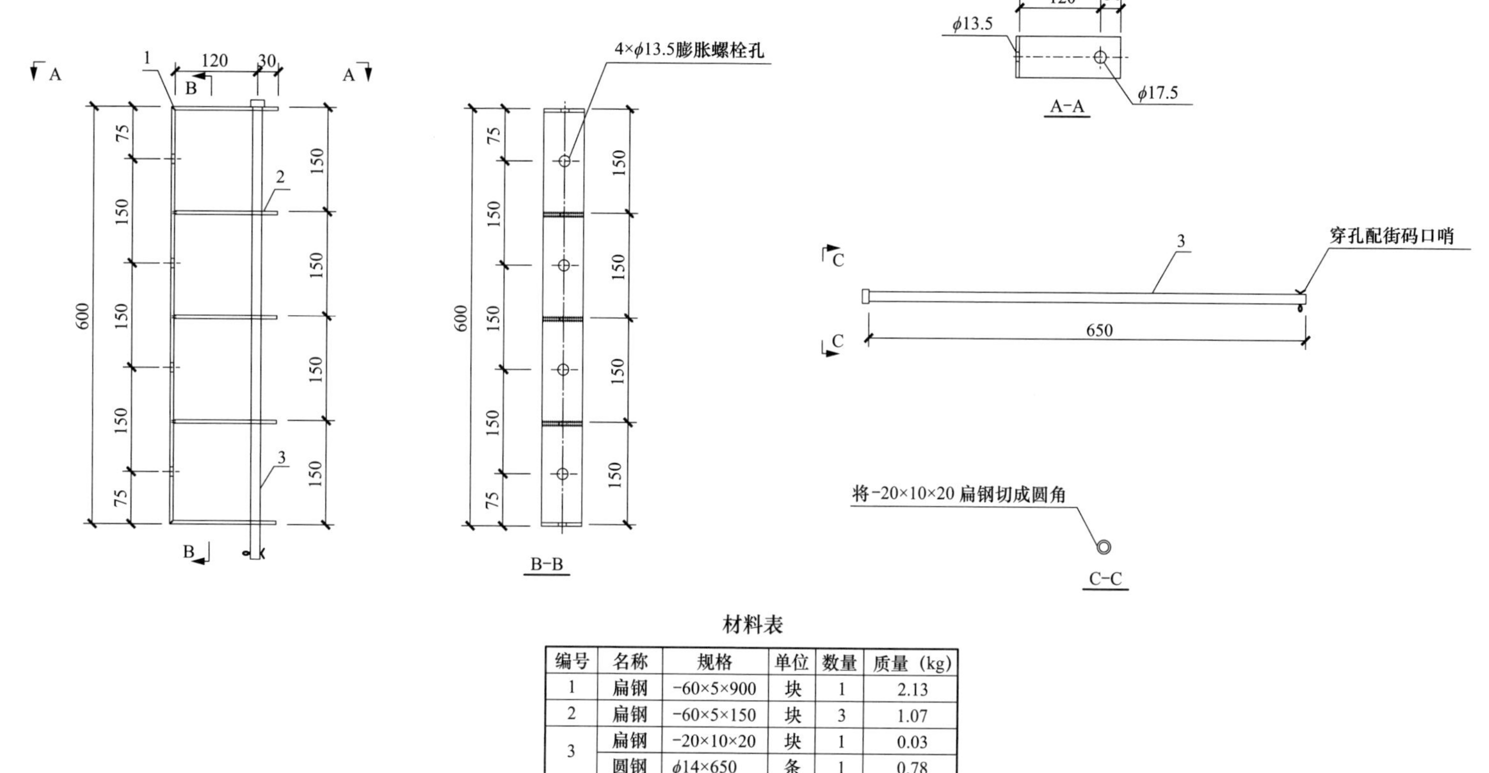

材料表

编号	名称	规格	单位	数量	质量（kg）
1	扁钢	-60×5×900	块	1	2.13
2	扁钢	-60×5×150	块	3	1.07
3	扁钢	-20×10×20	块	1	0.03
	圆钢	φ14×650	条	1	0.78

说明：1.阴影部分为焊接。
2.铁件均需热镀锌，材料为Q235。

图 14-44　四线垂直布置支架加工示意图

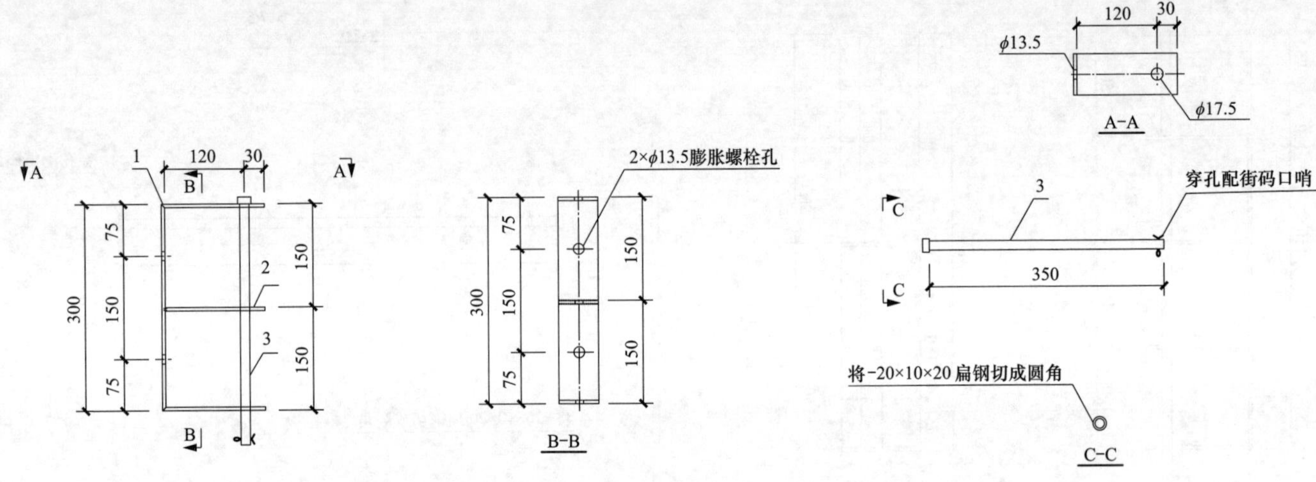

材料表

编号	名称	规格	单位	数量	质量（kg）
1	扁钢	−60×5×600	块	1	1.42
2	扁钢	−60×5×150	块	1	0.36
3	扁钢	−20×10×20	块	1	0.03
	圆钢	ϕ14×350	条	1	0.42

说明：1.阴影部分为焊接。
2.铁件均需热镀锌，材料为Q235。

图 14-45　二线垂直布置支架加工示意图

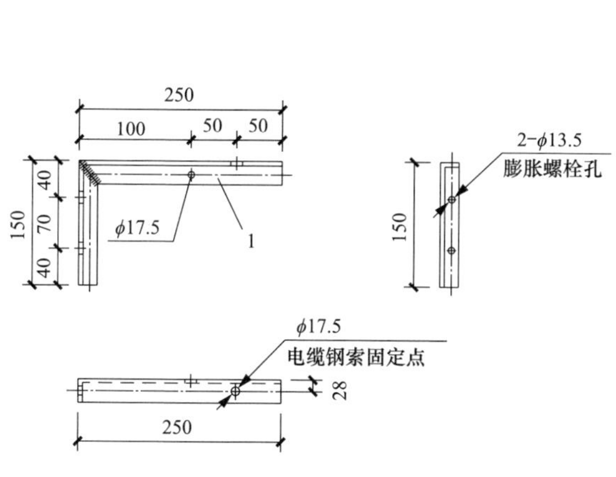

电缆直线固定墙担加工示意图(1回)

QD5-250

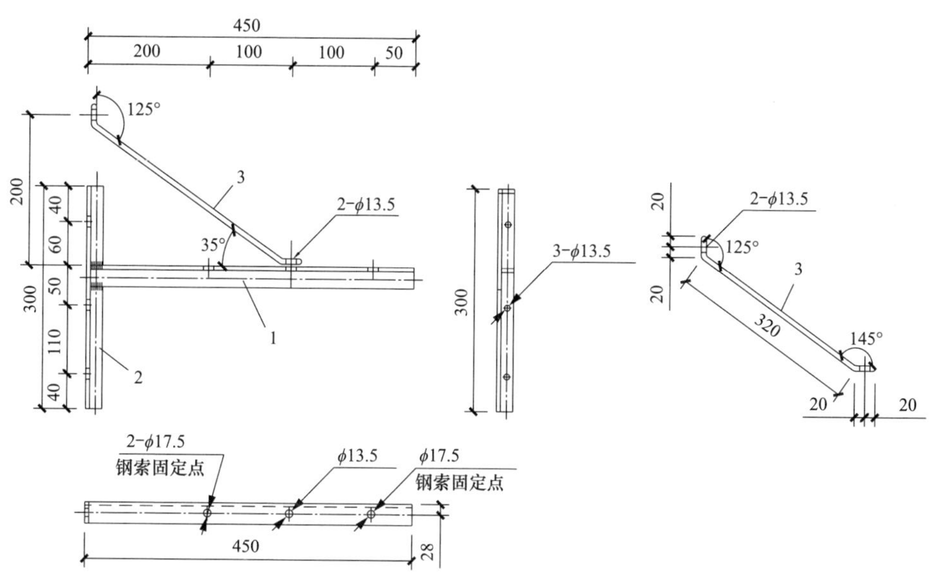

电缆直线固定墙担加工示意图(2回)

QD5-450

说明：1.本图适用于钢索沿墙直线固定墙担。
2.电缆钢索固定点可与单槽夹板配合使用。
3.所有铁件均采用热镀锌防腐。
4.材料表中的角钢材料为Q245，焊条规格为E50。

电缆固定墙担加工示意图

型号	编号	名称	规格(mm)	长度	数量	单重(kg)	总重(kg)
QD5-250	1	角钢	∠50×5	400	1	1.51	1.51
QD5-450	1	角钢	∠50×5	450	1	1.70	3.4
	2	角钢	∠50×5	300	1	1.13	
	3	圆钢	φ16	400	1	0.63	

图 14-46　电缆直线固定墙担加工示意图

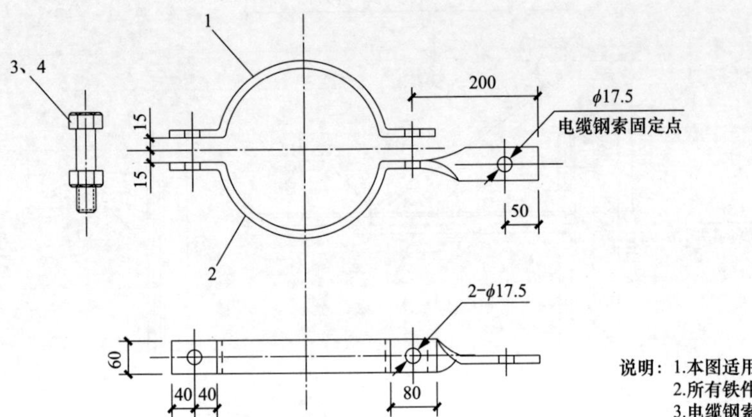

说明：1.本图适用于杆上单回电缆钢索架空敷设固定支架。
2.所有铁件均采用热镀锌防腐。
3.电缆钢索固定点可与单槽夹板配合使用。
4.材料表中的角钢材料为Q235。

拉线抱箍材料及适用表

型号	编号	名称	规格（mm）	长度	数量	单重（kg）	总重（kg）	适用主杆直径（mm）
BG6-2-150	1	抱箍板1	−60×6	378	1	1.07	3.00	140～165
	2	抱箍板2	−60×6	539	1	1.53		
	3	螺栓	M16×80	80	2	0.30		
	4	螺母	AM16		2	0.10		
BG6-2-190	1	抱箍板1	−60×6	441	1	1.25	3.35	190～215
	2	抱箍板2	−60×6	601	1	1.70		
	3	螺栓	M16×80	80	2	0.30		
	4	螺母	AM16		2	0.10		
BG6-2-230	1	抱箍板1	−60×6	503	1	1.42	3.70	230～255
	2	抱箍板2	−60×6	665	1	1.88		
	3	螺栓	M16×80	80	2	0.30		
	4	螺母	AM16		2	0.10		
BG6-2-260	1	抱箍板1	−60×6	555	1	1.57	4.39	260～275
	2	抱箍板2	−60×6	717	1	2.02		
	3	螺栓	M16×80	80	2	0.30		
	4	螺母	AM16		2	0.10		

图 14-47　杆上电缆固定抱箍加工示意图（1 回）

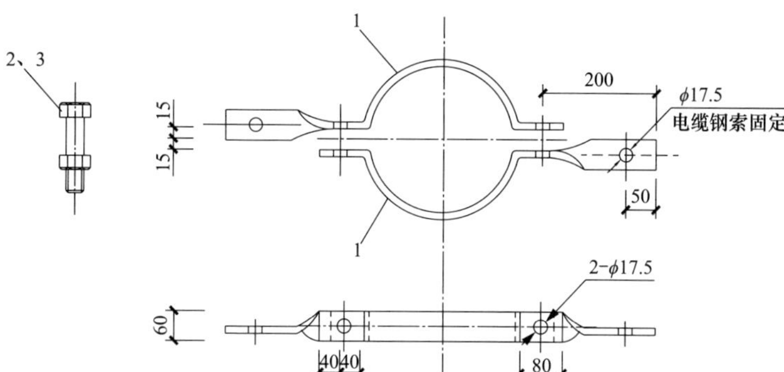

说明：1.本图适用于杆上双回电缆钢索架空敷设固定支架。
2.所有铁件均采用热镀锌防腐。
3.电缆钢索固定点可与单槽夹板配合使用。
4.材料表中的角钢材料为Q235。

拉线抱箍材料及适用表（六）

型号	编号	名称	规格（mm）	长度	数量	单重（kg）	总重（kg）	适用主杆直径（mm）
BG6-3-150	1	抱箍板	-60×6	539	2	3.06	3.8	140～165
	2	螺栓	M16×80	80	2	0.30		
	3	螺母	AM16		2	0.10		
BG6-3-190	1	抱箍板	-60×6	601	2	3.40	4.1	190～215
	2	螺栓	M16×80	80	2	0.30		
	3	螺母	AM16		2	0.10		
BG6-3-230	1	抱箍板	-60×6	665	2	3.76	4.5	230～255
	2	螺栓	M16×80	80	2	0.30		
	3	螺母	AM16		2	0.10		
BG6-3-260	1	抱箍板	-60×6	717	2	4.04	4.7	260～275
	2	螺栓	M16×80	80	2	0.30		
	3	螺母	AM16		2	0.10		

图 14-48　杆上电缆固定支架加工示意图（2 回）

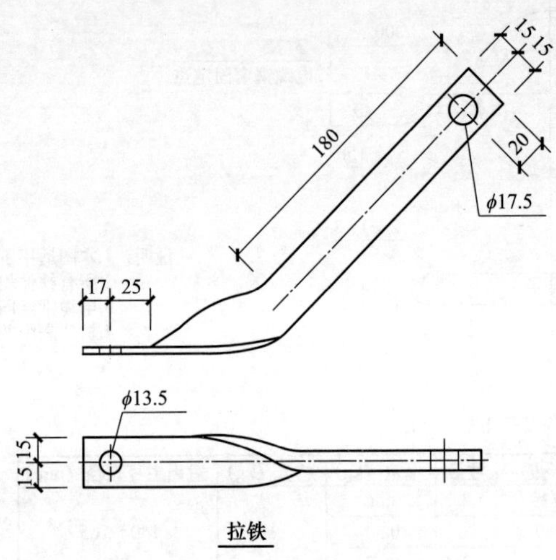

材料表

编号	名称	规格	单位	数量	质量（kg）
1	拉铁	−30×4×300	块	1	0.28
2	连板	−50×5×350（420）	块	1	0.69（0.82）

说明：1.阴影部分为焊接。
2.铁件均需热镀锌，材料为Q235。

图 14-49　垂直拉铁及连板加工图

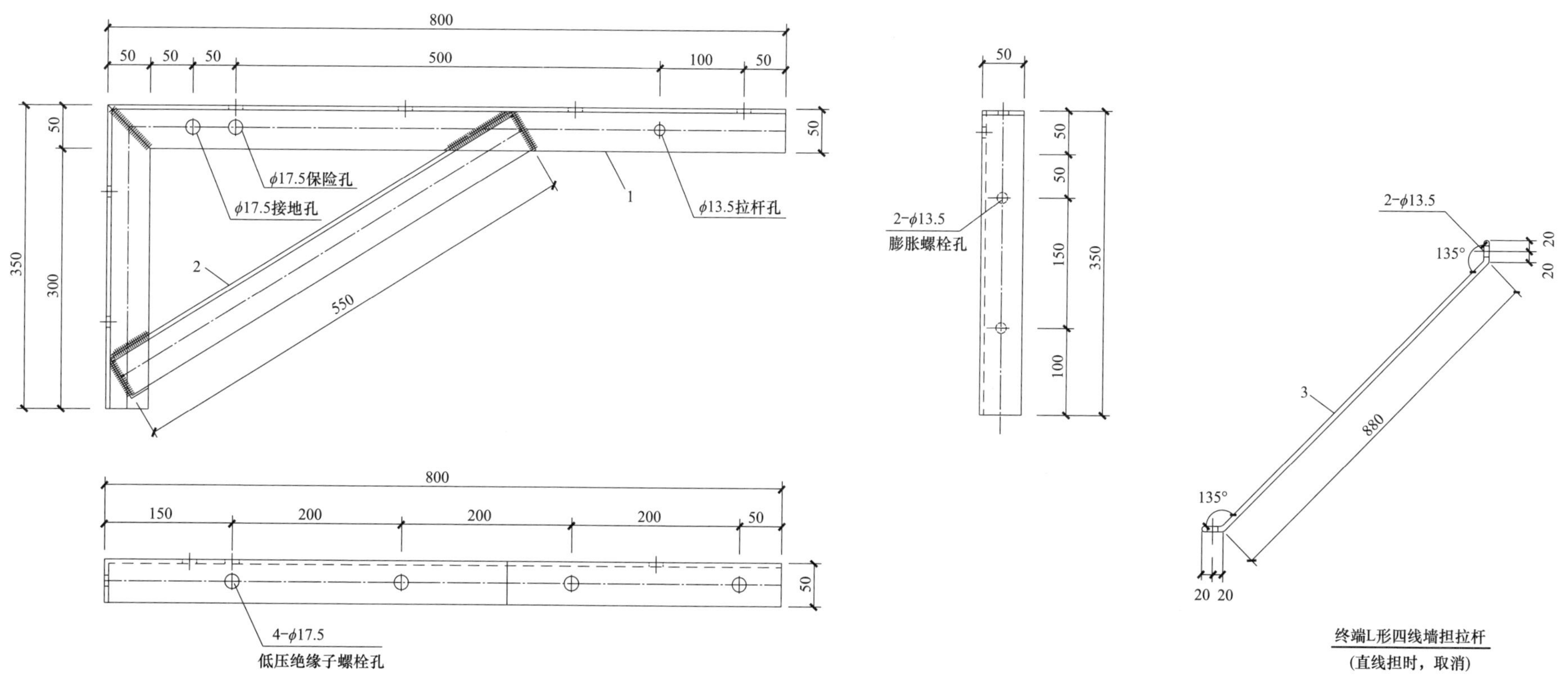

材料表

编号	名称	规格	单位	数量	质量（kg）	备注
1	角钢	∠50×5×1150	块	1	4.34	
2	角钢	∠50×5×550	块	1	2.07	
3	圆钢	ϕ16×960	块	1	1.52	直线时该项取消

说明：1. 铁件均需热镀锌。
2. 材料表中的角钢材料为Q235，焊条规格为E50。

图 14-50　四线墙担 L 形支架加工示意图

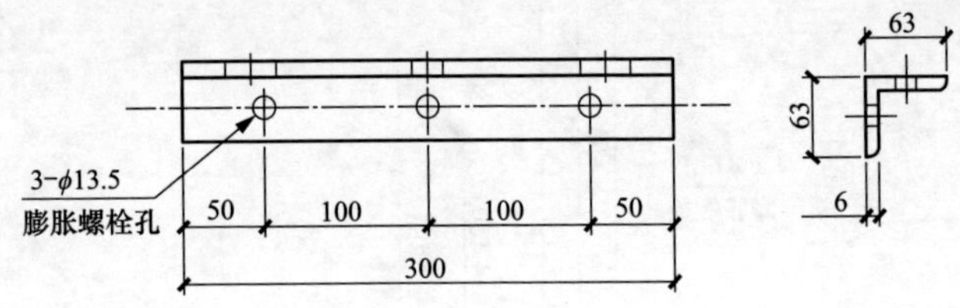

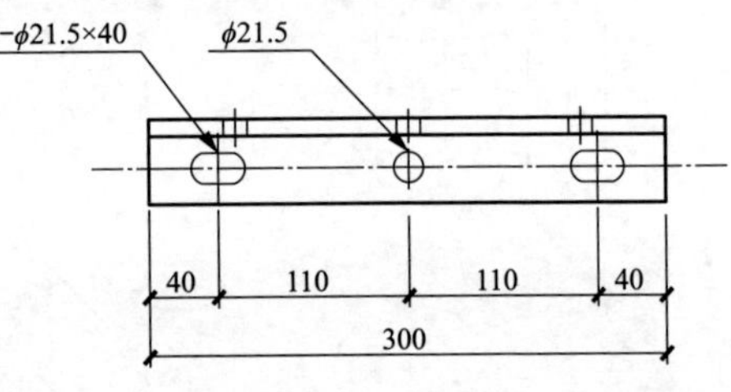

材料表

编号	名称	规格	单位	数量	质量（kg）	备注
1	角钢	∠63×6×300	块	1	1.72	

说明：1. 本图适用于电缆钢索沿墙终端固定墙担。
2. 所有铁件均采用热镀锌防腐。
3. 材料表中的角钢材料为Q345。

图 14-51　电缆终端固定墙担加工示意图

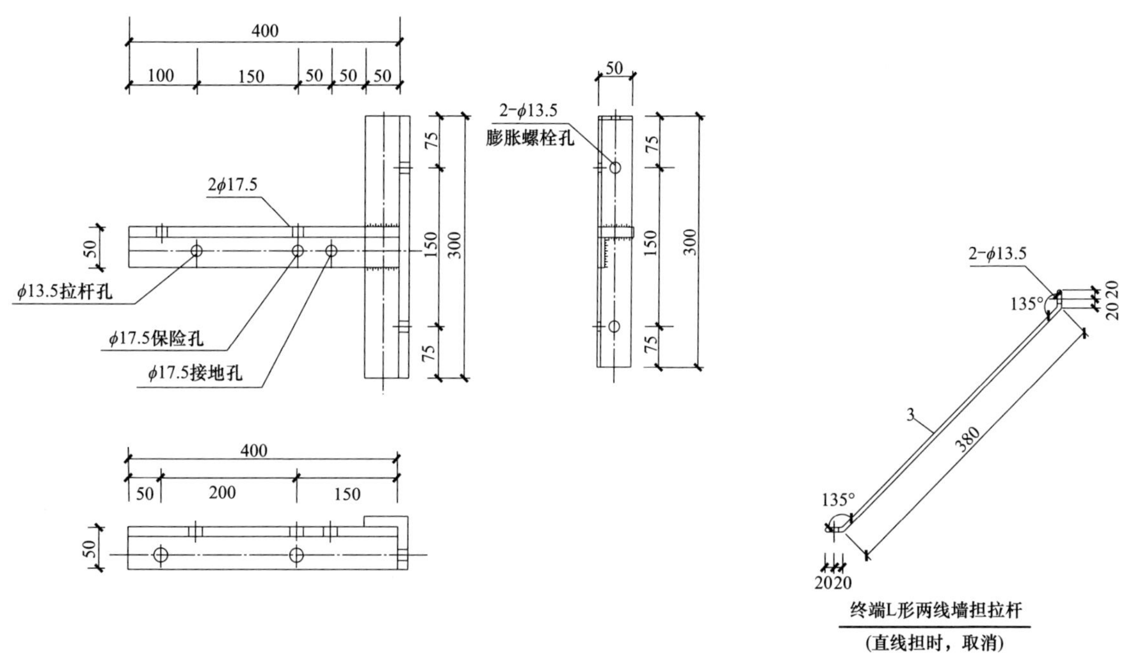

说明：1. 铁件均需热镀锌。
2. 材料表中的角钢材料为Q235。

材料表

编号	名称	规格	单位	数量	质量(kg)	总重(kg)	备注
1	角钢	∠50×5×400	块	1	1.51	3.05	
2	角钢	∠50×5×300	块	1	1.13		
3	圆钢	ϕ12×480	块	1	0.41		直线时该项取消

图 14-52 T字形支架加工示意图

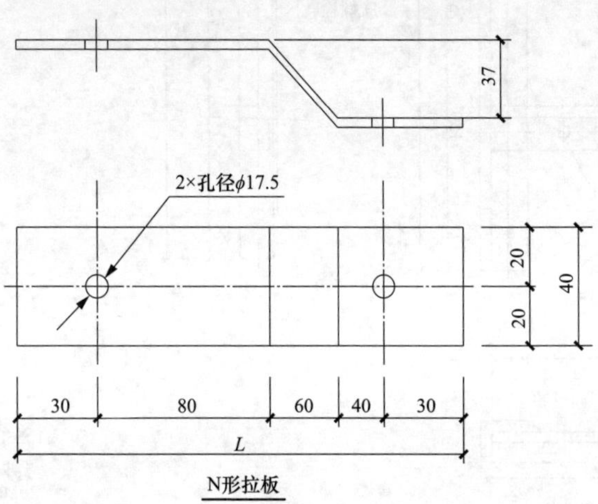

材料表

编号	名称	规格	单位	数量	质量（kg）
1	扁钢	−40×6×250	块	1	0.47

说明：1. 铁件均需热镀锌。
2. N形拉板适用于接户线，与ED-2、ED-3蝴瓶配合使用。
3. 材料表中的角钢材料为Q235。

图 14-53　N形拉板制造图

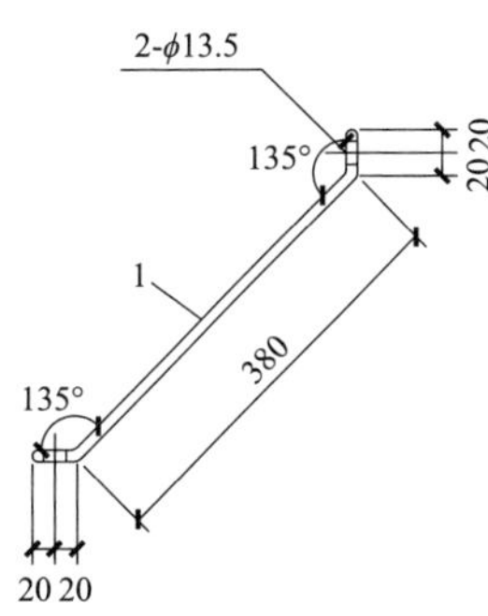

终端两线型墙担拉杆 L-1

(直线担时，取消)

2-ϕ13.5

135°

20 20

2

880

135°

20 20

终端四线墙担拉杆 L-2

(直线担时，取消)

型号	编号	名称	规格	长度	数量	质量（kg）
拉杆 L-1	1	圆钢	ϕ12×460	460	1	0.41
拉杆 L-2	1	圆钢	ϕ12×960	960	1	1.52

说明：1. 铁件均需热镀锌。
2. 材料表中的角钢材料为Q235。

图 14-54　墙担拉杆加工示意图

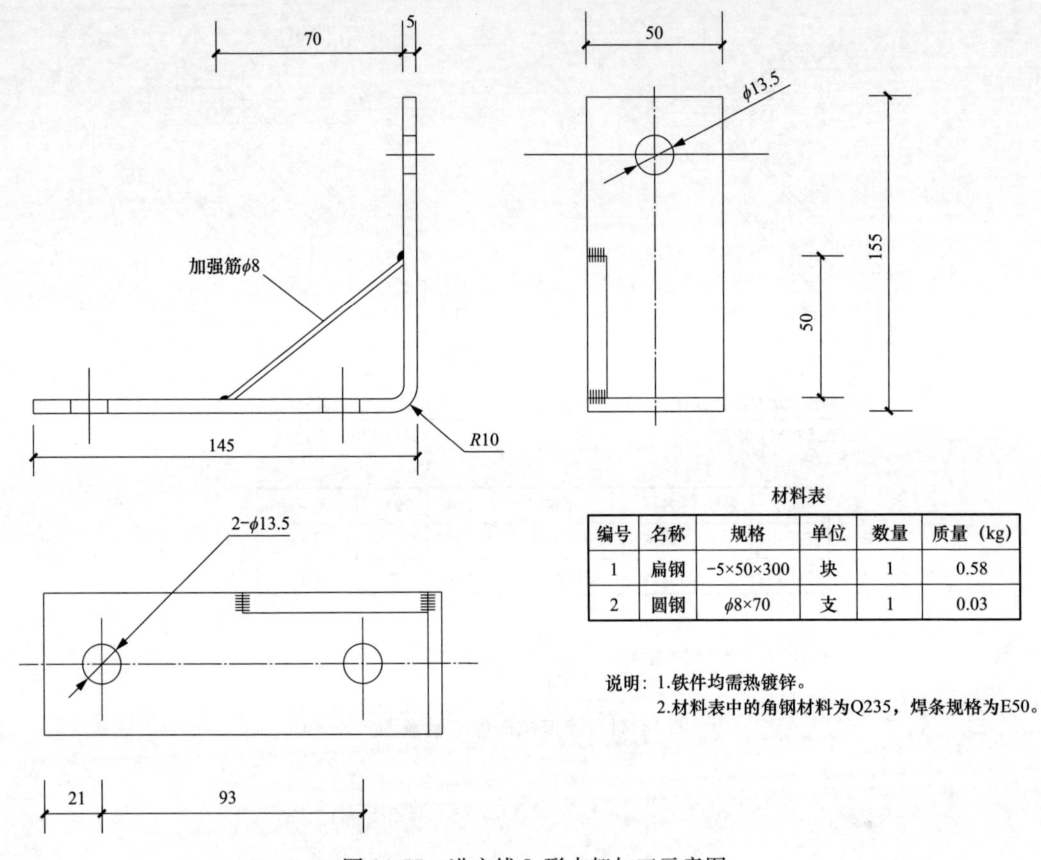

材料表

编号	名称	规格	单位	数量	质量（kg）
1	扁钢	−5×50×300	块	1	0.58
2	圆钢	ϕ8×70	支	1	0.03

说明：1.铁件均需热镀锌。
2.材料表中的角钢材料为Q235，焊条规格为E50。

图 14-55　进户线 L 形支架加工示意图

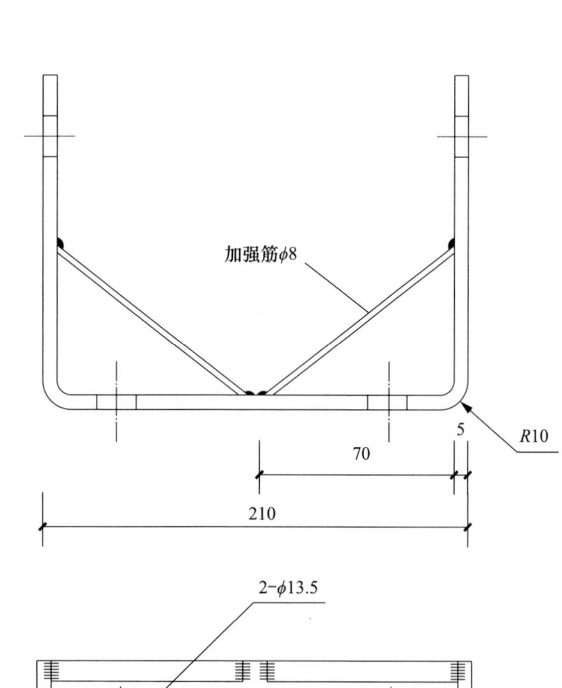

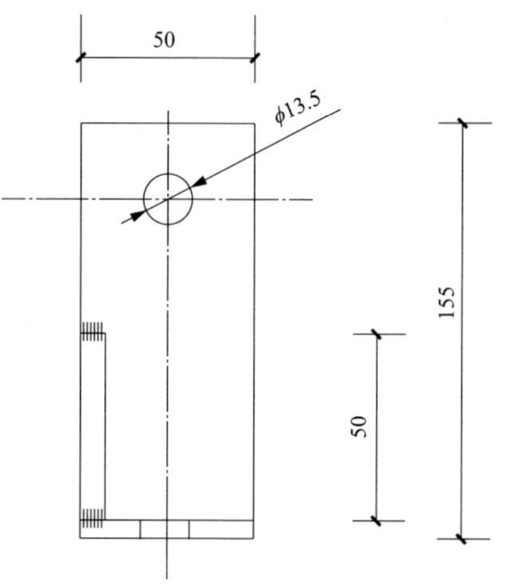

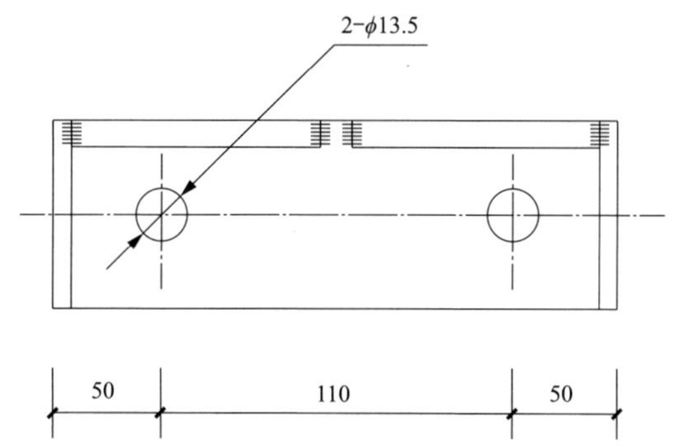

材料表

编号	名称	规格	单位	数量	质量（kg）
1	扁钢	−5×50×520	块	1	1.02
2	圆钢	ϕ8×70	支	2	0.06

说明：1.铁件均需热镀锌。
2.材料表中的角钢材料为Q235。
3.适用于进户线出4路(挂四个ED-4绝缘子，一个固定点两个绝缘上、下固定)。

图 14-56　进户线同字形支架加工示意图

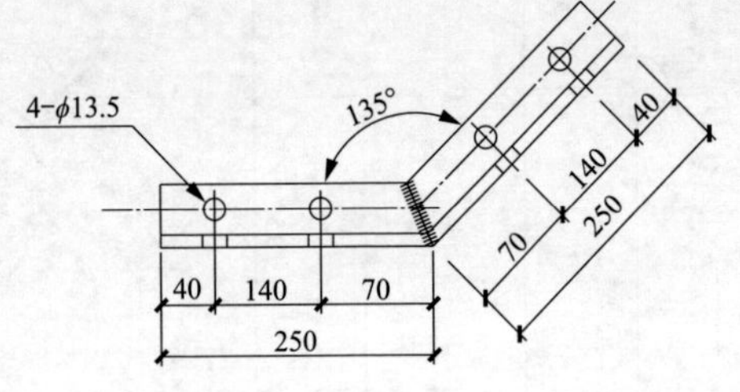

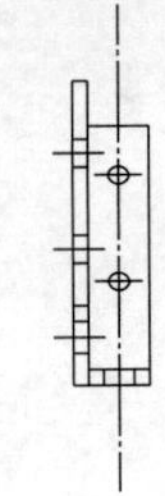

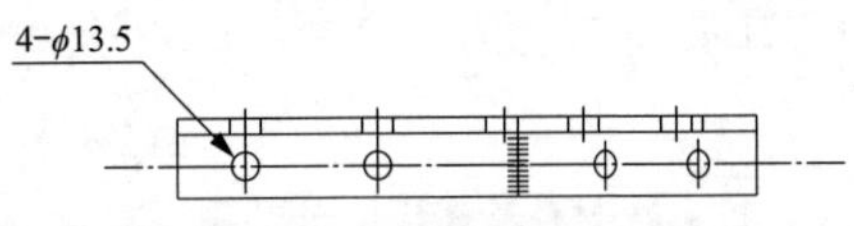

材料表

型号	编号	名称	规格	单位	数量	质量（kg）
QDJ5-500	1	角钢	∠50×5×500	块	1	1.89

说明：1.本图适用于钢索沿墙90°转角过渡墙担。
2.电缆钢索固定点可与单槽夹板配合使用。
3.所有铁件均采用热镀锌防腐。
4.材料表中的角钢材料为Q345，焊条规格为E50。

图 14-57　电缆转角固定墙担加工示意图

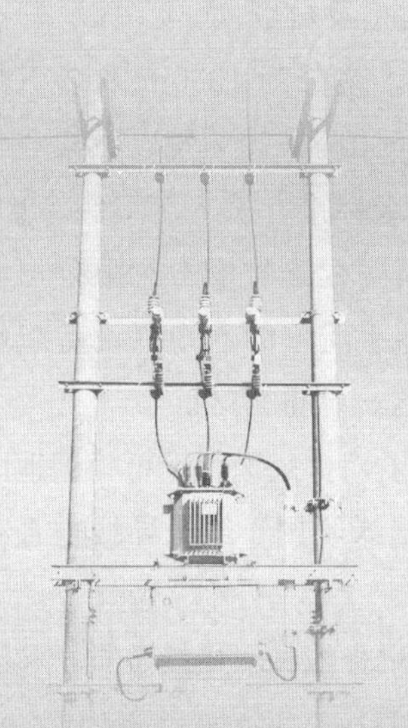

第六篇　低压金具及绝缘子典型设计方案

第15章　低压金具及绝缘子典型设计

15.1　设计说明

15.1.1　低压金具选用

（1）低压金具概述。

1）低压金具类型包括导线线夹、接续金具、连接金具、拉线金具等。

2）导线线夹主要用于导线杆上安装固定，包括悬垂线夹及耐张线夹等类型。

3）导线承力接续宜采用对接液压型接续管，导线非承力接续宜采用液压型导线接续线夹或其他连接可靠的线夹，设备连接宜采用液压型接线端子或其他连接可靠的线夹。接续金具主要用于导线与导线、导线与接地线等连接，包括接续管、并沟线夹、C形线夹、弹射楔形线夹等类型。导线的铜铝连接采用铜铝过渡线夹、铜铝过渡管或铜铝过渡端子。

4）连接金具主要用于绝缘子与电杆横担铁件、绝缘子与耐张线夹等连接，包括Z形挂板、U形挂板（环）及平行挂板等类型。

（2）低压金具选用要求。

1）金具选用应考虑强度、耐冲击性能、耐用性、紧密性和转动灵活性等要求，根据导线类型和最大使用拉力、绝缘子强度等要求在国家电网有限公司标准物料库内选用匹配的金具。

2）低压导线耐张串串内金具技术要求和详细结构形式尺寸应参照《国家电网公司输变电工程通用设计 10kV 配电线路金具分册（2013 年版）》《国家电网公司输变电工程通用设计 10kV 及 35kV 配电线路金具图册（2013 年版）》。

3）为了减少线路运行中产生的磁滞损耗和涡流损耗，与导线直接接触的金具部件应采用铝质材料，其他部件可采用铁质材料。楔形耐张线夹及螺栓形耐张线夹应选用节能型铝合金材料。

4）金具的选用应与国家电网有限公司《配电网架空导线及附件选型技术原则和检测技术规范》一致。

5）低压耐张杆上导线耐张串也可参照《配电网建设及改造标准物料目录（2017 版）》（运检三〔2017〕149 号）示范应用物料目录中的“1kV 导线耐张串”进行选择使用。

15.1.2　380V/220V 绝缘子选用

（1）低压绝缘子概述。低压绝缘子类型包括柱式瓷绝缘子、蝶式瓷绝缘子、线轴式瓷绝缘子、盘形悬式瓷绝缘子等。

（2）低压绝缘子选用一般要求。

1）根据导线类型和最大使用拉力、地区所处海拔和环境污秽等级，在国家电网有限公司标准物料库范围内选用适用的绝缘子类型及数量。

2）绝缘子及绝缘子串选用按海拔 1000m 考虑，共分为 1000m 及以下与 1000m 以上两种情况；环境污秽等级划分参照 GB 50061《66kV 及以下架空电力线路设计规范》附录 B 架空电力线路环境污秽等级标准，按 a 至 e 级考虑，并归类为 a、b、c 级、d 级及 e 级三种情况。根据国网福建省电力有限公司设备部关于印发《10kV 配电网差异化建设与改造指导手册》的通知（设备配电〔2021〕15 号），福建省污秽等级分为中污区、重污区、严重污区。

3）低压直线杆上绝缘子宜采用线路柱式瓷绝缘子，蝶式绝缘子可根据地区运行经验选用。选配表见图 15-1、图 15-2。线轴式绝缘子用于绝缘导线垂直布线方式，见图 15-3。

4）低压耐张串由 1 片交流悬式盘形瓷绝缘子、耐张线夹（接续金具）和匹配的连接金具组成。选配表见图 15-4。

5）低压导线耐张串中耐张线夹与导线连接，可分为裸导线连接安装方式（见图 15-5）和绝缘导线连接安装方式两种。绝缘导线连接又可分为用剥皮安装（见图 15-6）和不剥皮安装（见图 15-7）两种方式（多雷地区宜采用剥皮安装方式）。剥皮安装时裸露带电部位须加绝缘罩或包覆绝缘带保护，并做防水处理。绝缘罩或绝缘带应满足阻燃要求。

6）对导线截面积小于 $70mm^2$ 的耐张串可采用蝶式绝缘子安装方式（见图 15-8）。

7）对于绝缘导线，应按规定安装接地线夹，见图 15-9。

（3）中、高海拔地区低压绝缘子选用。

1）随着海拔逐渐增高，大气压力随之下降，空气密度也同步减少。中、高海拔地区由于气压低、空气密度小，使得处于这些地区线路的绝缘子或绝缘子串实际放电电压低于标准气象条件下的放电电压，故在中、高海拔地区线路的绝缘配合设计时须进行气象条件修正，以保障中、高海拔地区线路的安全运行。

2）中、高海拔地区线路绝缘子的爬电距离、结构高度及片数应根据低压线路经过地区的海拔和环境污秽等级，按工频电压下所要求的爬电比距初步选定绝缘子片数和绝缘子长度，再根据操作过电压和雷电过电压进行校核和复核。中、高海拔地区绝缘子应根据国家电网有限公司物资采购标准《高海拔外绝缘配置技术规范（2014 年版）》相关技术要求选取。

3）绝缘子的选用应与国家电网有限公司《配电网架空导线及附件选型技术原则和检测技术规范》一致。

15.2 设计图

低压金具、绝缘子选用图纸清单见表 15-1。

表 15-1　低压金具、绝缘子选用图纸清单

图序	图名	图纸编号
1	380V/220V 直线柱式瓷绝缘子选用配置图表	图 15-1
2	380V/220V 直线蝶式瓷绝缘子选用配置图表	图 15-2
3	380V/220V 直线线轴式瓷绝缘子选用配置图表	图 15-3
4	380V/220V 耐张盘形悬式瓷绝缘子选用配置图表	图 15-4
5	380V/220V 槽型盘形悬式瓷绝缘子耐张串（铝合金螺栓式线夹）安装图	图 15-5
6	380V/220V 盘形悬式瓷绝缘子耐张串（铝合金楔形线夹）安装图	图 15-6
7	380V/220V 盘形悬式瓷绝缘子耐张串（楔形绝缘线夹）安装图	图 15-7
8	380V/220V 耐张蝶式瓷绝缘子串安装图	图 15-8
9	380V/220V 接地线夹安装示意图	图 15-9

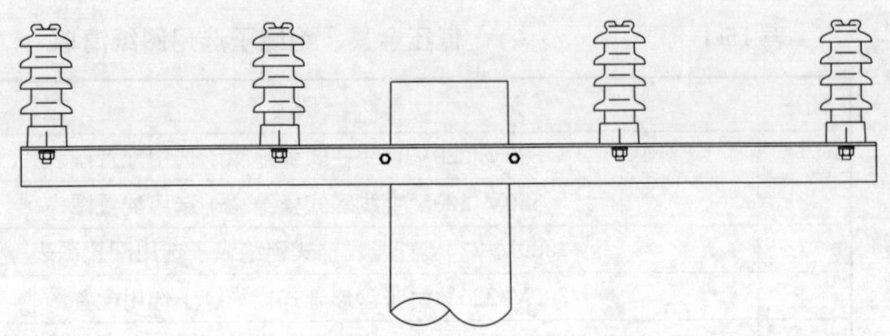

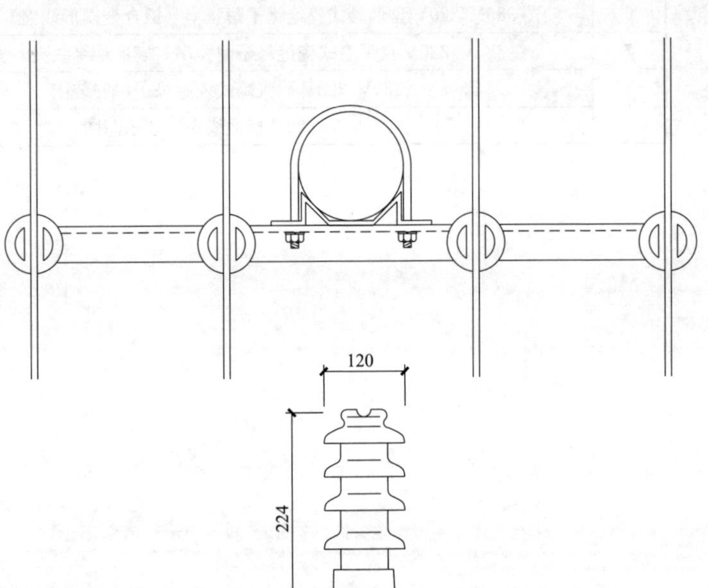

柱式瓷绝缘子配置表

绝缘子型号 \ 海拔 污区等级	1000m及以下	1000～2500m
a、b、c、d、e	R3ET105N，120，224，300	

注　绝缘子配置按海拔高度分类范围值上限考虑。

柱式瓷绝缘子参数表

绝缘子参数 \ 绝缘子型号	R3ET105N，120，224，300
额定电压（kV）	6
最小公称爬电距离（mm）	300
工频湿耐受电压峰值（kV）	40
雷电耐受电压峰值（kV）	105
瓷件弯曲破坏负荷（kN）	3

图 15-1　380V/220V 直线柱式瓷绝缘子选用配置图表

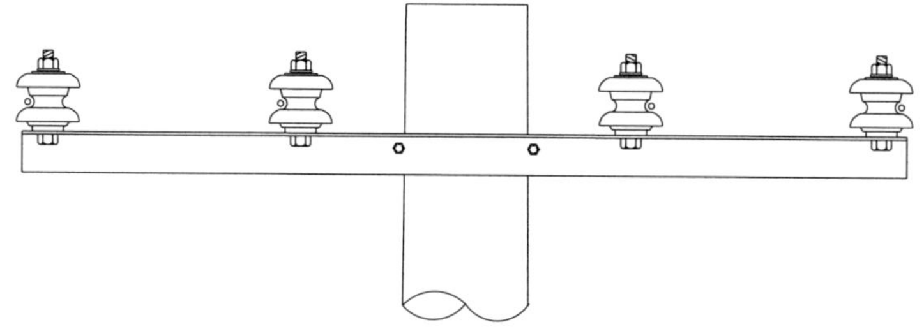
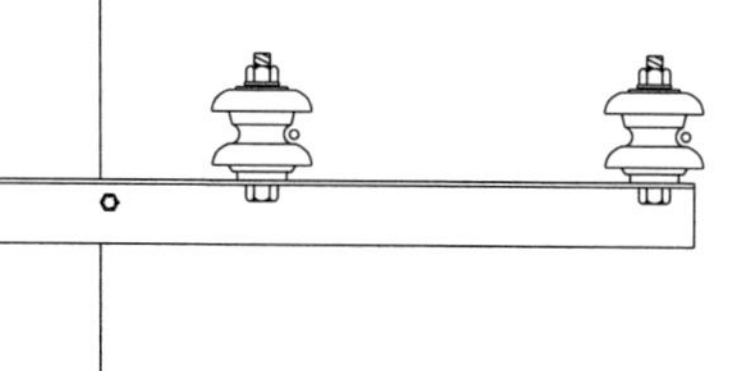

蝶式瓷绝缘子配置表

绝缘子型号 / 海拔 \ 污区等级	a、b、c	d	e
1000m及以下	ED-1	ED-1	ED-1

注　绝缘子配置按海拔分类范围值上限考虑。

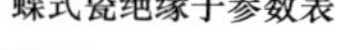

蝶式瓷绝缘子参数表

绝缘子参数 \ 绝缘子型号	ED-1	备注
额定电压（kV）	6	—
最小公称爬电距离（mm）	—	—
工频耐压（1min不小于，kV）	22	干闪
	10	湿闪
	—	—
机械破坏负荷（kN）（不小于，kN）	12	—
高度（mm）	90	—
直径（mm）	100	—

注　蝶式瓷绝缘子（ED-1，90，100，12）。

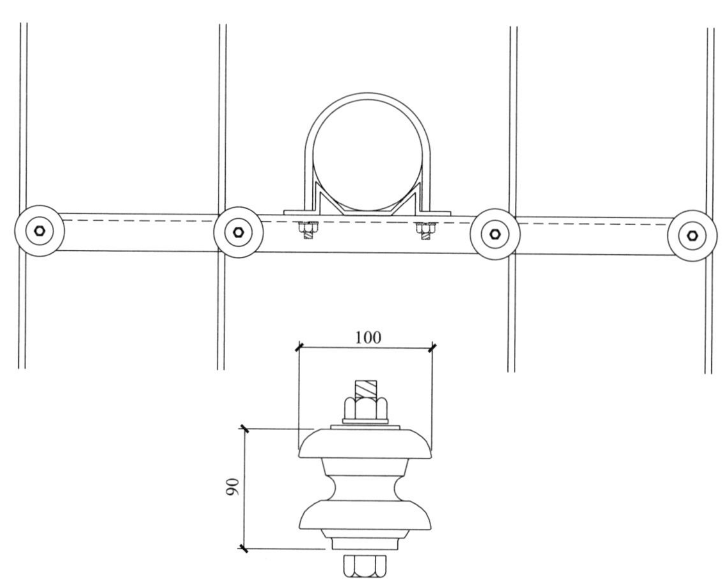

图 15-2　380V/220V 直线蝶式瓷绝缘子选用配置图表

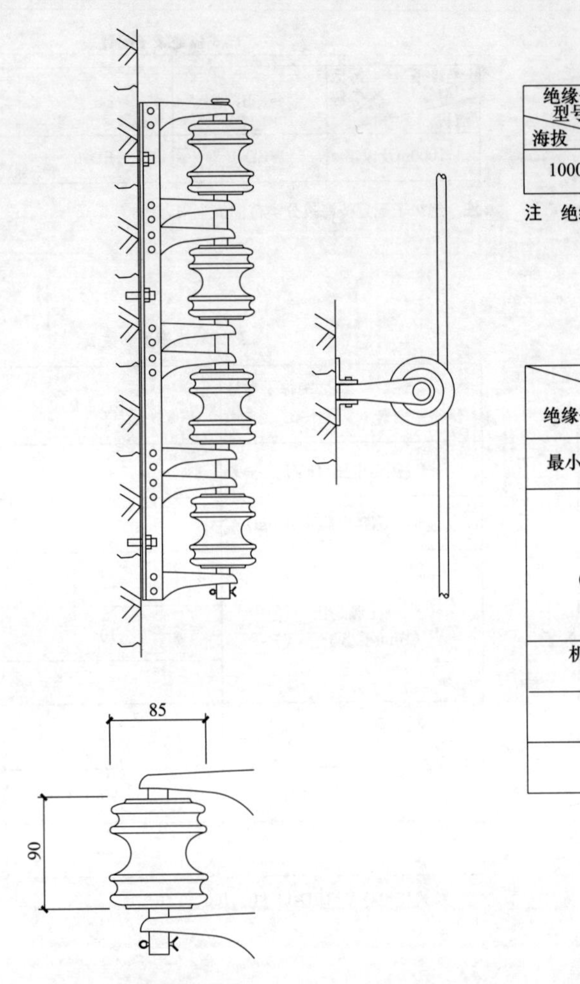

线轴式瓷绝缘子配置表

绝缘子型号＼污区等级 海拔	a、b、c	d	e
1000m及以下	EX-1	EX-1	EX-1

注　绝缘子配置按海拔分类范围值上限考虑。

线轴式瓷绝缘子参数表

绝缘子参数＼绝缘子型号	EX-1	备注
最小公称爬电距离（mm）	—	—
工频耐压 （1min不小于，kV）	22	干闪
	9	湿闪
	—	—
机械破坏负荷（kN） （不小于，kN）	15	—
高度（mm）	90	—
直径（mm）	85	—

图 15-3　380V/220V 直线线轴式瓷绝缘子选用配置图表

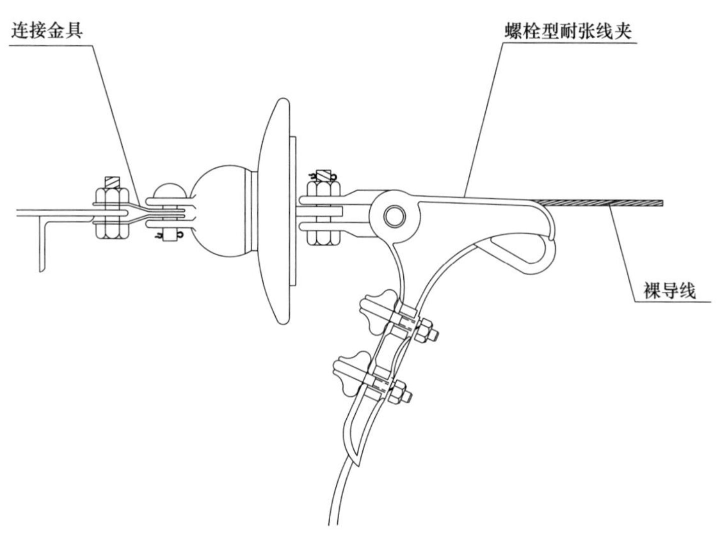

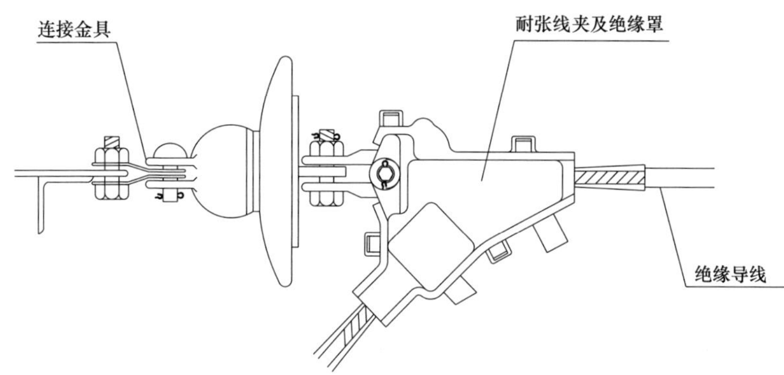

盘形悬式瓷绝缘子选用配置表

绝缘子型号 / 海拔 / 污区等级	1000m及以下	1000～2500m	2500～4000m
a、b、c	U40C/1片	U70C/1片	U70C/1片
d	U40C/1片	U70C/1片	U70C/1片
e	U40C/1片	U70C/1片	U70C/1片

注 1. 图例绝缘子采用槽型盘形悬式瓷绝缘子（物料名称：盘形悬式瓷绝缘子，U40C/140，190，200），也可采用槽型盘形悬式瓷绝缘子（物料名称：盘形悬式瓷绝缘子，U70C/146，255，146，320）、球窝型盘形悬式瓷绝缘子（物料名称：盘形悬式瓷绝缘子，U70B/146，255，146，320）替换。
2. 绝缘子配置按海拔分类范围值上限考虑。

盘形悬式瓷绝缘子参数表

绝缘子型号 / 绝缘子参数	U40C	U70C	U70B
最小公称爬电距离（mm）	200	320	320
工频耐压（1min不小于，kV）	60	75	75
	30	45	45
	90	110	110
50%全波冲击闪络电压（不小于，kV）	100	120	120
机电试验负荷（kN）（不小于，kV）	30	45	45
	40	60	60
盘高（mm）	140	146	146
盘径（mm）	190	255	255

注 1. 根据绝缘导线的截面选择匹配的耐张线夹。
2. 绝缘导线端头应用自黏性绝缘胶带缠绕包扎并做防水处理。
3. 采用盘形悬式瓷绝缘子。

图 15-4　380V/220V 耐张盘形悬式瓷绝缘子选用配置图表

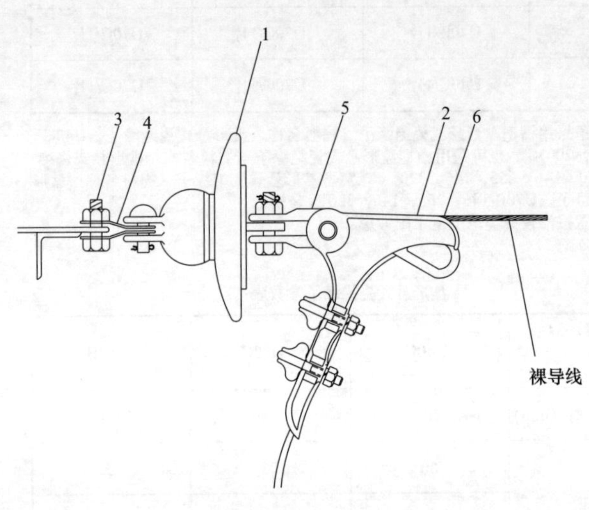

说明：1. 典设选用的耐张绝缘子串串型参照《国家电网公司输变电工程通用设计10kV配电线路金具分册(2013年版)》。
2. 典设选用的串内金具尺寸参照《国家电网公司输变电工程通用设计10kV及35kV配电线路金具图册(2013年版)》。
3. 金具分册内提供串型供使用者参照，如采用其他串型应自行验证校验电气间隙、结构强度等相关参数。
4. 金具图册内提供金具尺寸供使用者参照，实际使用前应核对。
5. 金具分册、金具图册内采用的金具和绝缘子名称仅供使用者参照，典设应用应以使用时所查国家电网有限公司标准物料库范围内的标准物料名称为准。
6. 根据导线的截面选择匹配的耐张线夹。
7. 盘形悬式瓷绝缘子也可使用棒形瓷绝缘子及棒形合成绝缘子代替。

盘形悬式瓷绝缘子选用配置表

绝缘子型号 / 海拔 / 污区等级	1000m及以下
a、b、c	U40C/1片
d	U40C/1片
e	U40C/1片

注 1. 图例绝缘子采用槽型盘形悬式瓷绝缘子（物料名称：盘形悬式瓷绝缘子，U40C/140，190，200），也可采用槽型盘形悬式瓷绝缘子（物料名称：盘形悬式瓷绝缘子，U70C/146，255，146，320）、球窝型盘形悬式瓷绝缘子（物料名称：盘形悬式瓷绝缘子，U70B/146，255，146，320）替换。
2. 绝缘子配置按海拔分类范围值上限考虑。

槽型盘形悬式瓷绝缘子串材料表

编号	材料名称	规格型号	单位	数量	备注
1	悬式瓷绝缘子	U40C/140,190,200	片	1	—
2	耐张线夹—螺栓型	NLL— ()	个	1	根据导线选配
3	螺栓	M16×40	条	1	—
4	平行拉板	PS-7	副	1	—
5	U形挂环	U-7	个	1	—
6	铝包带	FLD-1×10(每个4.5kg)	kg	—	—

铝合金螺栓式线夹选用表

编号	型号	质量（kg）	适用导线
1	NLL-1	1.5	JL/G1A-35/6～50/8
2	NLL-2	1.8	JL/G1A-70/10～95/15
3	NLL-3	4.1	JL/G1A-120/20～150/20
4	NLL-4	4.1	JL/G1A-185/25～240/30

图 15-5　380V/220V 槽型盘形悬式瓷绝缘子耐张串（铝合金螺栓式线夹）安装图

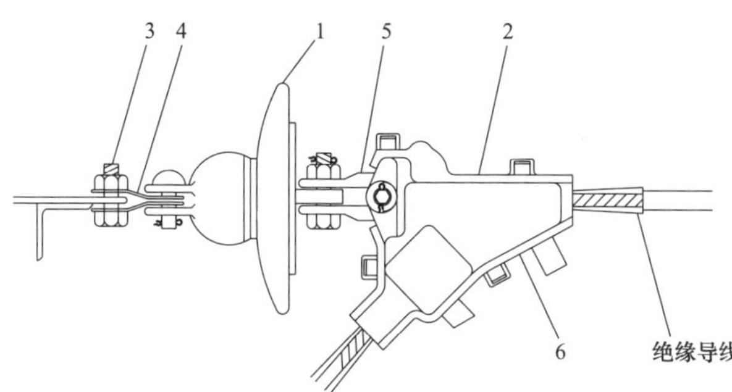

说明：1. 典设选用的耐张绝缘子串串型参照《国家电网公司输变电工程通用设计10kV配电线路金具分册（2013年版）》。
2. 典设选用的串内金具尺寸参照《国家电网公司输变电工程通用设计10kV及35kV配电线路金具图册（2013年版）》。
3. 金具分册内提供串型供使用者参照，如采用其他串型应自行验证校验电气间隙、结构强度等相关参数。
4. 金具图册内提供金具尺寸供使用者参照，实际使用前应核对。
5. 金具分册、金具图册内采用的金具和绝缘子名称仅供使用者参照，典设应用应以使用时所查国家电网有限公司标准物料库范围内的标准物料名称为准。
6. 根据绝缘导线的截面选择匹配的耐张线夹。
7. 绝缘导线端头应用自粘性绝缘胶带缠绕包扎并做防水处理。
8. 盘形悬式瓷绝缘子也可使用棒形瓷绝缘子及棒形合成绝缘子代替。

盘形悬式瓷绝缘子选用配置表

绝缘子型号 / 海拔 / 污区等级	1000m及以下
a、b、c	U40C/1片
d	U40C/1片
e	U40C/1片

注 1. 图例绝缘子采用槽型盘形悬式瓷绝缘子（物料名称：盘形悬式瓷绝缘子，U40C/140，190，200），也可采用槽型盘形悬式瓷绝缘子（物料名称：盘形悬式瓷绝缘子，U70C/146，255，146，320）、球窝型盘形悬式瓷绝缘子（物料名称：盘形悬式瓷绝缘子，U70B/146，255，146，320）替换。
2. 绝缘子配置按海拔分类范围值上限考虑。

槽型盘形悬式瓷绝缘子耐张串材料表

编号	材料名称	规格型号	单位	数量	备注
1	悬式瓷绝缘子	U40C	片	1	—
2	铝合金楔形线夹	NXL	个	1	设计时选定
3	螺栓	M16×40	条	1	—
4	平行拉板	PS-7	副	1	—
5	U形挂环	U-7	个	1	—
6	绝缘护罩	—	个	1	—

铝合金楔形线夹选用表

编号	型号	质量（kg）	适用导线	剥线长度（mm）	备注
1	NXL-1	1.2	JKLYJ-35～50	225	带绝缘护罩
2	NXL-2	1.3	JKLYJ-70～95	245	带绝缘护罩
3	NXL-3	1.5	JKLYJ-120～150	255	带绝缘护罩
4	NXL-4	2.0	JKLYJ-185～240	300	带绝缘护罩

图 15-6　380V/220V 盘形悬式瓷绝缘子耐张串（铝合金楔形线夹）安装图

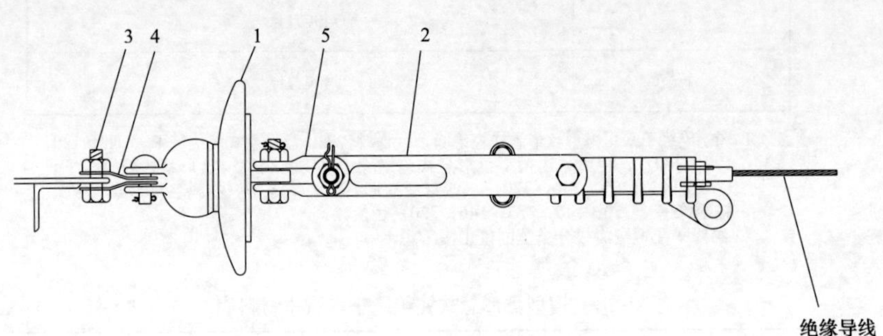

盘形悬式瓷绝缘子选用配置表

绝缘子型号 / 海拔 / 污区等级	1000m及以下
a、b、c	U40C/1片
d	U40C/1片
e	U40C/1片

注 1. 图例绝缘子采用槽型盘形悬式瓷绝缘子（物料名称：盘形悬式瓷绝缘子，U40C/140，190，200），也可采用槽型盘形悬式瓷绝缘子（物料名称：盘形悬式瓷绝缘子，U70C/146，255，146，320）、球窝型盘形悬式瓷绝缘子（物料名称：盘形悬式瓷绝缘子，U70B/146，255，146，320）替换。
2. 绝缘子配置按海拔分类范围值上限考虑。

DNU3盘形悬式瓷绝缘子串材料表

编号	材料名称	规格型号	单位	数量	备 注
1	悬式瓷绝缘子	U40C/140，190,200	片	1	—
2	楔形绝缘线夹	NXJ	个	1	根据导线选配
3	螺栓	M16×40	条	1	—
4	平行拉板	PS-7	副	1	—
5	U形挂环	U-7	个	1	—

楔形绝缘线夹选用表

编号	型号	质量（kg）	适 用 导 线
1	NXJG-1	1.1	JK(L)YJ-35～50
2	NXJG-2	1.2	JK(L)YJ-70～95
3	NXJG-3	2.0	JK(L)YJ-120～150
4	NXJG-4	2.2	JK(L)YJ-185～240

说明：1. 典设选用的耐张绝缘子串串型参照《国家电网公司输变电工程通用设计10kV配电线路金具分册（2013年版）》。
2. 典设选用的串内金具尺寸参照《国家电网公司输变电工程通用设计10kV及35kV配电线路金具图册（2013年版）》。
3. 金具分册内提供串型供使用者参照，如采用其他串型应自行验证校验电气间隙、结构强度等相关参数。
4. 金具图册内提供金具尺寸供使用者参照，实际使用前应核对。
5. 金具分册、金具图册内采用的金具和绝缘子名称仅供使用者参照，典设应用应以使用时所查国家电网有限公司标准物料库范围内的标准物料名称为准。
6. 根据绝缘导线的截面选择匹配的耐张线夹。
7. 盘形悬式瓷绝缘子也可使用棒形瓷绝缘子及棒形合成绝缘子代替。

图 15-7　380V/220V 盘形悬式瓷绝缘子耐张串（楔形绝缘线夹）安装图

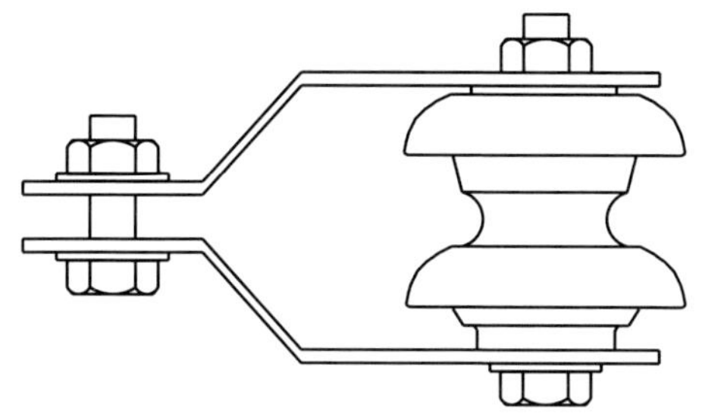

蝶式瓷绝缘子配置表

绝缘子型号 \ 污区等级 / 适用导线截面积	a、b、c	d	e
120mm²及以下	ED-1	ED-1	ED-1
70mm²及以下	ED-2	ED-2	ED-2

注　蝶式瓷绝缘子适用于海拔≤1000m。

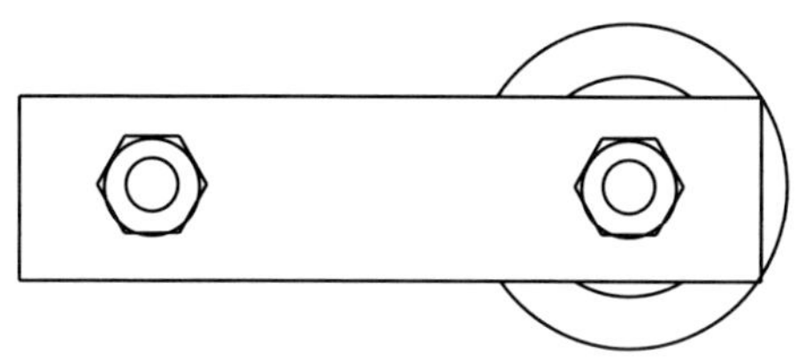

蝶式瓷绝缘子串材料表

编号	材料名称	型号规格	单位	数量	铁附件加工图号
1	蝶式瓷绝缘子	ED-1（2）	只	1	
2	N形拉板	−40×6×250	块	2	图14-53
3	单头螺栓	M16×40	件	1	
4	单头螺栓	M16×120	件	1	

图 15-8　380V/220V 耐张蝶式瓷绝缘子串安装图

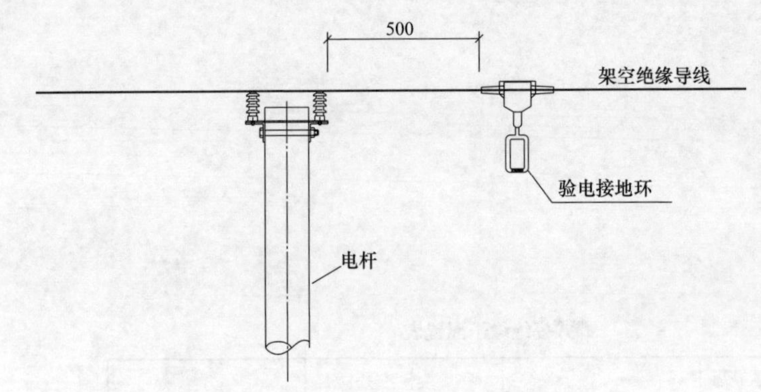

(a) 接地线夹安装示意图（直线杆）

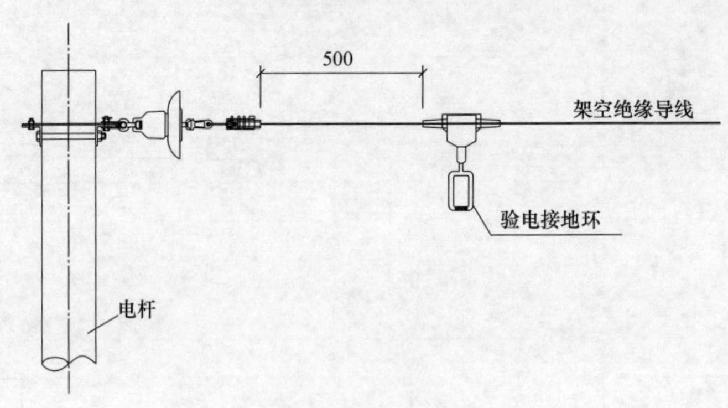

(b) 接地线夹安装示意图[(终端（耐张）杆)]

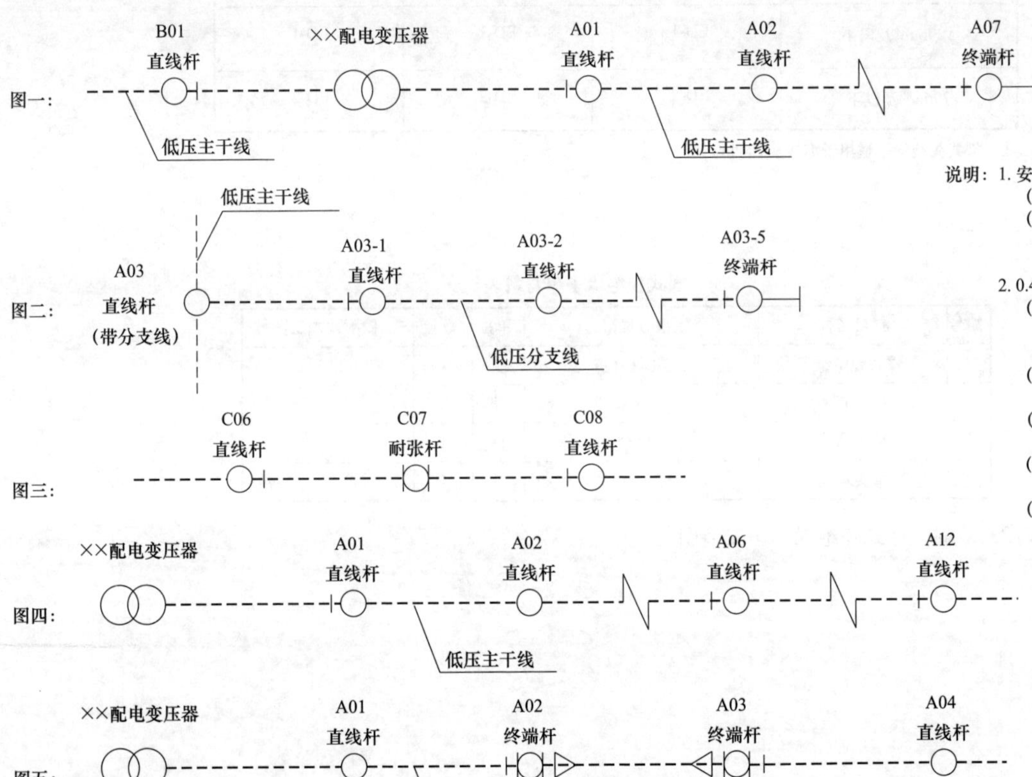

说明：1. 安装标准

(1) 适用于0.4kV架空绝缘导线直线杆及耐张（终端）杆，验电接地环安装位置距导线固定处500mm。

(2) 各相验电接地环的安装点距离绝缘导线固定点的距离应一致。接地环的颜色应与线路相色一致。接地挂环安装在架空线路导线上的接地挂环挂点应垂直向下，接地环与导线连接点应装设绝缘防护罩，且应有防止雨水侵入的措施。

2. 0.4kV架空绝缘线接地线夹的安装位置

(1) 主干线：配电变压器低压架空绝缘线路每回路出线后的第一根杆和终端杆的小号侧都需装设接地环，如（图一）案例中A01、B01、A05杆的小号侧各装设一组接地线夹，以满足全线停电检修工作，若综合配电箱低压出线开关带接地开关，则A01、B01杆接地挂环可取消。

(2) 分支线：每条分支线出线后的第一根杆和终端杆的小号侧都需装设接地环，如A02-1、A02-5杆的小号侧各装设一组接地线夹，以满足支线停电检修工作。

(3) 耐张段处：在耐张杆前一根杆大号侧及下一根杆小号侧都需装设接地线夹，如（图三）C06大号侧、C07小号侧各装设一组接地线夹。

(4) 无T接点线路：架空绝缘线路直线杆连续超过5根杆的，应每5根杆（第6根杆）装设一组接地线夹，如（图四）A06、A12杆小号侧各装设一组接地线夹。

(5) 主干线电缆线路：主干线电缆下地，应在电缆两端电杆上装设接地线夹，如（图五）的A02杆小号侧、A03杆大号侧各装设一组接地线夹，满足主干线停电电缆检修工作。

材料表

序号	物料编码	材料名称	规格型号	单位	数量
1	500058163	接地线夹	JDL-50～240	副	4

图 15-9　380V/220V 接地线夹安装示意图

第七篇　电压提升典型设计方案

第16章　电压提升典型设计

16.1　方案说明

16.1.1　设计对象

设计对象为国网福建电力系统内电能质量不符合要求的三相柱上变压器台。

16.1.2　设计范围

设计范围是从配变低压出线开关至低电压用户这段范围的调压器设备及相关的电气设备。

16.1.3　设计深度

按施工图设计内容深度要求开展工作。

16.1.4　假定条件

海拔：不大于1000m。

环境温度：－10～＋40℃。

最热月平均最高温度：35℃。

污秽等级：中污区、重污区、严重污区。

日照强度：0.1W/cm^2。

最大风速：45m/s。

地震烈度：按7度设计，地震加速度为0.1g。

16.2　适用范围

（1）分布式新能源大量接入的场合：存在电压波动和闪变、谐波、无功波动较大等问题。

（2）农村及郊区季节性/间歇性负荷较多的台区：存在电压波动和闪变、无功波动较大等问题。

（3）城市配电台区电动车充电桩负荷接入场合：存在冲击性负荷问题及谐波问题。

（4）远端大负荷和供电线路长的台区：存在供电电压过低等问题。

（5）三相负荷不平衡的台区：存在三相电流不平衡单一的问题。

（6）供电要求较低的台区：存在功率因数低的问题。

（7）高可靠性供电台区：存在谐波、电压波动、电压暂降/暂升等问题。

16.3　方案分类

柱上变压器台电压提升的设计应综合考虑简单以及操作检修方便、节省投资等要求，按照主要设备和安装要求不同分为3项装置。分别为柔性直流综合调压装置、配电网电能质量综合治理装置、供电质量优化器。

对应表16-1，容量配置原则如下：

（1）低压支路/主干型设备：设备容量不低于后级线路的总负荷量。

（2）低压集成型设备：设备容量不低于台区出口变压器容量。

表16-1　　柱上变压器台电压提升典型设计技术方案组合

装置分类	产品类型	设备容量（kVA）	调压能力	主要设备安装要求
柔性直流综合调压装置	串联	30	−40%～+30%	安装于台区分支线路中间，采用单杆托装方式，进出线采用电缆架设
		50		
	并联	30	−40%～+30%	安装于低压台区变压器下口即综合配电箱后端，或台区分支线路中间，采用单杆托装方式，进出线采用电缆架设
		50		
配电网电能质量综合治理装置	调压型	30	±30%	安装于台区分支线路中间，采用双杆托装方式，进出线采用电缆架设
		60		
		100	±25%	
		200		
供电质量优化器	单相	15	−40%～+30%	安装于台区分支线路中间或线路末端，采用单杆侧装方式，进出线采用电缆架设
		20		
		25		
	三相	30	−40%～+30%	安装于台区分支线路中间或线路末端，采用单杆侧装方式，进出线采用电缆架设
		50		
		75		

16.4 使用说明

16.4.1 柔性直流综合调压装置

16.4.1.1 设计说明

（1）柔性直流综合调压装置可设置串联型柔性直流综合调压和并联型柔性直流调压两种方案。

（2）串联型柔性直流综合调压方案是将直流系统串联在原交流线路中，充分利用原有的线路走廊，在台区前端使用整流设备将AC220V电整流为直流±375V，提高输送电压，同功率情况下减少输送电流，从而减少线路上的损耗并且提高输电距离；在低电压用户侧使用逆变设备将直流±375V逆变为AC220V给用户进行供电。

（3）并联型柔性直流综合调压方案是将直流系统并联在原交流线路上，AC/DC模块（主机）和DC/AC模块（从机）分别安装于台区电压正常位置（越靠近变压器越理想）和低电压区域，主机整流输出±375V直流，从机逆变输出380V（或220V）交流电接入用户侧，主从机通过2条正负极线路连接。此方案是将±375V直流系统并联在原380V（或220V）的交流线路上分流并进行功率传输，类比特高压直流输电模式，抬高输送电压，减少线路上的压降损耗。

（4）柔性直流综合调压装置技术参数，见表16-2。

表16-2　柔性直流综合调压装置技术参数表

项目	柔性直流综合调压装置（三相机）		柔性直流综合调压装置（单相机）	
入网类型	串联	并联	串联	并联
额定容量	50kVA		30kVA	
交流电压输入范围	三相266～457V		单相154～264V	
直流电压范围	675～825V			
工作模式	调压模式、节能模式、旁路模式（串联）			

续表

项目	柔性直流综合调压装置（三相机）	柔性直流综合调压装置（单相机）
抬压能力	≥110V	
电压补偿精度	≤2%	
逆变侧输出电压	≤3%	
整流测输入电流	≤3%	
设备效率	≥94%	
防护等级	IP66	
噪声	≤65dB	
冷却方式	智能风冷	
过载能力	110%（30min）120%（1min）	
通信方式	4G/蓝牙/RS485/交流载波/直流载波	
操作方式	蓝牙App、远程主站	
故障记录与录波功能	具备故障记录、录波、数据统计、储存等功能	
保护能力及自诊断	交流过电压和欠电压、直流过电压和欠电压、频率保护、温度保护、过电流保护、过载保护、短路保护、漏电流保护等	
质量	65kg+35kg	

（5）电气一次部分。电气主接线采用单母线接线。

（6）绝缘配合及过电压保护。电气设备的绝缘配合，参照GB/T 50064—2014《交流电气装置的过电压保护和绝缘配合设计规范》确定的原则进行。

（7）电气设备布置。该方案采用柱上台架侧装方式，采用电缆进出线方式。

（8）柜体要求。

1）标识：电缆分支柜应按国家电网有限公司相关要求统一安装标识标牌，包括警告标识“电力符号”“止步，有电危险”及“报修电话：95598”等。

2）柜壳：柜体外壳选用不锈钢材料或镀锌板喷粉材料，在薄弱位置应增加加强筋，柜壳应有足够的机械强度，在起吊、运输、安装中不得变形或损伤。

（9）电气二次部分。该方案预留与台区智能融合终端（TTU）的接口，通信接口信息见表16-3。

表 16-3　　通 信 接 口 信 息

形式	内容
通信接口	HPLC
通信规约	DLT645 扩展规约

（10）接地要求。柜安装时，柜体（金属壳体）接地极用接地铜电缆与接地网可靠连接。接地电阻不应大于 4Ω。接地系统的设置应符合 GB 50169—2006《电气装置安装工程接地装置施工及验收规范》GB/T 50065—2011《交流电气装置的接地设计规范》的要求。

16.4.1.2　使用说明

（1）柔性直流综合调压装置（单相）适用容量为 30kVA，柔性直流综合调压装置（三相）适用容量为 50kVA。

（2）该方案柜体选用镀锌板喷粉材料。柜体防护等级为 IP66。

（3）柜体内预留通信接口，满足台区运行监控进一步需求。

（4）该方案安装环境要求：

1）环境温度−25～+45℃。

2）相对湿度 5%～100%，允许凝露。

3）日照强度 0.1W/cm^2（风速 0.5m/s）。

4）最大覆冰厚度 10mm。

5）污染等级：中污区、重污区、严重污区。

6）该方案设备参数适用于海拔为 2000m 以下。

16.4.1.3　设计图

柔性直流综合调压装置典型设计方案的设计图清单见表 16-4。

表 16-4　　柔性直流综合调压装置设计图清单

图序	图名	图纸编号
1	柔性直流综合调压装置（串联）电气接线图	图 16-1
2	柔性直流综合调压装置（并联）电气接线图	图 16-2
3	柔性直流综合调压装置导线架设断面示意图（串联）	图 16-3
4	柔性直流综合调压装置导线接线示意图（串联）	图 16-4
5	柔性直流综合调压装置导线架设断面示意图（并联）	图 16-5
6	柔性直流综合调压装置导线接线示意图（并联）	图 16-6
7	两线横担组装示意图	图 16-7

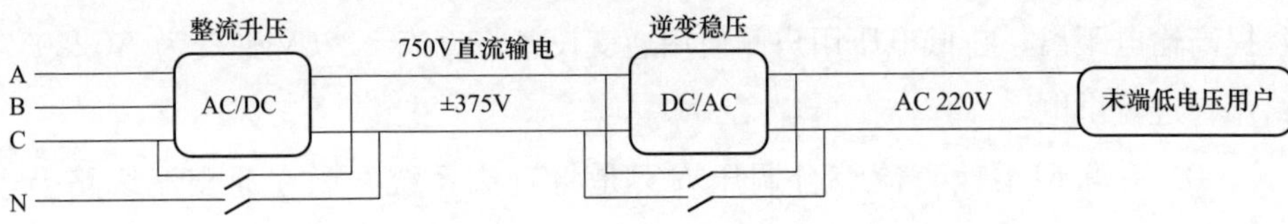

图 16-1　柔性直流综合调压装置（串联）电气接线图

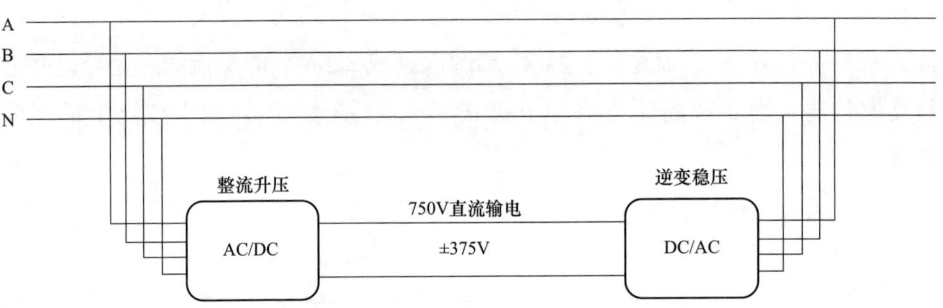

图 16-2　柔性直流综合调压装置（并联）电气接线图

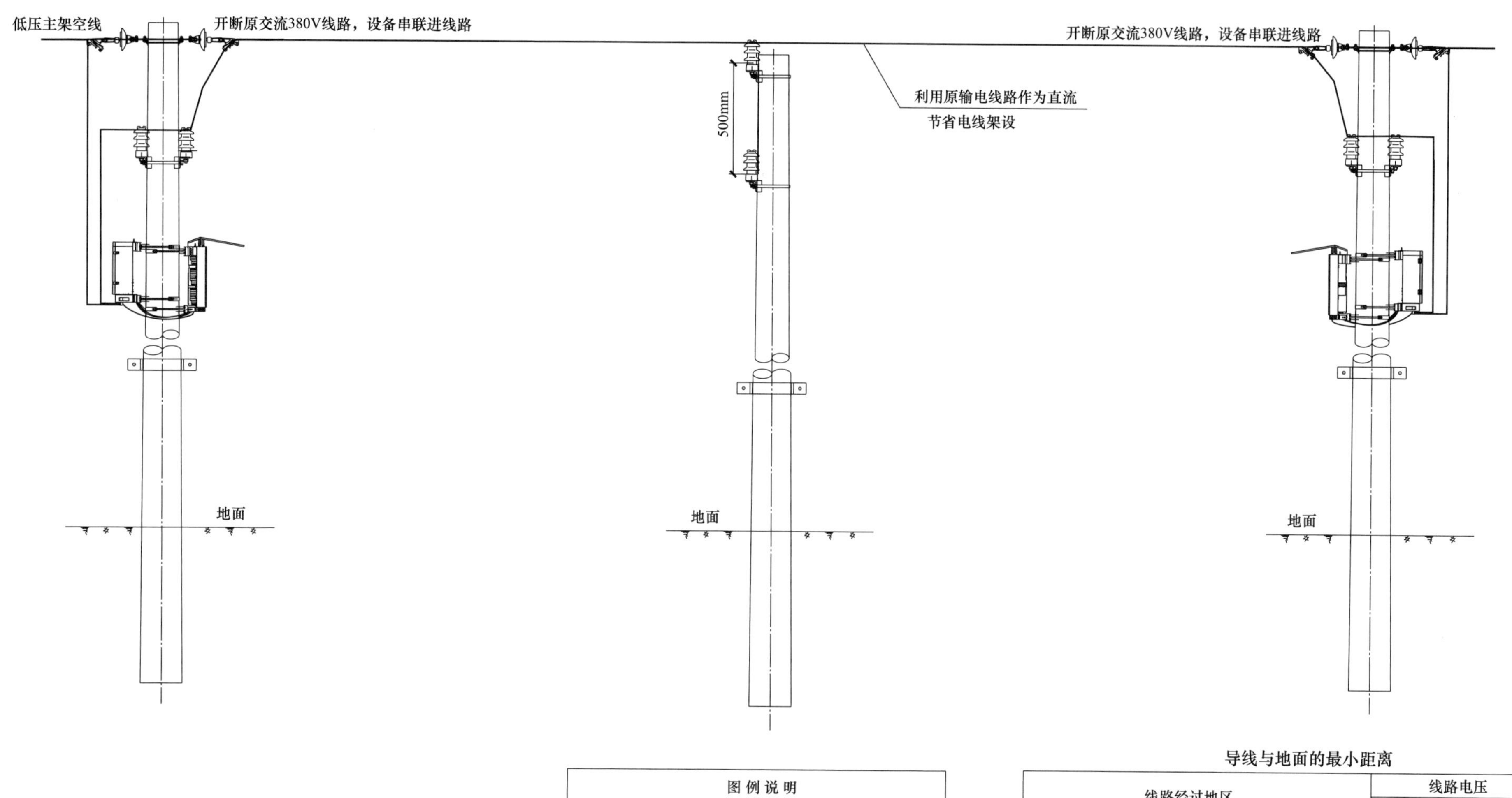

图 例 说 明			
——	新建直流导线	——	原有低压交流线路
╤ ⁑ ╤	地面		

导线与地面的最小距离

线路经过地区	线路电压	
	1～10kV	1kV以下
居民区	6.5	6
非居民区	5.5	5
不能通航也不能浮运的河、湖（至冬季冰面）	5	5
不能通航也不能浮运的河、湖（至50年一遇洪水位）	3	3

说明：设计依据为DL/T 5220—2021《10kV及以下架空配电线路设计规范》GB/T 50293—2014《城市电力规划规范》。

图 16-3　柔性直流综合调压装置导线架设断面示意图（串联）

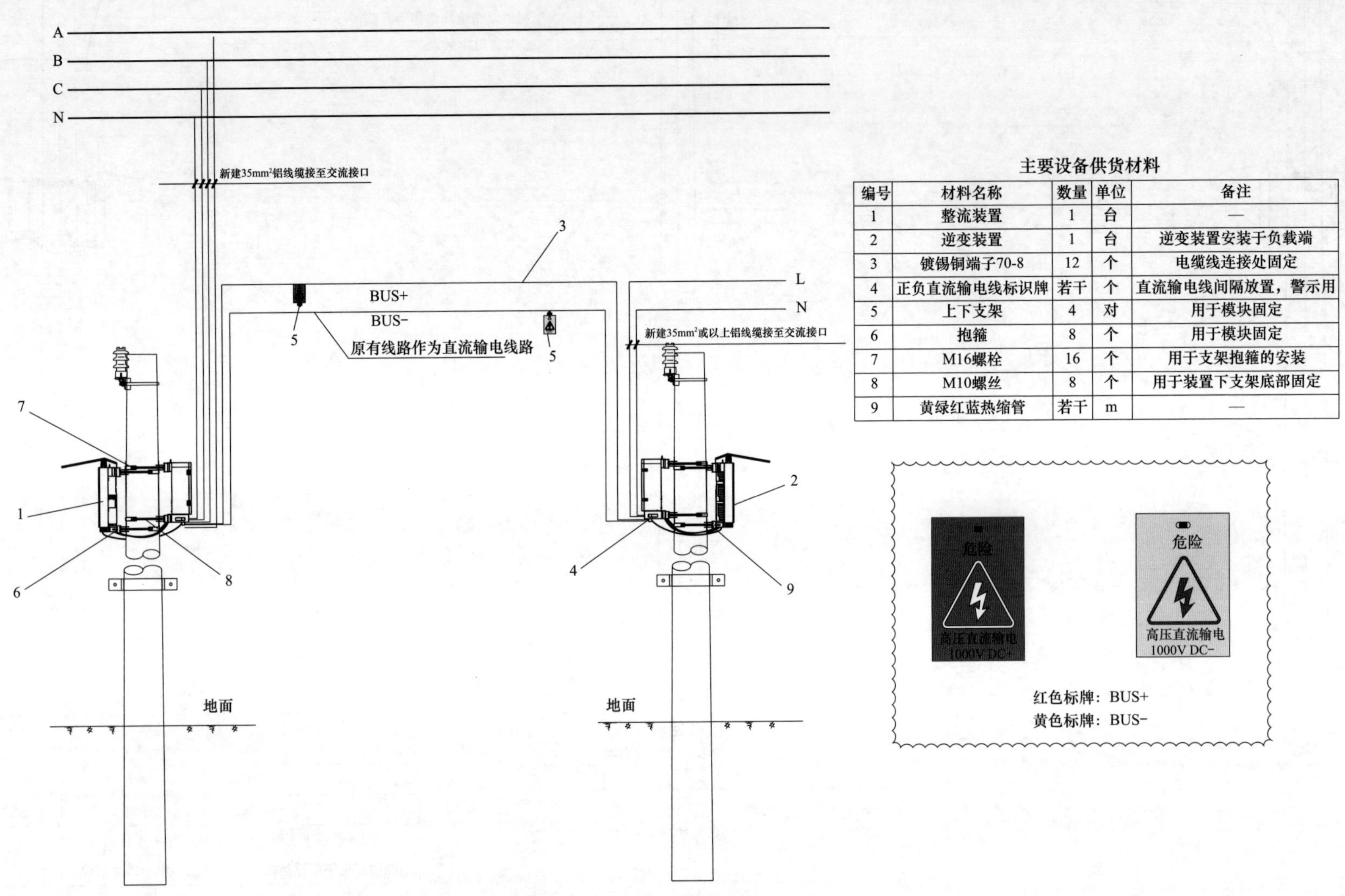

主要设备供货材料

编号	材料名称	数量	单位	备注
1	整流装置	1	台	—
2	逆变装置	1	台	逆变装置安装于负载端
3	镀锡铜端子70-8	12	个	电缆线连接处固定
4	正负直流输电线标识牌	若干	个	直流输电线间隔放置，警示用
5	上下支架	4	对	用于模块固定
6	抱箍	8	个	用于模块固定
7	M16螺栓	16	个	用于支架抱箍的安装
8	M10螺丝	8	个	用于装置下支架底部固定
9	黄绿红蓝热缩管	若干	m	—

图 16-4　柔性直流综合调压装置导线接线示意图（串联）

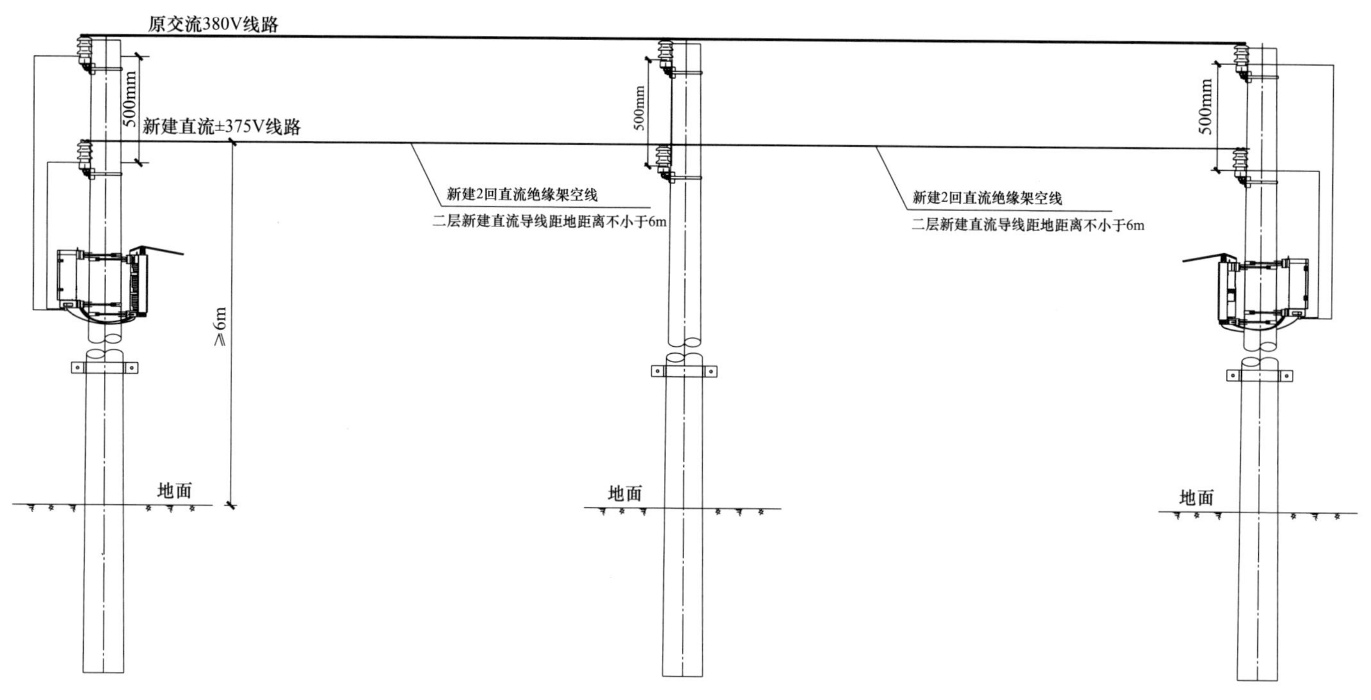

图例说明			
——	新建直流导线	——	原有低压交流线路
─┬─○─┬─	地面		

导线与地面的最小距离

线路经过地区	线路电压	
	1～10kV	1kV以下
居民区	6.5	6
非居民区	5.5	5
不能通航也不能浮运的河、湖（至冬季冰面）	5	5
不能通航也不能浮运的河、湖（至50年一遇洪水位）	3	3

说明：设计依据为DL/T 5220—2021《10kV及以下架空配电线路设计规范》GB/T 50293—2014《城市电力规划规范》。

图 16-5　柔性直流综合调压装置导线架设断面示意图（并联）

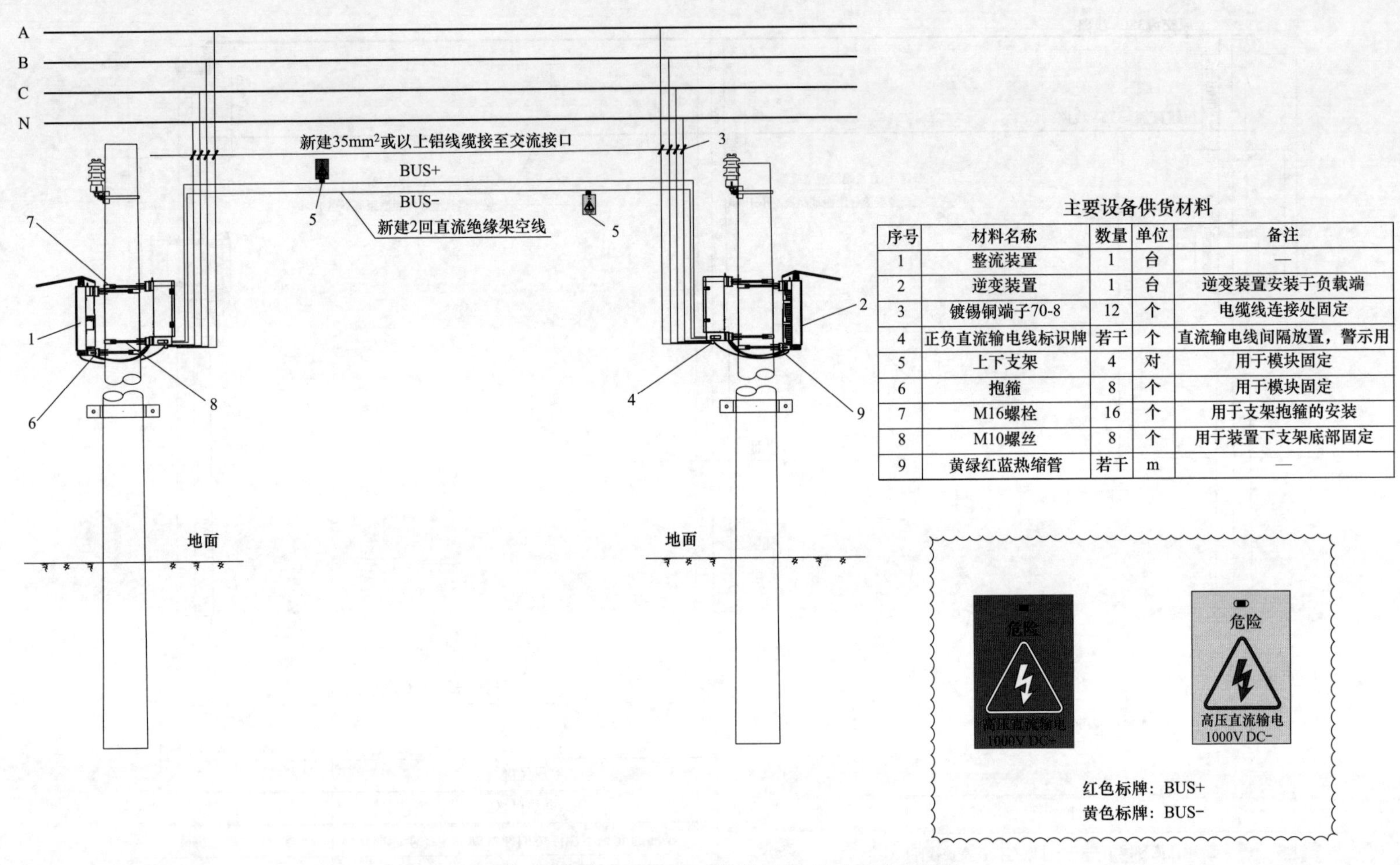

主要设备供货材料

序号	材料名称	数量	单位	备注
1	整流装置	1	台	—
2	逆变装置	1	台	逆变装置安装于负载端
3	镀锡铜端子70-8	12	个	电缆线连接处固定
4	正负直流输电线标识牌	若干	个	直流输电线间隔放置，警示用
5	上下支架	4	对	用于模块固定
6	抱箍	8	个	用于模块固定
7	M16螺栓	16	个	用于支架抱箍的安装
8	M10螺丝	8	个	用于装置下支架底部固定
9	黄绿红蓝热缩管	若干	m	—

图 16-6　柔性直流综合调压装置导线接线示意图（并联）

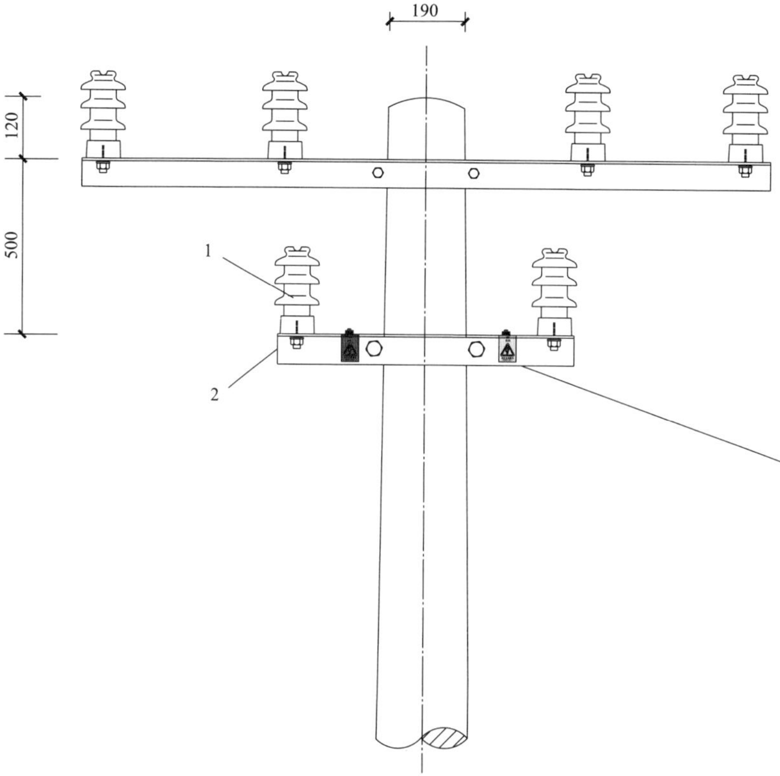

材料表

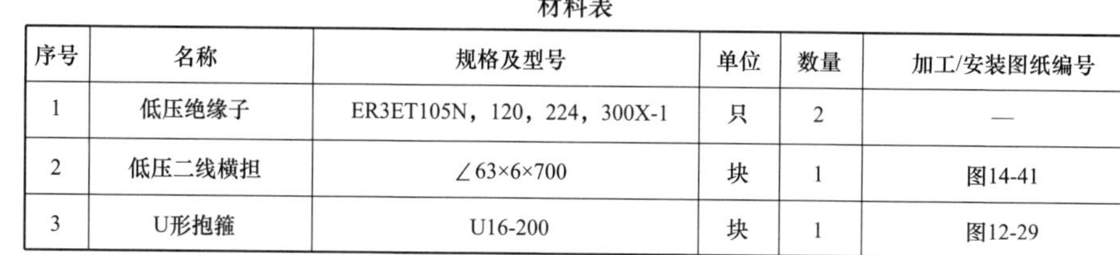

序号	名称	规格及型号	单位	数量	加工/安装图纸编号
1	低压绝缘子	ER3ET105N，120，224，300X-1	只	2	—
2	低压二线横担	∠63×6×700	块	1	图14-41
3	U形抱箍	U16-200	块	1	图12-29

190

120

500

1

2

危险

高压直流输电

1000V DC+

危险

高压直流输电

1000V DC−

红色标牌：BUS+

黄色标牌：BUS−

正视图

说明：1. 此图作为直流线缆架设参考，二线横担距离四线横担距离为500mm；具体做法参考《国家电网典型设计380/220V架空配电线路分册》部分。

2. 直流输电线铺设后，需在两线横担上间隔放置标识以注明直流输电专用，避免用户错以为交流输电线路接入用电造成危险。

图 16-7　两线横担组装示意图

16.4.2 配电网电能质量综合治理装置

16.4.2.1 设计说明

(1) 该方案中配电网电能质量综合治理装置安装位于台区低压分支线路中间。

(2) 设计范围从配电网电能质量综合治理装置进线端到出线端止，设计内容包括配电网电能质量综合治理装置接线、外形尺寸、通信接口、安装图。

(3) 配电网电能质量综合治理装置结构采用元件模块拼装、框架组装结构，母线采用铜导体；柜体采用304不锈钢材质，柜体容量分为200kVA/100kVA/60kVA/30kVA四种。柜体进出线采用电缆下进下出方式，安装方式为双杆托装。

(4) 配电网电能质量综合治理装置方案技术条件（低压调压型）见表16-5。

表16-5 配电网电能质量综合治理装置方案技术条件表（低压调压型）

序号	项目名称	内容
1	进出线回路数	一进一出，水平排列，进出线全部采用电缆
2	额定电流	200kVA：400A；100kVA：200A；60kVA：100A；30kVA：50A
3	主母排额定电流	200kVA：400A；100kVA：200A；60kVA：100A；30kVA：50A
4	主要设备选型	铜母线
5	布置方式	进出线母排采用水平排列
6	安装型式	单杆侧装或双杆托装
7	防雷接地	柜内设置限压型电浪涌保护器SPD，柜体及SPD接地与柱变接地公用一接地网，接地网接地电阻不小于4Ω
8	通风	强迫通风

(5) 电气一次部分。电气主接线采用单母线接线。

(6) 主要设备选型（低压调压型）见表16-6。

表16-6 主要设备选型表（低压调压型）

设备名称	型式及主要参数	备注
变压器	50kVA/25kVA/18kVA/9kVA（分别对应200kVA/100kVA/60kVA/30kVA设备），Y/开路	串联变压器
主母线	200kVA：400A；100kVA：200A；60kVA：100A；30kVA：50A，需用紫铜	相序从左到右为A相、B相、C相

(7) 绝缘配合及过电压保护。电气设备的绝缘配合，参照GB/T 50064—2014《交流电气装置的过电压保护和绝缘配合设计规范》确定的原则进行。

低压调压型综合电压治理一体机柜防雷采用限压型浪涌保护器，壳体、浪涌保护器应接地，接地引线与接地网可靠连接。

(8) 电气设备布置。该方案采用柱上台架托装方式，进出线开关水平排列在柜体内，采用电缆进出线方式。

(9) 柜体要求。

1) 标识：电缆分支柜应按国家电网有关公司相关要求统一安装标识标牌，包括警告标识“电力符号”及“止步，有电危险”，柜门右上角喷涂“报修电话：95598”等。

2) 柜壳：柜体外壳选用不锈钢材料，在薄弱位置应增加加强筋，柜壳应有足够的机械强度，在起吊、运输、安装中不得变形或损伤。

(10) 电气二次部分。该方案预留与台区智能融合终端（TTU）的接口，通信接口信息（低压常规型）见表16-7。

表16-7 通信接口信息表（低压常规型）

形式	内容
通信接口	RS485
通信规约	ModbusRTU

(11) 接地要求。配电网电能质量综合治理装置安装时，柜体（金属壳体）接地极用接地铜电缆与接地网可靠连接。接地电阻不应大于4Ω。接地系统的设置应符合GB 50169—2006《电气装置安装工程接地装置施工及验收规范》和

GB 50065—2011《交流电气装置的接地设计规范》的要求。

16.4.2.2 主要元器件配置表

配电网电能质量综合治理装置主要设备选型（低压调压型）见表16-8。

表16-8 配电网电能质量综合治理装置主要设备选型表（低压调压型）

序号	名称	型号规范	单位	数量	备注
1	三相变压器	50kVA/25kVA/18kVA/9kVA（分别对应200kVA/100kVA/60kVA/30kVA设备），Y/开路	台	1	Y/开路
2	铜排	200kVA：400A；100kVA：200A；60kVA：100A；30kVA：50A，需用紫铜	m	3	紫铜
3	避雷器	1级	只	3	—
4	柜体	采用304不锈钢，厚度2mm	座	1	—

16.4.2.3 使用说明

（1）该方案适用于容量为200kVA/100kVA/60kVA/30kVA柱上台区电能质量综合治理装置，进出线回路数按一进一出配置，进出线无开关。

（2）该方案柜体选用304不锈钢材料。柜体防护等级为IP44。

（3）柜体内预留通信接口，满足台区运行监控进一步需求。

（4）该方案配电网电能质量综合治理装置安装环境要求：

1）海拔不超过1000m。

1）环境温度－10～＋40℃。

2）相对湿度≤90％（40℃）。

3）日照强度0.1W/cm^2（风速0.5m/s）。

4）最大覆冰厚度10mm。

5）污染等级：中污区、重污区、严重污区。

6）适用于海拔为1000m以下，温度为55℃以下系数和温度校正系数。系数公式参见DL/T 5222—2005《导体和电器选择设计技术规定》。

16.4.2.4 设计图

台区电能质量综合治理装置典型设计方案的设计图清单见表16-9。

表16-9 台区电能质量综合治理装置典型设计方案的设计图清单

图序	图名	图纸编号
1	30、60kVA配电网电能质量综合治理装置	图16-8
2	100kVA配电网电能质量综合治理装置	图16-9
3	200kVA配电网电能质量综合治理装置一次系统图	图16-10
4	30kVA配电网电能质量综合治理装置外形尺寸示意图	图16-11
5	60kVA配电网电能质量综合治理装置外形尺寸示意图	图16-12
6	100kVA配电网电能质量综合治理装置外形尺寸示意图	图16-13
7	200kVA配电网电能质量综合治理装置外形尺寸示意图	图16-14
8	配电网电能质量综合治理装置侧装示意图	图16-15
9	配电网电能质量综合治理装置双杆安装示意图（15m双杆）	图16-16
10	配电网电能质量综合治理装置双杆安装示意图（12m双杆）	图16-17
11	配电网电能质量综合治理装置双杆安装示意图（10m双杆）	图16-18

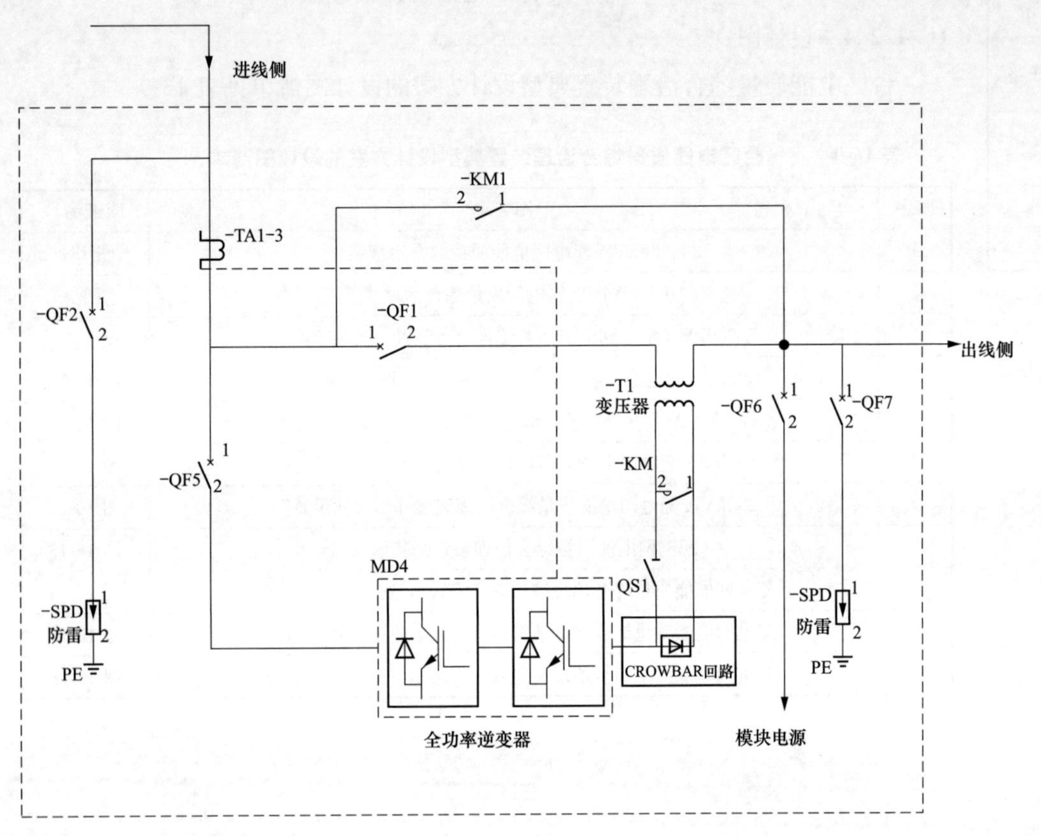

序号	代号	元器件名称	规格型号	数量	单位	备注
1	TA1-3	电流互感器	0.5S级	3	只	—
2	QF5	小型断路器	32A/63A	1	个	30kVA/60kVA
3	QF2	小型断路器	125A	1	个	—
4	QF6	小型断路器	16A/32A	1	个	30kVA/60kVA
5	QF7	小型断路器	125A	1	个	—
6	QF1	塑壳断路器	63A/125A	1	个	30kVA/60kVA
7	QS1	隔离开关	63A	1	个	—
8	KM	交流接触器	63A	1	个	—
9	KM1	接触器	115A/225A	1	个	30kVA/60kVA
10	T1	串联变压器	9kVA/18kVA	1	台	30kVA/60kVA
11	MD4	功率单元	15kW/30kW	1	台	30kVA/60kVA
12	SPD	浪涌保护器	T1级	2	套	—
13	CRB	CROWBAR回路	—	1	套	—

图 16-8　30、60kVA 配电网电能质量综合治理装置

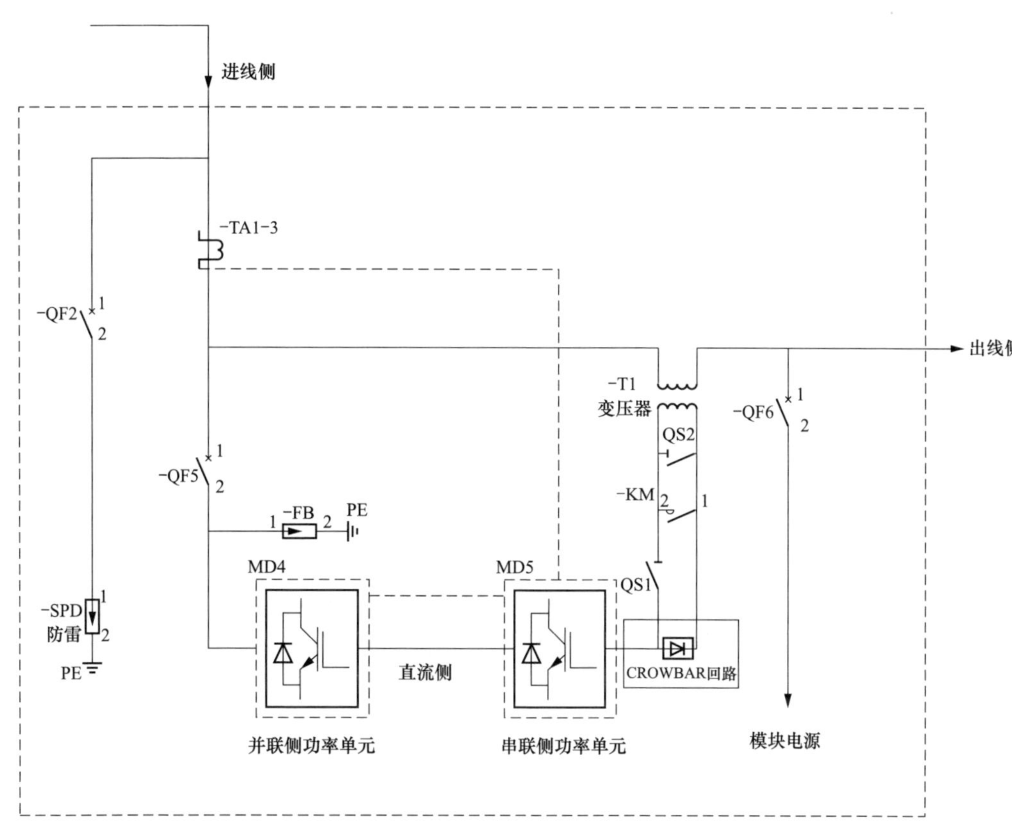

序号	代号	元器件名称	规格型号	数量	单位
1	TA1-3	电流互感器	0.5S级	3	只
2	QF5	小型断路器	100A	1	个
3	QF2	小型断路器	125A	1	个
4	QF6	小型断路器	16A	1	个
5	QS1	隔离开关	63A	1	个
6	QS2	隔离开关	63A	1	个
7	KM	交流接触器	63A	1	个
8	KB	避雷器	—	3	只
9	T1	串联变压器	25kVA	1	台
10	MD5	串联侧功率单元	50kW	1	台
11	MD4	并联侧功率单元	50kW	1	台
12	SPD	浪涌保护器	T1级	1	套
13	CRB	CROWBAR回路	—	1	套

图 16-9　100kVA 配电网电能质量综合治理装置

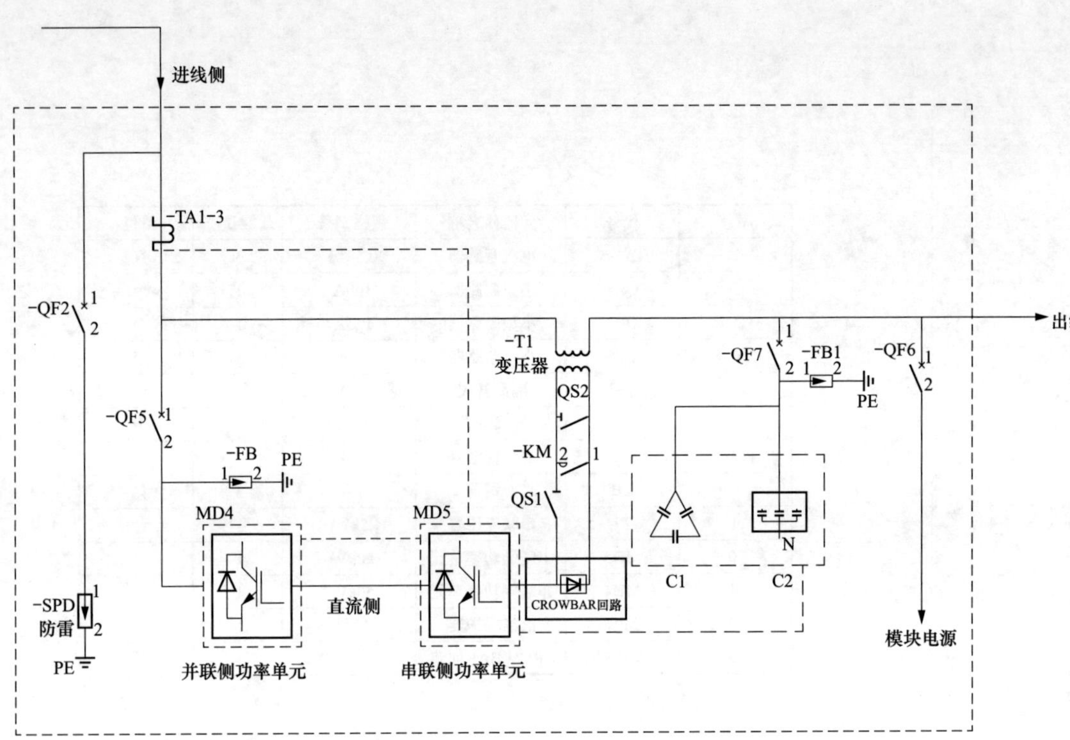

序号	代号	元器件名称	规格型号	数量	单位	备注
1	TA1-3	电流互感器	0.5S级	3	只	
2	QF5	小型断路器	100A	1	个	
3	QF2	小型断路器	125A	1	个	
4	QF6	小型断路器	16A	1	个	
5	QF7	小型断路器	125A	1	个	
6	QS1	隔离开关	125A	1	个	
7	QS2	隔离开关	125A	1	个	
8	KM	交流接触器	95A	1	个	
9	C1	智能电容器组	共补	1	组	30（10+20）
10	C2	智能电容器组	分补	1	组	30（10+20）
11	FB-FB1	避雷器	—	6	只	
12	T1	串联变压器	50kVA	1	台	
13	MD5	串联侧功率单元	100kW	1	台	
14	MD4	并联侧功率单元	100kW	1	台	
15	SPD	浪涌保护器	T1级	1	套	
16	CRB	CROWBAR回路	—	1	套	

图 16-10　200kVA 配电网电能质量综合治理装置一次系统图

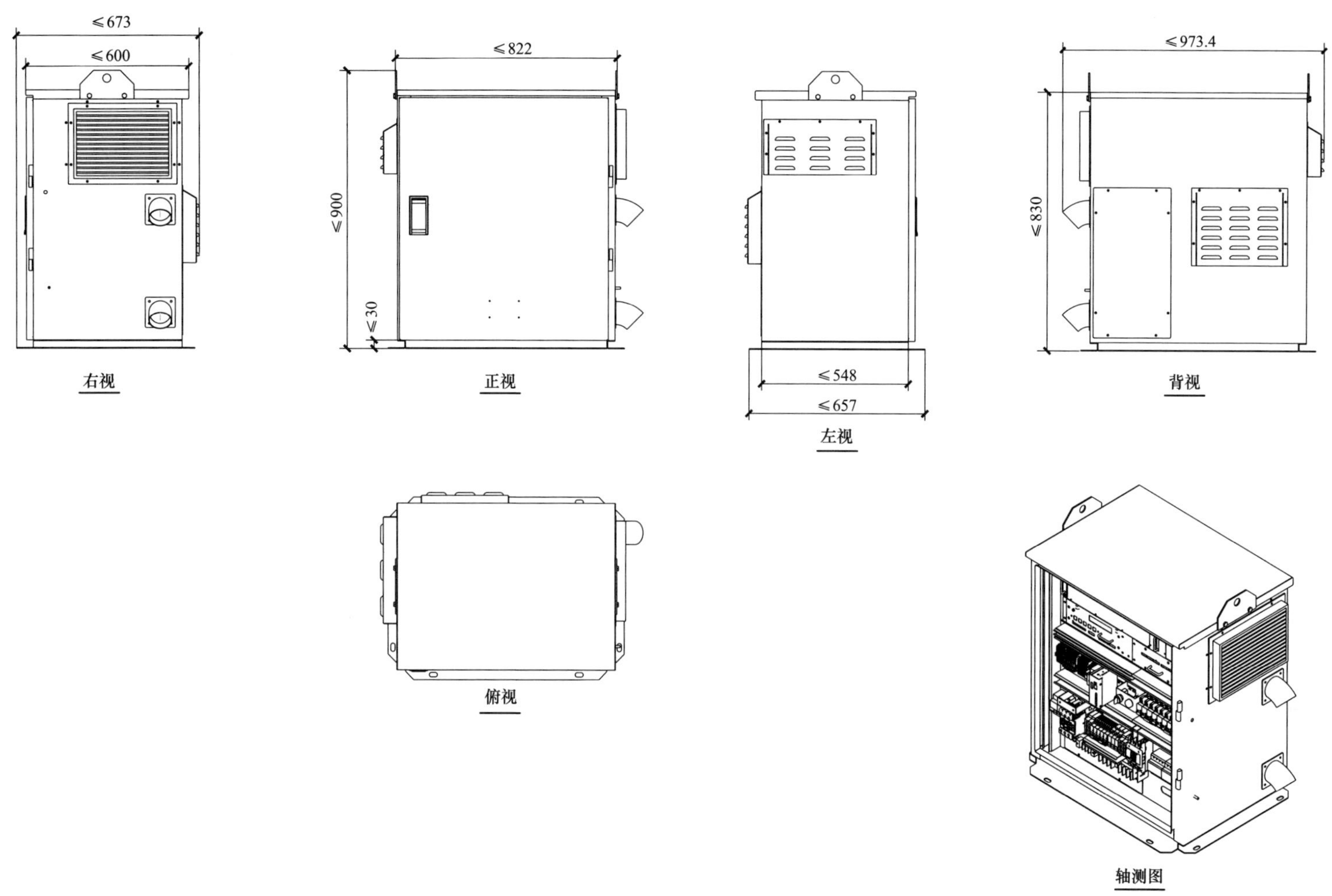

图 16-11　30kVA 配电网电能质量综合治理装置外形尺寸示意图

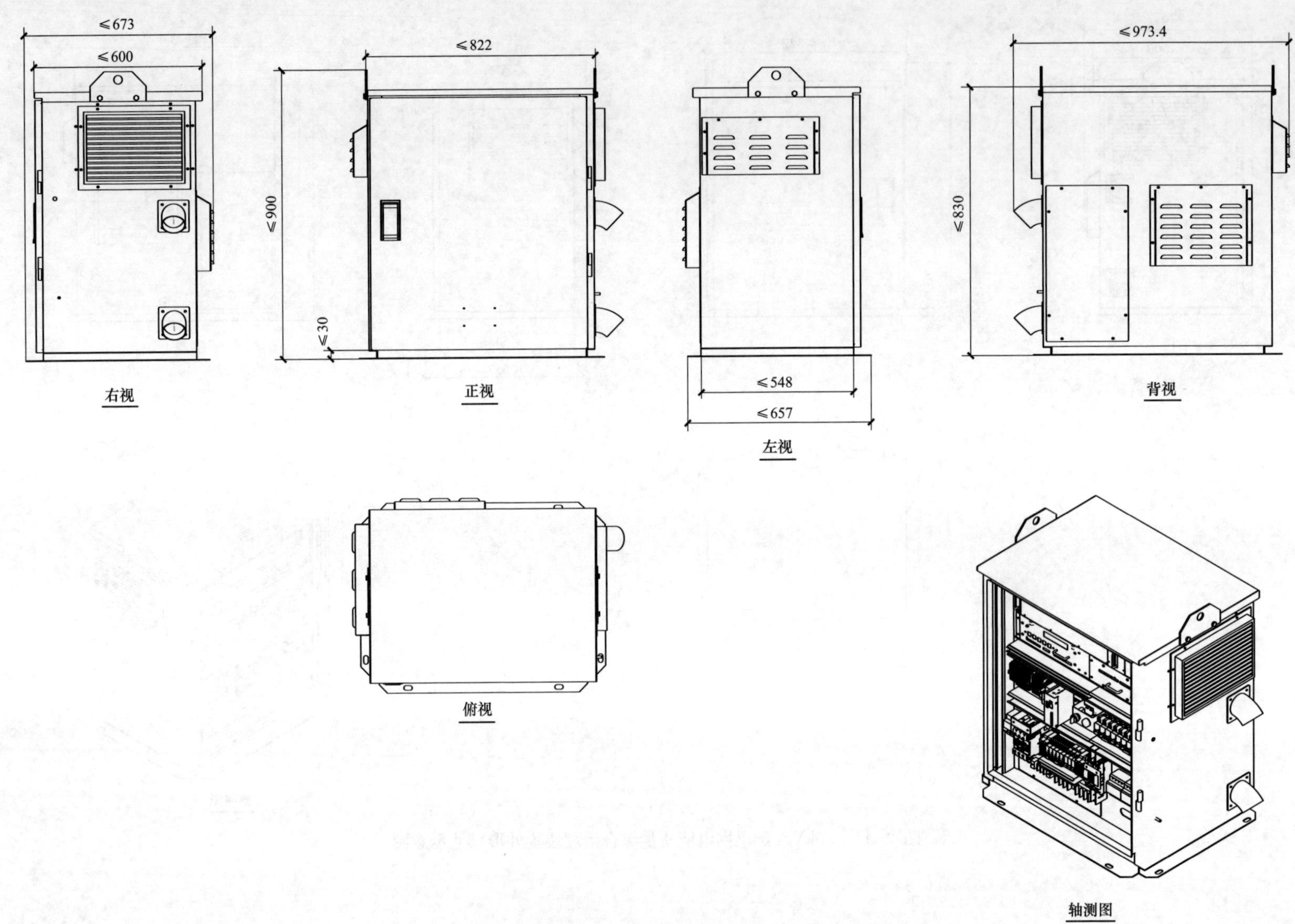

图 16-12　60kVA 配电网电能质量综合治理装置外形尺寸示意图

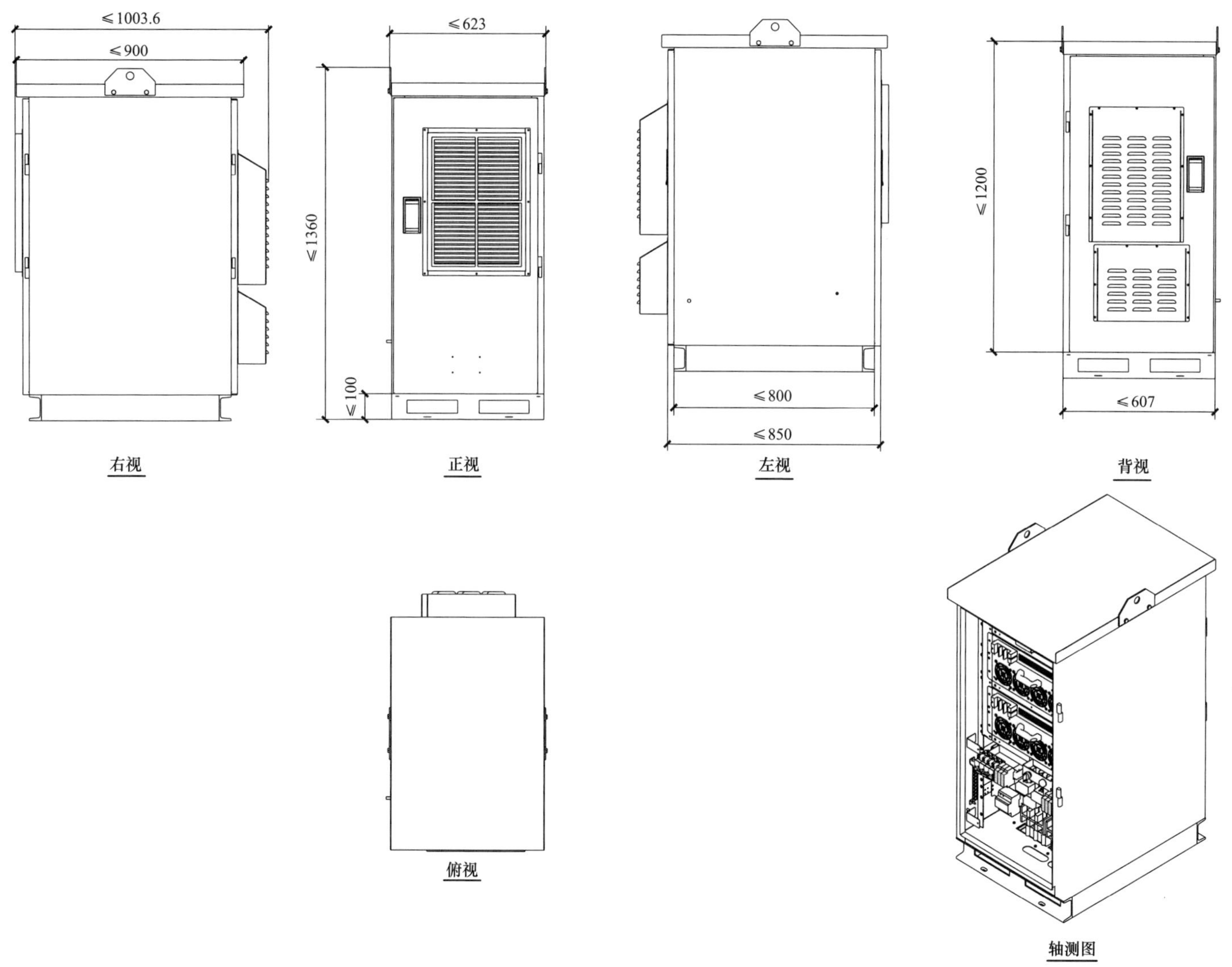

图 16-13　100kVA 配电网电能质量综合治理装置外形尺寸示意图

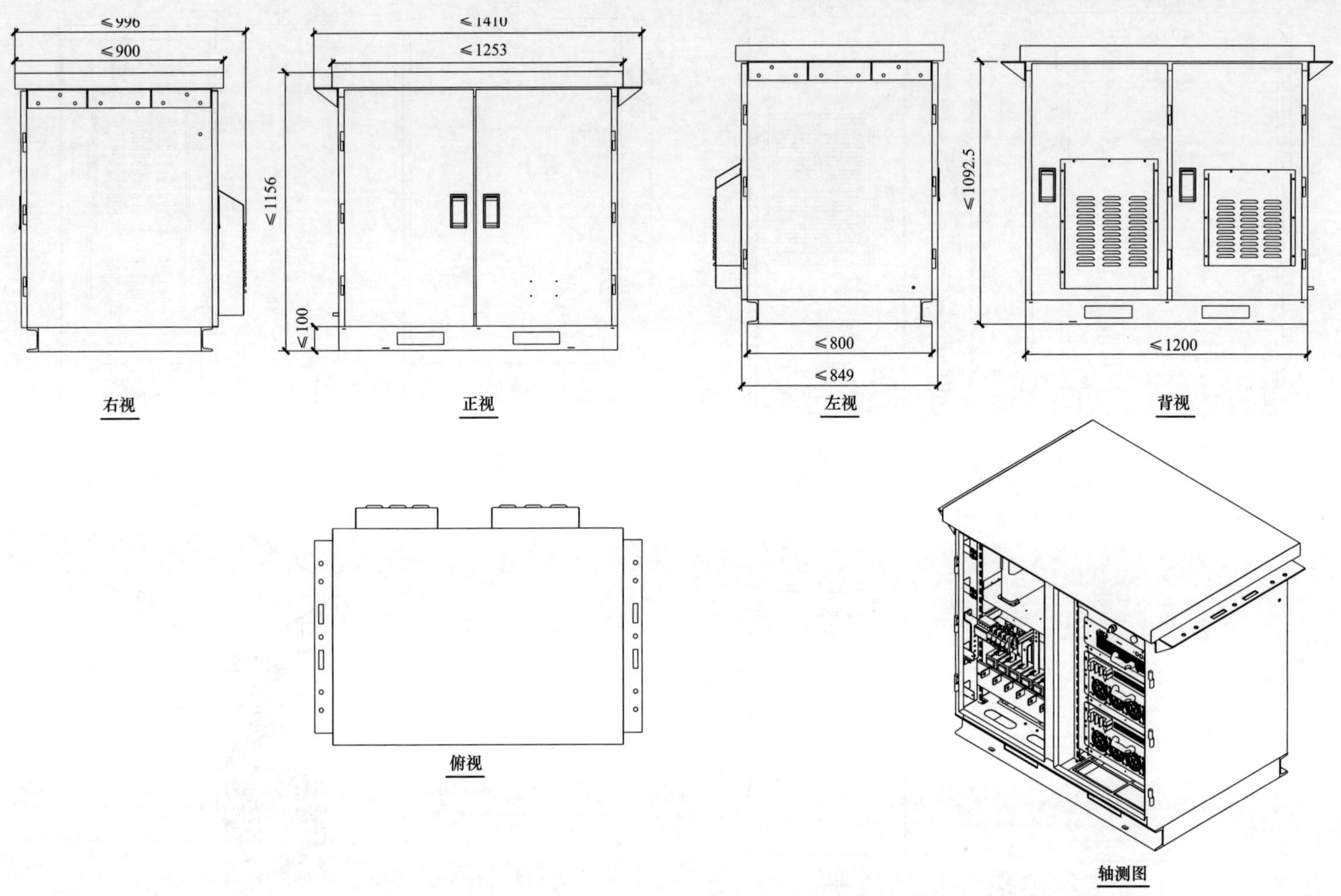

图 16-14　200kVA 配电网电能质量综合治理装置外形尺寸示意图

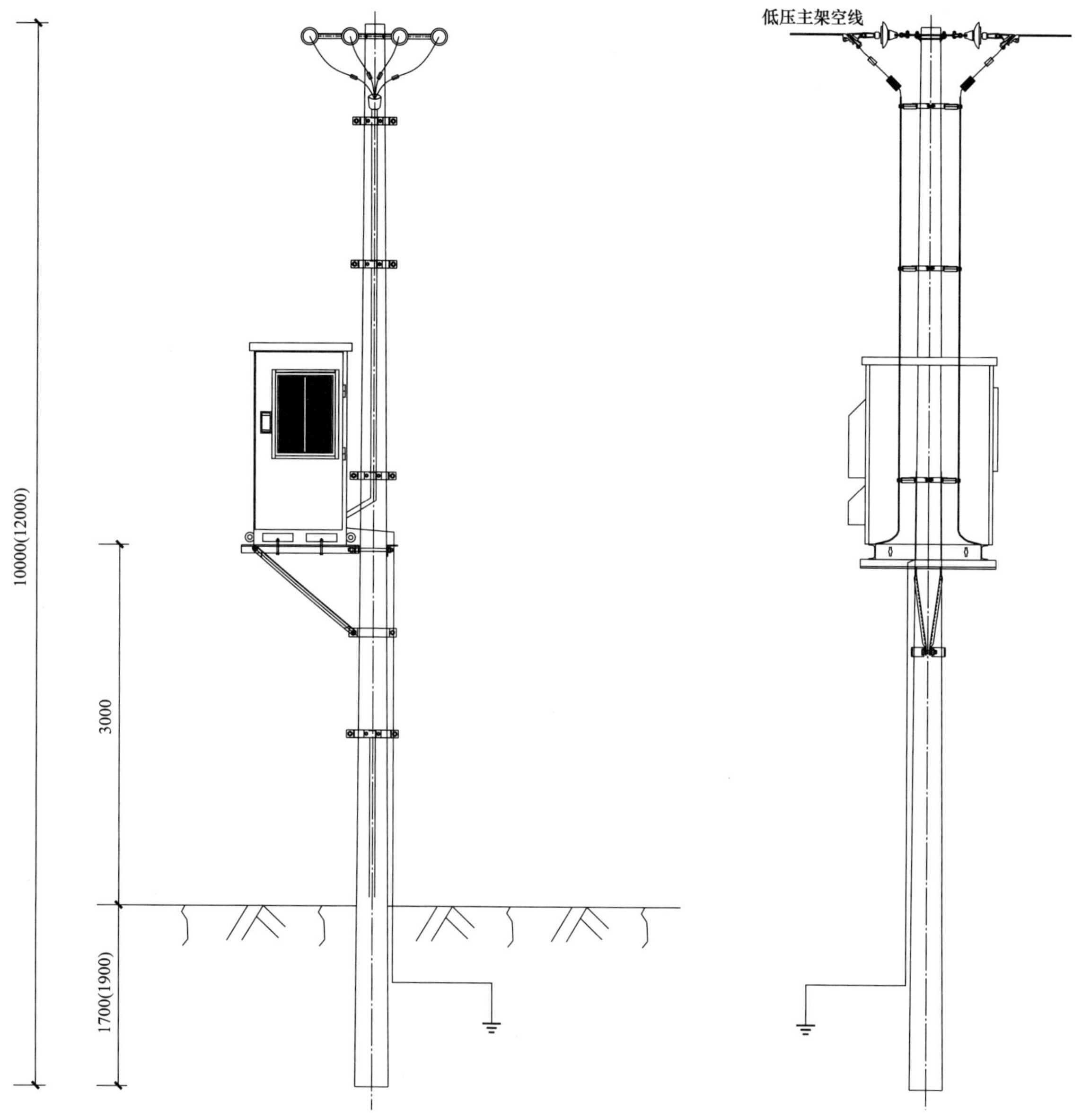

图 16-15 配电网电能质量综合治理装置侧装示意图

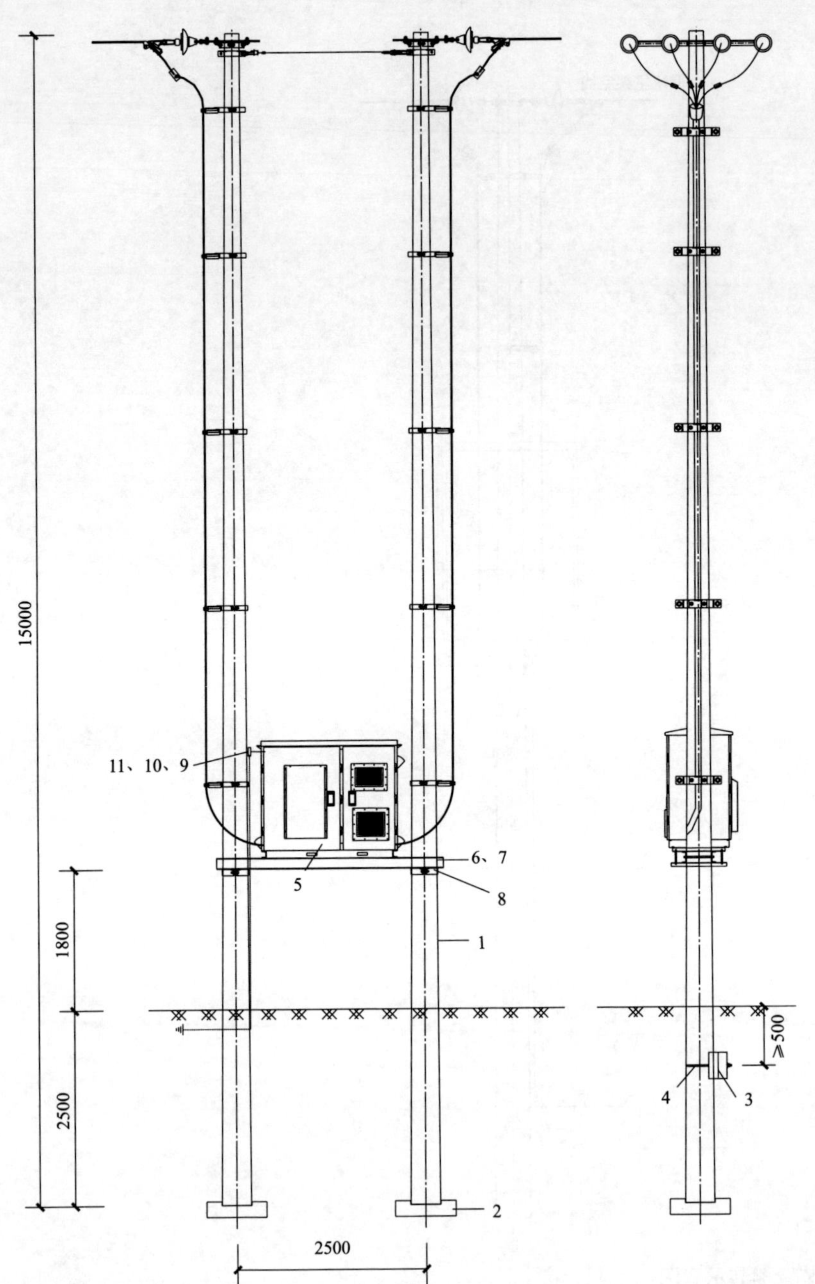

编号	名 称	型 号	单位	数量	图 号	备 注
1	电杆	190mm×15m×*M*	根	2		
2	底盘	DP-6	块	2		可选
3	卡盘	KP12	块	2		可选
4	卡盘U形抱箍	U22-370	只	2		可选
5	台区电能质量综合治理装置	60kVA/30kVA	台	1		按实际情况使用
6	双头螺杆	M20×420	根	4		配双螺母垫片
7	变压器双杆支持架	14-3000	副	1	图7-33	
8	抱箍	BG8-340	块	4		
9	接地装置	—	副	1		
10	接地端子	DT-35	只	30		
11	布电线	BV-35	m	1		

图 16-16　配电网电能质量综合治理装置双杆安装示意图（15m 双杆）

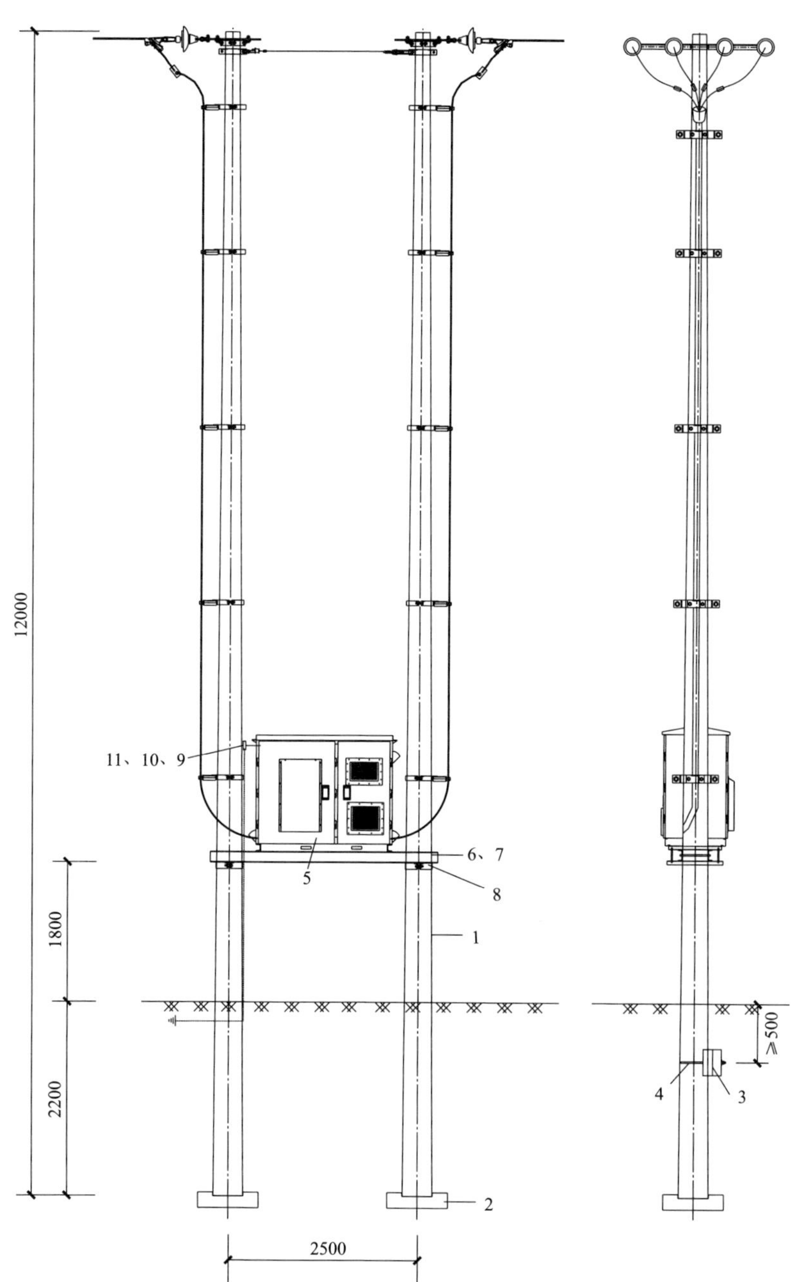

编号	名 称	型 号	单位	数量	图 号	备 注
1	电杆	190mm×12m×*M*	根	2		
2	底盘	DP-6	块	2		可选
3	卡盘	KP12	块	2		可选
4	卡盘U形抱箍	U22-370	只	2		可选
5	台区电能质量综合治理装置	60kVA/30kVA	台	1		按实际情况使用
6	双头螺杆	M20×400	根	4		配双螺母垫片
7	变压器双杆支持架	14-3000	副	1	图7-33	
8	抱箍	BG8-320	块	4	图7-24	
9	接地装置		副	1		
10	接地端子	DT-35	只	30		
11	布电线	BV-35	m	1		

图 16-17　配电网电能质量综合治理装置双杆安装示意图（12m 双杆）

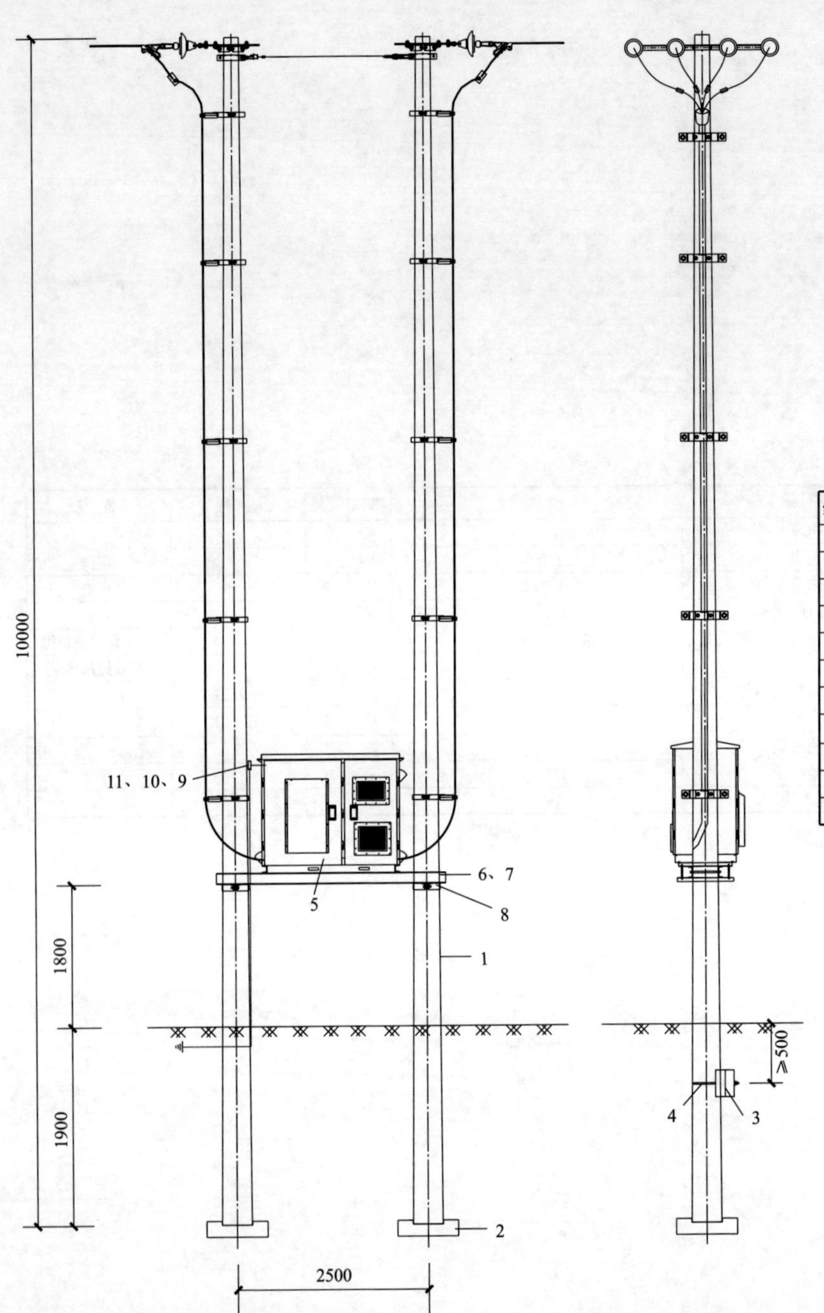

编号	名 称	型 号	单位	数量	图 号	备 注
1	电杆	190mm×10m×*M*	根	2		
2	底盘	DP-6	块	2		可选
3	卡盘	KP12	块	2		可选
4	卡盘U形抱箍	U22-340	只	2		可选
5	台区电能质量综合治理装置	60kVA/30kVA	台	1		按实际情况使用
6	双头螺杆	M20×400	根	4		配双螺母垫片
7	变压器双杆支持架	14-3000	副	1	图7-23	
8	抱箍	BG8-300	块	4		
9	接地装置		副	1		
10	接地端子	DT-35	只	30		
11	布电线	BV-35	m	1		

图 16-18　配电网电能质量综合治理装置双杆安装示意图（10m 双杆）

16.4.3 供电质量优化器

16.4.3.1 设计说明

（1）安装位于台区低压分支线路中间或线路末端。

（2）设计范围从供电质量优化器进线端到出线端止，设计内容包括接线、外形尺寸、通信接口、安装图。

（3）供电质量优化器的基本原理是以功率半导体器件构成的逆变电路，通过耦合变压器串并联在电网和负载之间，实时调节逆变单元和网侧逆变单元输出电压的相位和幅值，实现补偿电网侧电压波动和负载侧谐波、无功的补偿，实现动态补偿的目的；柜体采用304不锈钢材质，单相供电质量优化器容量分为15kVA/20kVA/25kVA三种，三相供电质量优化器容量30kVA/50kVA/75kVA三种。柜体进出线采用电缆下进下出方式，安装方式为单杆侧装。

（4）单相供电质量优化器技术参数见表16-10。三相供电质量优化器技术参数见表16-11。

表16-10　　单相供电质量优化器技术参数表

规格	D-15	D-20	D-25
额定电压（V）	220		
额定电流（A）	68	90	113
额定容量（kVA）	15	20	25
输入电压范围	220VAC+30%，220VAC−40%		
额定电网频率	50Hz±5%		
稳压精度（%）	1		
工作效率（%）	>99		
待机损耗（W）	25		
响应时间（ms）	<5		
电压响应（μs）	100		
电压总畸变率（%）	<5		
过载电流倍数（%）	150		
接线方式	L/N		

续表

规格	D-15	D-20	D-25
负载短路承受	机械+电子旁路，1000A有效值电流1s		
工作环境温度（℃）	−40～+55（>40降容）		
工作环境湿度RH（%）	<95，无凝露		
冷却方式	智能风冷		
防护等级	IP44		
工作海拔（m）	<2000m（大于2000m需降容使用）		
噪声（dBA）	≤52	≤52	≤55
保护	过电流保护、过电压保护、欠电压保护、过载保护、过温保护		
界面	电网，负载的电压电流显示、参数设定、故障记录		
通信	Wi-Fi/Bluetooth（配安卓App）、MODBUS−485、GPRS（选配）		
质量（kg）	43	45	48

表16-11　　三相供电质量优化器技术参数表

规格	S-30	S-50	S-75
额定电压（V）	380		
额定电流（A）	45	75	113
额定容量（kVA）	30	50	75
输入电压范围	380VAC+30%，380VAC−40%		
额定电网频率	50Hz±5%		
稳压精度（%）	1		
工作效率（%）	>99		
待机损耗（W）	25		
响应时间（ms）	<5		
电压响应（μs）	100		
电压总畸变率（%）	<5		
过载电流倍数（%）	150		
接线方式	A/B/C/N		
负载短路承受	机械+电子旁路，1000A有效值电流1s		
工作环境温度（℃）	−40～+55（>40℃降容）		

续表

规格	S-30	S-50	S-75
工作环境湿度 RH（%）	<95，无凝露		
冷却方式	智能风冷		
防护等级	IP44		
工作海拔（m）	<2000（大于 2000 需降容使用）		
噪声（dBA）	<55	<58	<58
保护	过电流保护、过电压保护、欠电压保护、过载保护、过温保护		
界面	电网，负载的电压电流显示、参数设定、故障记录		
通信	Wi－Fi/Bluetooth（配安卓 App）、MODBUS－485、GPRS（选配）		
质量（kg）	65	67	69

（5）电气一次部分。电气主接线采用单母线接线。

（6）绝缘配合及过电压保护。电气设备的绝缘配合，参照 GB/T 50064—2014《交流电气装置的过电压保护和绝缘配合设计规范》确定的原则进行。

（7）电气设备布置。该方案采用柱上台架侧装方式，进出线开关水平排列在柜体内，采用电缆进出线方式。

（8）柜体要求。

1）标识：电缆分支柜应按国家电网有限公司相关要求统一安装标识标牌，包括警告标识“电力符号”及“止步，有电危险”，柜门右上角喷涂“报修电话：95598”等。

2）柜壳：柜体外壳选用不锈钢材料，在薄弱位置应增加加强筋，柜壳应有足够的机械强度，在起吊、运输、安装中不得变形或损伤。

（9）电气二次部分。该方案预留与台区智能融合终端（TTU）的接口，通信接口信息见表 16-12。

表 16-12　　通信接口信息

形式	内容
通信接口	RS485
通信规约	ModbusRTU

（10）接地要求。柜安装时，柜体（金属壳体）接地极用接地铜电缆与接地网可靠连接。接地电阻不应大于 4Ω。接地系统的设置应符合 GB 50169—2006《电气装置安装工程接地装置施工及验收规范》和 GB 50065—2011《交流电气装置的接地设计规范》的要求。

16.4.3.2　使用说明

（1）单相供电质量优化器适用容量为 15kVA/20kVA/25kVA，三相供电质量优化器适用容量为 30kVA/50kVA/75kVA 柱上供电质量优化器，进出线回路数按一进一出配置，进出线无开关。

（2）该方案柜体选用 304 不锈钢材料。柜体防护等级为 IP44。

（3）柜体内预留通信接口，满足台区运行监控进一步需求。

（4）本方案安装环境要求：

1）环境温度－10～＋40℃。

2）相对湿度≤90%（40℃）。

3）日照强度 0.1W/cm^2（风速 0.5m/s）。

4）最大覆冰厚度 10mm。

5）污染等级：中污区、重污区、严重污区。

6）该方案设备参数适用于海拔为 1000m 以下，温度为 55℃以下系数和温度校正系数。系数公式参见 DL/T 5222—2005《导体和电器选择设计技术规定》。

16.4.3.3　设计图

低压台区供电质量优化器设计图见表 16-13。

表 16-13　　低压台区供电质量优化器设计图目录

图序	图名	图纸编号
1	供电质量优化器（单相）一次系统图	图 16-19
2	供电质量优化器（三相）一次系统图	图 16-20
3	供电质量优化器台架组装图	图 16-21

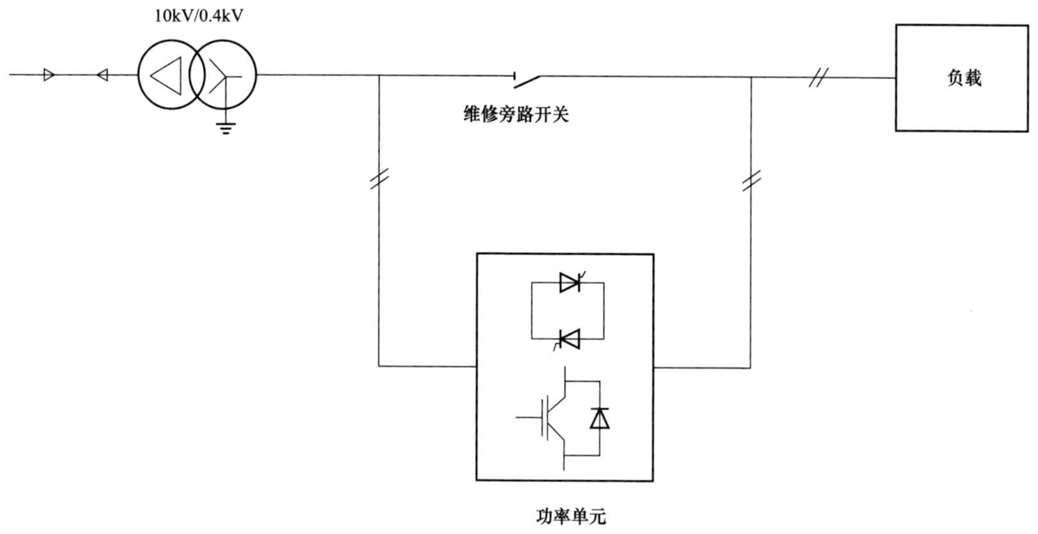

图 16-19　供电质量优化器（单相）一次系统图

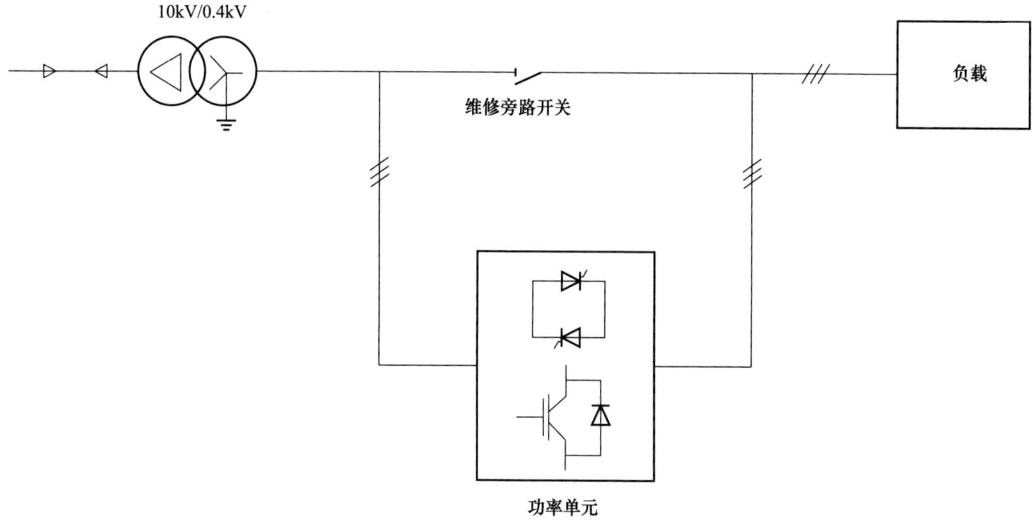

图 16-20　供电质量优化器（三相）一次系统图

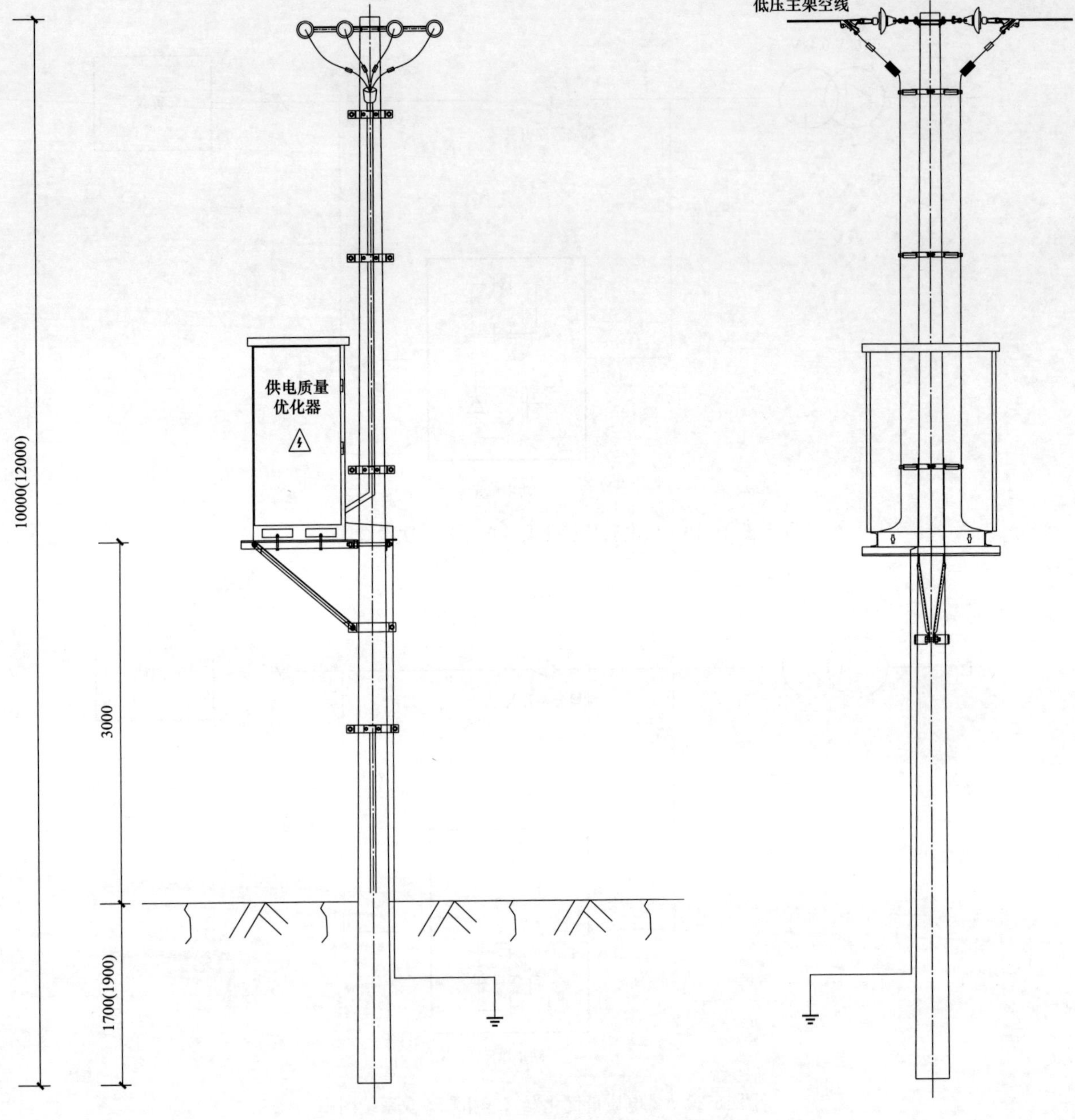

图 16-21　供电质量优化器台架组装图

第八篇　低压电能计量箱典型设计方案

第 17 章　计量箱选型与安装应用说明

17.1　计量箱选型

（1）计量箱分单相和三相计量箱。三相计量箱分为直接接入式、经互感器接入式、混合式（直接接入式和经互感器式电能表共用一个箱体）三种。

（2）单相计量箱表位数分为 1、4、6、9、12 五种规格，三相直接接入式计量箱表位数分为 1、2、4、6 四种规格，经互感器式计量箱为 1 表位，混合式计量箱为 2 表位。

（3）计量箱分为金属材质和非金属材质两类。金属材质包括连续热镀锌钢板和奥氏体非导磁不锈钢冷轧钢板，非金属材质包括 PC＋ABS（阻燃）和 SMC（玻璃钢）。计量箱宜选用非金属材质，其中安装现场不具备接地条件时，应选用非金属材质计量箱；安装现场为潮湿、盐雾等易腐蚀、生锈环境的，应选用非金属材质或不锈钢材质计量箱。

（4）集中装表时，计量箱表位数选择时应考虑留有发展空间，应按“表位数≥（安装电能表数量＋1）”公式计算选择。单个计量箱的表位数不满足需求时，按“最少化、适应现场”原则设置多个多表位计量箱组合使用。

（5）单户独栋建筑应安装单表位计量箱。零散用电集中装表时，计量箱不宜超过 4 表位，最多不宜超过 6 表位。

（6）多表位计量箱的进线开关宜配置带有远程跳闸、合闸、状态监测，具有电压、电流、功率、电量示值等数据统计监测功能的智能断路器，智能断路器应不带漏保功能。单表位计量箱的进线开关应配置微型隔离开关。

（7）出线开关宜配置具有剩余电流动作保护功能的微型断路器，其额定电流应与用户用电立约容量相匹配。

17.2　计量箱安装

（1）计量箱安装选址应不影响用户安全用电、日常生活、风俗习惯、景观景点等，宜安装在建筑物侧面等非面向主干道的位置，若用户提出个性化安装需求，在不产生安全风险情况下应尽量满足，并拍照存档、用户签字确认；特殊情况确需“寄”装在他人产权或公共区域建筑物上时，应征得第三方同意，达成一致后再确定安装位置并在勘查单上签字确认。单表位计量箱应安装于对应用户住宅处。多表位计量箱安装地点的选择，应确保用户负荷开关后各入户线至各用户室内第一支持物或配电装置的最大距离不大于 45m。

（2）计量箱安装位置应便于现场抄表、巡视、运维等，不应安装于杆上、用户室内和独立围墙内及危险场所。计量箱安装位置应满足防火要求，不应直接安装于木板墙面，安装地点周边应无可燃物，用于固定计量箱的支撑物（墙面等）应有足够强度。单个墙面安装集中计量箱数量不宜超过 2 面。

（3）安装在公共场所时，暗装箱底距地宜为 1.5m，明装箱底距地面宜为 1.8m；安装在户内专用电表间的单表位计量箱下沿离地高度大于或等于 1.4m，计量箱最高观察窗中心线距安装处地面不高于 1.8m，多表位箱体下沿距安装处地面不宜低于 0.8m，安装在地下建筑（如车库、人防工程等）时，不宜低于 1.0m。

（4）计量箱安装后进出线遗留孔洞应满足 IP34D 要求。户外安装计量箱还应采取防雨、防紫外线、防震动等措施，应避开屋顶雨水集中排水口和阳光直射处进户线应采用穿 PVC 绝缘导管或电缆线槽，上端应留有滴水弯，下端应进入计量箱内，以免雨水流入计量箱内。

（5）开关应正向安装，开关上接线端子为进线端，下接线端子为出线端，安装满足规范操作方向要求（上位置为“合”，下位置为“分”）。备用表位电气裸露部分应进行绝缘隔离，对应的表前分户进线隔离开关（若有）、出线开关应断开。计量箱进线开关操作手柄处的盖板应加锁或加封，严禁客户擅自操作进线开关。

（6）安装塑壳断路器的计量箱应配置可调节孔距的塑壳断路器安装支架，支架上预留 4 个供固定进线总开关用的安装孔，安装孔左右及上下之间的间距应可调节，调节范围应能满足不同厂家、型号、规格（100～250A）的塑壳开关均可更换安装的通用性要求。同时安装支架还应能实现开关安装完成后整体可左右、上下进行位置调节，使开关操作手柄与计量箱门上操作孔的位置保持一致。

（7）计量箱之间供电电源，可通过加装低压电缆分支箱方式连接，不允许在计量箱之间串接。

（8）从接户点引至计量箱的线路采用电缆敷设时，电缆截面应根据计量箱进线（总）开关的规格选择。接户线应采用绝缘良好的导线，不应使用软导线。导线的持续载流量（A）应大于装表容量。

（9）在三相四线制系统中，采用低压电缆做进户线时，应选用四芯电缆，不应采用三芯电缆另加一根其他型号导线作中性线的接户方式。接户线电缆不宜设置电缆接头。

（10）铝质线接入计量箱内开关时，应经铜铝过渡工艺处理。当采用多芯线时，导线与端子连接的部分，应采取铜鼻子过渡，铜鼻子应为无缝管型结构形式并采用机械冷压紧固。

（11）计量箱内不允许安装非计量装置（消防装置等）。

（12）计量箱上应安装相应运维标识。单表位计量箱要求应在计量箱的电能表观察窗下侧（户槽，若有）、进户线等 2 处装设运维标识；多表位计量箱应在计量箱的电能表观察窗（户槽）、出线开关箱门处和进户线等 3 处装设运维标识，进户线标识装设宜选择套管方式，标识样式如图 17-1 所示。标识应能长时间保持装设牢固和内容清晰、完整、不褪色，装设运维标识时不应覆盖计量箱出厂标识（除观察窗户槽处）、开关重要参数等信息。

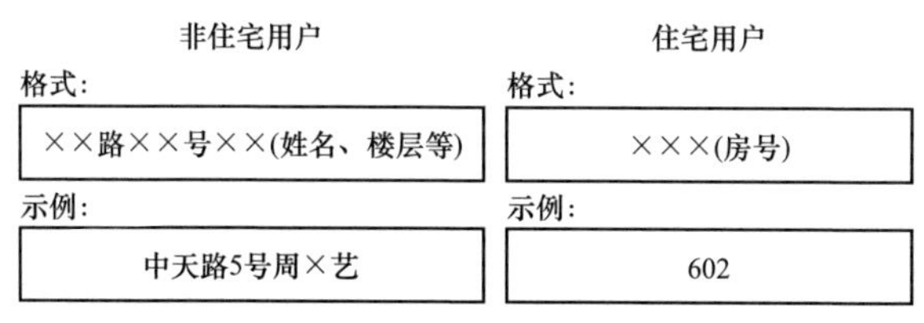

图 17-1　运维标识样式

17.3　设计图

计量箱典型设计图纸清单见表 17-1。

表 17-1　计量箱典型设计图纸清单

图序	图名	图纸编号
1	电气接线及结构图（单相 1 表位）	图 17-2
2	外观结构及尺寸图［单相 1 表位（非金属）］	图 17-3
3	外观结构及尺寸图［单相 1 表位（金属）］	图 17-4
4	电气接线及结构图（单相 4 表位，2 行）	图 17-5
5	外观结构及尺寸图（单相 4 表位，2 行）	图 17-6
6	电气接线及结构图（单相 6 表位，3 行）	图 17-7
7	外观结构及尺寸图（单相 6 表位，3 行）	图 17-8
8	电气接线及结构图（单相 9 表位，3 行）	图 17-9
9	外观结构及尺寸图（单相 9 表位，3 行）	图 17-10
10	电气接线及结构图（单相 12 表位，3 行）	图 17-11
11	外观结构及尺寸图（单相 12 表位，3 行）	图 17-12
12	电气接线及结构图（三相 1 表位）	图 17-13
13	外观结构及尺寸图［三相 1 表位（非金属）］	图 17-14
14	外观结构及尺寸图［三相 1 表位（金属）］	图 17-15
15	电气接线及结构图（三相 2 表位，2 行）	图 17-16
16	外观结构及尺寸图（三相 2 表位，2 行）	图 17-17
17	电气接线及结构图（三相 4 表位，2 行）	图 17-18
18	外观结构及尺寸图（三相 4 表位，2 行）	图 17-19
19	电气接线及结构图（三相 6 表位，2 行）	图 17-20
20	外观结构及尺寸图（三相 6 表位，2 行）	图 17-21
21	电气接线及结构图（三相 1 表位，带 TA）	图 17-22
22	外观结构及尺寸图（三相 1 表位，带 TA）	图 17-23
23	电气接线及结构图（三相混合式计量箱）	图 17-24
24	外观结构及尺寸图（三相混合式计量箱）	图 17-25

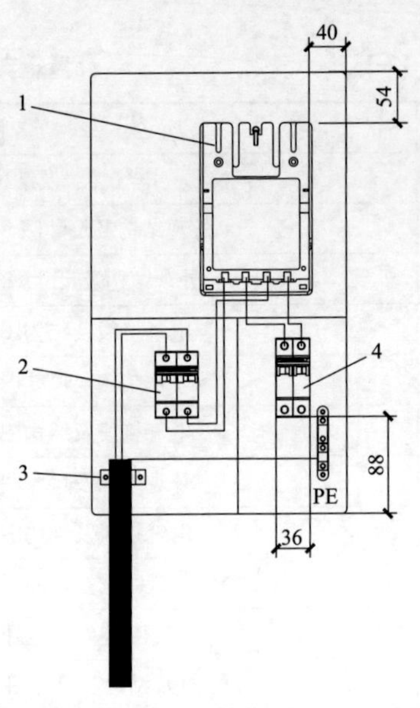

单相计量箱电气结构图（1表位）

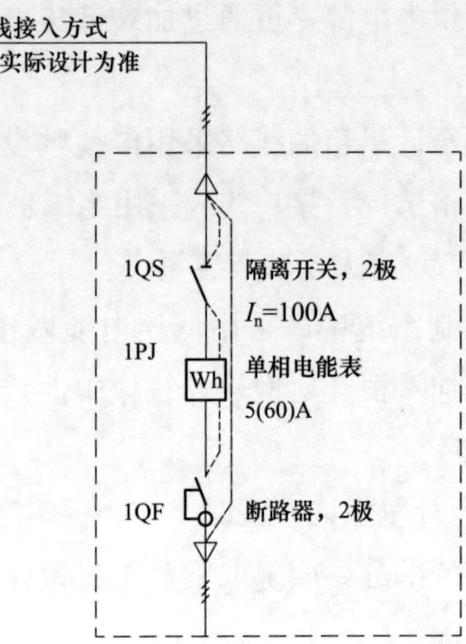

单相计量箱电气接线图（1表位）

说明：1.计量箱内部接线应采用铜芯导线，截面积为16mm^2，用户出线开关后的导线推荐使用截面积为16mm^{2}的铜芯导线。
2.计量箱内多芯导线压接端头应采用铜接线端子过渡（不采用搪锡方式），铜接线端子应为无缝管型结构形式，并采用机械冷压紧固。
3.计量箱外壳可采用金属和非金属材质制作。
4.金属外壳计量箱接地电阻应符合有关规定，若实测电阻值不满足要求时,应扩大接地网或采取相应的降阻措施。
5.计量箱进、出线口需配置有塑料尼龙电缆防水接头。
6.计量箱内不允许安装非计量装置（消防装置等）。
7.计量箱内的电能表安装位置应装设有电能表接插件，以便电能表的安装。
8.出线分断路器的额定电流规格应根据用户的申请容量合理配置。

序号	名称
1	电能表接插件
2	进线隔离开关
3	电缆抱箍
4	出线开关

图 17-2　电气接线及结构图（单相 1 表位）

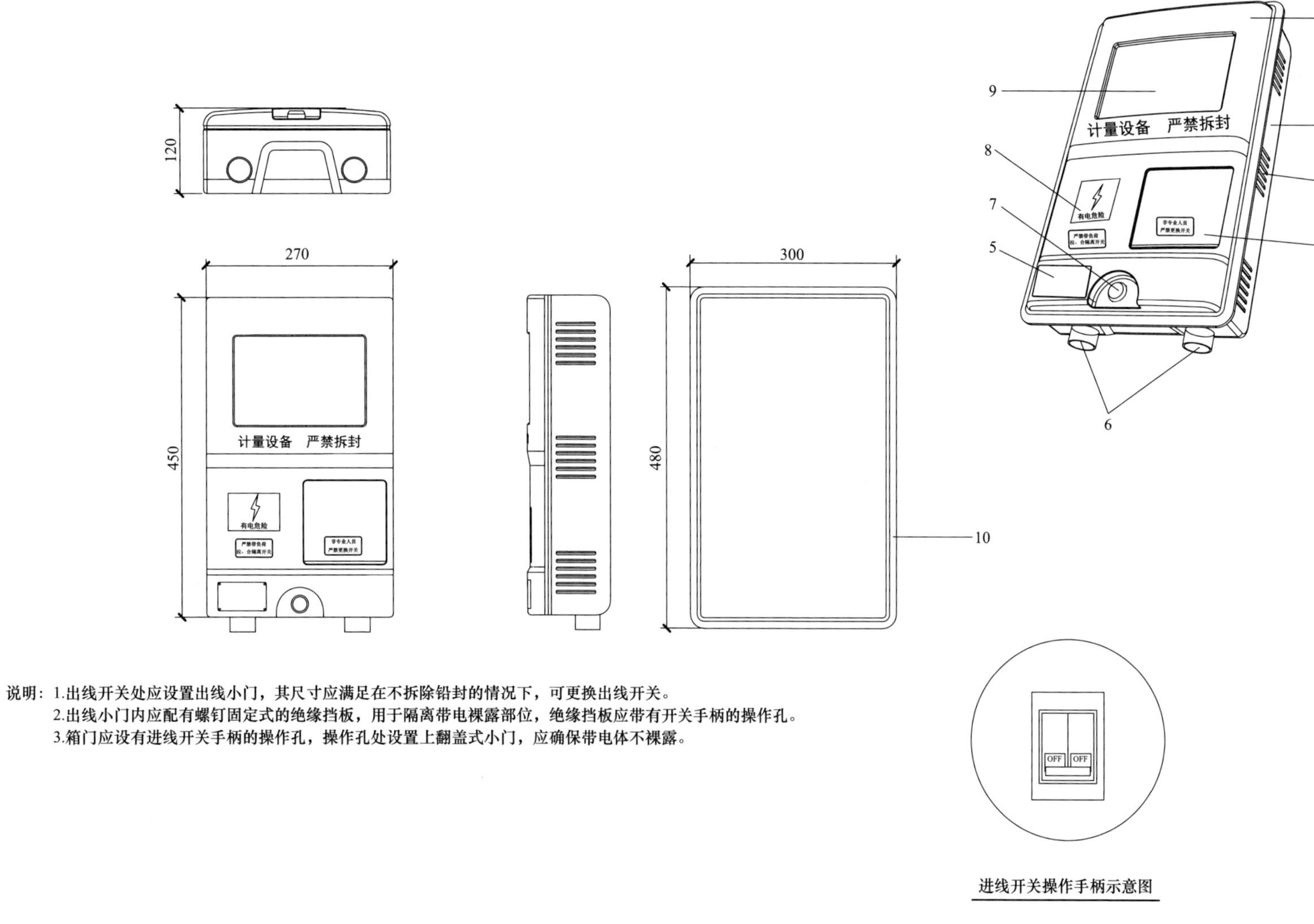

说明：1.出线开关处应设置出线小门，其尺寸应满足在不拆除铅封的情况下，可更换出线开关。
2.出线小门内应配有螺钉固定式的绝缘挡板，用于隔离带电裸露部位，绝缘挡板应带有开关手柄的操作孔。
3.箱门应设有进线开关手柄的操作孔，操作孔处设置上翻盖式小门，应确保带电体不裸露。

序号	名称
1	前盖
2	底箱
3	散热孔
4	出线开关翻盖小门
5	铭牌
6	进出线螺圈
7	门锁
8	进线开关翻盖小门
9	视窗
10	嵌入式配件

图 17-3　外观结构及尺寸图［单相 1 表位（非金属）］

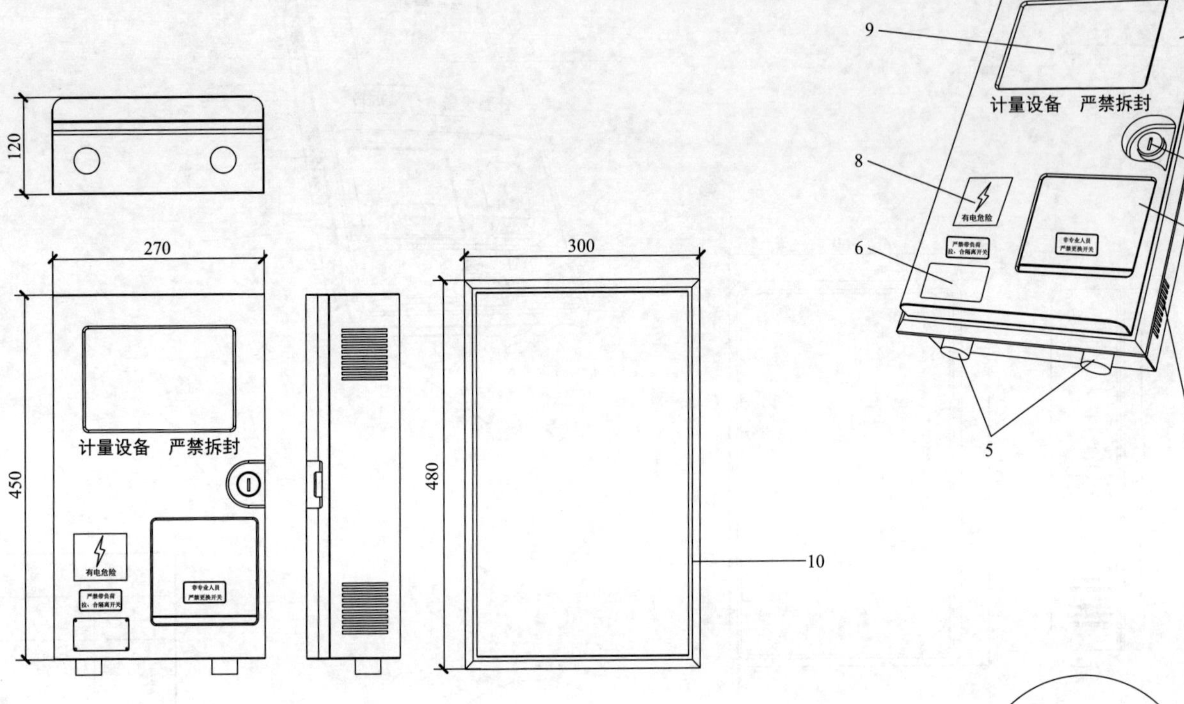

说明：1.出线开关处应设置出线小门，其尺寸应满足在不拆除铅封的情况下，可更换出线开关。
2.出线小门内应配有螺钉固定式的绝缘挡板，用于隔离带电裸露部位，绝缘挡板应带有开关手柄的操作孔。
3.箱门应设有进线开关手柄的操作孔，操作孔处设置上翻盖式小门，应确保带电体不裸露。

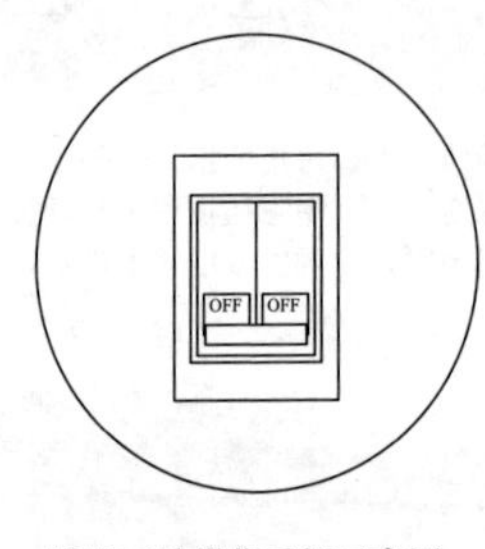

进线开关操作手柄示意图

序号	名称
1	前盖
2	底箱
3	门锁
4	散热孔
5	进出线螺圈
6	铭牌
7	出线开关翻盖小门
8	进线开关翻盖小门
9	视窗
10	嵌入式配件

图 17-4 外观结构及尺寸图［单相 1 表位（金属）］

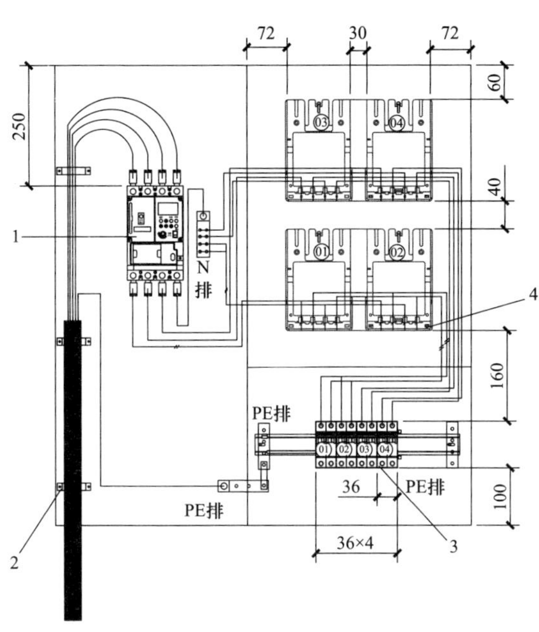

单相计量箱电气结构图（4表位）

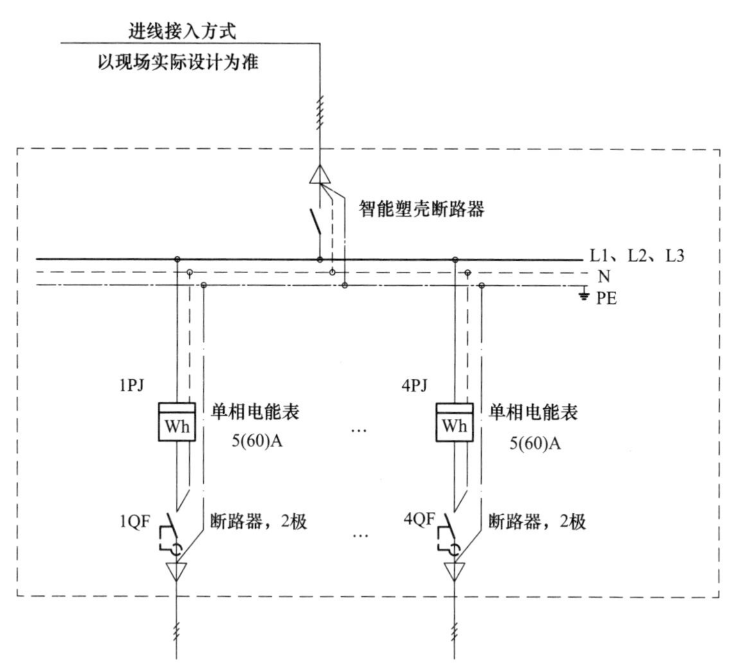

单相计量箱电气接线图（4表位）

说明：1.计量箱内部接线应采用铜芯导线，截面积为16mm²，用户出线开关后的导线推荐使用截面积为16mm²铜芯导线。
2.计量箱内多芯导线压接端头应采用铜接线端子过渡（不采用搪锡方式），铜接线端子应为无缝管型结构形式，并采用机械冷压紧固。
3.计量箱外壳可采用金属和非金属材质制作。
4.金属外壳计量箱接地电阻应符合有关规定，若实测电阻值不满足要求时,应扩大接地网或采取相应的降阻措施。
5.计量箱进、出线口需配置有塑料尼龙电缆防水接头。
6.计量箱内不允许安装非计量装置（消防装置等）。
7.计量箱内的电能表安装位置应装设有电能表接插件，以便电能表的安装。
8.计量箱进线开关宜配置智能塑壳断路器，3P+N。
9.出线分断路器的额定电流规格应根据用户的申请容量合理配置，进线（总）开关的额定电流规格应根据箱内用户数、出线分断路器、同时系数合理配置。

序号	名称
1	智能塑壳断路器
2	电缆抱箍
3	出线开关
4	电能表接插件

图 17-5　电气接线及结构图（单相 4 表位，2 行）

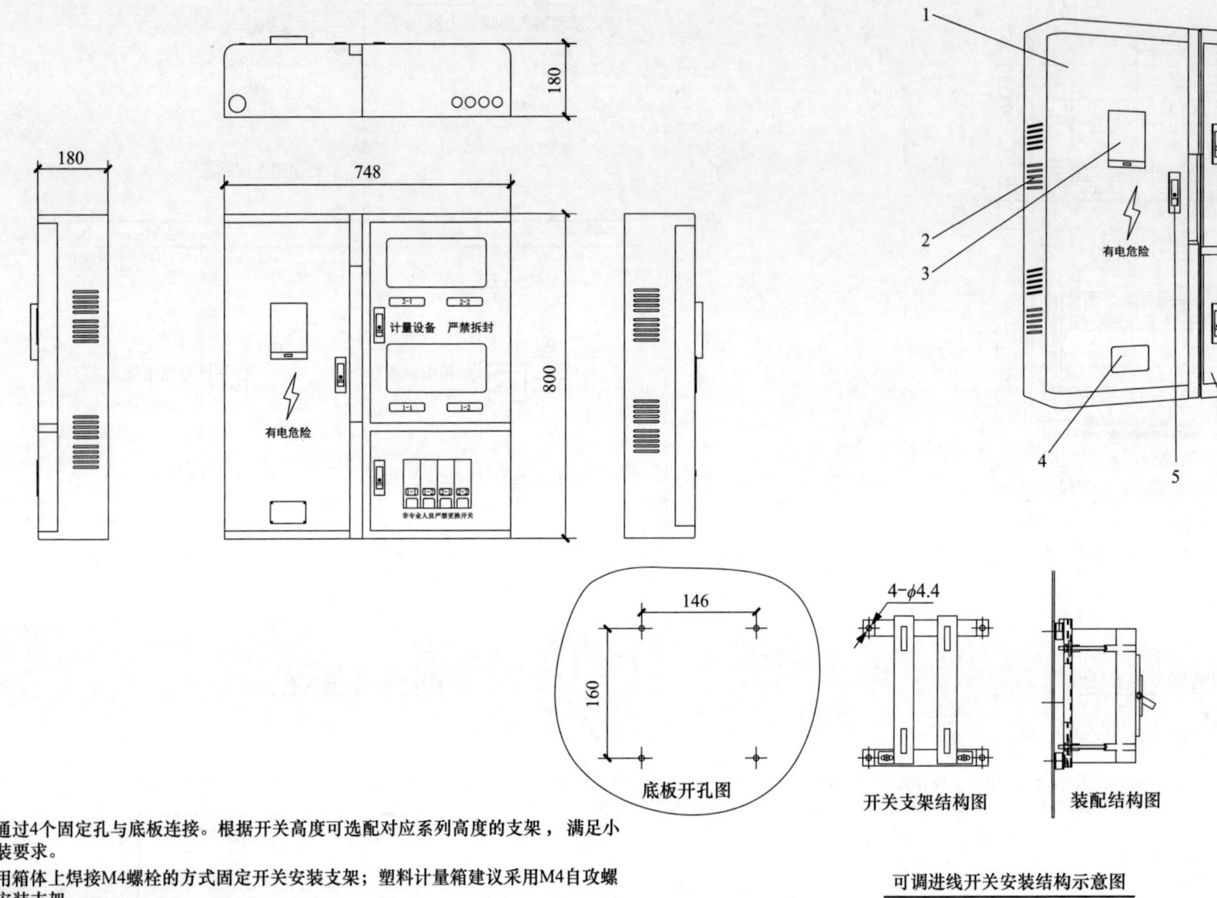

说明：1.进线开关安装支架通过4个固定孔与底板连接。根据开关高度可选配对应系列高度的支架，满足小门操作开关手柄安装要求。

2.金属计量箱建议采用箱体上焊接M4螺栓的方式固定开关安装支架；塑料计量箱建议采用M4自攻螺丝的方式固定开关安装支架。

3.为方便今后的维护更换，进线开关安装支架底部固定孔位置应依照图纸尺寸制作。

4.图中进线开关安装支架上的开关安装孔为推荐尺寸。

序号	名称
1	进线开关室
2	散热孔
3	带锁滑动小门(可操作开关手柄)
4	铭牌
5	把手锁(带铅封功能)
6	滑动小门
7	视窗
8	计量室
9	出线开关室

图 17-6　外观结构及尺寸图（单相 4 表位，2 行）

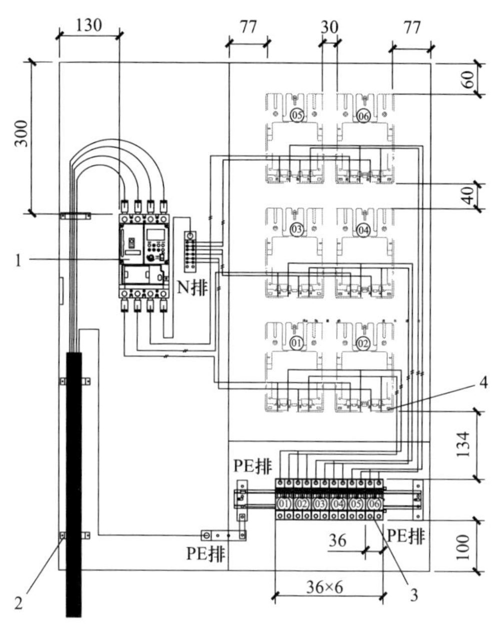

单相计量箱电气结构图（6表位）

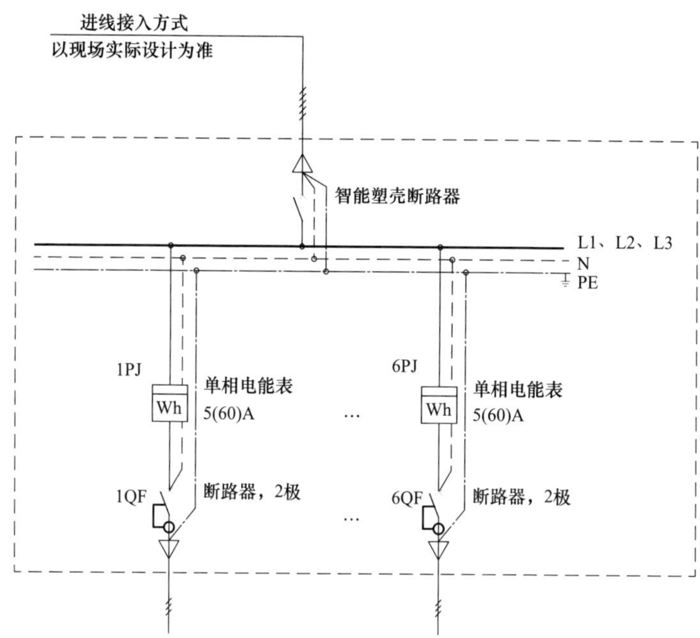

单相计量箱电气接线图（6表位）

说明：1.计量箱内部接线应采用铜芯导线，截面积为16mm²，用户出线开关后的导线推荐使用截面积为16mm²的铜芯导线。

2.计量箱内多芯导线压接端头应采用铜接线端子过渡（不采用搪锡方式），铜接线端子应为无缝管型结构形式，并采用机械冷压紧固。

3.计量箱外壳可采用金属和非金属材质制作。

4.金属外壳计量箱接地电阻应符合有关规定，若实测电阻值不满足要求时，应扩大接地网或采取相应的降阻措施。

5.计量箱进、出线口需配置有塑料尼龙电缆防水接头。

6.计量箱内不允许安装非计量装置（消防装置等）。

7.计量箱内的电能表安装位置应装设有电能表接插件，以便电能表的安装。

8.计量箱进线开关宜配置智能塑壳断路器，3P+N。

9.出线分断路器的额定电流规格应根据用户的申请容量合理配置，进线（总）开关的额定电流规格应根据箱内用户数、出线分断路器、同时系数合理配置。

序号	名称
1	智能塑壳断路器
2	电缆抱箍
3	出线开关
4	电能表接插件

图 17-7　电气接线及结构图（单相 6 表位，3 行）

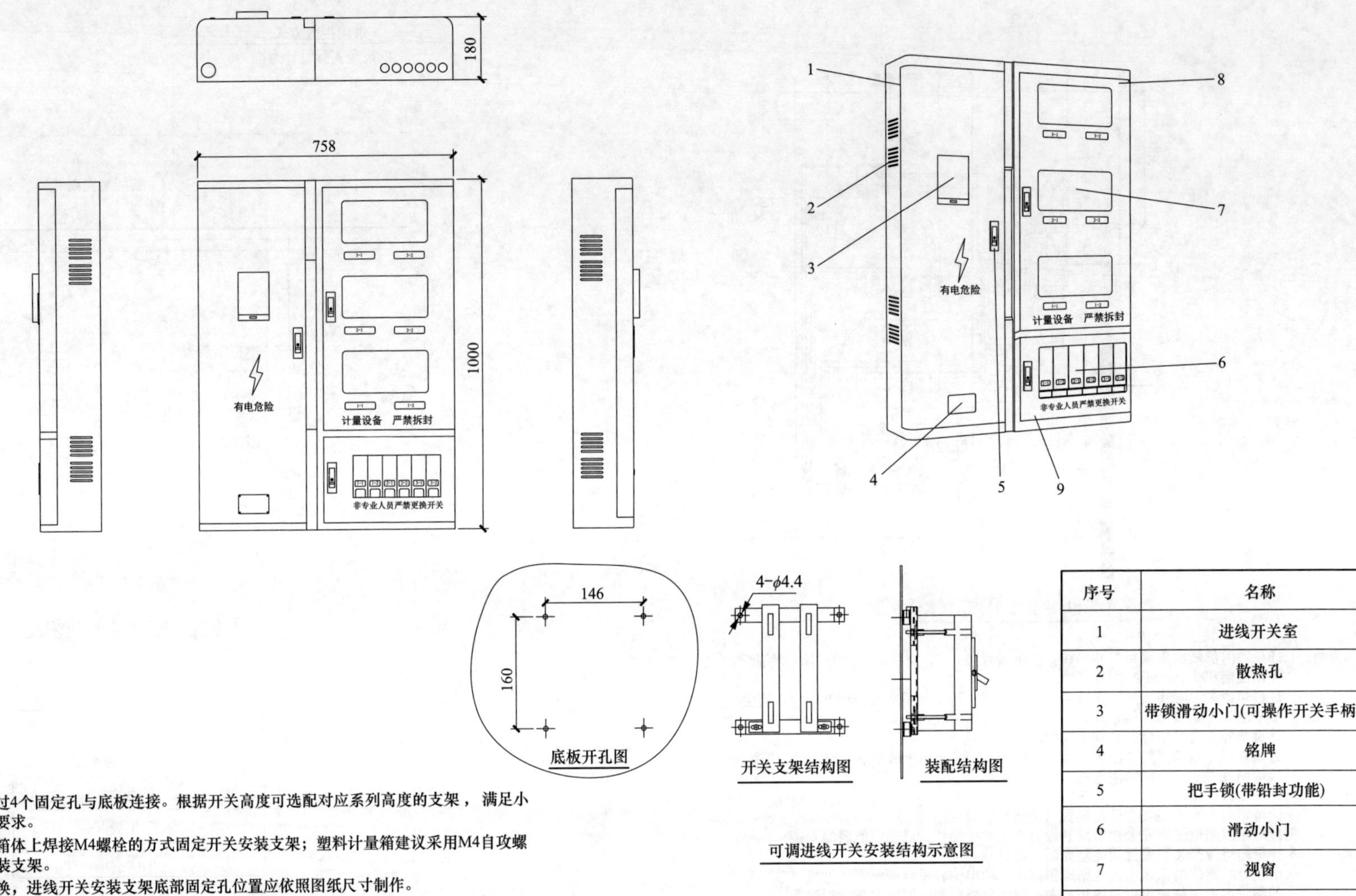

序号	名称
1	进线开关室
2	散热孔
3	带锁滑动小门(可操作开关手柄)
4	铭牌
5	把手锁(带铅封功能)
6	滑动小门
7	视窗
8	计量室
9	出线开关室

说明：1.进线开关安装支架通过4个固定孔与底板连接。根据开关高度可选配对应系列高度的支架，满足小门操作开关手柄安装要求。

2.金属计量箱建议采用箱体上焊接M4螺栓的方式固定开关安装支架；塑料计量箱建议采用M4自攻螺丝的方式固定开关安装支架。

3.为方便今后的维护更换，进线开关安装支架底部固定孔位置应依照图纸尺寸制作。

4.图中进线开关安装支架上的开关安装孔为推荐尺寸。

图 17-8　外观结构及尺寸图（单相 6 表位，3 行）

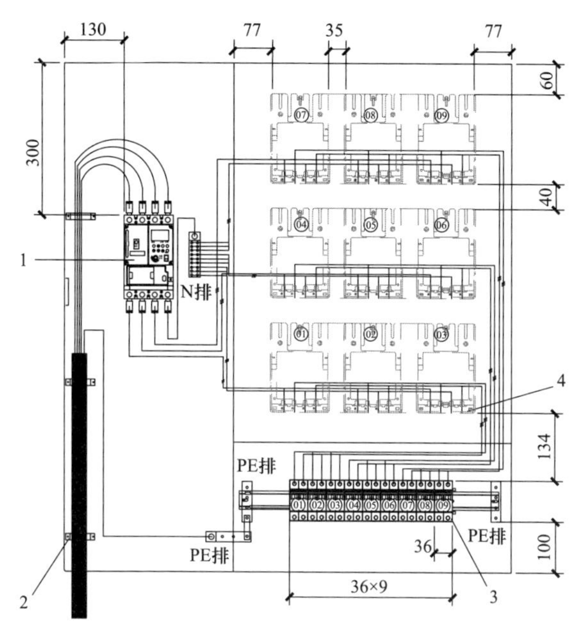

单相计量箱电气结构图（9表位）

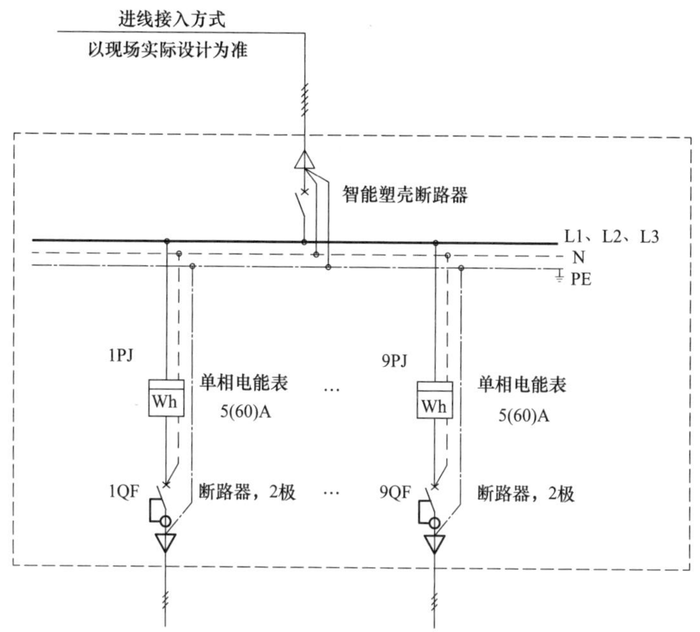

单相计量箱电气接线图（9表位）

说明：1.计量箱内部接线应采用铜芯导线，截面积为16mm²，用户出线开关后的导线推荐使用截面积为16mm²铜芯导线。
2.计量箱内多芯导线压接端头应采用铜接线端子过渡（不采用搪锡方式），铜接线端子应为无缝管型结构形式，并采用机械冷压紧固。
3.计量箱外壳可采用金属和非金属材质制作。
4.金属外壳计量箱接地电阻应符合有关规定，若实测电阻值不满足要求时,应扩大接地网或采取相应的降阻措施。
5.计量箱进、出线口需配置有塑料尼龙电缆防水接头。
6.计量箱内不允许安装非计量装置（消防装置等）。
7.计量箱内的电能表安装位置应装设有电能表接插件，以便电能表的安装。
8.计量箱进线开关宜配置智能塑壳断路器，3P+N。
9.出线分断路器的额定电流规格应根据用户的申请容量合理配置，进线（总）开关的额定电流规格应根据箱内用户数、出线分断路器、同时系数合理配置。

序号	名称
1	智能塑壳断路器
2	电缆抱箍
3	出线开关
4	电能表接插件

图 17-9　电气接线及结构图（单相 9 表位，3 行）

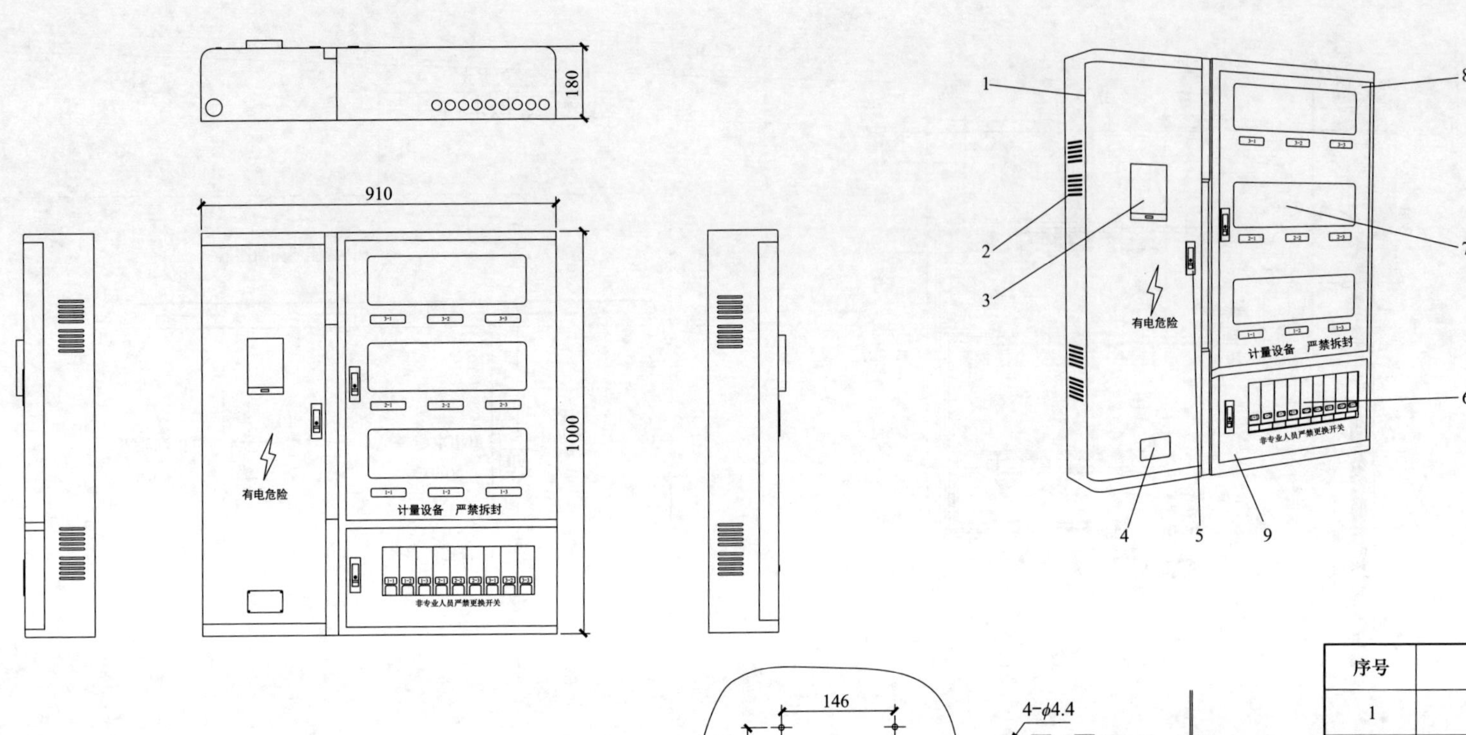

说明：1.进线开关安装支架通过4个固定孔与底板连接。根据开关高度可选配对应系列高度的支架，满足小门操作开关手柄安装要求。
2.金属计量箱建议采用箱体上焊接M4螺栓的方式固定开关安装支架；塑料计量箱建议采用M4自攻螺丝的方式固定开关安装支架。
3.为方便今后的维护更换，进线开关安装支架底部固定孔位置应依照图纸尺寸制作。
4.图中进线开关安装支架上的开关安装孔为推荐尺寸。

序号	名称
1	进线开关室
2	散热孔
3	带锁滑动小门(可操作开关手柄)
4	铭牌
5	把手锁(带铅封功能)
6	滑动小门
7	视窗
8	计量室
9	出线开关室

图 17-10 外观结构及尺寸图（单相 9 表位，3 行）

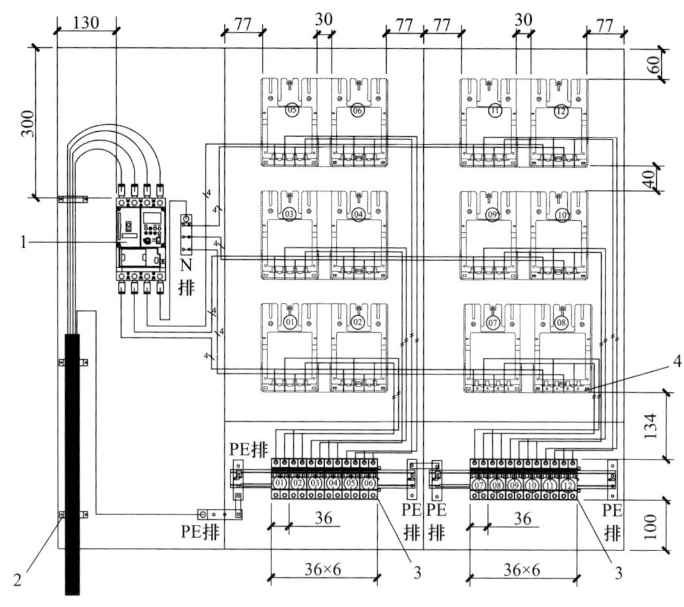

单相计量箱电气接线图（12表位）

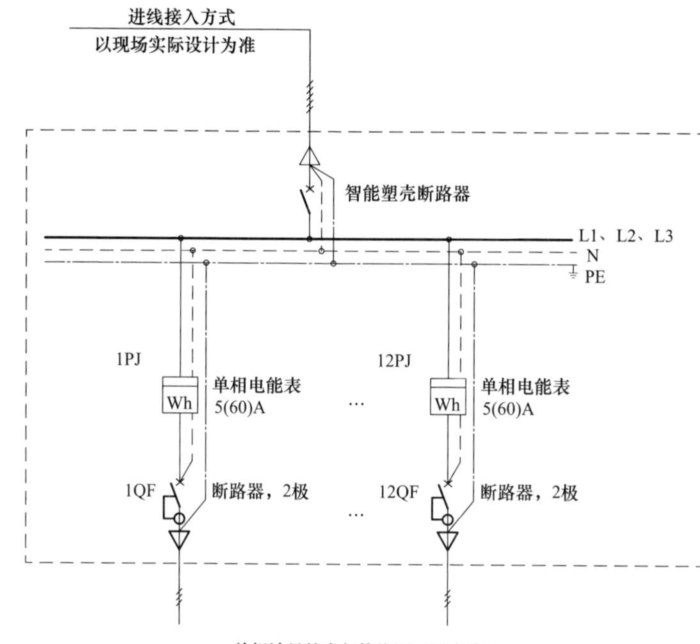

单相计量箱电气接线图（12表位）

说明：1.计量箱内部接线应采用铜芯导线，截面积为16mm²，用户出线开关后的导线推荐使用截面积为16mm²的铜芯导线。
2.计量箱内多芯导线压接端头应采用铜接线端子过渡（不采用搪锡方式），铜接线端子应为无缝管型结构形式，并采用机械冷压紧固。
3.计量箱外壳可采用金属和非金属材质制作。
4.金属外壳计量箱接地电阻应符合有关规定，若实测电阻值不满足要求时，应扩大接地网或采取相应的降阻措施。
5.计量箱进、出线口需配置有塑料尼龙电缆防水接头。
6.计量箱内不允许安装非计量装置（消防装置等）。
7.计量箱内的电能表安装位置应装设有电能表接插件，以便电能表的安装。
8.计量箱进线开关宜配置智能塑壳断路器，3P+N。
9.出线分断路器的额定电流规格应根据用户的申请容量合理配置，进线（总）开关的额定电流规格应根据箱内用户数、出线分断路器、同时系数合理配置。

序号	名称
1	智能塑壳断路器
2	电缆抱箍
3	出线开关
4	电能表接插件

图 17-11　电气接线及结构图（单相 12 表位，3 行）

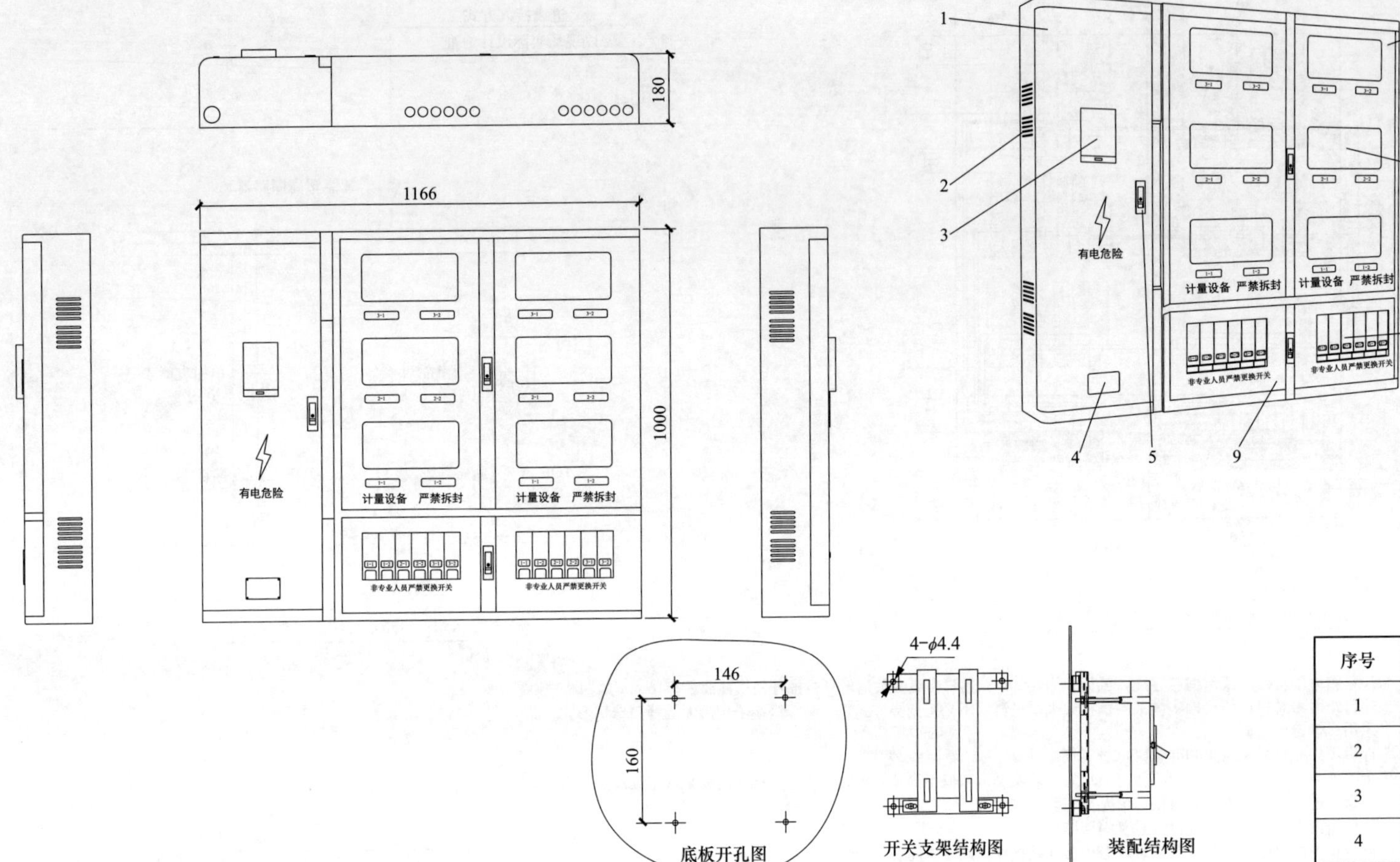

可调进线开关安装结构示意图

序号	名称
1	进线开关室
2	散热孔
3	带锁滑动小门(可操作开关手柄)
4	铭牌
5	把手锁(带铅封功能)
6	滑动小门
7	视窗
8	计量室
9	出线开关室

说明：1.进线开关安装支架通过4个固定孔与底板连接。根据开关高度可选配对应系列高度的支架，满足小门操作开关手柄安装要求。

2.金属计量箱建议采用箱体上焊接M4螺栓的方式固定开关安装支架；塑料计量箱建议采用M4自攻螺丝的方式固定开关安装支架。

3.为方便今后的维护更换，进线开关安装支架底部固定孔位置应依照图纸尺寸制作。

4.图中进线开关安装支架上的开关安装孔为推荐尺寸。

5.图中非金属计量箱的计量室和出线开关室应配置两把锁。

图 17-12　外观结构及尺寸图（单相 12 表位，3 行）

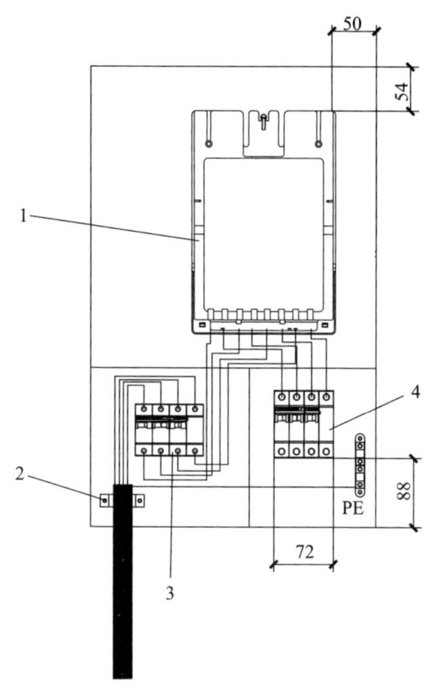

三相计量箱电气结构图（1表位）

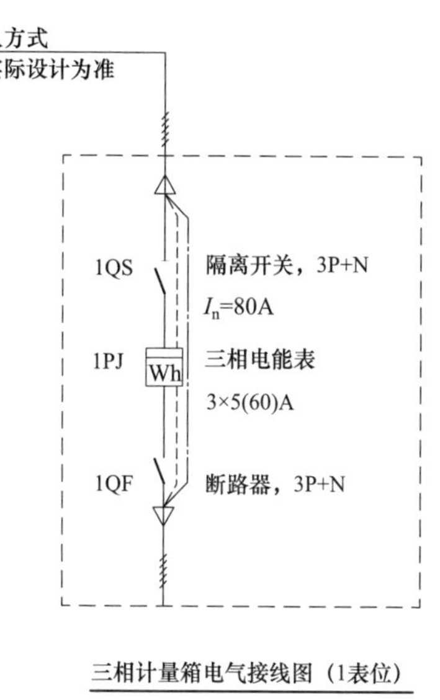

三相计量箱电气接线图（1表位）

说明：1.计量箱内部接线应采用铜芯导线，截面积为16mm^2，用户出线开关后的导线推荐使用截面积为16mm^{2}的铜芯导线。
2.计量箱内多芯导线压接端头应采用铜接线端子过渡（不采用搪锡方式），铜接线端子应为无缝管型结构形式，并采用机械冷压紧固。
3.计量箱外壳可采用金属和非金属材质制作。
4.金属外壳计量箱接地电阻应符合有关规定，若实测电阻值不满足要求时,应扩大接地网或采取相应的降阻措施。
5.计量箱进、出线口需配置有塑料尼龙电缆防水接头。
6.计量箱内不允许安装非计量装置（消防装置等）。
7.计量箱内的电能表安装位置应装设有电能表接插件，以便电能表的安装。
8.出线分断路器的额定电流规格应根据用户的申请容量合理配置。

序号	名称
1	电能表接插件
2	电缆抱箍
3	进线隔离开关
4	出线开关

图 17-13　电气接线及结构图（三相 1 表位）

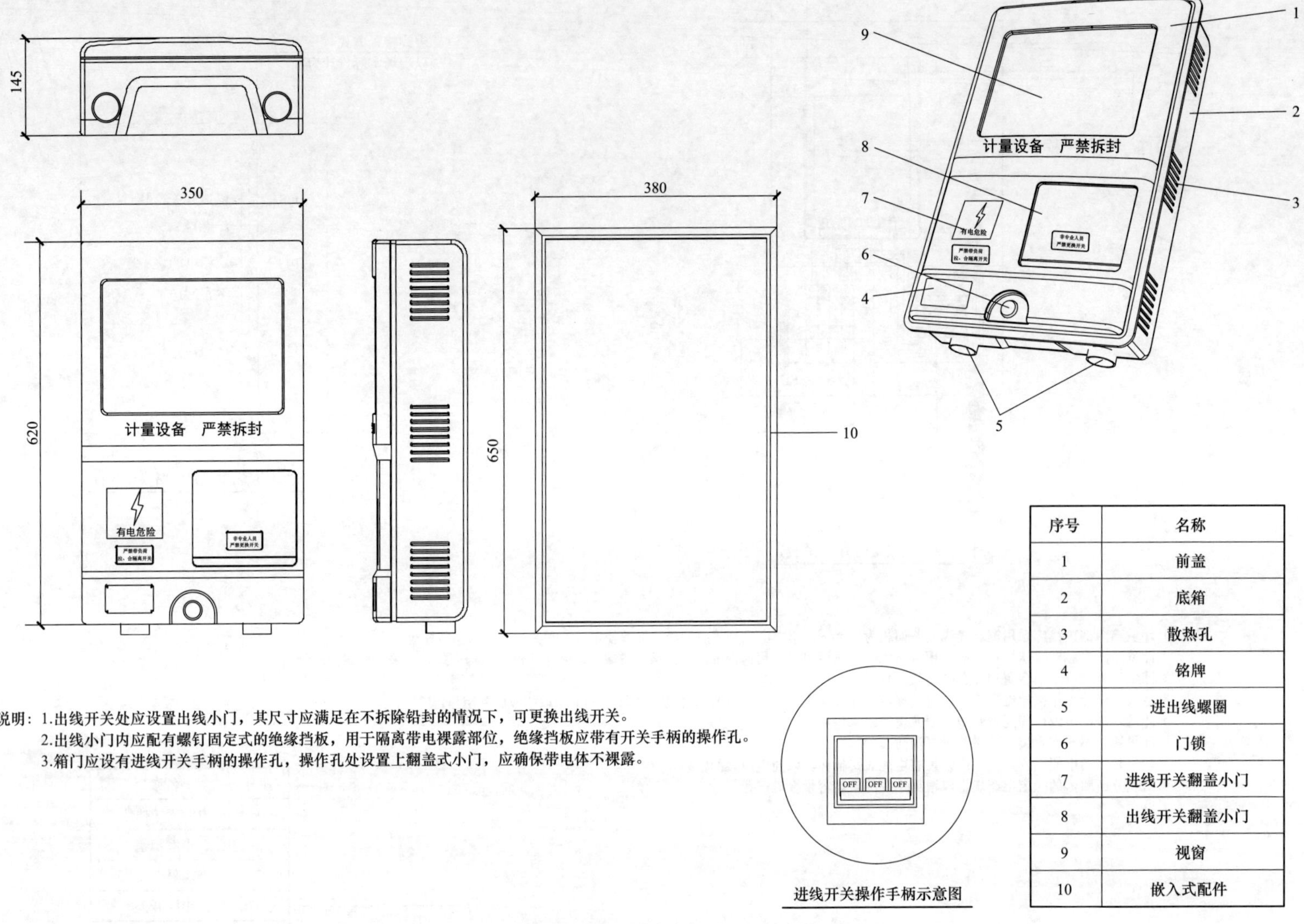

说明：1.出线开关处应设置出线小门，其尺寸应满足在不拆除铅封的情况下，可更换出线开关。

2.出线小门内应配有螺钉固定式的绝缘挡板，用于隔离带电裸露部位，绝缘挡板应带有开关手柄的操作孔。

3.箱门应设有进线开关手柄的操作孔，操作孔处设置上翻盖式小门，应确保带电体不裸露。

序号	名称
1	前盖
2	底箱
3	散热孔
4	铭牌
5	进出线螺圈
6	门锁
7	进线开关翻盖小门
8	出线开关翻盖小门
9	视窗
10	嵌入式配件

图 17-14　外观结构及尺寸图［三相 1 表位（非金属）］

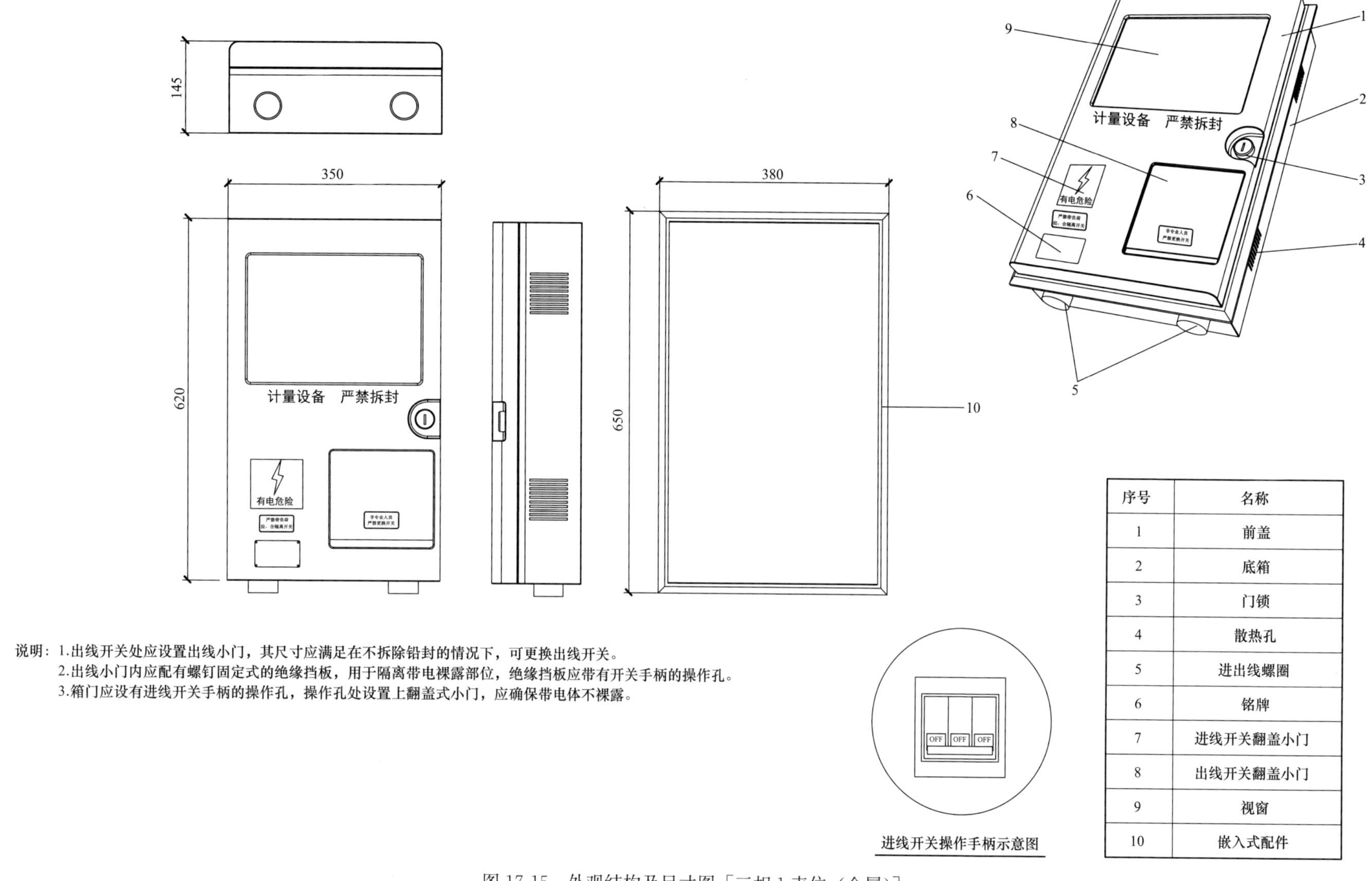

序号	名称
1	前盖
2	底箱
3	门锁
4	散热孔
5	进出线螺圈
6	铭牌
7	进线开关翻盖小门
8	出线开关翻盖小门
9	视窗
10	嵌入式配件

说明：1.出线开关处应设置出线小门，其尺寸应满足在不拆除铅封的情况下，可更换出线开关。
2.出线小门内应配有螺钉固定式的绝缘挡板，用于隔离带电裸露部位，绝缘挡板应带有开关手柄的操作孔。
3.箱门应设有进线开关手柄的操作孔，操作孔处设置上翻盖式小门，应确保带电体不裸露。

图 17-15　外观结构及尺寸图［三相 1 表位（金属）］

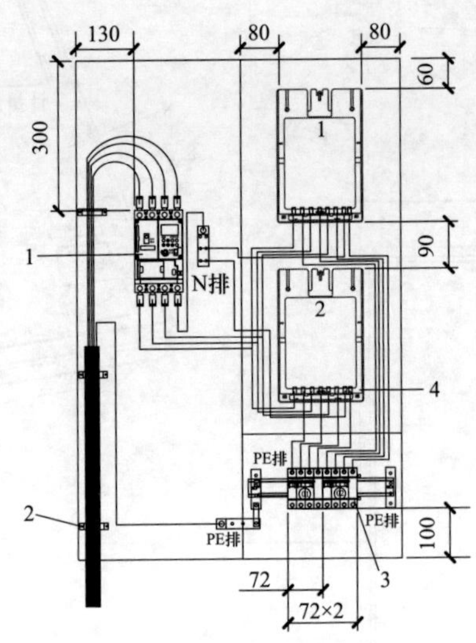

三相计量箱电气结构图（2表位）

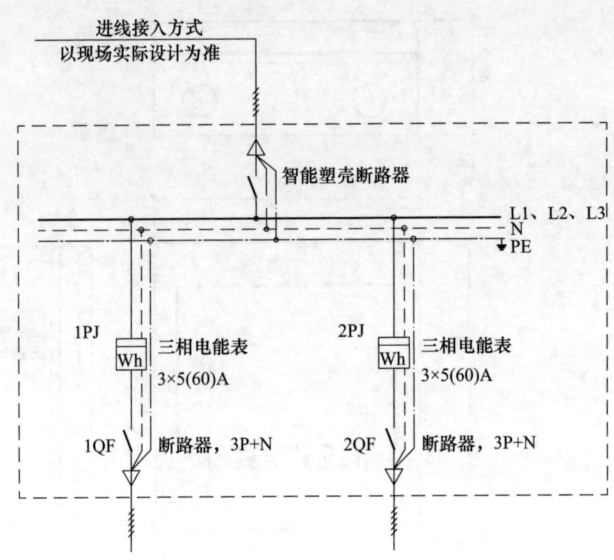

三相计量箱电气接线图（2表位）

说明：1.计量箱内部接线应采用铜芯导线，截面积为16mm²，用户出线开关后的导线推荐使用截面积为16mm²的铜芯导线。
2.计量箱内多芯导线压接端头应采用铜接线端子过渡(不采用搪锡方式)，铜接线端子应为无缝管型结构形式，并采用机械冷压紧固。
3.计量箱外壳可采用金属和非金属材质制作。
4.金属外壳计量箱接地电阻应符合有关规定，若实测电阻值不满足要求时，应扩大接地网或采取相应的降阻措施。
5.计量箱进、出线口需配置有塑料尼龙电缆防水接头。
6.计量箱内不允许安装非计量装置(消防装置等)。
7.计量箱内的电能表安装位置应装设有电能表接插件，以便电能表的安装。
8.计量箱进线开关宜配置智能塑壳断路器，3P+N。
9.出线分断路器的额定电流规格应根据用户的申请容量合理配置，进线(总)开关的额定电流规格应根据箱内用户数、出线分断路器、同时系数合理配置。

序号	名称
1	智能塑壳断路器
2	电缆抱箍
3	出线开关
4	电能表接插件

图 17-16　电气接线及结构图（三相 2 表位，2 行）

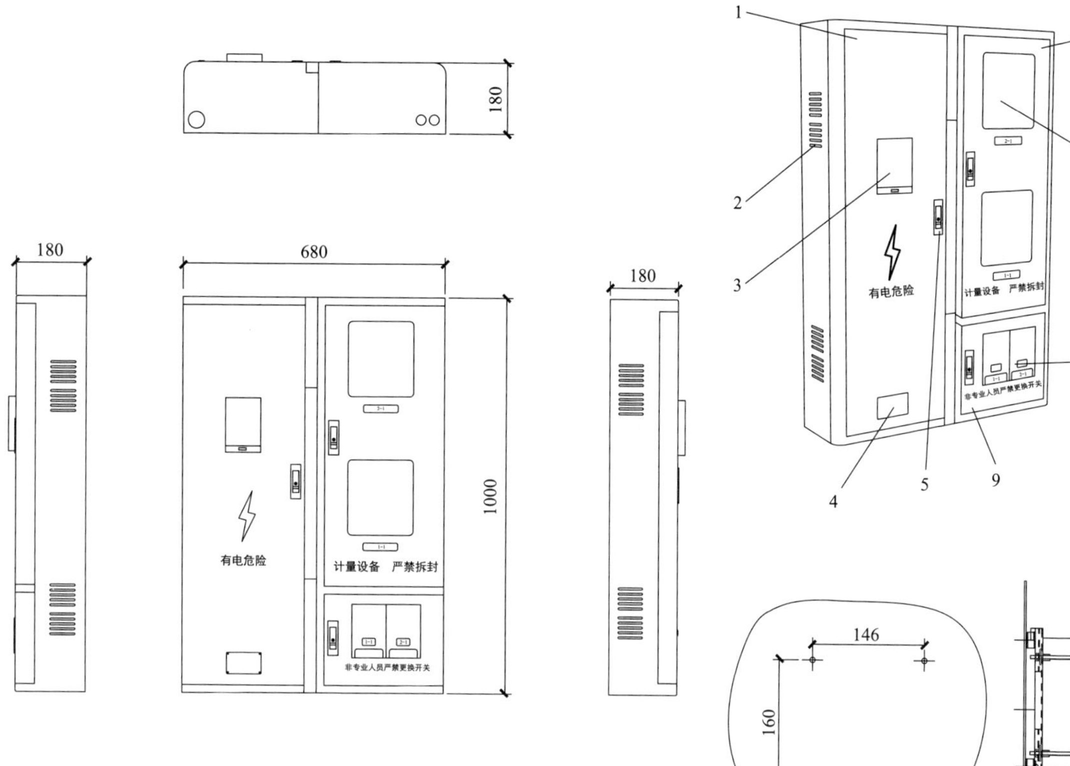

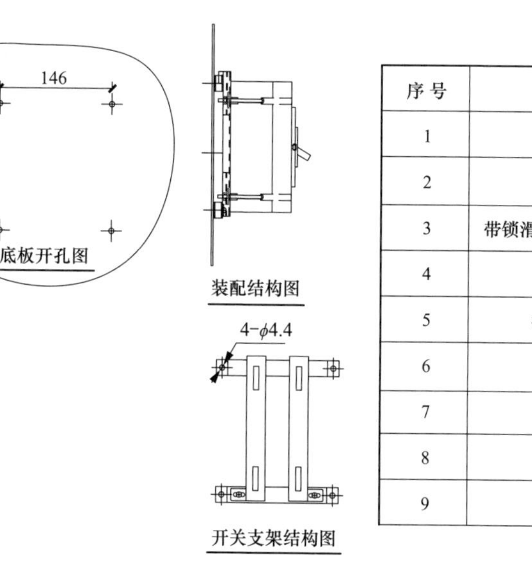

可调进线开关安装结构示意图

序号	名称
1	进线开关室
2	散热孔
3	带锁滑动小门(可操作开关手柄)
4	铭牌
5	把手锁(带铅封功能)
6	滑动小门
7	视窗
8	计量室
9	出线开关室

说明：1.进线开关安装支架通过4个固定孔与底板连接。根据开关高度可选配对应系列高度的支架，满足小门操作开关手柄安装要求。
2.金属计量箱建议采用箱体上焊接M4螺栓的方式固定开关安装支架；塑料计量箱建议采用M4自攻螺丝的方式固定开关安装支架。
3.为方便今后的维护更换，进线开关安装支架底部固定孔位置应依照图纸尺寸制作。
4.图中进线开关安装支架上的开关安装孔为推荐尺寸。

图 17-17 外观结构及尺寸图（三相 2 表位，2 行）

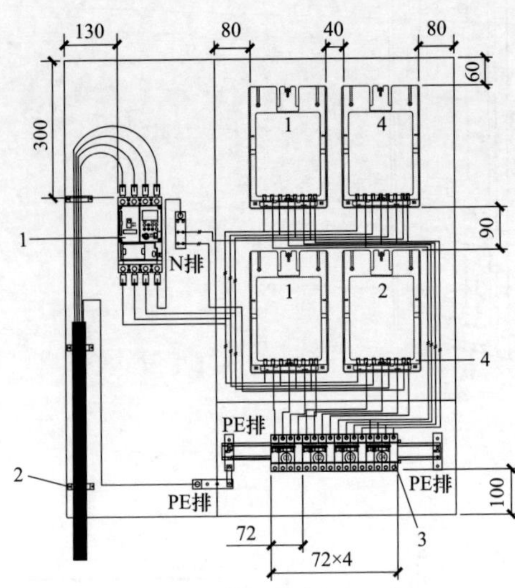

三相计量箱电气结构图（4表位）

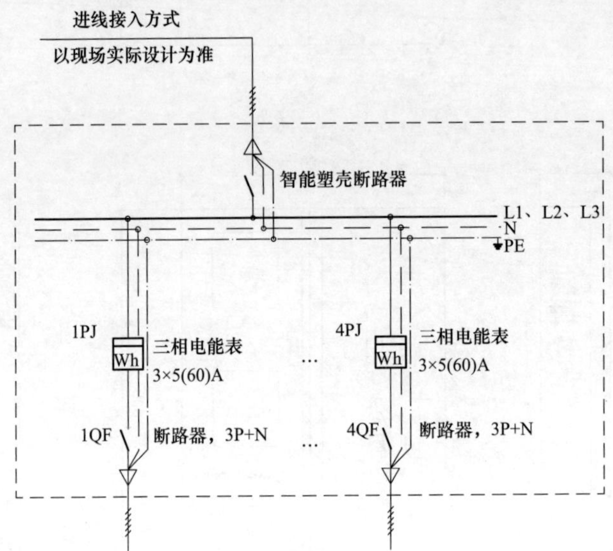

三相计量箱电气接线图（4表位）

说明：1.计量箱内部接线应采用铜芯导线，截面积为16mm²，用户出线开关后的导线推荐使用截面积为16mm²的铜芯导线。

2.计量箱内多芯导线压接端头应采用铜接线端子过渡（不采用搪锡方式），铜接线端子应为无缝管型结构形式，并采用机械冷压紧固。

3.计量箱外壳可采用金属和非金属材质制作。

4.金属外壳计量箱接地电阻应符合有关规定，若实测电阻值不满足要求时，应扩大接地网或采取相应的降阻措施。

5.计量箱进、出线口需配置有塑料尼龙电缆防水接头。

6.计量箱内不允许安装非计量装置（消防装置等）。

7.计量箱内的电能表安装位置应装设有电能表接插件，以便电能表的安装。

8.计量箱进线开关宜配置智能塑壳断路器，3P+N。

9.出线分断路器的额定电流规格应根据用户的申请容量合理配置，进线（总）开关的额定电流规格应根据箱内用户数、出线分断路器、同时系数合理配置。

序号	名称
1	智能塑壳断路器
2	电缆抱箍
3	出线开关
4	电能表接插件

图 17-18　电气接线及结构图（三相 4 表位，2 行）

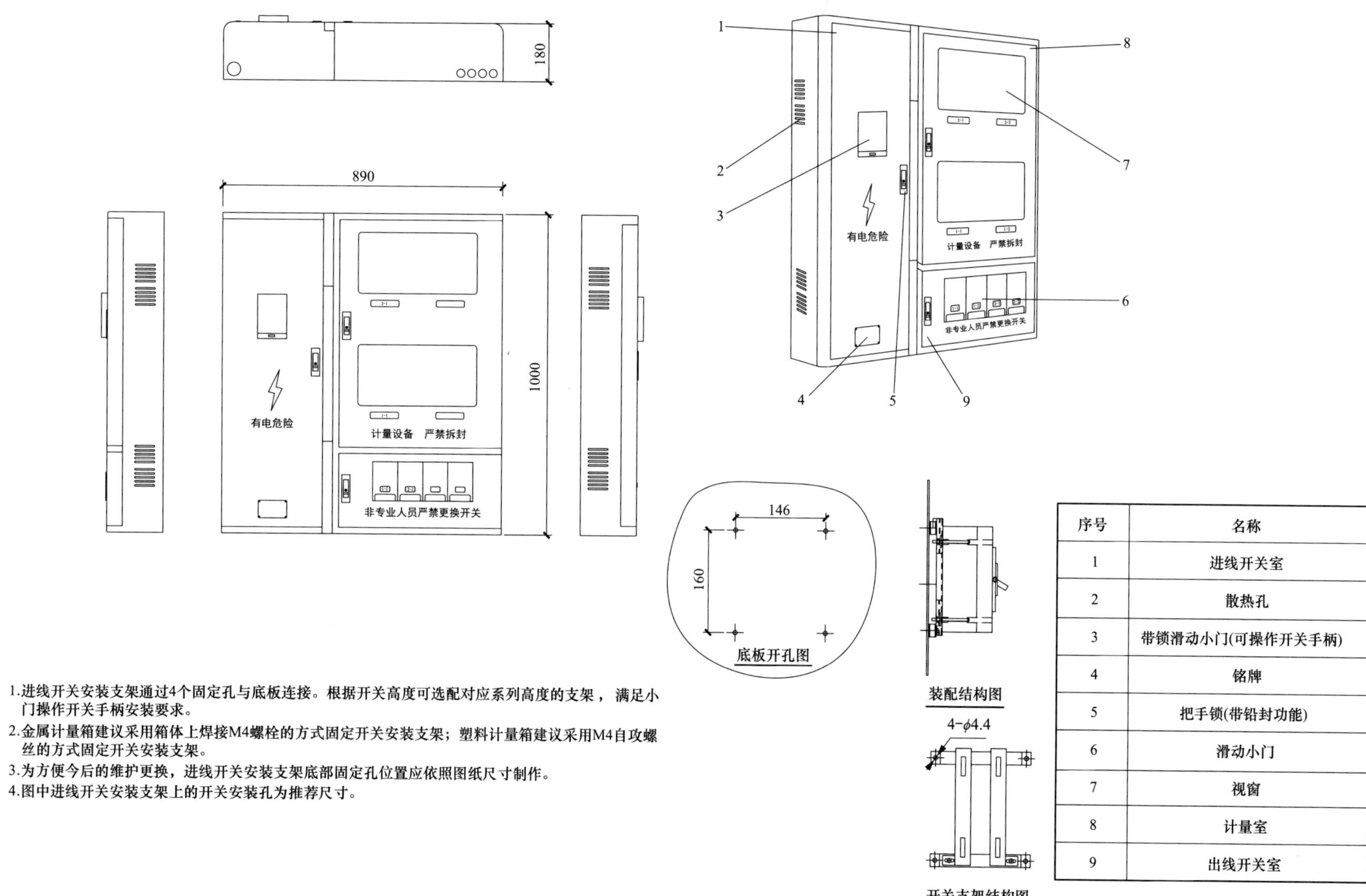

序号	名称
1	进线开关室
2	散热孔
3	带锁滑动小门(可操作开关手柄)
4	铭牌
5	把手锁(带铅封功能)
6	滑动小门
7	视窗
8	计量室
9	出线开关室

说明：1.进线开关安装支架通过4个固定孔与底板连接。根据开关高度可选配对应系列高度的支架，满足小门操作开关手柄安装要求。

2.金属计量箱建议采用箱体上焊接M4螺栓的方式固定开关安装支架；塑料计量箱建议采用M4自攻螺丝的方式固定开关安装支架。

3.为方便今后的维护更换，进线开关安装支架底部固定孔位置应依照图纸尺寸制作。

4.图中进线开关安装支架上的开关安装孔为推荐尺寸。

图 17-19　外观结构及尺寸图（三相 4 表位，2 行）

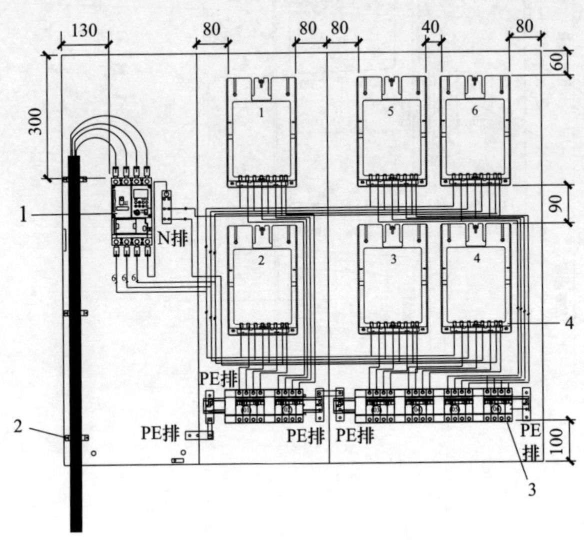

三相计量箱电气结构图（6表位）

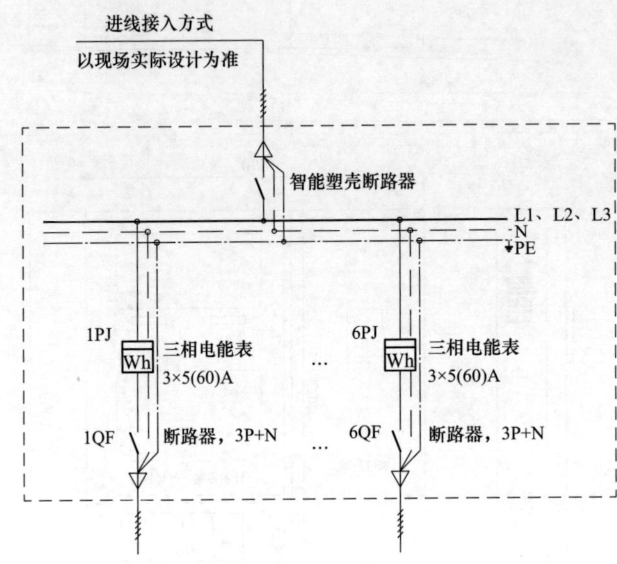

三相计量箱电气接线图（6表位）

说明：1.计量箱内部接线应采用铜芯导线，截面积为16mm²，用户出线开关后的导线推荐使用截面积为16mm²的铜芯导线。
2.计量箱内多芯导线压接端头应采用铜接线端子过渡(不采用搪锡方式)，铜接线端子应为无缝管型结构形式，并采用机械冷压紧固。
3.计量箱外壳可采用金属和非金属材质制作。
4.金属外壳计量箱接地电阻应符合有关规定，若实测电阻值不满足要求时,应扩大接地网或采取相应的降阻措施。
5.计量箱进、出线口需配置有塑料尼龙电缆防水接头。
6.计量箱内不允许安装非计量装置(消防装置等)。
7.计量箱内的电能表安装位置应装设有电能表接插件，以便电能表的安装。
8.计量箱进线开关宜配置智能塑壳断路器，3P+N。
9.出线分断路器的额定电流规格应根据用户的申请容量合理配置，进线(总)开关的额定电流规格应根据箱内用户数、出线分断路器、同时系数合理配置。

序号	名称
1	智能塑壳断路器
2	电缆抱箍
3	出线开关
4	电能表接插件

图 17-20　电气接线及结构图（三相 6 表位，2 行）

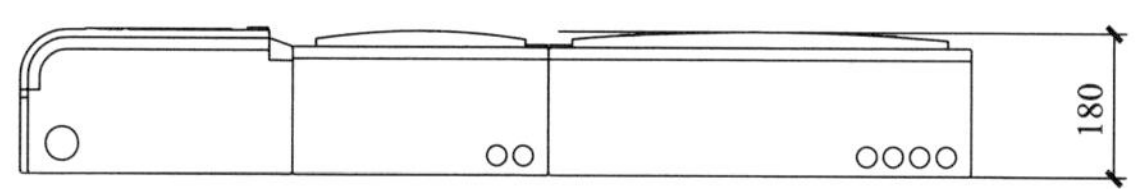

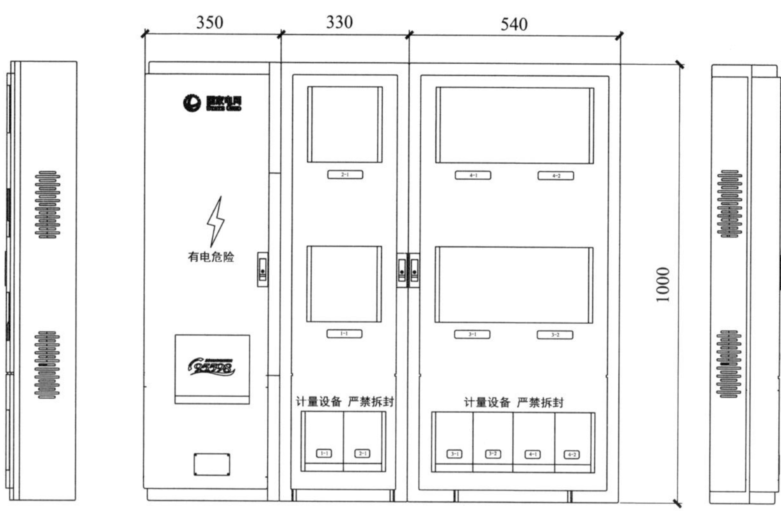

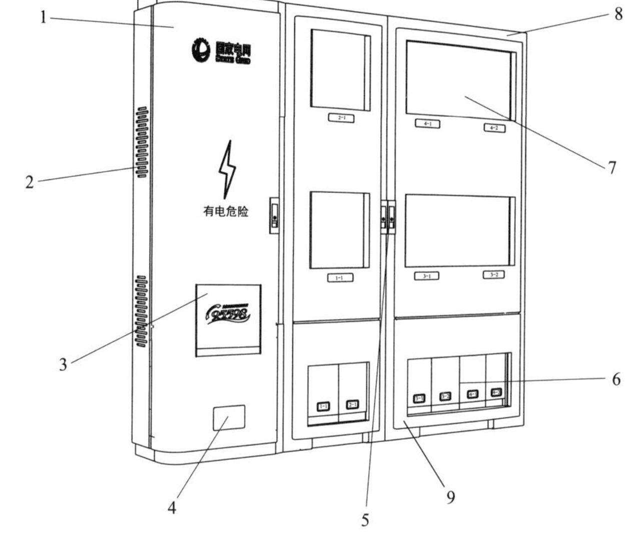

说明：1.进线开关安装支架通过4个固定孔与底板连接。根据开关高度可选配对应系列高度的支架，满足小门操作开关手柄安装要求。

2.金属计量箱建议采用箱体上焊接M4螺栓的方式固定开关安装支架；塑料计量箱建议采用M4自攻螺丝的方式固定开关安装支架。

3.为方便今后的维护更换，进线开关安装支架底部固定孔位置应依照图纸尺寸制作。

4.图中进线开关安装支架上的开关安装孔为推荐尺寸。

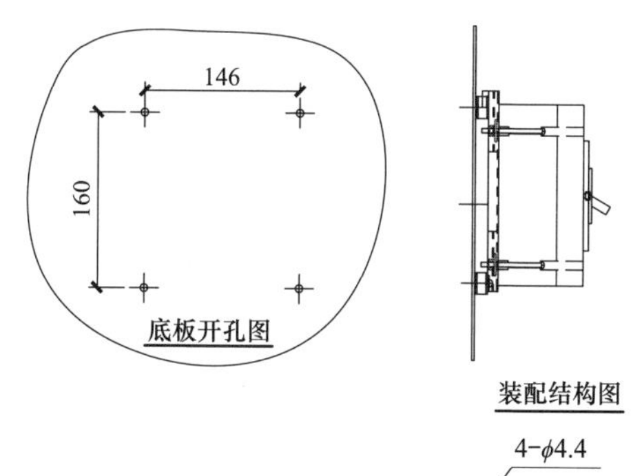

底板开孔图

装配结构图

4−ϕ4.4

开关支架结构图

可调进线开关安装结构示意图

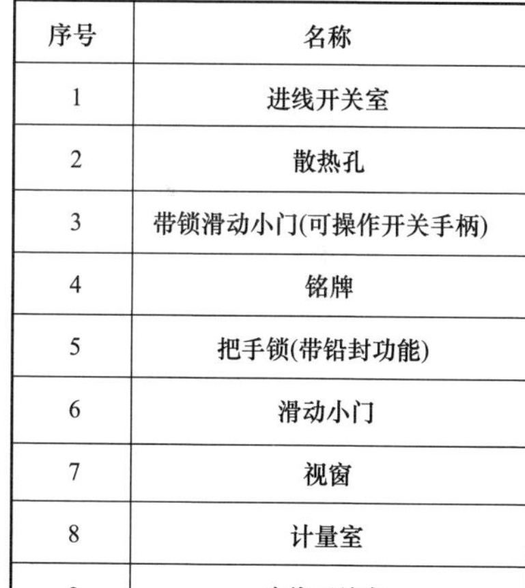

序号	名称
1	进线开关室
2	散热孔
3	带锁滑动小门(可操作开关手柄)
4	铭牌
5	把手锁(带铅封功能)
6	滑动小门
7	视窗
8	计量室
9	出线开关室

图 17-21　外观结构及尺寸图（三相 6 表位，2 行）

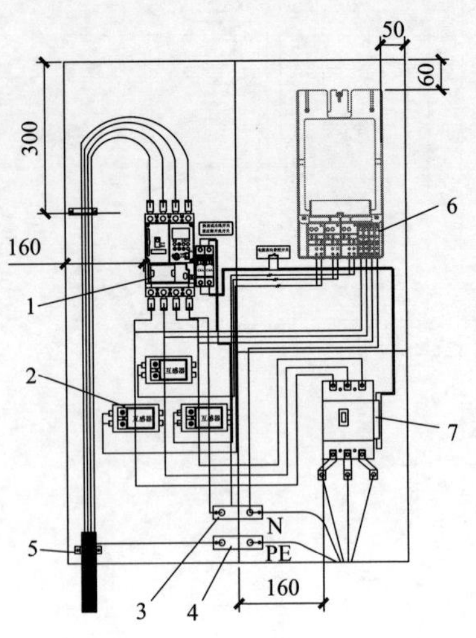

三相计量箱电气结构图（1表位，带TA，规格可选择：75、100、150、200A）

三相计量箱电气结构图（1表位，带TA，规格可选择250A）

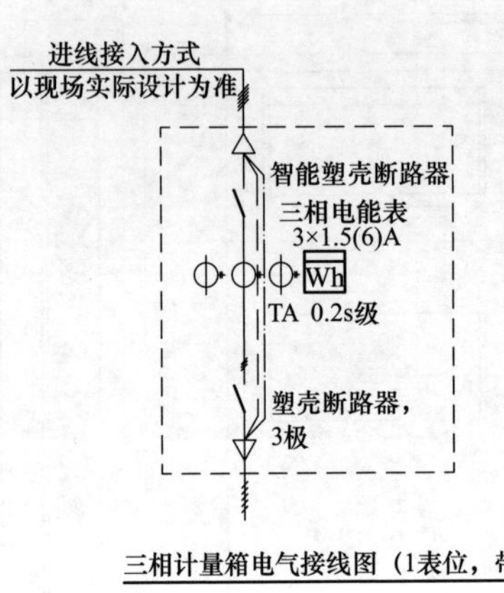

三相计量箱电气接线图（1表位，带TA）

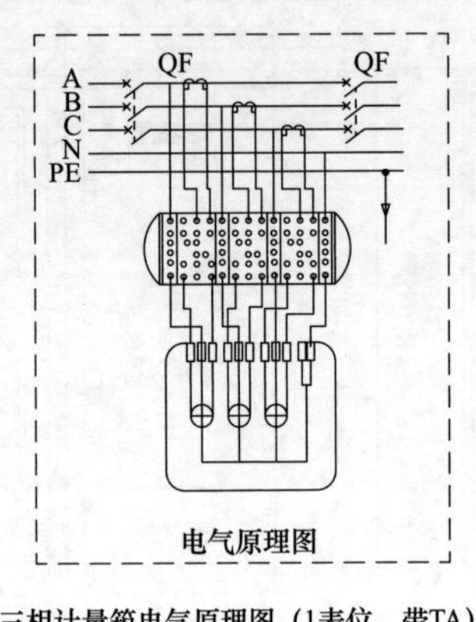

三相计量箱电气原理图（1表位，带TA）

说明：1.计量箱内部一次接线应采用铜芯导线（60A配置导线截面积为16mm²，75A配置导线截面积为25mm²，100A配置导线截面积为35mm²，150A配置导线截面积为70mm²，200A配置导线截面积为95mm²，250A配置导线截面积为120mm²），当一次导线布线困难时可采用软导线。

2.计量箱内多芯导线压接端头应采用铜接线端子过渡（不采用搪锡方式），铜接线端子应为无缝管型结构形式，并采用机械冷压紧固。

3.计量箱外壳可采用金属和非金属材质制作。

4.金属外壳计量箱接地电阻应符合有关规定，若实测电阻值不满足要求时,应扩大接地网或采取相应的降阻措施。

5.计量箱进、出线口需配置有塑料尼龙电缆防水接头。

6.计量箱内不允许安装非计量装置（消防装置等）。

7.计量箱内的电能表安装位置应装设有电能表接插件，以便电能表的安装。

8.计量箱进线开关宜配置智能塑壳断路器,3P+N。

9.进线（总）开关、出线分断路器的额定电流规格应根据用户的申请容量合理配置。

序号	名称
1	智能塑壳断路器
2	互感器
3	N 排
4	PE 排
5	电缆抱箍
6	互感器接入式电能表接插件
7	带分励脱扣功能塑壳开关(费控专用)

图 17-22　电气接线及结构图（三相 1 表位，带 TA）

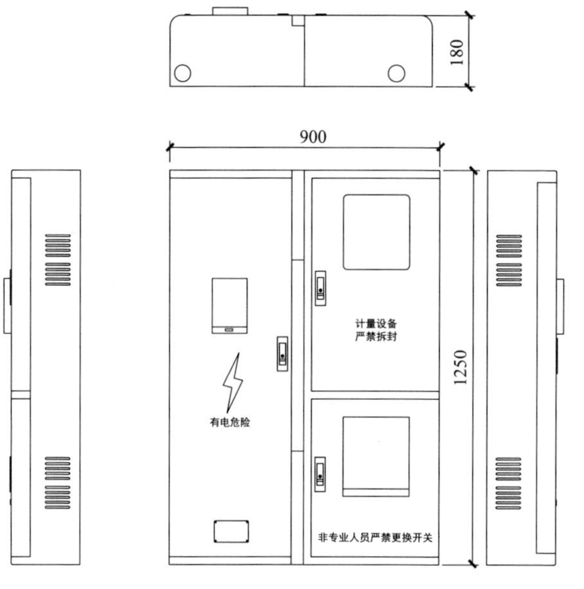

规格选择250A

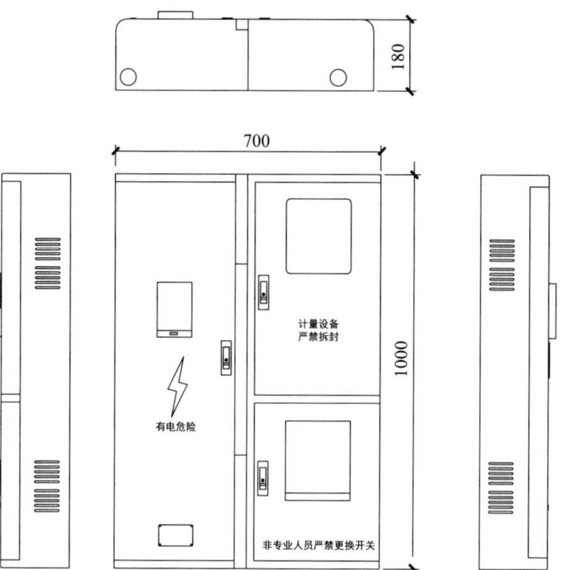

规格选择：75、100、150、200A

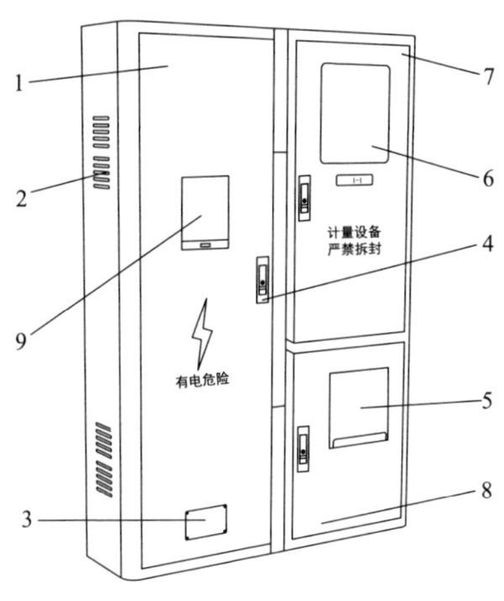

序号	名称
1	进线开关室
2	散热孔
3	铭牌
4	把手锁(带铅封功能)
5	滑动小门
6	视窗
7	计量室
8	出线开关室
9	带锁滑动小门(可操作开关手柄)

说明：1.进、出线开关安装支架通过4个固定孔与底板连接。根据开关高度可选配对应系列高度的支架，满足小门操作开关手柄安装要求。

2.金属计量箱建议采用箱体上焊接M4螺栓的方式固定开关安装支架；塑料计量箱建议采用M4自攻螺丝的方式固定开关安装支架。

3.为方便今后的维护更换，进线开关安装支架底部固定孔位置应依照图纸尺寸制作。

4.图中进、出线开关安装支架上的开关安装孔为推荐尺寸。

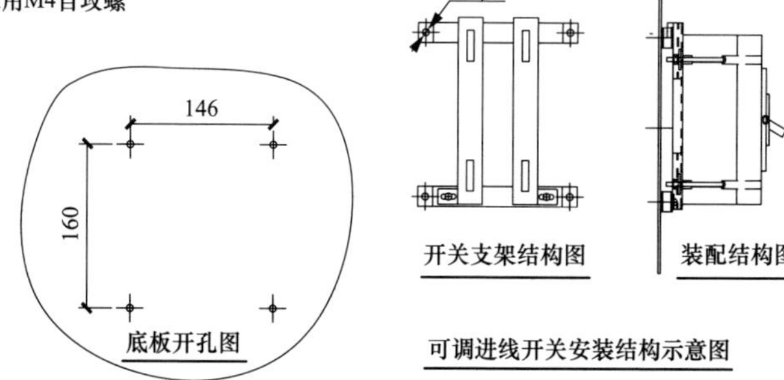

图 17-23　外观结构及尺寸图（三相 1 表位，带 TA）

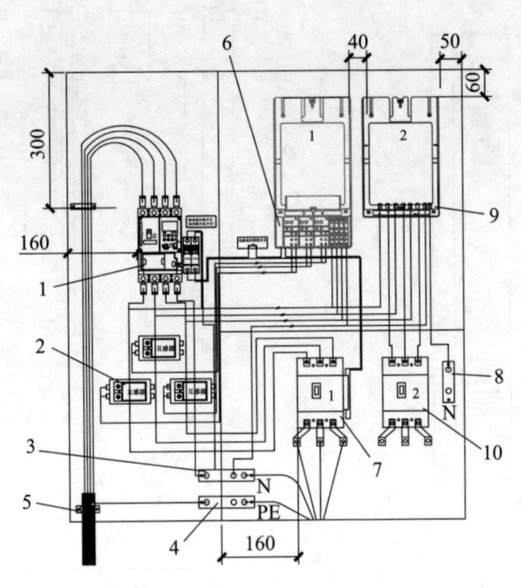

三相混合式计量箱电气结构图

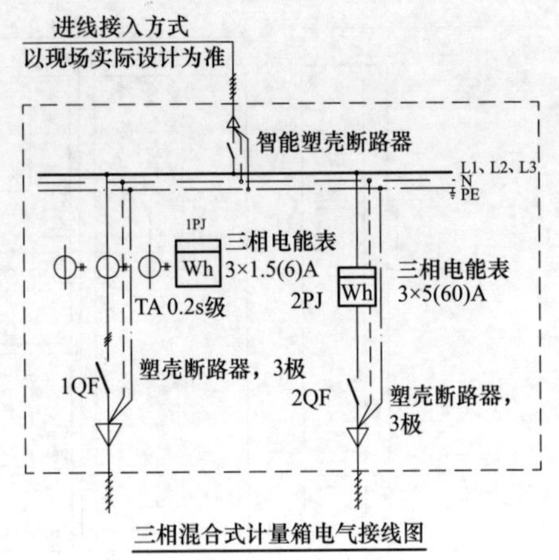

三相混合式计量箱电气接线图

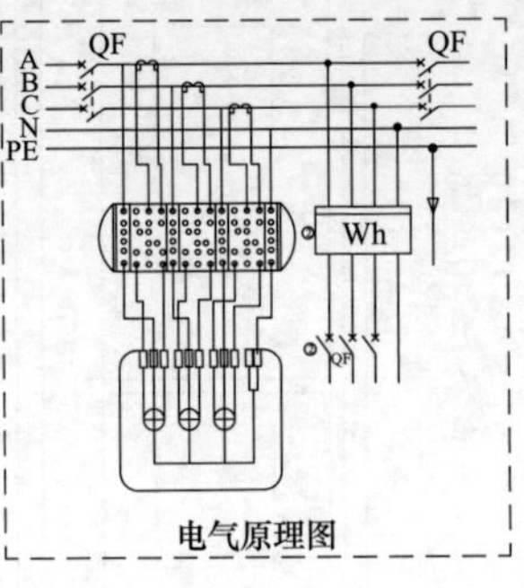

三相混合式计量箱电气原理图

说明：1.计量箱内部一次接线应采用铜芯导线（60A配置导线截面积为16mm²，75A配置导线截面积为25mm²，100A配置导线截面积为35mm²，150A配置导线截面积为70mm²），当一次导线布线困难时可采用软导线。

2.计量箱内多芯导线压接端头应采用铜接线端子过渡（不采用搪锡方式），铜接线端子应为无缝管型结构形式，并采用机械冷压紧固。

3.计量箱外壳可采用金属和非金属材质制作。

4.金属外壳计量箱接地电阻应符合有关规定，若实测电阻值不满足要求时,应扩大接地网或采取相应的降阻措施。

5.计量箱进、出线口需配置有塑料尼龙电缆防水接头。

6.计量箱内不允许安装非计量装置（消防装置等）。

7.计量箱内的电能表安装位置应装设有电能表接插件，以便电能表的安装。

8.计量箱进线开关宜配置智能塑壳断路器，3P+N。

9.出线分断路器的额定电流规格应根据用户的申请容量合理配置，进线（总）开关的额定电流规格应根据箱内用户数、出线分断路器、同时系数合理配置。

序号	名称
1	智能塑壳断路器
2	互感器
3	N 排
4	PE 排
5	电缆抱箍
6	互感器接入式电能表接插件
7	带分励脱扣功能塑壳开关（费控专用）
8	N 排
9	电能表接插件
10	出线开关

图 17-24　电气接线及结构图（三相混合式计量箱）

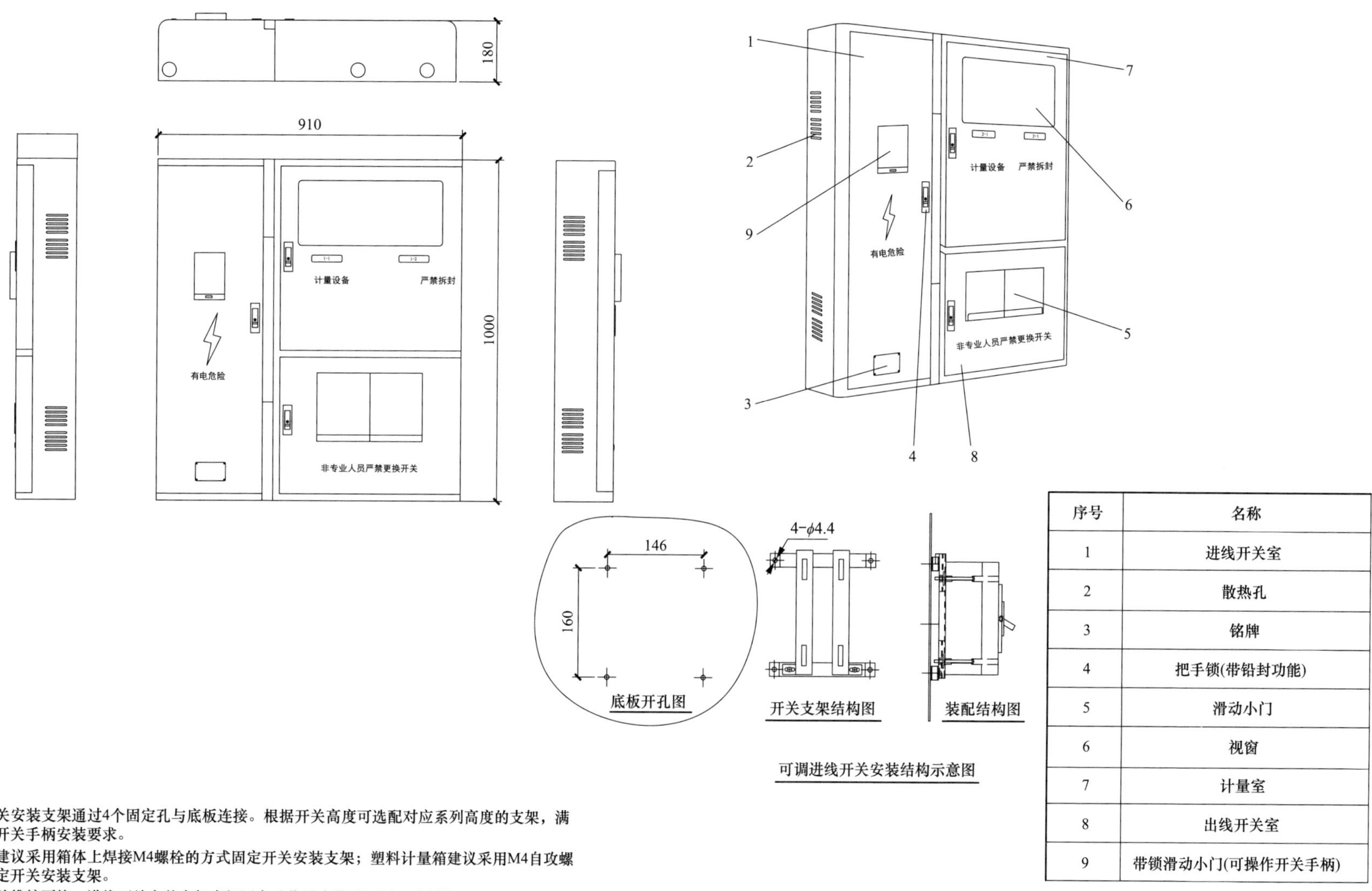

序号	名称
1	进线开关室
2	散热孔
3	铭牌
4	把手锁(带铅封功能)
5	滑动小门
6	视窗
7	计量室
8	出线开关室
9	带锁滑动小门(可操作开关手柄)

说明：1.进、出线开关安装支架通过4个固定孔与底板连接。根据开关高度可选配对应系列高度的支架，满足小门操作开关手柄安装要求。

2.金属计量箱建议采用箱体上焊接M4螺栓的方式固定开关安装支架；塑料计量箱建议采用M4自攻螺丝的方式固定开关安装支架。

3.为方便今后的维护更换，进线开关安装支架底部固定孔位置应依照图纸尺寸制作。

4.图中进、出线开关安装支架上的开关安装孔为推荐尺寸。

图 17-25 外观结构及尺寸图（三相混合式计量箱）